Design of Water Works Facilities

수처리 기기의 설계

이정표 저

東明社

머·리·말

이 책에는 수처리시설과 일부 산업용시설(파쇄기 등)의 상세한 설계과정과 도면 그리고 운전상의 중요한 문제를 수록하였다. 대학생뿐만 아니라 수처리기술자들과 운전자들 그리고 산업기계 종사자들에게도 도움이 되었으면 한다. 다른 서적에서 취급하지 않았던 실제적인 문제를 함께 정리함으로써 알기 쉽도록 하는데 노력하였다. 필자는 1952년 경기도 시흥에서 태어났다. 1977년에 서울특별시 기계직공무원을 하수처리장으로 발령받아 이때부터 수처리에 관한 업무를 시작했다. 동종의 시설업체에서도 근무를 했으며 1986년에는 그 분야에 회사를 설립하였다. 현재에는 (주)성보기전에 대표이사로 34년간 같은 업무에 종사하고 있다. 관리자로서 설계자 또는 기업체 경영인으로 습득한 경험을 독자들과 나누어 갖고 싶다.

정수처리, 하수처리에서 처리방법이 발전하는 만큼 수처리기계가 다양해지고 있다. 그러나 현재 우리가 자료로 사용하고 있는 수처리 기술서적들은 외국서적을 번역한 책들이 대다수이다. 이러한 서적들은 설계나 운영에 필요한 세부적인 자료가 부족하여 이해하는데 어려움이 많았다. 이에 기존의 책들을 탈피하여 이해하기 쉽도록 하였으며 설계방법은 공인되지는 않았으나 주관적인 방법으로 설계하였다. 왜 이렇게 설계를 했는가를 알기 쉽도록 풀어서 설명하는데 노력하였다. 예를 들어 설명을 하고 많은 상세도면을 삽입하여 설계하기 쉽도록 하였다. 기계 유지관리에도 참고가 될 수 있도록 질문을 만들어 설명했다.

이 책에 수록된 도면은 당사에서 제작하고 사용했던 제품들로 거의 다 이루고 있다. 일반적으로 많이 사용하는 제품들과 개발하여 사용했던 제품들도 설명하였다. 회사를 운영하는 사람으로서 원가를 낮추기 위해 효율적인 내용을 설계에 반영하려고 했다. 그리고 운전자가 유지관리가 쉽도록 설계를 하려고 노력했던 설계도면들이고 경험을 기록했다.

수처리기계 또는 산업기계 제조나 유지관리에 유용하게 활용되기를 바라는 마음에서 집필에 최선을 다 하였다. 그래도 간혹 오류가 있을 것으로 사료되어 송구스럽다.

집필과정에 도움을 준 여러분들과 독려해 주었던 '한국산업기술대학교' 교수 김경엽 박사와 기쁨을 함께 나누고 싶다. 어려운 여건 속에서도 출간을 위해 애썼던 동명사 임직원들에게도 진심으로 감사를 드린다.

끝으로 이 책이 나오기까지 관심 갖고 지켜봐준 가족들에게 감사하고 지난해 5월에 92세로 생을 마감한 어머니 영전에 이 책을 바치고자 한다.

2011년 4월

이정표

목 · 차

제1장 약품투입 설비

제2장 혼화 응집지

제3장 응집기

제4장 오니 수집기

제5장 여과

제6장 농축 오니수집기

제7장 염소 중화설비

제8장 Auto Strainer(자동 스트레이너)

제9장 자동급수장치

제10장 제진기

제11장 침사 인양기

제12장 포기기

제13장 유압식 파쇄기

제14장 부유물 제거기

제15장 이동 스크린

제16장 반출 컨베이어

제17장 협잡물 스킵 호이스트(Skip Hoist)

제1장

약품투입 설비

chapter 1

약품투입 설비

정수처리 방법 중 급속여과방식은 전처리로서 약품에 의한 응집이 필요하다. 원수 중에 부유하는 미세입자는 그대로는 쉽게 침전되지 않으며 급속여과에서는 이들 대부분이 여과층에 억류되지 않고 통과되므로 미리 응집제를 사용하여 응집시켜서 고액분리가 가능한 상태로 변화시켜야 한다.

응집용 약품은 응집제, 알칼리제, 응집 보조제로 분류된다.

응집제는 원수중의 현탁물을 플록형태로 응집시켜 침전하기 쉽고 여과지에서 억류되기 쉽게 한다. 알칼리제는 원수의 알칼리도가 부족한 때에 사용하며, 응집보조제는 플록형성과 침전 및 여과효율을 향상시키기 위하여 응집제와 함께 사용한다. 사용하는 약품은 처리효과를 향상시키는 외에 주입 후의 수질이 외관이나 독성 등의 면에서도 위생적으로 지장이 없어야 함은 물론 취급하기 쉬운 조건 등을 구비하여야 한다.

약품 투입량은 설비 용량 결정에 필요하며 원수의 수질에 따라 달라지므로 충분한 조사가 필요하다. 약품투입방식은 약품의 성질과 상태, 그리고 처리수량 등에 따라 습식과 건식, 정량주입과 유량주입 등 사용조건에 적합한 방법을 선정한다. 약품은 대부분 강산성이나 알칼리성을 띄고 있으므로 설비를 내식성 등으로 하여금 대응할 수 있는 구조와 재질로 하여야 한다.

응집제는 수도용 황산알루미늄, 수도용 폴리 염화알루미늄 등의 알루미늄염이 사용된다.

알루미늄염의 응집작용은 알루미늄염을 물에 투입하면 쉽게 가수분해하여 정전하 된 수산화알루미늄이 발생한다. 수중의 탁질 콜로이드는 표면이 부전하되어 있으므로 콜로이드가 상호 반발하여 침전이 잘되지 않으며 수산화알루미늄의 정전하로 중화되면 미립자가 상호 집합하여 커지면서 물속에 있는 유기질, 세균, 무기물, 생물 등까지 끌어들여 플록으로 성장한다.

황산알루미늄은 황산반토라고도 하며 고형과 액체가 있으며 최근에는 취급이 용이하므로 대부분의 경우 액체가 쓰인다. 황산알루미늄은 대부분의 탁질에 대하여 유효하다. 고탁도시나 저수온시 등에는 응집보조제를 병용함으로써 처리 효과가 상승된다. 액체 황산알루미늄은 겨울철에 산화알루미늄의 농도가 높으면 결정이 석출하여 송액관을 막히게 하는 예가 있으므로 사용온도에 주의하여야 한다.

폴리 염화알루미늄(PAC)은 액체로서 그 자체가 가수분해로 중합되어 있으므로 일반적으로 황산알루미늄보다 응집성이 우수하고 적정 주입율의 범위가 넓으며 알칼리도의 저하가 적은 점 등의 특징이 있다. 그러므로 최근에는 처리가 쉬워서 사용하는 곳이 많아졌다. PAC는 6개월 이상 저장하면 품질의 안정성을 해칠 염려가 있으므로 주의하여야 한다. 또 PAC를 ALUM과 혼합 사용하면 침전물이 발생하여 송액관을 막히게 하므로 혼합 사용하지 말아야 한다.

저장과 주입설비의 용량은 약품주입량에 따라 결정되며 설계상 필요한 수치는 최대, 최소,

평균 주입량이다.

응집제의 주입율은 약품의 종류, 원수의 수온, 탁도, PH, 알칼리도 등에 따라 달라지며 또 철, 망간과 냄새, 맛을 처리하기 위하여 전 염소처리나 분말 활성탄 처리를 할 때나 응집 침전시설의 효율, 침전지와 급속 여과지에서의 탁질 부하 배분, 직접 여과법에 의한 처리 등 많은 요소에 따라 달라지나 설비 용량을 결정한다. 그러나 우리나라에서 담수호의 원수를 사용함으로 평균 약품 주입율이 있으므로 일일 원수량에 약품 주입율을 곱하면 일일 약품 주입량이 계산된다. 최대 약품 사용량은 홍수 시에 사용되는 약품 주입율로 계산하면 약품 최대 주입량을 알 수 있다. 또, 설계 회사 또는 수요처에서 약품 시간당 투입량을 결정하여 투입기의 용량을 정하여 준다.

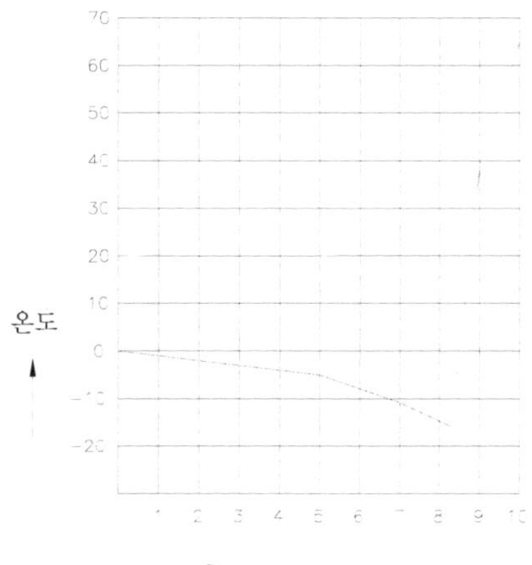

액체 황산알루미늄의 결정 석출곡선

1.1 고체 약품투입기

1. 설 명

상수도, 공업용수 등의 처리에 있어서 황산반토, 소석회, PAC, 활성탄 등이 사용되고 있으며, 약품투입설비는 투입 약품의 종류 및 투입량에 의하여 처리효과에 큰 영향을 미치는 중요한 설비이다.

고체약품투입기는 고체약품을 호퍼(Hopper)에 담아놓고 공급하면서 유입되는 용해수로

용해시켜 혼화지로 용해수를 투입시키는 설비이다.

2. 구 조

고체약품투입기 중에서 스크루 컨베이어(Screw Conveyer)식, 원판식, 로터리(Rotary)식, 스프링 스크루(Spring Screw)식 등의 제품 중에서 문제점이 가장 적은 스프링 스크루식 약품투입기에 대해서 설명한다.

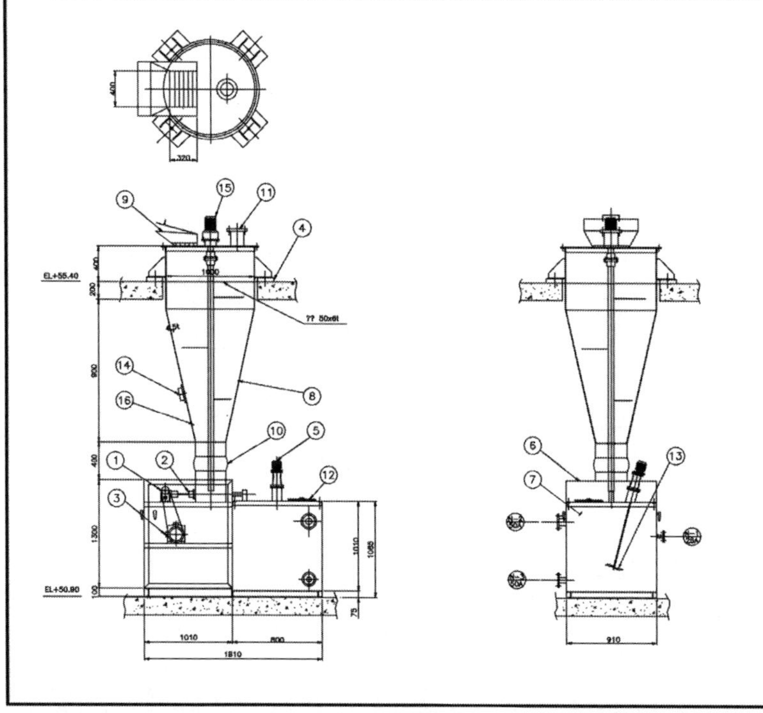

NO.	DESCRIPTION	MAT'L	Q'TY	REMARK
1	REDUCER	–	1	SY-WU-50
2	SPRING SCREW	–	1	ø54
3	MOTOR	–	1	1.5Kw
4	?? o?	RUBBER	4	50t
5	AGITATOR	–	1	0.4Kw
6	????	SS41	1	
7	??? ??	SS41	1	900x910x1010
8	HOPPER	SS41	1	ø1000 x 4.5t
9	?? ???	SS41	1	
10	FLEXIBLE	–	1	350A
11	??? ?? NOZZLE	SS41	1	100A
12	MANHOLE	SS41	1	
13	IMPELLER	STS304	1	
14	LEVEL SWITCH	–	1	
15	WORM REDUCER	–	1	SY-WV-80 A?
16	?? ?? ?? (SCRAPER)	STS304	1	
N-1	INLET	SS41	1	25A
N-2	OUTLET	SS41	1	50A
N-3	DRAIN	SS41	1	50A

그림 1.1 고체 약품투입기

그림 1.1에서 ⑧ 약품투입기를 통해 투입한 약품은 Ⓡ 호퍼에 1일 사용분 정도를 저장한다. 저장된 약품은 ③ 모터를 구동시켜 ① 감속기를 통해서 ② 스프링 스크루를 회전시킨다. 이 회전력에 의해 저장된 약품은 스프링 스크루를 통해서 ⑦ 용해조로 이송된다. 이송된 약품은 N-1 급수관을 통해 공급된 용해수와 ⑤ 교반기에 의해 용해되고 용해된 약품 용해수는 N-2 유출관을 통해 혼화지로 투입된다.

⑥ 구동부실과 ⑦ 용해조는 혼화기 옆에 건물 1층에 설치하여 약품이 용해된 용해수가 자

연유하로 투입될 수 있도록 하였으며 ⑧ 호퍼는 건물 2층 바닥에 구멍을 내어 호퍼를 설치하여 저장된 약품이 스크루에 직접 공급될 수 있도록 하였다. ⑧ 호퍼에 저장된 분말 약품이 스크루로 잘 공급될 수 있도록 ⑮ 스크레이퍼를 설치하였으며 분말 약품의 비산을 막기 위해 ⑪ 집진용 배출구를 설치하였다.

3. 제 작

(1) 스크루

스크루는 전기모터의 회전력을 감속기를 통해서 감속시킨 후 출력을 받아 회전되면서 약품을 용해조로 이송시킨다. 스크루의 크기는 용량에 따라서 크기를 결정하였으며 스크루의 외부 파이프는 40A, 50A, 65A, 80A 사용하며 파이프 크기에 따라서 스크루를 제작 사용하였으며 이송되는 약품량은 스크루를 회전시켜 약품이 이송되는 양을 계량하여 회전수로 나누어 1회전 당 약품량을 계산하였다. 이때 스크루 회전수를 많이 해서 시운전하면 오차가 줄어든다.

1) 스크루 분류

스크루는 투입하는 약품의 종류에 따라서 스크루를 판 스크루와 스프링 스크루를 사용하였다. 판 스크루는 분말 활성탄 투입에 사용하였으며 스프링 스크루는 소석회나 유산반토 투입 시 사용하였다.

① 판 스크루

판 스크루는 분말 활성탄과 같이 오래두어도 굳지 않아 판 스크루를 사용할 수 있다. 그러나 약품이 공기 중의 습기로 인하여 굳는 약품을 사용하면 스크루 날개에 약품이 붙어 정량 투입이 곤란해지며 더 심해지면 스크루 전체가 약품 덩어리로 변하여 약품 투입이 불가능해진다.

그림 1.2 스크루는 50A 파이프에 사용한 제품도이다.

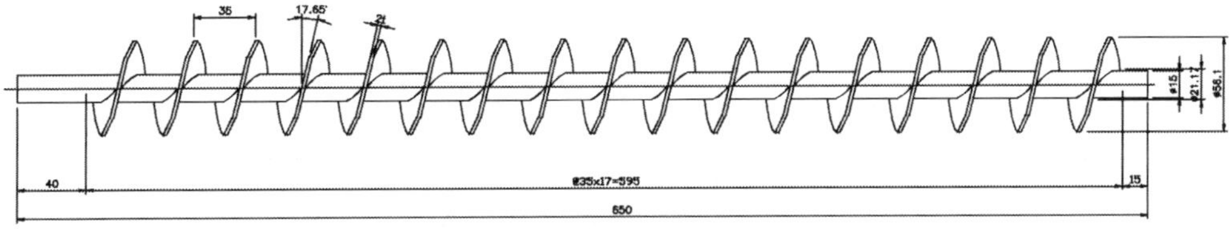

그림 1.2 판 스크루

② 스프링 스크루

스프링 스크루는 약품이 굳거나 붙는 성질이 있는 소석회나 유산반토 등에는 필히 사용하여야 한다.

소석회 약품투입기에 판 스크루를 사용하면 스크루 날개에 석회가 부착되어 회전 당 소석회 이송량이 줄어들게 되어 정량 투입이 어려워진다. 시간이 지남에 따라 소석회가 스크루에 부착되고 더 심해지면 스크루 전체가 한 덩어리로 소석회가 부착되어 약품 이송이 불가능해진다.

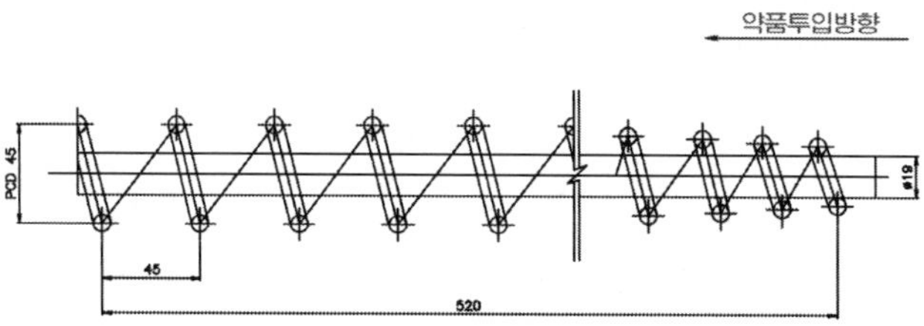

그림 1.3 스프링 스크루

그림 1.4와 같이 감속기 축에 체인 커플링을 연결하고 스크루 축에 같은 체인 커플링을 연결하고 ② 보스에 ⑤ 베어링 1개를 넣고 다음에 ④ 칼라를 넣고 또 다시 베어링을 조립시킨 후 축과 베어링이 움직이지 못하도록 ⑥ ⑦ 스냅 링(Snap Ring)을 넣어 고정시킨다. ③ 보스(Boss)고정 링에 ② 보스를 고정시킬 수 있도록 탭을 내어 투입기 파이프에 용접 고정 시킨다.

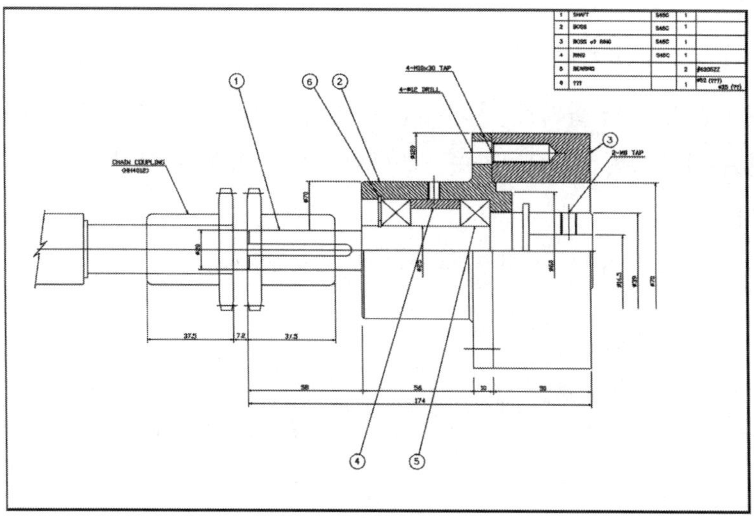

그림 1.4 스크루 구동축 조립도

그림 1.5는 ⑨ 파이프에 ⑩ 65A 파이프를 용접 고정시키고 파이프 끝단에 ⑪ PVC를 소켓티를 접착 본드 없이 끼운다. PVC소켓 티 하부에는 PVC 파이프를 끼워 용해조 약품 투입구로 보낸다.

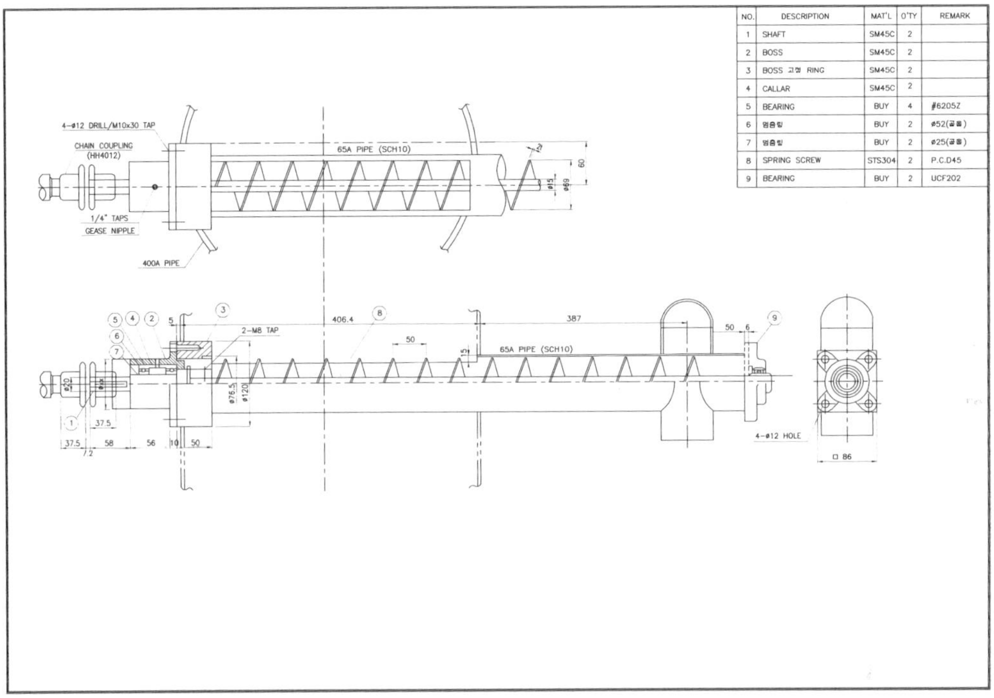

그림 1.5 스크루 조립도

PVC소켓 티 상부는 PVC 스크루 마개로 닫아 약품의 비산을 막는다.

PVC 소켓 티 하부에는 용해조가 있어 습기가 많아 약품 투입 파이프가 막힐 염려가 있어 점검 및 청소를 위해서 마개를 손쉽게 열 수 있도록 스크루용 캡을 마개로 사용하였다. 하단의 PVC 파이프와 용해조와의 조립은 용해조 투입구에 PVC 파이프를 20 mm 정도 용해조로 넣고 고무판을 약품이 비산되지 않도록 고무판을 PVC 파이프에 맞게 중앙에 구멍을 내어 파이프에 고무판을 끼우고 용해조 위에 넓게 덮도록 한다.

2) 스프링 스크루 제작

스프링 스크루의 구동축도 그림 1.4와 같이 동일하게 제작하였으며 스크루만 판이 아닌 스프링을 사용하여 그림 1.6과 같이 조립하여 사용한다.

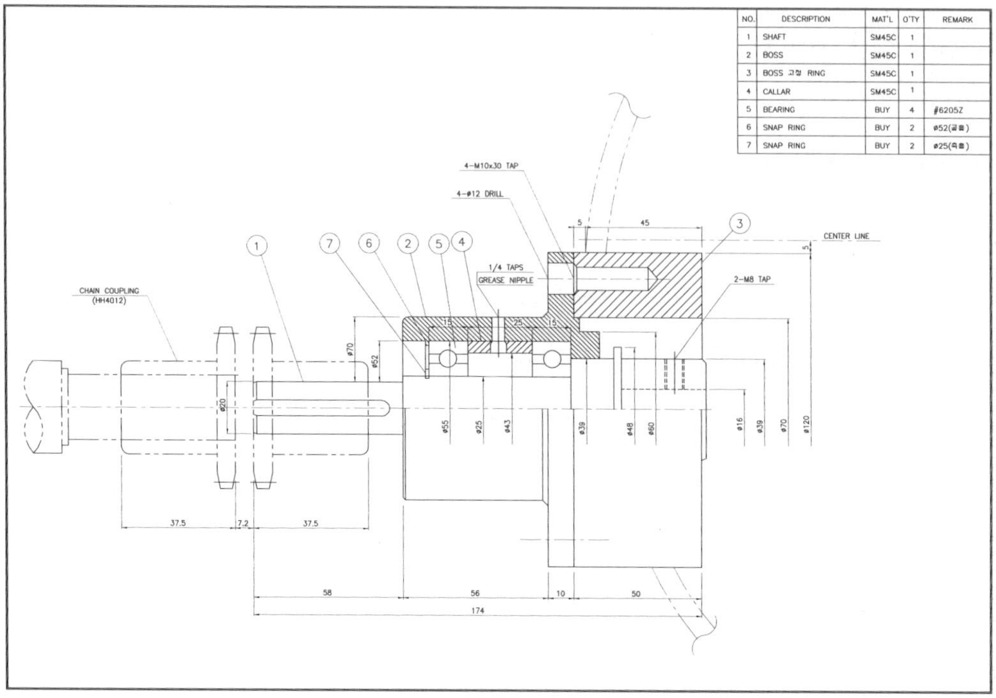

그림 1.6 스프링 스크루 조립도

① 스프링과 ② 중앙 축과의 조립 ③ 부분은 스프링을 내경을 축의 외경과 같게 제작하여 직접 용접하여 고정시킨다. 스프링의 끝 부분은 그림 **1.7**과 같이 환봉을 사용하여 고정시킨다. 또 스프링 전체 길이 중 중앙부에도 그림 **1.7**과 같이 작은 환봉 3개로 용접하여 고정시킨다.

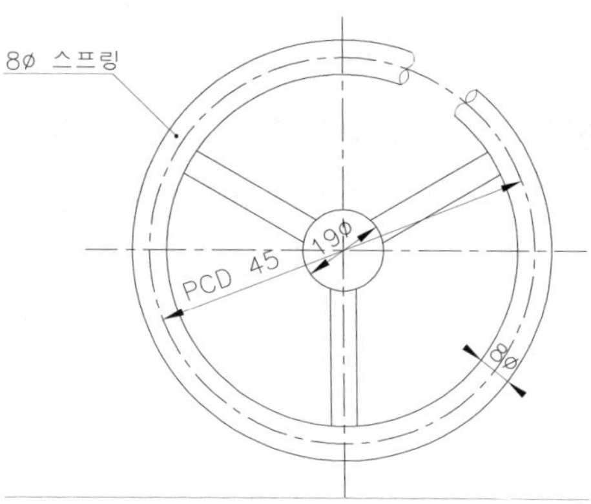

그림 1.7 스프링 고정

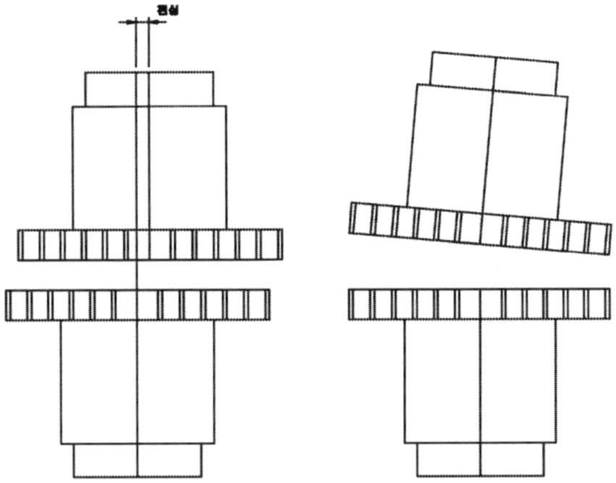

그림 1.8 체인 커플링편각편심

(2) 구동부

구동부는 전기 모터와 감속기로 구성되어 있으며 그림 1.1의 ③ 전기모터와 ① 감속기를 V 벨트를 연결하여 모터의 회전속도를 감속기로 감속시켰다. 전기모터는 약품 투입량이 원수 수질과 원수 수량에 따라 약품 투입량이 변화됨으로 회전속도를 조절할 수 있는 전동 모터를 사용하며 투입량에 알맞은 회전속도를 얻기 위해 감속기와 V 풀리를 사용하여 감속시켜 사용한다.

1) 전동 변속 모터

VS 모터, DC 모터, 인버터 모터 등 회전속도 조절이 가능하고 자동제어와 수동제어를 할 수 있으면 사용할 수 있다.

2) 감속기

그림 1.1에서 ① 감속기 모양과 같은 웜 감속기를 사용하였으며 필요시 감속량을 증가시킬 수 있도록 V 풀리를 사용하였으며 감속기의 단가를 낮추기 위해 저 감속비와 감속기 회사의 표준사양을 사용하였다.

3) 구동부 선정(예)

① 설계사양

㉠ 투입용량(설계용량) : 200 kg/hr

㉡ 스프링 스크루식 약품투입기 1회전 당 투입용적(V)= 31.07 cc/회전

㉢ 소석회 겉보기 비중(γ) ≒ 0.4023(시험치)

㉣ 1회전 당 투입량(q)= $V \times \gamma$

$$= 31.07 \times 0.4023$$

$$= 12.58/\text{회전}$$

② 회전비 계산(N)

$$\text{스크루 회전수}(n) = \frac{Q}{q} = \frac{200\text{kg/hr} \times 100\text{g/kg} \div 60\text{분}}{12.58/\text{회전}}$$

$$= 266.7\,\text{rpm}$$

③ 감속비 선정

㉠ 입력 rpm= 1720 rpm(4P 모터 사용 시)

감속비= 1720 ÷ 266.7 ≒ 6.45

㉡ 웜 감속비(i_1) : 1/10

㉢ 풀리 : $P_1 = 3.5''$

$P_2 = 2''$

㉣ 풀리 비$(i_2) = \frac{P_1}{P_2} = 1.75$

④ 투입량 계산

㉠ $Q = N \times i_1 \times P_1 \times P_2 \times 60 \times q$

$$= 1720 \times \frac{1}{10} \times \frac{3.5}{2} \times 60 \times 12.5$$

$$= 225.750\ \text{g/hr} = 225.75\ \text{kg/hr}$$

㉡ 200 kg/hr 투입 시 VS 모터 회전속도

$$\text{회전속도} = \frac{Q}{i_1 \times i_2 \times 60 \times q}$$

$$= \frac{200\text{kg/hr} \times 1000\text{g/kr}}{1/10 \times 1.75 \times 60\text{분/hr} \times 12.5\text{g/회전}}$$

$$= 1524\ \text{rpm}$$

모터 1524 rpm에서 200 kg/hr을 투입할 수 있다. 따라서 표 1.1 모터 회전속도에 따른 소석회 투입량과 같은 표를 구할 수 있다.

표 1.1 모터 회전속도에 따른 소석회 투입량

모터(rpm)	소석회 투입량(kg/hr)	비 고
100	13.1	
200	26.2	
300	39.3	
400	52.4	
500	65.6	
600	78.7	
700	91.8	
800	104.9	
900	118.1	
1000	131.2	
1100	144.3	
1200	157.4	
1300	170.6	
1400	183.7	
1500	196.8	
1600	209.9	
1700	223	

⑤ 구동 모터를 인버터 모터나 자동제어를 할 수 있는 모터를 사용하면 원하는 값에 비례 제어를 할 수 있으며 피드백(Feed Back) 제어도 할 수 있다.

(3) 용해조

스크루에 의해 이송된 약품을 계속적으로 유입되는 용해수인 물에 잘 용해시키면서 약품 용해수를 혼화지에 보낸다.

1) 구 조

용해조에는 사람이 들어갈 수 있는 크기의 뚜껑 있는 맨홀과 드레인 관, 용해수 배출관, 용해수 유입관, 약품 투입관과 교반기 구멍이 있어야 한다.

용해조는 그림 1.9와 같이 만들 수 있다.

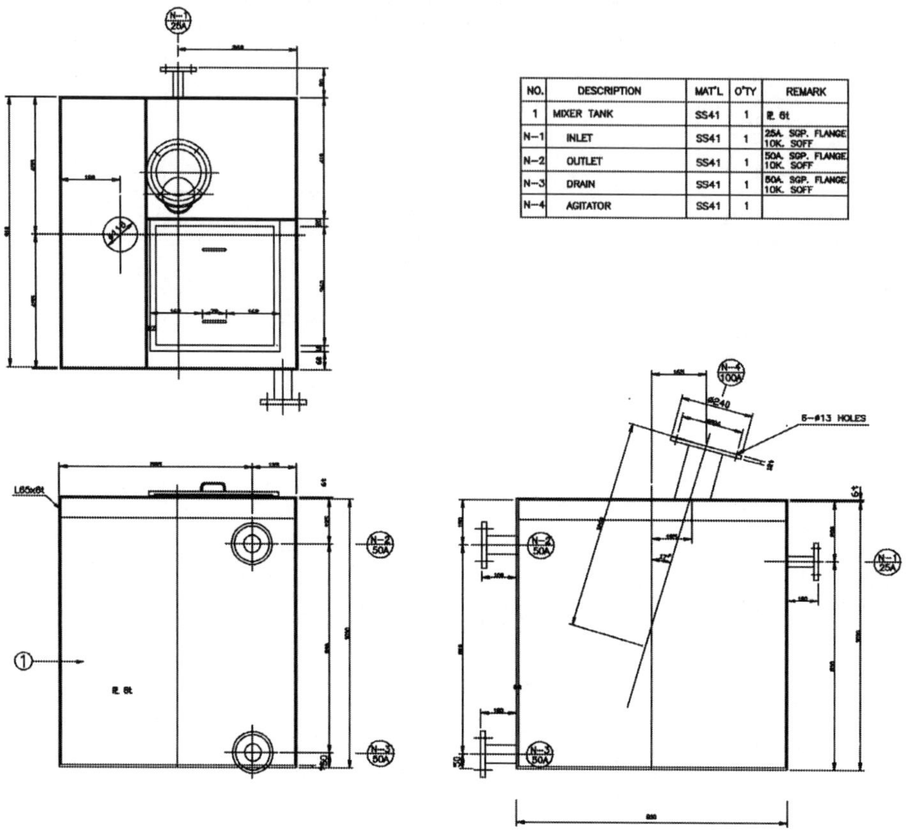

그림 1.9 용해조

2) 교반기

교반기는 임펠러가 용해조 탱크 중심부에 올 수 있도록 교반기 받침대를 기울여 설치하여 임펠러 축은 너무 길지 않게 설치한다.

임펠러(Impeller)의 깊이는 용해용수 깊이의 중앙에 위치하도록 한다.

(4) 호 퍼

약품투입실 2층(약품 저장실) 바닥에 설치하여 1일 사용분을 호퍼에 투입하여 사용한다. 호퍼 내에는 1일 사용분 이상으로 저장하지 말아야 하며 약품 투입기를 오랫동안 가동 중지 시킬 때에는 호퍼에 있는 약품은 비워야 한다.

1) 구 조

약품투입기의 호퍼는 그림 1.10과 같이 약품이 스크루 있는 아래쪽으로 잘 내려갈 수 있도록 원통형으로 제작하되 호퍼 하부는 콘으로 제작하여 약품이 원활히 빠질 수 있도록 한다. 하부는 약품 투입기 원통과 같은 크기로 제작하고 설치 시, 약품투입기 상부와 호퍼 하부가 100mm 이내로 사이가 벌어지도록 설치한다. 호퍼 콘에는 레벨 스위치, 바이브레이터 등을 설치할 수 있다. 호퍼 상부에는 약품을 투입할 수 있는 충분한 투입구와 집진을 하기 위해 흡입할 수 있는 흡입구를 설치하고 호퍼 옆에는 호퍼를 설치할 수 있는 받침대를 설치한다.

호퍼 내에는 공동 현상을 막고 약품이 잘 내려 갈 수 있는 스크레이퍼를 설치한다.

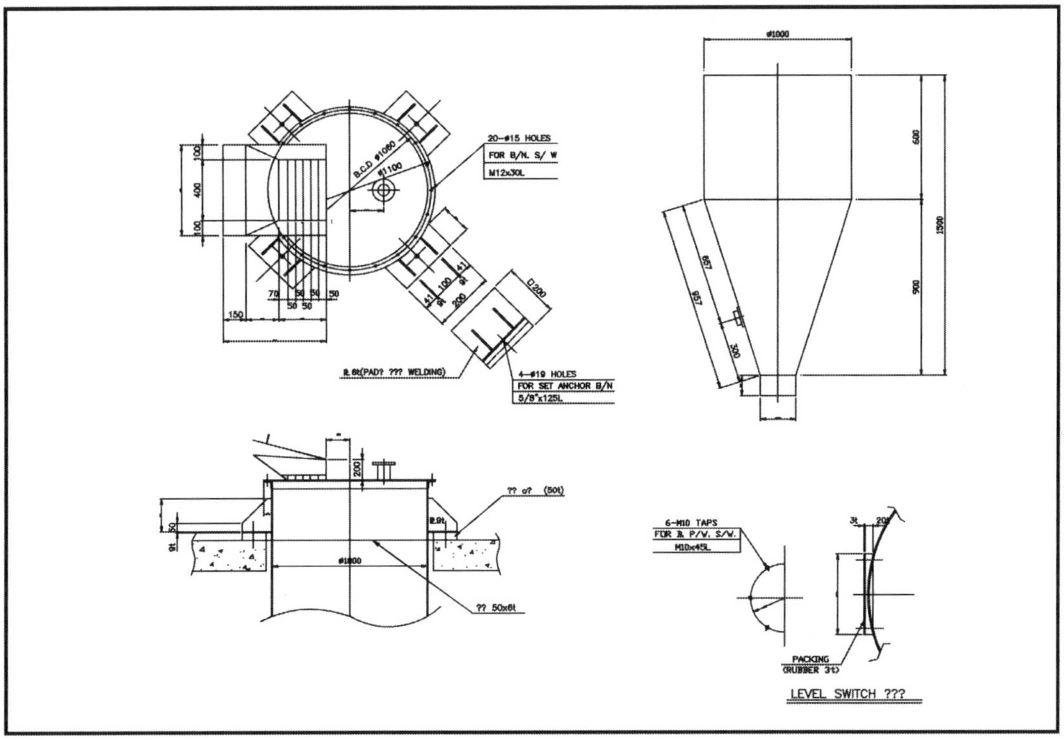

그림 1.10 호 퍼

스크레이퍼는 그림 1.11과 같다.

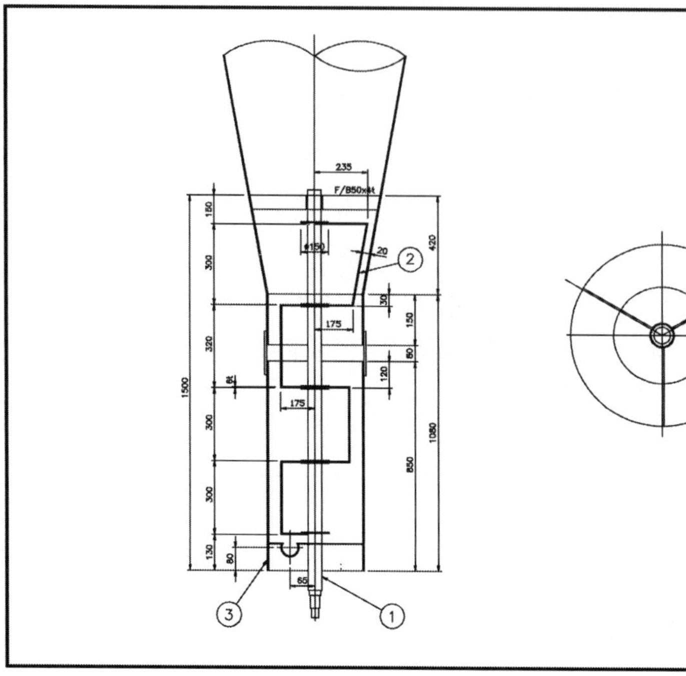

NO.	DESCRIPTION	MAT'L	Q'TY	REMARK
1	SCRAPER	STS304	–	F/B50x4t
2	SHAFT	STS304	1	ø60
3	PIPE	SPP	1	400Ax6.9t

그림 1.11 스크레이퍼

질문 1 체인 커플링을 왜 사용하는가?

그림 **1.4**에서 ③ 보스 고정 링을 용접으로 설치해 놓은 상태에서 감속기를 ①번 축과 감속기의 출력축을 편심 안 되고 두 축이 일직선이 되도록 설치하는 데에는 작업시간이 매우 길어진다. 감속기에서 출력되는 회전속도가 빠르면 커플링의 그림 **1.8**의 편각과 편심이 정확하도록 설치하여야 하지만 출력되는 회전속도가 느려 약간의 편각과 편심이 생겨도 소음이 발생하지 않고 동력 전달에도 문제가 없어 많이 사용한다. 구동부의 조립시간이 짧아진다.

질문 2 스크루 구동축은 어떻게 제작해야 하는가?

그림 **1.4**에서 ② 보스와 ③ 보스와의 체결 볼트 4개를 풀면 감속기 방향으로 스크루까지 모두 빠질 수 있도록 하여 조립은 물론 유지보수가 쉽도록 한다.

베어링은 2개를 사용하여 축이 흔들림이 없도록 하였으며 베어링 중간 부분에 칼라를 끼워 베어링의 거리를 멀리하여 축의 흔들림을 방지한다.

스크루가 회전하면서 약품을 이송시키면서 축은 감속기 출력 쪽으로 밀리는 힘이 발생한다. 이 힘에 의해 축이 빠지는 현상을 막기 위해 스냅 링으로 축과 보스에 홈을 만들고 고정시킨다.

보스와 칼라에 구멍을 뚫고 보스에 탭을 내어 그리스(Grease) 니플을 설치한다.

축이 회전하면서 보스와 축 사이로 약품이 들어오는 것을 방지하기 위해 틈새를 회전할 수만 있도록 미세한 틈만을 허용한다. 한편 베어링의 부식을 막기 위해 그리스를 주입하여 회전부의 틈새를 그리스가 유입되도록 한다.

축과 스크루는 스테인리스로 제작하여 부식이 잘 안되도록 한다.

질문 3 스크루는 어떻게 조립하는가?

그림 1.4에서 ① 축과 스크루와의 조립은 축 중심부에 스크루 축이 들어 갈 수 있도록 구멍을 뚫고 그림과 같이 2의 구멍을 90° 각도로 뚫고 탭을 낸다.

스크루 축을 탭 구멍에 맞추어 탭 볼트가 핀 역할을 할 수 있도록 구멍을 내고 조립한 후 세트 볼트를 채워 고정시킨다.

스크루는 구동부만 고정되고 자유단으로 돌아감으로 약품 이송 시 부하나 스크루 자중에 의해 움직이더라도 스크루 축이 파손되지 않도록 하기 위해 핀으로 고장시킨다. 만약 주축에 구멍을 뚫어 탭을 내고 스크루 축에 나사를 내어 조립하면 스크루가 자유단으로 돌아가 움직임이 반복적으로 발생하여 축이 파손되는 현상이 발생한다.

질문 4 판 스크루는 왜 사용하는가?

분말활성탄 투입 스프링 스크루를 사용할 수는 있으나 스프링의 환봉 굵기가 8ϕ 밖에 되지 않아 가볍고 분말인 활성탄이 잘 이송되지 않는다.

이에 일반 스크루 컨베이어와 마찬가지로 판 스크루를 사용하여 분말 활성탄의 이송 효율을 높게 하였다. 하지만 분말 활성탄이 소석회나 유산반토 보다 잘 굳지 않고 스크루에 부착이 되지 않더라도 판 스크루에 활성탄이 부착되어 정량 공급에 정확도가 떨어지지 않도록 하기 위해 판 스크루 내경을 스크루 중심부에 있는 축경보다 약 6 mm 정도 크게 제작하여 스크루 안쪽에 약 3 mm 정도의 틈새가 생기도록 했다. 또 스크루 중심의 축과 스크루를 양 스크루 끝부분 용접 고정시키고 스크루 중간 부분 한 곳을 용접 고정시켜 판 스크루가 회전하고 약품을 이송시킬 때 발생하는 미세한 진동으로 약품을 떨어뜨리는 효과를 얻게 하였으며 3 mm의 틈새는 약품이 스크루 구석진 곳에 약품이 부착되어 부착 부위가 점점 자라는 현상이 발생되지 않도록 하였다.

질문 5 스프링 스크루는 왜 사용하는가?

소석회나 유산반토는 공기 중의 수분을 흡수하여 응고되거나 작은 덩어리 상태에서 서로 다른 덩어리와 합쳐져 응고되는 현상이 일어난다. 또 기계 스크루나 기타 부분에 붙어 응고 되는 현상이 일어난다. 이렇게 기계에 붙는 현상을 계속적으로 관리하지 않으면 투입기는 투입이 불가능해진다. 고체 약품 투입기에서 가장 중요한 스크루 부분이 약품이 응고

되어 정량 투입이 어려워지거나 약품 투입이 불가능해지면 안 된다. 이에 스크루에 붙어 응고되는 현상을 막을 수 있게 하기 위해서 스프링 스크루를 사용하였다.

스프링 스크루를 사용하면 스크루 중앙의 축과 스크루와의 공간이 넓어 약품 이송량이 줄어들고 약품 이송량이 부정확해지므로 정확도를 높이기 위해 긴 시간동안 약품을 이송되는 양을 계량하여 1회전 당 이송 량을 결정하여 계산한다.

그러나 스크루와 중앙 축과의 공간이 넓어 약품이 스크루에 붙지 않는다. 만약 스프링에 약품이 붙으면 스크루가 회전 시 발생하는 진동과 약품 이송 시 발생하는 스프링에 발생하는 진동으로 스프링은 항상 깨끗하게 유지된다. 따라서 소석회와 같은 부착성이 심한 약품도 투입할 수 있다.

질문 6 스프링 스크루와의 중앙 축은 왜 설치하는가?

그림 **2.6**에서 동력 전달부의 축을 제외한 축을 줄일 수는 있다. 약품이송은 스프링으로만 회전력을 전달하여 회전되고 약품을 이송시킬 수는 있으나 약품이 스크루 주의 파이프에 약품이 붙여 부하가 걸리거나 약품 덩어리가 투입되어 스크루에 부하가 걸리면 스프링은 부하에 의해 압축되어 소성변형이 발생된다. 이러한 과도한 부하에도 견딜 수 있도록 스크루 중앙에 축을 삽입하고 스프링 끝부분과 중앙부분을 용접하여 고정시켰다.

질문 7 스크루는 어디까지 길게 나와야 하는가?

그림 **1.6**에서 스크루의 끝부분이 PVC 소켓 티의 중심부까지는 스크루가 PVC 소켓 티까지 나오지 않으면 용해조의 습기를 약품이 흡수하면서 굳어 약품이 떨어지는 출구를 막게 된다. 출구부분이 약품으로 인해 조금이라도 막히면 이송되는 약품 량이 급격히 줄어들게 되어 정량 공급에 문제가 생긴다. 또 약품이 용해조로 떨어지는 파이프도 습기에 의해 쉽게 막힐 수 있으므로 자주 청소하여야 한다.

질문 8 감속기와 모터가 일체인 감속기를 사용하지 않고 모터와 감속기를 분리시켜 사용하는가?

정수장의 약품 투입량의 차가 매우 크다. 홍수 시에는 평상시 투입량의 수배 이상차가 발생할 수 있으며 응집제 사용 약품에 따라서 알칼리제 약품량이 변화될 수 있다.

표 **1.1**에서 평상시 모터 400 rpm인 52.4 kg/hr을 소석회를 투입했다면 홍수 시에는 300 kg/hr이상으로 투입량이 증가될 수도 있다. 이때 구동부와 감속기 입력측에 V 풀리를 2단으로 설치하여 사용하면 비상시에는 감속비가 작은 풀리를 V 벨트를 이동시켜 약품량을 증가시킬 수 있다.

$P_1 = 3.5''$, $P_2 = 2''$

풀리 감속비$(i_2) = \dfrac{P_1}{P_2} = 1.75$ 인 것을 2단 풀리 $P_1 = 3.5''$, $5''$ 로 하고 $P_2 = 2''$, $2''$ 로 하면

풀리 감속비$(i_2)=\frac{P_1}{P_2}=\frac{3.5''}{2''}=1.75$와 $\frac{5''}{2''}=2.5$ 감속비가 나올 수 있다.

2단 풀리 감속비의 차이$=\frac{2.5}{1.75}=1.42$배

따라서 모터 1700 rpm에서 223 kg/hr 의 투입량을 $223\times1.42=318$ kg/hr 로 증가시켜 손쉽게 투입할 수 있다. 어느 정도의 변화는 감속기를 교체하지 않고도 V 풀리로 증가나 감소시킬 수 있어 효율적이다.

질문 9 스크루 1회전 당 약품 이송량은 어떻게 구하는가?

스크루 축에 회전속도를 측정할 수 있는 회전속도 측정기를 설치한다. 호퍼에는 평상시와 같은 약품을 채우고 스크루 약품 유출구에는 약품을 받을 수 있는 용기와 저울을 준비한다.

스크루 가동시간 즉 약품 이송 시간은 될 수 있으면 긴 시간동안 가동시켜 적산된 회전수를 읽고 이송된 약품량을 저울에 계량한다. 계량된 약품량을 스크루 회전수를 나누어 스크루 1회전 당 약품 이송량을 계산한다.

여기서 시험한 약품이 아닌 약품일 경우에는 시험된 약품의 겉보기 비중으로 나누어 약품이 이송되는 부피를 계산한 다음 투입하고자 하는 약품의 겉보기 비중을 곱하여 비교 투입량을 구할 수 있다.

질문 10 용해조의 재질은 일반 철판을 사용해도 되는가?

부식성이 없는 약품, 소석회와 같은 약품은 일반 철판을 사용해도 가능하다. 그러나 철판은 물에도 부식되어 보기 흉할 수 있다. STS304와 같은 재질을 사용하는 것이 좋다.

부식성이 있는 약품, 유산반토와 같은 부식성이 강한 약품은 그림 **1.9**와 같이 일반 철판으로 제작한 후 고무를 입혀 사용하여야 한다. 이때 입히는 고무 두께의 2배 이상을 더해서 관경을 계산하여야 한다.

질문 11 월류관은 필요 없는가?

월류관은 필요하다. 용해조에서 유입되는 용해수량 보다 유출되는 용해수량이 작으면 약품 용해수는 넘치게 된다. 그러나 그림 **1.9**의 용해조에서 유입되는 유입관보다 용해수 유출관이 크게 설계되어 있다. 유입되는 용해수를 충분히 배출할 수 있어 월류관을 없앨 수 있다.

질문 12 용해수 배출관을 왜 높게 설치했는가?

용해조 내에 용해수가 적으면 약품의 농도가 높아져 약품 용해속도가 느려질 수도 있으

며 교반기 임펠러가 공기 중에 회전하면 임펠러의 흔들림이 커져 임펠러 축에 휨이 발생하여 사용이 불가능하게 된다. 따라서 용해조에는 항상 수위가 만수위로 일정해야 한다. 이에 용해수 유출관을 크게 하여 상부에 설치하면 월류관 역할도 하면서 항상 수위는 만수위로 유지할 수 있다.

질문 13 교반기는 왜 기울여 설치하는가?

교반기를 용해조 중심에 위치하고 수직으로 설치하면 용해수가 교반되면서 소용돌이가 커진다. 이 소용돌이가 용해조 중심에서 커지게 되면 소용돌이에 의해 임펠러 회전부에 공기가 빨려 들어가는 현상이 발생되어 소음이 발생하고 임펠러 축에 악영향을 줄 수 있다. 소용돌이 규모를 줄이려고 교반기를 중심 옆에 위치하고 교반기를 기울여 설치하면 교반 시 용해조의 중심에 생기는 소용돌이와 중심 옆에서 회전하는 임펠러에 의해 생기는 소용돌이가 부딪치므로 용해조 중심에 생기는 소용돌이가 작아진다. 결론적으로 옆에서 회전하는 임펠러에 의해 생긴 소용돌이는 용해조 중심부로 이동되고, 또 새로 생긴 다른 소용돌이는 회전하는 임펠러에서 생기고 다시 이동되면서 소용돌이는 부딪치어 깨어지는 현상이 계속 일어나게 됨으로 큰 소용돌이가 발생하지 않는다.

질문 14 임펠러는 어떤 방향으로 회전시켜야 하는가?

약품의 비중은 물보다 무거우며 특히 소석회는 용해가 잘 되지 않아 용해조 바닥에 침전물이 생긴다.

교반기의 임펠러 회전 방향을 용해조 바닥으로 밀어내면서 교반시킬 수 있도록 교반기를 회전시켜 약품이 녹지 않고 침전되는 물질을 강한 교반으로 용해시키고 녹지 않은 작은 알갱이들은 교반되면서 유출될 수 있도록 한다. 반대로 설치하면 침전물이 쌓여 자주 청소하여야 한다.

질문 15 유출 배관은 어떻게 해야 하는가 ?

소석회와 같은 용해수는 오래 사용하면 유출 관로에 소석회가 붙어 관로가 막힌다.

이에 가능하면 U 관을 사용하여 수시로 청소하여 깨끗이 하는 것이 가장 좋다. 그러나 미관상 이상설치가 불가능할 경우에는 유출 관로를 분해하고 청소하기 쉽도록 플랜지 접합으로 짧게 제작하여 배관하여야 한다. 또 관로는 구배를 크게 주어 유속을 빠르게 하여 침전물이 생기지 않도록 한다. 동절기에 동파도 막을 수 있다.

약품 투입실과 혼화지는 가까이 설치하여 유출관 길이를 짧게 하는 것이 좋다.

질문 16 호퍼 내에 약품은 1일분만 투입하여 사용해야 하는가?

호퍼 내에서 표면에 분말로 제작된 약품이 부착되면서 오래 두면 굳게 되고 분말인 약품들은 기계 진동 등으로 호퍼 내에서 다짐 현상이 발생한다. 오랫동안 저장할수록 약품은 다짐 현상과 굳음으로 인하여 잘 떨어지지 않는다. 따라서 호퍼에 약품을 조금씩 넣어 오래 저장되지 않도록 하여야 하며 오랫동안 가동하지 않을 시에는 호퍼와 약품을 투입하는 스크루 부분을 완전히 비워야 한다.

질문 17 공동 현상은 왜 발생하는가?

호퍼 내에 있는 분말 약품을 호퍼 주변과 호퍼 하부로부터 다짐 현상이 일어나고 심해진다. 약품에 다짐 현상이 전체가 일어나면 약품은 중력으로 하부로 떨어지지 않아 약품 공급이 불가능해진다.

호퍼 내의 분말 약품이 주변부터 다짐 현상이 심해지는데 다짐 현상 초기에는 다짐 현상이 발생하지 않은 호퍼 중앙부분의 약품만 스크루 부분으로 투입되게 되어 호퍼 중앙 부분만 약품이 공급되어 중앙에 약품이 비어있는 현상이 발생한다. 호퍼 내에 이처럼 비어있는 현상을 공동 현상이라 한다.

질문 18 공동 현상을 방지하려면 어떻게 해야 하는가 ?

약품저장호퍼 내에 스크레이퍼를 설치해야 한다.

스크레이퍼의 구동부는 호퍼상부 또는 약품투입기 구동부 실내에 구동모터와 감속기를 설치하여 그림 **1.11**에 스크레이퍼 도면과 같이 스크레이퍼를 설치한다. 이 스크레이퍼는 약품을 긁어내는 기능을 하는 것이 아니고 단지 약품이 호퍼에 발생되는 다짐 현상만을 방지하는 기능만을 함으로 스크레이퍼에 날개를 없애고 다짐현상이 일어나는 약품을 호퍼에서 분리시키는 기능, 절단만 할 수 있도록 평철 날이 약품을 칼질하면서 지나가도록 한다. 만약 스크레이퍼에 날개를 붙이게 되면 큰 힘이 필요하게 되어 구동부와 축이 커지게 되며 날개가 약품에 의해 돌지 못하여 날개가 파손되거나 구동부에 고장이 발생된다.

스크레이퍼 상부에는 스크레이퍼 축이 움직이지 않도록 오일레스 베어링을 사용하여 잡아 주도록 한다. 스크레이퍼는 스크루 피더가 있는 부위부터 설치하며 호퍼 상부로 너무 올라가지 않도록 한다. 스크레이퍼의 구동은 타이머 T_1(휴지), T_2(동작) 두고 가동 시켜야 하며 휴지는 1시간용을 사용하고 동작 타이머는 5분용을 사용하여 보통 휴지 시간 30분에 동작시간 1분으로 하여 가동시킨다.

질문 19 공동 현상을 막기 위해 바이브레이터를 설치하면 안 되는가?

공동현상이나 다짐현상을 막기 위해 바이브레이터를 사용하면 안 된다. 바이브레이터는 강한 진동을 발생시키므로 다짐현상을 더욱 촉진시킨다. 우리가 양동이에 모래를 넣고 양동이 주변을 두들겨 진동을 주면 모래가 다짐현상이 일어나 담겨져 있는 모래가 딱딱해지는 현상을 볼 수 있듯이 호퍼 내에 있는 약품도 다짐현상이 더욱 빨리 일어난다. 바이브레이터는 사용하지 않는 것이 바람직하다. 만약에 사용한다면 바이브레이터를 계속 가동하지 말고 가끔 한두 번 진동을 주는 것이 좋다. 다짐현상이 일어나지 않는 물질에는 사용이 가능하다.

질문 20 호퍼상부에 약품 투입구는 어떻게 만들어야 하는가?

약품투입기 호퍼에는 약품은 물론 사람도 들어갈 수 있도록 충분한 크기로 만들어야 한다.

약품을 쏟아 부을 때 입구에 쌓이지 않고 쉽게 투입될 수 있도록 하여야 약품 비산이 적다. 또 호퍼 내에 약품이 굳거나 다짐 현상으로 내려가지 않으면 장대로 쑤셔 내려야 함으로 입구를 충분한 크기로 만든다.

약품을 포대로 쏟아 부을 때 포대가 호퍼 내부로 빠지지 않도록 들어 낼 수 있는 그레이팅을 설치하고 포대가 찢어지지 않도록 입구 앞에 포대 받침대를 설치한다. 그림 1.10 참조

질문 21 약품 레벨 스위치는 설치해야 하는가?

설치할 필요가 없다고 생각한다.

레벨 스위치는 압력스위치를 설치하여 약품이 쌓이면 눌려서 압력에 의해 감지되는 방법이나 매일 투입하고 비워야 하므로 크게 필요하지 않다. 또, 약품 투입량이 급격히 변하지 않으므로 하루 사용량을 정확히 계산하여 조금 여유있게 약품을 투입하여 사용하도록 한다.

질문 22 약품 저장실 바닥 구멍에 호퍼 설치 후 틈새 마감은 어떻게 하는가?

호퍼에 받침대를 만들 때 받침대 바닥면과 같게 철판으로 띠를 둘러놓으면 틈새를 한 번에 막을 수 있어 좋다.

철판과 바닥 사이는 코킹 처리하여 밀폐시킨다.

질문 23 집진설비는 어떻게 하는가?

백 필터를 사용해서 호퍼내의 공기를 빨아내면 약품투입기로 공기가 흡입되면서 약품 비산을 막을 수 있다. 백 필터에서 집진되어 나오는 약품을 받아서 호퍼에 넣을 수 있도록 한다. 백 필터 1대에 약품 투입기 여러 대를 놓고 사용할 경우에는 약품투입기 호퍼 흡입구에 댐퍼를 설치하여 펼요시 열어서 사용한다.

질문 24 구동부 상부와 호퍼는 어떻게 연결시켜야 하는가?

구동부 상부와 호퍼와의 간격은 구조물에 따라서 틈새가 일정하지 않아 질긴 천이나 질긴 고무로 자루를 만들어 감싸고 양쪽을 반도를 고정시킨다. 그러나 내부에 호퍼 스크레이퍼를 설치했을 경우에는 고정 천이나 고무가 스크레이퍼의 회전에 의해 견디지를 못한다.

따라서 스크레이퍼를 설치했을 경우에는 천위에 얇은 철판을 또 감싸고 조여 사용한다.

질문 25 원판식 약품투입기는 어떤 문제점이 있나요?

원판식 약품투입기는 호퍼 밑에 중앙에 원판과 콘으로 제작하여 회전시키면 콘과 호퍼 파이프 틈 사이로 약품이 떨어지면서 원판에 쌓인다. 이때 쌓이는 약품에 칼날 같은 평철을 삽입하면 원판이 회전되면서 칼날에 의해 약품이 용해조로 떨어지는 구조이다. 쌓인 약품은 긁어내면 호퍼에서 약품이 떨어져 긁어낸 부분에 약품이 채워지는 방법이다. 이와 같이 약품량 조절은 회전 속도, 콘과 호퍼와의 틈새 크기 및 칼날의 삽입 깊이에 따라 약품량은 변한다. 이와 같이 3가지의 변수에 의해 약품 투입량이 결정되므로 정량 투입이 매우 어렵다. 기계 구조는 원판 회전에 의해 약품이 투입되므로 원판 주변 및 밑 부분에도 약품이 떨어지고 청소가 어렵다. 그러므로 떨어진 약품이 굳어지면 원판이 회전이 불가능해진다. 호퍼의 슈트도 작아지므로 약품이 잘 떨어지지 않아 불편하다.

질문 26 로터리식 약품투입기는 어떤 문제점이 있는가요?

로터리식 약품투입기는 호퍼하부에 로터리를 설치하고 회전시켜 약품을 로터리 홈에 담아 하부를 이동시켜 떨어뜨려 투입시키는 방법이다. 이 투입기의 정량투입은 로터리 회전수와 로터리 크기에 따라 약품투입량이 결정된다. 따라서 회전수만 조절되면 약품 투입량을 조절할 수 있다. 그러나 로터리에 약품이 붙지 않았을 때에는 정량 투입이 가능하나 로터리 홈에 약품이 붙어있을 경우에는 약품이 떨어지지 않아 정량 공급이 불가능해진다. 가동초기에는 정량 투입이 가능하나 계속 사용할수록 홈에 약품이 쌓일수록 정량 공급이 어려워진다. 그러나 스프링 스크루는 정량 공급은 아주 정확하다고는 볼 수 없으나 스프링에 붙은 약품은 진동에 의해 떨어지고 붙지 않아 비교적 정량 투입이 가능하다.

질문 27 고체 약품투입기 운전, 정지 시 주의사항은 ?

고체 약품 투입기 관리는 약품이 굳는 현상이 일어나지 않도록 하는 것이 가장 중요함으로 불필요하게 많은 약품을 저장시키지 않아야 한다. 장시간 약품투입기를 정지 시킬 때에는 약품투입기 내에 약품을 완전히 비워서 정지시켜야 한다.

질문 28 고체 약품투입기 별 비교하면

구 분	스프링 스크루 약품투입기	스크루 약품투입기	원판식 약품투입기	로터리식 약품투입기	비 고
구 조	간단하다.	간단하다.	복잡하다	복잡하다.	
약품 조절	회전 조절	회전 조절	① 슈트 조절 ② 칼날 조절 ③ 회전 조절	회전 조절	
제 작	간단하다.	간단하다.	복잡하다.	간단하다.	
기계 구조에 약품 굳는 현상	안 일어난다.	일어난다.	잘 일어난다.	일어난다.	
분진 발생	안 발생한다.	안 발생한다.	발생한다.	발생한다.	
정량 투입 정확도	정확하다.	부정확하다.	부정확하다.	부정확하다.	굳는 현상 때문에
보수	쉽다.	쉽다.	어렵다.	약간 어렵다	

1.2 액체 약품투입기

1. 설 명

액체 약품투입기는 액체 약품을 저장탱크에 저장해 놓고 1~2일 분의 약품을 약품 실내의 소형 약품탱크에 옮겨 놓고 필요량을 정량으로 이송하는 장치이다.

2. 배치도

그림 1.12와 같이 약품투입실내에 소형 약품 저장탱크를 두어 1~2일 분의 약품을 담아 사용할 수 있도록 하며 액체 약품투입기는 소형 탱크의 약품이 자연유하로 투입기로 흘러들어 올 수 있도록 낮게 설치한다.

액체 약품투입기는 소형 약품탱크에 가깝게 설치하며 혼화기로 자연유하로 투입될 수 있도록 설치한다. 필요시 분배조를 두어 투입지점을 나눌 수 있다.

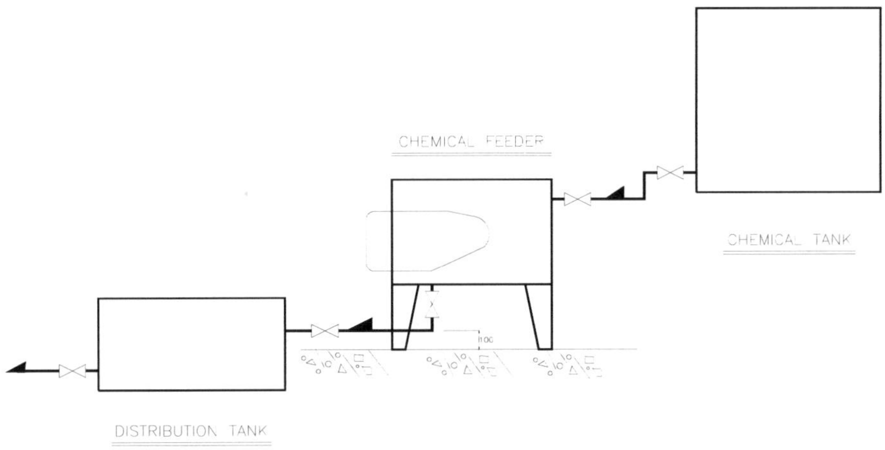

그림 1.12 액체약품투입기 배치도

3. 구조 및 원리

그림 **1.13**의 액체 약품투입기의 구조는 ① 사각탱크를 만들어 약품에 부식되지 않도록 만들고 ⑥ 소형 약품탱크에서 자연유하로 흘러들어 오는 약품을 수위에 의해 조절될 수 있도록 플로트 밸브(Float Valve)를 설치하여 투입기내의 약품 수위를 일정하게 유지시킨다. 약품투입기를 가로질러 회전할 수 있는 ⑤ 축을 설치하고 축의 중간에 ③ 물레바퀴를 만들어 고정시킨다. ⑪ 변속모터를 사용하여 자동변속 시킬 수 있도록 하며 ⑨ 감속기를 설치하여 알맞은 속도로 회전시킬 수 있도록 감속시킨다. 여기에 ⑪ ⑫ V 풀리와 ⑬ ⑭ 스프로켓(Sprocket)을 설치하여 물레바퀴를 회전시킨다. 이때 물레바퀴는 약품을 퍼 올리면서 투입기 내의 배플(Baffle)로 약품을 넘기고 넘겨진 약품은 혼화지에 투입된다.

약품투입기의 재질은 내산성 재료로 제작되었으며 제어반 컨트롤러(Controller)의 조정으로 회전수를 조절하여 정량을 주입할 수 있는 구조이다.

디퍼(Dipper)는 원판형의 휠에 그림 **1.14**와 같이 적당한 크기의 디퍼를 원주로 등 간격으로 배치하고 디퍼 모양은 변형된 동심원 구조의 국자 모양으로서 수위변동에 의한 부피 오차가 없고 회전에 의해 약품이 옆으로 흘러 나가는 구조로 한다.

플로트 밸브는 큰 부력을 가지고 수면이 조금만 변하여도 동작하도록 하여 약품주입에 따른 수위변동이 최소화 되도록 하며 약품 유입관 끝을 막아서 수위 조절하는 형식으로 지렛대의 원리를 이용한 구조를 사용한다.

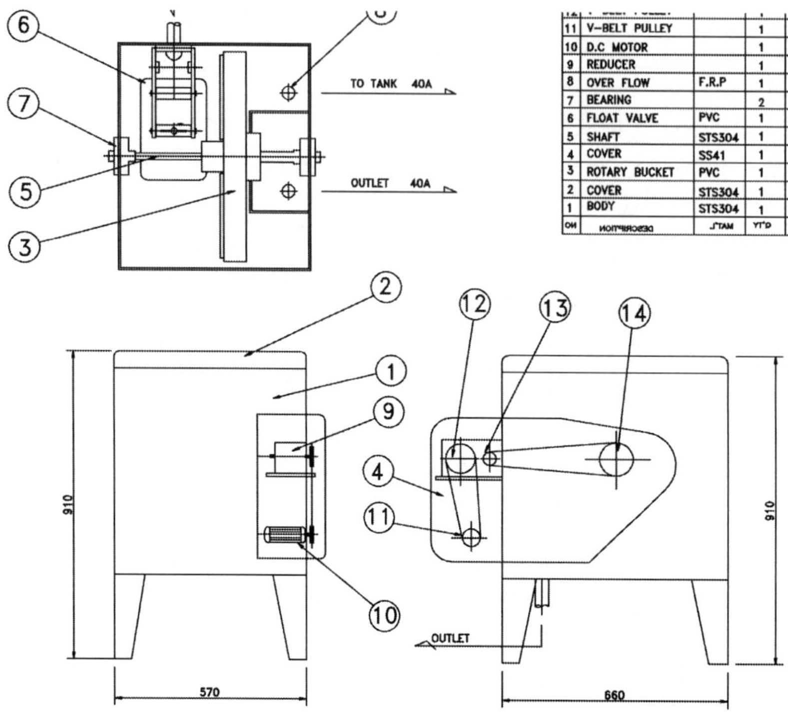

NO	DESCRIPTION	MAT'L	Q'TY	REMARKS
11	V-BELT PULLEY		1	A TYPE
10	D.C MOTOR		1	D.C 72CW,0-30V
9	REDUCER		1	1/100
8	OVER FLOW	F.R.P	1	
7	BEARING		2	
6	FLOAT VALVE	PVC	1	
5	SHAFT	STS304	1	
4	COVER	SS41	1	
3	ROTARY BUCKET	PVC	1	
2	COVER	STS304	1	
1	BODY	STS304	1	INSIDE F.R.P LINING

그림 1.13 액체 약품투입기

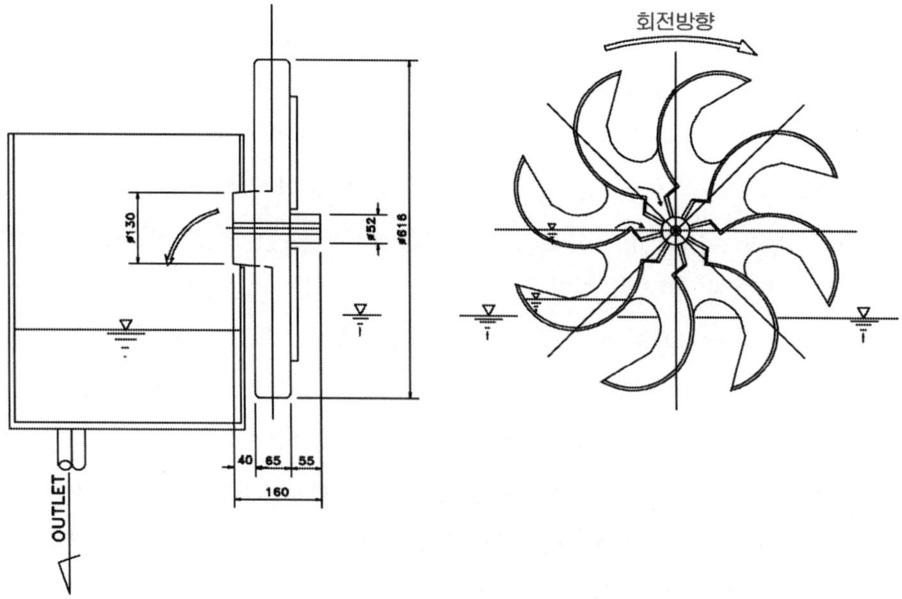

그림 1.14 로터리 버킷(Rotary Bucket)

4. 약품 투입 용량 계산

(1) 설계 사양

1) 투입 약품 : PAC

2) 투입 용량(Q) : 180 ℓ/hr

3) 디퍼(Dipper) 용량(q) : 0.425 ℓ/개×8 개/회전=3.4 ℓ/회전

(2) 디퍼 회전수 설계 계산(n)

$$n = \frac{Q}{q} = \frac{180\ell/\text{hr}}{3.4\ell/\text{회전} \times 60\text{분}/\text{hr}} = 0.88235 \text{ rpm}$$

(3) 감속비(i) 계산

1) DC 모터 회전수 : 1400 rpm

2) 감속기 감속비(i_1) : 1/100

3) 모터측 풀리(V_1) : 2″

4) 감속기측 풀리(V_2) : 5″

5) 감속기측 스프로켓(S_1) : 9 NT

6) 디퍼측 스프로켓(S_2) : 53 NT

디퍼 회전수(n_1)

$$n_1 = \frac{\text{모터 rpm}}{i_1 \times \frac{V_2}{V_1} \times \frac{S_2}{S_1}} = \frac{1400}{100 \times \frac{5}{2} \times \frac{57}{9}}$$

$$= 0.8842 \text{ rpm}$$

이므로

최대 실제 투입량(Q)

$$Q = 0.8842 \text{ rpm} \times 0.425\ell/\text{개} \times 8\text{개}/\text{회전} \times 60\text{분}/\text{hr}$$

$$= 180.37\ell/\text{hr}$$

이다.

가변형 모터이므로 모터 회전수를 1/10로 줄이면 약품투입량은 약 18 ℓ/hr이 된다.

5. 디퍼의 용량 계량

디퍼가 원판형의 휠에 8개가 부착되어 있어 원판이 1회전에 8개의 디퍼가 각각의 약품을 담아 넘기는 구조로 되어 있다.

8개의 디퍼의 용량이 차이가 있을 수 있으므로 1개의 디퍼의 용량만을 계량해서는 안 된다.

따라서 원판을 긴 시간 동안 회전시키면서 퍼 넘긴 약품량을 회전수로 나누고 다시 8개를 나누어 몫을 1개의 용량으로 하여 계산한다.

$$Q = \frac{Q}{n \times 8}$$

이때 시간을 길게 즉 원판 회전수를 많이 해서 계산해야 오차가 적다.

6. 디퍼식 약품투입기와 약품 펌프와의 비교

구 분	디퍼식 약품투입기	약품 펌프
크 기	크다	작다
흡 입 양 정	없다	크다
토 출 양 정	없다	매우 높다
기계 마모성	작다	크다. 시트(Seat), 볼, 피스톤
정 량 공 급	비교적 정확하다	정확하다
약품에 찌꺼기가 있을 경우 정확도	비교적 정확하다	불량하다
정 량 조 절	rpm 조절	① rpm 조절 ② 피스톤 행정 길이로 조절
비 례 제 어	가능하다	가능하다

질문 1 디퍼식 약품투입기의 정량 투입은 정확한가?

아주 깨끗한 물질을 이송할 때에는 약품 펌프가 아주 정확한 정량을 공급할 수 있으며 반면 디퍼식 액체 약품투입기는 원판을 회전시키면서 디퍼에 액체를 담아 넘기는 식이어서 약간의 오차는 있을 수 있어도 비교적 정확한 정량을 공급할 수 있다.

디퍼를 시운전시 많은 시간 동안 계량하여 계산하여 사용하면 약품이 찌꺼기가 나오더라도 정확한 정량을 공급할 수 있는 것이 장점이다. 또 디퍼의 회전속도로만 정량 조절하므로 약품 변동 공급이 쉽고 구조가 매우 간단하여 고장이 없다.

질문 2 약품투입기 내의 약품 수위에 따라서 정량 공급이 변하지 않는가?

액체 약품투입기 내의 수위는 플로트 밸브(Float Valve)의 부력에 따라서 수위가 변동되고 약품저장탱크의 수위에 따라서 수위가 약간 변동될 수 있으나 크게 변하지 않는다. 그리고 디퍼는 회전하면서 약품을 밑에서 담고 디퍼를 들어 올리면서 항상 약품을 디퍼 상변으로 쏟아 버리게 되어 있으며 약품을 쏟아 버린 후에 디퍼 내에 약품은 항상 일정량이 담겨져 있게 되어 있어 정량 공급을 할 수 있다.

디퍼 내에 항상 일정량이 담겨진 약품은 더 회전하면서 중심쪽으로 그림 1.14와 같이 다시 올려지게 된다. 약품이 비워진 디퍼는 회전하면서 약품을 다시 떠올리게 된다.

질문 3 부력통은 어떻게 제작하는가?

부력통은 충분한 부력이 부력통을 고정시킬 수 있는 고정대와 약품에 강한 재질로 제작하면 되므로 부력을 견딜 수 있는 크기로 얇은 스테인리스 철판으로 사각통을 제작하고 사각통에 PVC 환봉을 고정시킨다.

여기에 약품에 견딜 수 있는 내산성 FRP 로 두껍게 라이닝(Lining)하여 사용한다.

약품투입기 내의 약품 수위는 PVC 환봉을 플로트밸브에 고정시킬 때 수위가 높으면 플로트를 내려 고정시키고 낮으면 플로트를 올려 고정시킨다.

질문 4 약품 플로트밸브 제작 시 주의사항은?

약품 플로트밸브는 약품 저장 탱크의 높이와 플로트밸브의 구멍의 크기 및 플로트의 부력 크기에 의해 약품이 공급된다.

약품 공급 압력(P)

약품 유입구의 직경(D)

플로트의 부력(W)

플로트밸브와 플로트와의 거리(L)

$$P\left(\frac{D}{2}\right)^2\pi = WL$$

위 식과 같이 평형을 유지되고 약품 수위가 높아지므로 W가 커져

$$WL > P\left(\frac{D}{2}\right)2\pi$$

가 되므로 약품이 공급이 차단되게 된다.

약품 수위가 떨어지면 부력 W가 작아져

$$WL < P\left(\frac{D}{2}\right)2\pi$$

이 성립되어 약품이 공급되게 된다.

참고로 약품 저장 탱크에서 공급되는 압력 P가 커지고 약품 유입구의 직경 D가 커지면 부력 값이 커짐으로 수위가 높아지고 플로트밸브에 무리가 생기게 된다.

질문 5 디퍼 축은 어떻게 제작하는가?

디퍼 축은 약품에 강한 STS 316 재질을 사용하고 STS 316도 약품에 부식될 수 있으므로 노출된 축 부분에는 PVC 파이프를 끼워 축을 약품에 보호시켜 사용한다.

질문 6 약품 펌프가 약품을 더 정확하게 정량으로 공급 할 수 있지 않는가?

물을 사용할 때에는 깨끗하고 더 정확하게 공급할 수 있다. 그러나 약품에는 찌꺼기와 화학반응에 의한 이물질이 있을 수 있다.

이런 물질들이 약품 펌프에 있는 볼 체크에 이물질이 묻으면 흡입되거나 토출되는 약품 양이 급격히 틀리게 된다. 또 약품 펌프를 많이 사용하게 되면 볼 시트(Seat)나 볼이 마모가 일어나므로 마찬가지로 흡입량 또는 토출량이 급격히 틀리게 되어 정량 공급이 어려워진다.

질문 7 액체 약품투입기 설치 시 주의사항?

답변: 약품 저장탱크의 약품을 모두 사용하려면 약품투입기의 흡입양정이 없으므로 저장 탱크 바닥 보다 낮게 설치해야 한다. 또 약품투입기에서 유출되는 약품도 양정이 없고 자연유하로 흐르므로 투입구가 낮게 설치되어 있어야 한다.

질문 8 액체 약품투입기의 운전은 어떻게 하는가?

액체 약품투입기는 수동운전 및 자동운전(원격운전)이 가능하여야 하며 자동운전은 감시 제어설비의 주입신호에 의하여 비례주입을 할 수 있도록 한다.

제2장

혼화 응집지

2.1 응 집

원수중의 탁질 중 입경이 0.1mm 이상인 것은 보통 침전으로 제거 가능하나 입경이 1μ이하가 되면 일반적으로 콜로이드 입자라고 총칭되고 이 상태로서는 거의 침전하지 않을뿐더러 급속여과지에서도 제거되지 않는다. 그러므로 급속여과 방식에서는 이와 같은 탁질을 효과적으로 제거하기 위하여 전처리로서 혼화 응집에 의하여 콜로이드상의 탁질을 플록화하여 약품침전이나 급속여과지에서 제거할 수 있도록 탁질의 성상을 변화시키는 것이 반드시 필요하다. 그래서 양호한 플록을 효과적으로 형성시키는 응집지를 설치하여야 한다.

응집조작의 기능을 검토하여 보면 응집제를 첨가한 후 될수록 빨리 교반하여 탁질을 미세한 플록으로 응집시키는 단계와 생성된 미세 플록을 크게 성장시키기 위하여 느리게 교반하여 후속 단계인 침전과 여과처리를 쉽게 하는 단계로서 이 2가지 기능을 분리하여 전 단계를 혼화, 다음 단계를 응집이라 한다. 즉 이와 같은 기능에 대응하여 혼화지와 응집지로 구성된다.

응집제를 첨가하고 혼화와 응집의 과정을 경유하여 후속되는 침전과 여과처리를 하는 정수 과정 중에서 혼화 응집은 가장 중요한 조작이며 급속 여과방식의 정수처리 평가를 좌우하는 중요한 요소이다.

2.2 급속 혼화기

1. 기 능

가장 효과적인 응집이 되게 하기 위해서는 응집제 투입 후 응집제가 급속히 원수 중에 균일하게 확산되어야 한다.

응집제가 수중에서 가수분해하여 중합 반응을 일으키는 속도가 대단히 빠르므로 가능한 최대한의 급속교반으로 작은 수산화물 콜로이드를 많이 발생시켜서 수중에 분산된 탁질 콜로이드와 반응시키기 위하여 생성된 수산화물 콜로이드를 될수록 균일하게 확산시키는 것이 필요하다.

2. 혼화 방식

혼화는 수류자체의 에너지가 외부로부터 주어지는 기계적 에너지에 의하여 수류 중에 난류나 탁류를 발생시켜서 이루어진다.

혼화 방식에는 수류자체의 에너지에 의한 방식과 외부로부터 기계적 에너지를 작용시키는 방식이 있다.

(1) 수류자체의 에너지에 의한 방식

수로 중에 수평간류식이나 상하간류식의 저류판을 설치하여 수류방향을 급변시켜 크게 난류를 일으키는 방식 또는 관류 중에서 난류를 일으키는 방식이 있다.

어느 경우에서나 유속이 1.2 m/초 정도 필요하다. 수류자체에 의한 혼화방식은 기계적 작동 부분이 없으므로 고장이 없고 유지관리가 용이하나 설비에 탄력성이 없고 미리 정해진 유량 범위 내에서만 적용된다.

(2) 외부로부터 기계적 에너지를 작용시키는 방법

현재 가장 많이 사용되고 있는 방식이 플래시 믹서(Flash Mixer)이다. 즉 급속혼화기이다. 구동부에서 수직으로 내려간 축에 수개의 회전날개를 붙여 회전시켜 혼화시킨다. 회전날개에 주변속도 1.5 m/초 이상으로 회전시키며 회전속도를 변화시켜서 교반강도를 조절할 수도 있으나 큰 모터를 부착한 감속기를 사용함으로 고가이다.

원수 일부를 펌프로 가압하여 나머지 원수와 충돌시켜 혼화하는 방식도 있으며 이는 펌프 확산방식으로 수중에 기계 작동부분이 없어 유지관리상 문제가 적다.

이밖에도 양수펌프의 임펠러를 이용한 교반이나 공기 교반 방식 등이 있으며 일반적으로 기계 교반방식은 수두 손실이 거의 없는 것이 특징이다.

(3) 혼화 시간

혼화시간은 계획 정수량에 대하여 1~5분간이 표준이나 양호한 혼화가 이루어진다. 1분간이라도 충분하다. 그러나 이는 원수의 수질에 따라 달라지며 입경이 작은 유기질 콜로이드를 대량 포함하고 있을 때에는 부전하량이 커서 충분한 혼화 시간이 필요하나 주로 점토질 콜로이드와 같은 큰 콜로이드를 포함하는 원수는 단시간 혼화하면 된다.

(4) 구 조

1) 급속 혼화기 구조

급속 혼화기는 그림 2.1과 같이 보통 수직형으로 ① 모터 ② 감속기를 일체로 하고 ③ 감속기 받침대를 제작하여 임펠러에서 올라오는 진동을 막아 감속기를 보호할 수 있도록 하였으며 그 밑에 혼화를 시킬 수 있는 ⑦ 축과 ⑧ 임펠러를 설치한다.

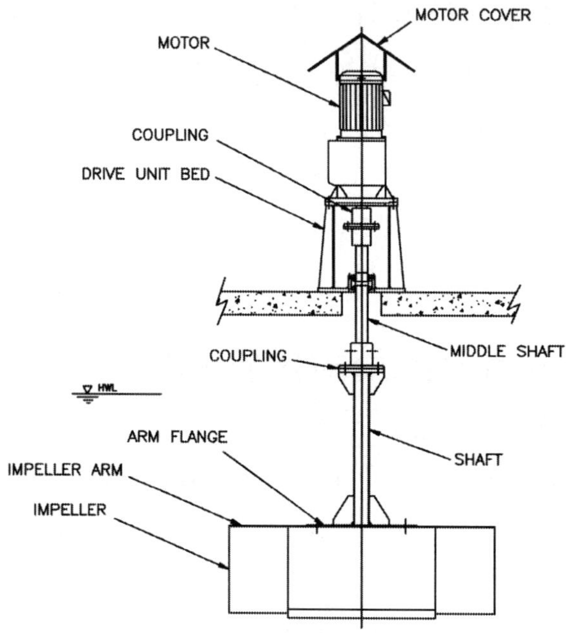

그림 2.1 급속혼화기

2) 급속 혼화기 설계

① 혼화기 크기

㉠ 처리 용량 : 100,000 m^3/일×2지

㉡ 형식 : 수직 터빈형

㉢ 지의 크기 : 4.25W×4.25L×4.25H=76.76 m^3

② 동력 계산

$\therefore\ P = G^2 \times \mu \times V$

$= 300^2 \times 1.52 \times 100^{-3} \times 76.76$

$= 10500\ \mathrm{N \cdot m/s(W)} = 10.5\ \mathrm{kW}$

P : 소비동력(N·m/sec)

G : 속도구배(300 sec^{-1})

μ : 1.52×10^{-3} N·sec/ m^2

V : 혼화지 체적(76.76 m^3)

$$P_m = \frac{P\ \mathrm{kW}}{\eta_1 \times \eta_2} = \frac{10.5}{0.8 \times 0.85} = 15.44\ \mathrm{kW}$$

η_1 : 감속기 효율(0.8)

η_2 : 모터 효율(0.85)

③ Impeller Dia.

D=(0.25~0.35)L

=(0.25~0.35)×4250

=977~1487

∴ ϕ1220으로 선정

L : 지의 길이(4250mm)

④ Impeller 축경

㉠ Torque 계산

$$T = 716.2 \times \frac{P}{N}$$

$$= 716.2 \times \frac{40\ \mathrm{HP}}{40} = 716.2\ \mathrm{kg \cdot m}$$

㉡ Shaft Dia 계산

$$X = \sqrt[4]{1 - \frac{5.1T}{\tau a\ .\ d_2^{\ 3}}}$$

$$= \sqrt[4]{1 - \frac{5.1 \times 716.2 \times 1000}{5 \times 165.2_3}} \fallingdotseq 0.957$$

$$X = \frac{d_1}{d_2}$$

$$d_1 = Xd_2$$

$$= 0.957 \times 165.2 = 158.1\mathrm{mm}$$

두께 $t = \dfrac{165.2 - 158.1}{2} = 3.55$

∴ 150A(0. D165.2)×6t로 선정함.

⑤ Impeller 면적 계산

$$A = \frac{2gP}{C\rho v^3}$$

$$= \frac{2 \times 9.81 \times 10.5 \times 102}{1.5 \times 1000 \times 2.56^3} = 0.83\ \mathrm{m^2}$$

A : 임펠러 단면적

v : 주변속도$(\pi \times 1.22 \times \dfrac{1800}{60 \times 45} = 2.56\ \mathrm{m/sec})$

g : 중력가속도(9.81 m/sec^2)

P : 소비동력(10.5×102 kg·m/sec)

C : 마찰 계수 (1.5)

ρ : 밀도(1000 kg/m^3)

1 kW : 102 kg·m/sec

Impeller 수량이 12EA인 경우

$A = 0.83 = A_1 \times 12$

$A_1 = \dfrac{A}{12} = \dfrac{0.83}{12} = 0.069\ \mathrm{m^2}$

$A_1 = W \times L = 0.069\ \mathrm{m^2}$

$W = 0.25$일 경우 $L = 0.33$ 따라서 구동부 효율 및 기기 효율을 고려하여 $W = 0.25$, $L = 0.33$로 선정 하면

$A_2 = 0.25 \times 0.33 \times 12\mathrm{EA} = 0.99\ \mathrm{m^2}$

$A_2 > A_1$ OK.

⑥ 실제 사용 동력 계산(P_1)

$$P_1 = \frac{C\rho v^3}{2g}$$

$$= \frac{1.5 \times 1000 \times 2.563 \times 0.99}{2 \times 9.8}$$

$= 1276.13\ \mathrm{kg \cdot m/sec}$

$$P_m = \frac{P_1}{\eta_1 \times \eta_2 \times 102}$$

$$= \frac{1271.13}{0.8 \times 0.85 \times 102}$$

$$= 18.32 \text{ kW}$$

3) 구동부 받침대 제작

급속 혼화기 그림 2.1의 ③의 제작은 그림 2.2와 같이 몸체 파이프에 하부 받침용 철판과 상부 감속기 조립용 플랜지를 용접하여 제작하고 몸체 파이프에 조립과 유지보수를 할 수 있도록 구멍을 절단해낸다.

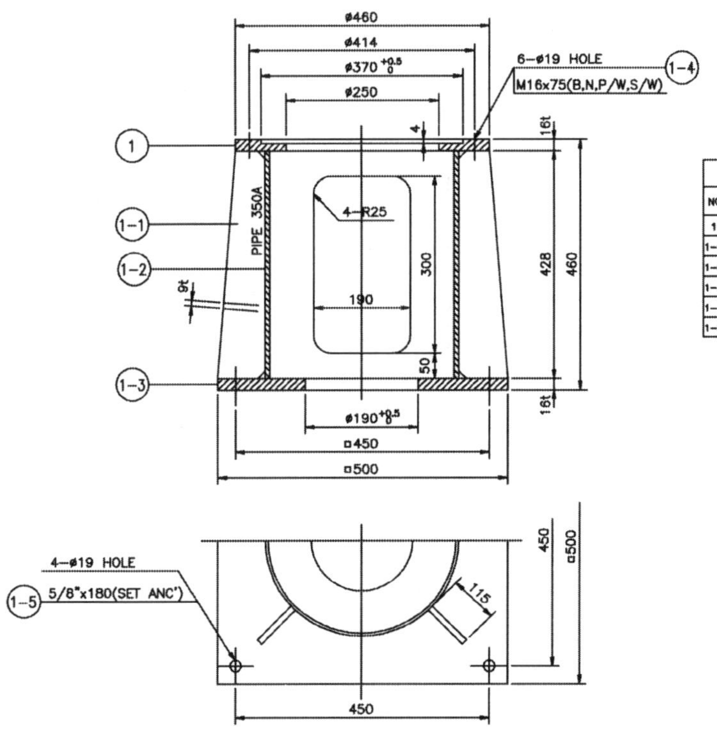

BILL OF MATERIAL				
NO	DESCRIPTION	MAT'L	Q'TY	REMARKS
1	FLANGE	SS400	1	16t
1-1	RIB	SS400	1	9t
1-2	BODY	SGP	1	350Ax7.9t
1-3	FLANGE	SS400	1	16t
1-4	B,N,P/W,S/W	STS304	6	M16x75
1-5	SET ANCHOR	STS304	4	5/8"x180L

그림 2.2 구동부 받침대

하부에는 베어링 하우징을 용접한 후 베어링 하우징과 감속기 조립용 플랜지가 동심원이 될 수 있도록 가공하여 사용한다. 베어링 하우징은 혼화기 임펠러에서 올라오는 진동과 흔들림을 막을 수 있도록 견고하게 제작하여야 하며 기계가공 시 동심원으로 가공하여 감속기에 무리가 안 생기도록 한다.

4) 임펠러 제작

임펠러는 여러 가지 구조로 제작할 수 있으나 설계에 기술한 방법으로 제작하면 그림 2.3과 같으며 상부플랜지는 구동부 받침대 하부플랜지에 조립될 수 있도록 제작한다.

임펠러 날개는 임펠러 원판에 등 각도로 용접 고정시키고 회전 시 진동으로 떨어지지 않도록 내부는 평철, 외부에는 환봉으로 고정시킨다.

임펠러의 교반원리는 임펠러가 회전함에 따라 물을 원주 방향으로 밀어내고 밀어냄에 따라 임펠러 하부로부터 물을 흡입하게 된다. 따라서 밀어내는 물이 속도에 의해 혼화로 내에서 급속한 혼화가 일어난다.

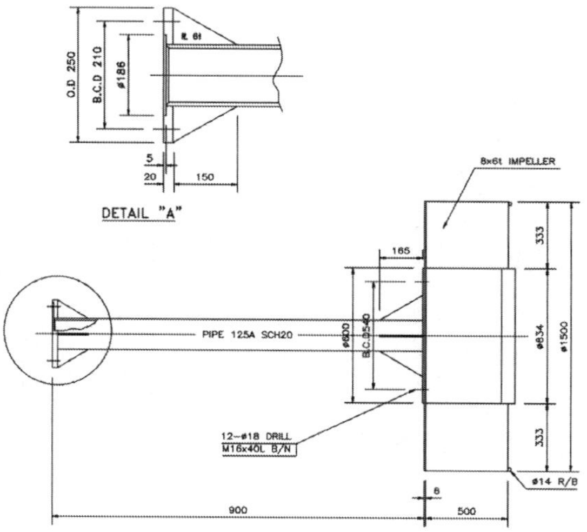

그림 2.3 임펠러

질문 1 구동부 받침대의 기능은?

혼화기의 임펠러는 직경이 크고 무거우며 혼화지에서의 회전 시 진동이나 흔들림이 발생한다. 이러한 임펠러의 중량이나 진동 및 흔들림이 직접 감속기에 전달되면 감속기는 쉽게 고장이 발생하거나 감속기 내에 들어있는 윤활유가 누출되는 현상이 일어난다. 그러므로 구동부 받침대는 임펠러의 중량을 충분히 받을 수 있도록 테이퍼 롤러 베어링을 사용하고 흔들림이나 진동을 축소할 수 있도록 베어링간의 간격을 가능한 크게 하며 앵커볼트와 받침대를 견고하게 제작하고 설치하여야 한다.

특히 감속기 받침대는 동심원으로 제작되어야 감속기의 축이 흔들림 없이 회전할 수 있다. 감속기 축이 흔들림이 있으면서 회전하면 감속기 축에서 누유현상이 발생하고 감속기에서 소음이 발생한다.

질문 2 감속기 받침대 축 제작 시 주의사항은?

감속기 받침대의 축에 커플링 조립 시 알맞게 조립될 수 있도록 커플링 높이에 맞춰 축에 단을 넣어 가공하여야 한다.

축의 길이는 하부에 임펠러 커플링과 조립시킬 때 작업이 용이하도록 축의 길이를 충분히 길게 제작하여야 하며 하부커플링 높이에 맞춰 축에 단을 만들어야 함은 물론 하부 축 단면에 2개의 구멍을 뚫어 탭을 내고 커플링이 빠지지 않도록 누름쇠를 넣고 조립시킨다. 볼트를 2개로 체결하면 임펠러 회전 시 볼트가 풀리는 현상을 방지할 수 있다. 커플링 연결 볼트 길이는 충분한 길이를 사용하여 체결 후 남은 볼트 산에 페인팅을 하여 볼트가 진동으로 인한 풀림이 없도록 한다. 혼화기는 진동이 심하여 스프링 와셔를 넣고 조립하여도 풀리는 현상이 발생하기도 한다.

질문 3 임펠러용 축 제작은 어떻게 하는가?

임펠러 축은 상부에 커플링과 하부에 임펠러를 조립할 수 있는 얇은 철판을 용접하여 사용한다. 또 축은 강관을 사용하므로 커플링과 하부에 임펠러를 조립할 수 있는 철판을 용접하고서는 선반에 가공하기가 어렵다. 따라서 휘지 않는 강관을 알맞은 길이로 절단한 후 이 파이프로 선반에 단면은 바르게 가공시킨다. 여기에 선반 가공을 완료한 상부 커플링을 가공된 파이프에 꽉 조립한 후 용접하여 고정시킨다.

하부 임펠러 조립 판은 임펠러판과 조립될 수 있도록 볼트 구멍을 가공하고 파이프 축에 같은 원을 판에 그린 후 파이프를 원에 정확히 대고 용접 고정시킨다. 또 파이프 중간에는 턴버클을 고정시킬 수 있도록 4개의 턴버클 고리를 부착시킨다.

질문 4 임펠러는 어떻게 제작하는가?

설계된 임펠러 직경에 맞게 절단하고 상부 축에 부착된 임펠러 조립용 철판과 포개 놓고 고정용 볼트 구멍을 뚫는다. 구멍 가공을 완료한 후에 포개진 상태에서 찾기 쉬운 위치에 펀치를 쳐 표시하고 설치 시 볼트 조립 구멍을 쉽게 찾아 조립할 수 있도록 한다. 가공 시 대칭이 맞지 않을 경우 포개진 구멍이 아니면 조립이 안 되는 경우가 발생하므로 포개진 상태로 조립될 수 있도록 한다. 또 임펠러 원판에 턴버클 하부 고리를 고정시키므로 90° 가 아니면 틀어짐으로 포개진 상태로 조립될 수 있도록 한다.

임펠러 날개는 날개 크기가 일정하도록 절단시킨다.

임펠러 원판을 상부판과 포개지지 않은 면에 날개 수에 맞게 방사형으로 표시하여 날개를 부착시키고 흔들림이 발생하지 않도록 내부에는 평철로 띠를 둘러 용접하고 외부 날개에는 환봉으로 둘러가며 용접시킨다. 흐름을 방해하지 않기 위해 환봉을 사용한다.

질문 5 약품은 어느 위치에 투입해야 하는가?

응집제는 수중에서 가수분해하여 중합 반응을 일으키는 속도가 대단히 빠르므로 가능한 최대한의 급속교반으로 작은 수산화물 콜로이드를 많이 발생시켜서 수중에 분산된 탁질 콜로이드와 반응시키기 위하여 생성된 수산화물 콜로이드를 필수로 균일하게 확산시키는 것이 필요하므로 확산이 빨리될 수 있는 곳에 투입하는 것이 바람직하다. 전에 많이 사용했던 혼화지 내에 약품을 떨어뜨리는 것은 위치에 따라서는 급속혼화도 되기 전에 응집지로 보내질 수도 있어 응집효율이나 침전효율이 떨어지고 더 나아가서는 처리수 수질이 좋지 않을 수 있다.

투입된 응집제가 가장 빨리 고루 확산될 수 있는 곳은 혼화기 임펠러 중심에 약품을 투입하는 것이 빠른 시간 내에 고루 확산 시킬 수 있다고 생각되어 그림 2.4에서 110으로 유입되는 응집제를 혼화기 파이프 축 중앙에 70의 약품 파이프를 넣고 60 상부 약품 호퍼를 만들어 90, 100을 통해 원수에 급속 확산될 수 있도록 구상하였다.
이 내용은 사용되지는 않았지만 이론상 가능할 것으로 보아 검토하였다.

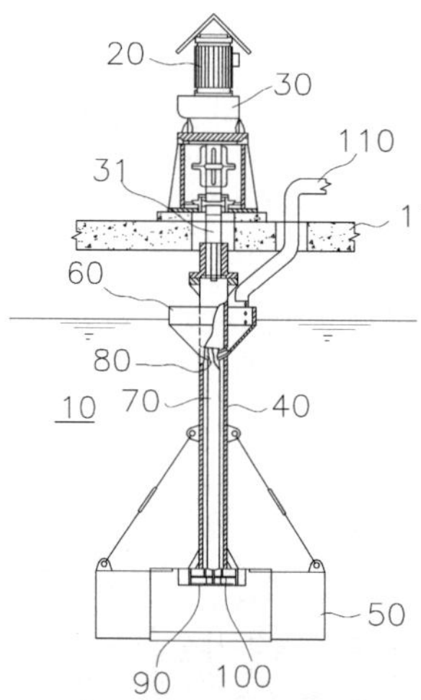

그림 2.4 혼화기 조립도

질문 6 혼화기 앵커볼트는 어떻게 설치해야 하는가?

혼화기 보교는 보통 철근 콘크리트로 제작되나 철재 보교로도 설치할 수 있다. 철재 보교를 사용 시에는 감속기용 받침대가 형강에 설치될 수 있도록 하여야 하며 철근 콘크리트 보교에 설치 시에는 콘크리트 보교 높이가 낮아 철근에 앵커볼트를 걸어 놓은 상태에서 콘크리트가 타설될 수 있도록 설치하여야 앵커볼트가 빠지는 현상이 발생하지 않는다. 만약에 콘크리트 타설시 앵커볼트 설치 구멍이 없거나 설치되지 않았다면 콘크리트 보교에 앵커볼트 구멍을 관통시키고 밑에 넓은 와셔를 대고 볼트를 끼우고 감속기베드 상면이 수평하게 하여 고정시킨다. 남은 볼트 산에는 페인트를 칠하여 풀림을 방지시킨다.

질문 7 설치 시 주의사항은?

감속기 받침대를 수평하게 설치하여야 하며 감속기 조립 시 모터의 전선 구멍을 고려하여 위치를 선정하여야 한다.

임펠러는 표시한 위치에 상부 축과 조립될 수 있도록 하고 턴버클을 조여 가며 임펠러의 원판이 수평 하도록 조정한다. 이때 임펠러는 손으로 회전시키면서 최대한 흔들림이 적도록 턴버클을 조정하여 고정시키고 턴버클 나사 여분에 페인트를 칠하여 풀림을 방지시킨다.

임펠러가 안정되게 회전될 때 감속기를 감속기 받침대에 조립하고 고정시킨다.

2.3 이젝션 믹서(Ejection Mixer)

1. 기 능

분사 주입기는 처리하고자 하는 원수의 일부를 펌프로서 가압하여 유속이 빠른 압력수에 약품투입기에서 공급되는 액체 응집제를 합류시키면서 합류된 빠른 유속을 이용하여 많은 원수에 분사시킴으로서 급속 혼화를 시킬 수 있다. 이 혼화는 원수가 공급되는 수로에서 처리할 수 있음으로 혼화지가 필요 없어 구조물 시설비용과 혼화기 설비에 대한 시설을 줄일 수 있다.

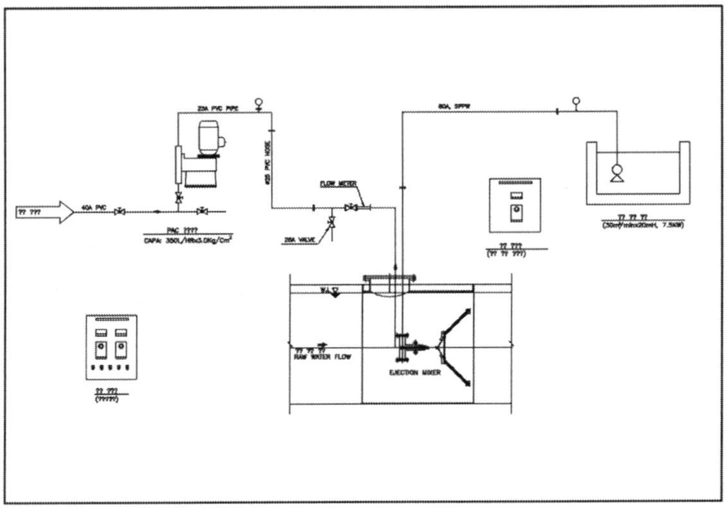

그림 2.5 이젝션 믹서 계통도

기존 혼화기 사용보다 동력이 적게 들고 혼화 효율이 더 높은 것으로 검토되고 있다. 그림 2.5는 시험용으로 제작하여 시험 운전을 했던 제품으로 기존에 사용했던 혼화기보다 침전지 처리수 수질이 좋아졌다.

2. 구 조

그림 2.6에서 ① 이젝터에 압축기가 유입될 수 있도록 원수를 공급할 수 있도록 수중펌프를 설치하여 연결하였고 이젝터 중심으로 약품이 유입될 수 있도록 ② 관을 연결하여 약품을 공급하였으며 또 ④ 세척용 관을 연결하여 약품관이 막혔을 경우 청소할 수 있도록 세척용 관을 설치하고 볼밸브를 부착하여 청소에 용이하도록 하였다.

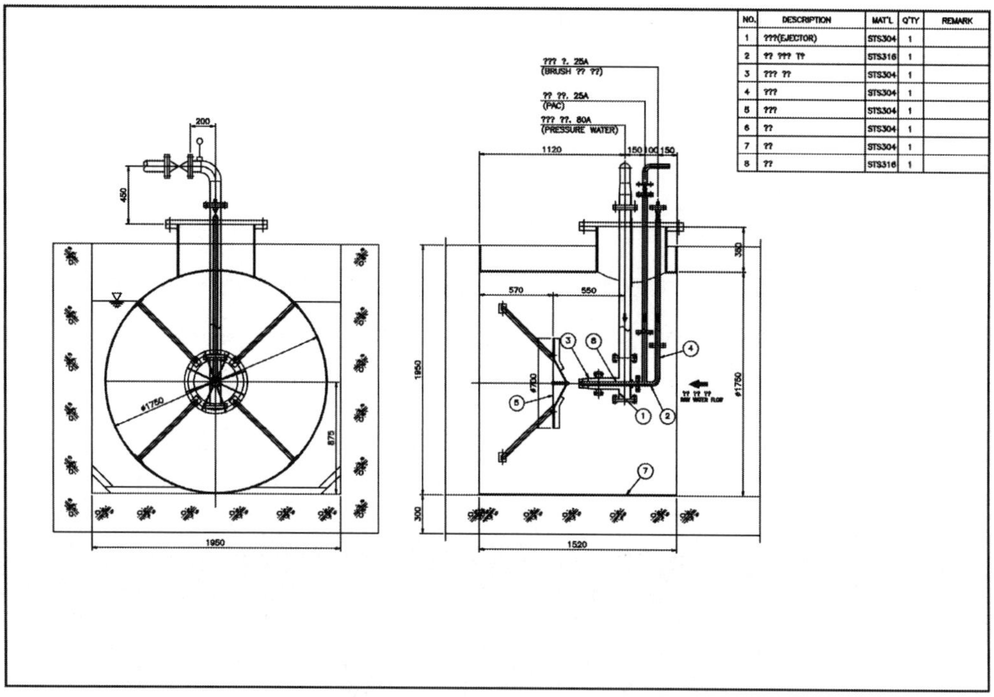

그림 2.6 이젝션 믹서 조립도

이젝터로 인하여 약품이 혼합된 압축수가 전체 원수에 빠른 시간 내에 확산될 수 있도록 ⑤와 같이 혼화판을 설치하여 전 수로로 분사될 수 있도록 하였다.

상부 맨홀은 이젝터가 고장이 발생하였을 시 맨홀로 이젝터 전체를 들어낼 수 있도록 충분한 크기로 제작하였다.

3. 혼화 원리

이젝터의 약품 유출구는 그림 2.7과 같이 노즐 파이프 외경에 와류판을 설치하여 유입되는 압축수를 와류를 일으켜 와류에 의해 약품과 급속혼화가 될 수 있도록 하였다.

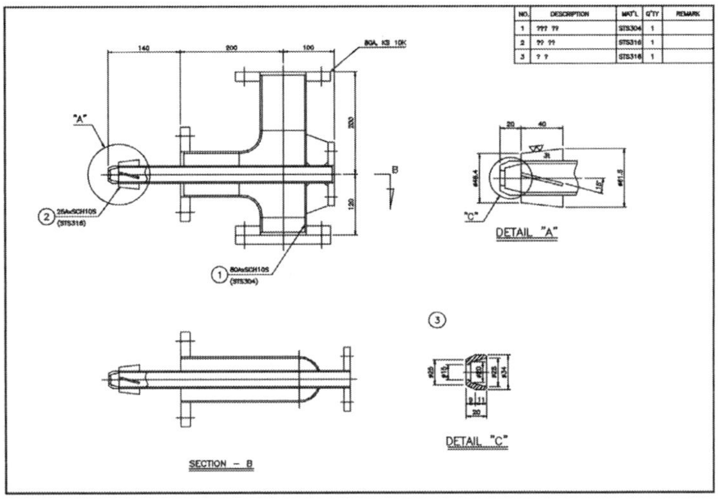

그림 2.7 이젝션 믹서 약품 노즐

약품관에 원수가 유입되지 않도록 그림 2.8의 분사노즐의 구조를 약품관에 이젝터 원리에 의해 진공이 발생하게 하여 약품이 투입되기 전에 물이 유입되는 현상이 없도록 하였다. 따라서 투입되는 약품은 압축수의 와류와 빠른 유속으로 급속으로 혼화되도록 설계하였다.

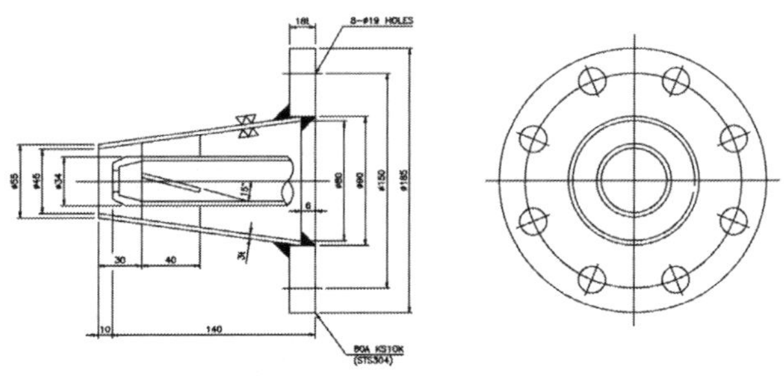

그림 2.8 이젝션 믹서 분사 노즐

그림 2.9의 혼화판은 약품이 혼합된 압축수를 전체 원수에 고루 분사될 수 있도록 분사판 원형 철판 중앙에 원추형으로 제작하고 방사형으로 분사될 수 있도록 방사판을 붙이고 이젝터 중심에 혼화판을 설치하여 압력수가 원수와 급속 혼화될 수 있도록 하였다.

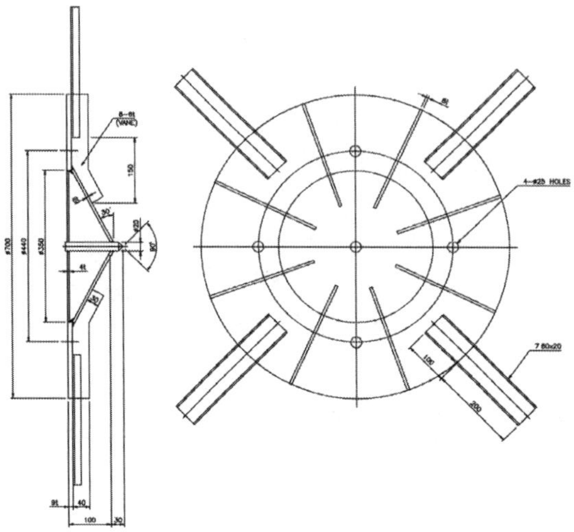

그림 2.9 혼화판

질문 1 그림 2.6의 설계 사양은?

- 처리 수량 250,000 m^3/일
- 수로 크기 2000 mmW×1850 mmH

$$유속(V) = \frac{Q}{A}$$

$$= \frac{250{,}000}{24\ h/D \times 60\ 분/h \times 60\ s/분 \times 2\ m \times 1.7\ m(유효수심)}$$

$$= 0.851\ m/s$$

- 이젝션 믹서 1대
- 가압수 펌프

  용 량 : 0.3 m^3/min

  압 력 : 20 m

  동 력 : 3.7 kW×4p
- PAC 투입 펌프

  용 량 : 350 ℓ /h

  압 력 : 3 kg/cm^2

  동 력 : 0.4 kW

정수용량 250,000 m^3/일 처리시설에 일반 혼화기를 시설하려면 4대 정도의 혼화지와 급속 혼화기가 필요하나 이젝션 믹서로는 1대로 사용하며 동력은 가압수 펌프 동력 3.7 kW로 기존혼화기 1대를 가동시키는 동력에 훨씬 못 미친다. 따라서 많은 동력비와 시설비 유지관리비 절감은 물론이며 침전지 처리수 탁도 많이 좋아졌다.

질문 2 **이젝션 믹서에서 진공을 왜 시켰는가?**

응집제 주입구가 원수 수중 속에 유입되어 있고 약품 유속은 최대 0.2 cm/s에도 못 미치므로 원수가 약품 관으로 유입되어 약품이 많은 원수와 혼화되기 전에 응집제가 수중에서 가수분해하여 중합반응을 일으킨다. 중합반응을 일으키는 속도는 대단히 빠르므로 가능한 최대한 급속교반으로 작은 수산화물 콜로이드를 많이 발생시켜야 하는데 시간이 지체되어 작은 수산화물 콜로이드가 잘 발생이 안 되어 응집이 잘 안될 수 있다. 이러한 현상을 막기 위해 약품 배관에 진공이 항상 유지되도록 하여 응집제가 유입되는 약품 관으로 원수가 유입되는 것을 차단시켰다. 따라서 응집제가 압력수 중앙으로 응집제가 유입되고 빠른 유속에 의해서 모든 원수에 급속혼화가 될 수 있도록 하였다.

질문 3 **이젝션 믹서에서 진공을 어떻게 발생시켰는가?**

그림 2.10에서 단면 A 의 가압수의 노즐 단면의 면적은 B의 단면보다 약 응집제 공급 파이프 외경보다 작다. 작은 단면에서의 빠른 유속이 B의 단면을 같은 유속으로 나가기 때문에 응집제 배관에는 응집제의 유량이 매우 적어 진공이 발생한다.

참고로 노즐 단면에 물이 회전하면서 분사될 수 있도록 하여 응집제와 원수가 잘 섞이도록 하였으며 약품관을 가압수 중심에 두어 가압수가 응집제를 감싸고 휘감도록 설계하여 혼화효과를 높였다.

질문 4 **약품과 혼화된 가압수는 전체 원수에 혼화되는가?**

그림 2.9의 혼화판이 가압수 유출구 앞에 고정되어 있어 약품과 혼화된 가압수가 빠르게 혼화판으로 유출되면 혼화판 중심에 붙어 있는 콘에 의해 혼화판 전체를 분사되고 분사된 가압수는 혼화판에 있는 방사판에 의해 수로 전 면적으로 빠른 유속에 의해 혼화 된다. 이 혼화된 원수는 가압수의 빠른 유속과 원수의 와류에 의해 더욱 더 확산되어 응집지로 유입되어 플록을 생성시킨다.

원수의 와류는 방사판에 의해 수로의 단면적이 작아지므로 방사판 부분에서는 와류가 더욱 더 심해진다.

질문 5 **이젝터 부분이 막혔을 시에는 어떻게 수리하는가?**

응집제 유입구가 약품의 화학적 반응과 약품의 유속이 매우 느리므로 막힐 염려가 있다. 약품 유입구가 막혔을 때에는 그림 2.6의 세척용 배관 밸브를 열고 여기에 와이어로프와 같은 것으로 넣고 돌리면서 밀어 넣어 막힌 곳을 뚫어 사용한다.

가압수가 분사되는 분출구가 막힐 염려는 없지만 분출구가 막혔거나 기타 고장이 발생하였을 경우에는 그림 2.6의 배관 고정 볼트를 풀어 전체를 들어내어 밖에서 수리하여 사용한다.

질문 6 응집제가 확산되는 시간은 얼마인가?

가압수 펌프의 용량 : 0.3 m^3/min 이고 양정은 20 m이므로 그림 **2.10**에서 단면 A-A' 로 가압수가 유출되는 단면적을 a라 하면

$$\text{단면적 } a = \frac{(D^2 - d^2)\pi}{4} \fallingdotseq \frac{(0.045^2 - 0.035^2)3.14}{4} = 0.000628\ \text{m}^2$$

$$\text{분사속도}(v) = \frac{Q}{a} = \frac{\dfrac{0.3\ \text{m}^3}{0.000628\ \text{m}^2}}{60\text{초}} \fallingdotseq 7.9\ \text{m/s}$$

노즐에서 분사되는 7.9 m/s 속도로 그림 **2.9**에 의해 방사형으로 확산되면서 0.3초 이내에 확산이 이루어짐을 알 수 있다.

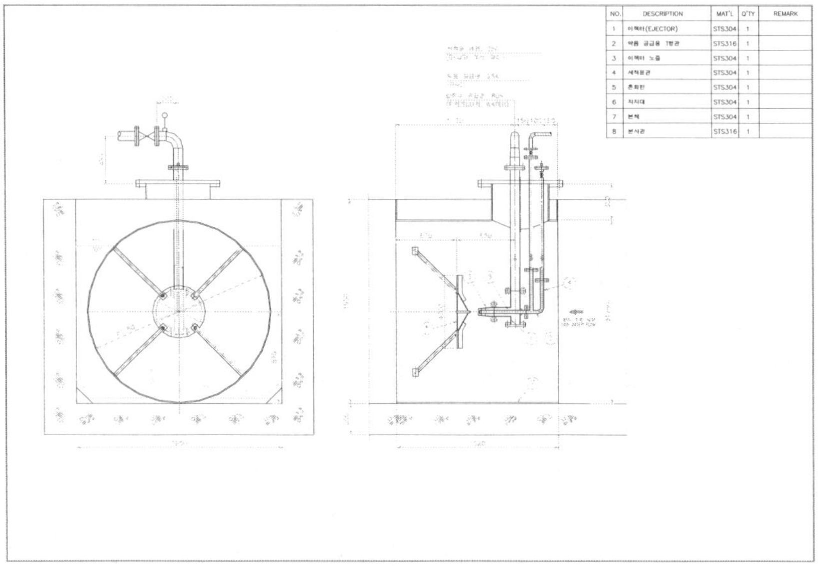

그림 2.10 이젝션

질문 7 이젝타 G값은 얼마인가?

그림 **2.11**에서 혼화구역 (mixing zone)을 보통 1-1.5D로 보고 있으나 본 설비는 혼화판을 사용하고 고압용수를 사용하여 전체로 급속확산 됨으로 혼화구간을 L=0.77 m로 보고 있다.

$$\text{따라서 혼화구간의 크기}(V) = \pi D^2 \frac{L}{4} = 3.14 \times 1.75^2 \times \frac{0.77}{4} = 1.85\ \text{m}^3$$

$$Q = \frac{250.000\ \text{m}^3}{d} = 2.89\ \text{m}^3/\text{sec}$$

$$혼화시간 = \frac{1.85\ m^3}{2.89\ m^3/sec} = 0.64\ sec$$

$$\mu = 1.336 \times 10\ N \cdot S/m^2 (10℃)$$

$$p = 3.75\ kW = 3750W\,(J/s)$$

$$G = \sqrt{\frac{\frac{p}{\mu}}{V}} = \sqrt{\frac{\frac{3750}{1.336}}{\frac{10^{-3}}{1.85}}} = 1231\ sec^{-1}$$

보통 재래식 혼화기일 경우 G값이 300 sec^{-1}인 정도에 비하면 이젝터식 혼화기는 G값이 1231 sec^{-1}로서 4배 이상의 교반 능력을 갖는다.

제3장

응집기

3.1 응 집

혼화로서 원수중의 탁질을 미소 플록으로 응집시킨 다음, 침전과 여과를 시키기 위해서는 응집된 플록이 크고 무거워지며 견고한 플록으로 되어야 한다.

플록 형성과정 3요소 중 응집한 미소 플록을 크게 만드는 조작이다. 플록은 서로 충돌하면서 응집하고 성장하는 것으로 그 기초 이론식은 캠프(camp)와 스타인(stein)식이 있다.

$$N = \frac{1}{6} \times n'n'' \sqrt{\left(\frac{\phi m}{\mu}\right)} (d' + d'')^3$$

N : 단위 시간 중에 단위체적 안에서의 플록의 충돌 횟수
n' : 단위 체적중의 직경 d'의 입자 수
n'' : 단위 체적중의 직경 d''의 입자 수
$\sqrt{\left(\frac{\phi m}{\mu}\right)}$: G값, 속도 경사를 나타내는 항
ϕm : 교반에너지 량

응집지내 용수에 주는 일량 ϕm에 비례하고 점성(μ)에 반비례한다.

G값을 크게 하면 플록의 성장이 증대하나 전단력 증가로 플록이 파단 됨으로 G값을 크게 하는 데에도 한계가 있다.

위 식으로부터 플록의 충돌 결합의 크기 플록의 형성 정도는

(1) 플록 입자의 농도의 제곱에 비례한다.

(2) 플록의 크기 즉 입자 직경의 3제곱에 비례한다.

(3) G값에 비례한다.

즉 큰 플록을 형성시키기 위해서는 플록 농도가 클수록 효과적이고 적당한 교반이 필요하며 입자 직경의 3제곱에 비례하여 급속 성장함을 알 수 있으므로 응집지의 단계에서는 효과적인 교반과 적당한 교반시간에 의하여 플록을 성장촉진 시키는 것이 필요하다.

3.2 기 능

교반에 의하여 플록이 어느 정도의 크기까지 성장하면 수류에 의한 전단작용에 저항하지 못하여 파단 됨으로 플록의 성장에 한계가 있고, 교반정도도 한계를 정할 수 있다. 따라서 될수록 큰 플록을 만들기 위해서는 플록의 입경이 작은 초기에는 교반강도를 강하게 하고 플록이 점차 크게 성장함에 따라 3~4단계로 나누어 교반강도를 줄여가는 방식을 채택하는 경우가 많다.

플록 형성지의 체류시간은 보통 20~40분간이 적당하며 너무 짧으면 교반에너지를 충분하게 하더라도 플록 형성의 효과가 크게 저하한다. 그러나 체류시간이 너무 길더라도 플록이 파괴되지만 않는다면 효과가 떨어지는 일은 없다.

3.3 응집지 구조

1. 응집지는 침전지에 접속하여 설치한다.
   성장한 플록이 침전지에 도달하는 사이에 유동되거나 외부로부터 영향을 받으면 파괴될 염려가 있으므로 응집지와 침전지는 붙여서 설치하고 그 사이에는 정류벽을 설치하여 침전지 내에서 와류가 발생하지 않도록 한다.
2. 응집지는 직사각형이 표준이며 응집기를 설치하거나 또는 저류판을 설치한 유수로로 하는 등 유지관리 면을 고려하여 효과적인 방법을 선택하여야 한다.
3. 응집기는 수질변화에 따라 교반강도를 조절할 수 있는 구조로 함이 바람직하다.
4. 응집기의 주변 속도는 15~80 cm/초로 하고 유수로형에서는 평균유속을 15~30 cm/초를 표준으로 한다.
5. 응집지는 단락류나 정체부분이 생기지 않도록 하고 충분한 교반이 가능한 구조로 한다.
6. 응집지에서 발생한 슬러지나 스컴(scum)의 제거가 가능한 구조로 함이 바람직하다.
   원수가 정체부분이 생기지 않도록 충분한 교반을 시키고 체류시간을 알맞게 하면 슬러지가 잘 생기지 않는다.

그러나 스컴(scum)은 응집지 유입수로나 응집지내에 발생한다. 스컴이 발생하는 위치를 고려해서 스컴제거기를 설치한다.

3.4 응집방법 분류

교반 방법으로 보면 수류자체의 에너지에 의한 교반과, 기계에너지에 의한 교반으로 분류된다.

수류 자체의 에너지에 의한 교반 방법은 관 자체의 수두를 교반에 이용하는 것으로 간류식이 대표적이다.

간류방식에 의한 교반에너지 식은

$$\phi m = wQ\frac{hf}{V}$$

ϕm : 교반에너지 량
w : 물의 비중
hf : 응집지에서의 전 손실수두
V : 응집지의 용량
v : 지내유속

위 식에서 $hf \propto v^2$이므로 $\phi m \propto v^3$이 되어 간류방식의 교반강도는 유속의 3승에 비례함을 알 수 있다. 그래서 유량이 감소하면 교반이 심하게 부족하게 되며 유량이 증대되면 경우에 따라서는 플록이 파괴된다. 이와 같은 일들을 방지하기 위하여 저류벽의 수나 치수를 변화시켜 대처할 수 있으나 일반적으로 간류 방식에서는 수량이나 수질의 변동이 심할 때에 대응하는 융통성이 없다.

간류방식에는 상하 간류식과 수평 간류식 또는 이 두 방식을 복합한 형태가 있다. 간류방식에서는 교반을 위하여 많은 수두손실을 필요로 하나 기계를 사용하지 않음으로 유지관리면으로는 대단히 편하다. 그러나 처리수량이나 수질의 변동이 심할 때에 대응할 수가 없어 잘 사용하지 않는다.

기계적 교반방식에는 여러 가지가 있으나 모두 교반날개에 의하여 수류를 교반하고 플록의 성장을 촉진하는 형식이다. 이때의 교반효율은 교반날개 주위의 물과의 상대속도가 최대일 때가 가장 유효하며, 이때에 주위의 물이 함께 회전하지 않도록 응집기 주위 벽에 고정익을 설치하거나 패들(paddle) 날개 판의 물을 헤치는 면적이 수로 단면적의 10% 정도로 작게 하여야 한다.

패들의 주변 속도는 성장한 플록이 파괴되거나 침전하지 않도록 15~80 cm/초 정도로 함이 좋다.

응집기는 손실수두가 적고 처리수량이나 수질변화에 따라 교반강도를 변화시킬 수 있는 설계가 가능한 점 등, 유리한 점이 있으나 기계작동 부분이 수중에 있으므로 유지비가 많이 들고 회전축 근접의 교반강도가 약하여 균일한 교반이 잘 되지 않고 단락류가 발생하기 쉬운 점 등, 불리한 점도 있다. 어떠한 교반방식을 사용하더라도 유입수가 동일한 교반을 받을 수 있도록 지의 수리적 구성을 하여야 한다.

플록 형성이 잘되지 않는 가장 일반적인 원인은 단락류나 정체부분이 생기므로 유효체류시간이 크게 저하하는데 있으므로 이를 방지하기 위해서는 응집지에 저류벽이나 정류벽을 적절하게 설치하여야 한다. 응집지에는 상부로부터 흘러들어오거나 지내에서 발생한 스컴이 저류벽이나 정류벽에 걸려서 지내에 축적되는 일이 많고 또 크게 성장한 플록이 슬러지가 되어 응집지 바닥에 대량 억류되는 일이 있다. 이들을 그대로 방치하면 응집지의 기능을 저해하므로 정기적으로 이를 제거하여야 한다.

3.5 응집기의 구조

수류 자체의 에너지에 의한 교반방식은 현재 거의 사용하지 않고 있으며 기계적 교반방식을 사용하고 있다.

기계적 교반방식에는 날개 형식에 분류하면 패들형과 터빈형, 프로펠러형을 사용하고 있으며 날개설치 모양에 따라 수직형과 수평형으로 분류한다. 이중에서 가장 많이 사용되고 있는 응집기는 수평 패들 형을 많이 사용하고 있다.

1. 수평패들형 응집기

(1) 기 능

미소플록이 크고 무겁고 견고하게 응집이 될 수 있도록 응집기의 속도변환이 되도록 한다.

축은 수류의 직각방향으로 설치하며 하류 쪽으로 갈수록 혼합 밀도가 감소되도록 응집기를 설계하여야 한다.

(2) 설계 조건(예)

- 지의 크기 – W : 3.75 m, L : 35 m, H : 3.55 m
- 형식 – 수평패들 형
- 주변속도– 1열 : 0.6 m/s
  2열 : 0.4 m/s
  3열 : 0.2 m/s
- 속도구배(G) – 1열 : 70 m/s
  2열 : 50 m/s
  3열 : 30 m/s
- 동력전달 : 커플링, 직렬
- 모터 형식 : VS 모터
- 모터 동력 : 1열 5.5 kW
  2열 3.75 kW
  3열 1.5 kW

(3) 동력 계산

1) 1열 응집기

응집지 체적(V)= $3.75\,\text{m} \times 35\,\text{m} \times 3.55\,\text{m} = 465.94\,\text{m}^3$

G : 70/sec

P_w : 교반소요동력(kW)

P_m : 모터동력(kW)

μ : 물의 점성계수 5℃(1.52×10^{-3} N·s/㎡)

a : 여유(1.2)

η : 모터효율(0.8)

① 교반소요동력(P_w)= $G^2 \times \mu \times V$

$$= (70/\text{sec})^2 \times 1.52 \times 10^{-3}\,\text{N} \cdot \text{s/m}^2 \times 465.94\,\text{m}^3$$

$$= 3470\,\text{m} = 3.47\,\text{kW}$$

② 모터동력$(P_m) = P_w \times a \times \frac{1}{\eta}$

$= 3.47 \times 1.2 \times \frac{1}{0.8}$

$= 5.205\,\mathrm{kW} < 5.5\,\mathrm{kW}$

2) 2열 응집기

G : 50/s

① 교반소요동력$(P_w) = G^2 \times \mu \times V$

$= (50/\mathrm{s})^2 \times 1.52 \times 10^{-3}\,\mathrm{N \cdot s/m^2} \times 465.94\,\mathrm{m^3}$

$= 1770\,\mathrm{W}$

② 모터동력$(P_m) = P_w \times a \times \frac{1}{\eta}$

$= 1.77 \times 1.2 \times \frac{1}{0.8}$

$= 2.655\,\mathrm{kw} < 3.75\,\mathrm{kw}$

3) 3열 응집기

G : 30/s

① 교반소요동력$(P_w) = G^2 \times \mu \times V$

$= (30/\mathrm{s})^2 \times 1.52 \times 10^{-3}\,\mathrm{N \cdot s/m^2} \times 465.94\,\mathrm{m^3}$

$= 637.4\,\mathrm{W} = 0.6374\,\mathrm{kW}$

② 모터동력$(P_m) = P_w \times a \times \frac{1}{\eta}$

$= 0.6374 \times 1.2 \times \frac{1}{0.8}$

$= 0.956\,\mathrm{kW} < 1.5\,\mathrm{kW}$

(4) 감속비 계산

- 응집지 수심 : 3.55m
- 패들직경(D)=3m

1) 1열 감속비

모터 1250 rpm에서

패들 주변속도(v_1) : 0.6 m/sec라 하면

1열 응집기 감속비(n_1)

$$n_1 = \frac{\frac{\text{rpm}}{60} \times \pi D}{v_1} = \frac{\frac{1250}{60} \times 3.14 \times 3}{0.6} = 327$$

2) 2열 감속비

모터 1250 rpm에서

패들 주변속도(v_2) : 0.4 m/sec라 하면

2열 응집기 감속비(n_2)

$$n_2 = \frac{\frac{\text{rpm}}{60} \times \pi D}{v_2} = \frac{\frac{1250}{60} \times 3.14 \times 3}{0.4} = 490$$

3) 3열 감속비

모터 1250 rpm에서

패들 주변속도(v_3) : 0.3 m/sec라 하면

3열 응집기 감속비(n_3)

$$n_3 = \frac{\frac{\text{rpm}}{60} \times \pi D}{v_3} = \frac{\frac{1250}{60} \times 3.14 \times 3}{0.3} = 654$$

(5) 패들 주변속도

1) 1열 응집기 패들 주변속도

V_1(패들 설치 경 3 m)=0.6 m/s일 때

V_2(패들 설치 경 2.4 m)=0.6×2.4/3=0.48 m/s

V_3(패들 설치 경 1.8 m)=0.6×1.8/3=0.36 m/s

V_4(패들 설치 경 1.2 m)=0.6×1.2/3=0.24 m/s

2) 2열 응집기 패들 주변속도

V_1(패들 설치 경 3m)=0.4 m/s일 때

V_2(패들 설치 경 2.4m)=0.4×2.4/3=0.32 m/s

V_3(패들 설치 경 1.8m)=0.4×1.8/3=0.24 m/s

V_4(패들 설치 경 1.2m)=0.4×1.2/3=0.16 m/s

3) 3열 응집기 패들 주변속도

V_1(패들 설치 경 3 m)=0.3 m/s일 때

V_2(패들 설치 경 2.4 m)=0.4×2.4/3=0.32 m/s

V_3(패들 설치 경 1.8 m)=0.3×1.8/3=0.18 m/s

V_4(패들 설치 경 1.2 m)=0.4×1.2/3=0.12 m/s

(6) 패들축의 선정

1) 제1열

① 축에 작용하는 토크(N : RPM, 1열 : 3.82)

$$T = 974 \times \frac{P_m}{N} = 974 \times \frac{3.47}{3.82} = 887.76\ \text{kg} \cdot \text{m}$$

② 굽힘 모멘트

축에 작용하는 하중(P : 180 kg, W : 100 kg)

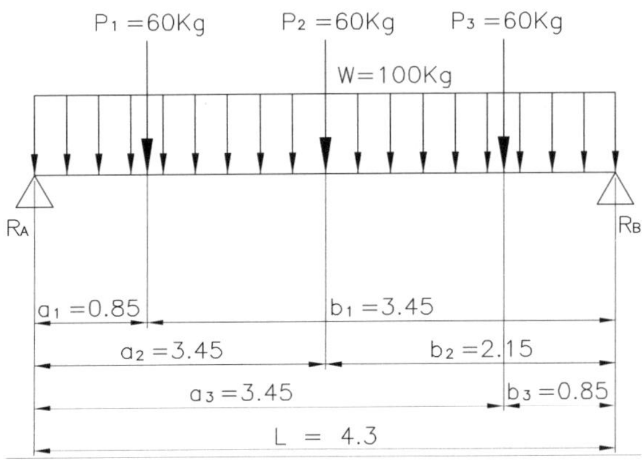

$$R_A = \frac{P_1 b_1 + P_2 b_2 + P_3 b_3}{\ell} + \frac{W\ell}{2} < P_1 = P_2 = P_3 = 60\text{ kg}$$

$$= \frac{(3.45 + 2.15 + 0.85) \times 60}{4.3} + \frac{100 \times 4.3}{2} ≒ 305\text{ kg}$$

$$M_{max} = R_A \cdot a_2 - P_1(a_2 - a_1) - W \cdot a_2 \cdot \frac{a_2}{2}$$

$$= 305 \times 2.15 - 60(2.15 - 0.85) - 100 \times \frac{2.15^2}{2}$$

$$≒ 346.625\text{ kg} \cdot \text{m}$$

③ 상당 비틀림 모멘트 : T_e

$$T_e = \sqrt{M^2 + T^2} = \sqrt{346.625^2 + 884.76^2}$$

$$≒ 950.23\text{ kgf} \cdot \text{m}$$

④ 축 선정(굽힘과 비틀림이 동시에 작용)

㉠ 중공축(125A로 설정)

$$X = \sqrt[4]{\left(1 - \frac{16 \times T_e}{\pi do^3 \times \tau a}\right)} = \sqrt[4]{\left(1 - \frac{16 \times (850.23 \times 1000)}{\pi \times 139.8^3 \times 8}\right)} ≒ 0.9393$$

$$di = X \cdot do = 0.9393 \times 139.8 = 131.31$$

$$t = \frac{do - di}{2} = \frac{139.8 - 131.31}{2} ≒ 4.24\text{ mm} < 6.6\text{ mm OK}$$

∴ 축 : Pipe STS304 125A SCH40S.

τa : 허용전단응력(8 kg/mm^2)

do : Pipe 외경(139.8 mm)

di : Pipe 내경

X : $\frac{di}{do}$

㉡ 중실축

$$d = \sqrt[3]{\frac{16 \cdot T_e}{\pi \cdot \tau a}} = \sqrt[3]{\frac{16 \times 950.23 \times 1000}{\pi \times 7.5}} ≒ 86.5 < 100\text{ mm} \quad \text{OK}$$

∴ 축 : R/B STS304 Φ100

2) 제2열

① 축에 작용하는 토크(N : RPM, 1열 : 2.55)

$$T = 974 \times \frac{P_m}{N} = 974 \times \frac{1.77}{2.55} = 676.07\ \text{kg} \cdot \text{m}$$

② 굽힘 모멘트

축에 작용하는 하중(P : 180 kg, W : 80 kg)

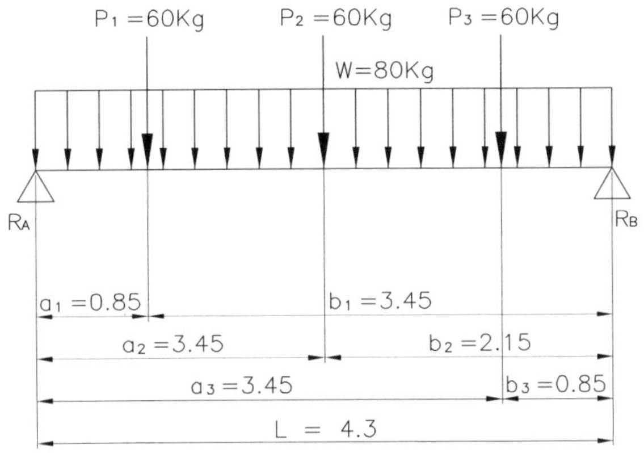

$$R_A = \frac{P_1 b_1 + P_2 b_2 + P_3 b_3}{\ell} + \frac{W\ell}{2} < P_1 = P_2 = P_3 = 60\ \text{kg}$$

$$= \frac{(3.45 + 2.15 + 0.85) \times 60}{4.3} + \frac{80 \times 4.3}{2} \fallingdotseq 262\ \text{kg}$$

$$M_{\max} = R_A \cdot a_2 - P_1(a_2 - a_1) - W \cdot a_2 \cdot \frac{a_2}{2}$$

$$= 262 \times 2.15 - 60(2.15 - 0.85) - 80 \times \frac{2.15^2}{2}$$

$$\fallingdotseq 300.4\ \text{kg} \cdot \text{m}$$

③ 상당 비틀림 모멘트 : T_e

$$T_e = \sqrt{M^2 + T^2} = \sqrt{300.4^2 + 676.07^2}$$

$$\fallingdotseq 739.8\ \text{kgf} \cdot \text{m}$$

④ 축 선정(굽힘과 비틀림이 동시에 작용)

㉠ 중공축(100A로 설정)

$$X=\sqrt[4]{\left(1-\frac{16\times T_e}{\pi\, do^3\times\tau a}\right)}=\sqrt[4]{\left(1-\frac{16\times(739.8\times1000)}{\pi\times114.3^3\times8}\right)}\fallingdotseq 0.9095$$

τa : 허용전단응력(8 kg/mm^2)

do : Pipe 외경(114.3 mm)

di : Pipe 내경

X : $\frac{di}{do}$

$$i=X\cdot do=0.9095\times114.3=103.96\text{ mm}$$

$$t=\frac{do-di}{2}=\frac{114.3-103.96}{2}\fallingdotseq 5.16\text{ mm} < 6\text{ mm} \quad \text{OK}$$

∴ 축 : Pipe STS304 100A SCH 40S

㉡ 중실축

$$d=\sqrt[3]{\frac{16\cdot T_e}{\pi\cdot\tau a}}=\sqrt[3]{\frac{16\times739.8\times1000}{\pi\times7.5}}\fallingdotseq 79.5 < 80\text{ mm} \qquad \text{OK}$$

∴ 축=R/B STS304 Φ80

(7) 패들 면적계산

1) 1열 응집기

$$A=\frac{2\times g\times p}{C\cdot\rho\cdot v^3}=\frac{2\times9.81\times3.47\times102}{1.5\times1000\times(0.6)^3}=21.43\text{ m}^2$$

C=저항계수(1.5)

v=주변속도(0.6 m/sec)

g=중력 가속도(9.81 m/sec^2)

p=동력

ρ=밀도(1000kg/m^3)

A=패들 총면적(m^2)

A_1=패들 1개당 면적(3.8m×0.1m=0.38m^2)

n=응집기 1대당 패들 수량

$$n=\frac{A}{A_1}=\frac{21.43}{0.38}=56.4\text{ 개}$$

- 응집기 패들 수량
- 패들 조립용 축 : 8단

• 패들 암 및 패들 수량 : 8개/단당

• 패들 전체수량 : 8단×8개/단=64 EA

• 패들 설계수량 : 56.4 < 64 EA로 설계

(8) 동력 검토

1) 1열 응집기

$$P=\frac{C\rho v^3 A}{2g}=\frac{C\rho A/4(V_1^3+V_2^3+V_3^3+V_4^3)}{2g}$$

$$=\frac{1.5\times 1000\times 24.32/4(0.6^3+0.48^3+0.36^3+0.224^3)}{2\times 9.81\times 102}=1.76\text{ kW}$$

V.S 모타 최대 1500 rpm으로 회전시키면

$$최대소요동력=\frac{Vo^3}{V^3}\times P=\frac{1500^3\times 1.76}{1250^3}=3.04\text{ kW} < 5.5\text{kW OK}$$

속도는 회전수에 비례함으로 $\frac{Vo^3}{V^3}=\frac{1500^3}{1250^3}$로 쓸 수 있다.

2) 2열 응집기

$$P=\frac{C\rho v^3 A}{2g}=\frac{C\rho A/4(V_1^3+V_2^3+V_3^3+V_4^3)}{2g}$$

$$=\frac{1.5\times 1000\times 24.32/4(0.4^3+0.24^3+0.18^3+0.12^3)}{2\times 9.81\times 102}=0.389\text{ kW}$$

V.S 모터 최대 1500 rpm으로 회전시킬 때

$$최대소요동력=\frac{Vo^3}{V^3}\times P=\frac{1500^3\times 0.389}{1250^3}=0.672\text{ kW} < 3.75\text{ kW} \qquad \text{OK}$$

3) 3열 응집기

$$P=\frac{C\rho v^3 A}{2g}=\frac{C\rho A/4(V_1^3+V_2^3+V_3^3+V_4^3)}{2g}$$

$$=\frac{1.5\times 1000\times 24.32/1(0.3^3+0.24^3+0.18^3+0.12^3)}{2\times 9.81\times 102}=0.22\text{ kW}$$

v.s 모터 최대 회전속도인 1500 rpm인 경우

$$P_m = \frac{Vo^3}{V^3} \times P = \frac{1500^3}{1250^3} \times 0.22 = 0.38\ \text{kW}\ <\ 1.5\ \text{kW OK}$$

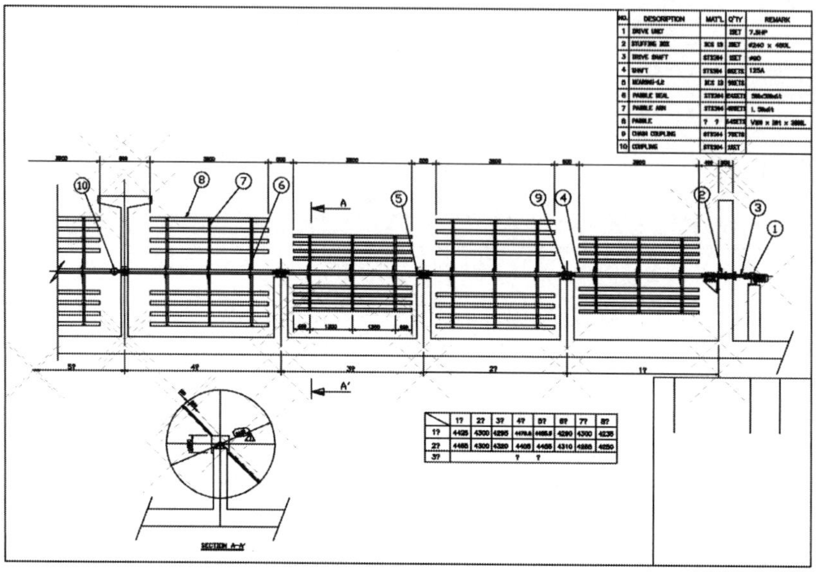

그림 3.1 수평 패들형 응집기

2. 수평 터빈형 응집기

(1) 기능

수평 터빈형 응집기는 수평 패들형 응집기와는 달리 패들 암과 패들이 없어 현장 설치가 간단하고 구조가 복잡하지 않으며 패들이 노후되거나 운영 시 부러지는 등의 문제점이 없다.

터빈형 응집기는 날개의 면적이 넓어 교반이 강력하여 넓은 곳까지 교반이 미친다. 응집이 효과적인 임펠러를 선정 부착할 수 있다.

(2) 구조

수평 패들형 축에 터빈을 부착하여 사용한다. ① 축에 ② 터빈 원판을 용접 부착시키고 원판주위에 방사선으로 ③ 날개를 용접 부착시킨다.

(3) 설계 조건

수평 터빈형 응집기 설계 조건은 수평 패들형 응집기의 설계조건을 참조하여 설계한다.

1) 지의 크기 : W-3.75 m, L-35 m, H-3.55 m
2) 형식 : 수평 터빈형
3) 주변속도 : 1열 0.6 m/sec
2열 0.4 m/sec
3열 0.3 m/sec
4) 속도구배 : 1열 70/sec
2열 50/sec
3열 30/sec
5) 모터형식 : V.S 모터
6) 교반소요동력(Pw) : 1열 3.47 kW
2열 1.77 kW
3열 0.637 kW
7) 터빈직경(D)=(0.25~0.35)×W
=(0.25~0.35)×3.75
=0.93~1.31
D=1.2 m로 결정

(4) 설계

1) 감속비 계산

① 1열

V.S 모터 1250 rpm에서

주변속도(v_1)=0.6m/sec라 하면

$$감속비(n_1)=\frac{rpm\times\pi D}{v_1\times 60}=\frac{1250\times 3.14\times 1.2}{0.6\times 60}$$

$$=130$$

② 2열

V.S 모터 1250 rpm에서

주변속도(v_2)=0.4 m/sec라 하면

$$감속비(n_1)=\frac{rpm\times\pi D}{v_2\times 60}=\frac{1250\times 3.14\times 1.2}{0.4\times 60}$$

$= 196$

③ 3열

V.S 모터 1250 rpm에서

주변속도(v_3)=0.3 m/sec라 하면

$$감속비(n_3)= \frac{rpm \times \pi D}{v_3 \times 60} = \frac{1250 \times 3.14 \times 1.2}{0.3 \times 60}$$

$$= 261$$

감속기의 감속비율은 감속기의 감속비 $\frac{1}{i_1}$, 스프로켓 감속비 $\frac{1}{i_2}$, V벨트의 감속비 $\frac{1}{i_3}$ 라고 하면 $\frac{1}{i_1} \times \frac{1}{i_2} \times \frac{1}{i_3} = \frac{1}{261}$ 되도록 한다.

2) 패들 축 계산

패들 축 계산방법은 수평 패들형 응집기의 축 계산 방법과 동일하다.

3) 날개 면적 계산

① 1열

$$A = \frac{2 \times g \times P}{C \rho V_1^3}$$

C=저항계수(1.5)

v_1=주변속도(0.6 m/sec)

g=중력가속도(9.81 m/sec^2)

P=동력(kW×102 kg·m/kW)

ρ=밀도(1000 kg/m^3)

A=날개면적(m^2)

$$= \frac{2 \times 9.81 \times 3.47 \times 102}{1.5 \times 1000 \times 0.6^3} = 21.43 \text{ m}^2$$

응집기 8단에 터빈 2조/단 이므로 1개 터빈에 날개면적(A_1)

$$A_1 = \frac{21.43}{8 \times 2} = 1.34 \text{ m}^2$$

1개 터빈 날개에 양면에 있고 날개를 4잎씩 붙이면 1개당 날개면적(a)

$$a=\frac{A_1}{2\times 4}=\frac{1.34}{2\times 4}=0.17\ \text{m}^2$$

날개 규격은 $0.4\ \text{m}\times 0.5\ \text{m}=0.2\ \text{m}^2 > 0.17\ \text{m}^2$

4) 실소요 동력 검토

① 1열 응집기

A=0.2×4개/터빈 당×2터빈/조×2조/단×8단=25.6 m^2

$$P=\frac{C\rho V^3 A}{2g\times 102}=\frac{1.5\times 1000\times 0.6^3\times 25.6}{2\times 9.81\times 102}=4.14\ \text{kW} < 5.5\ \text{kW} \qquad \text{OK}$$

② 2열 응집기

$$P=\frac{C\rho V^3 A}{2g\times 102}=\frac{1.5\times 1000\times 0.4^3\times 25.6}{2\times 9.81\times 102}=1.22\ \text{kW} < 3.75\ \text{kW} \qquad \text{OK}$$

③ 3열 응집기

$$P=\frac{C\rho V^3 A}{2g\times 102}=\frac{1.5\times 1000\times 0.3^3\times 25.6}{2\times 9.81\times 102}=0.51\ \text{kW} < 1.5\ \text{kW} \qquad \text{OK}$$

3. 수직 패들형 응집기

(1) 기 능

미소 플록이 크고 무거우며 견고하게 응집될 수 있도록 응집기의 속도변환이 될 수 있도록 하며 응집기는 응집지 상부에 보교를 놓고 수직으로 축을 설치하여 사용하며 하류 쪽으로 갈수록 혼합밀도가 감소되도록 응집기를 설계한다.

(2) 설계 조건

수평 패들형 응집기는 수평 패들형 응집기의 설계조건을 참조하여 설계한다.

1) 지의 크기 : W-3.75 m, L-3.5 m, H-3.55 m
2) 형식 : 수직 패들형
3) 주변속도 : 1열 0.6 m/sec
   2열 0.4 m/sec
   3열 0.3 m/sec
4) 속도구배 : 1열 70/sec
   2열 50/sec
   3열 30/sec
5) 설치수량 : 8대/지
6) 모터형식 : v.v.v.f 제어 모터(입형)

(3) 동력계산

1) 1열 응집기

응집지 체적(V)=3.75×35×3.55=465.94m^3

G=70/sec
P_w=교반소요동력(kW)
P_m=모터 동력(kW)
μ=물의 점성계수 5℃(1.52×10^{-3} N·s/㎥)
a=여유(1.2)
η=모터 효율(0.8)

① 교반소요동력(P_w)= $G^2 \mu V$

$$= 70^2 \times 1.52 \times 10^{-3} \times \frac{465.94\ \text{m}^3}{8\text{대/지}} = 434\ \text{W} = 0.434\ \text{kW}$$

② 모터 동력(P_m)= $P_W \cdot a \cdot \dfrac{1}{\eta} = 0.434 \times 1.2 \times \dfrac{1}{0.8}$

$$= 0.65\ \text{kW}$$

2) 2열 응집기

① 교반 소요동력(P_w)$= G^2 \mu V$

$$= 50^2 \times 1.52 \times 10^{-3} \times \frac{465.94}{8} = 221\ \text{W} = 0.221\ \text{kW}$$

② 모터 동력(P_m)$= P_W \cdot a \cdot \frac{1}{\eta} = 0.221 \times 1.2 \times \frac{1}{0.8}$

$$= 0.33\ \text{kW}$$

3) 3열 응집기

① 교반 소요동력(P_w)$= G^2 \mu V$

$$= 30^2 \times 1.52 \times 10^{-3} \times \frac{465.94}{8} = 79.6\ \text{W} = 0.0796\ \text{kW}$$

② 모터 동력(P_m)$= P_W \cdot a \cdot \frac{1}{\eta} = 0.0796 \times 1.2 \times \frac{1}{0.8}$

$$= 119\ \text{W} = 0.119\ \text{kW}$$

(4) 감속비 계산

패들 직경을 수평 패들형과 동일하게 하면 D=3 m

1) 1열 응집기

모터 : 1400 rpm에서

패들 주변속도(v_1) : 0.6 m/sec라 하면

1열 응집기 감속비(n_1)

$$n_1 = \frac{\text{rpm}/60 \times \pi D}{v} = \frac{1400/60 \times 3.14 \times 3}{0.6} = 366$$

2) 2열 응집기

모터 : 1400 rpm에서

패들 주변속도(v_2) : 0.4 m/sec라 하면

2열 응집기 감속비(n_2)

$$n_2 = \frac{\text{rpm}/60 \times \pi D}{v} = \frac{1400/60 \times 3.14 \times 3}{0.4} = 549$$

3) 3열 응집기

모터 : 1400 rpm에서

패들 주변속도(v_3) : 0.3 m/sec라 하면

1열 응집기 감속비(n_3)

$$n_3 = \frac{\text{rpm}/60 \times \pi D}{v} = \frac{1400/60 \times 3.14 \times 3}{0.3} = 732$$

수직형 감속기는 직결형이므로

감속비($\frac{1}{n}$) : 1열 : $\frac{1}{366}$, 2열 : $\frac{1}{549}$, 3열 : $\frac{1}{732}$로 결정한다.

(5) 동력 검토

수평 패들형과 동일하게 패들을 배열하고 패들 길이는 3.4m로 하면

1) 1열 응집기

① 패들 주변속도 V_1(패들설치 경 3 m)=0.6 m/sec일 때

V_2(패들설치 경 2.4 m)=0.48 m/sec

V_3(패들설치 경 1.8 m)=0.36 m/sec

V_4(패들설치 경 1.2 m)=0.24 m/sec

② 1 kW=102 kg·m/sec

③ 패들면적 : 16개/대×3.4 m×0.1 m=5.42 m^2

$$P = \frac{C\rho V^3 A}{2g} = \frac{C\rho A/4(V_1^3 + V_2^3 + V_3^3 + V_4^3)}{2g}$$

$$= \frac{1.5 \times 1000 \times 5.42/4(0.6^3 + 0.48^3 + 0.36^3 + 0.24^3)}{2 \times 9.81 \times 102} = 0.394\ \text{kW}$$

2) 2열 응집기

① 패들 주변속도 V_1(패들설치 경 3 m)=0.4 m/sec 일 때

V_2(패들설치 경 2.4 m)=0.32 m/sec

V_3(패들설치 경 1.8 m)=0.24 m/sec

V_4(패들설치 경 1.2 m)=0.16 m/sec

② 패들면적(A)=5.42 m²

$$P=\frac{C\rho V^3A}{2g}=\frac{C\rho A/4(V_1^3+V_2^3+V_3^3+V_4^3)}{2g}$$

$$=\frac{1.5\times1000\times5.42/4(0.4^3+0.32^3+0.24^3+0.16^3)}{2\times9.81\times102}=0.116\text{ kW}$$

3) 3열 응집기

① 패들 주변속도 V_1(패들설치 경 3 m)=0.3 m/sec일 때

V_2(패들설치 경 2.4 m)=0.24 m/sec

V_3(패들설치 경 1.8 m)=0.18 m/sec

V_4(패들설치 경 1.2 m)=0.12 m/sec

② 패들면적(A)=5.42 m²

$$P=\frac{C\rho V^3A}{2g}=\frac{C\rho A/4(V_1^3+V_2^3+V_3^3+V_4^3)}{2g}$$

$$=\frac{1.5\times1000\times5.42/4(0.33^3+0.24^3+0.18^3+0.12^3)}{2\times9.81\times102}=0.049\text{ kW}$$

(6) 모터 최대 회전수일 때 동력 검토

모터(4p) 1720 rpm일 경우

1) 1열 응집기

속도는 rpm에 비례하므로

$$P_m=P\times\frac{V_2^3}{V_1^3}=P\frac{\text{rpm}^3}{\text{rpm}_1^3}=0.394\left(\frac{1720^3}{1400^3}\right)=0.730\text{ kW}$$

2) 2열 응집기

$$P_m=0.116\times\left(\frac{1720^3}{1400^3}\right)=0.215\text{ kW}$$

3) 3열 응집기

$$P_m=0.049\times\left(\frac{1720^3}{1400^3}\right)=0.09\text{ kW}$$

(7) 축 선정

1) 1열

① 축에 작용하는 토크

$$\text{축 rpm} = \frac{P_m}{5.26\,\text{rpm}} = \frac{\text{rpm}}{n_1} = \frac{1720}{327} = 5.26\,\text{rpm}$$

$$T = 974\frac{P_m}{n} = 974\frac{0.73}{5.26} = 135\,\text{kg}\cdot\text{m}$$

② 중공축(100A로 설정)

$$X = \sqrt[4]{\left(1 - \frac{16\times T}{\pi do^3 \times \tau a}\right)} = \sqrt[4]{\left(1 - \frac{16\times(135\times1000)}{\pi(114.3)^3\times 8}\right)} = 0.9852$$

$$di = X\times do = 0.9852\times114.3 = 112.6\,\text{mm}$$

$$t = \frac{do - di}{2} = \frac{114.3 - 112.6}{2} = 0.84$$

τa : 허용전단 응력(8 kg/mm^2)

do : 파이프 외경(114.3 mm)

di : 파이프 내경

X : $\frac{di}{do}$

100A 파이프 1t 정도면 가능하나 용접 시 많은 변형을 줄이고 작업이 용이하도록 파이프 STS 304 100A SCH 20S(4t)를 사용한다.

4. 수직 터빈형 응집기

(1) 기 능

수직 터빈형 응집기는 수직 패들형 응집기와는 달리 하부 수중 베어링이 없어 설치가 간단하고 보수가 쉬우며 패들형에 비해 교반강도가 강하여 장방형 응집지에도 교반력이 좋아 넓은 곳까지 교반력이 미친다.

응집기 임펠러는 효과적인 형식으로 부착할 수 있다.

(2) 구 조

수직 터빈형 응집기는 그림 **3.2**와 같이 수직형 ① 모터 ② 감속기를 일체로 하고 ③ 감속기 받침대를 제작하여 임펠러에서 교반 시 전달되는 진동을 막아 감속기를 보호할 수 있도록 하였으며 그 밑에 혼화를 시킬 수 있는 ⑦축과 ⑧ 임펠러를 설치한다.

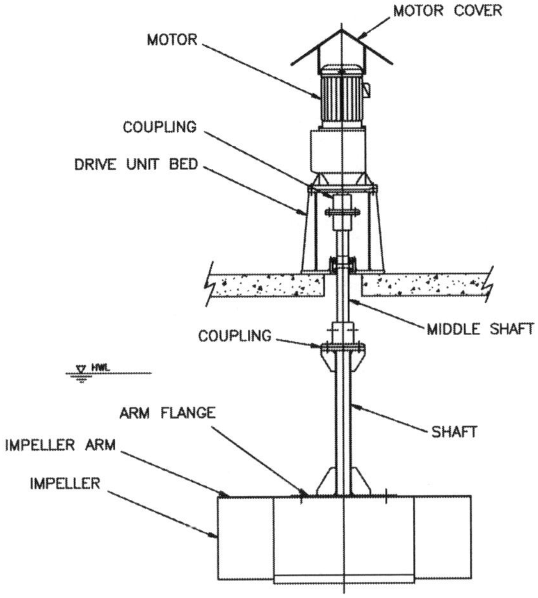

그림 3.2 수직 터빈형 응집기

(3) 설계 조건

앞에 수직 패들형 응집기 설계조건을 사용해서 설계한다.

1) 형식 : 수직 터빈형
2) 지의 크기 W : 3.75 m, L : 35 m, H : 3.55 m
3) 형식: 수평 터빈형
4) 주변속도 : 1열 0.6 m/sec
   2열 0.4 m/sec
   3열 0.3 m/sec
5) 속도구배 : 1열 70 m/sec
   2열 50 m/sec
   3열 30 m/sec
6) 설치수량 : 8대/지
7) 모터형식 : v.v.v.f 제어 모터(입형)

(4) 동력계산

앞에 수직 패들형 응집기 동력은 $P = G^2 \mu V$ 의 값이 동일함으로 일정하다.

1) 1열 교반 소요 동력(P_w)=0.434 kW
모터 동력(P_m)=0.65 kW

2) 2열 교반 소요 동력(P_w)=0.221 kW
모터 동력(P_m)=0.331 kW

3) 3열 교반 소요 동력(P_w)=0.0796 kW
모터 동력(P_m)=0.119 kW

(5) 감속기 계산

임펠러 직경 선정(D)=(0.25~0.35)× W
=(0.25~0.35)(35÷8대)
=(0.25~0.35)4.375
=1.09~1.53

∴ D=1.53 로 결정

1) 1열 감속비

모터 : 1400 rpm에서

터빈 주변속도(V_1) : 0.6 m/sec라 하면

1열 응집기 감속비(η_1)

$$\eta = \frac{\frac{\text{rpm}}{60} \times \pi \text{D}}{\eta_1} = \frac{\frac{1400}{60} \times 3.14 \times 1.5}{0.6} = 183$$

2) 2열 응집기

모터 1400 rpm에서

패들 주변속도(V_2) : 0.4 m/sec라 하면

2열 응집기 감속비(η_2)

$$\eta_2 = \frac{\frac{\text{rpm}}{60} \times \pi \text{D}}{\eta_2} = \frac{\frac{1400}{60} \times 3.14 \times 1.5}{0.4} = 274$$

3) 3열 응집기

모터 1400 rpm에서

패들 주변속도(V_3) : 0.3 m/sec라 하면

3열 응집기 감속비(η_3)

$$\eta_3 = \frac{\frac{\text{rpm}}{60} \times \pi D}{\eta_3} = \frac{\frac{1400}{60} \times 3.14 \times 1.5}{0.3} = 366$$

수직형 감속기는 직결형 이므로

감속비($\frac{1}{\eta}$) 1열 : $\frac{1}{183}$, 2열 : $\frac{1}{274}$, 3열 : $\frac{1}{366}$로 한다.

(6) 날개 면적 계산

날개 면적 $-A$ m^2

$$A = \frac{2gp}{C\rho V_1^3} = \frac{2 \times 9.81 \times 0.434 \times 102}{1.5 \times 1000 \times 0.6^3} = 2.68 \text{ m}^2$$

C=저항계수(1.5)

V=주변속도(0.6 m/sec)

g=중력가속도(9.81 m/sec^2)

P=동력(kW×102 kg·m/kW)

ρ=밀도(1000 kg/m^3)

날개를 12잎으로 하면 날개 당 면적=2.68 m^3÷12개=0.223 m^2

날개규격 500×500으로 하면

날개면적(a)=0.5×0.5=0.25 m^2

(7) 실소요 동력

1) 1열 응집기

$$P = \frac{C\rho V^3 A}{2g \times 102} = \frac{1.5 \times 1000 \times 0.6^3 \times 0.25 \times 12}{2 \times 9.81 \times 102} = 0.486 \text{ kW}$$

2) 2열 응집기

$$P = \frac{C\rho V^3 A}{2g \times 102} = \frac{1.5 \times 1000 \times 0.4^3 \times 0.25 \times 12}{2 \times 9.81 \times 102} = 0.143 \text{ kW}$$

3) 3열 응집기

$$P = 0.06\ \text{kW}$$

(8) 최대 소요동력

1) 1열 응집기

$$\text{최대 소요동력}(P_m) = P \times \frac{Vo^3}{V^3} = 0.486 \times \left(\frac{1720}{1400}\right)^3 = 0.90\ \text{kW}$$

2) 2열 응집기

$$\text{최대 소요동력}(P_m) = P \times \frac{Vo^3}{V^3} = 0.143 \times \left(\frac{1720}{1400}\right)^3 = 0.265\ \text{kW}$$

3) 3열 응집기

$$\text{최대 소요동력}(P_m) = P \times \frac{Vo^3}{V^3} = 0.06 \times \left(\frac{1720}{1400}\right)^3 = 0.111\ \text{kW}$$

질문 1 수평류 응집기의 회전 방향은?

② 응집지는 그림 3.3과 같이 ①유입수를 통해서 유입되는 원수가 1열 응집기 2열 응집기 3열 응집기를 통과하는 동안 응집되어 ③정류벽을 통하여 ④침전지로 유입된다. 응집지로 유입되는 원수가 응집지 상부로 원수가 유입되므로 1열 응집기는 그림 3.3과 같이 회전 상부를 유입 쪽으로 회전시켜 충분한 교반이 될 수 있도록 하고 2열 응집기는 1열 응집기와 반대방향으로 회전시키고 3열 응집기는 2열 응집기와 반대방향으로 회전시켜 모든 원수가 충분한 교반이 이루어질 수 있도록 한다.

특히 원수가 상부로 유입되므로 유입되는 원수구 앞에 방향을 하부로 향할 수 있도록 ⑥과 같이 판을 부착하여야한다. 상부로 유입되는 원수가 충분한 교반 없이 수로 내에 1열, 2열 응집기를 통과되고 3열 응집기에 도달하는 경우가 있다. 이 경우에는 충분한 플록이 성장하지 않아 수질에 악 영향을 미친다.

응집기와 응집기 사이에 ⑦과 같이 정류벽이 있을 경우에는 큰 문제가 생기지 않는다. 응집기 사이에 정류벽이 없으면 미 성장한 플록이 침전지로 유입되어 침전지에 침전효율이 떨어지고 미세플록이 여과지로 유입되어 여과지에 부담을 준다.

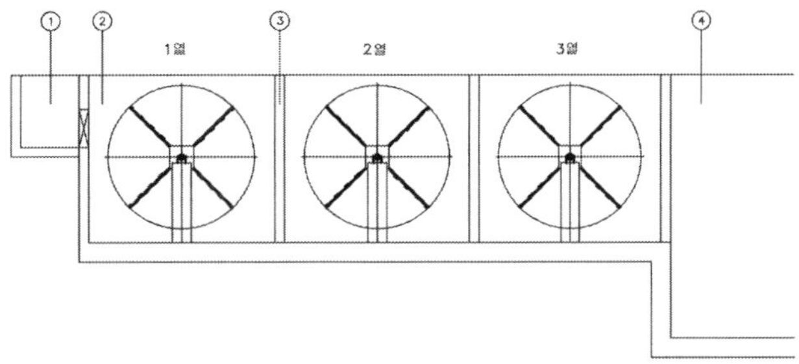

그림 3.3 응집지 단면

질문 2 수직형 응집기의 회전 방향은?

수평류 응집기와 마찬가지로 좌우 응집기와 방향을 달리하여 교반이 잘 되도록 한다. 그림 3.4와 같이 좌우와 열마다 방향을 달리하여 와류현상을 막고 응집효과를 높인다.

질문 3 수중 축은 어떻게 제작하는가?

수중 축은 보통 3m 내외의 길이로 제작되고 있으며 축 중간부에는 패들 조립용 앵글을 조합할 수 있도록 그림 3.5 패들리어(Paddle Rear) 3개조를 용접 부착하여야 하므로 용접 시, 휨을 줄이기 위해 직경이 큰 축을 사용하는 것이 바람직하고 축의 자중과 자재비 절감을 위해서 중공축을 사용하는 것이 바람직하다. 따라서 그림 3.6과 같이 축의 중앙부에 파이프를 넣고 양단에 환봉을 파이프 내경과 베어링에 맞게 가공하여 용접 사용한다.

제작 시 파이프는 곧은 자재를 사용하고 파이프에 양단의 단면을 가공하여 환봉 축을 조립 시 용이하도록 하고 용접 시 휨이 발생하지 않도록 주의해서 제작한다. 또 용접부위가 떨어지지 않도록 견고하게 용접하여야 하며 그림 3.7과 같이 파이프와 환봉에 약간의 홈을 드릴로 내어 용접하여 보강한다. 완성된 패들축의 도면은 그림 3.8과 같다.

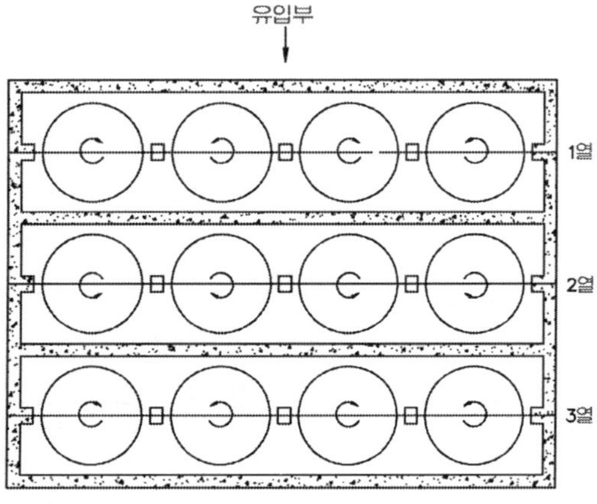

그림 3.4 수직형 응집기의 회전 방향

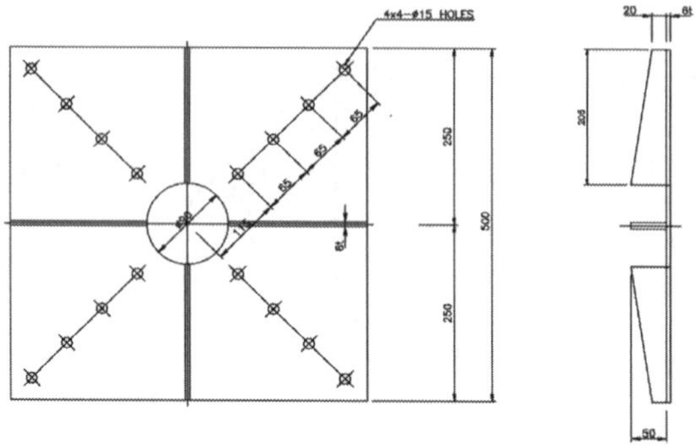

그림 3.5 패들리어(Paddle Rear)

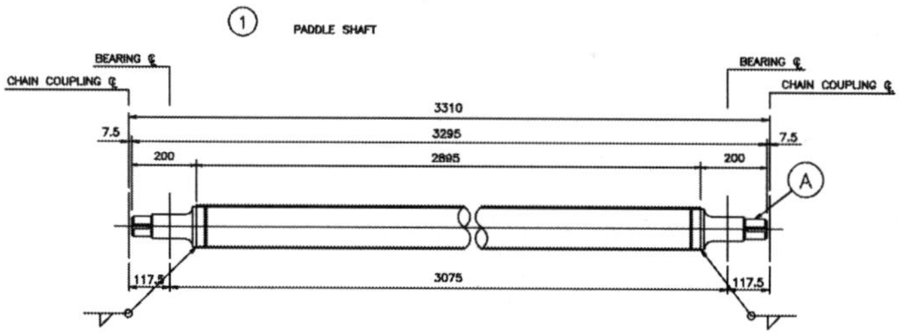

그림 3.6 축

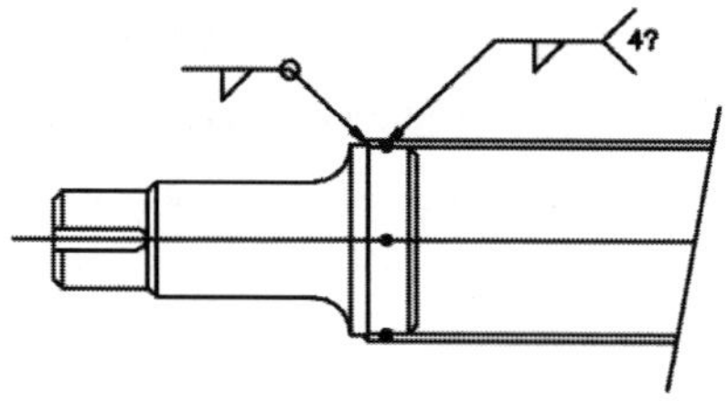

그림 3.7 중공축 연결

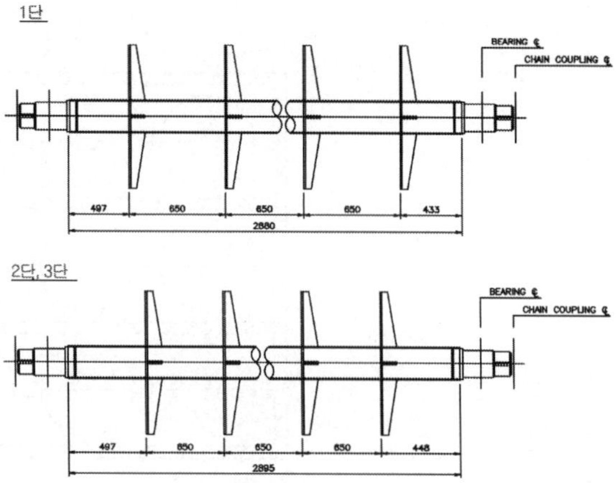

그림 3.8 패들 축

질문 4 수중 베어링을 어떻게 설치하는가?

수중에 있는 패들 회전용 축은 보통 3m 내외에는 축을 사용하며 축은 파이프에 환봉을 용접하고 또 파이프 축에 패들리어(Paddle Rear)를 용접 후 기계가공을 하지 않음으로 축은 약간에 휨이 발생했다고 볼 수 있다. 그래서 축마다 양단에 수중 베어링을 설치하고 축과 축 사이에는 체인커플링을 사용하여 약간의 편심 회전을 하더라도 구동에 이상이 없도록 하였다.

그림 3.9와 같이 응집기 설치 기둥에 2개의 수중 베어링을 조립 설치하였다. 만약 이 베어링을 1개로 하고 체인커플링 대신에 후랜지 커플링을 사용하여 조립하면 축이 편심 회전하므로 손으로 축 회전이 불가능하고 편심으로 심하게 회전하는 수중베어링은 마모가 매우 심하다. 축 양단에 베어링이 설치되어 있으면 수중 메탈베어링의 보수도 용이하다.

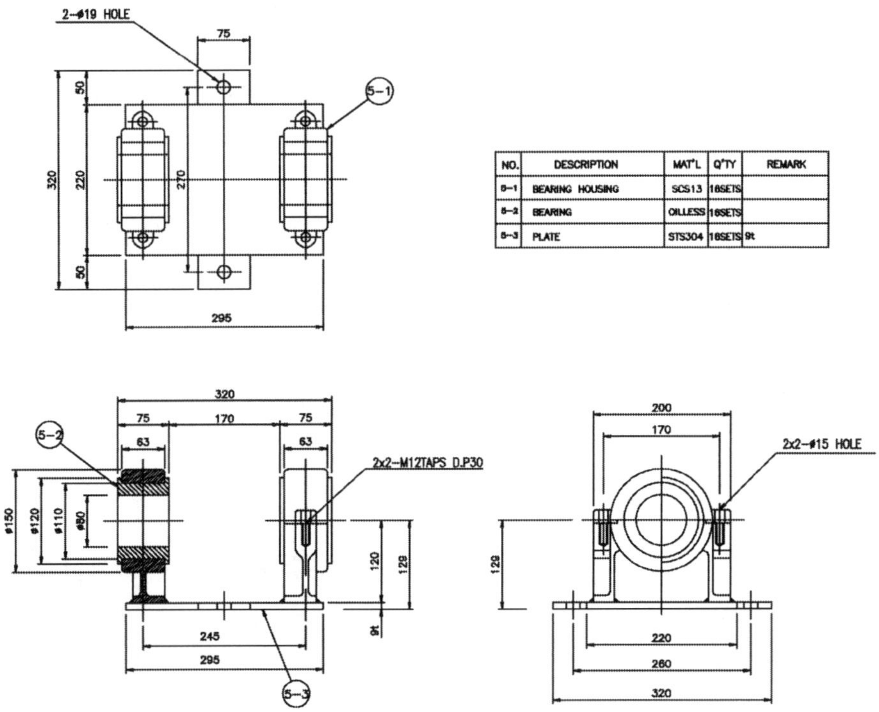

NO.	DESCRIPTION	MAT'L	Q'TY	REMARK
5-1	BEARING HOUSING	SCS13	16SETS	
5-2	BEARING	OILLESS	16SETS	
5-3	PLATE	STS304	16SETS	9t

그림 3.9 메탈베어링(Metal Bearing)

응집기는 교반 시 축 방향으로 축이 밀리는 현상이 일어날 수 있다. 축이 밀리는 현상을 방지하기 위해 그림 3.10과 같이 축 양 끝단에 응집기당 2개의 칼라를 설치한다.

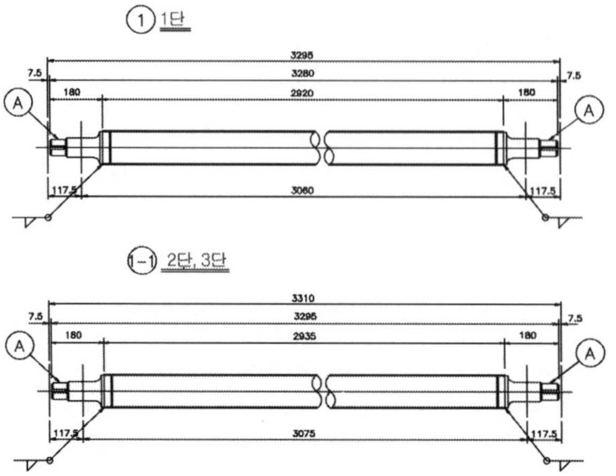

NO.	DESCRIPTION	MAT'L	Q'TY	REMARK
1	PADDLE SHAFT(1)	STS304	2	80AxSCH40
1-1	PADDLE SHAFT(2)	STS304	4	80AxSCH40
2	PADDLE SHAFT(3)	STS304	2	80AxSCH40
3	COLLAR	SM45C	2	ø110
4	SET SCREW	STS304	4	M10x25L

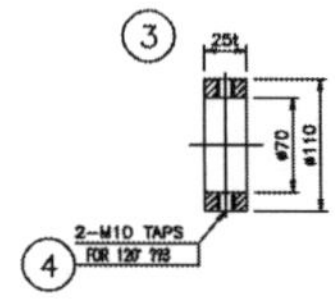

그림 3.10 축 칼라(Shift Collar)

질문 5 응집지와 기계실 사이의 수밀장치(Stuffing Box)는 어떻게 만드는가?

답변 :수밀장치는 응집지와 기계실 사이에 설치되는 장치로서 응집지의 물이 새지 않도록 하여야 한다.

수밀장치(Stuffing Box)의 구조는 그림 3.11과 같이 제작하며 내부에 축이 정확히 중심에 설치될 수 있도록 2개의 부싱(Bushing)을 양쪽에 설치하였고 ④와 같이 그랜드 패킹 누름쇠를 설치하여 물이 새는 것을 막도록 하였다.

③과 같이 부싱을 넣지 않으면 수밀 장치 내에 축이 중심에 설치하기가 매우 어려우므로 부싱을 양단에 꼭 끼울 수 있도록 설계한다.

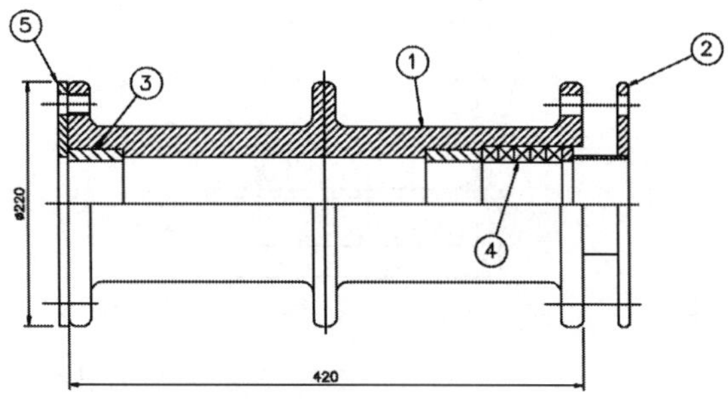

NO.	DESCRIPTION	MAT'L	Q'TY	REMARK
1	STUFFING BOX	SCS13	1X4SET	
2	FLANGE	STS304	1X4SET	
3	BUSHING	OILLESS	2X4SETS	
4	GLAND PACKING	-	-	12.7x12.7
5	FLANGE	STS304	1X4SET	9t
6	지수판	SS400	1X4SET	9t(분할제작)

그림 3.11 수밀장치(Stuffing Box)

또 축은 그림 3.12와 같이 축경을 달리하여 단을 설치하고 축 양단에 베어링을 설치하여 축이 축 방향으로 밀리지 않도록 하여야 한다.

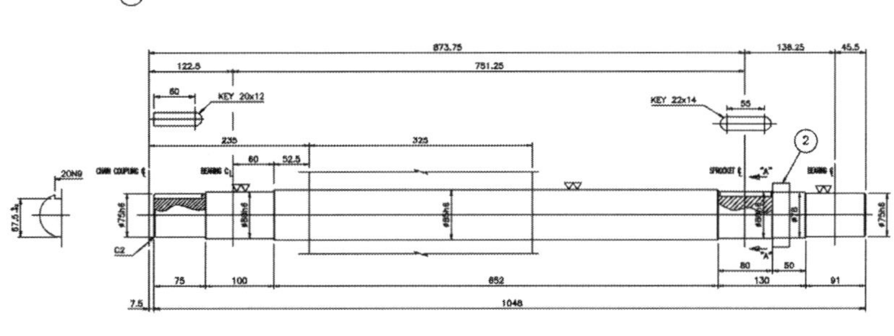

NO.	DESCRIPTION	MAT'L	Q'TY	REMARK
1	SHAFT	STS304	1	φ85
2	COLLAR	SM45C	1	φ110

그림 3.12 구동축

베어링을 축 양단에 그림 3.13과 같이 응집지내에는 수중베어링을 사용하고 기계실에는 ⑪UCP베어링을 설치한다. 기계실에 UCP베어링을 설치하지 않으면 축이 회전 시 휨이 발생하여 편심회전하게 되고 편심회전하게 됨에 따라 그랜드 패킹부의 구멍이 커져 물이 많이 새게 된다. 축과 그랜드 패킹 사이로 한두 방울씩 떨어지는 현상은 문제가 되지 않으며 많이 떨어질 경우에는 패킹 누름쇠를 조금씩 조여 가며 사용하고 패킹 누름쇠가 완전히 조여지면 패킹을 새것으로 교환하여 사용하여야 한다. 수밀장치의 벽체 고정은 축 양단에 베어링 설치가 완료되고, 응집기 수동 회전이 원활할 때 콘크리트 벽체에 완전히 고정시키고 물이 새지 않도록 방수액을 사용하여 모르타르로 고정시킨다.

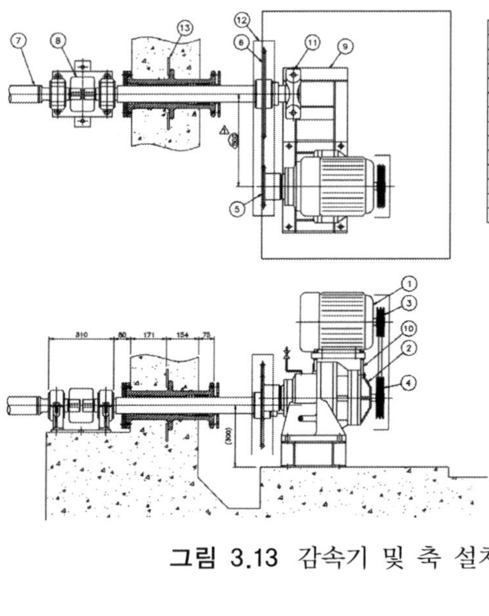

NO.	DESCRIPTION	MAT'L	Q'TY	REMARK
1	MOTOR	BUY	4SET	[illegible]
2	REDUCER	BUY	4SET	1/185
3	V-PULLEY(???)	BUY	4	
4	V-PULLEY(???)	BUY	4	
5	SPROCKET	SM45C	4	RS120x15NT
6	SPROCKET	SM45C	4	RS120x30NT
7	SHAFT	STS304	4	
8	COUPLING	STS304	16	
9	REDUCER BED	BUY	4	
10	MOTOR BED	SS400	4	
11	UCP BEARING	BUY	4	UCP215(1,2?) UCP213(3,4?)
12	COVER	SS400	4	
13	???	SS400	4	

그림 3.13 감속기 및 축 설치도

참고로 기계실은 배수 구조를 만들어 누수 되는 물을 배출할 수 있도록 하여야한다.

질문 6 구동부는 어떻게 선정해야 되는가?

구동부는 모터와 감속기가 일체인 기어드 모터 또는 모터와 감속기가 분리형인 라인 파워를 사용할 수 있다.

모터와 감속기가 일체인 기어드 모터 경우에는 모터와 감속기가 분리형인 경우보다 감속비가 크다. 감속비는 V풀리 감속비가 1/2인 경우보다 감속비가 2배가 된다.

구동방법은 직결식과 체인구동 방법을 사용할 수 있다. 직결식은 체인 구동방법에 비해 체인스프로켓 감속비만큼 감속비와 토크가 커져야 하므로 감속기가 커지고 고가이다. 보통 구동부실의 폭이 매우 협소함으로 다른 지의 구동부와 간섭이 발생할 수도 있고 통로가 협소해 질 수 있으므로 보통 모터와 감속기를 분리시키고 벨트와 체인으로 구동시키는 방법을 많이 선정한다.

그림 **3.13**과 같이 선정할 수 있으며 구동부 받침대를 크게 제작하여 모터를 감속기 옆에 설치할 수도 있다.

질문 7 구동부 받침대는 어떻게 만드는가?

구동부 받침대는 V벨트 구동과 체인 스프로켓 구동 시 주의해서 제작하여야 한다. 모터는 감속기와 평행을 이루어야 하고 감속기는 수밀장치 축과 평행을 이루어야 원활히 동작할 수 있고 벨트와 체인 마모가 적고 소음도 적다. 따라서 평행을 정확히 조절할 수 있도록 그림 **3.14**와 같이 구동부 고정용 볼트가 움직일 수 있도록 구멍을 길게 내고 감속기나 모터를 밀어 조절볼트를 설치한다.

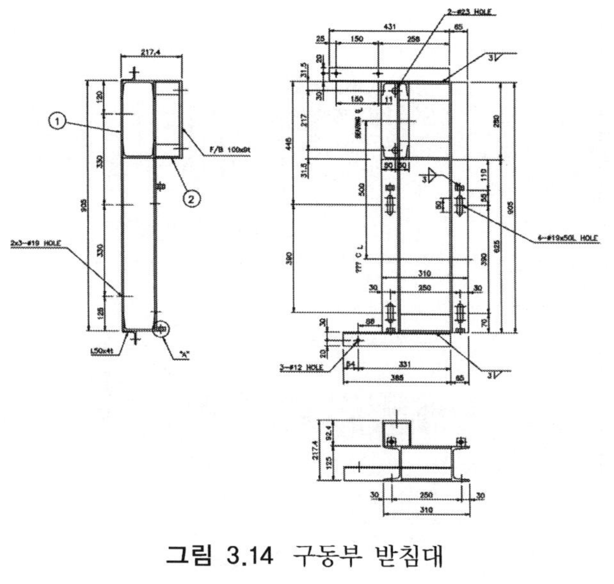

그림 3.14 구동부 받침대

질문 8 구동부 설치는 어떻게 하는가?

구동부가 응집기를 교반시킬 때에는 대단히 큰 힘으로 교반됨으로 교반되는 힘이 구동부 받침대에 전달된다. 받침대의 앵커볼트가 안전하게 설치되지 않으면 구동부 받침대의 앵커볼트는 뽑히는 현상이 발생되어 구동부가 파손되는 현상이 발생될 수 있으므로 구동부의 앵커는 그림 3.15와 같이 건물 바닥 콘크리트 철근에 걸어 고정될 수 있도록 시공한다.

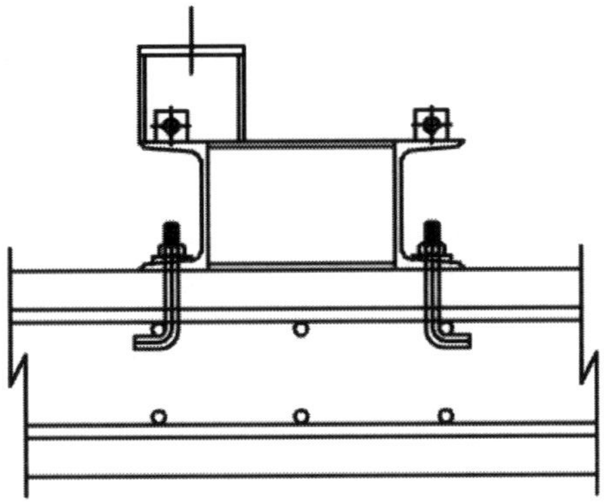

그림 3.15 앵커볼트 고정도

또 베어링 고정 받침대 앵커볼트도 꼭 건물바닥 콘크리트 철근에 걸어서 고정시킬 수 있도록 한다. 설치위치는 응집기용 스프로켓의 하부체인이 긴장측이 될 수 있도록 설치하여야 감속기 측 작은 스프로켓에 체인이 많이 걸려 있어 회전이 원활하고 안전할 수 있다. 응집지 2지를 하나의 구동부실에 구동부를 설치하면 3.16과 같이 설치된다.

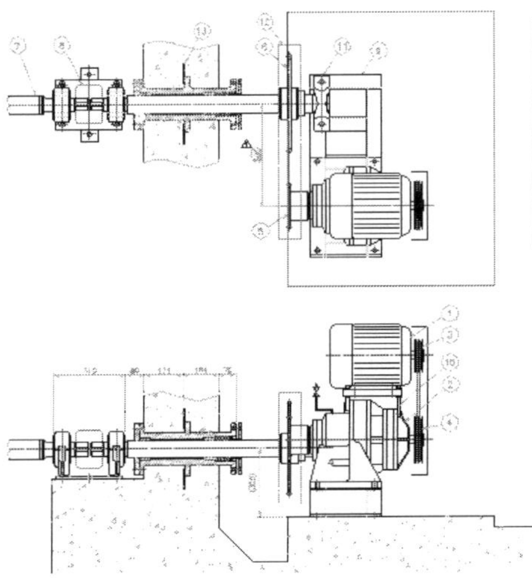

NO.	DESCRIPTION	MAT'L	Q'TY	REMARK
1	MOTOR	BUY	4SET	[illegible]
2	REDUCER	BUY	4SET	[illegible]
3	V-PULLEY(구동측)	BUY	4	
4	V-PULLEY(종동측)	BUY	4	
5	SPROCKET	SM45C	4	[illegible]
6	SPROCKET	SM45C	4	[illegible]
7	SHAFT	STS304	4	
8	COUPLING	STS304	16	
9	REDUCER BED	BUY	4	
10	MOTOR BED	SS400	4	
11	UCP BEARING	BUY	4	[illegible]
12	COVER	SS400	4	
13	[illegible]	SS400	4	

그림 3.16 응집기 구동부 배치도

질문 9 수평 터빈형 응집기는 어떻게 제작하는가?

터빈을 제외한 구동부, 수밀장치, 축과 베어링 등 모든 부분은 수평 패들형 응집기와 동일하게 설계하여 제작한다. 임펠러는 그림 3.17과 같이 제작한다. 임펠러의 원판은 축과 가접을 시키고 원판에 강도를 증가시키기 위해 보강 철판을 직각 삼각형으로 절단하여 방사형으로 가접한 후 완전 용접한다.

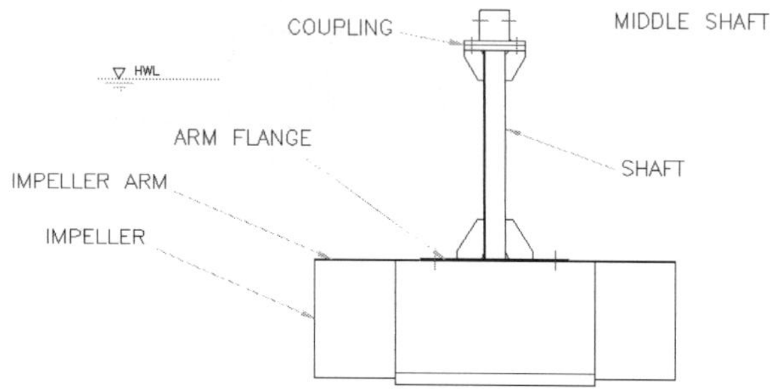

그림 3.17 터빈 임펠러

질문 10 수중베어링은 어떻게 설치하는가?

수중베어링 설치용 기둥은 보통 철근콘크리트 타설 전에 바닥 철근에 연결되어 있어야 한다. 만약 부실하게 연결되면 응집기 교반 시 기둥이 파손되어 큰 문제가 생길 수 있다. 또 기둥 철근이 베어링 설치 높이까지 높게 나와 있어야 앵커볼트와 같이 견고히 고정시킬 수 있다. 토목에서 콘크리트 타설 시에도 콘크리트 타설을 150mm정도는 낮게 타설해야 베어링의 앵커 설치와 베어링 받침판 설치 시 콘크리트를 깨어내는 일이 없도록 하여야 하며 베어링 받침판과 앵커 설치 후에는 모르타르로 마감한다. 베어링 받침판은 그림 3.18과 같이 베어링 고정 볼트 구멍을 뚫고 베어링 고정 볼트를 구멍에 넣고 볼트 머리를 용접한 후 베어링 받침판을 기둥에 고정시킨다. 볼트 나사부에는 잘 떨어질 수 있도록 비닐은 감고 테이프로 고정시켜 모르타르 작업 시 시멘트가 묻지 않도록 하여야 한다.

모르타르가 굳은 후 베어링을 설치하고 완전히 조이지 않은 상태에서 축과 체인 커플링을 설치하고 수동으로 회전시킨 후 완전히 고정시킨다. 원활한 회전을 위한 베어링 위치를 잡기 위함이다.

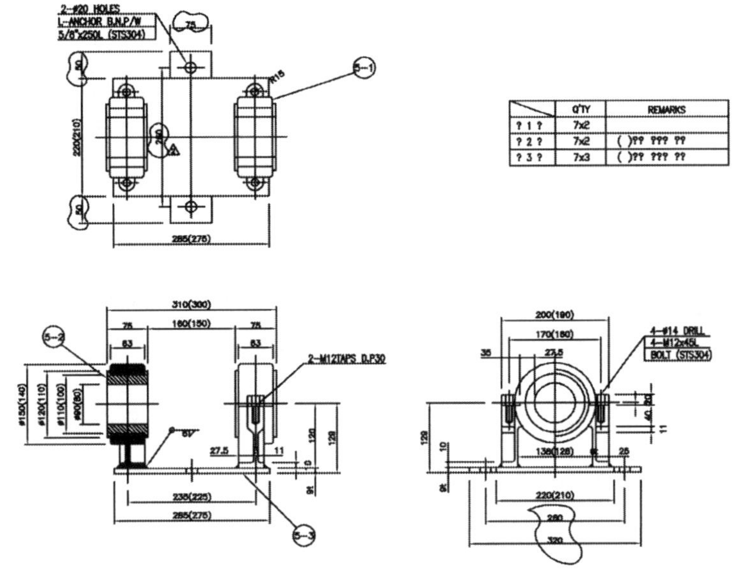

	Q'TY	REMARKS
? 1 ?	7x2	
? 2 ?	7x2	( )?? ??? ??
? 3 ?	7x3	( )?? ??? ??

그림 3.18 수중 베어링

질문 11 수직 패들형 응집기의 하부 베어링은 어떻게 만들어야 하는가?

응집기 축은 그림 **3.19**와 같이 중공축 파이프에 환봉을 그림과 같이 가공하여 연결 용접하여 사용하였다. 축과 패들의 무게는 그림 **3.20**의 상부 구동부 받침대 베어링에서 견딜 수 있도록 테이퍼 롤러베어링을 사용한다. 베어링은 그림 **3.21**과 같이 2개를 사용하여 고정시킨다.

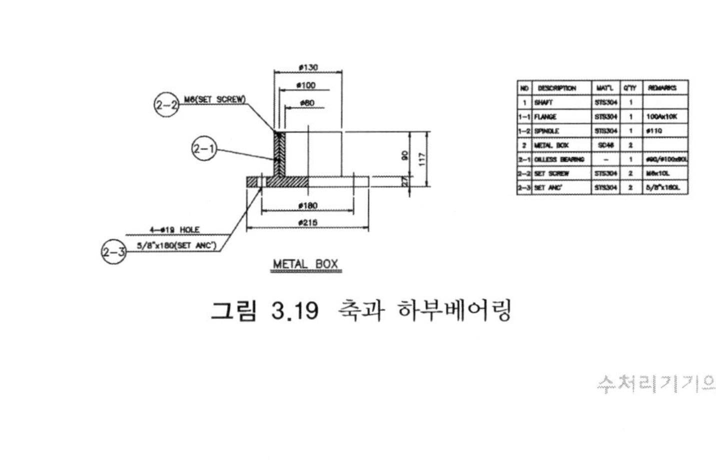

NO	DESCRIPTION	MAT'L	Q'TY	REMARKS
1	SHAFT	STS304	1	
1-1	FLANGE	STS304	1	100Ax10K
1-2	SPINDLE	STS304	1	ø110
2	METAL BOX	SC46	2	
2-1	OILLESS BEARING	–	1	ø80/ø100x80L
2-2	SET SCREW	STS304	2	M6x10L
2-3	SET ANC'	STS304	2	5/8"x180L

그림 3.19 축과 하부베어링

질문 12 수직 패들형 하부베어링은 어떻게 설치해야 하는가?

수직형 응집기의 축이 바닥 하부베어링과 연결될 경우에는 상부에 구동부 받침대를 설치하고 하부에 하부베어링과 축을 끼운 상태에서, 구동부 받침대 커플링과 축의 커플링을 조립시킨다. 구동부 받침대를 수평과 정위치를 잡아서 고정시키고 받침대 커플링을 돌려 축을 회전시킨다. 축이 회전함에 따라 하부베어링 위치가 축이 회전하기 좋은 위치를 잡게 된다. 이때 그 위치에 앵커볼트를 설치하고 하부베어링을 축에 하부에 붙게 하여 설치 고정시킨 후 베어링 받침판 하부에 모르타르로 마감처리 한다.

구동부는 하부베어링이 설치된 후에 설치하여야 하며 구동부 설치 전에는 축을 손으로 회전시킬 수 있어야 한다.

질문 13 앵커볼트는 어떻게 설치해야 하는가?

혼화기 및 응집기 구동부 받침대 앵커볼트는 구동부의 진동이 크기 때문에 견고하게 설치하여야 한다. 철재 보교를 설치하였다면 주보(ㄷ형강 등) 위에 볼트로 고정할 수 있도록 하여야 한다. 철근콘크리트 보교를 설치하였을 경우에는 기존 철근에 앵커볼트를 걸어서 설치하여야 하며 철근콘크리트 두께가 얇을 경우에는 콘크리트에 볼트 구멍을 관통시킨 후 하부에 넓은 평 와셔를 대고 볼트를 끼워 받침대를 고정시킨다.

제4장

오니 수집기

1. 침 전

약품침전지는 약품주입 혼화 및 플록형성의 단계를 거쳐, 크고 무겁게 성장한 플록의 대부분을 침전분리 작용에 의하여 제거함으로써 후속되는 급속여과지에 걸리는 부담을 줄이기 위하여 설치한다.

침전지에는 침전, 완충 및 슬러지 배제의 3개 기능을 갖추는 것으로서 정수처리 전체의 흐름 속에서 검토되어야 한다.

침전기능이란 유입된 탁질을 가장 효과적으로 침전시키는 일로써 그 지표로는 침전효율이라는 개념이 사용된다. 침전효율이란 침전지에 유입된 탁질의 몇 %가 제거 되었는가를 표시하는 것이다. 침전효율은 ① 지의 침강면적을 크게 하고 ② 플록의 침강속도를 크게 하며 ③ 체류시간을 길게 하면 높아진다. 플록의 침강속도를 크게 하고 침전효율을 보다 높이고자하는 시도로서 여러 가지 방식이 개발되었으며, 크고 무거운 플록을 만들고자 응집제나 응집보조제의 연구, 응집조작의 방법 연구 등 많은 노력이 계속되고 있다.

침전지로 유입된 원수의 수량과 수질은 연간을 통하여 큰 변동을 나타낸다. 침전지는 이들에 의한 탁질량의 변동을 흡수하여 여과지의 부담을 될수록 일정하게 유지할 수 있도록 하여야한다. 이와 같은 완충기능은 침전기능의 안전성 또는 여유라고 할 수 있으며 침전 기능과 함께 생각해야할 대단히 중요한 일이다.

2. 기 능

침전의 고도화를 도모하고 체류시간을 단축시키는 것은 완충기능을 저하시키는 요인이 될 때가 많다. 이것을 보충하기 위해서는 인정된 처리능력을 확보할 수 있는 구조를 채택하고, 감시와 능률적인 뒷받침을 충실하게 할 필요가 있다.

침전기능을 언제나 충분히 확보하기 위하여 침전지에는 그 구조에 알맞은 오니제거설비를 설치하여야한다. 원활한 오니배제가 이루어지지 않을 때는 침지지의 수질이 나빠져 사용을 중지시켜야 할 때가 있으므로 오니배제의 기구는 고장이 적고 퇴적된 오니를 충분히 배출시킬 수 있어야한다. 또 다음에 이루어질 오니처리의 관련도 고려하여 그 일환으로서의 역할을 고려하는 것이 바람직하다.

3. 구 조

침전지의 형상은 직사각형으로 많이 설계되고 있으며 크기는 부지크기와 형상에 따라서 폭과 길이가 다르고 처리량과 체류시간에 따라 형상과 크기가 많이 다르다.

오니 배제방식은 침전지의 형상과 유지관리 슬러지의 형상 등을 고려하여 적당한 것을 선택하여야하며 기계적으로 오니를 끌어 모을 때에는 침전지 내에 오니호퍼나 배출밸브를 설치하는 등으로 수압에 의한 오니배제 또는 펌프에 의한 슬러지배제 등 원활하게 될 수 있는 구조로 한다. 오니배제기능은 침전지의 작업 중에서 중요함으로 오니제거기는 원활하고 고장 없이 작동할 수 있어야하며 오니 양에 알맞은 능력을 가지고 있어야하며 소량으로 농도가 높은 오니배제가 가능하여야한다. 오니제거기의 형식으로는 보교식, 링크밸트식, 수몰대차식을 가장 많이 사용하고 있다.

4.1 수몰대차식 오니수집기

1. 종 류

수몰대차식 오니수집기 중에서 드럼의 종류에는 지상 드럼형과 수중 드럼형이 있으며 스크레이퍼는 강제 전복장치와 자동전복장치가 있다. 레일은 침전지 바닥에 설치하는 레일과 침전지 벽체에 ㄷ형강을 설치하면 벽체 레일로 구분할 수 있다.

현재는 지상 드럼형보다는 수중 드럼형으로 바뀌고 있다. 전복장치는 강제전복장치를 많이 사용하고 있으나 효율적인 관리를 위하여 자동전복장치로 바뀌고 있다. 또 침전지 폭이 크거나 개량하는 오니수집기에는 바닥과 벽체에 레일을 설치하는 오니수집기로 많이 개량하고 있으며 침전지 폭이 작은 침전지는 벽체레일만 사용하고 있다.

2. 구 조

수몰대차형 오니수집기는 장방형 침전지에 발생된 오니를 수집하는데 사용하는 장치로 1개의 침전지 중앙부분을 작은 벽을 만들어 2개의 칸으로 나누어 1칸에 대차 1대씩 설치한다. 그림 4.1의 오니수집기 ①과 같이 지상에 구동부를 설치하고 ②의 수중 와이어 드럼(Wire

Drum), ③ 대차 앞부분에는 전부 스크레이퍼(Scraper) 뒷부분에는 후부 스크레이퍼(Scraper)를 놓는다. 침전지 앞부분에는 ④ 전부 활차와 침전지 뒤 벽체에는 ⑤ 후부활차를 설치하고 두 대차의 뒤를 ⑦ 와이어로프(Wire Rope)를 묶어 침전지 뒤에 있는 대차를 끌면 침전지 앞에 있는 대차가 뒤로 끌려 올 수 있도록 한다. 로프를 연결시킬 때에는 대차가 침전지 앞과 뒤쪽에 있도록 하여 묶는다. 드럼과 대차는 각각의 로프를 드럼과 대차를 묶어 대차가 전진할 때는 로프를 드럼에 감고 후진하는 대차를 드럼에서 로프를 풀리도록 한다. 1개의 대차에 바닥레인 2개와 침전지레일은 벽체레일 2개를 설치하고 필요시 스크레이퍼 ⑧ 강제전복장치와 ⑥ 근접스위치를 설치하고 ⑪과 같이 구동부 옆에 조작하기 쉽도록 제어반을 설치한다.

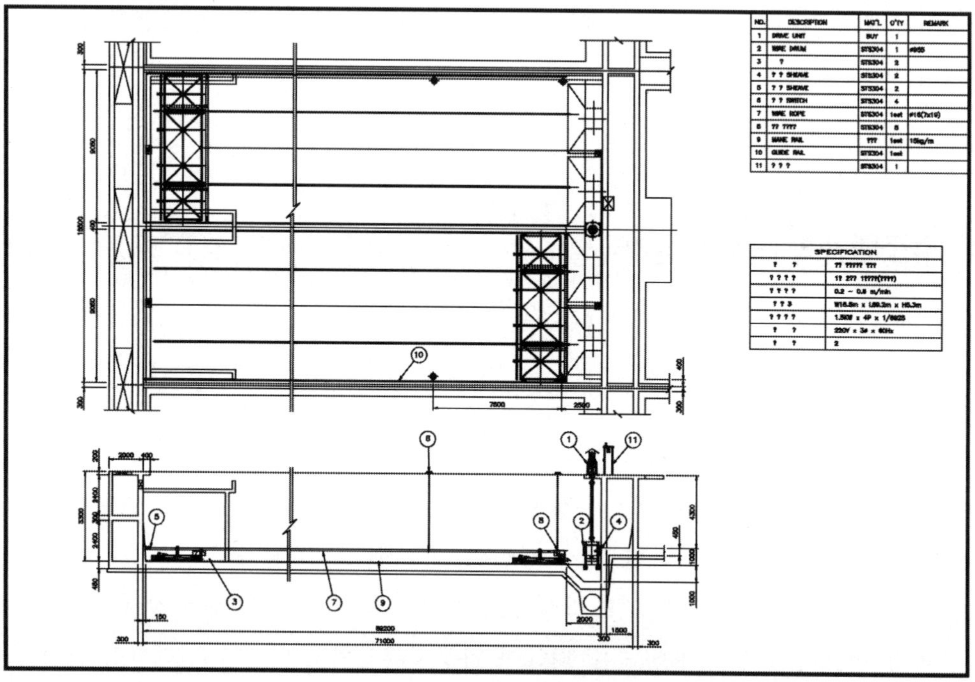

그림 4.1 오니수집기

와이어로프(Wire Rope)를 묶어 침전지 뒤에 있는 대차를 끌면 침전지 앞에 있는 대차가 뒤로 끌려 올 수 있도록 한다. 로프를 연결시킬 때에는 대차가 침전지 앞과 뒤쪽에 있도록 하여 묶는다. 드럼과 대차는 각각의 로프를 드럼과 대차를 묶어 대차가 전진할 때는 로프를 드럼에 감고 후진하는 대차를 드럼에서 로프를 풀리도록 한다. 1개의 대차에 바닥 레인 2개와 침전지 레일은 벽체레일 2개를 설치하고 필요시 스크레이퍼 ⑧ 강제 전복장치와 ⑥ 근접스위치를 설치하고 ⑪과 같이 구동부 옆에 조작하기 쉽도록 제어반을 설치한다.

3. 기기 구성

구동부는 모터 및 감속기로 구성되며 변속장치는 인버터(Inverter)방식으로 사용하고 싸이크로 감속기를 사용한다. 구동부 받침대 (Drive Unit)에 감속기와 연결 조립하여 감속기를 보호한다. 안전장치는 감속기와 구동부 받침대 연결커플링에 안전핀을 설치하여 무리한 부하 시 안전핀이 절단될 수 있도록 한다. 대차를 정지시킬 수 있는 근접스위치를 설치한다. 구동부 받침대에는 대차의 주행거리를 할 수 있도록 엔코더를 설치할 수 있도록 한다. 드럼은 대차 2대를 동시에 움직일 수 있는 구조로 제작한다. 대차바퀴는 스테인리스 볼트로 정밀하게 고정시키고 오니수집판 하부에 침전지 바닥과 접촉이 원만하게 될 수 있도록 고무판을 부착하고 교체가 용이하도록 한다. 레일은 바닥과 벽체레일을 설치한다. 와이어로프는 드럼과 대차, 대차와 대차를 연결시켜 대차가 전진과 후진을 동시에 할 수 있도록 한다. 와이어로프는 16ϕ로 한다. 제어반은 오니수집기 1대당 옥외자립형 제어반을 설치하고 수동 자동 동작시킬 수 있도록 한다. 제어반에는 동작 정지 고장 열림 닫힘 등의 운동 상태를 알 수 있으며 대차의 주행거리를 나타낸다. 대차의 휴지타이머를 설치하여 대차의 운전주기를 조정한다. 배수밸브도 동작 타이머를 두어 오니 배출시간을 조절할 수 있다.

4. 설 계

(1) 설계조건

1) 침전지 규격

폭 : 18.5 m

길이 : 69.2 m

깊이 : 5.3 m

2) 주행속도 : 0.2~0.6 m/min

3) 지 수량 : 2지(1지 2대차형)

4) 원수 유입량 : 50,000 m^3/D/지당(2083.3 m^3/hr/지당)

5) Motor : 1.5 kw×380 V×3φ×60 Hz(옥외 밀폐형)

(2) 슬러지량

1) SS농도 : 200PPM

2) 슬러지 발생량

$$W = Q_1 \times d \times \gamma \times \eta$$

$$= 2083.3 \times 200 \times 10^{-6} \times 1.03 \times 0.75$$

$$= 0.31 \text{ Ton/hr}$$

Q_1 : 수로 당 유입량(2083.3 m^3/Day)

γ : 슬러지 비중량(1.03×10^3 kgf/m^3)

d : 유입수의 종도(300 PPM)

η : 슬러지 제거율(75%)

3) 슬러지 부피

$$Q_{ssr} = W \times \frac{1}{s} \times \lambda$$

$$= 0.31 \times \frac{1}{1.03} \times \frac{100}{(100-98)}$$

$$= 15 \text{ m}^3/\text{hr}$$

s : 슬러지 비중(1.03)

λ : 함수율(98%)

(3) 슬러지 수집기 용량

2대의 수중대차에 1대의 구동장치가 각지에 설치한다. 그리고 2대의 수중대차는 서로 번갈아 차례로 슬러지를 제거한다.

1) 수로 당 1회 주행 시 슬러지 제거량(Q_{ss})

슬러지의 마찰각도 : 2°

$$Q_f(\text{Front Scraper}) = S_w \times S_{fh} \times L \times \frac{1}{2}$$

$$= 9.05 \times 0.55 \times 15.75 \times \frac{1}{2}$$

$$= 39.2 \text{ m}^3/\text{회}$$

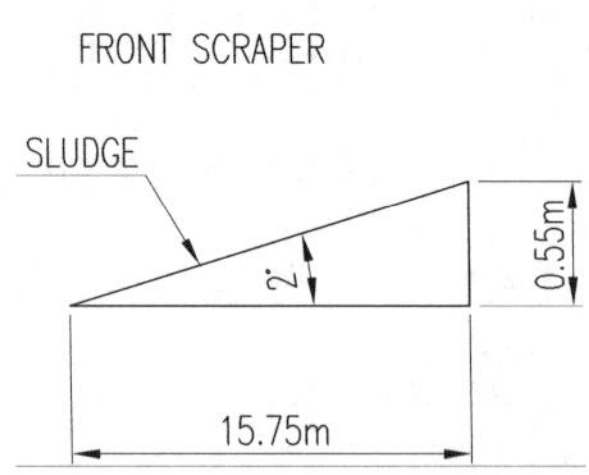

$$Q_r(\text{Rear Scraper}) = S_w \times S_{fh} \times L \times \frac{1}{2}$$

$$= 9.05 \times 0.315 \times 9.02 \times \frac{1}{2}$$

$= 12.86\ m^3/$회

$\therefore\ Q_{ss_1} = Q_f + Q_r = 39.2 + 12.86 \fallingdotseq 52\ m^3/$회

S_w : Scraper의 폭(9.05 m)

S_{fh} : Front Scraper 높이(0.55 m)

S_{rh} : Rear Scraper 높이(0.315 m)

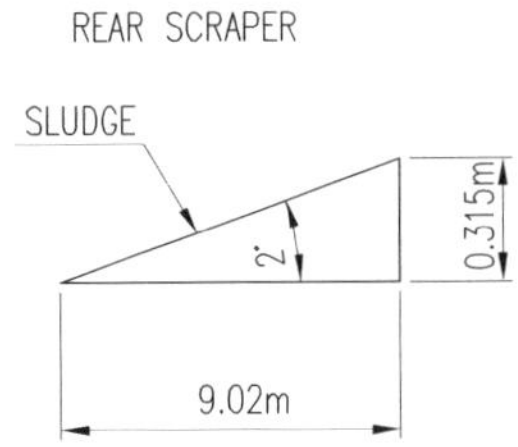

2) 속도 0.6 m/min일 때 시간당 슬러지 제거량

$Qss_2 = N \times Qss_1$

$= 0.55$ 회$/hr \times 52\ m^3/$회 $= 28.6\ m^3/Hr$

N : 시간당 대차의 주행횟수

$N = 0.6\ m/min \times 60\ min/hr \times (1/65m)$

$= 0.55$ 회$/hr$

L : 대차의 주행길이(65 m)

3) 속도 0.2 m/min 일 때 시간당 슬러지 제거량

$Qss_2 = 0.18$ 회$/hr \times 52\ m^3/$회 $= 9.36\ m^3/Hr$

$= 0.2\ m/min \times 60\ min/hr \times (1/65m)$

$= 0.18$ 회$/hr$

(4) 대차의 속도

- Drum 직경 : φ995 mm
- 대차 속도 : 0.2~0.6 m/min

1) 감속비 선정

$$N = \frac{V}{\pi D} = \frac{0.2 \sim 0.6}{\pi \times 0.955} = 0.066\ rpm \sim 0.2\ rpm$$

인버터 사용 시 모터 회전수가 600~1750 rpm일 때

$i = 1750\ rpm \times 1/0.2 = 8750$

따라서 싸이크로 감속비는 8925 : 1로 선정한다.

최대 출력 회전수 $N_{max} = \dfrac{1750}{8925} = 0.196\ rpm$

2) 수중대차의 최대 속도 V_{max}

$$V_{max} = \pi \times D \times N_{max}$$
$$= \pi \times 0.955 \times 0.197$$
$$= 0.59\ \mathrm{m/min} \fallingdotseq 0.6\ \mathrm{m/min}$$

3) 수중대차의 최저 속도 V_{min}

$$V_{min} = \pi \times D \times N_{min}$$
$$= \pi \times 0.955 \times 0.067$$
$$= 0.2\ \mathrm{m/min}$$

따라서 속도 범위 0.2m/min~0.6m/min이므로 O.K

(5) 슬러지 수집기의 동력

1) 스크레이퍼의 걸리는 힘(F_1)

$$F_1 = Qss_1 \times \gamma \times \mu_1$$
$$= 52 \times 1.03 \times 10^3 \times 0.035$$
$$= 1875\ \mathrm{kgf}$$

Qss_1 : 1회에 주행 시 슬러지 제거량(52 m^3/회)
γ : 슬러지의 비중량(1.03×10^3 kgf/m^3)
μ_1 : 슬러지와 배출수지 사이의 마찰계수(0.035)

2) 대차의 주행 시 걸리는 힘(F_2)

$$F_2 = W \times \frac{r}{R} \times \mu_2 \times (1+f) \times N \times \alpha$$
$$= 1500 \times \left(\frac{20}{100}\right) \times 0.1 \times (1+0.05) \times 2 \times 1.3$$
$$= 81.9\ \mathrm{kgf}$$

W : 대차의 총 중량(1500k gf)
r : Wheel Shaft 반경(20 mm)
R : Wheel 반경(100 mm)
μ : Shaft와 Shaft받이 사이의 평균정지 마찰계수(0.1)

f : Wheel 의 구름 마찰계수(0.05)

N : 1지당 대차의 수(2대)

α : Wheel 주행 시 부차 저항 계수(1.3)

3) Wire Rope 의 중량(F_3)

$$F_3 = W \times L$$

$$= 1.25\ \text{kgf/m} \times 130\ \text{m} = 156\ \text{kgf}$$

W : 1 m당 Wire Rope의 중량(7×19. φ16 mm)

L : 1지당 Wire의 유효길이

4) Guide Sheave 에 의한 마찰력(F_4)

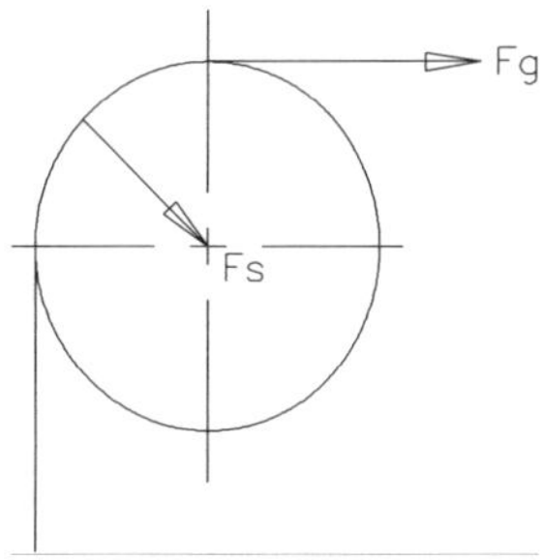

$$F_4 = Fs \times \mu_4 \times N_4 \times \left(\frac{rs}{RS}\right)$$

$$= 1494 \times 0.1 \times 8 \times \left(\frac{22}{143}\right)$$

$$= 183.9\ \text{kgf}$$

Fs : Guide Sheave에 작용하는 힘

Fg : Wire Rope에 작용하는 순수 장력
($F_1 + F_2 + F_3 = 1875 + 81.9 + 156 = 2112.9$)

μ_4 : Sheave Shaft와 축받이의 평균정지 마찰계수(0.1)

N_4 : Guide Sheave와 수량(8개소)

Rs : Sheave의 반경(143 mm)

rs : Sheave Shaft의 반경(22 mm)

$$Fs = \frac{Fg}{\sqrt{2}} = \frac{2112.9}{\sqrt{2}} = 1494\ \text{kgf}$$

5) Wire Rope에 작용하는 총 장력(F_t)

$$F_t = F_1 + F_2 + F_3 + F_4$$

$$= 1875 + 81.9 + 156 + 183.9$$

$$\fallingdotseq 2297\ \text{kgf}$$

6) Drum 회전 시 요구되는 동력

$$P_w = \frac{F_t \times V}{102 \times 6} = \frac{2297 \times 0.6}{102 \times 60} = 0.22\ \text{kW}$$

F_t : Wire Rope에 작용하는 총 장력

V : Wire의 속도(0.6 m/min)

7) Motor의 동력

$$P_m = \frac{P_w \times \alpha}{\eta} = \frac{0.22 \times 1.5}{0.584}$$

$$= 0.565\ \text{kW} < 1.5\ \text{kW} \quad \therefore \text{OK}$$

η : Efficiency($= \eta_1 \times \eta_2 = 0.584$)

η_1 : 변속기 효율(0.8)

η_2 : 3단 Cyclo 감속기 효율(0.73)

α: 안전계수(1.5)

5. 제 작

수몰 대차식 오니수집기는 양쪽의 대차 중 1개의 대차를 당겨 오니를 수집하는 장치로 윈치를 지상에 설치한 것과 수중에 설치한 윈치가 있으나, 구조가 간단하고 고장이 적고 유지관리가 쉬운 수중 드럼형 오니수집기를 설명한다.

(1) 구동부 제작

수중 드럼 구동부는 그림 **4.2**에 ①의 구동부를 ②구동부 받침대위에 수직으로 설치하고 그 밑에 ③드럼 구동용 축과 ④드럼을 설치한다.

구동부 받침대에는 그림 **4.3**과 같이 옆에 4개의구멍을 내어 제작과 조립 및 유지 관리가 쉽도록 하였으며 그림 **4.4**와 같이 ①에 감속기가 조립될 수 있도록 하였고, ③에 감속기 커플링과 ④ 받침대 커플링을 설치하였으며 커플링에는 그림 **4.5**의 ⑤안전핀(Shear Pin) 2개를 끼워 과부하시 절단되도록 하여 동력 전달을 막았다. 그림 **4.4**의 ⑦과 같이 테이퍼 롤러 베어링을 사용하였으며 ⑫와 같이 로터리 엔코더를 설치하여 대차의 움직임을 알 수 있도록 하였다.

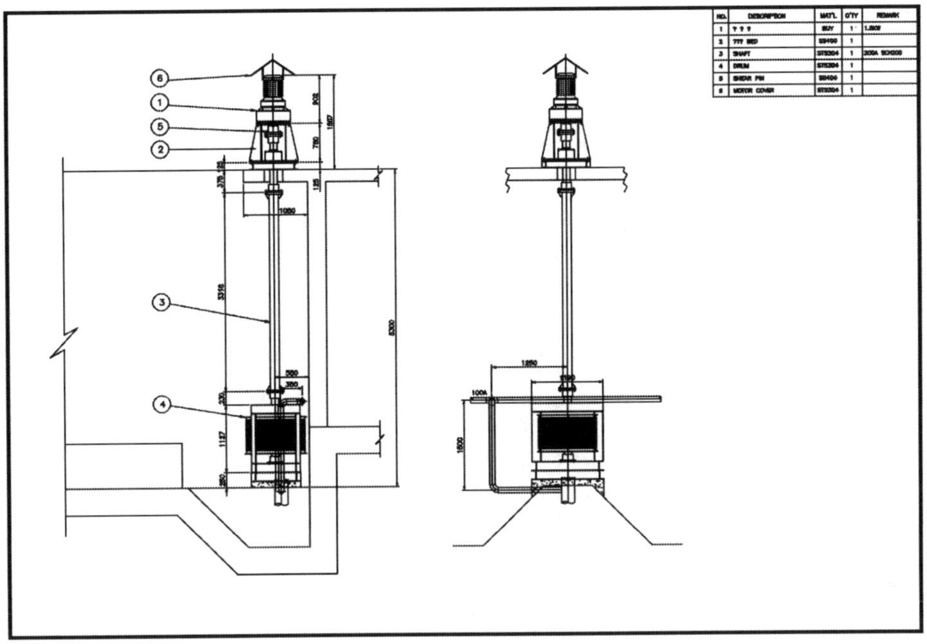

그림 4.2 구동부

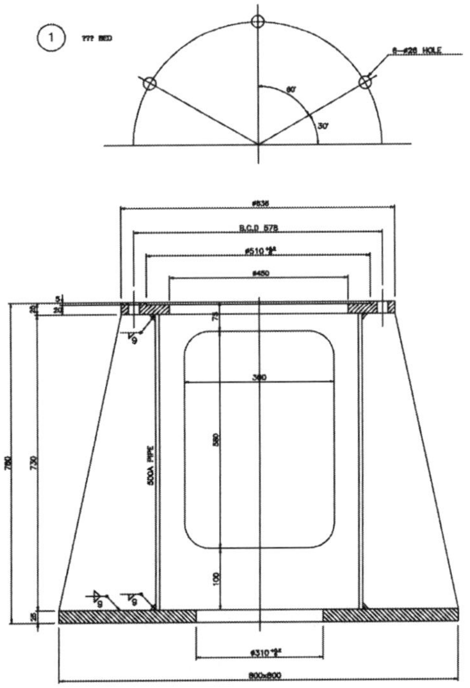

그림 4.3 구동부 받침대

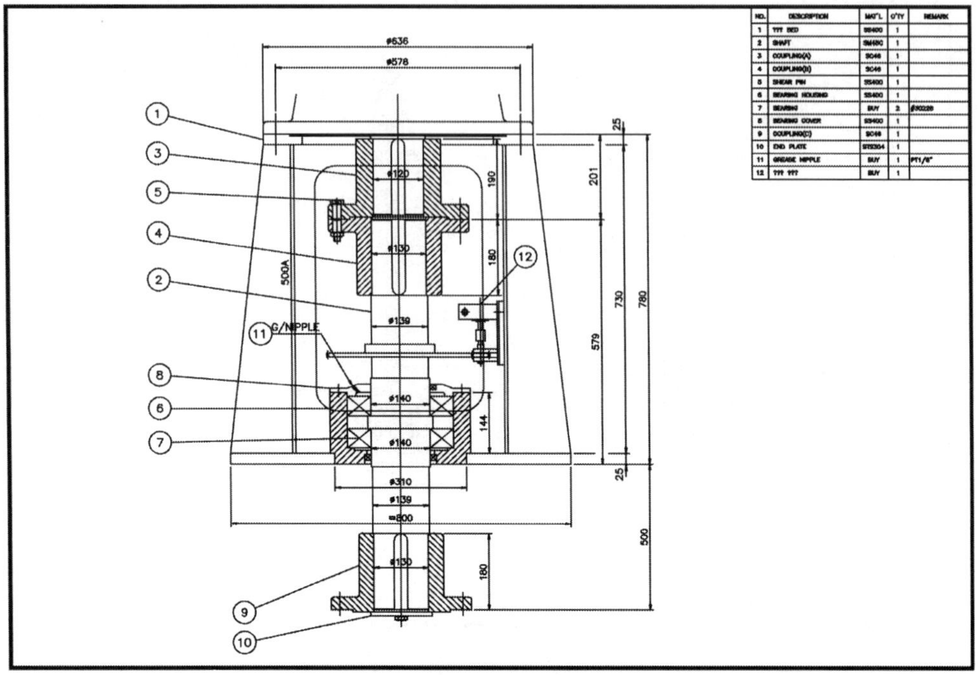

그림 4.4 구동부 받침대 조립도

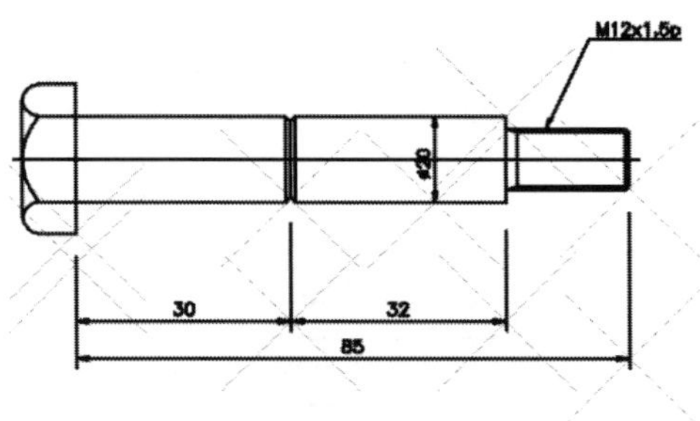

그림 4.5 안전핀

(2) 엔코더(Encoder) 제작

엔코더는 2개의 수중대차의 위치를 알 수 있게 하기위하여 엔코더를 설치하였으며 대차가 오니를 수집하여 전진함에 따라 설정한 위치에서 오니 배출밸브를 열수 있도록 하였다.

대차의 이동속도는 보통 0.2~0.6 m/min으로 매우 느리다. 따라서 그림 **4.6**의 ①의 큰 기어를 구동부 받침대 축에 설치하고 ②의 작은 기어를 설치하여 작은 기어 축에 ⑥ 엔코더를 연결하여 엔코더에서 많은 신호가 나올 수 있도록 하였다.

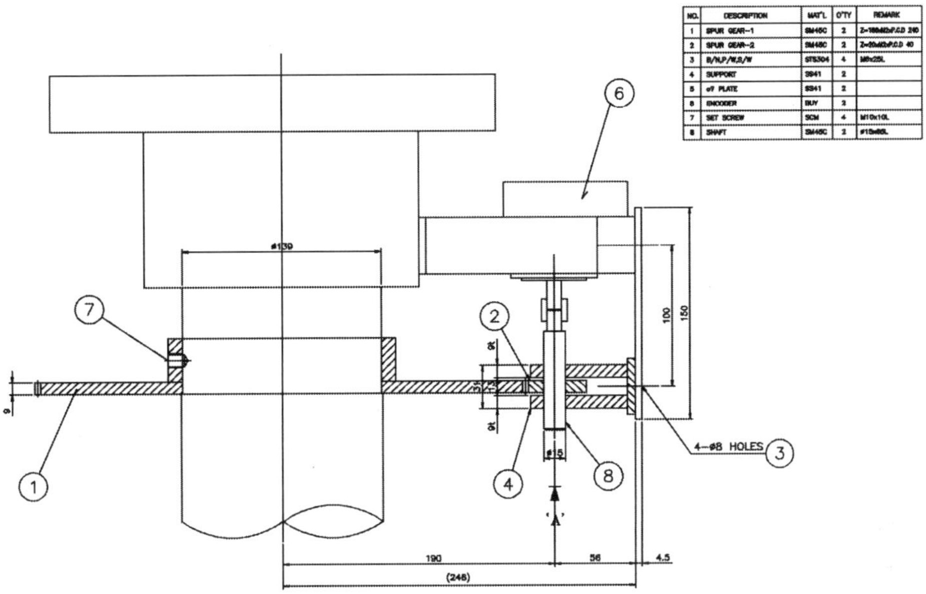

그림 4.6 엔코더 설치도

(3) 축 제작

구동부 받침대와 수중드럼을 연결시키는 축은 중공축을 사용하여 제작한다.

- 축 선정 시 축에 작용하는 토크(T)
- 축 rpm(최소) = 0.067 rpm

$$T = 974\frac{P_m}{m} = 974\frac{0.22}{0.067} = 3198\ \mathrm{kg \cdot m}$$

1) 중 실축

$$T = \frac{\pi}{16}d^3\tau$$

$$d = \sqrt[3]{\frac{16T}{\pi t a u_a}} = \sqrt[3]{\frac{16 \times 319800}{3.14 \times 8}} = 127\ \mathrm{mm}$$

τ_a : 허용전단응력(8 kg/mm^2)

do : 파이프 외경(216.3 mm)

di : 파이프 내경

X : $\dfrac{di}{do}$

2) 중공축

$$X = \sqrt[4]{\left(1 - \frac{16T}{\pi d_o^3 \tau_a}\right)} = \sqrt[4]{\left(1 - \frac{16 \times 3198000}{3.14 \times (216.3)^3 \times 8}\right)} = 0.094536$$

$$di = X \times d_o = 0.94536 \times 216.3 = 204.4\,\text{mm}$$

$$t = \frac{216.3 - 204.4}{2} = 5.9\,\text{mm}$$

따라서 중실 축 127 mm 선정하였으며 중공축은 파이프 200A×6.5t로 선정함

중실 축은 그림 **4.7**과 130φ 이상의 축을 사용하였으며 축이 베어링에 물려 빠지지 않도록 중간에 턱을 주었으며 하부 커플링에 빠지지 않도록 커플링 고정용 볼트를 설치 할 수 있도록 탭을 내었다.

중공축은 그림 **4.8**과 같이 200A 파이프를 사용하였으며 곧은 파이프로 선별하여 양단을 선반 가공하고 상하 커플링과 완벽하게 조립될 수 있도록 한다.

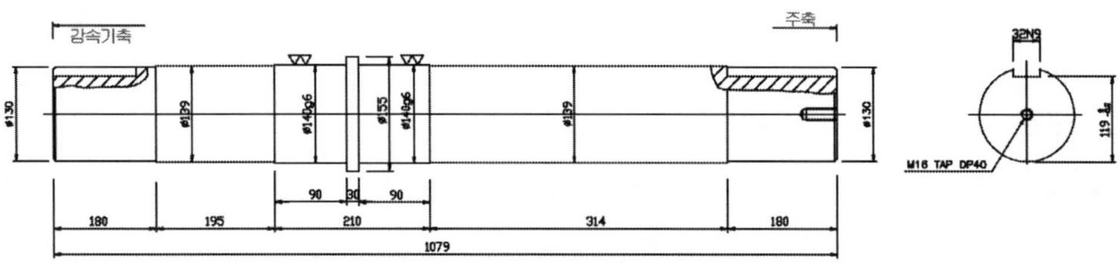

그림 4.7 구동축

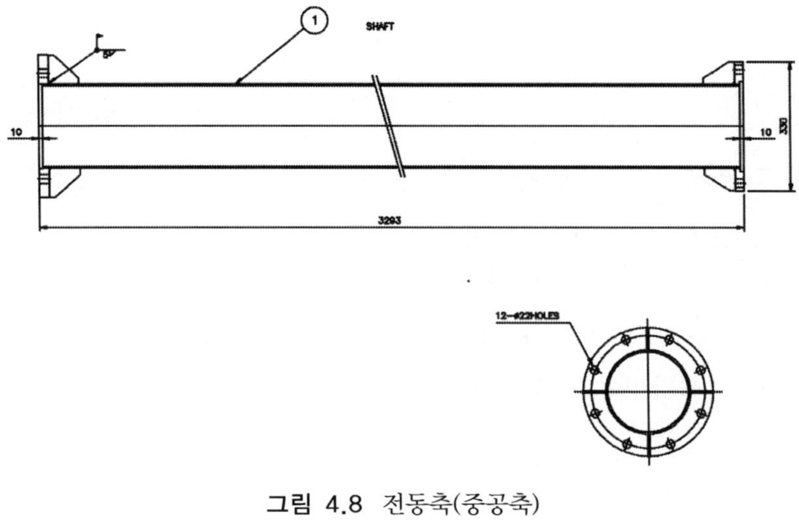

그림 4.8 전동축(중공축)

(4) 드럼 제작

1) 드럼 축 제작

축경은 구동부 받침대 중실 축에서 축경계산이 127 mm 임으로 드럼축의 축경은 최소 경을 130 mm 이상으로 설계하였으며 축 하부는 그림 **4.9**에서와 같이 축하단을 둥글게 가공하여 베어링 메탈박스에 닿아 돌게 하여 드럼이 밑으로 내려가지 못하게 하였다.

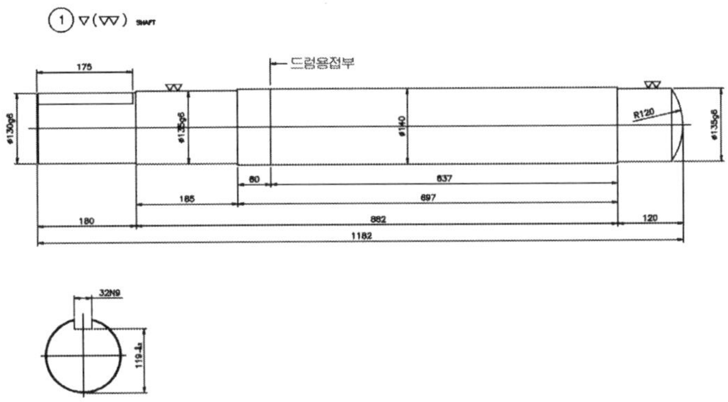

그림 4.9 드럼 축

2) 드럼 메탈박스(Drum Metal Box) 제작

상부 드럼 메탈박스는 그림 **4.10**의 ⑥같이 축에 끼울 수 있도록 구멍에 뚫어 메탈을 설치하고 고정은 드럼 상부 프레임(Drum Frame)에 고정시킬 수 있도록 한다.

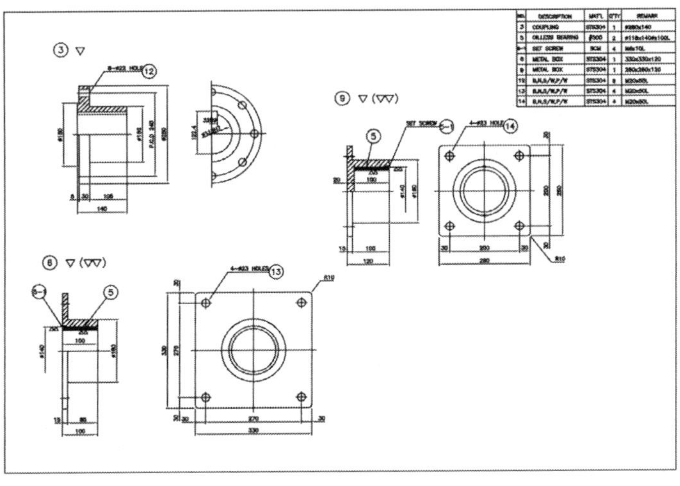

그림 4.10 드럼 메탈박스(Drum Metal Box)

하부 드럼 메탈박스는 그림 **4.10**의 ⑨같이 하부가 막혀 있어야 축의 둥근 구면과 하부가 닿아 돌 수 있도록 하여야 한다. 또 하부에는 배수구를 뚫어 찌꺼기가 빠질 수 있도록 한다. 고정은 드럼 하부 프레임(Drum Frame)에 고정시킬 수 있도록 한다.

3) 드럼(Drum) 제작

드럼의 직경은 PCD 955로 하여 L=955×3014≒3000 mm로 갈이를 3 m로 하였으며 드럼의 상판과 하판에는 그림 **4.11**과 같이 제작 작업 공간과 로프를 조립할 수 있도록 구멍을 뚫어 놓는다.

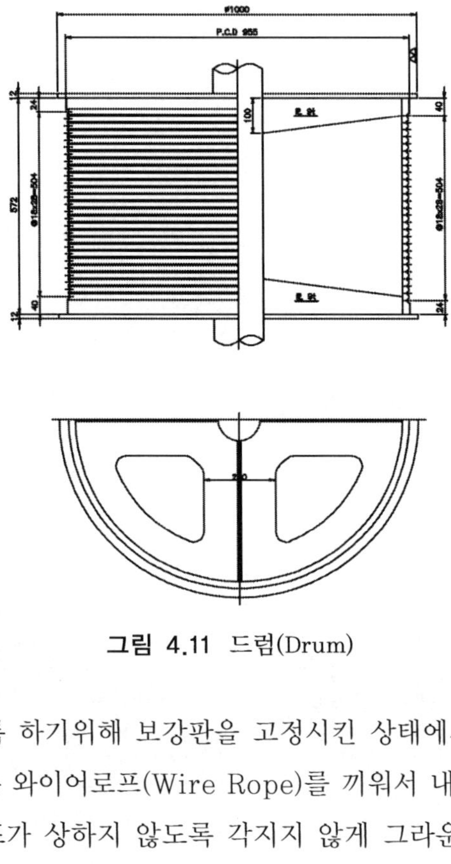

그림 4.11 드럼(Drum)

드럼은 뒤틀리지 않도록 하기위해 보강판을 고정시킨 상태에서 함께 용접 고정시킨다.

드럼 나선 양끝부분에는 와이어로프(Wire Rope)를 끼워서 내부 축에 고정 시킬 수 있도록 구멍을 뚫어 놓고 로프가 상하지 않도록 각지지 않게 그라운딩 작업을 한다.

드럼의 높이 결정은 대차를 끌어당길 때 드럼에 충분히 감길 수 있어야 한다.

침전지 길이 69.2 m로서 대차가 움직이는 거리가 66 m라고 하면

- 드럼에 로프 감기는 횟수 N
- 대차 최대 이동거리 ℓ=66 m
- 대차 직경(PCD)=955 mm=0.955 mm

$$N = \frac{\ell}{PCD \cdot \pi} = \frac{66}{3} = 22$$

- 나선피치(P)=18 mm
- 로프 당 여유 나선 수=2.5회선
- 드럼높이 : (H)
- 기계 가공 시 여유 : 24+40=64
- H=(N+3+2줄)×18+64

  =28×18+64

  =568 mm가 된다.

4) 드럼 프레임(Drum Frame) 제작

드럼이 조립상태에서 프레임 안으로 넣고 뺄 수 있도록 상부를 그림 4.12와 같이 제작한다. 프레임 상하부 중앙에 메탈 베어링을 설치할 수 있도록 한다.

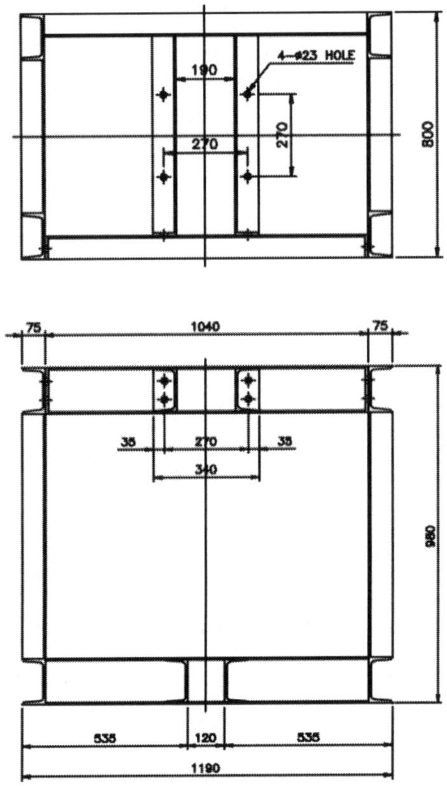

그림 4.12 드럼 프레임(Drum Frame)

설치는 침전지 유입부 중앙에 설치한다. 상부 구동부와 하부드럼설치가 어려울 때에는 약간 옮겨 설치해도 문제가 없으며 드럼을 설치할 공간이 없으면 그림 **4.1**과 같이 침전지 오니 호퍼 상부에 설치해도 유지 관리상 문제가 발생하지 않는다. 또 상부에 구동부 설치가 어려울 경우에도 구동부 설치 공간을 보교로 만들어 설치해도 좋다. 드럼을 프레임에 조립된 상태는 그림 **4.13**과 같다.

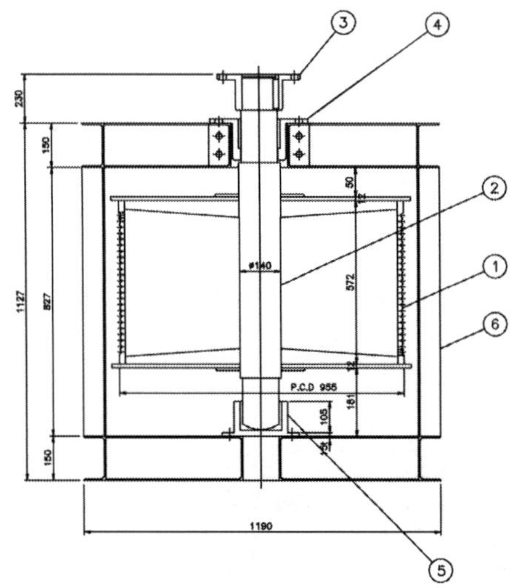

NO.	DESCRIPTION	MAT'L	Q'TY	REMARK
1	DRUM	STS304	1	ø956
2	SHAFT	STS304	1	ø140
3	COUPLING	SCS13	1	
4	METAL BOX(A)	SCS13	1	
5	METAL BOX(B)	SCS13	1	
6	FRAME	STS304	1	7150x75x8

그림 4.13 드럼 조립도

(5) 대 차

대차는 그림 **4.14**의 ①처럼 직사각형으로 만들고 오니수집 시 틀어짐이 없도록 대각으로 보강시켰다. ② 전부스크레이퍼는 침전지 오니를 주로 제거하는 스크레이퍼로서 작용한다. ③ 후부스크레이퍼는 대차 앞에 붙어있는 전부스크레이퍼로 제거하지 못한 전부스크레이퍼 뒷부분의 지역의 오니를 수집하기위해 설치한 스크레이퍼로 본 도면에서는 전부스크레이퍼와 연동되어 후진 시는 전복되고 전지 시에는 세워진다.

④대차바퀴를 대차하부에 4개를 설치하였으며 바퀴는 침전지바닥에 설치된 레일 위에서 움직인다. ⑤연동 시브(Sheave)는 전부스크레이퍼에 연동시켜 후부스크레이퍼를 전복 또는 세울 수 있도록 하기위해 연동 시브를 설치하여 전부스크레이퍼와 후부 스크레이퍼를 와이어로프로 연결시켜 움직이도록 하였다.

⑥와이어로프는 대차를 움직이는 주 로프로서 대차 중앙에 고정시킨 2개의 기둥에 묶어 드럼을 회전시킴으로서 대차가 전진 후진하도록 하였다.

⑧고무판을 사용하여 침전지 바닥이 고르지 않더라도 원활히 움직일 수 있도록 하였다.

⑨가이드레일(Guide Rail)을 침전지 옆벽과 중앙 분리벽체에 설치하였으며 대차 양옆에 붙은 ⑩상하 안내롤러와 ⑪측면 안내롤러를 설치하여 가이드레일에서 회전하도록 하여 대차의 탈선을 방지하고 대차의 전 후진 시 지그재그(Zigzag)움직임을 방지하였다. ⑨가이드레일(Guide Rail)이 없고 침전지 바닥레일위로 대차바퀴가 이동할 경우에는 대차가 지그재그(Zigzag)움직임이 심해지면 대차가 탈선된다. 또 오니가 많이 발생하거나 오니 다짐 현상이 발생하면 스크레이퍼가 위로 들려져 대차가 탈선되는 현상이 발생될 수 있다.

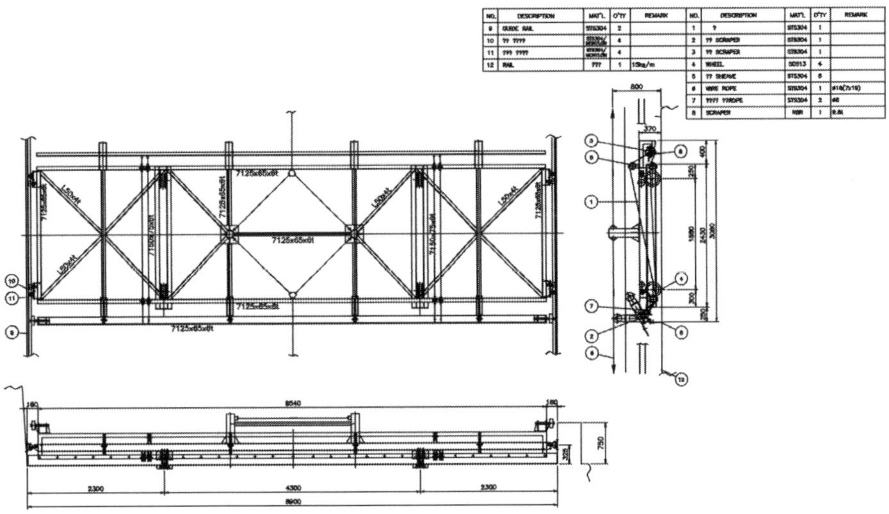

그림 4.14 대차 조립도

1) 대차 제작

대차는 그림 4.15의 ①과 같이 직사각형의 구조에 하부에는 ②와 같이 바퀴를 구비한 새들(Saddle)을 위치하고 중앙 중심을 양쪽으로 와이어로프를 묶을 수 있는 대차상부에 기둥을 세울 수 있도록 보를 설치한다. 또 그림과 같이 대각 또는 가로 세로 방향으로 보강을 한다. 그림 4.16과 같이 로프기둥(Wire Rope Post)을 대차 위 좌우에 고정시키고 기둥과 기둥 사이를 파이프로 가로질러 고정시켜 보강한다.

그림 4.16의 1-1과 같이 로프 연결구를 제작하여 대차의 중심에서 대차 앞부분과 대차 뒷부분에 기둥에 직각이 되도록 위치하고 기둥과 로프 연결구를 환봉으로 연결시킨다. 또 연결구의 남은 1개의 구멍에는 대차 설치 시 와이어로프(Wire Rope)를 연결시켜 끌어당길 수 있도록 한다.

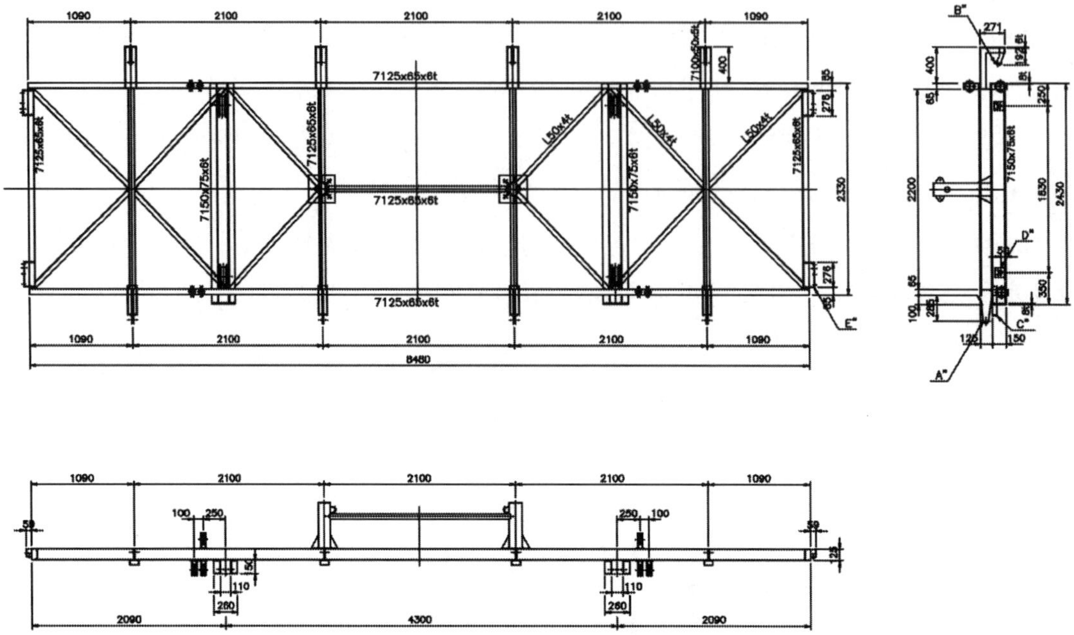

그림 4.15 대차 제작도

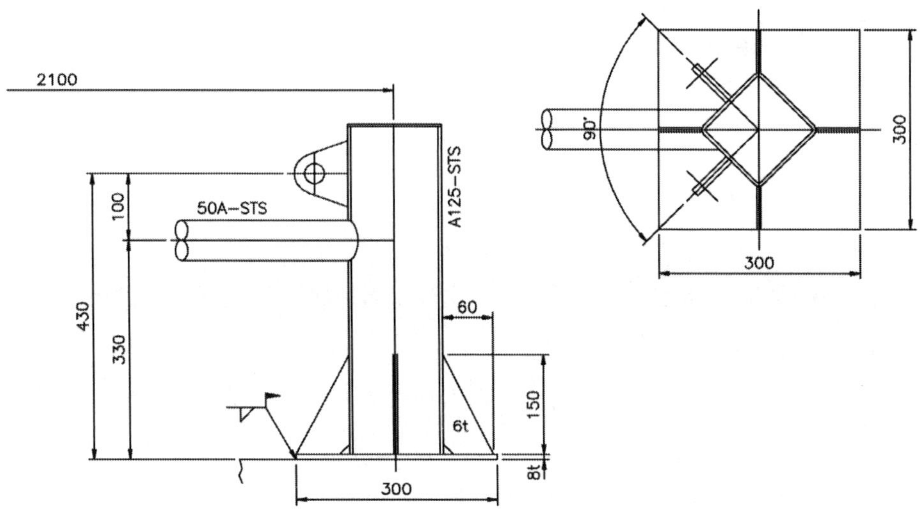

그림 4.16 와이어로프 기둥(Wire Rope Post)

또 대차에는 스크레이퍼 조립은 브라켓(Bracket) 및 힌지(Hinge)를 부착 조립시키면서 각종 힌지를 부착시킨다. 브라켓(Bracket) 및 힌지(Hinge)는 그림 4.17과 같다.

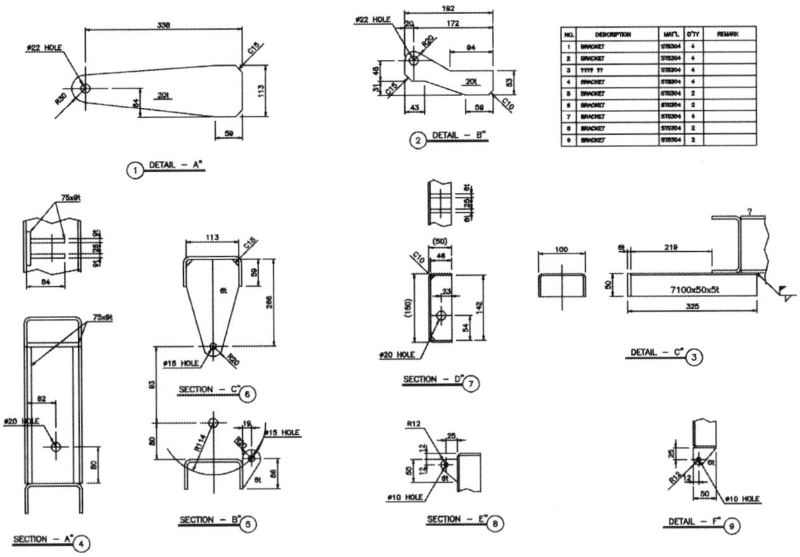

그림 4.17 브라켓 및 힌지(Bracket & Hinge)

2) 대차 바퀴제각

바퀴는 원자재 중량과 가공비를 줄이기 위해 그림 4.18과 같이 주조를 해서 제작하는 것이 원가를 줄일 수 있다. 바퀴는 수중에서 회전함으로 부싱을(Bushing)을 사용한다. 부싱도 규격품을 사용하여 가공시간을 절약한다. 바퀴조립 시 새들에 닿는 것을 방지하기 위해 그림 4.18과 같이 칼라(Collar)를 제작하여 바퀴 조립 시 바퀴 양면에 대고 축을 끼운다. 축은 그림 4.19 ⑤와 같이 핀 모양으로 가공하고 축 끝단에 홈을 내고 ②와 같이 고정시킬 수 있는 키 플레이트(Key Plate)를 제작하여 그림 4.19와 같이 바퀴 조립 후 축이 빠지지 않도록 키 플레이트(Key Plate)를 새들에 고정시킨다. 1개의 새들(Saddle)에 앞과 뒤에 2개의 바퀴를 조립하고 1개의 대차에 2개의 새들을 조립 고정시킨다.

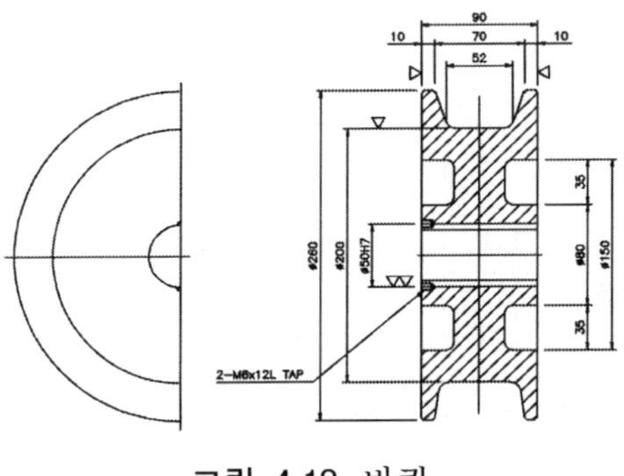

그림 4.18 바퀴

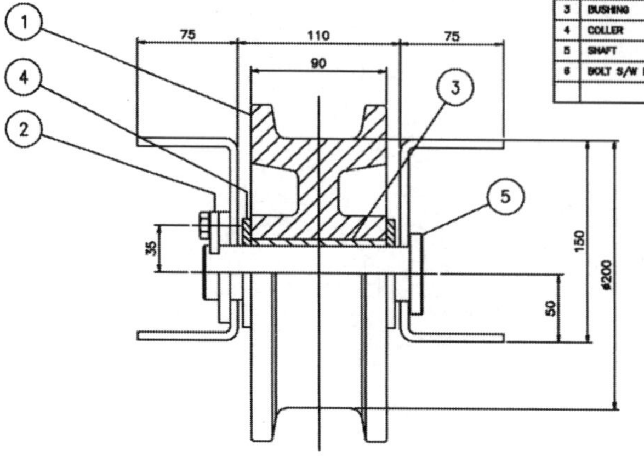

NO.	DESCRIPTION	MAT'L	Q'TY	REMARK
1	WHEEL	STS304	4	ø200
2	KEY PLATE	STS304	4	
3	BUSHING	BrC3	4	ø40xø50x100L
4	COLLER	PE	8	
5	SHAFT	STS304	4	
6	BOLT S/W P/W	STS304	8	M10x15L

그림 4.19 대차바퀴 조립도

3) 가이드 롤러(Guide Roller) 제작

가이드롤러(Guide Roller)는 대차양면에 앞뒤로 1조씩 붙여 1개의 대차에 4조의 가이드 롤러를 붙여 사용하도록 한다.

그림 **4.20**에서 ③롤러(Roller)는 대차가 좌우로 너무 쏠리는 현상을 막아 주어서 대차가 좌우로 끼는 현상을 막아주고 대차가 지그재그(Zigzag)움직임을 막아 주므로 대차가 원활한 움직임을 할 수 있도록 하였다.

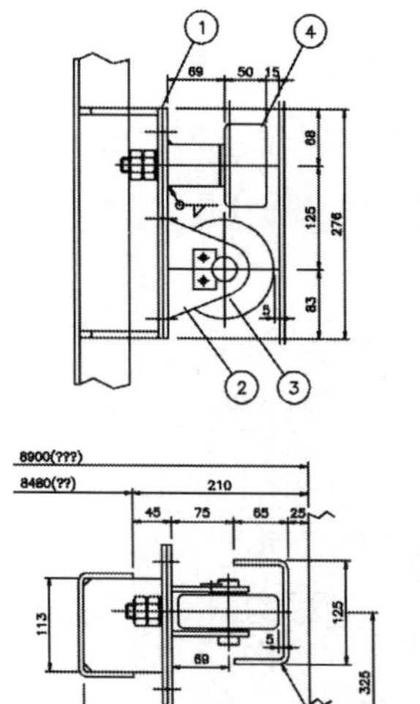

NO.	DESCRIPTION	MAT'L	Q'TY	REMARK
1	GUIDE ROLL SUPPORT	STS304	4	
2	ROLL BRACKET	STS304	4	
3	? ? GUIDE ROLLER	MCNYLON	4	
4	? ? GUIDE ROLLER	MCNYLON	4	
5	BOLT NUT P/W S/W	STS304	24	M12x30L

그림 4.20 가이드 롤러(Guide Roller)

④상하롤러(Roller)는 대차가 운행 시 많은 오니나 오니의 다짐현상에 의해 대차가 들리는 현상이 발생할 수 있고 스크레이퍼가 강제 전복 시에도 대차가 들리는 현상이 발생할 수 있는데 이때 상하롤러는 가이드레일(Guide Rail)로 사용하고 있는 ㄷ형강 내에서 움직이므로 대차가 들려지는 현상을 막아줌으로 대차의 탈선을 막아준다.

소형 침전지에서는 상기 2가지 기능 외에도 침전지 바닥레일이 필요 없이 사용할 수 있다.

가이드롤러(Guide Roller)는 ①가이드롤러 서포트(Guide Roller Support)에 일체형으로 조립시켜야하며 설계 시 주의할 점은 그림과 같이 좌우 가이드롤러가 상하 가이드 롤러보다 10mm정도 밖으로 나오도록 설계해야 상하 가이드롤러가 ㄷ형강 안면에 닿지 않는다. 또 정면에서 보았을 때좌우 가이드롤러가 상하 가이드롤러 중앙에 위치하게 하여 상하 가이드롤러가 ㄷ형강 바닥에 닿거나 ㄷ형강 윗면에 닿거나 하더라도 좌우 가이드롤러의 옆면은 ㄷ형강에 닿지 않도록 하여야한다.

①가이드롤러 서포트(Guide Roller Support)에 부착하는 ②롤러 브라켓(Roller Bracket)은 그림과 같다. 상하 롤러의 칼라(Collar)는 그림 **4.20**에 4-2와 같이 견고히 용접 고정시켜야한다. 용접을 하지 않으면 롤러가 흔들림이 커진다. 상하가이드 롤러(Guide Roller)의 축은 롤러를 완전히 조립된 상태에서 1mm정도 여유가 있도록 제작하여 롤러가 원활히 회전할 수 있도록 하였다. 조립 순서는 와셔(Washer)를 먼저 끼우고 롤러를 댄 후 축을 끼운다. 너트 2개로 완전히 조인다. 그림 **4.20**의 ③ 좌우 가이드롤러(Guide Roller)는 롤러 양면에 3-2의 와셔를 끼우고 3-1의 핀으로 고정시킨다. ②의 롤러 브라켓(Roller Bracket)에 완전히 조립한 상태에서 대차 양 측면 앞뒤 4곳에 조립한다. 조립상태에서 롤러의 평행이 맞는가를 꼭 확인을 하여야하며 대각도 확인해야 대차 움직임이 원활하다.

4) 후부 스크레이퍼(Scraper) 전복 시브(Sheave)제작

전복 시브(Sheave)는 전부스크레이퍼(Scraper)를 전복시키거나 세울 때 후부스크레이퍼(Scraper)도 동시에 움직일 수 있도록 전부스크레이퍼와 후부스크레이퍼를 와이어로프를 연결시키는데 동작을 원활히 하기위하여 작은 시브가 필요하다.

이 시브는 그림 **4.21**의 ①롤러를 양면에 와셔를 대고 핀으로 고정시킨다. ①의 프레임 상단에는 로프가 동작 시 이탈되지 않도록 상부를 평철로 막는다. 로프 이탈방지 평철이 없으면 스크레이퍼 동작 시 로프가 이탈되어 고장이 발생할 수 있으므로 꼭 부착시켜야 한다. 롤러를 수지계통을 사용하면 부싱(Bushing)은 롤러 중앙에 넣지 않아도 된다.

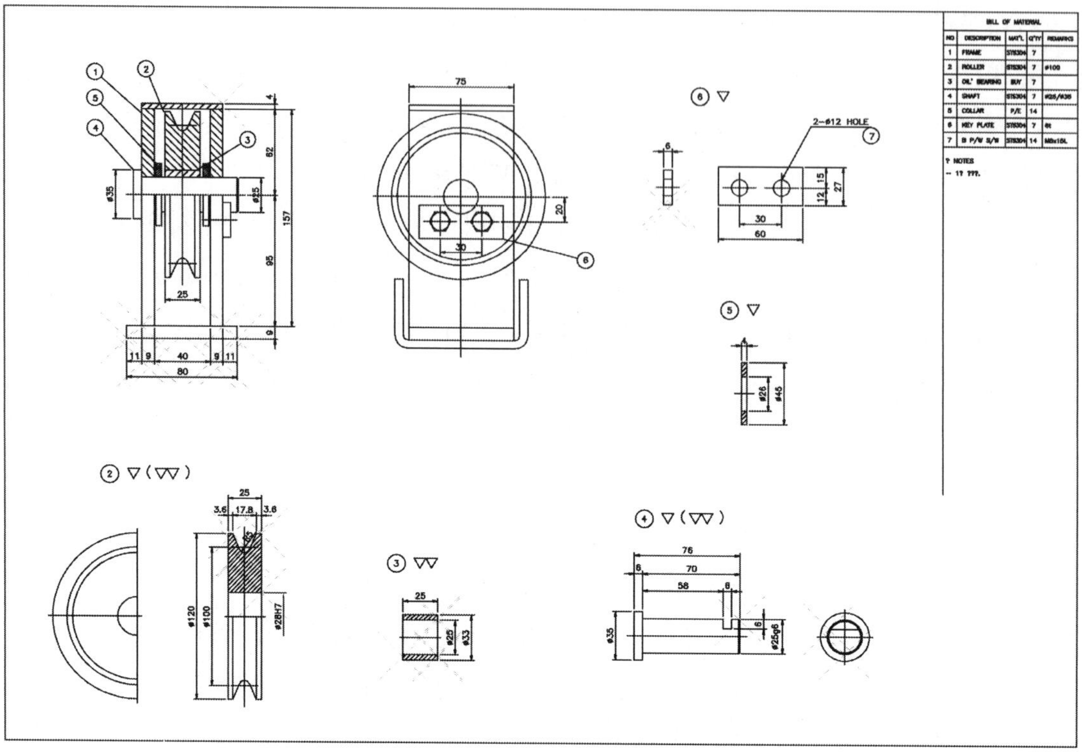

그림 4.21 후부스크레파(Scraper) 전복 시브(Sheave)제작

5) 스크레이퍼 (Scraper)제작

전부스크레이퍼는 침전지 끝에서 앞으로 끌어당겨지면서 앞에 오니를 수집하는 스크레이퍼로 큰 힘을 받는다. 큰 힘을 받을 때 스크레이퍼가 휨이 발생하지 않도록 충분한 강도를 가지도록 한다. 스크레이퍼 밑에는 고무판을 부착하여 침전지 바닥이 고르지 않더라도 문제가 생기지 않아야 한다. 후부스크레이퍼는 침전지 끝부분의 대차가 정지위치 부분의 오니를 수집하는 스크레이퍼로 전부스크레이퍼에 비해 크기가 작다.

전부 후부스크레이퍼는 그림 **4.22**와 같다. 전부 후부의 힌지(Hinge)점은 그림 **4.22**와 같으며, 힌지 점 그림 **4.23**의 ①과 같이 스크레이퍼가 세워져 오니를 수집할 때에는 스크레이퍼가 있는 곳의 우측 부분의 모멘트가 충분히 커야한다. 충분히 크지 않으면 스크레이퍼가 전복될 수 있으므로 주의해야 한다. 좌우측의 모멘트는 단위 cm당 자중을 계산하여 계산하면 된다.

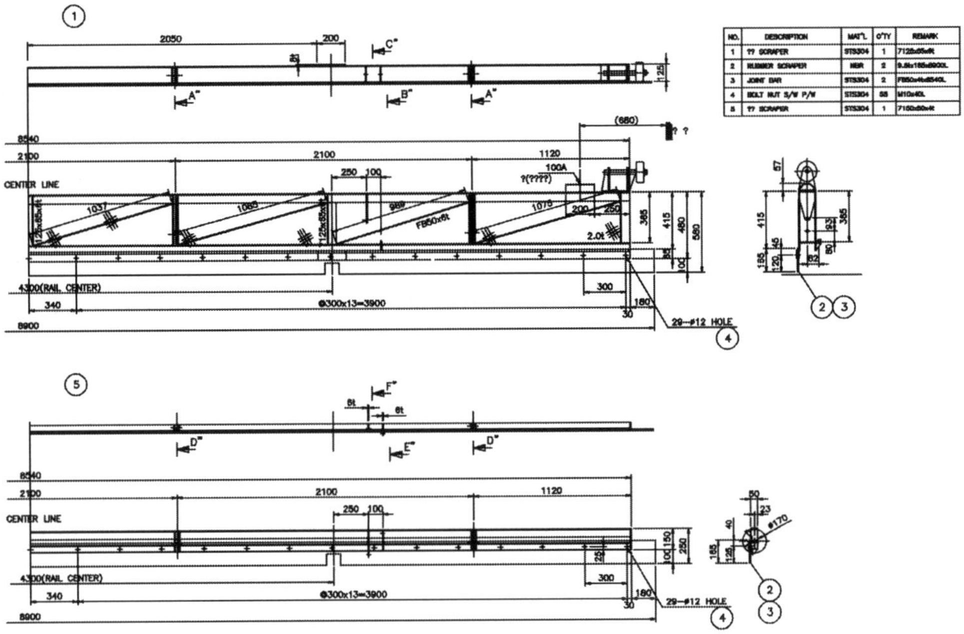

그림 4.22 전부 후부 스크레이퍼

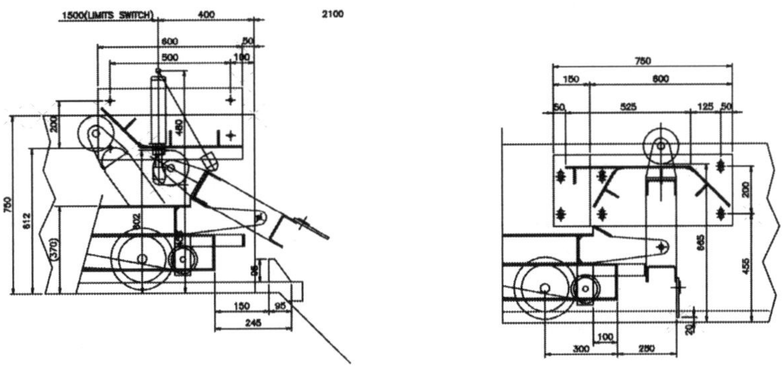

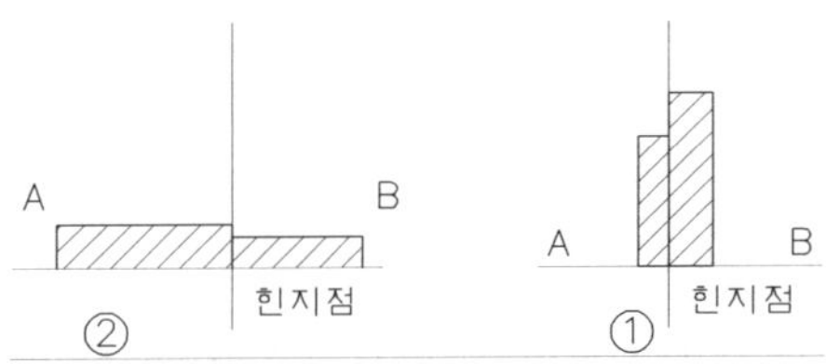

4.23 스크레이퍼 모멘트

그림 4.23의 ②와 같이 스크레이퍼가 전복되었을 때에도 좌측부분의 모멘트가 충분히 커야하며 스크레이퍼 하단인 고무판 끝부분은 침전지바닥과의 사이가 충분히 벌어져 있어야

오니를 침전지 뒷부분으로 끌어가는 현상이 발생하지 않는다.

전복되었을 때에는 단위 cm당 자중을 계산하여 좌우 모멘트를 계산하면 된다.

6) 전복 롤러 (Roller)제작

전복 롤러(Roller)는 스크레이퍼를 강제로 전복시키거나 세울 때 사용된다. 그림 **4.24**의 ①의 브라켓(Bracket)은 무거운 스크레이퍼를 스크레이퍼 양끝에서 전복시키거나 세워야하므로 충분한 강도를 가져야하며 전복장치를 지나갈 때 간섭이 일어나지 않도록 충분한 공간을 확보해야한다.

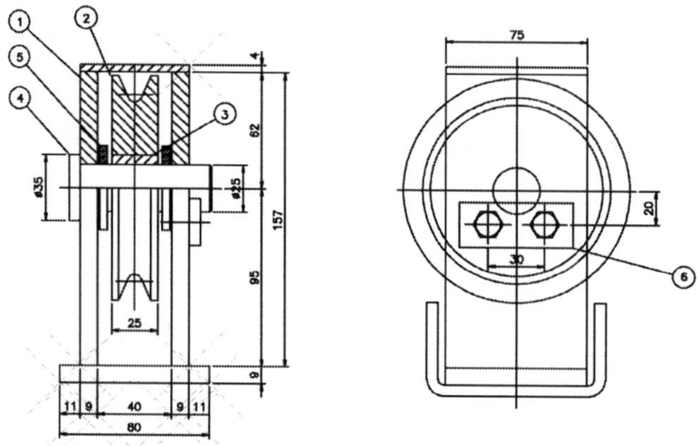

NO	DESCRIPTION	MAT'L	Q'TY	REMARKS
1	FRAME	STS304	7	
2	ROLLER	STS304	7	ø100
3	OIL' BEARING	BUY	7	
4	SHAFT	STS304	7	ø25/ø35
5	COLLAR	P/E	14	
6	KEY PLATE	STS304	7	6t
7	B P/W S/W	STS304	14	M8x15L

그림 4.24 전복 롤러(Roller)

②롤러(Roller)는 수지계동의 재료로 제작하여 재료 원가가 싸고 가공이 쉽도록 한다. ③칼라(Collar)로 수지계통으로 제작하여 롤러 양면에 1개씩 넣고 축을 조립한다. 축의 길이는 롤러와 칼라 2개를 넣고 조립된 상태에서 여유가 있도록 축을 약간 길게 제작한다. 조립너트와 축에는 너트풀림 방지용 작은 구멍을 뚫어 분할 핀을 채운다. 전복롤러를 현장에 설치 시에는 스크레이퍼를 전복지점에 위치하고 먼저 벽체에 전후부 전복장치를 설치한다. 전복장치 설치가 끝나면 전복롤러를 전복장치와 스크레이퍼 상단에 위치하고 용접 고정시킨다.

(6) 전복장치 제작

전복장치는 전부전복장치와 후부전복장치가 있으며 전부전복장치는 스크레이퍼(Scrapper)를 전복시킬 때 사용하며 후부전복장치는 스크레이퍼(Scrapper)를 세울 때 사용한다.

대차의 스크레이퍼가 세워진 상태로 침전지를 전진하면서 오니를 수집하게 되며 대차가 침전지 앞쪽으로 완전히 끌어당겨지게 되면 오니수집이 끝나게 되며 오니수집이 끝난 스크레이퍼는 대차가 후진할 때에는 전복된 상태로 대차가 후진되어야하므로 전부 전복장치가 필요하다. 만약 스크레이퍼가 세워진 상태로 후진하게 되면 오니가 침전지 후면에 쌓이고 배출을 할 수 없으며 쌓인 오니는 다짐현상이 발생하여 대차가 밀고 나갈 수가 없다. 대차의 스크레이퍼가 전복된 상태로 침전지 뒤쪽으로 완전히 끌어 당겨지면 다시 오니 수집을 할 수 있도록 전복된 스크레이퍼를 세워야한다.

스크레이퍼가 세워지지 않으면 침전지바닥에는 스크레이퍼의 밑 부분의 사이만큼 오니가 쌓여있게 된다. 오니가 쌓여있으면 침전지의 체류시간은 짧아지고 쌓인 오니는 다짐현상과 부패가 일어나 악취가 발생한다. 또 다짐현상이 일어난 오니는 오니수집기로는 제거가 불가능하며 인력으로 제거작업을 하여야한다. 이때 스크레이퍼가 세워지면 오니수집기에 과부하가 발생하고 안전핀이 절단된다. 만약 안전핀이 절단이 안 되면 기계에 큰 문제가 발생할 수 있음을 명심해야한다.

1) 전부 전복장치 제작

전부전복장치는 대차가 침전지 앞쪽으로 당겨졌을 때 마지막으로 대차가 더욱 당겨지면서 전부전복장치의 경사면에 롤러가 걸리면서 점점 전복되다가 그림 4.23에서 스크레이퍼가 전복되는 우측 그림에서 A모멘트>B모멘트 보다 커지면 스크레이퍼는 자중에 의해 더욱더 전복된다.

스크레이퍼가 어느 정도에서 전복이 멈출 수 있도록 스크레이퍼 상단부에 위치하도록 대차에 정지판을 설치한다. 이렇게 자중에 의해서 완전히 전복되지 않으면 스크레이퍼는 A모멘트<B모멘트 보다 작을 경우 대차가 전복장치를 지나면서 후진 시 세워지게 되어 큰 문제가 발생한다.

대차가 정지되는 시점은 스크레이퍼 전복롤러가 전복장치를 벗어나기 전에 정지되는 것이 좋다. 전부전복장치는 그림 4.25와 같으며 전복장치는 스크레이퍼를 전복 시킬 수 있는 충분한 강도를 가져야하며 침전지 벽체에도 견고하게 앵커볼트를 설치해야 한다.

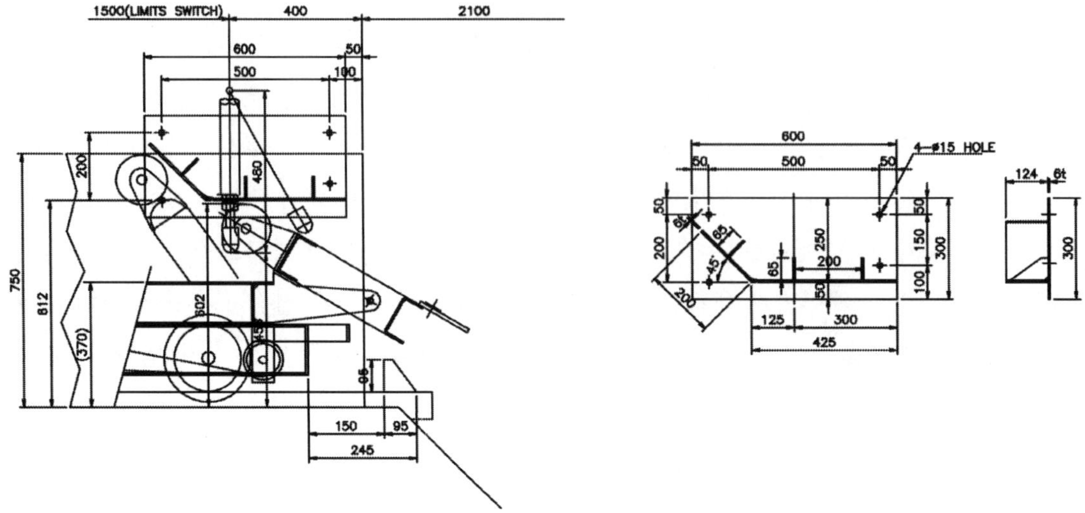

그림 4.25 전부 전복장치

2) 후부전복장치 제작

후부전복장치는 대차가 침전지 뒤쪽으로 당겨졌을 때 마지막으로 대차가 더욱 당겨지면서 후부 전복장치 경사면에 전복 롤러가 걸리면서 전복되어있던 스크레이퍼를 세우게 된다. 스크레이퍼는 점점 세워지다가 그림 4.23에서 스크레이퍼가 세워지면 좌측 그림에서 컸던 A모멘트가 작아지고 A모멘트보다 작았던 B모멘트가 커진다. A모멘트<B모멘트가 되면 스크레이퍼는 큰 모멘트에 의해 수직으로 세워지게 된다.

스크레이퍼 하단부에는 스크레이퍼가 수직이상으로 넘어가지 않도록 정지판을 대차에 설치한다. 스크레이퍼가 세워진 후에도 후부전복장치를 지나 많이 후진하게 되면 바닥오니가 스크레이퍼 후면에 모이면서 부하가 커져 스크레이퍼가 전복될 수 있으므로 후부전복장치 내에서 정지 될 수 있도록 전복장치를 설치한다. 후부전복장치 및 전복되는 과정도는 그림 4.26과 같으며 후부전복장치도 스크레이퍼를 충분히 세울 수 있는 강도를 가져야 하고 침전지 벽체에 견고하게 설치하여야 한다.

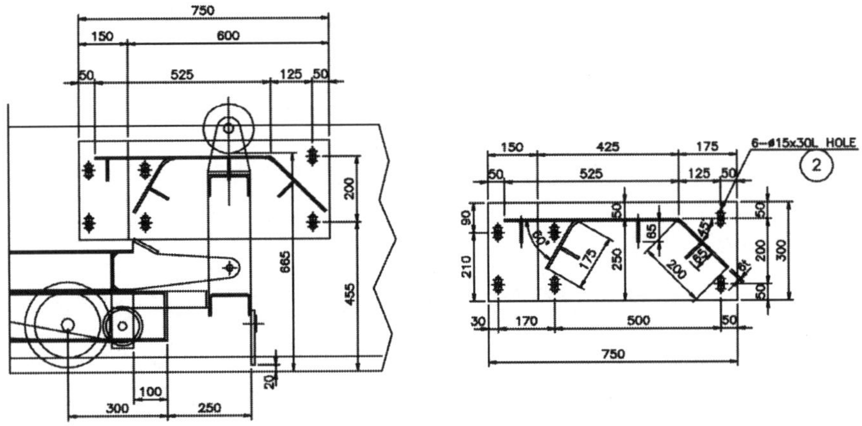

그림 4.26 후부 전복장치

(7) 시브(Sheave) 제작

시브(Sheave)는 와이어로프(Wire Rope)를 걸 수 있는 활차를 말하며 오니수집기에서는 전부 시브와 후부 시브로 나눌 수 있다.

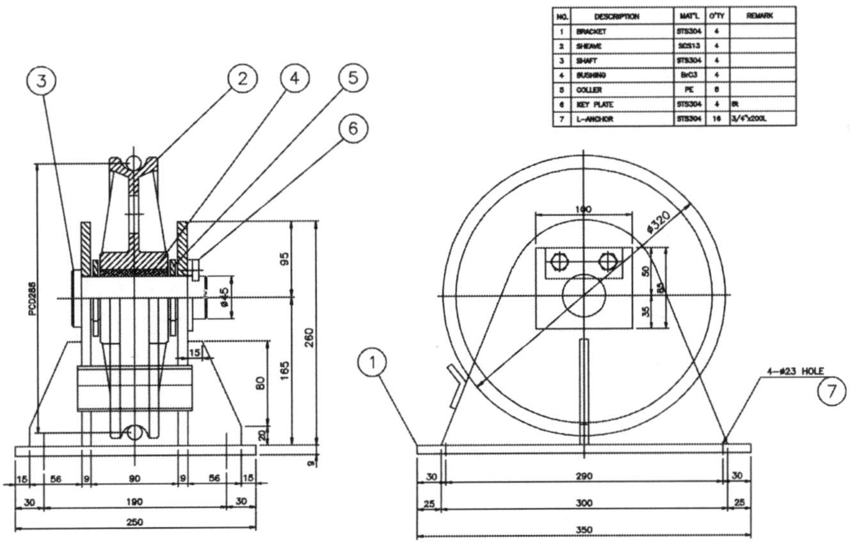

NO.	DESCRIPTION	MAT'L	Q'TY	REMARK
1	BRACKET	STS304	4	
2	SHEAVE	SCS13	4	
3	SHAFT	STS304	4	
4	BUSHING	BrC3	4	
5	COLLER	PE	8	
6	KEY PLATE	STS304	4	6R
7	L-ANCHOR	STS304	16	3/4"x200L

그림 4.27 시브(Sheave) 조립도

전부 시브는 대차를 와이어 드럼(Wire Drum)을 돌려 끌어당길 때 중간에 안내 역할을 하는 활차로서 침전지 앞쪽에 위치한다. 본 오니수집기에서는 그림 **4.1**에서 ④ 전부시브 2개와 ⑤ 후브시브 2개가 소요된다. 시브는 그림 **4.27**과 같이 ①브라켓(Bracket)과 ② 시브

(Sheave) ③축 ④부싱(Bushing) ⑤칼라(Collar) ⑥고정판 ⑦L-앵커(Anchor)로 구성되며 시브는 주조로 하여 재료비와 가공비를 절감한다. 브라켓 시브 조립은 시브 양쪽에 칼라를 대고 브라켓에 끼운 다음 축을 끼우며 고정판으로 축을 고정 조립한다.

브라켓에 로프가 탈선하지 않도록 탈선 방지용 판을 부착한다.

1) 전부시브(Sheave) 제작

전부시브는 설치장소와 드럼의 구조에 따라 시브의 수량이 변동 될 수 있으나 로프의 꼬임 현상을 없애려면 시브의 수량이 많지 않도록 설계를 해야 한다. 시브의 모양은 그림 **4.1**에서 같은 경우에는 그림 **4.27**과 같은 경우가 필요하지만 시브의 설치 위치가 바닥일 경우에는 시브용 브라켓이 시브의 옆면이 바닥 쪽으로 갈 수 있도록 브라켓을 설계하지 않으면 안 된다.

시브의 설치위치는 대차를 당기는 로프의 중심에 위치해야 하며 드럼에서 볼 때에는 드럼에 감기는 수량의 중앙에 위치해야 시브와 로프와의 변화되는 θ의 각도를 최소화 할 수 있다. 시브의 직경은 천정크레인 경우 와이어로프 16φ일 때 320 mm이나 천정크레인 보다는 매우 속도가 느림으로 감안해서 제작한다.

(8) 레일(Rail)

레일(Rail)은 그림 **4.28**에서와 같이 침전지바닥에 설치하는 레일이 있고, 그림 **4.29**와 같은 벽체에 설치하는 가이드레일(Guide Rail)이 있다.

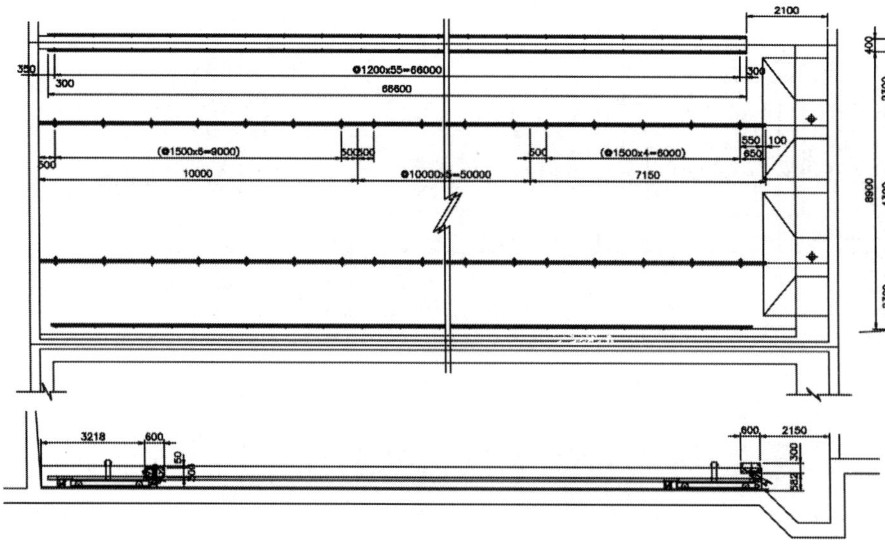

그림 4.28 레일(Rail)

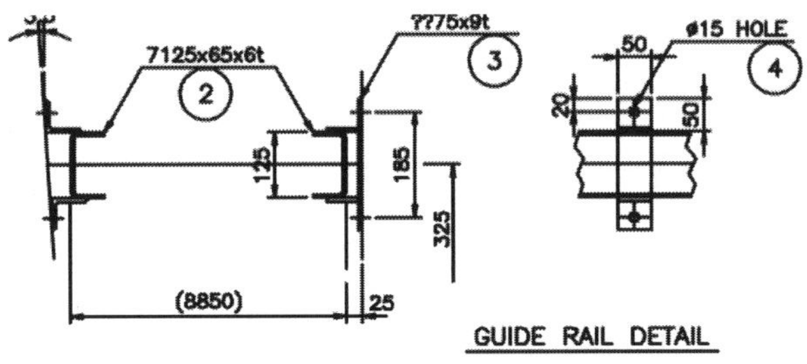

그림 4.29 가이드레일 설치도

대도시에 있는 정수장은 침전지 규모가 큼으로 대차의 처짐을 막고 대차 탈선을 막기 위해 침전지 바닥에 설치하는 레일과 침저지 벽에 설치하는 가이드레일이 있지만 침전지 규모가 작은 침전지에서는 대차에 무리만 없다면 침전지 바닥레일을 사용하지 않고 벽체에 설치된 가이드레일만 사용하여도 된다.

1) 침전지 바닥레일 설치

침전지 바닥레일 설치는 매우 중요하다. 처음에 시공이 잘못되면 시운전시 큰 문제점이 발생할 수 있으므로 사전에 설치준비 작업을 철저히 해야 한다. 침전지의 구조물의 구조는 간단하지만 폭과 길이가 길어 기계 설치에 따른 오차가 크다. 만약 오니수집기를 벽체를 기준으로 설치할 경우 구조물 오차 때문에 구조물 간섭이 발생하여 오니수집기를 운행할 수 없거나 바닥 전체의 오니 수집을 하지 못 할 수 있다.

그래서 구조물의 오차를 오니수집기의 양측 면에 똑같이 나눌 수 있도록 하기위해서는 침전지 바닥의 한쪽 벽체 내면과 침전지의 바닥 중간분리 벽의 내면과의 거리를 측정하여 중심을 잡는다. 중심점을 침전지의 앞쪽부터 뒤쪽까지 중심을 잡는다. 이 중심점에 오차가 가장 적도록 하여 중심선을 잡아 먹줄을 긋는다.

이 중심선을 기준으로 하여 대차에서 설계된 2개의 바닥레일 중심선을 잡아 레일을 설치한다. 침전지 바닥레일은 침전지 바닥의 레벨에 따라 레일을 설치하여야 한다. 너무 수평을 고집하거나 직진을 고집하면 스크레이퍼(Scraper)의 고무판이 침전지바닥에 많이 접촉하거나 너무 많아 떨어지는 현상이 발생할 수 있음을 고려해야한다. 특히 침전지바닥 2개의 레일이 수평을 이루고 있어야 하나 많이 틀릴 수 있으므로 주의해야 한다. 1개 레일의 설치 레벨이 낮으면 낮은 레일 쪽의 침전지바닥에 스크레이퍼가 많이 접촉될 수 있어 오니수집기에 무리한 부하가 발생할 수 있다. 참고로 침전지바닥이 스크레이퍼 고무판보다 낮을 경우에는 오니는 제거되지 않고 쌓여 있을 수 있으나 큰 문제는 발생하지 않는다.

레일설치는 바닥이 낮더라도 밑에 너트로 조여 레일 받침판을 받혀 수평을 조절하면 레일을 원하는 높이로 조절이 쉽다.

레일은 계절에 따라 크게 온도 변화가 없고 길이가 짧으므로 레일과 레일을 용접이음으로 해서 사용하는 것이 좋다.

2) 가이드레일(Guide Rail) 설치

가이드레일(Guide Rail) 설치도 잘못되면 오니수집기가 움직이지 못하는 문제가 발생할 수도 있으므로 주의해서 설치하여야 한다.

가이드 레일설치는 대차를 바닥레일에 올려놓고 대차에 가이드롤러(Guide Roller)를 조립된 상태에서 가이드롤러에 가이드레일을 끼워가면서 벽체에 고정시켜야 한다. 가이드롤러는 폭이 최소 구간에도 통과될 수 있도록 대차크기가 조절되어야하며 폭이 큰 구간에서는 가이드 레일을 벽체에서 사이를 벌어지더라도 레일에 가이드롤러가 알맞게 물리어 회전될 수 있도록 설치한다. 이렇게 설치하면 가이드레일에 레벨도 침전지 바닥레일에 따라 설치하게 된다.

바닥레일이 없는 소형침전지에서는 가이드롤러의 레벨을 잡아 양 벽체에 위치를 잡고 가이드레일을 설치한다. 이 설치된 가이드레일에 대차의 가이드롤러를 끼우고 스크레이퍼를 조립하여 설치가 이상이 없는가를 대차를 밀어 움직여본다. 가이드레일 설치가 이상이 없으면 대차를 움직이면서 다음 가이드레일을 설치한다.

가이드레일 설치높이를 설정하여 금을 긋고 평철은 벽체에 설치한다. 대차를 이동 시키면서 가이드레일인 ㄷ형강을 연결 용접한다. 연결된 가이드레일에 따라 대차가 움직이도록 하여 가이드레일 하부받침인 평철을 벽체 평철에 용접 고정시키고 가이드레일도 대차 이동시 원활하면 가이드레일 하부와 받침 평철을 용접한다. 또 상부 평철은 용접 고정한다.

(9) 리미트 스위치(Limit Switch)

리미트 스위치(Limit Switch)는 대차를 정지시키는 스위치로 중요하다. 이 스위치가 잘 동작을 못해 오니수집기가 고장이 생기는 경우가 매우 많다. 이 정지스위치를 달지 않고 드럼에 달린 엔코더를 이용하여 정지시킬 수도 있으나 로프가 늘어날 경우

등 오차가 많이 발생할 수도 있으므로 대차의 이동을 감지하는 것이 정확하다. 대차에 스위치를 직접 설치하는 것이 가장 좋으나 대차는 물속에서 이동하므로 물속에 설치하기에는 여러 가지 문제점이 있다.

문제점은 물속에 설치하므로 스위치에 대한 방수가 어렵고 근접스위치를 설치할 경우 오니 때문에 오작동을 할 수도 있다. 침전지의 수면은 겨울에는 얼 수 있다는 것이 또한 문제점이다.

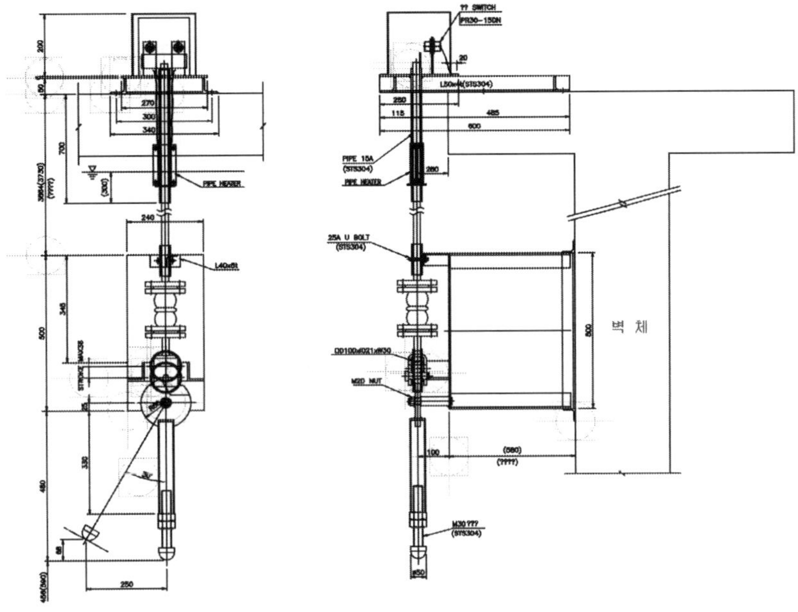

그림 4.30 리미트 스위치(Limit Switch)

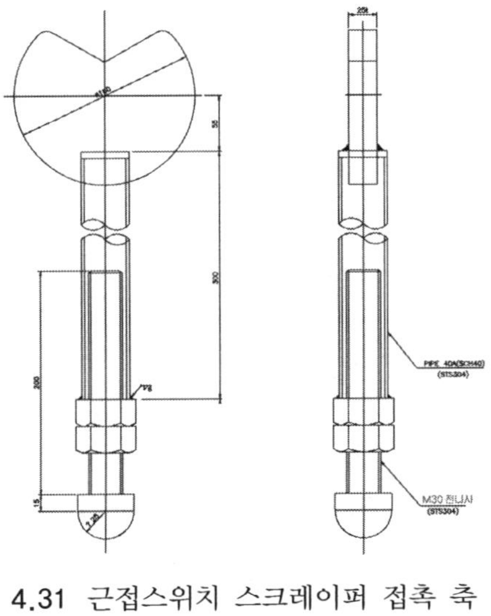

4.31 근접스위치 스크레이퍼 접촉 축

이에 그림 **4.30**과 같이 제작 설치하였다. 스위치 하단부의 스크레이퍼의 면과의 접촉 축을 짧게 길게 조절할 수 있도록 그림 **4.31**과 같이 스크루(Screw)장치를 하였으며 축 상부에는 그림 4.32와 같이 캠(Cam)을 설치하여 축의 왕복운동을 캠에 의하여 회전 운동으로 바꾸었다. 이 캠의 회전운동에 따라 상부에 설치된 리미트 스위치 접촉봉의 롤러(Roller)를 상부로 밀어 올릴 수 있도록 하여 리미트 접촉 봉이 밀어 올리게 되면 수중밖에 설치된 그림 4.33 근접스위치가 봉과 접촉되게 만들어 스위치를 동작하게 만들었다. 근접스위치 캠은 그림 4.34와 같이 제작한다. 캠에 접촉되는 롤러는 그림 4.35와 같이 제작하여 상하동작을 원활히 할 수 있도록 하였다.

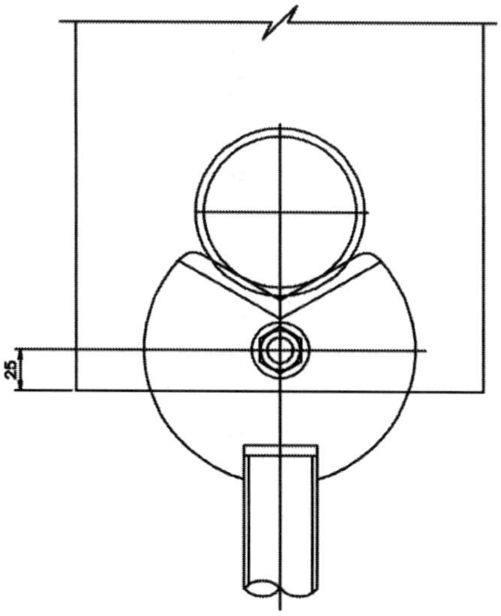

그림 4.32 근접스위치 캠

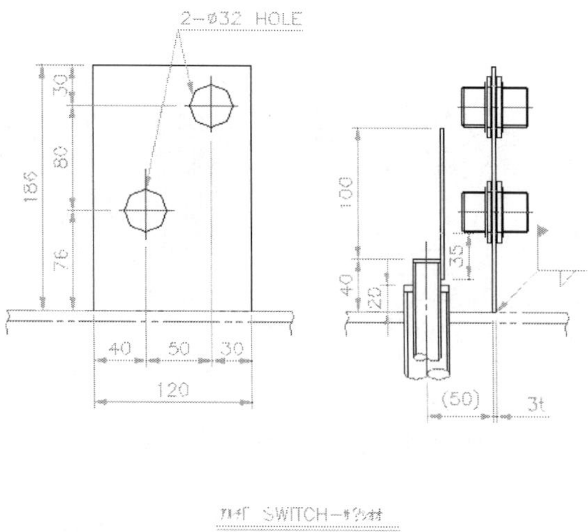

그림 4.33 리미트 스위치(Limit Switch)

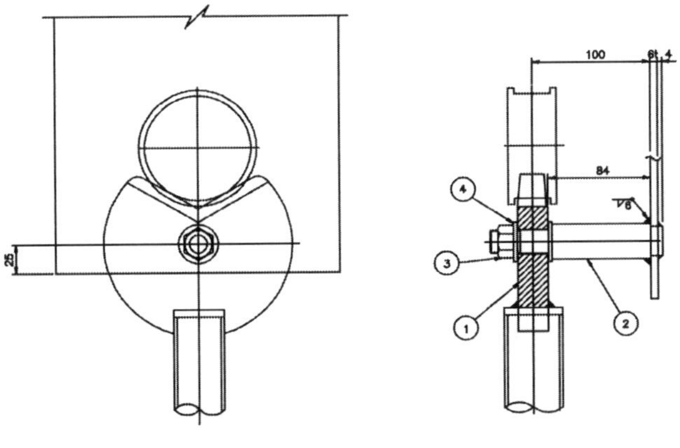

NO.	DESCRIPTION	MAT'L	Q'TY	REMARK
1	CAM	STS304	2x4	∅180x25t
2	SHAFT	STS304	2x4	∅30x138L
3	NUT	STS304	2x4	M20
4	WASHER	STS304	4x4	O.D34xI.D21x3t

그림 4.34 근접스위치 캠 제작도

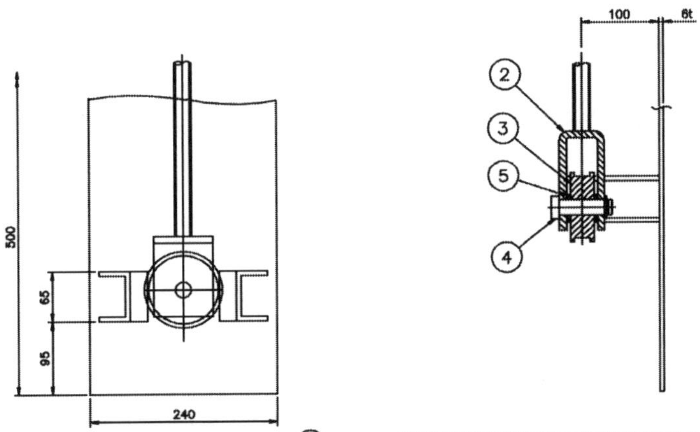

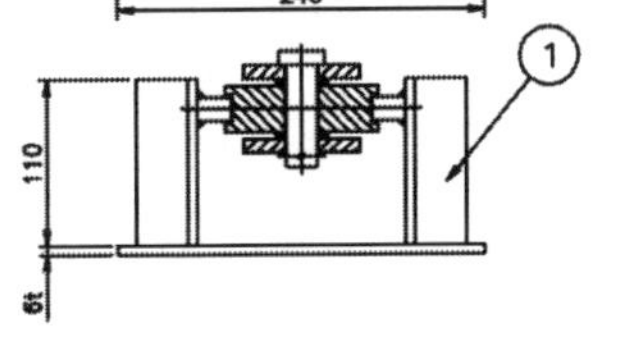

NO.	DESCRIPTION	MAT'L	Q'TY	REMARK
1	BRACKET	STS304	2x4	L65x6t
2	ROLLER SUPPORT	STS304	2x4	9t
3	ROLLER	BC	2x4	∅100x40L
4	PIN	STS304	2x4	∅30x84L
5	COLLAR	STS304	4x4	O.D34xI.D21x2t

4.35 근접스위치 롤러

겨울에 침전지수면이 얼게 되면 리미트 접촉 봉이 근접스위치 방향인 상부로 올라갈 수가 없으므로 근접스위치 봉과 물과의 수면에서 접촉이 없도록 하기위해 보호관을 설치하였고 이보호관과 근접스위치와는 플렉시블조인트(Flexible Joint)로 연결하여 스크레이퍼 접촉시 고무로 제작된 플렉시블조인트가 압축되면서 근접스위치 봉이 상부로 올려져 근접스위치를 동작할 수 있도록 하였다. 스위치의 오동작을 막기 위해서는 근접스위치를 2개를 병렬로 설치하거나 근접스위치와 리미트 스위치를 병렬로 설치하는 것이 바람직하다.

(10) 안전핀(Shear Pin)

시어핀(Shear Pin)은 오니수집기나 기타 기계에서도 과부하시 기계를 보호할 수 있는 간단한 기계식 안전장치이다. 설계 토크 이상의 토크가 작용했을 때에는 구동부와 기계 사이에 동력 전달을 끊어 과부하로부터 기계를 보호하기위한 장치이다. 안전핀(시어핀)은 그림 **4.4**에서 같이 구동부 커플링과 축 상부커플링에 체결볼트 대신에 안전핀을 체결 시킨다.

1) 안전핀(시어핀) 설계

앞에서 오니수집기의 드럼 회전 시 요구되는 동력은 0.2 kw(대차속도 V=0.6 m/min일 때)

$$\text{드럼 rpm}(n) = \frac{V}{\pi D} = \frac{0.6}{3} = 0.2\ \text{rpm}$$

πD : 드럼원주(3 m)

$$T = 974\frac{H}{n} = 974\frac{0.22}{0.2} = 1071.4\ \text{kg} \cdot \text{m}$$

에서 절단되도록 한다. 안전핀의 재질은 SS41로 인장강도는 41~52 kg/mm^2이고 전단강도는 인장강도의 약 70%로 하면 전단력 $S = 41 \times 0.7 = 28.7\ \text{kg/mm}^2$이다.

안전핀 2개를 동시에 사용하고 그림 **4.4**에서 안전핀의 설치 반경 $r = 145$ mm한다. 안전핀의 직경을 d라 하면

$$d = \sqrt{\frac{T(\text{kg} \cdot \text{cm})}{2\text{개} \times \frac{\pi}{4} \times 28.7 \times r(\text{cm})}}$$

$$= \sqrt{\frac{107140}{2 \times \frac{\pi}{4} \times 28.7 \times 14.5}} = 12.8\ \text{mm}$$

따라서 안전판 2개를 그림 **4.4**에 홈의 직경을 12.8φ로 V홈을 만들고 커플링의 BCD를 $145 \times 2 = 290$ 스위치에 조립하여 사용한다.

2) 안전핀의 가공

안전핀에는 절단 홈을 만들어 안전핀이 절단되어 절단부위가 휨이 발생하더라도 커플링 홈에서 쉽게 빠질 수 있도록 해야 하며 절단 홈도 커플링과 커플링 사이에 정확히 위치할 수 있도록 해야 한다. 절단 홈이 커플링사이에 위치하지 않으면 V홈에서 전단이 받지 않음으

로 전단토크가 크게 증가되어 기계에 큰 고장이 일어날 수 있다.

2개의 커플링 두께는 똑 같아야 한다. 만약 두께가 틀리면 그림 **4.36**과 같이 안전핀에 홈이 바르게 끼우지 못하면 절단 홈이 커플링 사이에 오지 않을 수 있으므로 주의해야 한다. 안전핀은 회전 시 풀리지 않도록 너트에 풀림 방지 장치를 하여야 한다. 본 안전핀은 구동부가 수직형이므로 위에서 아래로 끼우면 큰 문제가 일어나지 않는다. 커플링이 축에 밀려들어가지 않도록 해야 제 응력에서 파단이 일어날 수 있다.

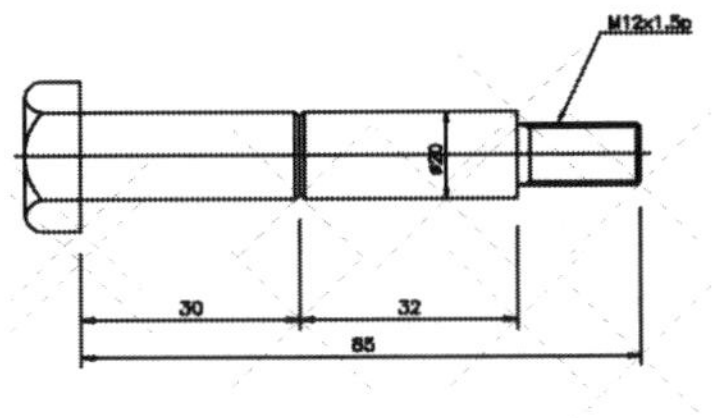

그림 4.36 안전핀

질문 1 **상부드럼과 문제점은?**

수중 대차식 오니 수집기는 80년대 초에 개발되어 현재가지 많이 사용되고 있으며 80년대 초에는 상부드럼(지상)을 사용했었다. 그림 **4.37**에 ① 구동부와 ③ 상부드럼(지상드럼)설치하고 ③ 상부에 시브가 설치되었다.

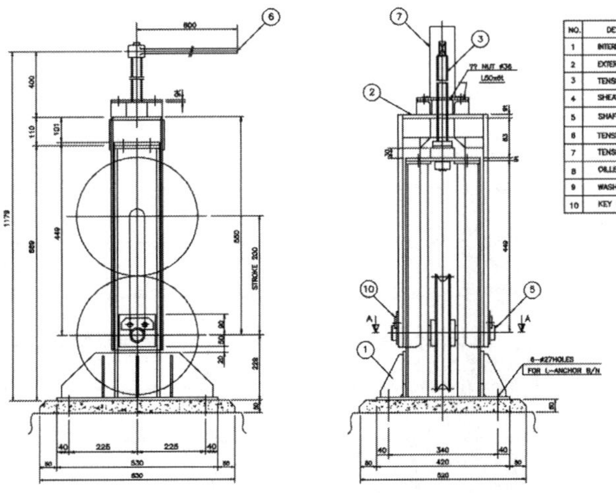

NO.	DESCRIPTION	MAT'L	Q'TY	REMARK
1	INTERNAL FRAME	STS304	1	
2	EXTERNAL FRAME	STS304	1	6t
3	TENSION ROD	STS304	1	
4	SHEAVE	SCS13	1	P.C.D 330
5	SHAFT	STS304	1	
6	TENSION ROD HANDLE	STS304	1	
7	TENSION ROD COVER	STS304	1	
8	OILLESS B/R	#500	1	I.D80xO.D95x70L
9	WASHER	STS304	2	
10	KEY PLATE	STS304	2	6t

그림 4.37 지상드럼과 시브 설치

토목 구조물상 문제점은 그림 **4.37**에서 보는 바와 같이 응집기와 침전지 오니 배수구 사이에 약 2~3 m 정도의 불필요한 구조물을 볼 수 있다. 이 구조물로 인해 바닥에 오니가 제거가 안 되어 쌓이고 썩어 악취를 발생하고 가스를 배출하게 되어 스컴(Scum)이 발생할 수 있다. 또 수로의 단면을 막아 유속이 빨라질 수 있어 침전지 효율을 떨어뜨릴 수 있다. 구조물 상부에는 구동부와 드럼 및 상부 시브(Sheave)를 설치해야하고 와이어로프(Wire Rope)가 보교위로 노출되므로 보교는 넓어져야 한다. 또 상부에 크고 많은 기기들이 노출되므로 미관상으로도 좋지 않으며 와이어로프가 노출되어 좋지 못하다. 구동부와 드럼은 드럼에 커다란 스프로켓(Sprocket)에 체인을 걸어 구동을 시킴으로 구조가 복잡하고 구동부와 드럼을 덮을 수 있는 덮개가 필요하다. 와이어로프는 STS304 재질을 사용해도 일반 철재로 제작된 드럼에 의해 녹을 띨 수 있다. 기계적으로는 그림 **4.37**에서는 상부 시브 2개가 더 필요하다.

그림 **4.1**에서는 응집지의 바닥높이가 침전지의 바닥보다 1m정도 높아 대차를 당기는 시브는 그림 **4.37**과 같이 낮게 설치되므로 시브가 더 필요하게 되어 수중 드럼식보다는 6개의 시브가 더 소요된다. 이렇게 많은 시브를 사용하면 와이어로프는 꺾이는 부분이 많아져 와이어로프는 꼬임현상이 일어난다. 미관상으로는 앞에서 열거한 바와 같이 커다란 드럼이 침전지 상부에 자리하고 있으며 노출된 시브와 로프가 있어 시각적으로도 나쁘고 로프가 안전상 좋지 않다. 소음은 지상에 설치된 큰 힘이 드는 시브에서 소음이 발생할 수도 있다.

기타 사항으로는 제작된 원가가 비싸고 기름 주유할 곳이 많아 유지관리도 어렵다.

그러나 수중드럼현상은 수직형 감속기에 수직으로 축을 연결하여 수중에 드럼을 설치함으로 노출된 부분이 매우 작아 간단하고 작은 설치 면적을 차지함으로 많은 구조물이 필요없으며 체인 구동이 아닌 직결 구동이고 수중에 드럼이 있어 소음이 없다. 시브 수량도 전체 대차 전후로 4개 소요됨으로 로프의 꼬임현상도 일어나지 않는다. 보교위로 와이어로프도 노출되지 않아 보행에 지장을 주지 않아 안전하다. 상부에 드럼과 시브배치도는 그림 **4.38**과 같다.

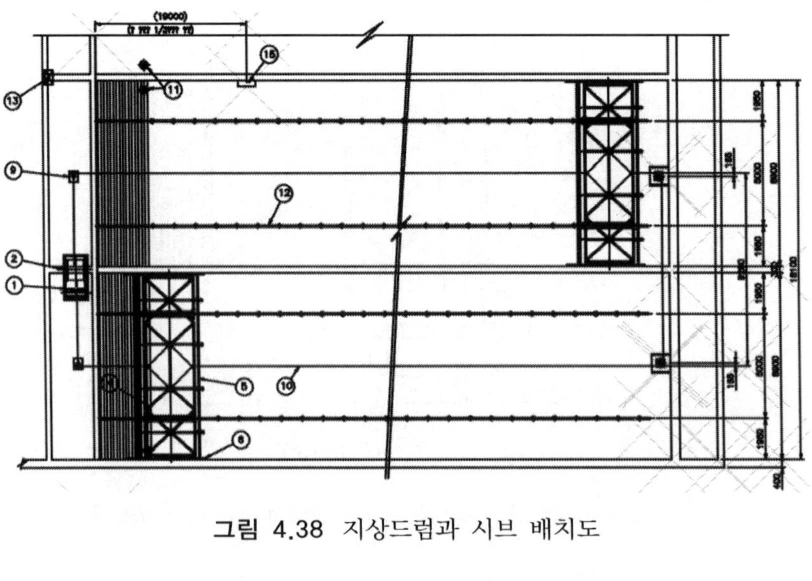

그림 4.38 지상드럼과 시브 배치도

질문 2 로프 조절장치(Take Up)는 필요한가?

보통 로프조절장치(Take Up)는 지상드럼일 때에는 그림 **4.37** 보교 위에 설치하고 그림 **4.39**와 같이 제작하였으며 수중 드럼일 경우에는 대차에 설치하고 그림 **4.15** 로프연결 2개 기둥을 그림 **4.38**과 같이 한줄 로프로 연결시키고자 할 때 환봉 중간을 턴버클(Turn Buckle)을 사용하여 로프길이를 조절한다. 그러나 로프길이를 조절할 필요가 없다.

오니 수집기에서 보통 사용되는 와이어로프의 안전율이 높으며 특히 정지 지점은 침전지 앞에 설치된 스위치에 의해 정지됨으로 로프가 늘어나도 큰 문제가 일어나지 않는다. 로프는 로프의 자중이 있어 처짐이 일어남으로 침전지 바닥에 닿아서 동작하므로 로프의 마모가 크게 발생할까 우려되나 부드러운 오니 위에서 움직이므로 마모가 크게 일어나지 않는다. 따라서 로프 조절장치는 크게 필요 없다.

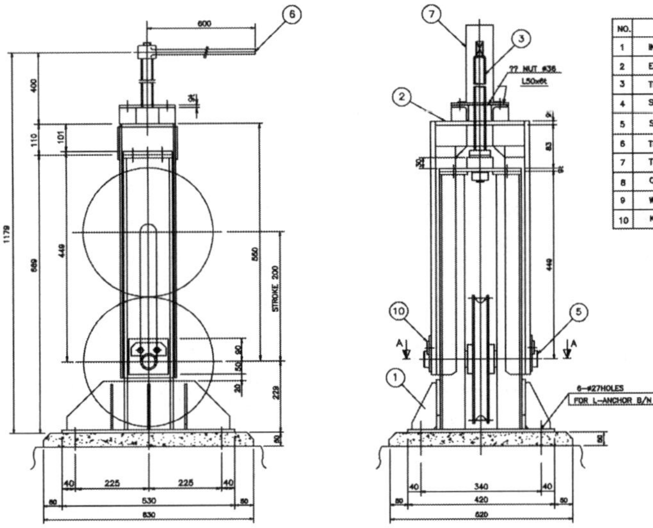

NO.	DESCRIPTION	MAT'L	Q'TY	REMARK
1	INTERNAL FRAME	STS304	1	
2	EXTERNAL FRAME	STS304	1	6t
3	TENSION ROD	STS304	1	
4	SHEAVE	SCS13	1	P.C.D 330
5	SHAFT	STS304	1	
6	TENSION ROD HANDLE	STS304	1	
7	TENSION ROD COVER	STS304	1	
8	OILLESS B/R	#500	1	I.D80xO.D95x70L
9	WASHER	STS304	2	
10	KEY PLATE	STS304	2	6t

그림 4.39 로프의 조절장치(Take Up장치)

질문 3 시브는 어떻게 만들고, 설치하는가?

올라오는 로프를 앞으로 안내해야 하므로 그림 **4.40**과 같이 시브의 받침판을 작게 만들어 사용하던지 받침판이 시브의 직경보다 넓을 경우에는 로프가 충분히 올라올 수 있도록 구멍을 뚫어 놓는다. 시브의 앵커볼트는 세트 앵커볼트를 사용하면 안 되며 L앵커볼트를 사용하고 바닥 철근이나 벽체 철근과 L앵커볼트를 걸어서 고정시킬 수 있도록 하여야한다. 기존 철근에 L 앵커볼트를 걸지 않고 용접시공하면 앵커볼트가 뽑혀 나올 수 있으므로 주의해서 시공해야 한다.

안전핀이 파손될 시점에는 모든 구조에 매우 큰 부하가 걸려 종종 시브가 뽑히는 경우가 생기므로 완벽하게 설치해야 한다.

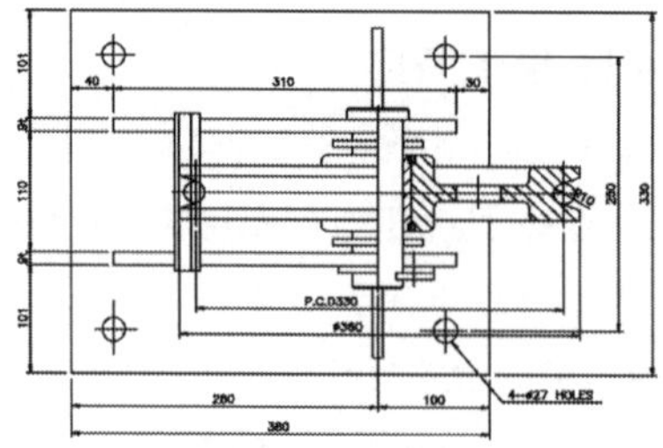

NO.	DESCRIPTION	MAT'L	Q'TY	REMARK
1	FRAME	STS304	2	9t
2	SHEAVE	SCS13	2	P.C.D 330
3	SHAFT	STS304	2	ø55
4	OILLESS B/R	BrC3	2	ø45xø60x70L
5	WASHER	P.E	4	ø80x4t
6	PLATE	STS304	2	6t
7	KEY PLATE	STS304	2	6t
8	WIRE	STS304	–	ø16(7x19)

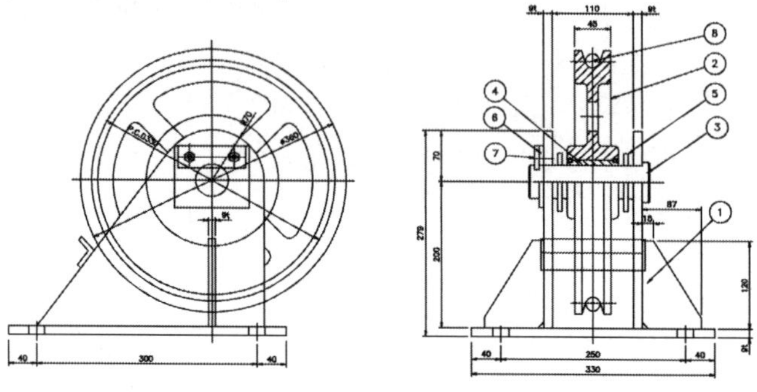

그림 4.40 보조 시브

질문 4 후부 시브는 어떻게 제작하고 설치하는가?

후부 시브는 보통 그림 **4.27**과 같이 제작하여 침전지 벽체에 L앵커볼트를 사용하여 벽체 기존 철근에 L앵커볼트를 걸어서 설치하나 침전지 바닥에 시브 위치를 잡아 토목에서 콘크리트 받침을 타설 하여 놓은 경우가 있다. 이때에는 그림 **4.41**과 같이 시브 받침판과 같이 수평으로 붙이어 제작한다. 콘크리트 시브 받침은 타설 시에도 바닥 철근과 연결된 철근을 뽑아 엮어서 받침을 타설하여야하고, 토목 시공자는 시브 받침이 큰 힘이 걸리는 것을 모를 수 있으므로 주의해서 튼튼하게 시공될 수 있도록 한다.

NO.	DESCRIPTION	MAT'L	Q'TY	REMARK
1	BED	STS304	1	
2	SHEAVE	SCS13	1	P.C.D 330
3	SHAFT	STS304	1	ø45x154L
4	KEY PLATE	STS304	1	PL 6t
5	COLLAR	STS304	2	I.D48xO.D100x4t

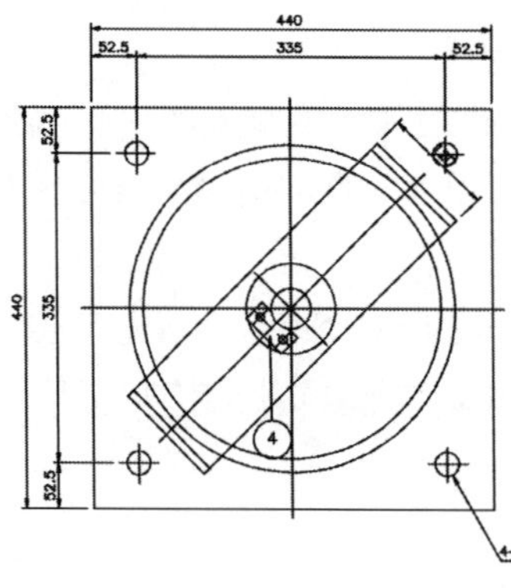

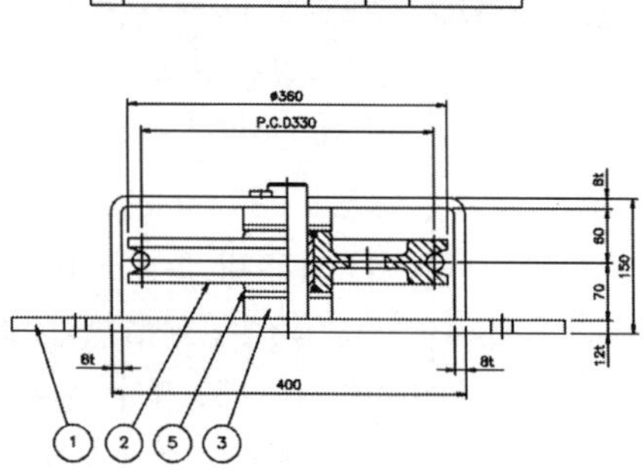

그림 4.41 후부 시브

침전지 중간 콘크리트 벽에는 PVC 파이프 100A 정도를 와이어로프가 수평으로 통과될 수 있도록 미리 넣어 타설할 수 있도록 한다. 설치 높이는 와이어로프의 대차 연결 높이로 한다. 이 와이어로프로 양 대차를 연결시켜 대차 견인 시 다른 대차를 끌 수 있도록 한다.

질문 5 대차 정지 스위치인 스위치가 고장이 생기면 어떻게 되나?

친전지에 수중대차가 오니 수집을 끝내고 스크레이퍼가 들려져 있는 상태에서 대차가 정지되어야하나 정지 스위치인 스위치가 고장이 생기면 구동부는 정지되지 않고 계속 운전되어 대차를 계속 당기게 된다. 이때 대차를 정지시키지 못하면 대차는 계속 움직이게 되어 침전지 앞부분까지 끌려오게 되고 기계적으로 문제가 생길 수 있다. 그러므로 정지 스위치 감지지점에서 정지되지 않고 100 mm정도 더 당겨지면 대차를 정지시킬 수 있도록 레일에 스톱바(Stop Bar)를 설치하여 새들 앞면에 닿게 하여 대차가 계속 전진하지 못하도록 한다. 이때 로프는 팽팽하게 당겨지게 되고, 더욱더 당겨지면 구동부 받침대 커플링에 설치되어 있는 안전핀이 파손되게 되어 드럼은 회전을 못하게 된다. 이렇게 안전핀이 파손되면 구동부는 회전하고 있으나 드럼은 회전을 않고 정지되어있기 때문에 대차도 움직이지 못하고 거리지시계 또한 가감을 하지 못 함으로 고장 신호를 전기적으로 줄 수 있다.

고장이 일어났을 경우에는 구동부의 회전방향을 파악하고 전진한 대차의 스위치를 점검하여 고장을 파악하여 스위치 교환 등 조치한다. 스위치가 정상적으로 되었으면 새 안전핀을 끼우고 구동부가 회전되었던 반대방향으로 회전시켜 대차를 2~3 m 후진시킨다. 다시 대차를 정지시키고 대차를 다시 전진시켜 스위치가 정상적으로 동작하는지 점검하여 조치한다. 참고로 정지판은 침전지 앞에만 설치한다. 침전지 뒤에는 설치하지 않는다.

질문 6 오니의 다짐현상은 어떤 현상을 말하는가?

정수장의 오니는 하수처리장의 오니와는 달리 오니를 오래두면 둘수록 더욱더 농축이 되고 농축이 오래되다 보면 오니는 논에 진흙처럼 다진 상태가 되는 현상을 다짐현상이라고 한다.

하수처리장의 오니는 농축조에 보내 오랫동안 저장시켜도 5~10% 정도 농축이 되면 더 이상 농축을 시키고 싶어도 되지 않는다. 그러나 정수장의 오니는 하수처리장의 오니 성분과는 달리 진흙성분이 많아 계속 농축이 되고 다져지는 현상이 발생한다. 따라서 오니가 다져지게 되면 대차를 움직일 수 없도록 큰 부하가 걸리게 됨으로 오니수집기가 매일 주기적으로 동작할 수 있도록 관리하여야 한다.

만일 오니수집기가 정지되어 며칠 지나면 오니수집기를 동작시킬 수가 없어 물을 빼고 인력으로 오니를 제거시켜야 한다.

질문 7 후부 스크레이퍼도 강제 전복장치를 설치할 수 있는가?

후부 스크레이퍼에는 강제 전복장치를 사용하지 않는 것이 좋다. 대차는 전부 스크레이퍼가 전복되고 짧은 거리를 전진되면서 스위치 동작에 의해 대차가 정지된다.

이와 같이 짧은 거리에서 후부스크레이퍼를 전복시켜야하나 대차와 대차를 연결시킨 와이어로프가 대차 앞에 드럼에 묶인 로프와의 긴장 상태가 일정해야 하는데 드럼에 인력으로 로프를 감은 상태와 가동 시 드럼이 대차를 당기는 장력으로 드럼에 로프를 감은 장력 차이로 약간의 길이 변화가 생길 수 있다. 이러한 길이 변화로 처음 조절한 위치에서 전복이 안 될 수 있어 문제가 발생 할 수 있다. 따라서 후부 스크레이퍼는 전부 스크레이퍼와 연동시켜 전복시키는 것이 바람직하다.

질문 8 전부 스크레이퍼 전복 시 후부 스크레이퍼는 어떻게 연동시키나?

답변 :1개의 대차에서 전진할 때에는 전후부 스크레이퍼는 모두 세워져있어야 하며 대차가 후진할 때에는 전후부 스크레이퍼 모두 누워져 있어야 하므로 그림 4.42 ②전부 스크레이퍼 상부와 ③후부 스크레이퍼 상부를 로프를 연결하고 모멘트가 크게 작용할 수 있도록 시브와 레버를 부착한다. 또 ②전부 스크레이퍼 하부와 ③후부 스크레이퍼 하부를 로프로 연결하고 모멘트가 크게 작용할 수 있도록 시브와 레버를 부착한다.

레버의 부착점은 스크레이퍼 전복 시 전부 스크레이퍼와 후부 스크레이퍼 로프의 이송거리가 같거나 약간에 여유가 있도록 하여야하며 부족하지 않도록 해야 한다. 로프가 여유가 많을 때에는 시부에서 이탈될 수 있으므로 시브에서 로프가 이탈되지 않도록 로프 이탈 방지장치를 부착한다. 로프 이탈 방지장치는 로프가 시브에서 벗어나지 않도록 평철 등을 시브 받침판에 부착시켜 로프가 이탈되지 않도록 하면 된다.

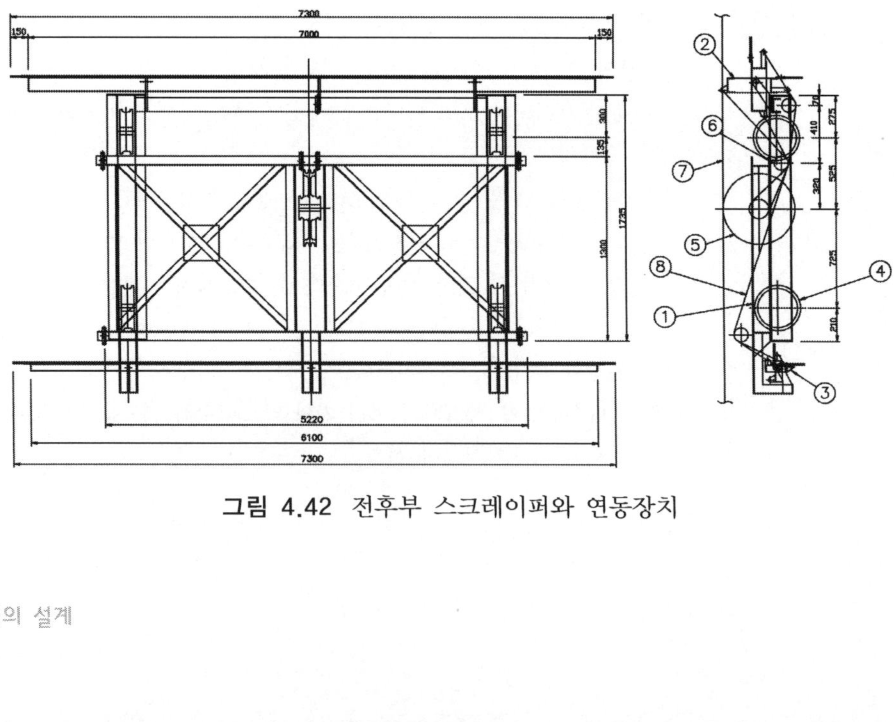

그림 4.42 전후부 스크레이퍼와 연동장치

질문 9 대차 탈선은 왜 발생하는가?

대차의 탈선 방지장치인 가이드 레일(Guide Rail)이 없을 때 발생되며 가이드 레일이 있을 때에는 현재까지는 발생하지 않았다. 가이드 레일이 없는 일반 레일에서 대차바퀴를 대차가 이송 될 때 대차에 큰 부하가 걸리게 되면 즉 스크레이퍼에 다짐현상이 발생한 오니이거나 오니량이 많이 큰 부하가 스크레이퍼에 걸리게 되면 대차를 잡아당기는 힘에 의해 대차 뒷부분이 들려 탈선될 수 있으며 오니의 다짐현상 때문에 대차의 앞부분이 상승하는 분력이 일어날 수 있어 상승하려는 분력의 힘이 대차의 자중보다 커지면 바퀴는 레일을 이탈하게 된다.

또 다른 이탈되는 현상은 대차를 드럼에서 당기게 되면 스크레이퍼 좌우의 부하량 또는 마찰이 틀리기 때문에 대차는 지그재그로 당겨지게 된다. 이때 지그재그 되는 힘이 커지게 되면 대차 바퀴는 레일을 이탈하게 된다. 따라서 대차의 탈선을 방지하기 위해서는 가이드 레일 같은 탈선방지 장치를 설치해야한다. 가이드레일은 대차의 지그재그 이동을 막고 대차가 들리지 않도록 가이드 레일 내에서 바퀴가 돌도록 하였다

질문 10 오니 배출밸브는 언제 열고 닫는가?

오니 배출밸브는 오니량의 생산량에 따라 다르고 오니배출 밸브의 크기에 따라 다르다. 그러나 보통 대차 정지 2~3 m 전에서 오니 배출밸브를 열고 동작타이머(Timmer)를 두어 대차 정지 후부터 동작 타이머가 동작하여 밸브를 닫게 한다. 슬러지량에 따라 밸브가 열려있는 시간을 임의로 조절할 수 있다.

밸브를 대차이동 일정 거리에서 열수 있도록 근접 스위치를 부착하였으나 현재에는 대차 이동거리 지시계에서 접점을 받아 PLC로 제어할 수 있어 삭제하고 대차 정지 스위치만 설치한다.

질문 11 로프 연결은 어떻게 해야 하나?

로프의 길이는 중간에 이음부분이 없도록 충분한 길이로 절단하여야 한다. 로프를 절단하기 전, 대차를 연결하는 로프의 길이는 대차를 침전지 끝에 밀어 놓고 로프를 끌어 침전지 앞의 시브를 통해 드럼으로 끌고 가, 드럼상부 나선 2~3회 감은다음 드럼 상부 나선 홈 끝의 구멍을 드럼 외부로부터 통해 드럼 내부로 로프를 넣은 다음 드럼 중심축에 묶는다. 이 로프를 드럼에 드럼 끝단부터 2~3회 완전히 당겨 감은 다음 로프를 대차에 충분히 묶을 수 있도록 여유 있게 표시한 다음 그라인더나 카터로 절단한다. 절대로 용접기를 이용해서 절단해서는 안 된다. 용접기를 이용해서 절단하면 절단시 접지를 시키기 위해 발생한 아크에 의해 로프가 손상을 입어 사용 중 끊어질 수 있다. 절단된 로프의 한쪽 끝 부분을 그림 **4.16** 1-1 와이어로프 연결구에 샤클과 심블은 사용하고 끌어당겨 팽팽하게 묶는다.

다른 한쪽 대차도 같은 방법으로 로프의 길이를 측정하고 로프를 안전하게 절단한 다음 드럼에 로프가 반대쪽 대차로 갈수 있도록 로프를 엉성하게 드럼 중간부터 하부로 엉성하게 감은다음 드럼 하부 구멍으로 로프를 드럼 외부에서 넣어 드럼 내부 중심축에 로프를 묶는다. 이 로프를 드럼 하부 나선부터 당겨가면서 감아올리고 시브를 통한 다음 로프의 끝을 대차를 침전지 앞으로 밀고와 세운 다음 그림 4.16 1-1 와이어로프 연결구에 샤클과 심블을 사용하고 로프를 끌어 당겨 팽팽하게 묶는다.

대차와 대차의 연결 로프는 대차가 침전지 앞과 뒤에 세워진 있는 상태에서 침전지 뒤에 설치된 2개의 시브에 걸고 침전지 뒤에 대차 와이어로프 걸이에 묶어 맨 다음 앞에 대차에 로프를 팽팽하게 당겨 대차 와이어로프에 샤클과 심블로 사용하여 고정 시킨다. 로프를 당길 때에는 체인 블록을 사용해서 팽팽하게 당겨 묶는다.

질문 12 **질의12 : 대차에 로프 받침대를 설치해야 하는가?**

대차는 주기적으로 침전지를 왕복하게 된다. 1대의 대차가 전진하면 1대의 대차는 동시에 후진하게 된다. 그림 4.16의 로프 기둥의 로프걸이는 스크레이퍼 상단보다 높지만 대차가 침전지 앞부분에서 멀어질수록 로프의 처짐은 커진다. 따라서 로프와 스크레이퍼 상단과 닿게 됨으로 스크레이퍼가 원활히 전복되지 않을 수 있다. 와이어로프가 스크레이퍼 닿지 않게 스크레이퍼 상단보다 높게 로프가 항상 유지될 수 있도록 대차 앞부분에 로프 받침대를 설치해야 한다. 로프 받침대는 T자형으로 설치한다. 로프 받침대는 그림 4.43과 같다.

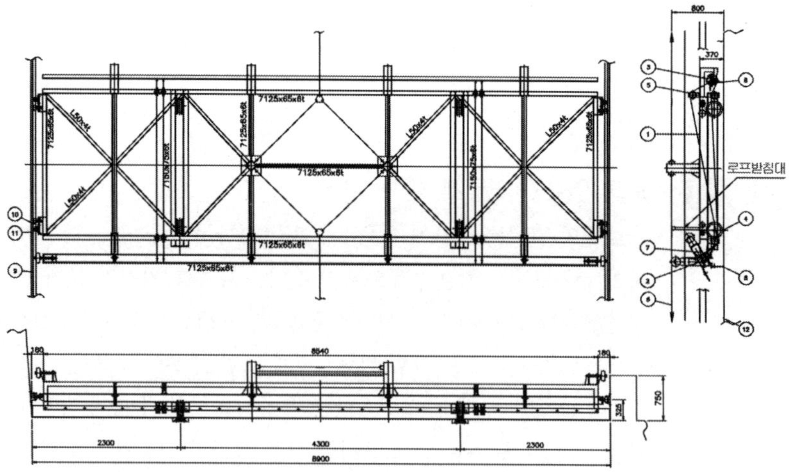

그림 4.43 로프받침대

질문 13 **스크레이퍼는 어떻게 제작 부착하나?**

스크레이퍼는 오니 수집을 원활히 할 수 있는 구조이고 충분한 강도를 가져야한다. 스크레이퍼를 구성하는 틀 제작 시에도 ㄷ형강 내에 오니가 쌓이지 않도록 ㄷ형강의 ㄷ홈이 아래 부분으로 향하도록 설계하여야한다. 스크레이퍼 전면에는 STS 2t 정도의 판으로 부착하고 하부에는 고무판을 부착시켜 오니 수집이 원활하도록 한다.

스크레이퍼 힌지부분에는 스크레이퍼 상하로 형강을 가로 질러 보강하고 구멍을 뚫어 힌지핀을 끼워 조립할 수 있도록 한다. 스크레이퍼 힌지는 2개 부착이 원칙이나 침전지 폭이 넓을 때에는 4개정도 부착한다. 이때에는 먼저 2개의 힌지를 선택하여 부착하고 3.4 힌지는 스크레이퍼를 조립한 다음 힌지와 스크레이퍼에 힌지핀을 끼운 다음 힌지 평철을 대차에 조금 용접한다. 이렇게 4개의 힌지로 스크레이퍼가 조립된 상태에서 스크레이퍼 전복상태가 이상이 없는가를 확인한 다음 힌지 바를 완전히 용접한다.

스크레이퍼 제작 시 4개의 힌지를 부착하여 스크레이퍼를 조립하려고하면 조립도 어렵고 스크레이퍼 전복하는 동작이 무거워져 어려울 수 있다. 또 스크레이퍼는 오니수집 시 스크레이퍼에 휨이 발생하면 스크레이퍼 전복 시 많은 부하가 걸릴 수 있으며 심하면 전복도 안될 수도 있으므로 스크레이퍼가 세워져 오니를 수집하고 있을 때 스크레이퍼가 버틸 수 있도록 대차에 스크레이퍼 받침대를 최소 4개 이상 설치해야 스크레이퍼의 휨을 방지하고 스크레이퍼가 수직으로 세워져 있을 수 있다.

또 스크레이퍼가 누워져 있을 때에도 대차 상부에 받침대를 설치하여 대차가 디 이상 눕지 않도록 하여 전복 롤러가 강제 전복장치에 위치하도록 한다. 받침대에는 두꺼운 고무판을 부착하여 스크레이퍼 전복 시 소음을 줄인다.

질문 14 질의14: 드럼에 크기는 얼마나 하고 로프는 어떻게 감는가?

드럼에 크기 중 직경은 드럼에 감기는 로프의 길이를 3 m로 하여 로프의 PCD×π=3 m로 정도로 하였으며 로프가 감기는 나선 수는 침전지의 길이가 60m일 경우에

나선 수 n=60÷3+2.5×2+1=26회선

로프 당 여유회선=2.5회선

로프수량=2줄(대차2대)

여유=1줄

중간부분에 드럼나선은 각각의 로프가 공통으로 감길 수 있도록 하였으며 드럼에 로프가 감기는 방향도 침전지 앞쪽으로 하여 오니 배수조나 밸브 수리 시 간섭되지 않도록 하였다. 시브 설치는 로프가 드럼에 감기는 전체 나선에 중앙에 위치하도록 하여 로프가 원활히 안내되도록 한다.

질문 15 드럼은 어떻게 설치해야 하는가?

본 수집기의 수직 드럼은 오니 배수조 위에 설치하므로 별 문제가 발생하지 않으나 만약 드럼의 설치위치가 너무 높으면 시브를 추가 설치하여야 한다. 보통 오니 배수조 위에 설치하게 되면 오니 배수조 상부가 침전지 바닥과 동일함으로 로프 당기는 높이를 고려해서

드럼의 설치 높이를 결정하는 것이 좋다. 드럼의 설치 높이 약간에 차이가 생기면 그림 4.44와 같이 드럼을 높게 설치하여 드럼나선 제 위치에 로프가 감길 수 있도록 한다.

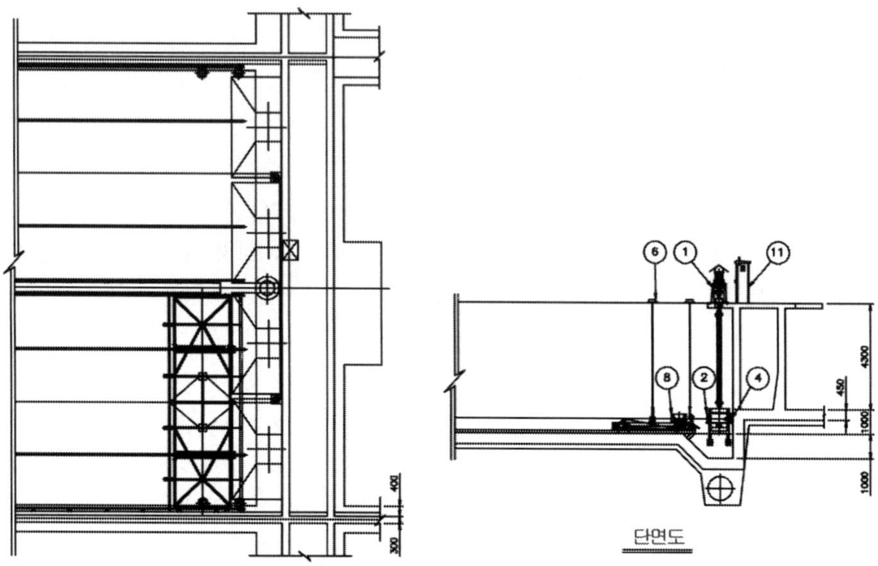

그림 4.44 드럼 설치 위치

질문 16 오니 배수 밸브는 어떻게 설치해야 하는가?

오니배수 밸브는 볼밸브와 평저변을 많이 사용한다. 침전지 바닥에 설치되어 있는 밸브를 열수 있도록 긴축으로 연결하고 상부에는 밸브 조작대와 구동부를 설치하여 구동한다.

볼밸브를 설치할 경우에는 볼밸브 구입 시 부착되어 있는 스톱바(Stop Bar)를 제거하여 사용하는 것이 좋다. 밸브에 스톱바가 설치되어 있으면 구동부에 설치되어있는 리미트 스위치 고장 시 과부하로 인해 구동부가 파손될 수 있다. 스톱바가 없으면 밸브는 계속 회전하게 되어 구동부 파손을 막을 수 있다.

밸브 축에 삽입하는 긴축의 소켓은 축과의 공차가 작게 만들어야 유격이 작아 구동 시 오작동을 하지 않는다. 밸브를 적게 열고자 할 경우에는 열림 리미트 스위치를 조절하여 사용하면 된다.

긴축 중간에는 서포트(Support)를 설치하지 않는 것이 좋다. 평저변 밸브는 오니 배수조 바닥에 수직으로 설치된 파이프 상부에 뚜껑을 덮어 이 뚜껑을 구동부에서 들어 올리고 내리면서 사용한다.

오니를 배출할 경우에는 뚜껑을 들어 올리고 닫을 때에는 축을 내려 뚜껑 축의 자중과 뚜껑에 받는 수압에 의해 밸브는 닫힌다. 그러므로 구동부와 축과의 연결은 그림 4.45와 같이 구동축 하부 연결축 사이에 파이프를 두어 구동부 축이 왔다 갔다 할 수 있도록 하며 밸브가 열릴 때에는 구동축이 파이프 상단에 붙어 밸브 연결축을 들어 올려 밸브를 열수 있도록 하고 닫힐 경우에는 구동부의 힘이 뚜껑에 미치지 않더라도 자중과 수압에 의해 닫히도록 한다. 밸브를 작게 열어 사용하고자 할 때에는 상한 리미트 스위치를 조절하여 사용한다.

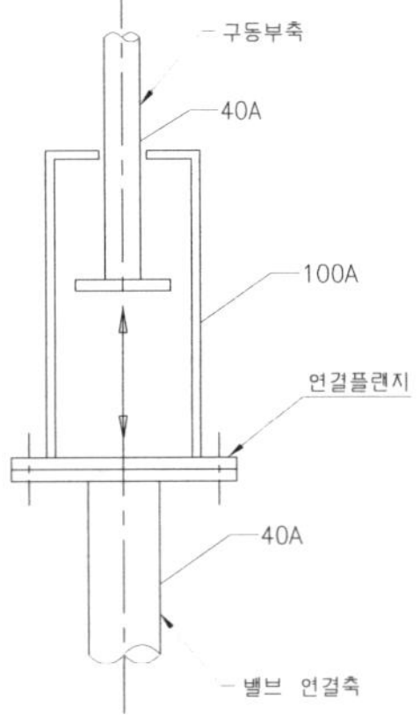

그림 4.45 구동축과 연결도

질문 17 강제 전복장치 제작 시 주의사항은?

전부 후부 전복장치는 스크레이퍼 전복 시 전복장치 내에서 정지되어 있는 것이 좋다. 전부 전복장치의 경우에는 스크레이퍼가 전복되고 바로 근접스위치에 의해 대차가 정지되고 대차 정지판이 100 mm이내에 설치되므로 스크레이퍼가 전복장치를 벗어날 수 없으나 후브 전복장치는 로프 길이가 길고 짧음에 따라 전복장치에 못 미칠 수도 있고 지나칠 수도 있다. 따라서 못 미칠 경우에는 스크레이퍼가 세워지지 않으며 스크레이퍼가 지나칠 경우에는 스크레이퍼의 휨이나 기타 문제가 있을 경우에 후부 전복장치 뒤에서 스크레이퍼가 누워지면 대차가 전복장치를 통과하지는 못하는 경우도 생길 수 있다. 이때에는 침전지 물을 빼고 보수해야한다.

후부 전복장치는 길게 제작하고 정확하게 설치해서 로프의 길이가 길더라도 전복장치 구간 내에서 스크레이퍼가 머물도록 하는 것이 좋다.

질문 18 스크레이퍼 전복장치는 꼭 필요한가?

스크레이퍼를 전복시키기 위해서는 스크레이퍼에 외부의 힘을 가해야 전복 시킬 수 있다.

수중 대차식 오니 수집기에서는 별도의 동력을 추가하지 않고 대차를 끌어당기는 힘에 의해 스크레이퍼를 세우거나 눕게 한다. 스크레이퍼를 전복시키는 방법은 강제로 전복시키기 위해 벽체에 스크레이퍼에 알맞게 전복장치를 설치하는 방법과 대차의 견인 방향에 따라 자동으로 전복되는 방법이 많이 사용되고 있다. 자동전복장치로 침전지 벽체에 강제 전복장치가 필요 없이 대차를 앞으로 당기면 스크레이퍼가 세워지고 대차를 뒤로 당기면 스크레이퍼가 눕게 된다. 이 자동전복장치는 침전지 어느 부분에서도 스크레이퍼를 세우거나 눕게 할 수 있다. 앞에 강제전복장치로 사용할 경우에는 대차를 당기는 힘에 스크레이퍼를 전복시키는 힘이 상승되면서 스크레이퍼를 전복시키지만 자동전복장치는 대차를 끌어당기면 대차가 움직이기 전에 먼저 스크레이퍼를 전복시키게 됨으로 스크레이퍼를 세우거나 눕게 하는 힘은 대차를 당기는 힘보다 작아야한다.

질문 19 스크레이퍼 자동전복장치는 어떻게 제작하는가?

강제 전복되는 스크레이퍼는 스크레이퍼를 무겁게 제작하거나 스크레이퍼 전복 시 큰 힘이 들어도 별문제가 발생하지 않으나 자동으로 전복되는 스크레이퍼는 스크레이퍼 전복 시 큰 힘이 들어 대차를 당기는 힘보다 커질 경우에는 대차 이동이 힘이 적게 들어 스크레이퍼가 전복되기 전에 대차가 끌려가게 됨으로 스크레이퍼가 전복되지 않는다. 따라서 매우 정확하게 제작되어야 한다.

앞에 설계에서

W : 대차의 총중량 1500 kg

r : 대차바퀴 축 반경(20 mm)

R : 대차바퀴 반경(100 mm)

μ : 축과 축받이 사이의 평균 정지 마찰계수(0.1)

f : 바퀴의 구름마찰계수(0.05)

α : 바퀴 주행 시 부차저항 계수(1.3)

F_1 : 대차의 1대당 주행 시 걸리는 힘

$$F_1 = W \times \left(\frac{r}{R}\right) \times \mu \times (1+0.05) \times \alpha$$

$$= 1500 \times \frac{20}{100} \times 0.1 \times 1.05 \times 1.3$$

$$= 40.95 \text{ kg}$$

스크레이퍼 전복 시 걸리는 힘(F_2)라 하면 $F_1 \leq F_2$이면 스크레이퍼가 먼저 전복된 다음 대차가 이동하게 된다. 그러나 F_2힘이 F_1힘과 비슷하면 스크레이퍼는 대차보다 먼저 전복되기는 어렵다. 또 스크레이퍼는 물속에서 동작하여야하며 오니가 스크레이퍼에 묻어 스크레이퍼 전복 시 더 큰 힘을 필요로 할 수도 있다. 그러므로 F_2의 힘은 F_1보다 크게 작아야 하며 F_1의 힘이 약 50%정도로 설계되어야 한다.

스크레이퍼의 전복시키는 힘을 작게 하려면 스크레이퍼의 힌지점을 기준으로 좌우 모멘트가 비슷하여야 한다. 그림 **4.46** 도면은 사용한 자동 전복되는 전부스크레이퍼 오니수집기로 스크레이퍼가 세워져 있을 때 그림 **4.47**과 같이 모멘트가 M_1, M_2가 작용한다면 스크레이퍼가 계속 세워져 있으려면 $M_1 > M_2$조건이 되어야하고 스크레이퍼가 누워져 있을 때 그림 **4.48**과 같이 모멘트가 M_3, M_4가 작용한다면 M_4가 M_3보다 커야 스크레이퍼는 계속 누워 있을 수 있다.

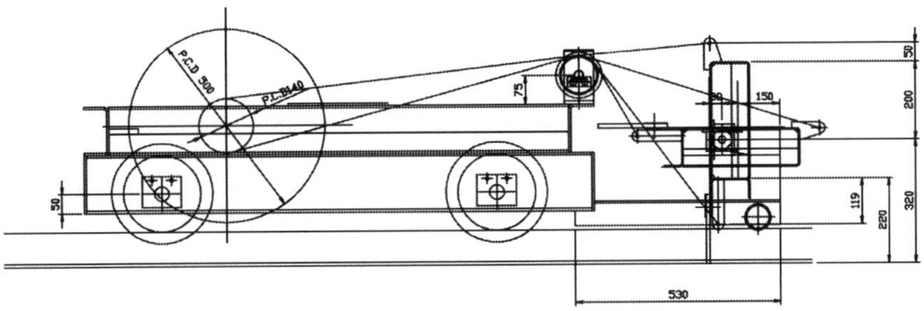

그림 4.46 자동 전복장치 후부 스크레이퍼

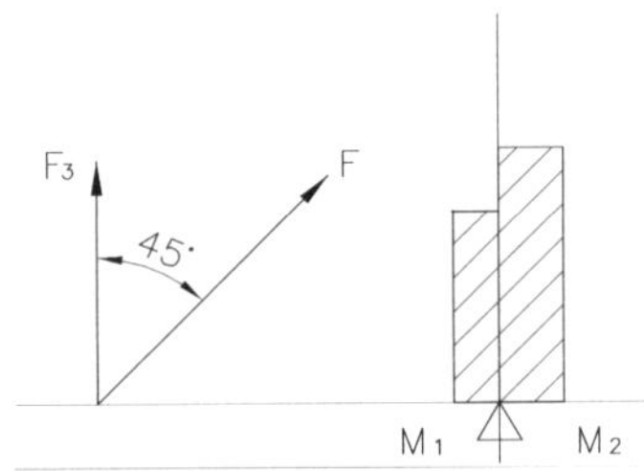

그림 4.47 스크레이퍼가 세워져 있을 때

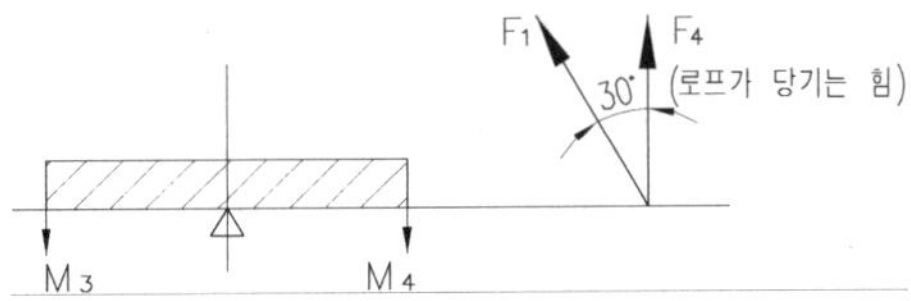

그림 4.48 스크레이퍼가 누워있을 때 모멘트

그림 **4.47**에서 $M_1-M_2=350kg\cdot cm$라 하고 M_3지점의 힌지점에서의 거리를 25 cm라 하면 $F_3 \geq 1000 \div 25 = 640$ kg이어야 한다. 그러나 스크레이퍼를 들어 올리는 로프와 각도가 45° 라면 직각방향에서 당기는 힘보다 더 들게 된다.

$F_3=40\times1/COS45=56.6$ kg이 든다.

따라서 대차를 당길 때 힘이 40.95 kg에 50%하면 $40.95\times0.5=20.4$ kg으로 대차를 당기는 힘 전체 40.95 kg를 사용하여도 스크레이퍼를 전복시키는데 힘 56.6 kg에는 못 미친다.

그러므로 스크레이퍼를 전복시키는 힘을 높이기 위해 그림 **4.49**와 같이 주행용 시브를 만들어 PCD가 큰 시브에는 주행 로프를 묶고 작은 PCD에는 스크레이퍼를 전복시키기 위한 로프를 묶어 힘을 증가 시켰다. 따라서 PCD140에 스크레이퍼를 전복시키는 로프를 묶고 PCD 500에 주행 로프를 묶으면 주행로프 스크레이퍼를 전복시키기 위해 사용하는 힘은 $56.6\times140/500=15.848$ kg의 힘이 소요 되므로 대차 움직임 40.95에 39%정도 소요된다. 또 그림 **4.51**에서 $M_4-M_3=1100$ kg·cm작용하고 F_4지점이 힌지점에서 25 cm라 하면 $F_4 \geq 100 \div 25 = 44$ kg이다. 스크레이퍼를 들어 올리는 각도가 30° 이라면 $F=F_4 \times 1/COS30 = 50.8$ kg으로 커진다.

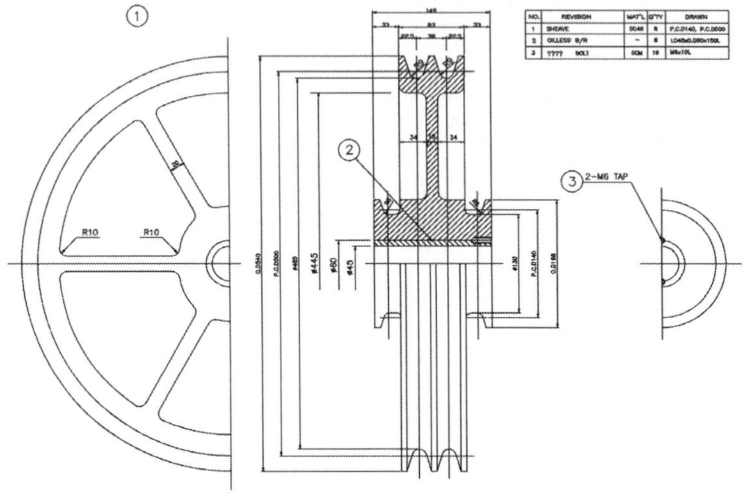

그림 4.49 주행 시브

그림 **4.50** 시브에 스크레이퍼 로프로 작은 시브에 묶으면 큰 시브에 작용하는 힘은 50.8× 140/500=14.2 kg이 소요되므로 대차 움직이는 힘 40.95 kg에 35%정도 소요된다. 따라서 이 주행 시브를 이용하면 1개의 대차를 움직이는 힘으로도 스크레이퍼를 자동으로 전복시킬 수 있다.

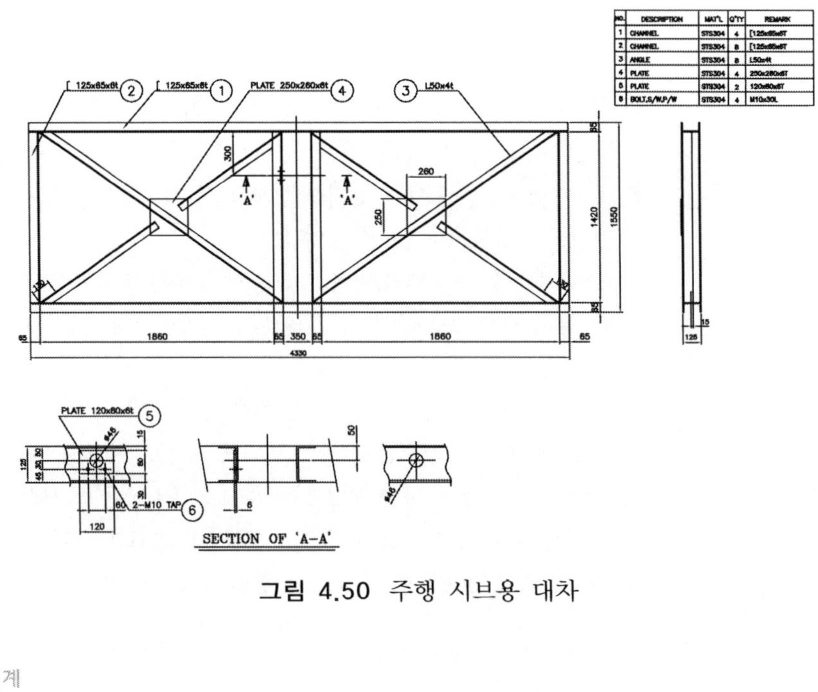

그림 4.50 주행 시브용 대차

질문 20 자동전복장치는 어떻게 만드는가?

자동전복장치는 수동윈치와 같은 원리로 큰 핸들을 손으로 돌리고 작은 직경에 로프를 묶어 큰 중량에 물체를 들어 올릴 수 있는 원리를 이용하였으며 그림 **4.50**의 주행시브를 설치할 수 있도록 제작하고 그림 **4.51**과 같이 대차에 부착시킨다. 이 주행시브에 직경이 큰 시브 한곳에는 드럼과 연결되는 ①로프를 묶고 다른 한곳에는 대차와 대차를 연결하는 ②로프를 시브에 한 바퀴 감아서 묶는다. 이때 ②번 로프를 당기면 감기던 로프 한 바퀴가 풀리면서 회전하게 되고 ①번 로프는 시브에 한 바퀴로 감기게 된다. 이렇게 한 바퀴가 회전하면 대차가 끌려가게 된다. 이때 작은 시브에 ③번 ④번 로프를 감아 대차가 뒤로 당겨질 때 감기는 로프가 ③이라고 하면 스크레이퍼를 눕게 해야 함으로 ③ F_3지점에 가는 로프를 묶고 풀리는 로프 ④번은 F_4지점에 묶어 대차가 앞으로 당겨 질 때 스크레이퍼를 세울 수 있도록 한다.

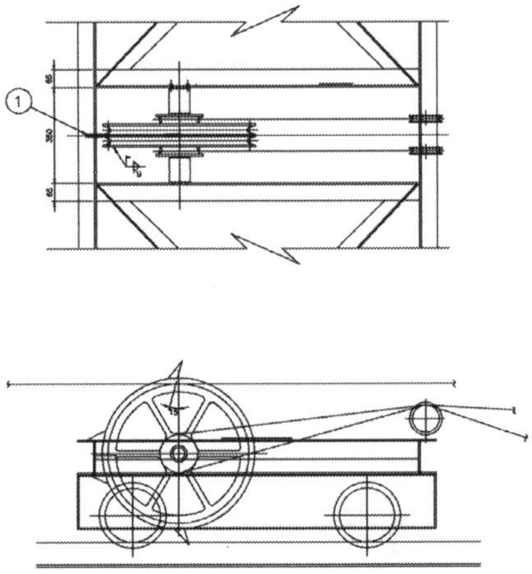

그림 4.51 주행 시브 설치도

질문 21 자동전복장치 스크레이퍼 종류는?

자동전복장치에도 전부 스크레이퍼와 후부스크레이퍼 및 전. 후부스크레이퍼가 있는 오니수집기를 만들 수 있다. 전부 스크레이퍼식 오니수집기는 그림 **4.52**처럼 대차 앞쪽에 스크레이퍼가 설치되어 있는 기본형으로 많이 사용되고 있다. 그러나 침전지 뒤에서 대차가 세워져 있던 부분에는 오니가 쌓일 수 있는 단점이 있다.

후부 스크레이퍼식 오니수집기는 그림 **4.46**처럼 대차 뒤쪽에 스크레이퍼가 설치되어 있어 전체 침전지의 오니를 수집할 수 있다. 그러나 스크레이퍼가 대차 뒤에 있으므로 침전지 앞쪽에 대차가 오면 배수조가 넓어야 오니처리를 다할 수 있다. 만약 좁으면 스크레이퍼가 대차 뒤에 있어 오니가 침전지 오니 배수조에 못 미치고 침전조 앞부분에 쌓일 수 있다.

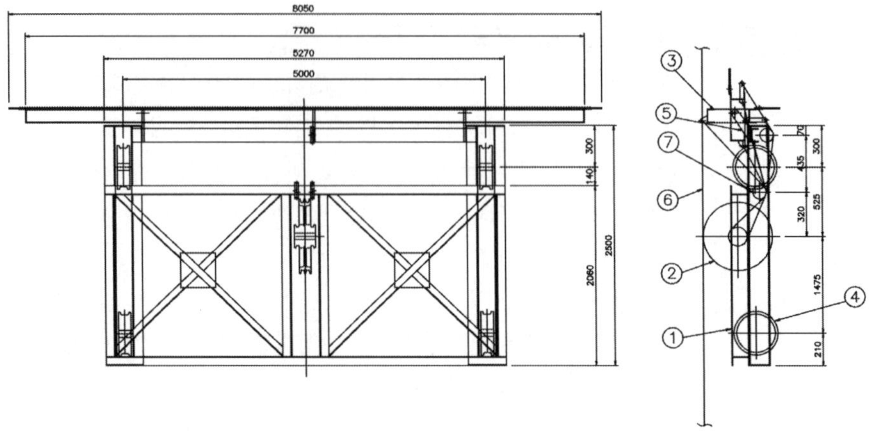

그림 4.52 전부 스크레이퍼 오니수집기

전. 후부 스크레이퍼식 오니수집기는 그림 4.53과 같이 스크레이퍼를 대차전부와 후부에 부착하여 전부 스크레이퍼는 주행시브에 의해 전복되고 후부 스크레이퍼는 전부 스크레이퍼에 연동되어 전복되도록 하였다. 현재 많이 사용하고 있다.

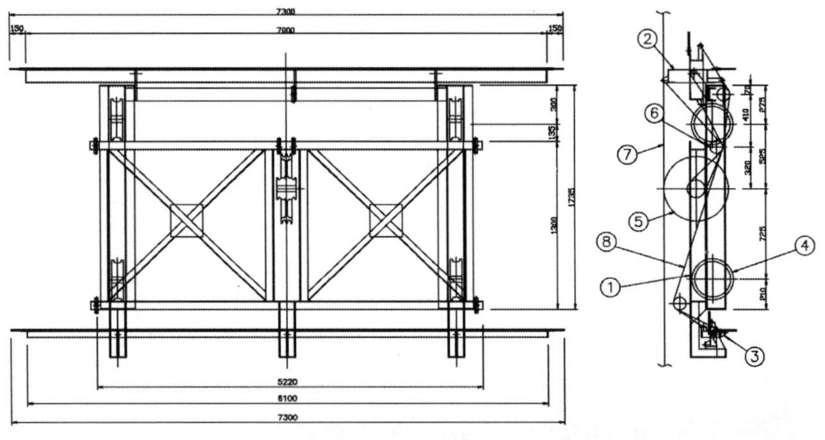

그림 4.53 전후부 스크레이퍼 오니 수집기

질문 22 대차 정지 신호도 밸브동작 신호와 같이 사용할 수 없는가?

대차의 정지 신호도 엔코더로 대차의 거리를 지시하는 거리 지시계에서 신호를 받아 대차를 정지 시킬 수 있다. 그러나 대차의 거리는 대차의 위치와는 상관없이 구동부 받침대에 설치되어 있는 엔코더의 회전에 따라 거리가 틀려지게 된다. 따라서 로프가 늘어져 있으면 대차가 정지선에 못 미쳐도 대차가 정지할 수 있다. 따라서 정지스위치는 현장에 설치하는 것이 좋다.

이렇게 현장에 설치되어 있는 스위치가 고장이 발생 하였을 경우에는 대차는 대차 정지

판까지 계속 당겨지게 되어 있고 와이어로프는 대차가 정지판에서 끌려오지 못하므로 팽팽하게 긴장해진다. 이때 거리 지시계에서 접점을 받아 구동부를 비상 정지시킬 수 있도록 하면 구동부 받침대 커플링에 설치되어 있는 안전핀이 끊어지지 않아 유지 관리상 편하며 이때 신호로 스위치 고장 표시등 점등시키면 스위치를 점검할 수 있어 유지 관리상 편하다.

질문 23 거리지시계는 몇 개를 설치하는가?

거리지시계는 대차에 1개씩 설치하여 대차가 2개인 오니수집기는 2개의 거리지시계를 설치한다. 거리 지시량은 대차의 침전지 앞부분 정지점을 기준으로 한다면 구동부 받침대에 설치되어 있는 엔코더 신호에 거리지시계가 대차가 멀어질수록 mm, cm 등 단위로 올라가게 되며 침전지 뒤에 있는 대차는 최대 거리에서 감산 되면서 대차는 정지선까지 오게 된다. 이때 거리 지시계는 로프 길이에 따라 틀려지므로 0에 못 미칠 수도 있고 0을 지날 수도 있다. 그러나 대차가 정지되면서 거리 지시계는 0으로 바뀌게 되고 대차가 움직이면 거리지시계는 0부터 거리를 지시하게 된다.

질문 24 스크레이퍼의 전복은 어떻게 되나요?

스크레이퍼의 전부 전복은 스크레이퍼 전복 롤러가 강제 전복장치에 닿아 대차가 움직임에 따라 그림 **4.54**에 전부 전복장치와 같이 세워져 있던 스크레이퍼가 서서히 누워지게 된다. 이렇게 누워진 스크레이퍼가 전부전복장치 밑에 전복롤러가 정지되어 있을 수 있도록 전부전복장치의 수평부분의 평강을 길게 제작하는 것이 좋다.

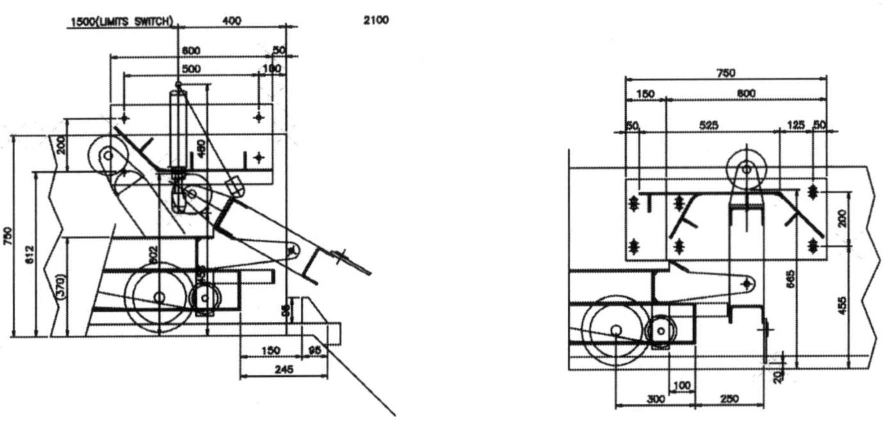

그림 4.54 대차 전복장치

스크레이퍼의 후부전복장치는 누워진 스크레이퍼를 세워야하므로 그림 **4.54** 전부전복장치에서와 같이 후부전복장치는 전부전복장치를 반대로 달아 스크레이퍼 전복롤러가 전부 전복장치를 타면서 서서히 세워질 수 있도록 하며 후부전복장치도 수평으로 된 평강을 길게 제작하여 전복롤러가 후부 전복장치 내에 정지되어 있을 수 있도록 한다.

질문 25 오니수집기의 가동 주기는 어떻게 하는가?

우리나라 정수장의 원수는 댐의 담수를 사용하므로 홍수를 제외하고는 크게 탁도가 변하지 않아 오니 발생량이 일정하다.

보통 오니 발생량이 많지 않아 구동부의 휴지 타이머를 두어 1일1회 가동 후 설정된 타이머에 의해 정지되었다고 익일 다시 가동되도록 한다. 홍수 시에 오니 발생이 많아 오니 배출량이 많으면 오니수집기를 연속가동 시킬 수도 있으며 대차 속도도 빠르게 가동할 수 있다. 구동부는 인버터 모터를 사용하여 속도를 변속 시킬 수 있도록 하여 대차의 이동속도는 0.2~0.6m/분으로 한다.

질문 26 수몰 대차형 오니수집기는 하수처리장에 사용할 수 없는가?

수몰 대차형 오니수집기도 하수처리장에 사용할 수 있으나 하수처리장의 침전지는 정수장 침전지와 달리 스컴이 많이 발생하므로 스컴제거기를 구비하여야 한다. 본 수몰 대차형 오니수집기를 하수처리장에 사용한 적은 없으나 그림 **4.58**과 같이 대차에 스컴제거기를 설치 할 수도 있다. 그림 **4.55**에 23을 플로트로 하여 스컴제거기의 물속에서의 무게는 부력으로 인해 무게가 크게 나가지 않게 하였으며 21에 지지관을 설치하여 관안에 스컴제거기 지지대가 상하 움직일 수 있도록 한다. 스컴제거기 롤러가 안내 레일을 따라 같이 움직일 수 있도록 하여 스컴을 제거 할 수 있도록 하였다.

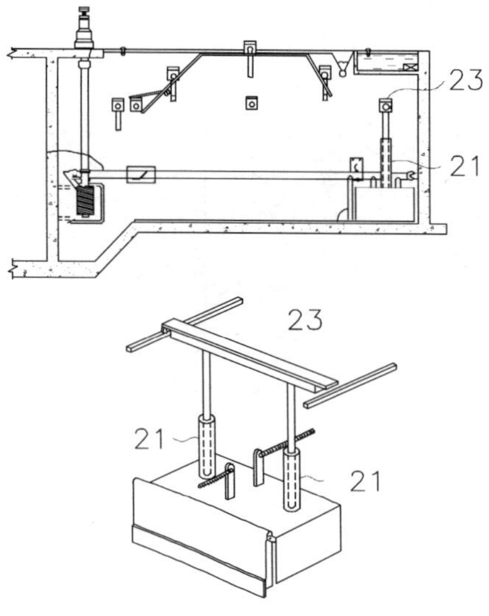

그림 4.55 침전지 부유물 제거장치

4.2 보교 오니 수집기

1. 종 류

보교 오니 수집기는 하수처리장에 많이 사용되고 있으며 경사판이 설치되지 않은 정수장에 많이 사용되고 있으며, 구동방법에 따라 보교자체에서 구동시키는 주행식과 침전지 끝에서 견인하여 당기는 견인식이 있으나 주행식이 많이 사용되고 있다. 스크레이퍼를 들어 올리는 방법에 따라 윈치식과 유압식으로도 구분할 수 있다.

2. 구 조

보교식 오니 수집기는 장방형침전지에 발생된 오니를 수집하는데 사용하는 기계로 침전지 양 벽체 상부에 레일을 설치하고 그 레일 위에서 움직일 수 있도록 보교와 바퀴를 설치한다. 보교 밑에 스크레이퍼를 설치하여 침전지를 왕복하면서 오니를 제거하는 구조이다.

주행식 오니 수집기는 보교 위에 구동부를 설치하고 침전지를 가로로 설치하여 양 바퀴를 구동시킬 수 있는 긴축을 설치한다. 긴축 중간에 스프로켓을 조립하여 구동부로 구동시키고 긴축 양단에는 바퀴 옆에 달린 기어를 돌릴 수 있도록 기어를 부착시켜 보교를 침전지 앞뒤로 움직일 수 있도록 한다.

보교에는 힌지를 설치하여 침전지하부로 긴축을 설치하고 긴축하부에는 판을 부착하여 오니를 제거할 수 있도록 하였으며 보교가 앞으로 이동할 때에는 긴축을 내려 오니를 제거하고 뒤로 이동할 때에는 긴축을 올려 이동시킨다. 따라서 축을 올리고 내릴 수 있도록 윈치나 유압장치를 설치하여 실린더를 들어 올리고 내릴 수 있도록 하여야한다.

참고로 유압장치를 구비한 주행식 오니 수집기는 그림 **4.59**와 같이 침전지 중앙뒷부분에 웨어가 설치되어 있으므로 스크레이퍼는 2개로 분리되어 있다. 그림 **4.60** ①의 프레임에 보교의 강도를 높이기 위해 ② 거더(Girder)를 설치하였으며 ③ 바퀴를 구비한 새들과 ④ 보교를 움직이기 위한 구동부와 ⑥ 스크레이퍼를 구비하였으며 ⑦ 구동부에 전기를 공급하기위해 케이블트롤리를 설치하였다.

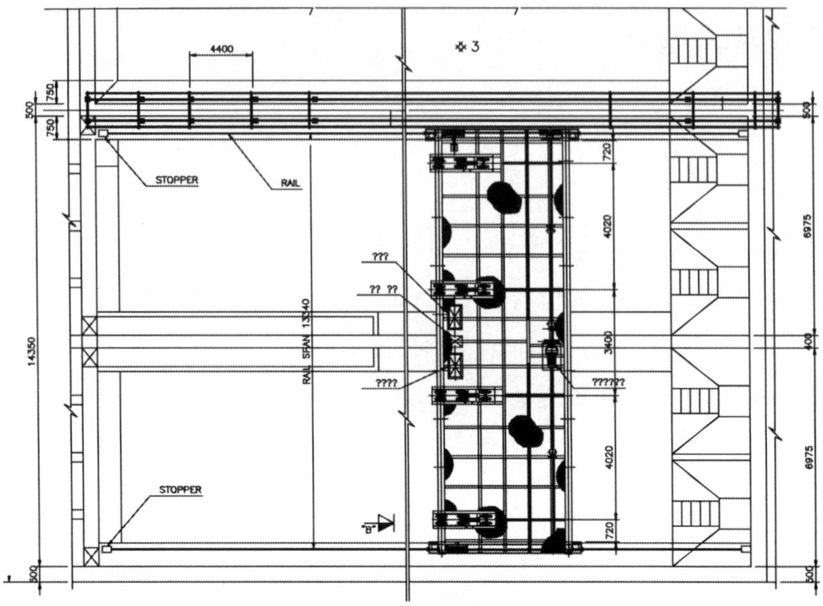

그림 4.59 보교식 오니수집기(평면도)

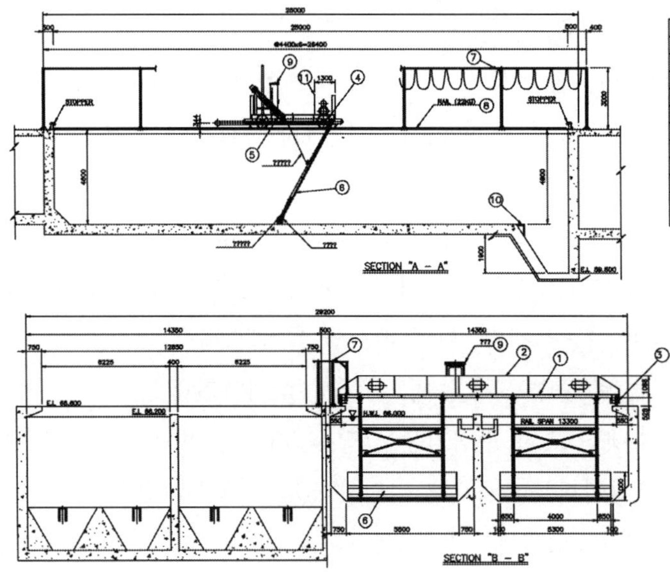

NO.	DESCRIPTION	MAT'L	Q'TY	REMARK
1	FRAME	SS400	2?	[150x75x6.5t
2	MAIN GIRDER	SS400		6t,12t
3	SADDLE	SS400		[250x90x9t
4	TRAVELLING UNIT	SM45C		
5	HOUSING UNIT	BUY		
6	SCRAPER	STS304		
7	CABLE TROLLEY	SPP		
8	RAIL	RAIL?		22KG/M
9	CONTROL PANNEL	STS304	2?	2t
10	SCRAPER SUPPORT	STS304	8SET	2t
11	HAND RAIL	STS304	2?	ø42.7,ø34

그림 4.60 보교식 오니 수집기(측면도)

3. 기기 구성

구동부는 모터와 감속기로 구성되며 변속장치는 인버터(Inverter)방식을 사용하고 싸이크로 감속기를 사용한다. 안전장치는 구동부 스프로켓 조립부에 안전핀을 설치하여 무리한 부하에 안전핀이 절단될 수 있도록 한다. 침전지 하부레일 옆에 밸브를 열수 있고 오니 수집기를 정지시킬 수 있는 스위치를 각각 설치한다. 1개의 구동부로 보교의 양쪽바퀴를 동시에 구동시킬 수 있도록 긴축을 설치하고 바퀴와 축에 기어를 부착하여 회전시키고, 바퀴는 레일 위에서 움직일 수 있도록 침전지양벽체 상부에 레일을 설치한다. 스크레이퍼는 침전지 구조물에 간섭되지 않도록 필요시 여러 개로 만들 수 있으며 여러 가지 방법으로 스크레이퍼를 들어 올리고 내릴 수 있다.

전기를 공급하는 케이블도 트롤리(Trolley)나 릴(Reel)을 사용할 수 있다. 제어반에는 동작, 정지, 고장, 열림, 닫힘 등의 운전 상태를 알 수 있으며 보교의 주행거리를 나타낼 수 있다. 오니수집기의 휴지타이머를 설치하여 운전주기를 조절할 수 있으며 배수밸브에 동작타이머를 두어 오니 배출시간을 조절할 수 있다.

주보는 강판 및 형강제 용접 구조의 강제보로서 자중에 의한 처짐율은 레일스팬의 1000이하가 되도록 한다.

구동차륜은 홈형으로서 치차에 부착시켜 보수 점검시의 분해 및 조립이 쉽고 외경은 φ 500 이상으로서 외경치수는 동일경이 되도록 정밀하게 하며 차륜부와 기어부는 분할 할 수 있는 구조로 한다.

4. 설 계

(1) 처리대상 오니량

사용처 : 조정조

구 분	고형물량(kg/d)	슬러지량(㎥/d)	함수율	비 고
평균 탁도 일 때	3,856	386	99.0	
설계기준 탁도 일 때	14,001	1,400	99.0	

(2) 슬러지 수집기의 처리량

주행보(Travelling Bridge) 갈퀴 현수형을 사용하며 2지(2수로) 1구동식(1지수로 폭 5 m)으로 1대 설치한다.

1) 왕복 운동하는데 소용되는 시간

$$t=\frac{L\times 2}{U}+t_1$$

여기에서, t : 소요시간(min)

L : 이동거리(m)

t_1: 갈퀴 승강에 소요되는 시간(4 min)

U : 주행속도(0.2~0.6 m/min)

$$t=\frac{22\times 2}{(0.2\sim 0.6)}+4$$

$$=77.3\sim 224\text{분}(1.3\sim 3.73\text{시간})\rightarrow 6.4\sim 18.46\text{ 회/일}$$

2) 1회당 슬러지 운반량

$$Q=\frac{W\times h^2}{2\tan\theta}\times\gamma$$

여기에서 Q : 1회당 운반량(ton/회)

W : 갈퀴 폭(m) : 5.3m×2=10.6

h : 갈퀴(Scraper)의 높이(m)=1.0m

θ : 슬러지 경사각(5°)

γ : 슬러지 비중(1.03 ton/m^3)

$$Q=\frac{(10.6)(1.0^2)}{2\tan\theta}\times(1.03)=62.4$$

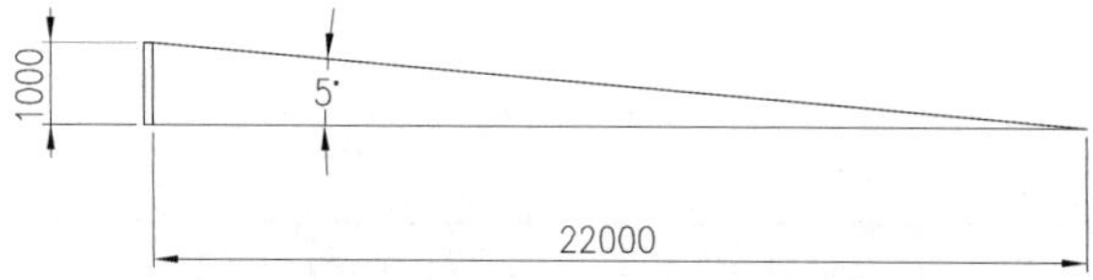

3) 1일 처리량

62.4 ton/회×(6.4~18.46 회/일)×2대=798~2303.8 ton/day

4) 상수도 시설기준에서 오니수집기의 주행속도는 0.2 m/min 이하로 되어 있으나 슬러지 발생량이 평균 탁도 일 때 386 m^3/d으로 처리가 가능하나 설계기준 탁도 일 때는 1400 m^3/day이므로 주행속도를 증가시킬 필요가 있다. 따라서 탁도 변동에 따라 0.2~0.6

m/min로 변속 운전하도록 한다.

5) 주행 시 처리량

① 전진 시 0.2 m/min, 후진 시 0.6 m/min일 때

$$t=\frac{22}{0.2}+\frac{22}{0.6}+4$$

$$=150\text{분}=9.6\text{ 회/일}$$

$$Q=62.4\times 9.6\times 2\text{대}=1198.08\text{ m}^3/\text{day}$$

② 전진 시 0.3 m/min, 후진 시 0.6 m/min일 때

$$t=\frac{22}{0.3}+\frac{22}{0.6}+4$$

$$=114\text{분}=12.63\text{ 회/일}$$

$$Q=62.4\times 12.63\times 2\text{대}=1576\text{ m}^3/\text{day}$$

(3) 구조계산

1) 오니수집기의 중량

- Girder 2250 kg
- Frame 4370 kg
- Saddle 2330 kg
- Scraper 1400 kg
- Shaft & 유압실린더, 감속기, 기타 2900 kg

∴ 총 중량은 13250kg이다.

2) Girder 계산

① 부재의 단면 2차 모멘트(I_X)

$$I_X=\frac{1}{12}\times(20\times 93.8^3-19.4\times 91.4^3-0.6\times 40^3)$$

$$=137880\text{ cm}^4$$

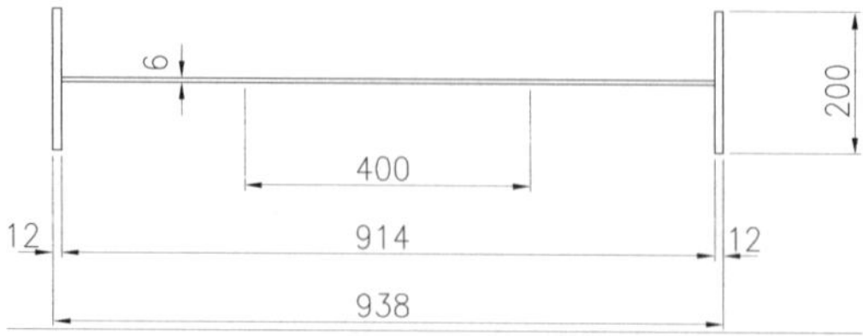

3) Girder에 작용하는 힘

① 한쪽 Girder에 작용하는 힘(G_1)

$$G_1 = \frac{\text{총중량}(G) = \text{Saddle 중량}(G_d) - \text{Scraper 중량}(G_p)}{2}$$

$$= \frac{1350 - 2330 - 1400}{2} = 4760 \text{ kg}$$

② 스크레이퍼가 있는 쪽 Girder에 작용하는 힘(G_2)

$$G_2 = G_1 + G_p = 4760 + 1400 = 6160 \text{ kg}$$

4) 강도 계산

등분포하중 및 집중하중이 동시 작용하므로 집중하중으로 계산하면

$$\delta = \frac{P\ell^3}{48EI}$$

$$= \frac{6160 \times 1330^3}{48 \times 2.1 \times 10^6 \times 137880}$$

$$= 1.0 \text{ cm}$$

$$\delta = \frac{1.0}{1330} = \frac{1}{1330} < \frac{1}{1000} \qquad \text{OK}$$

5) Saddle 계산

양측 Girder 부분에서 힘을 받는다고 보고 Sadder가 양단에 있음으로

① 반력 $R_b = \dfrac{3080 \times 349 - 3080 \times 49}{300} = 3080 \text{ kg}$

② 반력 $R_A = 6160 - 3080 = 3080 \text{ kg}$

③ 최대모멘트 $M_{\max} = 3080 \times 5 = 181,720 \text{ kg} \cdot \text{cm}$

④ Sadder 부재의 단면계수

ㄷ$250\times90\times90t\times13t=334\ cm^3$

$2\cdot Z=2\times334=668\ cm^3$

⑤ 최대 모멘트를 견딜 수 있는 단면계수

$$Z_m=\frac{M_{max}}{\sigma}=\frac{181720}{1200}=151\ cm^2<668\ cm^2$$

여기서, σ : Channel의 인장허용응력(반복하중 800~1200 kg/ cm²)의 최댓값

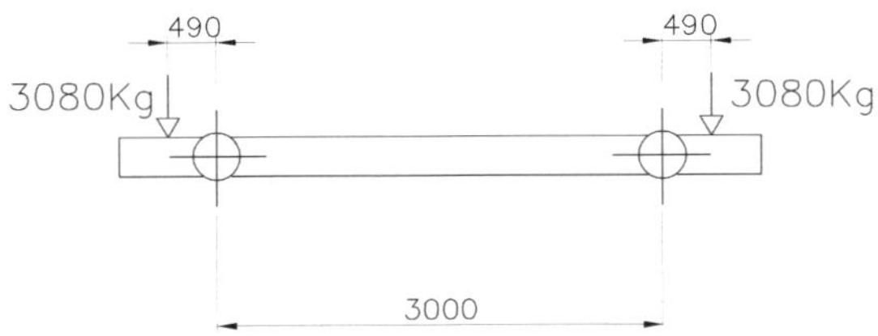

(4) 주행에 소요되는 동력

$$PT=\frac{P_1+P_2+P_3}{\eta}(1+\alpha)$$

여기에서, PT : 주행에 소요되는 동력(KW)

P_1 : 슬러지를 운반하기 위한 동력(KW)

P_2 : 주행차륜의 저항에 의한 동력(KW)

P_3 : 풍압에 의한 동력(KW)

η : 효율(2단감속기 및 2단 기어 감속기일 때$=0.9^4=0.65$)

α : 여유율 (0.4)

1) 슬러지를 운반하기 위한 동력(P_1)

$$P_1=Q\times\mu\times V$$

여기에서, Q : 1회당 운반량(kg/회)

μ : 슬러지의 마찰계수(0.035)

V : 주행속도(0.6 m/min)

$$P_2=(62.4\times10^3)\times(0.035)\times\left(\frac{0.6}{60}\right)$$

$$=21.84\ kgf\cdot m/sec$$

$= 0.22\,\text{KW}$

2) 주행 차륜의 저항에 의한 동력(P_2)

$$P_2 = W_r(G + G_m + G_s) \times V$$

여기에서, W_r : 단위 주행 중량(kg)

G : 거더의 전 중량(약 2.25 ton)

G_m : 기계 부분의 전 중량(약 9.5 ton)

G_s : Scraper의 전 중량(약 1.4 ton)

V : 주행속도(약 0.6 m/min)

$$W_r = \frac{1000}{R}\left(\mu \times \frac{d}{2} + f\right)$$

여기에서, R : 바퀴 반지름(30 cm)|

μ : 축과 베어링 사이의 마찰계수(0.1)

d : 축의 지름(6 cm)

f : 회전의 마찰계수(0.05)

$$R = \frac{pa}{2c(b - 2r)}$$

여기에서, pa : 차륜압(kg)

c : 계수

레일 22 kg/m 사용할 때 b : 5.08 cm, $r+$: 0.794 cm

$$pa = \frac{G + G_m + G_s}{n} \times 1.2$$

$$= \frac{2.25 + 9.5 + 1.4}{4} \times 1.2$$

$$= 3.945$$

$$R = \frac{3{,}950}{2 \times 60 \times (5.08 - 2 \times 0.794)} \times 1.2$$

$$= 9.43\ \text{cm} \rightarrow 30\ \text{cm}$$

$$W_r = \frac{1000}{30}\left(0.1 \times \frac{8}{2} + 0.05\right)$$

$$= 15\ \text{kg} \rightarrow 15\ \text{kg}$$

$$P_2 = 12 \times (2.25 + 9.5 + 1.4) \times \left(\frac{0.6}{60}\right)$$

$= 1.97\ \text{kgf} \cdot \text{m/sec} = 0.019\ \text{kW}$

3) 풍압에 의한 저항 동력(N_3)

$$N_3 = \frac{(2A_g + A_p) \times 250 \times V}{6120}$$

$$= \frac{(2 \times 12.16 + 1.17) \times 250 \times 0.6}{6120} = 0.63\ \text{kW}$$

A_g = Girder의 면적

$= 0.932 \times 13.56 - 3 \times (0.4 \times 0.4)$

$= 12.16\text{m}^2$

A_p = 판널의 면적

$= 0.9 \times 1.3 = 1.17\ \text{m}^2$

주행소요동력(PT)

$$PT = \frac{(0.22 + 0.019 + 0.63)}{0.65}(1 + 0.4)$$

$= 1087\ \text{kW} \rightarrow 3.7\ \text{kW} \times 1$대

(5) 감속기 감속비 산정

1) 주행속도 계산

① 감속비 계산

㉠ 조건

- 조 길이 : 22 cm
- 스크레이퍼의 주행속도 : (0.2~0.6 m/min) 중 최소치 0.2 m/min을 적용
- 차륜 경 : $\phi 600$
- Gear의 잇수 Z_1=20EA, Z_2=52EA
  Z_3=27EA, Z_4=67EA

N : Inverter에 의한 Motor의 회전수: 600 rpm

㉡ 감속비(R)

$$R = N \times \frac{Z_1}{Z_2} \times \frac{Z_3}{Z_4} \times (\pi \times D) \times \frac{1}{0.2}$$

$$= 600 \times \frac{20}{52} \times \frac{27}{67} \times (\pi \times 0.6) \times \frac{1}{0.2}$$

$= 876$

감속비율 $R = \frac{1}{893}$ (정격 감속비)로 선정한다.

② 주행속도

$$V = N \times i \times \frac{Z_1}{Z_2} \times \frac{Z_3}{Z_4} \times \pi \times D$$

$$= (600 - 1750) \times \frac{1}{895} \times \frac{20}{52} \times \frac{27}{67} \times \pi \times 0.6$$

$$= 0.2 \sim 0.6 \text{ m/min}$$

③ 주행속도에 의한 변속기 회전수

주 행 속 도	변속기의 회전수	비 고
0.2m/min	600rpm	전진 시
0.4m/min	1200rpm	
0.6m/min	1800rpm	후진 시

④ 주행용 장축의 축경 및 강도계산

$$T = 97,400 \times \frac{P_t}{n_2} \times \frac{1}{2}$$

$$= 97,400 \times \frac{1.22}{0.754} \times \frac{1}{2}$$

$$= 78,800 \text{ kg} \cdot \text{cm}$$

T : 전달하여야 할 회전력

n_2 : 주행용 장축의 회전수(1,750/893×20/52=0.754 rpm)

P_t : 주행 시 전 소요동력{(0.22+0.019+0.63)}×1.4=1.22 kw)}

τ : 전단응력(500 kg/cm^3)

㉠ 축경(d)

$$T = \frac{\pi}{n_2} d^3 \pi$$

$$d = \sqrt[3]{\frac{16 \cdot T}{\pi \cdot \tau}}$$

$$= \sqrt[3]{\frac{16 \times 78800}{\pi \times 500}}$$

$= 9.5\ \text{cm} \fallingdotseq \phi 95\ \text{mm}$로 결정

㉡ 축받이의 간격(L)

$$L = \sqrt[3]{110} \times d^2$$

$$= \sqrt[3]{110} \times 9.5^2 = 432\ \text{cm}$$

∴ 축받이의 간격은 4 m 이내로 설치

⑤ Travelling Wheel Bearing 수명계산

구 분	Ball Bearing	Roller Bearing
속도 계수(f_n)	$f_n = \left(\frac{33.3}{n}\right)\frac{1}{3}$	$f_n = \left(\frac{33.3}{n}\right)^{3/10}$
수명 계수(f_h)	$f_h = f_n\left(\frac{C}{P}\right)$	$f_h = f_n\left(\frac{C}{P}\right)$
수명 시간(L_h)	$L_h = 500 f_h^{\ 3}$	$L_h = 500 f_h^{\ 10/3}$

구 분	Bearing NO	기본부하용량 C	정 부하용량Co	N(rpm)	하중 P
Wheel	UCF214	4900	3810	0.304	13250÷8=1656kg

㉠ 속도계수(f_n)

$$f_n = \left(\frac{33.3}{N}\right)^{3/10}$$

$$= (33.3 \div 0.304)^{3/10} = 4.09$$

㉡ 수명 계수(f_h)

$$f_h = f_n (C \div P)$$

$$= 4.09 \times (4900 \div 1656) = 12$$

㉢ 수명 시간(L_h)

$$L_h = 500 f_h^{\ 10/3} = 500 \times 12^{10/3}$$

$$= 1{,}978{,}000\ \text{hr} > 100{,}000 \sim 200{,}000\ \text{hr}\ \ \text{OK}$$

2) 인양속도 계산

① 스크레이퍼의 인양속도 계산

수집판 끝에서의 속도(V_2)가 약 2 m/min이면 Wire Rope의 인양속도(V_1)은

$V_1 : V_2 = 2300 : 5400$

$$V_1 = \frac{V_2 \times 2300}{5400} = 0.85\ \text{m/min}$$

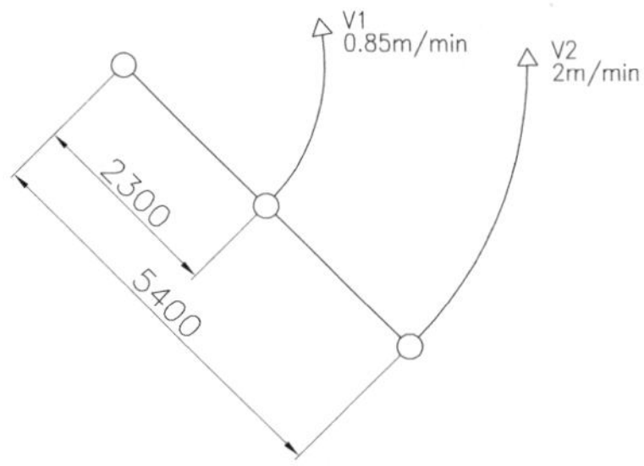

(6) 갈퀴 강도계산(Scraper Arm)

1) Plan D.W.G

W =스크레이퍼 판 무게

$W_1 = 5.3 \times 1.219 \times 0.004 \times 7930 = 204\ \text{kg}$

$W_2 = 150\text{A} = 28.0\ \text{kg/m} \times 3.14 \times 2 = 175.8\ \text{kg}$

$W_3 = (5.3 \times 4 + 1 \times 10) \times 0.05 \times 0.004 \times 7930 = 49.5\ \text{kg}$

$W_4 = 0.075 \times 0.004 \times 5.3 \times 7930 = 12.6\ \text{kg}$

$\Sigma = 442\ \text{kg}$

$W = 442/2 \fallingdotseq 221\ \text{kg}$

2) Stress Analysis

① $M_{max} = wL_2^3 = 221 \times 3.45$

$\fallingdotseq 763\ \text{kg} \cdot \text{m} = 76300\ \text{kg} \cdot \text{m}$

② $I = \dfrac{\pi(D^4 - d^4)}{64} = \dfrac{\pi(16.52^4 - 15.10^4)}{64}$

$\fallingdotseq 1104.04\ \text{cm}^4$

③ $Z = \dfrac{\pi(D^4 - d^4)}{32D} = \dfrac{\pi(16.52^4 - 15.10^4)}{32 \times 16.52}$

$\fallingdotseq 133.66\ \text{cm}^3$

④ $\sigma = \dfrac{M}{Z} = \dfrac{76300}{133.66} \fallingdotseq 570.85\ \text{kg/cm}^2 < 1.4\ \text{t/cm}^2$ OK

⑤ 처짐량(δ)

$$\delta = \frac{W\ell_2^3}{3EI}\left(1 + \frac{3\ell_1}{2\ell_2}\right)$$

$$= \frac{221 \times 345^3}{3 \times 2.1 \times 10^6 \times 1104.05}\left(1 + \frac{3 \times 0.6}{2 \times 3.45}\right)$$

$$= 1.645\ \text{cm} = 16.45\ \text{mm}$$

$$\frac{\delta}{L} = \frac{16.45}{3450} = \frac{1}{210}$$

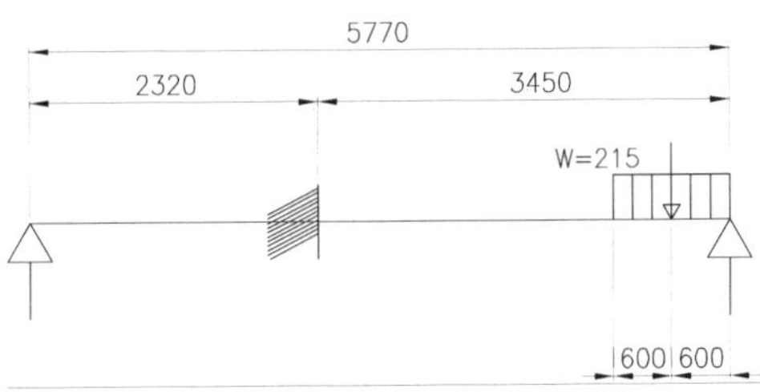

(7) 유압실린더 선정

1) 조건

- 사용압력(kgf/cm^2) : 100 kg/cm^2
- 부하의 크기(kg) : 3000 kg
- 부하의 조건 :실린더 고정, 로드선단 자유단
- 필요 스트로크 : 660 cm
- 작동 속도 : 0.125 m/min

2) 실린더 내경 결정(63ϕ×660ST, LOD 35ϕ가정)

- 전진 시 : $F_1 = A_1 \times P \times \beta$(kgf)

• 후진 시 : $F_2 = A_2 \times P \times \beta(\text{kgf})$

A_1 : 후진 시 피스톤면적$(\text{cm}^2) = \frac{\pi}{4} = D$

A_2 : 전진 시 피스톤면적$(\text{cm}^2) = \frac{\pi}{4}(D^2 - d^2)$

D : 실린더 내경(cm)

d : 피스톤 로드 경(cm)

P : 사용압력(kgf/cm^2)

β : 실 효율 → 실린더의 실제출력은 실린더 내 운동부의 저항, 배관 및 기기에 의한 (통산 80%) 압력 손실에 의해 감소된다.

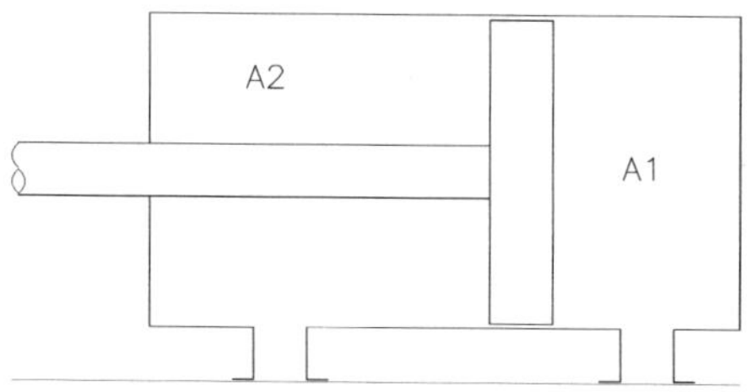

① 전진 시 출력

$$F_1 = A_1 \times P \times \beta(\text{kgf})$$

$$= \frac{\pi}{4} \times 6.3^2 \times 100 \times 0.8 = 2492\ \text{kg} \fallingdotseq 2.5$$

② 후진 시 출력

$$F_2 = A_2 \times P \times \beta(\text{kgf})$$

$$= \frac{\pi}{4} \times (6.3^2 \times 3.5^2) \times 100 \times 0.8 = 1724\ \text{kg} \fallingdotseq 1.8$$

③ 전진 시 2.5 ton의 출력을 얻으려면 실린더의 내경

$$\text{먼저 피스톤의 면적} = \frac{\text{출력} \times \text{실 효율}}{\text{사용압력}}$$

$$= \frac{2500 \times 0.8}{100} = 20\ \text{cm}^2$$

$$\text{내경 mm} = \frac{4 \times 20}{\pi} \times 10$$

$$= 50.46(\text{mm}) < \phi 63(\text{가정}) \qquad \text{OK}$$

Rope의 이송길이 $L = (2320 \times 2) \times \pi \times \left(\frac{65}{360}\right) = 2630 \div 4 = 657.5 = 660\ \text{mm}$

≒ (Stroke는 660으로 결정)

3) 펌프의 용량

펌프의 용량은 전진할 시 큼으로

펌프용량=실린더 단면적×실린더의 속도

$$= \frac{6.3^2 \times \pi}{4} = 12.5\ \text{cm/min} \times 4\text{조(실린더 수량)}$$

$$= 1.56\ell/\text{min}$$

4) Motor 선정

$$\text{Moto(HP)} = \frac{\text{유량} \times \text{사용압력}}{450 \times 0.8} = \frac{1.56 \times 10\ \text{kgf/cm}^2}{450 \times 0.8}$$

$$= 0.43\ \text{HP}$$

∴ 더블 펌프에는 0.43 HP이 없으므로 4-4 더블펌프를 사용하면

펌프용량 $Q = 1150 \times 4 \times 2(\text{펌프수}) = 9200\ \text{cc/min} = 9.2\ \ell/\text{min}$

$$\text{실제동력(HP)} = \frac{9.2 \times 100}{450 \times 0.8}$$

$$= 2.5\ \text{kW}$$

(8) 동력 리스트

	주 행 장 치	인 양 장 치
Type	Motor+Cycloid Reducer Type(Inverter 변속)	더블펌프 Type
동 력	3.7kW×4P×1/741	2.2kW×4P
전 원	380V×3Φ×60HZ	380V×3Φ×60HZ
대 수	1	1

5. 제 작

보교식 오니 수집기에도 여러 가지 종류가 있으나 여기서는 보교에 구동부를 설치하여 주행하는 보교 주행식 오니 수집기를 설명하였으며 스크레이퍼를 들어 올리는 방법은 유압식으로 설명한다.

(1) 보교 제작

보교는 그림 **4.59**의 평면도와 그림 **4.60**의 측면과 같이 제작하였으며 주보(Main Girder)는 그림 **4.61**과 같이 제작하여 보교의 처짐을 방지하였으며 오니를 수집하는데 충분한 강도를 가지도록 하였다. 보교의 크기는 그림 **4.59**와 같이 넓게 제작하여 구동부와 축을 배치하고 유압장치와 유압실린더 유압배관을 하여도 통로를 충분히 확보할 수 있도록 하였다. 프레임(Frame)은 ㄷ형강 150×75×6.5t를 사용하였다.

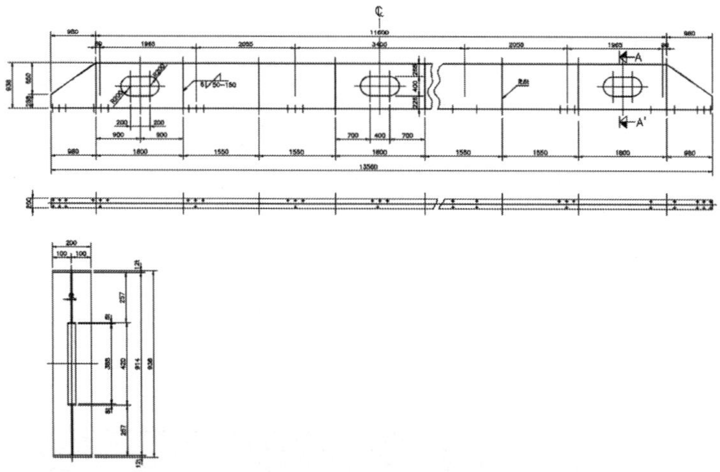

그림 4.61 주보(Main Girder)

(2) 새들(Saddle) 제작 및 보교연결

보교식 오니수집기의 새들은 바퀴를 쉽게 분해 할 수 있도록 제작하는 것이 유지관리 시 보수가 용이하다. 보교의 자중이 약 13톤이 넘고 바퀴의 외경이 ϕ640이 됨으로 바퀴를 쉽게 분해할 수 있도록 그림 **4.62**와 같이 U홈을 만들어 베어링 축과 바퀴가 일체로 들어 낼 수 있도록 하였다. 새들에 바퀴는 평행이 되도록 정확히 조립해야 하고 4바퀴의 대각이 맞도록 조립되어야 오니수집기가 원활히 움직일 수 있다.

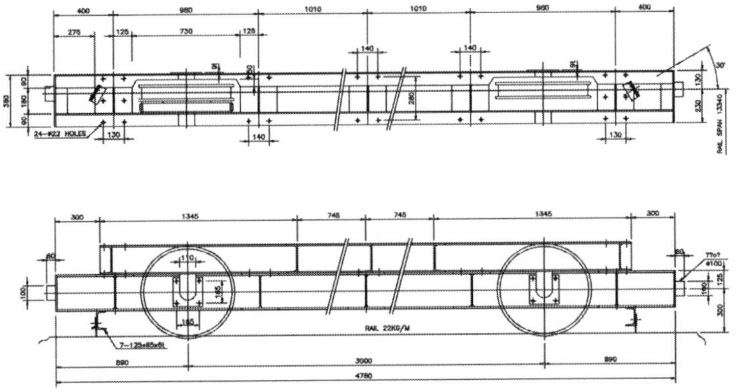

그림 4.62 새들(Saddle)

새들 하부 앞과 뒤에는 레일을 청소할 수 있는 스크레이퍼를 설치하여 레일에 장애물이 없도록 하고 새들 프레임앞뒷면에는 완충고무를 설치하여 침전지 앞뒤 끝부분에서 대차가 정지하지 못했을 경우에 정지판에 부딪칠 수 있도록 한다.

차바퀴는 구동바퀴와 종동바퀴로 구분되며 구동바퀴는 새들 앞부분에 설치하고 제작을 그림 **4.63**과 같이 바퀴에 기어를 조립할 수 있도록 하여 보교위에 길게 설치된 축에 의해 구동될 수 있도록 한다. 종동바퀴는 일반적인 대차바퀴와 마찬가지로 바퀴만 조립하여 사용한다.

제작 시 대차바퀴는 수중 대차바퀴와는 달리 바퀴와 축이 함께 회전할 수 있도록 한다. 따라서 바퀴와 축에는 키 홈을 내어 키를 끼워 조립하고 축의 양단에는 UCF 베어링을 사용하여 조립한다. 바퀴와 베어링사이에는 칼라를 그림 **4.63**에는 ③, ④와 같이 끼우고 그림 **4.64**에도 ③, ④와 같이 끼워 바퀴가 축 좌우로 움직이지 않도록 한다.

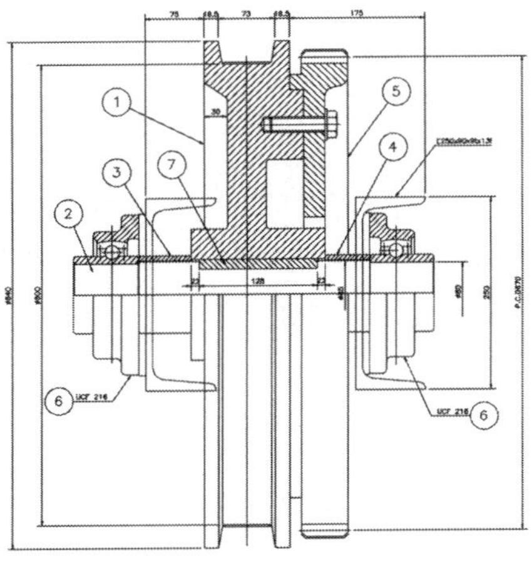

NO.	DESCRIPTION	MAT'L	Q'TY	REMARK
1	WHEEL	GCD60	2	ø640
2	SHAFT	SM45C	2	ø85
3	COLLAR	SS400	2	ø90xø100x67L
4	COLLAR	SS400	2	ø90xø100x58L
5	SPUR GEAR	SM45C	2	M:10,Z:67,P.C.D670
6	UCF B/R	BUY	4	UCF216
7	SUNK KEY	SM45C	2	24x16x128L

그림 4.63 구동바퀴

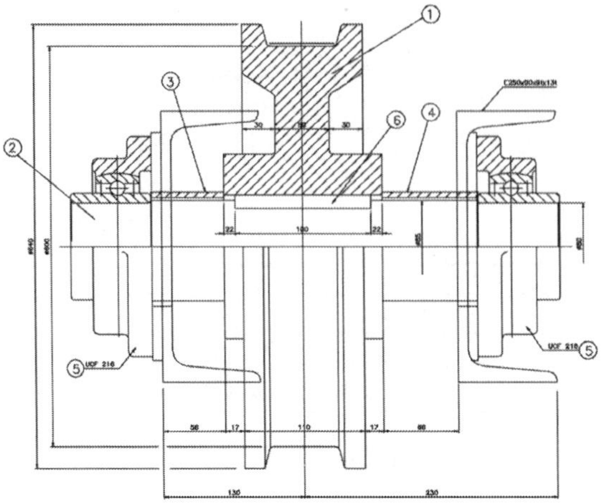

NO.	DESCRIPTION	MAT'L	Q'TY	REMARK
1	WHEEL	GCD50	2	ø640
2	SHAFT	SM45C	2	ø85
3	COLLAR	SS400	2	68t x ø100
4	COLLAR	SS400	2	87t x ø100
5	UCF B/R	BUY	4	UCF 216
6	SUNK KEY	SM45C	2	24x16x100L

그림 4.64 종동바퀴

새들과 프레임 조립은 그림 4.65와 같이 새들 상부에 보교 프레임이 그림과 같이 견고히 조립될 수 있도록 하며 바퀴를 쉽게 분해조립 할 수 있도록 보교 프레임에도 공간을 확보해야한다.

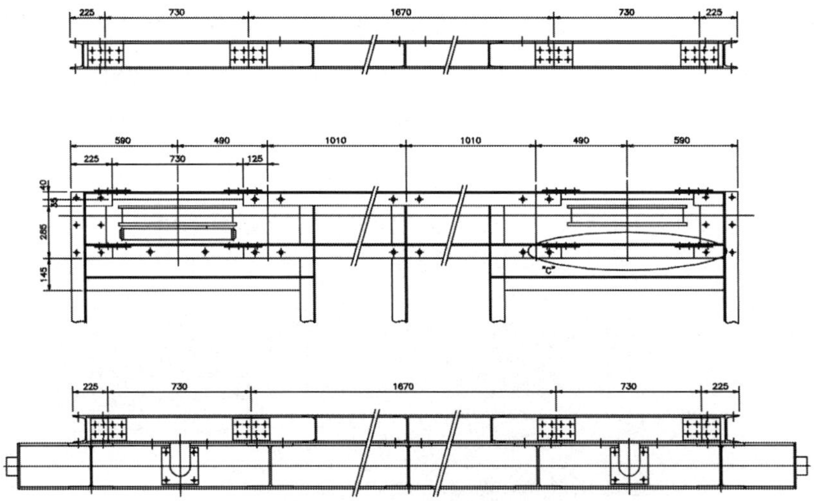

그림 4.65 새들과 프레임 조립도

(3) 구동부 조립

1) 감속기 구동장치

감속기의 구동장치는 안전장치를 구비하여야한다. 따라서 그림 4.66과 같이 감속기 축에 안전장치를 구비하여 조립하여야 함으로 3-1 보스에 3-3에 오일리스베어링(Oilless Bearing)을 끼우고 그 위에 3-2 기어를 조립하고 보스와 기어는 안전핀 2개로 조립한다.

NO.	DESCRIPTION	MAT'L	Q'TY	REMARK
3-1	BOSS	SM45C	1	B.C.D 200
3-2	SPUR GEAR	SM45C	1	P.C.D520
3-3	OILLESS B/R	-	1	ø170xø160x99L
3-4	SHEAR PIN	SS400	2	
3-5	??? PLATE	SS400	1	R, 6t
3-6	SUNK KEY	SM45C	1	

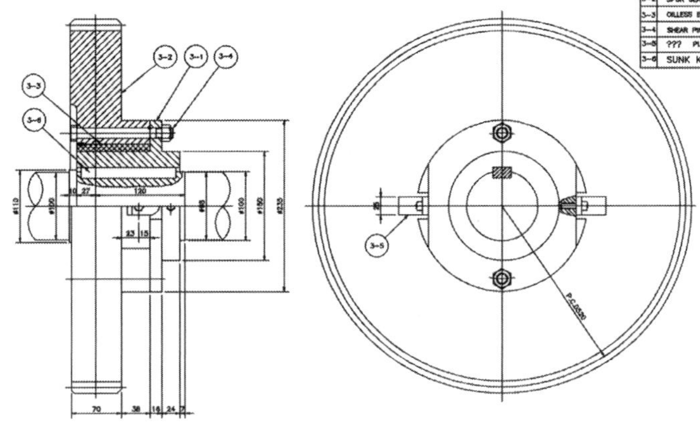

그림 4.66 구동장치 조립도

2) 구동축

구동축은 구동부를 중심으로 좌우로 길게 설치하여 그림 4.66과 같이 축 끝단에 ④기어를 조립하여 새들 바퀴에 조립된 기어를 그림 4.67과 같이 구동시킨다. 구동축 중간 중간에는 그림 4.68의 ⑦과 같이 오일리스 베어링을 설치하고 축과 축 사이에는 ⑥과 같이 체인커플링을 사용하여 연결시킨다. 베어링은 그림 4.6과 같이 제작하여 사용한다.

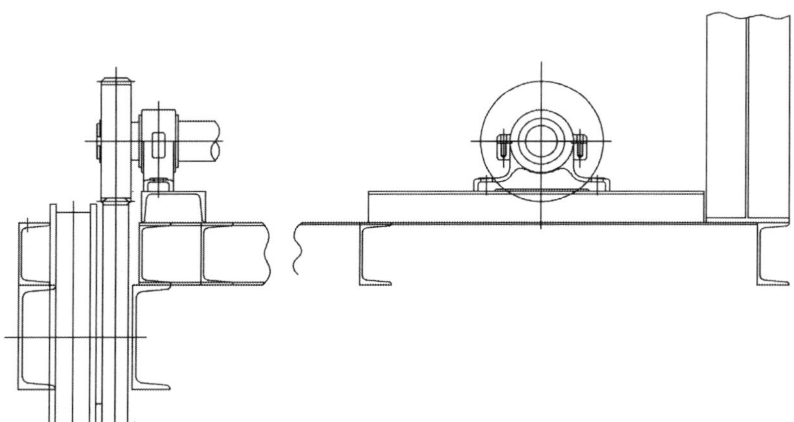

그림 4.67 바퀴 구동기어

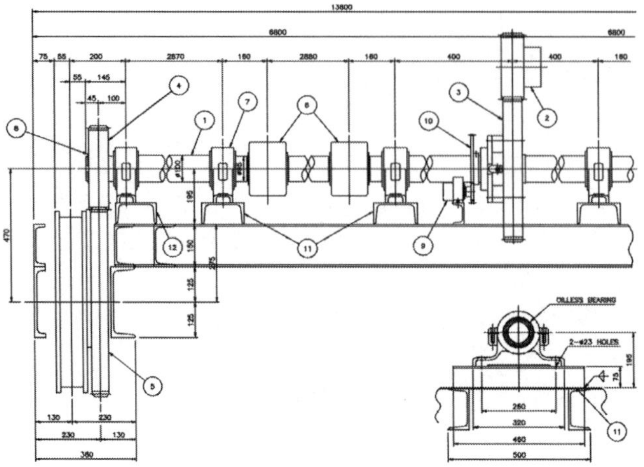

NO.	DESCRIPTION	MAT'L	Q'TY	REMARK
1	SHAFT	SM45C	5	ø100
2	SPUR GEAR	SM45C	1	M10, Z=20
3	SPUR GEAR	SM45C	1	M10, Z=52
4	SPUR GEAR	SM45C	1	M10, Z=27
5	SPUR GEAR	SM45C	1	M10, Z=87
6	CHAIN COPLING	BUY	4	CR8022
7	OILLESS BEARING	BUY	6	ø95xø125x92L
8	SNAPRING	BUY	2	ø90 (??)
9	ENCODER	BUY	1	
10	TIME WATCH GEAR	SM45C	1	M2,30NT,120NT
11	SUPPORT	SS400	4	C150x75x6.5t
12	SUPPORT	SS400	2	C150x75x6.5t

그림 4.68 보교 구동장치 조립도

3) 거리지시계

오니수집기는 침전지 위에 설치됨으로 거리지시계가 필요하지 않을 수도 있으나 거리지시계가 없을 경우에는 침전지 위에 많은 스위치를 필요로 하게 됨으로 거리지시계를 설치하고자한다.

그림 4.68에 ⑩과 같이 기어를 설치하고 옆에 작은 기어가 달린 ⑨엔코더를 설치하여 거리지시계를 설치할 수 있도록 하였다. 따라서 거리지시계의 접점을 이용하여 슬러지 밸브를 열 수 있도록 하였으며 거리도 제어반에서 볼 수 있도록 하였다. 이 엔코더는 그림 4.70과 같이 제작 설치하였다.

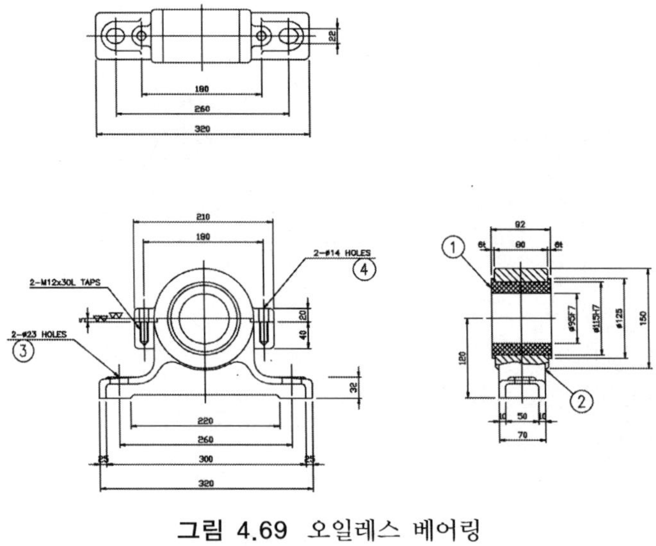

그림 4.69 오일레스 베어링

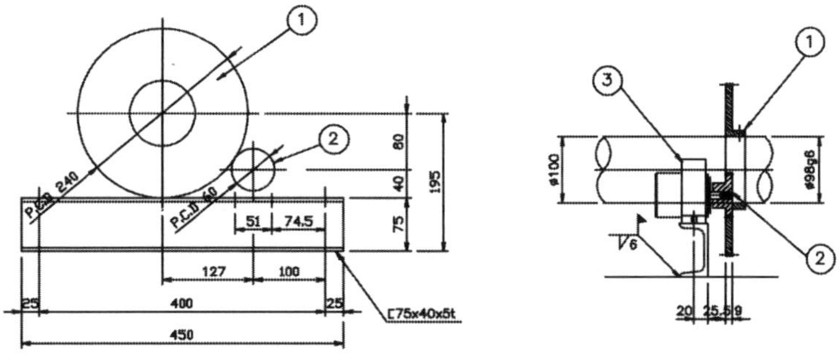

그림 4.70 엔코더 설치도

(4) 스크레이퍼

1) 오니 제거판

오니수집기 설계에서 오니 운반량을 계산 할 때 오니 제거판의 높이를 1m로 계산하였으므로 오니 제거판의 높이는 1m로 제작되어야한다.

그림 **4.71**에서 4-1의 판 하부에 4-3의 고무판을 부착하여 고무판이 침전지바닥에 닿아 오니를 수집할 수 있도록 하여야한다. 스크레이퍼 판을 스크레이퍼 지지대에 평철 U밴드로 고정시키고 스크레이퍼 판 배면에는 자중과 오니수집 시 휨이 발생하지 않도록 평철로 보강하여야한다.

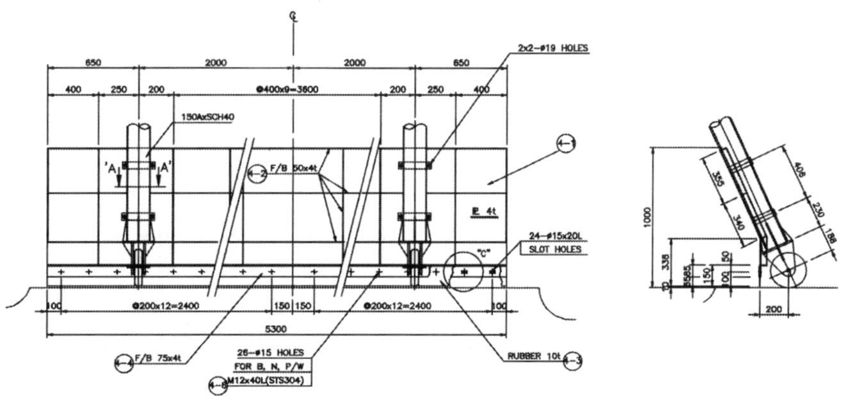

그림 4.71 Scraper(오니 제거판)

2) 스크레이퍼 암(Scraper Arm)

스크레이퍼 암의 강도는 암을 수평으로 들어 올렸을 때 처짐량을 계산하여 암의 굵기를 결정한다. 암의 자중과 오니제거판 자중 등을 고려하고 암의 견인지점도 처짐량과 견인시설의 능력에 고려해서 결정하여야 한다. 오니제거기 설계계산에서 스크레이퍼 암에 대한 강도 계산에 따른 설계는 그림 4.72와 같으며 암과 암 사이에는 그림과 같이 보강보를 가로대어 2개의 암이 일체로 움직일 수 있도록 하며 암하부에는 롤러를 부착하여 경사진 침전지바닥을 이동하더라도 스크레이퍼 고무판이 바닥과 일정한 틈을 유지하면서 오니를 수집할 수 있도록 한다.

암상부에는 스크레이퍼가 오니를 수집할 때에는 세워져 이동하고 오니수집기가 침전지 뒤로 이동할 때에는 암을 수평으로 들어서 이동할 수 있도록 보교에 핀으로 연결할 수 있도록 힌지용 구멍을 만든다.

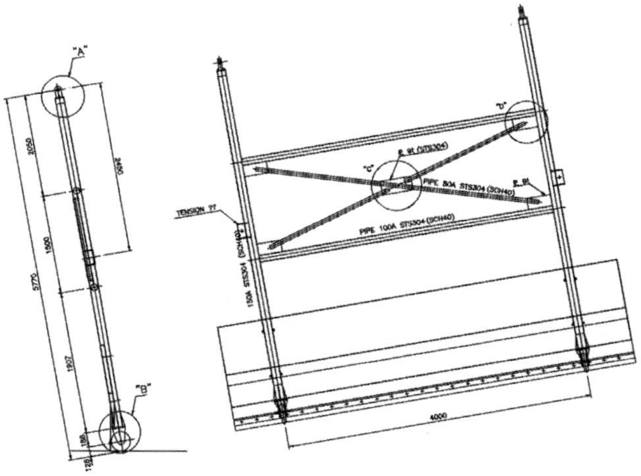

그림 4.72 스크레이퍼 암(Scraper Arm)

3) 스크레이퍼 인양장치

스크레이퍼의 암은 오니수집기의 위치와 이동방향에 따라 암의 각도를 다르게 하여 이동하게 되어 있으므로 윈치나 유압장치로 들어 올리고 내릴 수 있도록 하여야한다.

여기서는 유압 실린더를 사용하여 인양하도록 설계하였다. 스크레이퍼의 인양 길이는 암의 이동각도가 그림 4.73에서 스크레이퍼가 세워져있을 때가 65°이고 수평으로 들어 올릴 수 있도록 하여야하므로 스크레이퍼의 이동각도는 65°이다. 스크레이퍼 암의 견인지점은 설계계산에서 암 상부 힌지점에서 2.3 m 지점이므로 견인로프의 이동거리(L)

$$L=(2.3\times 2)\times 3.14\times \frac{65°}{360°}=2.608\ \text{m}$$

임으로 설계에서와 같이 1개의 실린더에 로프를 2번 감아 사용하면 2.608 m÷4≒0.652 m

로 실린더의 스트로크는 652 mm가 필요하다. 따라서 660 mm로 제작 사용한다.

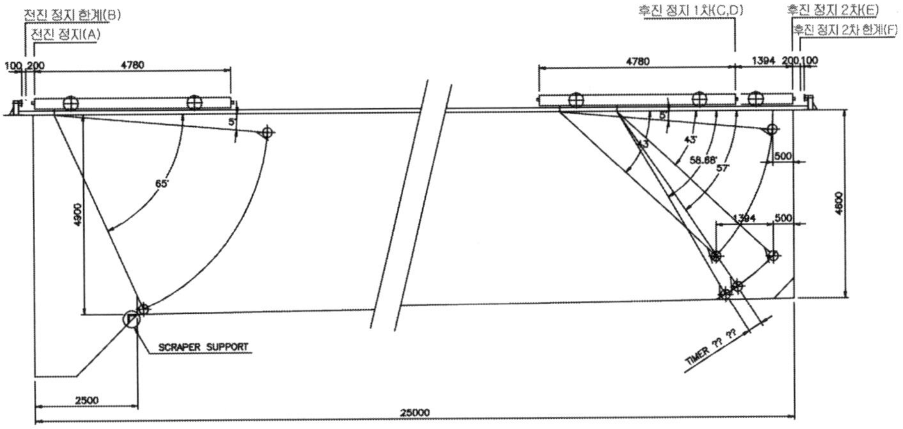

그림 4.73 스크레이퍼 인양각도

4) 스크레이퍼 스위치

스크레이퍼는 오니 수집기가 오니를 수집할 경우에 그림 **4.73**과 같이 스크레이퍼를 완전히 내려 스크레이퍼롤러가 침전지 바닥에 닿아 이동하게 된다. 스크레이퍼가 오니 수집이 끝나고 오니수집기가 침전지스위치 그림 **4.73**의 B지점에서 스위치에 의해 감지가 되면 오니 수집기는 정지되고 침전지 앞에서 뒤로 이동하기 위해 스크레이퍼는 5°까지 들어 올려지게 된다. 스크레이퍼는 이렇게 올려진 상태로 C스위치 지점까지 이동하게 되면 오니 수집기는 정지되고 스크레이퍼는 43° 각도를 유지하게 된다. D스위치 지점까지 이동하게 되면 스크레이퍼는 다시 57°까지 내려오게 되고 다시 오니 수집기는 다시 움직여 E스위치 지점에 가게 되면서 오니 수집기는 정지되고 스크레이퍼는 완전히 내려지게 된다.

- A 스위치는 B스위치의 비상스위치이고
- D 스위치는 C스위치의 비상스위치이며
- E 스위치는 F스위치의 비상스위치이다.

스크레이퍼의 경사스위치는 그림 **4.74**와 같이

- N_1 스위치 스크레이퍼 각도 0° 상한(보수 시 정지)
- N_2 스위치 스크레이퍼 각도 5° 상한정지(이동시 사용)
- N_3 스위치 스크레이퍼 각도 43° 1차 하한스위치
- N_4 스위치 스크레이퍼 각도 57° 2차 하한스위치

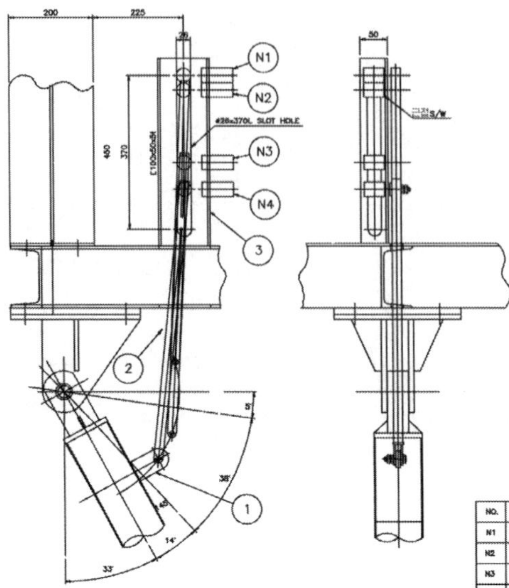

NO.	SCRAPER 각도	비 고
N1	0°	상한 보수시 정지
N2	5°	상한 정지
N3	43°	1차 하한 정지
N4	57°	2차 하한 정지

그림 4.74 스크레이퍼의 각도 감시 장치

5) 스크레이퍼 암 견인용 유압실린더

스크레이퍼를 들어 올리고 내리기위해서는 견인장치가 필요하다. 견인장치로 윈치를 많이 사용했었으나 문제점이 많이 발생하여 유압실린더를 사용하여 스크레이퍼를 들어 올리거나 내린다.

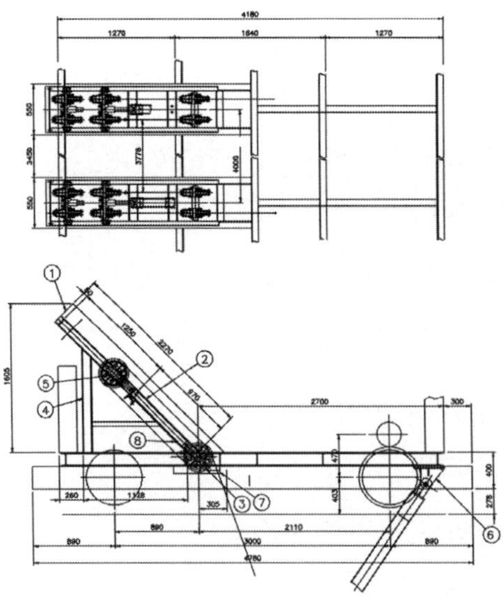

NO.	DESCRIPTION	MAT'L	Q'TY	REMARK
1	COVER	STS304	4	2t
2	CYLINDER	BUY	4	STOKE 680
3	SHEAVE	GC200	4	
4	CHANNEL	SS400	4	ㄷ 100x50x5t
5	CHANNEL	SS400	4	ㄷ 100x50x5t
6	BRACKET	STS304	4	
7	OIL BASIN	STS304	4	2t
8	OIL COVER	STS304	4	2t

그림 4.75 유압실린더

유압실린더는 그림 **4.75**와 같이 실린더를 장착하고 유압실린더 끝에 T자를 연결하여 T자 양끝에 시브를 부착시킨다. 실린더하부에도 시브를 양단에 부착시킨다. 이 시브에 스크레이퍼 암에 연결한 와이어로프를 상부 시브에 감고, 아래 시브로 감은 다음 다시 다른 상부 시브에 감고 다른 하부시부를 거쳐 고정시키어 실린더를 움직이면 실린더가 1 cm 움직일 때 견인로프는 4 cm가 움직이게 되어 실린더 스트로크 660 cm가 움직이면 스크레이퍼 암에 연결된 로프는 2640 mm가 움직이게 되어 작은 스트로크로도 많이 끌어 올릴 수 있다.

6) 와이어로프 텐션(Tension) 장치

스크레이퍼 암을 견인하는 와이어로프를 항상 팽팽하게 유지시키는 장치로 필요하지 않을 수 도 있다. 그러나 보통의 침전지바닥은 오니배출이 용이하도록 경사지게 설계되어 있다. 침전지바닥이 수평으로 되어있더라도 침전지바닥은 고르지 않음으로 스크레이퍼는 스크레이퍼 밑에 달린 롤러에 의해 침전지바닥에 따라 움직이게 되어있다. 그러므로 스크레이퍼를 견인한 로프는 여유 있게 늘어져 있어야한다. 이때 로프가 팽팽히 당겨져 있지 않으면 로프는 시브를 이탈할 수가 있어 와이어로프 텐션장치를 그림 **4.76**과 같이 제작 설치했다. 텐션장치는 스크레이퍼 암 견인부에 부착하고 견인로프는 시브를 거쳐 구멍 밑으로 빼내 추를 연결하여 견인 시에는 추가 먼저 당겨지고 추가 완전히 당겨지면 스크레이퍼 암이 당겨지도록 제작 하였다.

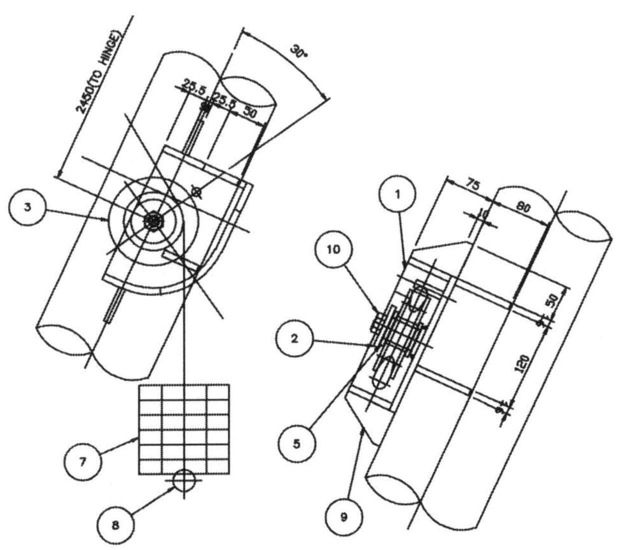

NO.	DESCRIPTION	MAT'L	Q'TY	REMARK
1	CASING	STS304	1	9t
2	PLATE	STS304	1	6t
3	WHEEL	STS304	1	ø120
4	SHAFT	STS304	1	ø40
5	COLLAR	P.E	2	ø32xø50x5t
6	BUSH	BrC3	1	ø30xø40x30L
7	WEIGHT	SS400	10	ø60xø110x20t (1?? 1Kg)
8	WEIGHT SUPPORT	STS304	1	ø30x100L
9	RIB	STS304	2	9t
10	B/N,P/W	STS304	4	M12x15L

그림 4.76 와이어로프 텐션(Tension)장치

(5) 주행 방지장치

주행 방지장치는 오니 수집기 정상가동 시에는 사용되지 않는 장치로 바람이 심하게 불 때 오니수집기가 움직일 염려가 있거나 오니 수집기 수리 시 움직이지 않도록 하기위해 레일에 고정시키는 장치로 비상시에나 사용된다. 주행방지장치는 그림 4.77과 제작 설치하여 필요시 수동으로 고정시켜 사용한다.

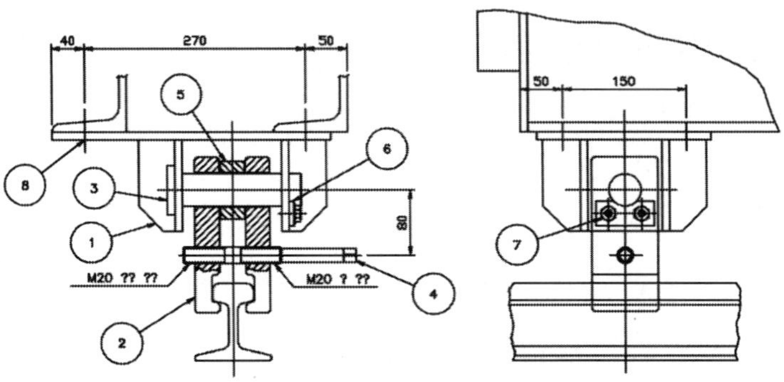

NO.	DESCRIPTION	MAT'L	Q'TY	REMARK
1	BRACKET	SS400	1	PL 9t
2	JAW	SM45C	2	30t
3	PIN	STS304	1	ø80
4	ROD SCREW	SS400	1	M20
5	COLLAR	SS400	1	ø42xø70x30L
6	KEY PLATE	SS400	1	PL 6t
7	BOLT,S/W,P/W	STS304	2	M10x20L
8	B/N,S/W,P/W	STS304	4	M16x35L

그림 4.77 주행방지 장치

(6) 유압펌프 및 배관

유압펌프는 스크레이퍼를 인양하기 위한 유압실린더용으로 유압펌프의 용량은 작게 설계를 해도 큰 문제가 없다. 유압펌프의 용량이 작으면 스크레이퍼를 들어 올리는 시간이 길어지나 오니 수집기 가동시간에 비해 매우 작아 문제가 되지 않는다. 유압펌프의 용량이 너무 커지면 유압펌프의 단가가 작은 용량에 비해 비싸짐으로 고려해야 한다.

유압펌프의 배관은 유압펌프 주 배관에서 분배해 1개의 스크레이퍼에 2개의 실린더가 연결되어있으므로 동조밸브를 사용해서 분기시키고 실린더에 연결시켜 실린더가 같이 동작하도록 한다.

유압펌프의 배관도는 그림 4.78 유압펌프 배관도와 같다.

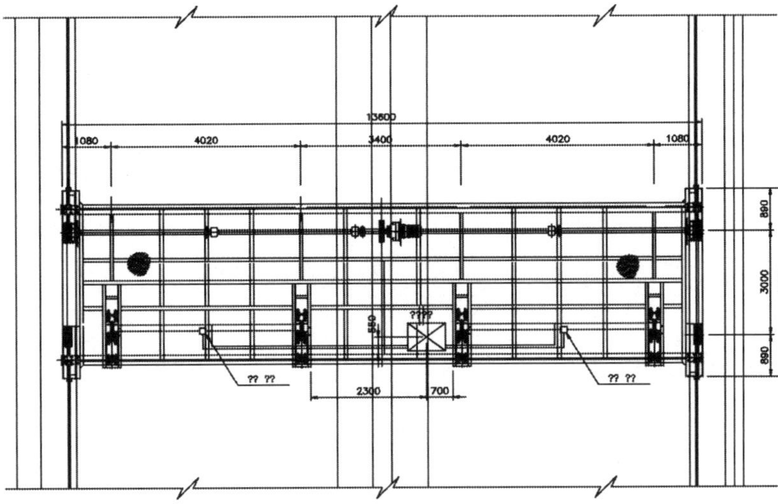

그림 4.78 유압배관도

(7) 주행 레일

주행레일은 침전지 좌우 벽체상부에 설치하며 레일상단에는 그림 4.79와 같이 정지판(Stopper)을 설치해서 오니수집기의 탈선을 막아야한다.

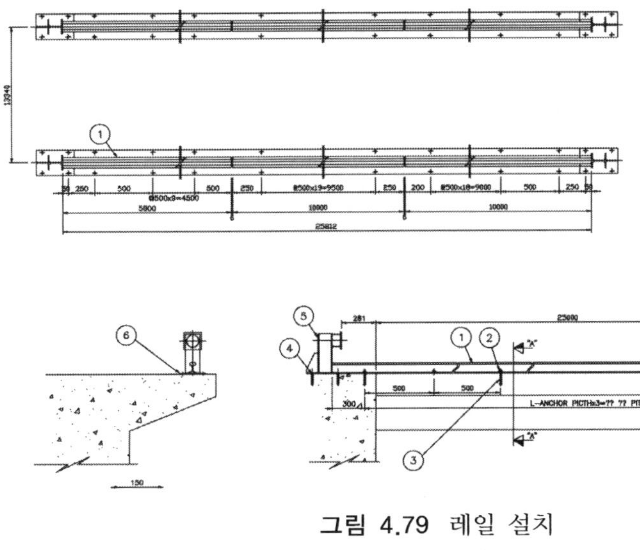

NO.	DESCRIPTION	MAT'L	Q'TY	REMARK
1	RAIL	~	105m	22Kg/M
2	CLAMP	GC200	408	22Kg/M RAIL ?
3	L- ANCHOR B/N	STS304	408	5/8" x 200L
4	SET ANCHOR B/N	STS304	32	5/8" x 125L
5	STOPPER	SS400	8	
6	BASE PLATE	SS400	2SET	QR

그림 4.79 레일 설치

정지판을 오니수집기가 이탈되지 않도록 튼튼하게 제작되어야하며 그림 4.73에서 정지스위치인 E와 F가 고장이 생겼을 때 정지판에 부딪치게 된다.

레일을 L 앵커볼트를 사용하고 콘크리트 기존철근에 걸어 단단한 모르타르로 시공한 다음 크램프를 사용해서 견고하게 수평이 되도록 고정시킨다. 만약 레일을 설치 할 구조물에 앵커볼트설치가 어려우면 콘크리트 구조물에 구멍을 뚫어 밑에 면이 넓은 사각와셔를 대고 볼트를 끼워 앵커볼트로 사용한다. 레일 밑에 콘크리트는 타설시 한 번에 시공하는 것이 좋다. 구조물에 모르타르 미장 시공이나 앵커볼트 설치 후에 모르타르 작업은 오니수집기의 무거운 중량에 의해 깨어져 떨어질 수 있으므로 피하는 것이 좋다.

(8) 케이블 릴(Cable Reel)

실패에 실을 감거나 풀어주는 방법으로 오니수집기가 침전지 뒤를 갔다 왔다 움직임에 따라 케이블 릴은 케이블 릴에 전선을 감거나 풀러주는 장치를 말한다.

그러나 움직이는 길이가 길고 자주 사용하면 고장이 많이 발생한다. 그래서 그림 4.80과 같이 2개의 오니 수집기당 중간 침전지 벽체에 전선케이블을 걸 수 있도록 설치하면 모양은 좋지 않으나 고장은 없다.

케이블은 걸 수 있는 롤러와 롤러 레일은 부식이 안 되는 구조로 해야 고장이 적다.

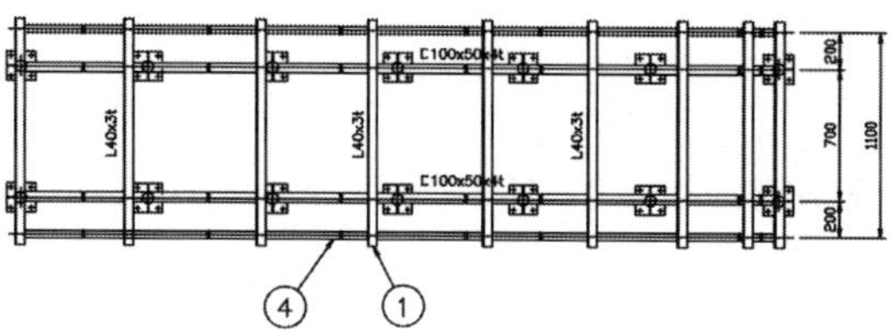

NO.	DESCRIPTION	MAT'L	Q'TY	REMARK
1	ANGLE	STS304	19	L40x3t
2	HANGER(UNDER HANGER)	STS304	38set	DS-1
3	BOLT / NUT	STS304	78	M8x35L
4	TRACK	STS304	2set	S-1
5	LEAD CARRIER	–	–	MS-1
6	COLUMN	STS304	14	ϕ50.8x2t

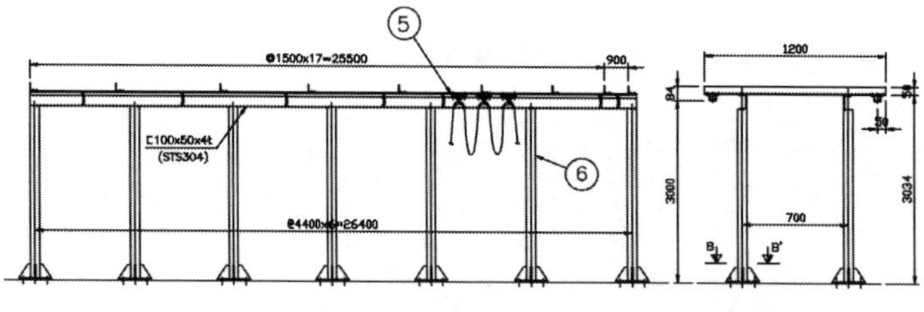

그림 4.80 케이블 릴(Cable Reel)

(9) 안전핀 설계

안전핀은 오니수집기의 정지스위치가 고장이 발생했을 때 오니수집기는 멈추지 못하고 계속 이동하여 레일 끝단에 설치되어있는 정지판에 부딪치게 되면 구동부는 과부하가 걸리게 된다. 이때 부하를 차단시키지 못하면 모터가 소손되거나 기계적으로 파손이 일어나게 된다.

이러한 큰 사고를 방지하기위해 그림 **4.66**과 같이 구동장치 기어에 과부하시 절단되어 부하를 끊을 수 있는 안전핀을 설치하였다.

안전핀의 설계는 설계 동력 $P_1+P_2+P_3=0.22+0.019+0.63=0.869$ kW이나 안전핀 파단 동력은 여유를 감안한 1.87 kW로 한다. 수집기 이동속도는 0.6 m/min 클 때가 부하량이 가장 큼으로 이때의 모터는 1800 rpm 감속비는 1/893이므로 기어는 약 2 rpm이다.

이때 구동부의 토크(T)

$$T = 974\frac{H}{n} = 974\frac{1.87\ \text{kW}}{2\ \text{rpm}} = 910.69\ \text{kg}\cdot\text{m}$$

안전핀의 재질은 SS41 인장강도 41-52 kg/mm^2 파단 강도는 인장강도의 70%면 28.7 kg/mm^{2}이다. 또 안전핀의 설치 반지름은 그림 **4.66**에서 $r=10$ cm이고, 안전핀 수량이 2개이므로 안전핀의 홈의 직경(d)

$$d = \sqrt{\frac{T(\text{kg}\cdot\text{cm})}{2\times\frac{\pi}{4}\times 28.7\times r(\text{cm})}} = \sqrt{\frac{91069(\text{kg}\cdot\text{cm})}{2\times\frac{3.14}{4}\times 28.7\times 10(\text{cm})}} = 14.2\ \text{mm}$$

이다.

구동부 설계를 3.7 kW로 사용하였으므로 14.2ϕ용 안전핀을 사용하면 1.87 kW 부하로 약 50% 부하에서 절단된다.

질문 1 스크레이퍼 견인장치는 어떻게 제작하는가?

유압실린더를 사용하여 스크레이퍼를 견인시킬 때에는 그림 **4.81** ③과 같이 실린더 축 상부에 T자로 축을 조립하고 T자 양단에 시브 2개를 설치한다. 실린더 하부에 ④와 같이 고정 시브 2개를 설치해서 상하 시브에 와이어로프를 감아 사용하면 실린더 길이를 줄일 수 있다. 예를 들어 스크레이퍼 견인 길이가 6 m라 하면 실린더의 스트로크를 6÷4= 1.5 m로 할 수 있다.

실린더 축이 길게 나오면 휨이 발생할 수 있으므로 T자형에 롤러를 부착하여 ㄷ형강 안에서 롤러가 움직일 수 있도록 하여야한다. 또 주행 시브가 길게 밖으로 나옴으로 통행과 안전에 지장을 줄 수 있으므로 시브가 침전지 쪽으로 향하도록 설치하는 것이 좋다.

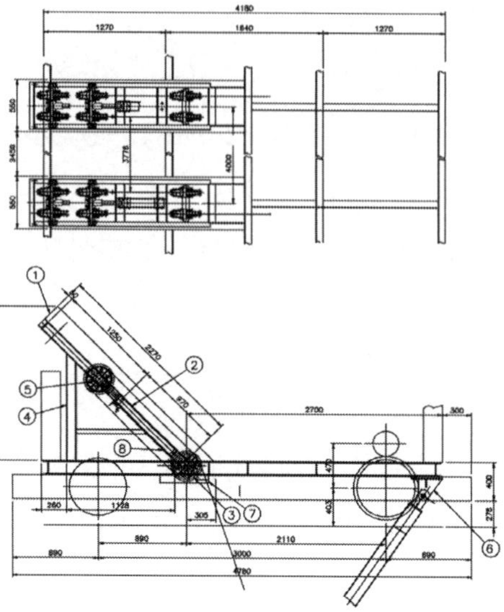

NO.	DESCRIPTION	MAT'L	Q'TY	REMARK
1	COVER	STS304	4	2t
2	CYLINDER	BUY	4	STOKE 860
3	SHEAVE	GC200	4	
4	CHANNEL	SS400	4	C 100x50x5t
5	CHANNEL	SS400	4	C 100x50x5t
6	BRACKET	STS304	4	
7	OIL BASIN	STS304	4	2t
8	OIL COVER	STS304	4	2t

그림 4.81 스크레이퍼 견인장치(유압 실린더)

질문 2 스컴(Scum) 제거기는 어떻게 설치하나요?

정수장에 오니 수집기를 설치할 경우에는 스컴 제거기가 필요 없으나 하수처리장에 설치할 경우에는 스컴 제거기가 필요하다. 특히 1차 침전지에서는 필수 사항이다. 따라서 하수처리장에서는 그림 **4.82**에서 ③과 같이 스크레이퍼 지지대(Arm) 상부에 침전지 수위에 알맞게 평판을 부착하여 하부에서 스크레이퍼로 오니를 수집할 경우에도 상부 평판도 스컴(Scum)을 수집하여 침전지 앞에 설치되어 있는 스컴 배출거로 보낼 수 있도록 하였다.

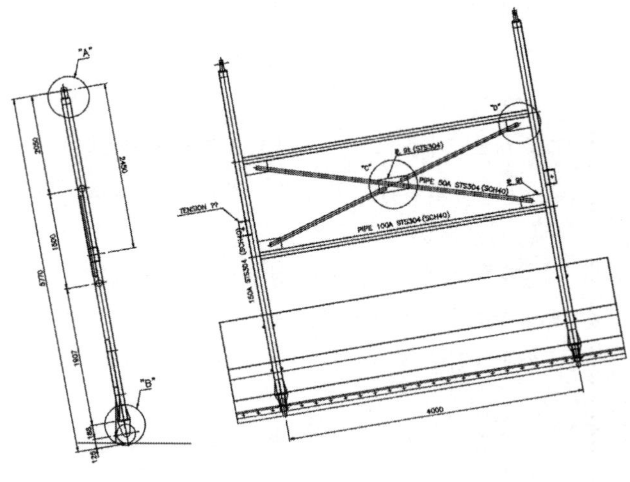

그림 4.82 오니 스크레이퍼 및 스컴 평판

스컴 수집평판의 크기는 약 200정도의 높이로 하여 침전지전면을 수중 150 mm 정도 잠겨 스컴을 수집할 수 있도록 하며 스컴 수집이 끝나고 오니스크레이퍼가 들려지면 스컴 수집평판도 들려져 수면보다 높아지게 되고 이동을 하게하여야한다. 다시 오니를 수집하고자 오니 스크레이퍼가 내려지면 스컴 수집평판도 내려져 수중으로 150 mm 정도 잠겨야한다.

질문 3 스크레이퍼 지지대를 1개의 유압 실린더로 견인 할 수 없나요?

스크레이퍼 지지대를 그림 4.82와 같이 튼튼하게 보강하고 스크레이퍼 중앙에 와이어로프 견인지점을 만들어 중앙 한 지점에서 끌어 올릴게 할 수 있다. 그러나 스크레이퍼를 끌어 올릴 때에는 실그러지지 않고 바르게 인양되도록 하여야한다. 이 견인 로프에는 로프를 팽팽하게 하는 로프텐션(Tension) 장치를 견인롤러 하부에 설치하여야 하며 견인 시에는 추가 먼저 상승되고 계속 상승되면서 추가 스크레이퍼에 닿게 되면서 스크레이퍼 지지대가 상승되도록 설계하여야 한다.

1개의 스크레이퍼에 1개의 실린더를 사용한 예가 그림 4.83과 같이 1대의 오니 수집기에 2개의 스크레이퍼가 있으며 2개의 인양용 실린더가 설치되어 있다.

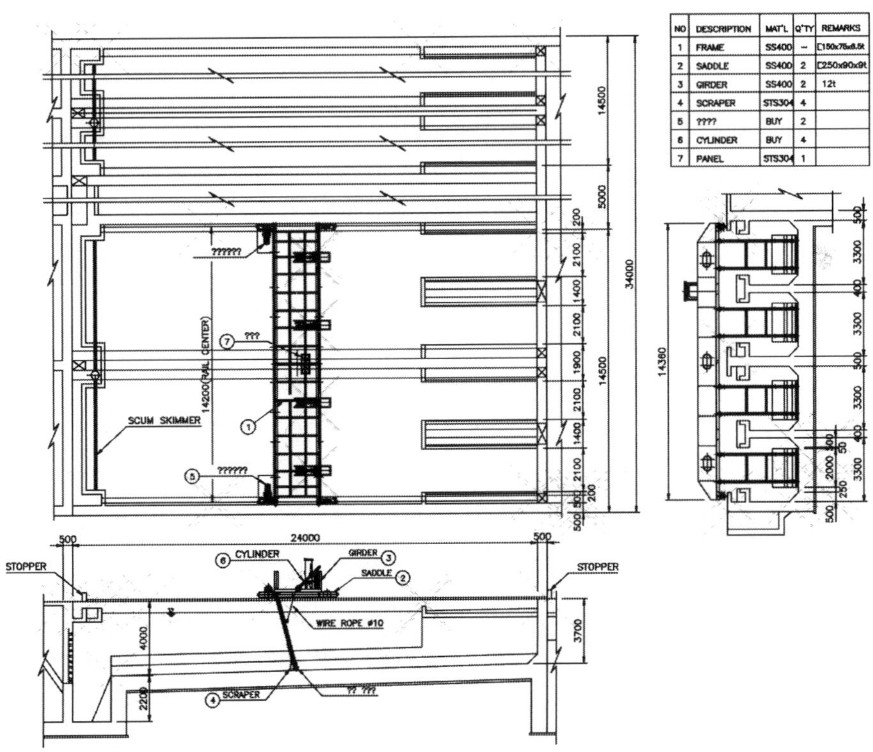

NO	DESCRIPTION	MAT'L	Q'TY	REMARKS
1	FRAME	SS400	–	⊏150x75x6.5t
2	SADDLE	SS400	2	⊏250x90x9t
3	GIRDER	SS400	2	12t
4	SCRAPER	STS304	4	
5	????	BUY	2	
6	CYLINDER	BUY	4	
7	PANEL	STS304	1	

그림 4.83 보교형 오니수집기

질문 4 레일 설치는 어떻게 하나?

보교형 오니수 집기는 중량이 큼으로 레일 설치를 잘못하거나 기계제작을 잘못하면 오니 수집기 운행 시 발생하는 충격에 의해 콘크리트가 파손될 수도 있다. 또 바퀴 회전 시 미끄럼이 발생하여 오니수집기가 지그재그 운행이 되거나 심하면 탈선 될 수도 있다.

그러므로 벽체 위에 설치된 2개의 레일은 평행을 이루고 있어야하며 높이가 일정하도록 설치하여야 한다. 더불어 오니수집기의 4개의 바퀴도 평행하고 바퀴의 대각선의 길이가 같게 제작되어야 한다. 스크레이퍼의 하부 고무판도 바닥에 너무 접촉되지 않도록 해야 지그재그 운행을 막을 수 있다.

오니수집기 운행 시 충격이 발생하므로 레일 밑에 모르타르를 칠 경우에는 기존 콘크리트 표면을 고르게 흠집을 내어 모르타르가 접착이 잘 되도록 하여야하며 고강도 모르타르로 타설하여야 한다.

이렇게 모르타르로 시공하는 방법보다는 그림 4.84와 같이 콘크리트에 볼트 구멍을 뚫어 긴 볼트를 넣고 하부에 넓은 와셔를 끼워 너트를 잠그고 상부에는 레일 바닥판과 고무판을 넣고 그 위에 레일을 부설한다. 부설된 레일에 클램프(Rail Clamp)를 채워 너트로 고정 시킨다. 이렇게 시공하면 시공도 쉽고 모르타르 작업도 없어 하자가 없다.

고무판은 충격을 흡수하여 콘크리트가 파손되지 않도록 넣는다.

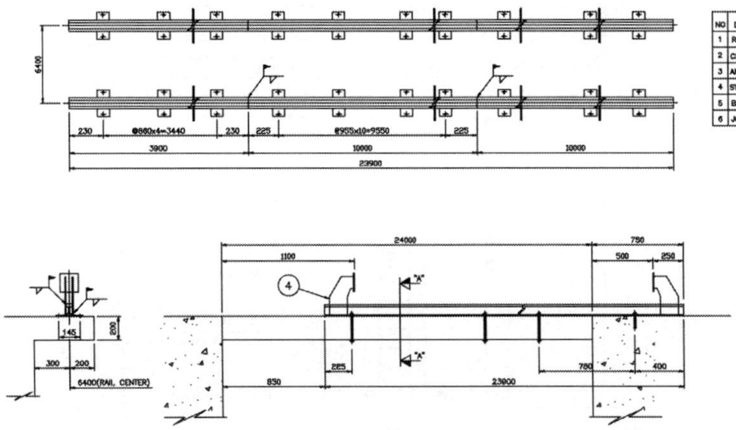

NO	DESCRIPTION	MAT'L	Q'TY	REMARKS
1	RAIL	–	48.8m	22Kg/m
2	CLAMP	–	100	
3	ANCHOR BOLT	STS304	100	M16x330L
4	STOPPER	SS400	4	9t
5	BASE PLATE	SS400	50	9tx245x100
6	JOINT BAR	SS400	8	22Kg/m

그림 4.84 레일 설치도

질문 5 오니 수집기를 운행 시 스크레이퍼를 중간지점으로 내리고 다시 운행해야 하나?

오니수집기가 오니수집이 끝나면 스크레이퍼를 수평가까이 들어 올려 스크레이퍼가 물에 접촉되지 않도록 해서 오니 수집기를 침전지 뒤로 운행하게 해야 한다. 이때 오니스크레이퍼가 침전지 물속에 잠겨 이동하게 되면 침전지의 침전효율이 저하된다. 오니수집기의 이동속도는 오니수집 시 보다 빠르면서도 넓은 스크레이퍼가 수면 가까이 있으면 침전지에 와류가 생길 수 있으므로 스크레이퍼를 수면 밖으로 들어 올려 이동시켜야 한다. 이렇게 들려진 스크레이퍼가 침전지 뒤에서 뒤 벽체에 닿지 않을 정도에서 오니 수집기를 세우고 스크레이퍼를 내리면 스크레이퍼는 침전지 뒤 벽체에서 1~2 m 정도 떨어지게 됨으로 이 상태에서 오니를 수집하게 되면 1~2 m 내에 있는 오니를 제거 할 수 없다. 따라서 스크레이퍼를 완전히 내리지 않은 상태에서 뒤로 1~2 m 이동시키고 스크레이퍼를 완전히 내려서 오니를 수집하여야 한다. 그림 **4.73**에서 C스위치 위치에서 오니수집기가 정지되고 스크레이퍼가 43° 까지 내려진다. 그림 **4.74** N_3 43° 정지 스위치에서 감지되면 오니 수집기는 다시 뒤로 이동되고 E스위치에서 오니 수집기는 다시 정지되며 스크레이퍼는 다시 내려지게 된다. 이때부터 N_4 스크레이퍼 스위치에 의해 휴지타이머를 동작시켜야 하며 이 타이머 동작에 의해 오니 수집기는 재가동에 들어간다.

질문 6 **보교형 오니수집기가 정수장에 왜 많이 사용되지 않는가?**

보교형 오니수집기는 침전지 구조물 상부에 보교를 설치하고 침전지 바닥으로 긴 지지대를 내려 스크레이퍼를 부착시킴으로 침전지 전면에 구조물이 있으면 사용할 수가 없다. 따라서 침전지 효율 높이기 위해 경사판이 설치되었거나 많은 위어(Weir)가 설치되어 있는 곳에는 설치를 할 수 없다.

또 침전지 상부에 큰 구조물이 설치되어 움직이고 침전지 벽체레일이 부설되고 전기설비가 설치됨으로 미관상도 좋지 못하다. 특히 보교는 침전지를 가로질러 레일에 위에 양단 지지함으로 구조물 처짐을 방지를 위해 구조물이 커지고 전체 중량이 무겁다.

질문 7 **스크레이퍼를 들어올리기 위한 견인을 왜 유압실린더를 사용하는가?**

종전에는 윈치를 많이 사용했으나 문제점이 많이 발생하여 당사에서는 사용하지 않는다.

윈치는 하한이나 상한이 정해지지 않고 상한이나 하한 스위치에 의해서만 정지된다. 따라서 스위치가 고장이 날 경우에는 윈치는 계속 돌아 로프의 한계 넘게 되어 로프가 끊어지거나 윈치의 지지대나 기어가 망가지게 되어있다. 이렇게 고장이 발생하면 기계적으로 커다란 사고를 일으킨다.

따라서 당사에서는 유압 실린더를 사용하여 실린더 스트로크 길이만 움직이도록 설계를 하여 실린더를 최대한 당겨도 큰 문제점이 발생하지 않는다. 다시 말해 전기적으로나 스위치가 고장이 발생하여도 기계적으로는 망가지지 않는다. 단지 유압오일이 침전지에 유출되지 않도록 유압펌프는 밑에 오일을 충분히 담을 수 있는 철재그릇 안에 설치하고 유압배관은 큰 배관 속에 넣어 보호할 필요가 있다.

4.3 체인 플라이트식 오니수집기(Chain Flight Type Sludge Collector)

1. 종 류

플라이트식 오니 수집기는 하수처리장에서 많이 사용되고 있으나 현재 정수장에서는 거의 사용되지 않고 있다.

플라이트식 오니 수집기의 종류는 재질로서는 금속으로 제작한 체인이나 스프로켓을 사용한 오니수집기와 체인이나 스프로켓 등을 비금속으로 제작하여 사용한 오니 수집기가 있다. 또 2개의 오니 수집기를 1개의 구동부로 구동시킨 1구동 2개 수로용 오니 수집기와 1구동 1개 수로용 오니수집기가 있다.

2. 구 조

플라이트 오니 수집기는 장방형 침전지에 발생된 오니를 수집하는데 사용하는 오니수집기로 침전지 앞과 뒤에 스프로켓 2조를 장착한 축을 설치하고 스프로켓에 체인을 건다. 체인에 플라이트를 부착하여 회전시키면 플라이트에 의해 오니를 수집하는 구조이다.

구동부는 침전지 앞에 설치되어있고 그림 4.85와 같이 상부에 설치되어 있는 구동축을 회전 시키면 체인을 당기게 되어 침전지의 오니를 연속적으로 제거시킬 수 있다.

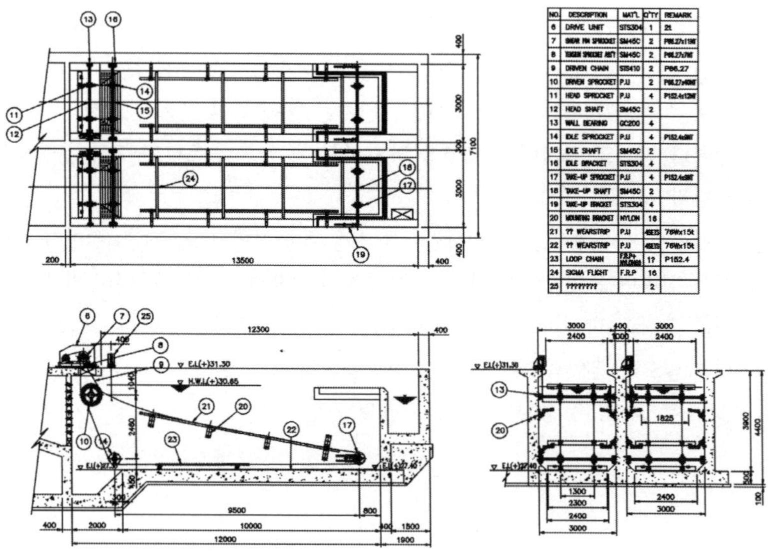

NO.	DESCRIPTION	MAT'L	Q'TY	REMARK
6	DRIVE UNIT	STS304	1	2t
7	SHEAR PIN SPROCKET	SM45C	2	P66.27x11NT
8	TENSION SPROCKET ASS'Y	SM45C	2	P66.27x7NT
9	DRIVEN CHAIN	STS410	2	P66.27
10	DRIVEN SPROCKET	P.U	2	P66.27x40NT
11	HEAD SPROCKET	P.U	4	P152.4x12NT
12	HEAD SHAFT	SM45C	2	
13	WALL BEARING	GC200	4	
14	IDLE SPROCKET	P.U	4	P152.4x8NT
15	IDLE SHAFT	SM45C	2	
16	IDLE BRACKET	STS304	4	
17	TAKE-UP SPROCKET	P.U	4	P152.4x8NT
18	TAKE-UP SHAFT	SM45C	2	
19	TAKE-UP BRACKET	STS304	4	
20	MOUNTING BRACKET	NYLON	16	
21	?? WEARSTRIP	P.U	4SETS	76Wx15t
22	?? WEARSTRIP	P.U	4SETS	76Wx15t
23	LOOP CHAIN	F.R.P+NYLON66	1?	P152.4
24	SIGMA FLIGHT	F.R.P	16	
25	????????		2	

그림 4.85 체인 플라이트 오니수집기

침전지 바닥에는 플라이트가 바닥에 닿지 않도록 레일을 설치하여야하고 침전지 벽체에도 레일을 설치하여 플라이트가 침전지 뒤로 이동시 받칠 수 있도록 해야 한다.

3. 기기 구성

체인 플라이트식 오니수집기의 구동부는 모터와 감속기로 구동되며 침전지 앞 2개의 수로 중앙상부에 설치하고 구동부에서 나온 출력을 2개의 침전조로 동력을 전달하기위해 그림 **4.86**과 같이 구동부 옆에 축을 설치하여 2개의 오니수집기를 동시에 움직일 수 있도록 한다. 침전지상부에는 체인을 당길 수 있도록 그림 **4.85**의 상부 축과 같이 설치한다. 또 침전지바닥 앞과 뒤에는 체인이 원활하게 회전할 수 있도록 축을 양 벽에 고정시키고 스프로켓만 회전 할 수 있게 아이들 스프로켓(Idle Sprocket)을 설치한다. 이 체인에 중간 중간에 어태치먼트 체인(Attachment Chain)을 설치하여 플라이트를 부착시키고 플라이트가 원활히 움직일 수 있도록 침전지 바닥과 벽체에 레일을 설치한다.

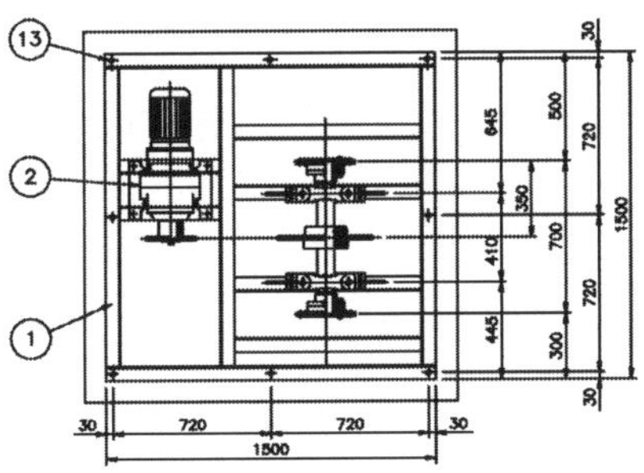

NO.	DESCRIPTION	MAT'L	Q'TY	REMARK
1	DRIVE BASE	SS400	1	7-125x65x6t
2	CYCLO REDUCER	BUY	1	1.5kW,380V,3φ
3	DRIVE SPROCKET	SM45C	1	RS100x21NT
4	END PLATE	SS400	1	6t
5	DRIVE CHAIN	SM45C	2SETS	RS100
6	DRIVE SHAFT ASS'Y	SM45C	1SET	
7	BEARING BLOCK	BUY	2SETS	UCP214
8	DRIVE UNIT COVER	STS304	1	2t
9	DRIVEN SPROCKET	SM45C	1	RS100x41NT
10	DRIVEN CHAIN	STS410	2SETS	P66.27
11	SHEAR PIN SPKT. ASS'Y	SM45C	2SETS	
12	TENSION SPROCKET ASS'Y	SM45C	2SETS	P66.27x7NT
13	SET ANCHOR	STS304	8	M16x150L

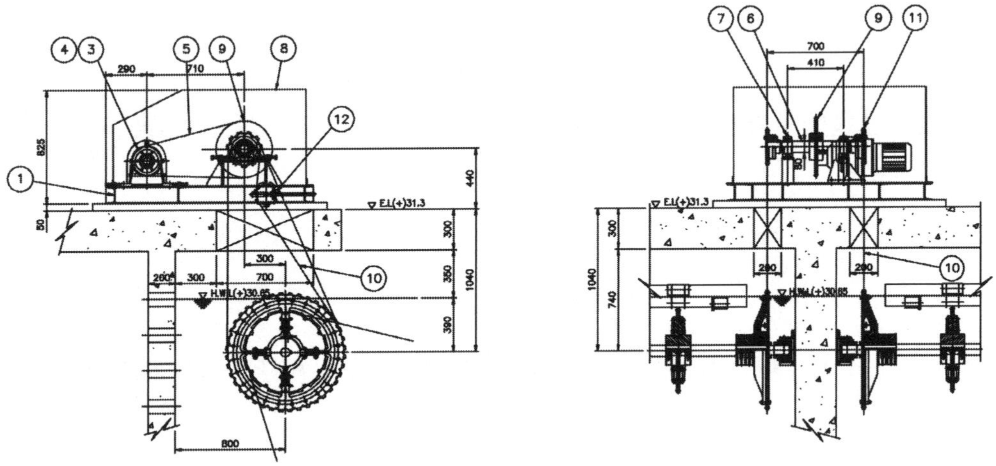

그림 4.86 구동부 조립도

4. 설 계

(1) 설계 조건

1) 형식 : 비금속 더블체인 플라이트 컨베이어식
2) 구동방식 : 2수로 1구동
3) 운전방법 : 수동스위치 조작운전 및 원격 자동운전
4) 수로치수 : 폭 3 m×길이 12 m : 유효수심 3.3m
5) 오니수집기 속도 : 0.4 m/분
6) 모터 : 1.5 kW×4 P
7) 전원 : 380V ×3φ×60 HZ

(2) 오니 수집량(Q =m³/hr)

$$Q = H \times W \times S \times 60$$
$$= 0.15 \times 2.3 \times 0.4 \times 60$$
$$= 8.28\ \mathrm{m^3/hr}$$

H : 플라이트의 높이(0.15 m)
W : 플라이트의 너비(2.3 m)
S : 플라이트의 이송속도(0.4 m/min)

(3) 체인에 유발되는 장력

- T_1 =침전된 오니를 일정거리(L)를 끌어 호퍼로 보내기 위해서 체인에 유발되는 장력
- T_2 =플라이트에 붙어있는 체인 H_m 자중에 해당하는 체인의 장력
- T_3 =플라이트가 부착된 더블체인의 컨베이어를 공전시키기 위한 체인의 장력
- T_4 =스프라켓 A, B, C를 공전시키기 위한 체인의 장력
- T_5 =체인에 작용하는 초장력

1) T_1

침적된 오니를 일정거리(L)를 끌어 호퍼로 보내기 위해서 체인에 유발되는 장력

$$T_1 = \frac{W \times L \times \mu_1}{2} \text{에서}$$

$$\omega = H \times W \times 1 \times \gamma$$

$$= 0.15 \times 2.3 \times 1 \times 1{,}030 = 355.4\ \text{kg}$$

$$T_1 = \frac{355.4 \times 9.5 \times 0.035}{2} = 59.1\ \text{kg}$$

H : 플라이트의 높이(0.15 m)

W : 플라이트의 너비(2.3 m)

γ : 슬러지의 비중(1.03)

μ_1 : 슬러지 마찰계수(0.035)

ω : Sludge M당 중량(355.4 kg/m)

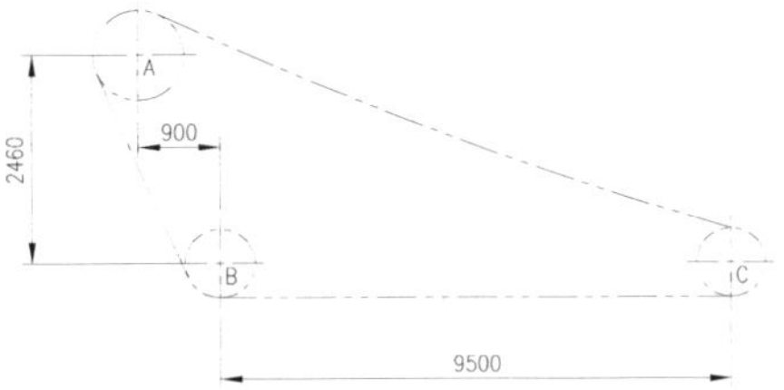

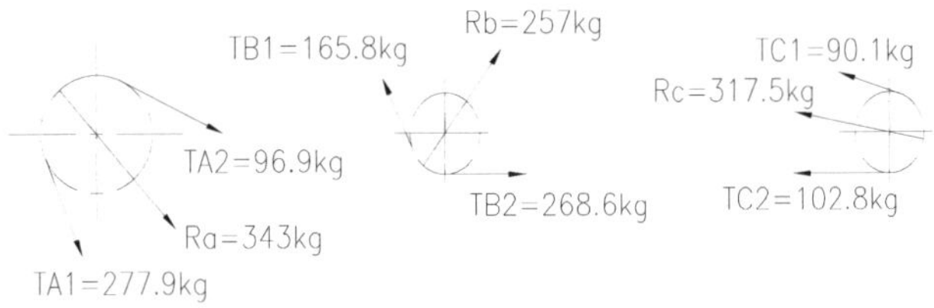

2) T_2

플라이트에 붙어 있는 체인 H_m의 자중에 해당 되는 체인의 장력

$$T_2 = H_f \times \left(\omega_c + \frac{W_f}{2 \cdot P}\right)$$

$$= 2.5 \times \left(2.4 + \frac{7.95}{2 \times 3.048}\right)$$

H_f : 체인이 수직 이송거리(2.5 m)

ω_c : 체인 1 m당 중량(2.4 kg/m)

W_f : 플라이트 1개당 중량(7.95 kg/set)(부속품 포함)

P : 플라이트의 피치(3.048 m)

3) T_3

플라이트가 부착된 더블체인컨베이어를 공전시키기 위한 체인의 장력(가이드레일에 의한 마찰력이 생기는 거리를 고려한다면)

$$T_3 = (L + L_1 + L_3) \cdot \left(\omega_c + \frac{W_f}{2 \times P} \times \mu_2\right)$$

$$= (9.5 + 4.5 + 6_3) \times \left(2.4 + \frac{7.95}{2 \times 3.048} \times 0.11\right)$$

$$= 8.15 \text{ kg}$$

L : 이송거리(9.5 m)

L_1 : 상부 수평 이동거리(4.5 m)

L_2 : 경사 이송거리(6 m)

μ_2 :Wearing Shoe와 Wear Strip과의 마찰계수(0.11)

4) T_4

스프라켓 휠을 돌리기 위해 체인에 걸리는 장력

체인 장력의 총 합력(ΣR)은

$$T_4 = n \times \Sigma R \times \mu \times \frac{d}{D}$$

$$= R_A \times \mu_3 \times \frac{d_1}{D_1} + (R_B + R_C) \times \mu_4 \times \frac{d_2}{D_2}$$

$$= 3.43 \times 0.11 \times \frac{70}{588.7} + (257 + 317.5) \times 0.2 \times \frac{75}{445.6}$$

$$= 4.5 + 19.3 = 23.8 \text{ kg}$$

d_1 : 축경(φ70)

d_2 : 축경(φ75)

D_1 : Sprocket P.C.D(φ588.7)

D_2 : Sprocket P.C.D(φ445.6)

μ_3 : 오일레스 베어링의 마찰계수(0.11)

ΣR : 체인 장력의 합력

μ_4 : 슬리브 베어링의 마찰계수(0.2)

5) T_5

체인에 작용하는 초장력

$$T_5 = \frac{P}{8 \times y_c}(\omega_c \times P + W_f)$$

여기서, y_c =체인의 처짐량(m)임

Chain의 처짐의 허용 한도를 1/50로 하면, 체인의 처짐량 y_c는

$$y_c = \frac{P}{50} = \frac{3.048}{50} = 0.06\ \text{m}$$

$$\because\ T_5 = \frac{P}{8 \cdot y_c}(\omega_c \times P + W_f)$$

$$= \frac{3.048}{8 \times 0.06}(2.4 \times 3.048 + 7.95)$$

$$= 96.9\ \text{kg}$$

T_5 : 체인에 작용하는 초장력(96.9 kg)

ω_c : 체인 1m당 중량(2.4 kg/m)

W_f : 플라이트1개당 중량(7.95 kg/set)

L_1 : 상부수평 이송거리(6 m)

P : 플라이트의 피치(3.048 m)

6) 본체 체인 장력 계산

① C 스프로켓 휠의 입구쪽 장력 T_{C1}이라 하면,

$$T_{C1} = T_5 - h_1 = \left(\omega_c + \frac{W_f}{2 \times P}\right) + \mu_2 \cdot L_2 \cdot \left(\omega_c + \frac{W_f}{2P}\right)$$

$$= 96.9 - 2.5 \times 3.074 + 0.11 \times 6.0 \times 3.704$$

$$= 90.1\ \text{kg}$$

h_1 : C와 D사이의 높이(2.5 m)

L_2 : 경사 이송거리(6.0 m)

μ_2 : Wearing Shoe와 Wear Strip과의 마찰계수(0.2)

$$\left(\omega_c + \frac{W_f}{2 \times P} = 2.4 + \frac{7.85}{2 \times 3.048} = 3.704\right)$$

② C 스프로켓 휠의 출구쪽 장력 T_{C2}이라 하면,

$$T_{C2}= T_{C1} + \left(R_C \times \mu_4 \frac{d_2}{D}\right) = 90.1 + 0.04R_c \quad ⓐ$$

여기서 R_C는 힘의 합력 법칙에 의해

$$R_C= \sqrt{T_{C1}^2 + T_{C2}^2 + 2\times T_{C1}\times T_{C2}\times \cos\theta_C)}$$

$$= \sqrt{(90.1^2 + T_{C2}^2 + 2\times 90.1\times T_{C2}\times \cos 13.4°)} \quad ⓑ$$

ⓐ와 ⓑ에 의한 2차 방정식을 풀면

$R_C = 317.5$ kg

$T_{C2} = 102.8$ kg

θ_C : 장력의 각도 (13.4°)

R_C : C스프라켓에서 체인 장력의 합력

③ B 스프로켓 휠의 출구쪽 장력 T_{B1}이라 하면

$$T_{B1}= T_{C2} + L\left(\omega_c + \frac{W_f}{2\times P}\right) = \mu_2 + T_1$$

$$= 102.8 + 9.5\times 3.704\times 0.11 + 59.1 = 165.8 \text{ kg}$$

L : 이송거리(35.15 m)

T_1 :침전된 오니를 호퍼로 끌기 위한 체인에 유발되는 장력(59.1 kg)

④ B 스프로켓 휠의 출구쪽 장력 T_{B2}이라 하면

$$T_{B2}= T_{B1} + \left(R_B \times \mu_4 \frac{d_2}{D_2}\right) = 165.8 + 0.4R_B \quad ⓐ$$

여기서 R_B는 힘의 합력 법칙에 의해

$$R_B= \sqrt{(T_{B1}^2 + T_{B2}^2 + 2\times T_{B1}\times T_{B2}\times \cos\theta_b)}$$

$$= \sqrt{165.8^2 + T_{B2}^2 + 2\times 165.8\times T_{B2}\times \cos 111.8°)} \quad ⓑ$$

ⓐ와 ⓑ에 의한 2차 방정식을 풀면

$R_B = 257$ kg

$T_{B2} = 268.6$ kg

θ_b : 장력의 각도(111.8 °)

R_B : B스프라켓에서 체인장력의 합력

⑤ A 스프로켓 휠의 입구쪽 장력 T_{A1}이라 하면

$$T_{A1} = T_{B2} + H \times \left(\omega_c + \frac{W_f}{2P}\right)$$

$$= 268.6 + 2.5 \times 3.704 = 277.9\ \mathrm{kg}$$

⑥ A 스프로켓 휠의 출구쪽 장력 T_{A2}이라 하면

$$T_{A2} = T_5 = 96.9\ \mathrm{kg}$$

$$R_A = \sqrt{(T_{A1}^{\ 2} + T_{A2}^{\ 2} + 2 \times T_{A1} + T_{A2} \times \cos\theta_a)}$$

$$= \sqrt{(277.9^2 + 96.9^2 + 2 \times 277.9 \times 96.9 \times \cos 54.8°)}$$

$$= 343\ \mathrm{kg}$$

θ_a : 장력의 각도(54.8°)

R_A : A 스프라켓에서 체인장력의 합력

H : 체인의 수직 이송거리(2.5 m)

T_5 : 초장력(96.9 kg)

⑦ 체인에 유발되는 장력 T_{max}

$$T_{max} = T_1 + T_2 + T_3 + T_4 + T_5$$

$$= 59.1 + 9.26 + 8.15 + 23.8 + 96.9$$

$$= 197.2\ \mathrm{kg}$$

체인의 안전율$= \dfrac{10000\ \mathrm{kg}}{1.3 \times 197.2} = 39$배 (Loop Chain 파단강도=10,000 kg)

체인의 사용계수 : 1.3

(4) 구동 전달 마력

$$N = \frac{2 \times T_{max} \times V}{6120 \times \eta_0}$$

$$= \frac{2 \times 197.2 \times 0.4}{6120 \times 0.526}$$

$= 0.05$ kW /수로

T_{max} : 최대장력(=229.8 kg)

V : Sludge Collector 속도(0.4 m/min)

η_0 : 전동기 기계효율(0.526)

η_R : Cyclo Reducer 효율(0.81)

η_C : Chain의 전동효율(0.9)

η_B : 축수의 기계효율(0.72)

$(\eta_R \times \eta_C \times \eta_B = \eta_0)$

∴ 2수로 1구동 이므로 $N_T = 2 \times N$

$N_T = 2 \times 0.05\ \mathrm{kW} = 0.1\ \mathrm{kW} < 1.5\ \mathrm{kW}$

∴ 전동기의 사양은 1.5 kW×4P×T.E.F.C를 사용한다.

(5) 구동 장치 계산

구분 / 규격	S_1 감속기구동 Sprocket	S_2 감속기종동 Sprocket	S_3 Drive Sprocket	S_4 Driven Sprocket	S_5 Head Sprocket
Pitch(P)	381.0	38.10	66.27	66.27	152.4
Teeth(T)	21	41	11	40	12
P.C.D(mm)	213.03	417.77	235.27	844.6	588.72

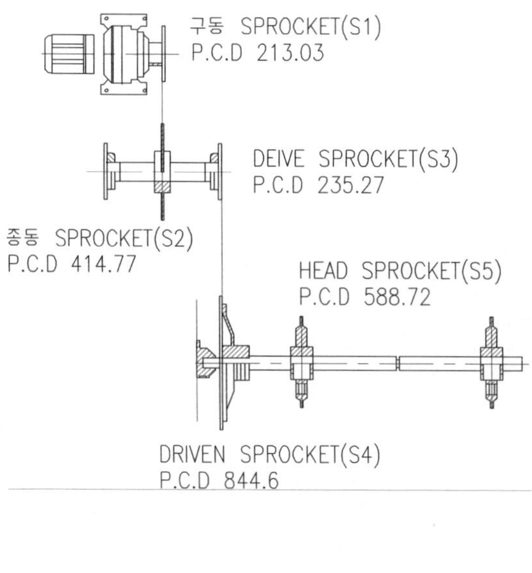

1) 감속비 선정

Chain Flight의 속도는 0.4 m/min 이므로 Head Shaft 회전수(N_d)는 $V = \pi \times D \times N_d$

에서(여기서 시방서 설계상의 속도는 0.4 m/min 임)

$$N_d = \frac{V}{\pi} D = \frac{0.4}{(3.14159 \times 0.58872)}$$

$$= 0.216 \text{ rpm}$$

중간 구동체인장치의 감속비 　　Z2=11/40=3.6 : 1

구동 체인의 감속비 　　Z2=41/21 1.952 : 1(N=1750 rpm)

N(모터회전수)$= 0.216 \times 3.6 \times 1.952 \times N_R$(감속기의 감속비)

$$N_R = \frac{1750}{(0.216 \times 3.64 \times 1.952)} = 1140.2(\fallingdotseq 1131)$$

그러므로 표준 감속기1/1131을 사용한다.

2) 실제 체인의 이송속도

전체감속(N_T)$= 1131 \times 3.6 \times 1.952 = 7947.8$

$$V = \pi \times D \times N_d = 3.14159 \times 0.58872 \times \left(\frac{1750}{7947.8}\right)$$

$= 0.407$ m/min(Chain의 실제 이송속도)

3) 감속기 Torque 계산

① Collector Chain의 최대장력 $T_{max} = 197.2$ kg

본 Sludge Collector는 2수로 1구동이므로 최대장력(T_{max})×4를 하여야 구동체인에 전달되는 장력이 나온다.

$T_D = 197.2 \times 4 = 788.8$ kg(1수로가 체인 줄=2수로×체인 4)

② 감속기 출력 측의 Torque : T_R

$$T_R = \frac{T_D \times S_{5P}}{Z_1 \times Z_2} = \frac{788.8 \times \frac{0.588}{2}}{3.6 \times 1.952} = 33 \text{ kg} \cdot \text{m}$$

선정 Torque : 166kg·m

4) 구동체인의 계산

① 중간구동체인의 강도계산

Collector Chain의 2열을 중간구동체인 1열로 구동하므로 중간 구동 체인에는 1지에 대한 하중이 작용한다.

규격 \ 구분	S_1 감속기구동 Sprocket	S_2 감속기종동 Sprocket	S_3 Drive Sprocket	S_4 Driven Sprocket	S_5 Head Sprocket
Pitch(P)	381.0	38.10	66.27	66.27	152.4
Teeth(T)	21	41	11	40	12
P.C.D(mm)	213.03	417.77	235.27	844.6	588.72

Collector 체인의 최대장력($T_{\max}$)은 197.2 kg

② 중간 구동체인에 작용하는 장력(T_m)은

$$T_m = T_{\max} \times 2 \times \frac{S_{5P}}{S_{4P}}$$

$$= 197.2 \times 2 \times \frac{588.7}{844.6} = 275 \text{ kg}$$

구동체인은 WH78을 사용하면, 인장강도 18,700 kg이므로

안전율 S_f=13,800/275=50배

체인의 파단강도 : 13800 kg(WH78 Chain)

③ 구동체인의 강도 계산

구동체인은 RS 100으로 평균 파단강도 인장강도는 8850 kg이다. 중간 구동체인은 2지 구동이므로 T_m의 2배가 걸린다.

구동체인의 장력(T_C)는

$$T_m = T_m tiems 2 \times \frac{S_{3P}}{S_{2P}}$$

$$= 275 \times 2 \times \frac{235.27}{417.77} = 310 \text{ kg}$$

안전율 S_f=8850/310=28.5배

체인의 최소 파단하중 : 8850 kg

5) Shear Pin의 강도계산

$$T_S = T_m \times \frac{S_{3P}}{2}$$

$$= 310 \times \frac{23.527}{2} = 3647\ \text{kg} \cdot \text{m}$$

S_{3P}=Shear Pin Sprocket PCD(cm)

T_m =중간구동체인에 걸리는 장력(kg)

Shear Pin의 위치를 축 중심부에서부터 90 mm로 하며 재질은 SS400으로 한다. SS41의 인장강도는 41.00 kg/mm²이고, 전단강도(τ)는 인장강도의 70%로 가정하면 28.70 kg/mm² 이다.

전단력 F_S는

$$F_S = \frac{T_S}{r}$$

$$= \frac{3647}{7.0} = 521\ \text{kg}$$

$$d = \sqrt{\frac{4 \cdot F_S}{\pi \cdot \tau}}$$

$$= \sqrt{\frac{4 \times 521}{\pi \cdot 2870}} = 4.81\ \text{mm}$$

∴ Shear Pin은 φ5.0 mm로 한다.

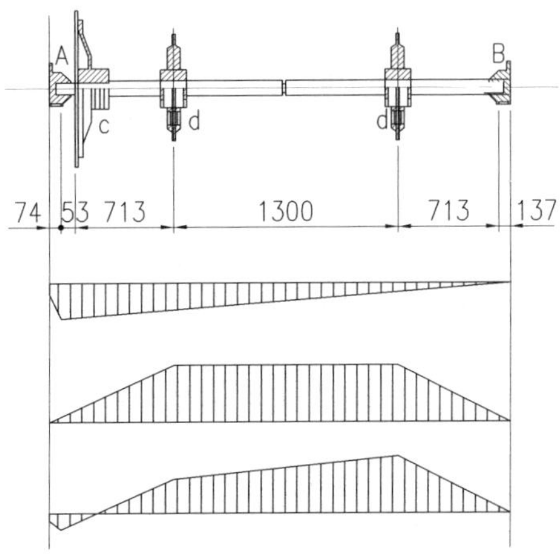

(6) 축 강도계산

$$M_{1\max} = 275 \times \frac{2726-63}{2726} \times 6.3 = 1692 \text{ kg} \cdot \text{cm}$$

$$M_{2\max} = 343 \times 71.3 = 24456 \text{ kg} \cdot \text{cm}$$

$$T_d = \frac{N \times 97300 \times \eta_S}{N_d}$$

$$= \frac{0.05 \times 97300 \times 0.81}{0.216} = 18243.8 \text{ kg} \cdot \text{cm}$$

M_1 : 구동 체인에 의한 굽힘 모멘트(kg·cm)

M_2 : 본체 체인에 의한 굽힘 모멘트(kg·cm)

N : 소요동력(0.05 KW)

η_S : 감속기 효율(0.81)

N_d : Head Shaft 회전수(0.216 rpm)

T_d : Head Shaft 작용하는 회전력

1) c점의 축경계산

해당 굽힘 Moment : M_e

$$M_e = 0.35M_{1\max} + 0.65\sqrt{{M_{1\max}}^2 + T_d^2}$$

$$= 0.35 \times 1692 + 0.65 \times \sqrt{(1692^2 + 18243.8^2)}$$

$$= 12502 \text{ kg} \cdot \text{cm}$$

$$\therefore\ d_1 = \sqrt[3]{\frac{32 \times M_e}{\pi \cdot \tau}} = \sqrt[3]{\frac{32 \times 12502}{\pi \times 950}}$$

$$= 5.12 \text{ cm} < 70 \text{ mm}$$

2) d점의 축경 계산

$$T_d = 0.35_{2\max} + 0.65\sqrt{{M_{2\max}}^2 + T_d^2}$$

$$= 0.35 \times 24456 \times 0.65 \times \sqrt{(24456^2 + 18243.8^2)}$$

$$= 28393 \text{ kg} \cdot \text{cm}$$

$$\therefore\ d_1 = \sqrt[3]{\frac{32 \times M_e}{\pi \cdot \tau}} = \sqrt[3]{\frac{32 \times 28392}{\pi \times 950}}$$

$= 0.673\ \text{cm} < 70\ \text{mm}$

3) 피동축(c) 경 계산

피동축(3 EA) 축경계산은 하중이 최대 작용하는 B지점의 축경을 계산하여 동일하게 적용한다.

$$M_b = R_B \times 72.1$$

$$= 317.5 \times 72.1 = 2228921\ \text{kg} \cdot \text{cm}$$

$$d = 3\sqrt{\frac{32 \times M_b}{\pi \cdot \tau}} = 3\sqrt{\frac{32 \times 22892}{\pi \times 950}}$$

$$= 6.26\ \text{cm} < 70\ \text{mm}$$

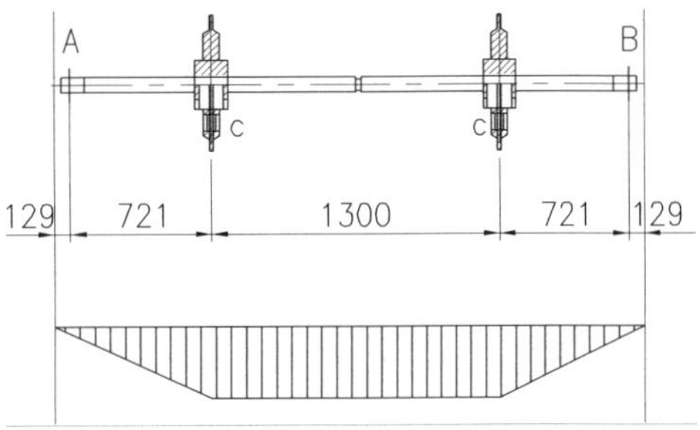

5. 제 작

(1) 구동부 제작

구동부는 4.86과 같이 구동부 받침대에 감속기를 설치하고 옆에 감속기가 2수로의 오니수집기를 구동시킬 수 있는 구동축을 구동 스프로켓을 축 양단에 끼워 설치한다.

이 구동 스프로켓에는 안전핀을 설치한다. 스프로켓 하부에는 체인의 장력을 조절할 수 있는 ⑫와 같이 체인 장력장치를 할 수도 있다. 그러나 체인에 반코 체인으로 길이를 조절하면 피동 스프로켓의 직경이 큼으로 크게 필요하지 않다. 구동부에 미관과 안전을 위해서 그림 4.87과 같이 구동부 커버를 설치할 필요가 있다.

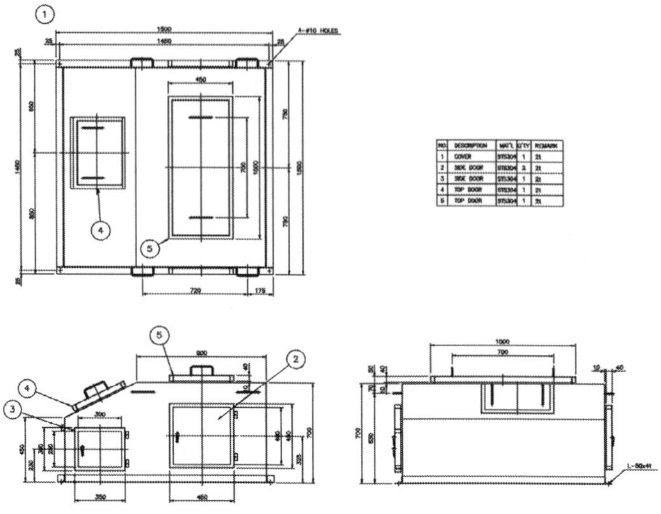

그림 4.87 구동부 커버

(2) 축 제작(Head Shaft)

오니수집기 체인을 당기는 주축은 침전지 앞 상부에 설치한다. 주축(Head Shaft)은 그림 4.88 ①과 같이 스프로켓을 설치하여 구동부와는 체인으로 연결시켜 회전되는 스프로켓과 오니수집기의 체인을 구동시키는 ②주(Head) 스프로켓은 회전력을 전달 받고 전달할 수 있도록 축과 스프로켓에 키홈을 내어 키로서 조립한다. 주축 양단에는 주축이 회전할 수 있도록 벽체 베어링을 설치하고 주축이 좌우로 움직이지 않도록 벽체 베어링에 붙여 칼라(Collar)를 설치하여 움직이지 않도록 주축에 고정시킨다.

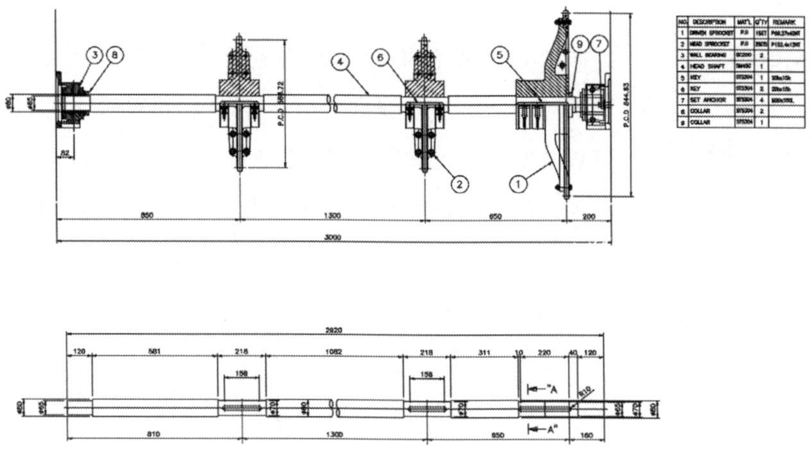

그림 4.88 주축(Head Shaft)

주축에는 베어링 자리와 스프로켓 조립 자리를 그림 4.88과 같이 선반 가공하여 사용한다.

구동용 피동 스프로켓을 그림 4.89와 같고 주 스프로켓은 그림 4.90과 같다. 주축 베어링은 그림 4.91과 같다.

주축 제작 시 가장 중요한 사항중 하나는 축에 키 홈을 동일 선상에 홈을 가공하여야하고, 2개의 주 스프로켓(Head Sprocket) 키 홈도 동일한 치 형으로 가공기계에 고정시킨 후 동일한 위치에 키 홈을 가공해야 체인에 플라이트를 조립하면 플라이트가 침전지와 평형을 이루게 된다.

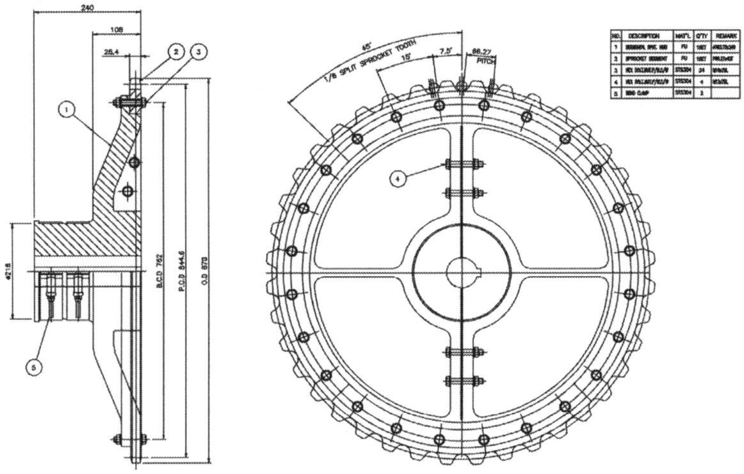

그림 4.89 구동용 피동 스프로켓

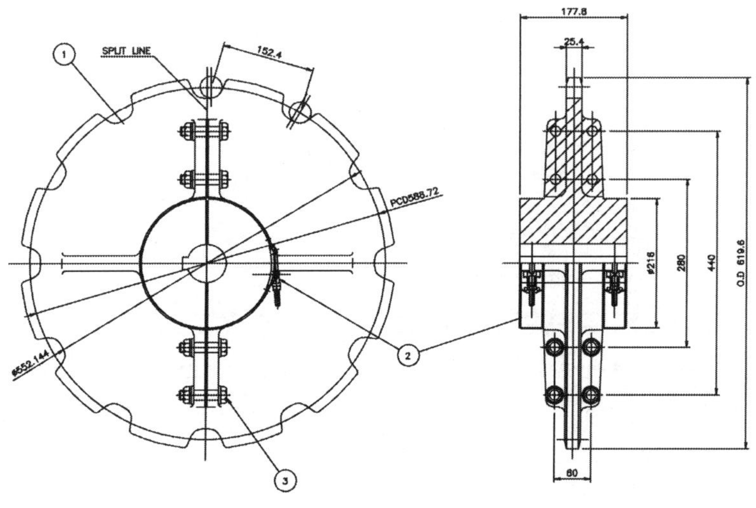

그림 4.90 주 스프로켓

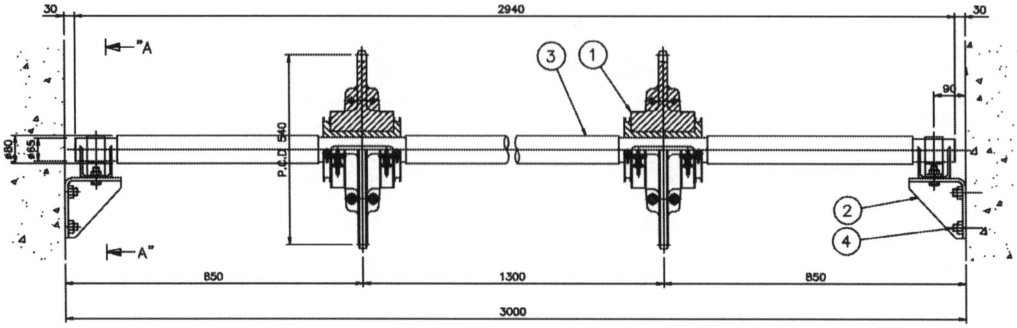

그림 4.91 피동 축(Idle Shaft)

(3) 피동축(Idle Shaft)

피동축은 침전지 앞뒤 하부에 설치되어 스프로켓 만 회전하게 된다. 따라서 축은 그림 4.91과 같이 벽체에 고정시키고 2개의 스프로켓만 축 양쪽에서 회전한다. 축의 양단은 벽체에 고정 시킴으로 가공할 필요가 없으며 스프로켓 자리만 가공하면 된다. 침전지 뒤에 설치되는 피동 축은 체인의 장력을 조절할 수 있도록 테이크 업(Take Up)장치를 침전지 양 벽체에 그림 4.92와 같이 부착할 수 있다. 그러나 이 테이크 업 장치는 반코 체인을 사용할 경우 크게 필요하지 않다. 또 체인을 상부 주축에서 당겨지고 당겨진 체인을 스프로켓 상부로 늘어져 움직이게 됨으로 체인 길이로 인한 큰 문제점이 발생하지 않는다. 피동 스프로켓(Idle Sprocket)은 그림 4.93과 같이 키 홈이 필요 없이 베어링만 삽입시키면 된다.

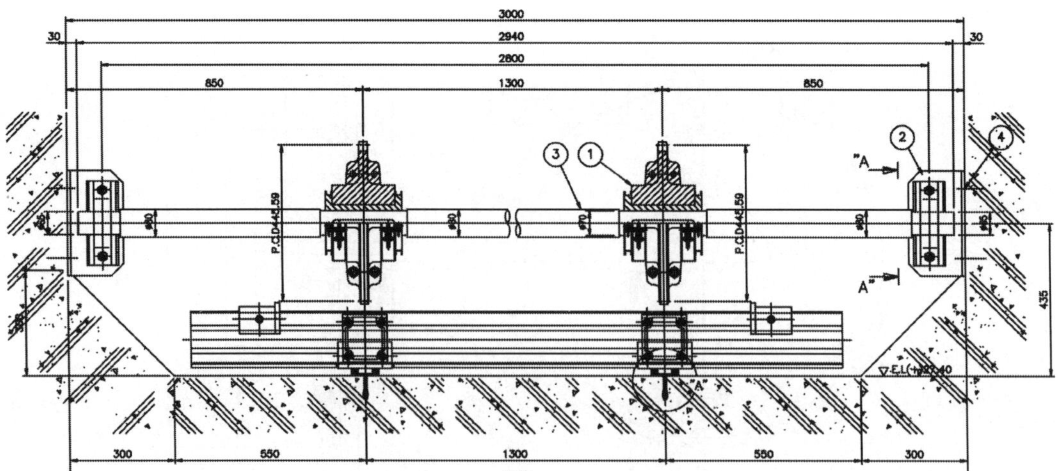

그림 4.92 테이크 업(Take Up)장치

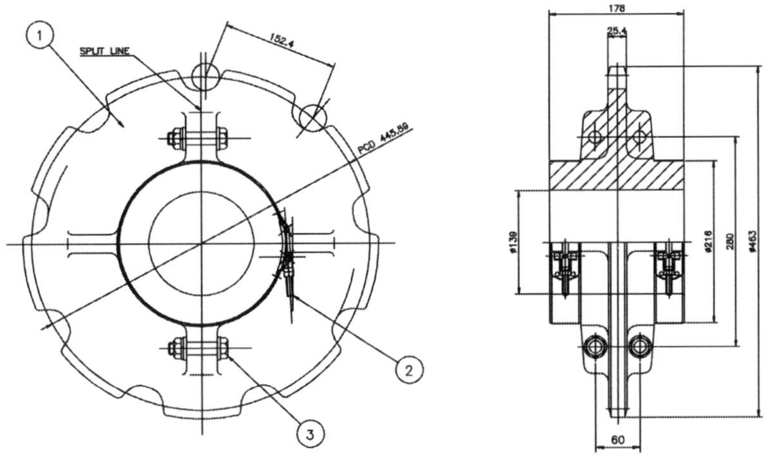

그림 4.93 피동 스프로켓(Idle Sprocket)

스프로켓의 재질은 폴리우레탄 또는 나일론 계통의 재질을 사용하여 흡수율이 0.8% 미만으로 한다.

슬리브 베어링(Sleeve Bearing)을 축에 조립하고 분리된 스프로켓을 슬리브위에 조립하여 사용한다.

(4) 체인(Chain)

본체용 체인은 피치 152.4 mm의 비금속 재질의 고장력 체인을 사용하며 체인 1m당 무게는 2.4 kg 이하로 해야 한다. 최대 사용하중은 2000 kg 이상이고, 최소 파단 강도는 10000 kg 이상 이어야한다. 체인의 링크(사이드바)는 유리섬유를 와인딩한 후 절단할 때 섬유의 끊어짐으로 인한 강도 저하나 섬유질 파괴가 일어나는데 이를 막기 위하여 개별로 와인딩하여 양 측면이 절단되지 않은 구조로 하며 인장 강도나 내식성이 우수한 재질을 사용한다. 체인의 연결핀은 직경 25 mm 이상의 비방향성 유리섬유 함유율 70%이상의 인발공법 F.R.P를 사용한다.

체인 핀은 고분자 재질의 롤러 내부에서 회전되는 고분자 재질의 슬리브를 포함하며 슬리브와 체인 핀을 인서트 사출로 별도의 접착제를 사용하지 않는 구조로 제작한다. 체인 핀을 STS304 재질의 코터핀(Cotter Pin)으로 고정된다.

어태치먼트는 별개의 어태치먼트를 사용하지 않고, 어태치먼트가 연결되는 부분의 링크핀에 연결시켜 조립하고 플라이트는 볼트로 고정시킨다. 어태치먼트의 재질은 고 장력 나일론에 그라스를 함유시킨 재질을 사용한다. 어태치먼트는 체인 20링크에 한 개씩 조립할 수 있도록 한다.

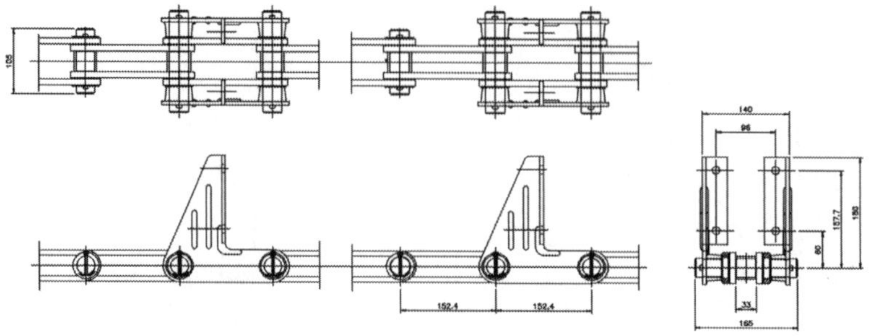

그림 4.94 체인(Chain)

(5) 플라이트(Fright) 제작

플라이트 규격은 높이 150 mm 두께 60 mm의 FRP 재질로서 갈라짐을 방지하고 강도를 유지하기위하여 인발가공을 사용하여 제작하고 45%의 강화섬유가 보강되며 흡수율은 최대 0.5% 이하이어야 한다.

플라이트의 바닥 접촉면은 오니의 효율적인 접촉을 위하여 스크레이퍼 립(Scarper Rip)을 설치하며 체인의 어태치먼트와 정확하고 힘 있게 조립될 수 있도록 플라이트와 어태치먼트 사이에 블록을 삽입하여 조립한다.

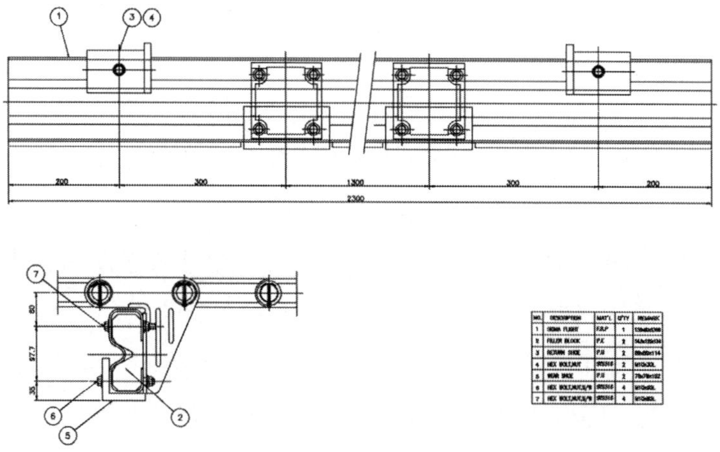

그림 4.95 플라이트(Flight) 조립도

단면은 형태를 이용해 강도를 높이기 위해 중앙 부위의 오목한 홈을 가지는 시그마(Σ)혹은 채널(Channel)구조로 한다. 플라이트 설치 간격을 약 3m에 1개씩 설치한다. 또 플라이트에는 12mm 두께의 웨어링 슈(Wearing Shoe)를 부착시켜 레일과 리턴 트랙 주행 시 플라이트 마모를 방지하여야 하며 충분한 인장강도를 갖는 폴리우레탄 또는 고밀도 폴리우레탄 등의 비금속 재질을 사용한다. 플라이트의 조립도는 그림 **4.95**와 같다.

(6) 바닥용 웨어 스트립(Wear Strip)

지내 바닥에는 플라이트를 안내하는 두께 15t의 고밀도 폴리에틸렌 웨어 스트립을 설치하고 스테인리스 재질의 콘(Cone) 형식의 와셔를 사용하여 길이 방향으로 가공된 슬롯홀 안에 삽입한 뒤 스테인리스 재질의 앵커를 사용하여 견고히 고정 시킨다.

설치 방법은 그림 **4.96**과 같다.

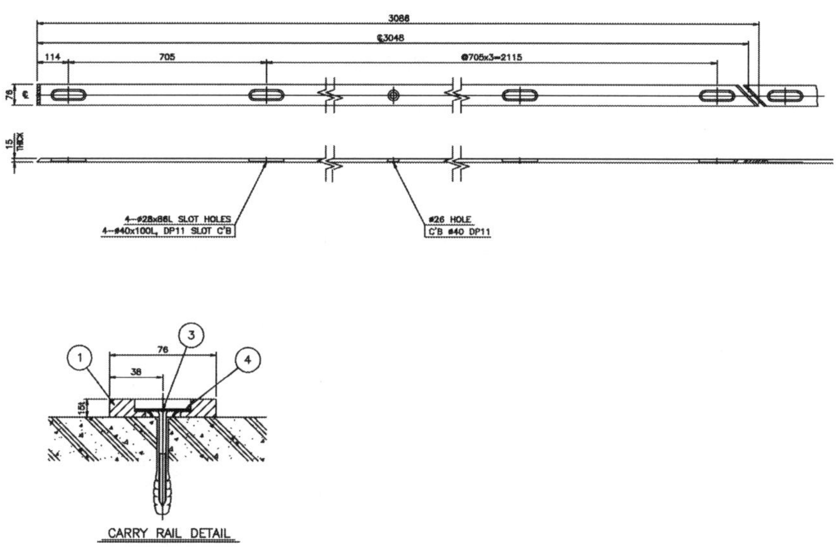

그림 4.96 바닥용 웨어 스트립(Carry Wear Strip)

(7) 리턴 웨어 스트립(Return Wear Strip)

체인의 과다 처짐을 방지하고 원활한 주행을 위하여 침전지 침전지의 길이 방향으로 벽체에서 일정한 거리를 두어 리턴레일을 설치한다. 플라이트를 안내하는 두께 15t의 고강도 폴리에틸렌 웨어 스트립을 설치하고 스테인리스 재질의 콘 형식의 와셔를 사용하여 길이 방향으로 가공된 슬롯 홀 안에 삽입한 뒤 스테인리스 접시 머리 볼트를 이용하여 견고히 고정시킨다.

벽체지지 브라켓은 벽체에 2~3 m 간격으로 설치하여 고정시킨다.

리턴 웨어 스트립 설치도 그림 **4.97**과 같다.

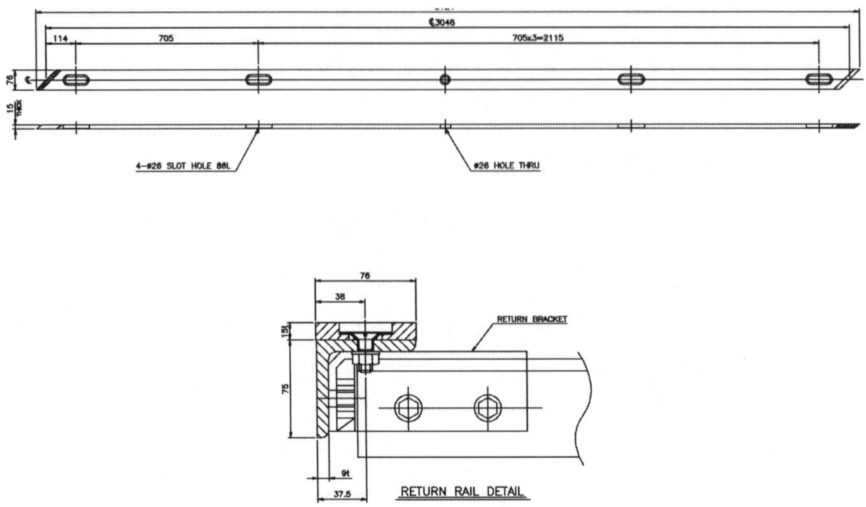

그림 4.97 리턴 웨어 스트립(Return Wear Strip)

질문 1 비금속 플라이트 오니 수집기는 어떤 문제가 있나요?

비금속 플라이트 오니 수집기는 금속을 사용하지 않기 때문에 가볍고 녹이나지 않는 장점은 있으나 금속에 비하여 강도가 작고 충격에 약하다.

그래서 정수장 침전지 오니는 다짐현상이 일어나 많은 부하가 걸리므로 조금만 다짐현상이 일어나도 비금속 플라이트 오니 수집기는 가동할 수 없으며 다시 가동하려면 침전지의 물을 빼고 인력으로 오니를 제거를 해야 한다. 그러나 플라이트가 바닥에 가로로 깔려 있어 청소하기도 어렵다.

또 비금속 오니수집기의 체인이 충격에 약함으로 비금속 체인은 물속에서만 회전 시키도록 하는 것이 좋다. 겨울에 비금속 체인 일부가 물 밖으로 노출되어 있으면 겨울 영하 기온에서는 체인이 충격에 파단 되는 현상이 자주 발생한다. 그래서 구동부에서 침전지 주축을 구동시키는 체인은 금속체인을 사용하는 것이 바람직하다. 따라서 정수장에서는 사용하지 않는 것이 좋으며 하수처리장에서도 사용하지 않는 것이 좋다.

정수장에서 금속 플라이트 오니 수집기를 사용하면 부식 때문에 오염될 수 있다고 하지만 하수처리장에서는 금속부식이 큰 문제를 일으키지 않는다. 그러나 금속 플라이트 오니 수집기도 과거에 비해 많이 사용하지 않고 다른 형식의 오니수집기가 많이 설치되고 있다.

질문 2 하수처리장 오니는 다짐현상이 일어나지 않는가?

하수처리장 오니는 정수장 오니와 같이 다짐현상이 일어나지 않는다. 하수처리장 오니는 오니에 많은 유기 물질이 있어 오래 침전을 시켜도 농도가 짙어지지도 않고 오니수집기가 오랫동안 정지되어 있어도 다짐현상이 일어나지 않는다. 그러나 정수장 오니에 비해 부패속도가 빨라 수질에 악 영향을 미치게 된다.

정수장 오니는 흙성분이 많이 빨리 부패되지는 않지만 하수처리장 오니에 비해 다짐현상이 일어난다.

질문 3 구동 스프로켓의 키 홈은 어떻게 가공해야 하는가?

구동 스프로켓이 단독으로 구동되는 1개짜리 스프로켓은 키 홈을 어떤 각도에 가공하던지 큰 문제가 발생하지 않지만 플라이트를 구동시키는 주 스프로켓은 2개가 동시에 나란히 회전해야 함으로 가공 시 주의해서 작업해야 한다. 주축에 키 홈을 가공하고자 할 때에는 주 스프로켓을 조립할 위치에 키 홈을 축 동일 선상에 키 홈을 가공해야하며 2개의 주 스프로켓에도 치 형이 같도록 잡아 2개의 스프로켓을 한조로 하여 동일 위치에 키 홈이 가공되어야한다. 만약 축이나 주 스프로켓에 키 홈이 틀리게 가공되면 침전지 플라이트는 침전지에 직각으로 조립되지 않고 사선으로 조립되게 되어 오니가 침전지 한쪽으로 쏠리는 현상이 발생하게 된다.

질문 4 축 설치는 어떻게 해야 하나?

침전지 내에 설치되는 축은 침전지와 평행을 이루도록 설치해야 한다. 축이 평행에서 많이 벗어나면 플라이트가 사선으로 걸리게 됨으로 주의해야 한다. 침전지 앞에 설치되는 주축은 축과 함께 스프로켓이 회전함으로 축이 좌우로 움직이지 않으면서 회전되도록 하여야한다. 따라서 축에 벽체 베어링 조립 시 축에 칼라를 양쪽에 끼우고 베어링을 조립하여 칼라를 양 베어링에 바짝 붙여 축에 고정시키면 축은 좌우로 움직이지 않는다.

축은 침전지 폭보다 짧음으로 벽체 베어링을 벽체 설치 시 축에 베어링이 깊숙하게 조립되도록 한다. 벽체에서 베어링을 설치하면 벽과 간격이 벌어진다. 이 벌어진 틈에는 모르타르로 마감 처리해야한다. 앵커볼트가 길게 나온 상태에서 모르타르 마감을 하지 않거나 모르타르가 떨어지면 앵커볼트가 앞으로 당겨져 플라이트가 침전지와 평행이 안 맞거나 앵커볼트가 뽑히는 문제점이 일어날 수 있다.

침전지 하부에 설치되는 축은 축이 고정되고 스프로켓만 회전됨으로 축은 벽체에 설치된 축 받침대에 고정시킨다.

질문 5 역회전시키면 안 되나요?

체인플라이트 오니수집기는 수몰 대차용 오니수집기나 보교용 오니수집기와는 달리 역회전이 없으며 플라이트가 오니를 수집할 수 있는 방향으로만 회전시켜야한다. 역회전을 하면 오니가 침전지 뒤에 쌓이고 체인이나 플라이트가 역회전 시 상부 리턴 웨어 스트립(Return Wear Strip)에 걸려 플라이트가 파손되거나 체인이 절단될 수 있다.

만약 역회전되어 플라이트가 걸려 파손되게 되면 체인은 정지되지 않고 계속 이동하므로 플라이트 모두 파손되게 됨으로 주의해야 한다.

제5장

여과

5.1 여과지

상수도수원지에서 여과법은 원수를 다공질 층을 통해 현탄액을 유입시켜 미세한 입자 제거에 가장 효과적인 정수 방법이다. 여과지는 상수도수원지에 있어서 하천이나 호수 등지에서 끌어들인 물이나, 원수층의 현탁 물질을 약품에 의하여 응집 침전시킨 후 청징수의 현탁물질을 분리시키기 위해 여과시키는 지이다.

여과지는 여과속의 속도에 따라 완속여과지와 급속여과지가 있다. 일반적으로 여과법은 대량의 상수도 수원지에서 공공용 상수를 얻는데, 매우 값이 저렴하고 조작도 비교적 간단하기 때문에 상수도의 정수처리 방법으로 가장 널리 이용되고 있다.

5.2 급속여과의 여과방향에 따른 모래 여과기 분류

여과속도로 현재 많이 사용되고 있는 여과속도는 120~150 m/일을 표준으로 하는 급속여과법을 많이 사용하고 있으며 급속여과기 중에서 여과방향에 하향류 모래여과기 상향류 모래여과기 수평류 여과기로 분류된다.

수리적으로는 중력식과 압력식으로 분류할 수 있으나 중력식은 여과지내에 자유 수면을 가지고 있으며 중력에 의하여 자연 유하로 여과하는 형식으로 많은 정수장에서 사용되고 있다.

압력식은 강판제 등의 밀폐탱크인 경우가 대부분이며 펌프의 압력을 이용하기 때문에 장내의 수리적인 제약을 받지 않고 운전조작이 간단하며 토목공사가 크게 필요 없어 소규모 정수장이나 공장 등에 많이 사용되고 있다. 여층 구성은 단층과 다층으로 구분하여 사용하고 있으며 모래만 사용하는 단층여과의 여과속도는 120~150 m/일을 표준으로 한다.

5.3 급속 여과지

여과지는 급속여과지와 완속여과지가 있으나 현재 완속여과지는 사용되지 않고 있다. 여기서는 급속여과지와 급속여과지에 필요한 설비만 열거하고자 한다.

1. 급속 여과지의 구조

급속여과지는 중력식 모래여과지를 말하며 여과지내에 자유 수면을 가지고 있으며 중력에 의하여 자연유하로 여과하는 방식으로 일반적으로 많은 정수장에서 사용되고 있다.

여과재는 완속여과지와 마찬가지로 잔모래를 사용하지만 완속여과지에 비하여 다소 거칠고 균일한 모래를 선택한다. 보조재 및 그 아래의 구조는 급속여과지의 경우 여과와 함께 물을 역류시켜 이루어지는 세척에 대해 고려해야 한다. 세척이 잘못될 경우 여과지는 폐쇄되어 계속 사용하기가 어렵다. 이를 위해서는 바닥의 구조를 특별히 고안하여 물을 역류시킬 때 아래로 부터 들어오는 세척수를 골고루 분배하여 분수 작용이 일어나는 것을 막도록 한다.

여과조의 모양은 직사각형과 원형이 많다. 여과조의 하나의 크기는 모래 세척을 균일하게 하기위해 크지 않은 100~150 m^2정도이다. 여과조는 여러 개의 조를 잇대어 설치하고 대부분 철근 콘크리트로 만든다. 덮개는 설치하더라도 개별적인 것이 아니라 전체적으로 옥내에 배치하는 경우가 많은데, 양쪽에 병렬로 배열하고 여과조는 외부로의 출구 중앙 통로 상에 조작대를 설치하는 경우가 많다.

여과조 하부에는 집수 장치와 세척장치를 겸해서 스트레이너라고 하는 작은 반구 모양의 것에 작은 구멍 또는 가느다란 구멍을 내고 이것을 집수지관에 부착한다. 이 지관이 모여서 주관이 된다. 그 밖에도 여러 가지 구조가 있다.

스트레이너 상부에 여과사가 스트레이너로 빠지지 않도록 자갈을 굵은 입경부터 작은 왕사까지 넣고 그 위에 여과사를 그림 **5.1**과 같이 넣어 여과층을 구성한다.

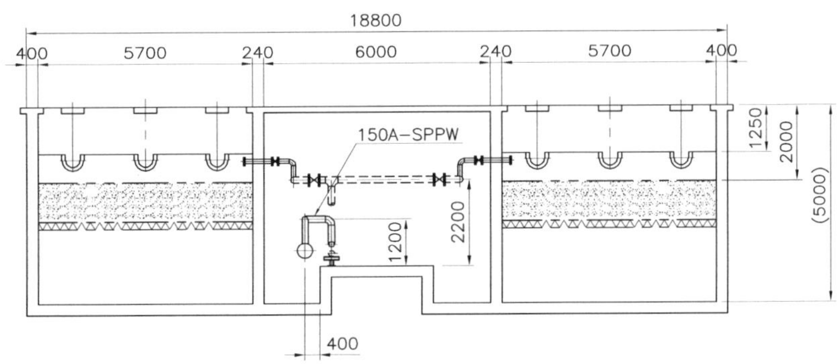

그림 5.1 여과층

여과층에 물을 통과시키는 여과를 계속하다가 저항이 설정치 이상으로 증대되면 역세척을 하여 여과 시에 억류되어 있는 탁질을 제거하는데 표면세척을 동시에 사용하여 여과사를 세척한다.

세척된 오염수는 트라프를 통해 회수조로 배출하게 된다.

2. 스트레이너 블록(Strainer Block) 제작

스트레이너 블록은 여과지내 하부 집수장치에 설치되며 여과지 크기에 따라서 블록의 크기가일정하게 나올 수 있도록 균등하게 설계를 하여야 한다.

여과지를 그림 **5.2**와 같이 블록의 크기를 1 m×1 m로 하여 블록제작을 쉽게 하였고, 여과지바닥에는 블록을 받치고 고정시킬 수 있도록 여과지의 바닥철근을 이용하여 기둥을 세우고 블록과 블록이 맞닿는 부분에는 보를 설치하였다. 이때 설치되는 앵커볼트는 역세척 시 작용하는 큰 힘에 의해 뽑히지 않도록 기둥과 함께 여과지바닥 철근에 걸어서 고정시켜야한다.

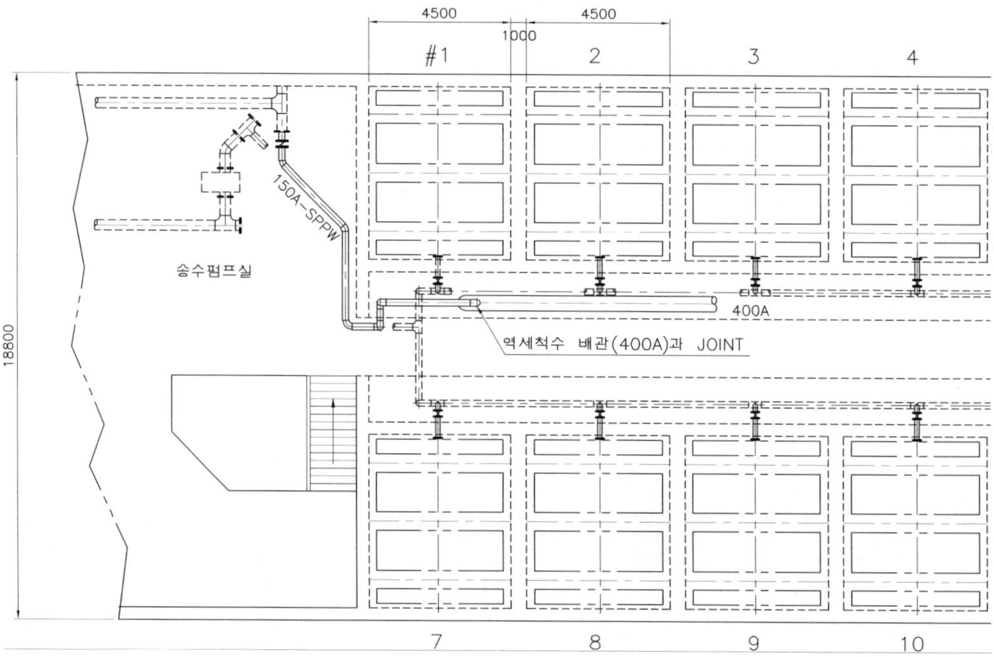

그림 5.2 급속 여과지 평면도

여기에 설치되는 블록 1개당 걸리는 힘은 약 $100\ \text{cm} \times 100\ \text{cm} \times 0.3\ \text{kg/cm}^2 = 3000\ \text{kg/}$블록이므로 견고하게 시공하여야 한다.

블록에는 스트레이너를 삽입 시킬 수 있도록 블록 타설시 스트레이너 대롱을 먼저 블록 몰드에 고정시키고 철근을 조립한 후 콘크리트를 타설 양생하여야 한다. 스트레이너 대롱과 스트레이너는 그림 **5.3**과 같이 제작 삽입시켜야 한다. 블록을 설치할 때에는 블록과 블록 사이를 무수축 모르타르로 채워 물이 새지 않도록 하고 블록 상단 앵커볼트에 블록을 누를 수 있는 와셔를 넣고 너트로 견고하게 고정시킨다. 블록의 크기는 가로 세로의 크기를 10mm 정도 작게 만들어야 설치하기 쉬우며 블록 측면에는 모르타르가 수압에 빠져나가지 못하도록 둥글게 홈을 그림 **5.3**과 같이 홈을 만들어 놓는다.

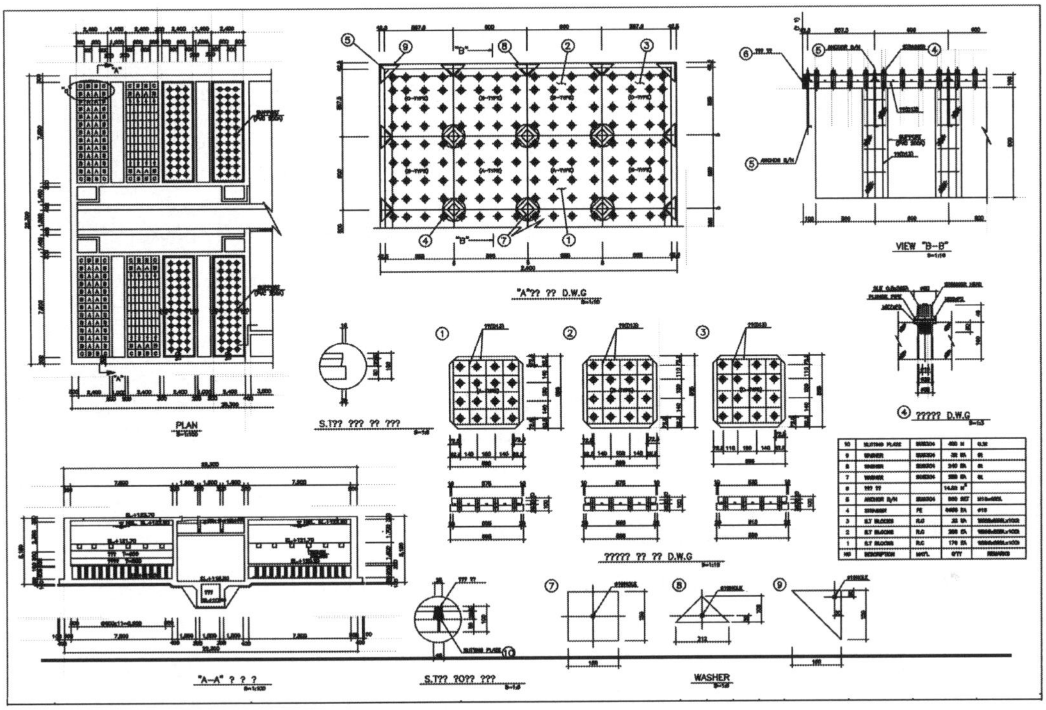

그림 5.3 스트레이너 블록

블록에는 스트레이너를 삽입 시킬 수 있도록 블록 타설시 스트레이너 대롱을 먼저 블록 몰드에 고정시키고 철근을 조립한 후 콘크리트를 타설 양생하여야한다. 스트레이너 대롱과 스트레이너는 그림 **5.3**과 같이 제작 삽입시켜야한다. 블록을 설치할 때에는 블록과 블록 사이를 무수축 모르타르로 채워 물이 새지 않도록 하고 블록 상단 앵커볼트에 블록을 누를 수 있는 와셔를 넣고 너트로 견고하게 고정시킨다. 블록의 크기는 가로 세로의 크기를 10 mm 정도 작게 만들어야 설치하기 쉬우며 블록 측면에는 모르타르가 수압에 빠져나가지 못하도록 둥글게 홈을 그림 **5.3**과 같이 홈을 만들어 놓는다.

질문 1 블록은 규격보다 10mm정도 왜 작게 만드는가?

블록은 지내 설치 시 여유가 없으면 마지막 줄의 블록은 설치 공간이 좁아져 설치할 수가 없다. 불럭은 철근 콘크리트로 제작되어 측면이 직진도가 차이가 생길수도 있고 작업 시 블록 옆면에 모래가 붙어있을 수도 있으므로 10 mm 정도 몰드를 작게 제작하여야 한다. 몰드 제작 시 몰드의 대각선의 길이가 똑 같도록 제작해야 블록이 직각으로 생산될 수 있다. 몰드가 대각이 맞지 않으면 블록을 설치하기가 어렵다.

질문 2 여과지 바닥에 스트레이너 블록 보 없이 기둥만 설치하면 어떤가?

스트레이너 기둥에 블록을 올려놓고 블록과 블록 사이를 모르타르로 마감하여 사용할 때 모르타르가 떨어지면 역세척 시 많은 물이 10 mm 정도의 틈새가 있어 역세수가 분수 모양으로 나올 수 있으므로 모르타르 시공 시 모르타르가 떨어지지 않도록 완벽하게 시공하여 사용하면 된다. 따라서 블록 측면에 모르타르가 블록과 떨어지더라도 모르타르가 이탈되지 않도록 홈을 만들어 모르타르가 틈새 10 mm보다 커지게 만들면 모르타르가 이탈되지 않는다.

블록 받침보가 있으면 역세척 수압이 모르타르에 직접 받지 않음으로 블록을 보에 올려놓고 모르타르를 잘 다져 놓기만 하면 큰 문제가 발생하지 않는다.

질문 3 블록은 왜 수평하게 설치해야 하는가?

물로만 역세척 할 경우에는 블록이 수평이 맞지 않더라도 하부 집수 장치 밑으로 유입되는 수압이 고루 전달되어 스트레이너로 유입되지만 공기와 함께 역세척 할 경우에는 스트레이너 하부에 길게 나있는 홈으로 공기가 유입됨으로 블록이 높게 설치되어 있는 블록은 스트레이너 하부에 나있는 홈도 높음으로 많은 공기가 유입되고 낮게 설치되어 있는 블록으로는 공기가 잘 유입되지 않음으로 공기로 인한 세척이 잘 안될 수 있으므로 수평 하도록 블록을 잘 설치하여야한다.

3. 여과 자갈

급속여과지의 자갈은 형상이 구형에 가깝고 단단하고 청정하여야하며 질이 균등한 것이 좋으며 불순물이 포함되지 않은 것이 좋다. 여과 자갈의 입경과 자갈층의 두께는 하부 집수 장치에 적합하도록 결정하도록 하며 굵은 자갈은 하층에 깔고 가는 자갈은 상층에 깐다. 즉 입도가 큰 순서대로 깔아야 한다. 보통 자갈층은 전층 두께를 300~500 mm로 하며 4층으로 구분할 경우 표와 같이 균등하게 배열하여 깐다.

구 분	입 경(mm)	두께(400mm인 경우)
1층	2~5	100mm
2층	5~10	100mm
3층	10~15	100mm
4층	15~20	100mm

4. 여과사

급속 여과지의 여층의 두께는 최소 60 cm 이상이 되도록 깔아야 한다. 여과사는 석영질이 많고 견고하며 균일한 모래로서 편평하거나 약한 모래와 불순물이 적은 것을 사용한다. 여과사의 유효경은 0.45~1.0 mm위 범위 내에 있어야하며 균등계수는 1.7 이하로 한다.

여과사의 유효경이 0.45~0.7의 범위 내에서는 여층 두께를 60~70 cm 정도로 사용하면 되지만 유효경이 커지면 여층의 두께를 120 cm로 두껍게 깔아 사용할 수도 있다.

세립자의 여과사를 사용할수록 플록의 저지율은 높고, 표면여과가 커짐으로 억류 탁질량이 적고 머드 볼(Mud Ball)이 생성되기 쉬우며 여과 손실수두가 쉽게 높아지는 등의 단점이 있으나 역세척 유속이 적어도 되고 두께를 줄일 수 있는 등의 이점은 있다.

반대로 큰 입경의 여과사를 사용한 경우에는 내부여과의 경향이 커짐으로 여과층을 두껍게 하고 균등계수는 작게 한다. 역세척 속도를 크게 하여 세척하여야한다. 여과손실수두의 증가는 둔화되어 여과 지속시간은 길어지며 여과속도를 높게 할 수 있다.

5. 트라프(Trough)

트라프는 세척수를 여과지내에서 원활히 월류 배출시키는 배출수거이다. 일반수거와는 달리 여과지 내의 역세척수가 전 면적에서 고루 배출 시킬 수 있도록 하여야 하므로 매우 주의해서 제작하고 시공하지 않으면 여과지가 정상 작동을 하지 못한다.

(1) 트라프 설계

1) 트라프의 크기는 최대 배출수량에 약 20% 여유를 두어 세척수가 완전히 월류하면서 낙차되는 상태가 되도록 하여야 한다.

2) 트라프는 내식성 내구성이 큰 재질로 만들며 그 상단은 정확히 수평이 되도록 한다. 여과지내에서는 모든 트라프 상단이 동일 높이로서 견고하게 설치되어야한다.
3) 월류하는 상단의 간격은 1.5m이하로 하고 여과층 표면상과 트라프의 상단까지의 높이는 40~70 cm 이내의 범위로 한다.

6. 급속 여과지내의 배관의 유속

급속여과지내의 각종 배관의 크기는 관내의 유속을 고려하여 적절히 정해야한다.

유압관구는 가능하면 넓은 자유 수면을 가질 수 있도록 유속을 작게 하고 여과지의 세척 또는 여과속도를 변경할 때에도 여과지내의 수위 변동이 작도록 한다.

여과지의 유출관은 유량조절기의 최대유량에 의하여 관경을 정해야하며 유량조절기 이외의 배관은 수위의 변동에 영향을 받지 않도록 한다.

세척관의 본관은 각지의 세척 압력을 동일하게 되도록 한다.

세척 배출수관은 세척 배출수의 배제가 불충분하면 규정의 세척 속도로 세척할 수가 없어 세척시간이 길어지고 많은 세척수를 낭비할뿐더러 충분한 세척을 할 수 없게 될 때가 있으므로 빨리 배출할 수 있도록 하여야한다.

<table>
<tr><th colspan="2" rowspan="2">명칭</th><th colspan="2">유속(m/초)</th><th rowspan="2">주 의 사 항</th></tr>
<tr><th>평 균</th><th>범위</th></tr>
<tr><td colspan="2">유 입 관 거</td><td>0.6</td><td>0.5~0.75</td><td></td></tr>
<tr><td colspan="2">유 출 관 거</td><td>1</td><td>0.6~1.5</td><td>유량 조절기의 최대유량으로 관경을 정한다.</td></tr>
<tr><td rowspan="2">세척관</td><td>본 관</td><td>2</td><td>1.5~3</td><td>각지의 세척 압력을 될 수 있는 데로 같게 한다.</td></tr>
<tr><td>지 관</td><td>2.5</td><td>2~3.5</td><td>압력수실이 있으면 세척수가 균등히 분포되도록 한다.</td></tr>
<tr><td colspan="2">세척 배출수관</td><td>2</td><td>1.5~3</td><td>배출수를 빨리 배출하기 위하여 충분한 크기로 한다.</td></tr>
</table>

7. 세 척

여층의 세척은 역류세척과 표면 세척을 합한 방식을 표준으로 하고 여층이 효과적으로 세척되는 것이 아니면 안 된다.

세척방법은 여과효과에 큰 영향을 미치므로 세척은 균등하고 유효하게 행해지는 방식을 채택해야 한다. 균등하고 유효한 세척이란 여층 표면 전역 및 여층 깊은 곳에도 청정한 여재를 유지하는 것이다. 세척 효과가 불충분하면 여과 지속시간의 감소, 여과수질의 악화, 머드볼(Mud Ball)의 발생 외에 여층의 갈라짐, 여층 표면의 불 균일, 지벽과 여층 간에 간격이 생기는 등 여러 가지 장해요인이 됨으로 주의해야 한다.

(1) 여층 세척방법

1) 역세척과 표면 세척을 조합한 방법으로 여층 표면의 탁질을 수류에 의한 전단력으로 파괴하고 다음에 여층을 유동상태가 될 때까지 세척 속도를 높여 여재 상호의 충돌, 마찰이나 수류에 의한 전단력으로 여과사에 부착된 탁질을 떨어뜨려 여층에서 배출시키는 방법이다.
2) 역세척과 공기세척을 조합한 방법으로서 상승 기포의 가는 진동에 의하여 여과사에 부착된 탁질을 떨어뜨린 다음에 비교적 저속도의 역세척 속도로 여층으로부터 탁질을 배출시키는 방법이다.

어느 방법을 선택하는가는 원수의 수질, 전처리의 정도 여층의 입도 구성 및 두께 등에 의해 결정된다. 여층 내에서의 탁질 억류분포가 표층부에 극단적으로 많은 하향류식 여과방식에는 표면 세척과 역세척을 조합한 표준적인 세척방식을 사용하는 것이 좋다. 다층 여과 등에서와 같이 탁질을 여과 내부까지 유입 되는 여과 방식에서는 여재와 여재의 경계층이나 여층 내부의 탁질을 효과적으로 제거하지 않으면 안 됨으로 이를 위하여 표면 세척과 역세척을 조합한 방법이나 공기 세척과 역세척을 조합한 방법 외에 표면 세척과 역세척의 조합에 다시 공기 세척을 추가한 방식 등에 의하여 세척 효과를 높이는 방법도 고려할 필요가 있다. 공기 세척을 채택하는데 있어서는 공기 압력, 공기량 및 공기를 여층 전체에 균등하게 분산시키기 위한 장치, 역세척과 시간적 조합 등이 세척효과에 크게 영향을 줌으로 충분히 연구 검토하여야 한다.

8. 표면 세척

표면 세척은 여층 표층부에 억류된 탁질을 강력한 수류의 전단력으로 파쇄 할 수 있어야 한다. 표층부에 탁질이 심하게 많은 억류분포 상태에서는 역세척만으로는 충분한 세척효과를 기대하기가 어렵다. 즉 역세척만으로는 여층 표층부에 탁질이 남고, 세척효과가 나쁘며 오랫동안 여층 표면의 여재에 탁질이 축적되어 여층의 탁질 억류 용량을 감소시킬뿐더러 결국은 머드 볼이 형성되는 일이 생긴다. 이와 같은 결점을 보완하기 위하여 역세척 외에 표면세척을 병용하지 않으면 충분한 역세 효과를 얻을 수 없다.

(1) 원 리

표면세척은 여층 표층부에 압력수를 고속으로 분산시키면 강력한 수류에 의하여 전단 에너지로 탁질층을 파쇄 함과 동시에 여재 상호의 충돌, 마찰을 증대시켜서 세척 효과를 증대시키는 방법이다.

(2) 종 류

표면세척기에는 고정식과 회전식이 있으며 당사가 개발한 왕복식도 있다.

고정식에는 관 자체에 구멍을 뚫어 물을 분사시키는 것과 관으로부터 수직관을 분기하여 그 선단에 여러 개의 구멍을 뚫은 분사노즐을 붙여서 여기로부터 물을 분사시킨다.

회전식은 수직 회전축의 하단에 수평 회전관의 측면 및 선단 구멍에서 분사시키고 그 분사되는 힘의 반작용에 의하여 수평 회전관이 회전되어 회전되면서 세척되는 방법이다.

왕복 표면세척방식은 회전식을 사용할 때에는 여층 표면에 분사가 안 되는 사각지대가 최소 21%이상 발생하므로 사각지대를 없애기 위해서 왕복표면세척방식을 개발하였으며 원리는 여과지 양 벽체 사이에 수평으로 2개의 관을 놓고 관 양단에 롤러를 설치한다. 안내레일을 여과지 양 벽에 설치하여 롤러가 회전하게 만들었으며 수평으로 설치된 관의 한 측면에 구멍을 뚫어 노즐을 설치하고 노즐에 분사되는 힘에 반작용에 의해 수평관이 이동할 수 있도록 하였으며 한쪽 측면으로 이동이 끝나면 다른 수평관으로 물이 분사되면서 다른 여과지 측면으로 이동하면서 표면세척을 하도록 하였다.

(3) 고정식 표면 세척기

1) 설계기준

고정식은 배관을 60~90 cm 간격에 관경 25 mm관을 수직으로 배열하고 여과층 표면에서 10cm 높이에 선단에 분출 노즐을 붙이거나 관을 5~10 cm의 높이에 수평 간격 약 60 cm로 배열하고 여기에 약 30cm마다 구멍을 양측에 배치한다.

압력수의 표면 분사수압 : 15~20 m, 표면 분사수량 : 0.15~0.2 m^3/m^2분, (여과면적)표면 분사시간 : 4~6분을 표준으로 한다.

2) 구조 및 설계

여과지로 유입된 표면세척 유입관을 그림 **5.4**와 같이 여과지 전면적에 등분포로 지관을 배열하고 그림 **5.5**와 같이 25 mm관을 수직으로 배열한다. 수직으로 설치된 관 선단에는 그림 **5.6**과 노즐을 설치한다. 노즐의 작은 구경의 크기는 분사직전의 수압이 15~20 m가 될 수 있도록 설계하여야 한다. 그림 **5.5**의 노즐이 196개가 설치되고 분사 구멍이 노즐 당 7개일 경우,

여과면적(A)$=4.2\text{m}\times 8.4\times 2=70.56\ \text{m}^2$

표면세척 분사수량(Q)$=70.56\ \text{m}^2\times 0.2\ \text{m}^3/\text{m}^2$분$=14.112\ \text{m}^3/\text{m}^2$분

$$H=\frac{v^2}{2g}$$

이므로 분사될 때의 유속

$$V=\sqrt{2gH}$$

$$=\sqrt{(2\times 9.81\times 20}=19.8\ \text{m/초}$$

이다.

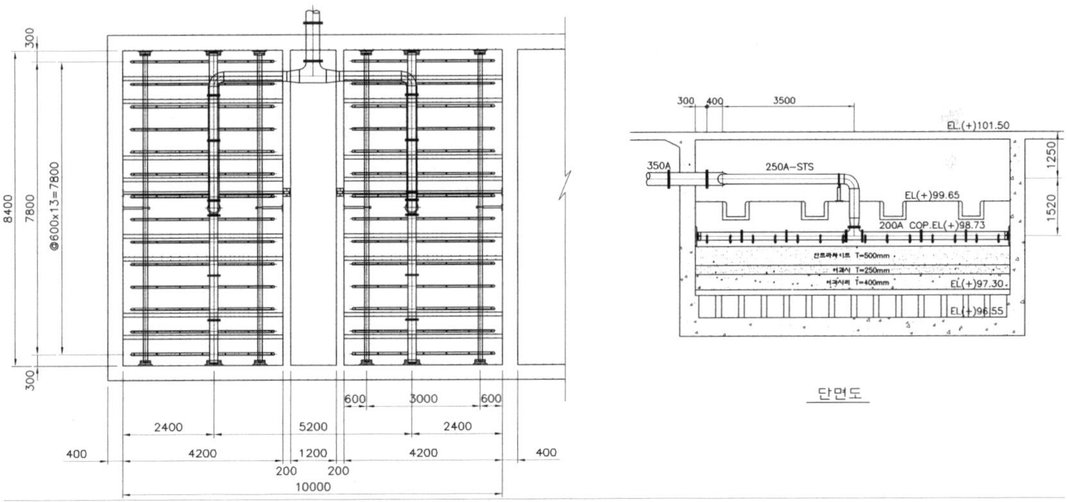

그림 5.4 고정식 표면 세척기 배치도

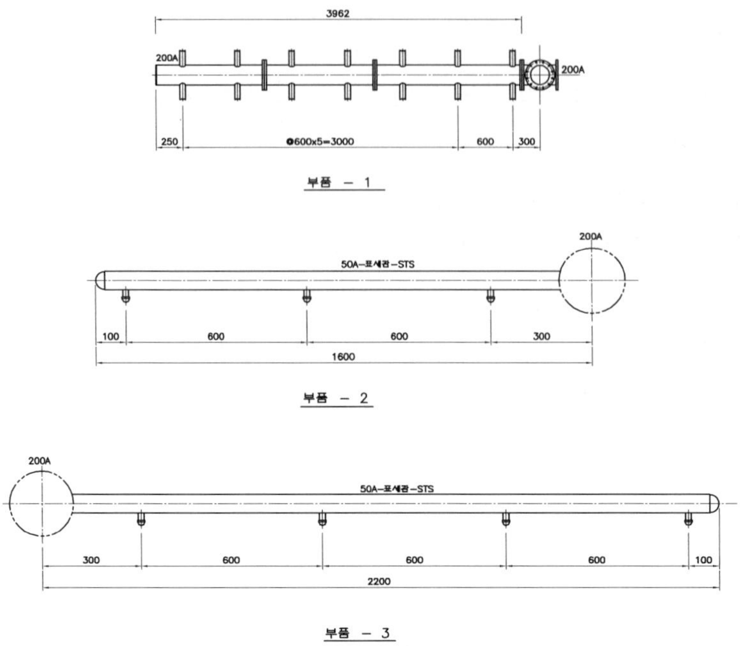

그림 5.5 고정식 표면 세척기 상세도

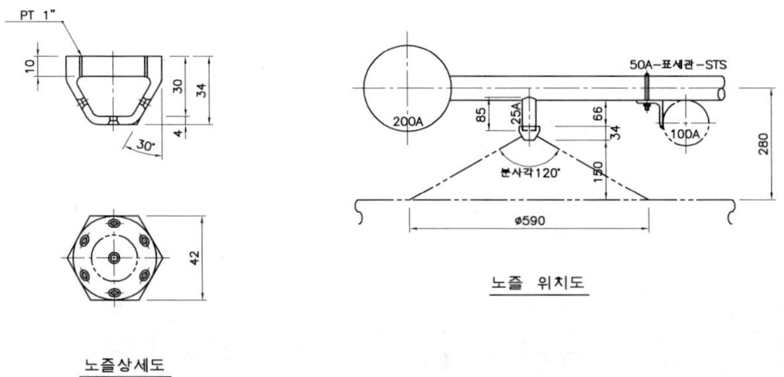

그림 5.6 고정식 표면 세척기 노즐

$$노즐구멍의\ 전체면적(a) = \frac{Q}{V} = \frac{14.112\ \mathrm{m^3/분} \times \frac{1}{60}\ 초/분}{19.8\ \mathrm{m}/초}$$

$$= 0.011878\ \mathrm{m^2} = 11878\ \mathrm{mm^2}$$

$$노즐구멍의\ 직경(d) = \frac{4A}{\eta\pi} = \sqrt{\frac{4 \times 11878}{196개 \times 7개/노즐당 \times 3.14}}$$

$$= 3.32\ \mathrm{mm}$$

손실을 고려하여 노즐경을 10% 증가시키면 노즐의 직경은 3.74 mm가 된다. 펌프의 선정에 따라 수량이 달라지므로 표면 세척펌프의 용량에 따라 계산을 해야 한다.

질문 1 고정식의 장점은?

고정식 표면세척기는 여과지 전면에 노즐이 설치됨으로 표면세척이 안 되는 사각지대가 없으며 움직이는 부분이 없어 고장이 없다.

질문 2 고정식의 단점은?

답변: 고정식 표면세척기는 여과지 전면에 배관을 설치하여야하므로 여과지 보수 시 배관에 걸려 작업하기가 어렵고 여과지가 배관으로 인해 여과지가 복잡하다. 또 여과 수량이 많아 큰 용량의 펌프가 필요하다. 배관 구경과 노즐도 커진다.

(4) 회전식 표면 세척기

1) 원 리

회전식 표면세척기의 원리는 표면세척기암파이프의 한쪽 면에 표면세척용 노즐을 부착시키고 부착된 노즐에서 물이 분사되는 힘에 의해 표면세척이 되고 물이 분사되는 힘의 반작용에 의해 표면세척기의 암은 회전하게 된다. 따라서 암에 부착된 노즐에서 분사되는 물에 의해 회전하면서 여과사의 표면을 세척하게 된다.

2) 설계기준

표면 분사수압 : 30~40 m

표면 분사수량 : 0.05~0.1 m^3/m^2분

표면 분사시간 : 4~6분을 표준으로 하고 여과지가 보통 직사각형이므로 표면세척기당 세척면적을 표면세척이 안 되는 부분이 적도록 적당하게 나누어 표면세척기의 수량을 결정하고 설치해야한다.

3) 구 조

여과지에 표면세척기를 그림 **5.7**과 같이 표면세척기를 지당 4대 혹은 6대로 배열하여 표면세척이 안 되는 사각지대가 적도록 한다. 표면 세척수 유입관은 여과지 중심에 배열하고 관하부에 표면세척기를 설치한다. 표면세척기 설치는 그림 **5.8**과 같이 유입관 하부에 표면

세척기가 회전하면서 세척수를 분사 될 수 있도록 ①과 같이 회전체를 부착한다. 그 밑에 노즐을 부착 시킬 수 있는 ②와 같이 암을 설치하고 ③과 같이 노즐을 부착시킨다. ④와 같이 파이프 단관은 암의 중심선이 여과사 표면에 165 mm 정도 사이가 유지되도록 단관을 조정하여 설치한다. 이때의 노즐의 위치는 여과사가 역세 시 팽창하였을 때의 여과사가 표면에 위치 되도록 하였다.

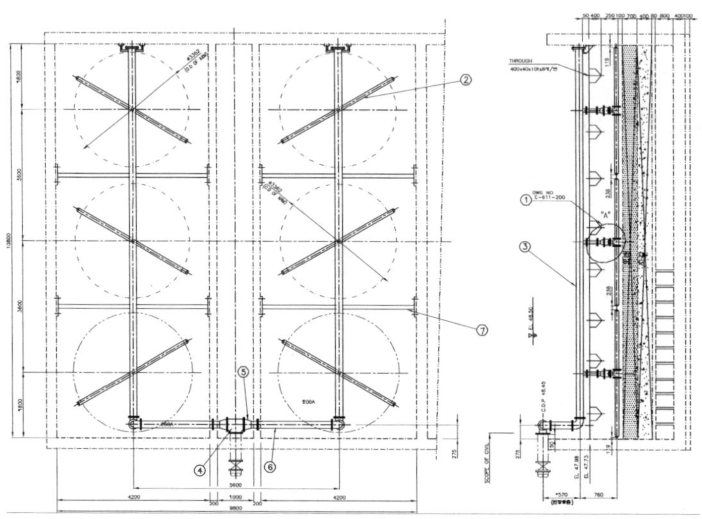

그림 5.7 표면 세척기 배치도(회전식)

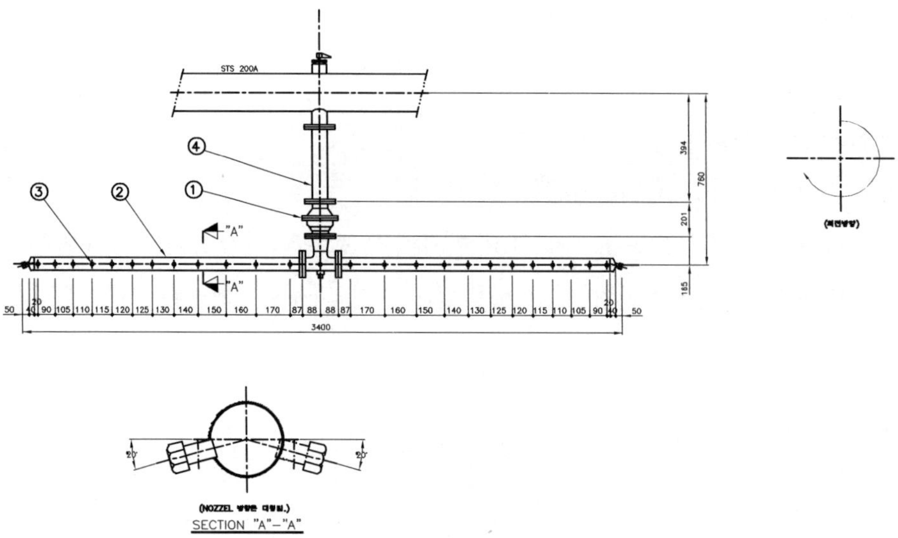

그림 5.8 회전식 표면세척기

회전체의 외형은 그림 **5.9**와 같으며 회전체는 그림 **5.10**과 같이 제작하여 상부플랜지를 상부배관에 조립한다. 하부플랜지에 표면세척기 암을 부착시켜 노즐에서 분사되는 힘에 반작용에 의해 표면세척기 암이 회전될 수 있도록 하였다. 분사노즐은 그림 **5.11**과 같이 노즐에 3개의 분사구멍을 뚫었으며 좌우측 분사구멍을 15° 정도 외곽으로 뚫어 세척수가 퍼질 수 있도록 하였다. 표면세척용 노즐은 그림 **5.8**과 같이 배열하여 26개를 표면세척기당 설치하였으며 표면세척 분사수량은 에너지면적$(A) = 402M \times 10.8 \times 2 = 90.72\ \mathrm{m}^2$이므로 표면세척 분사수량$(Q) = 90.72\ \mathrm{m}^2 \times 0.1\ \mathrm{m}^3/\mathrm{m}^2 \cdot$ 분 $= 90.72\ \mathrm{m}^3/$분이 필요하다. 노즐에서 분사될 때의 수압이 40 m라 하면 분사될 때의 유속$(V) = \sqrt{(2gH)} = \sqrt{(2 \times 9.81 \times 40)} = 28\ \mathrm{m}/$초이다.

분사될 때의 물의 압력과 유속을 유지 시키려면 노즐의 면적을 제한시켜야 하므로

$$\text{노즐의 전체면적}(a) = \frac{Q}{V}$$

$$= \frac{9.072\ \mathrm{m}^3/\text{분} \times \dfrac{1}{60}\text{초}/\text{분}}{28\ \mathrm{m}/\text{초}}$$

$$= 0.0054\ \mathrm{m}^2$$

그림 **5.7**에서 여과지당 표면세척기가 6대 설치되고 표면세척기당 노즐이 26개가 조립하였으며 노즐 1개당 분사 구멍이 3구멍이므로 표면세척 노즐의 구멍

$$\text{직경}(d) = \sqrt{\frac{4A}{\eta\,\pi}}$$

$$= \sqrt{\frac{4 \times 0.0054}{26} \times 6 \times 3.14} = 0.00383\ \mathrm{m} = 3.83\ \mathrm{mm}$$

이다.

노즐의 손실을 고려해서 노즐 경을 10% 증가시키면 노즐경은 4ϕ가 된다. 또 설계자가 펌프의 양정과 수량을 어떻게 선정하느냐에 따라 계산됨으로 설계자에 따라 다를 수 있다.

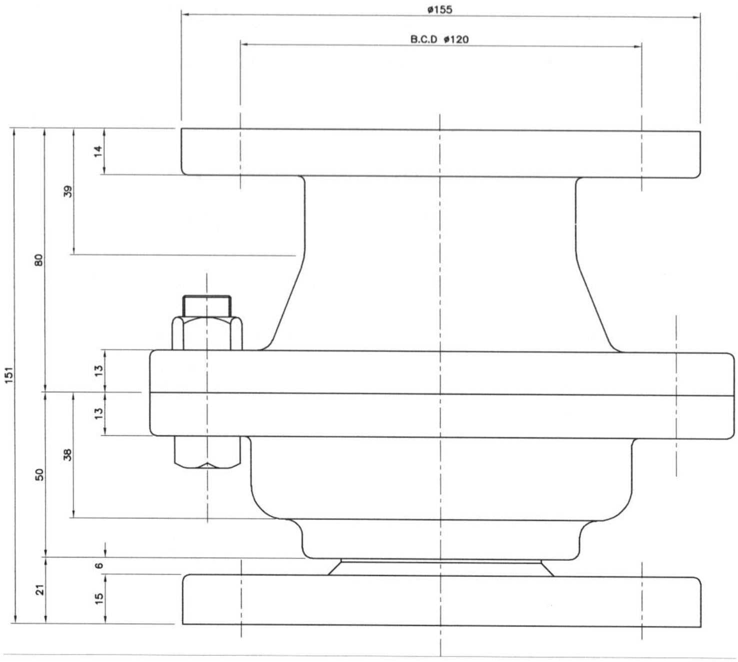

그림 5.9 회전체 외형도

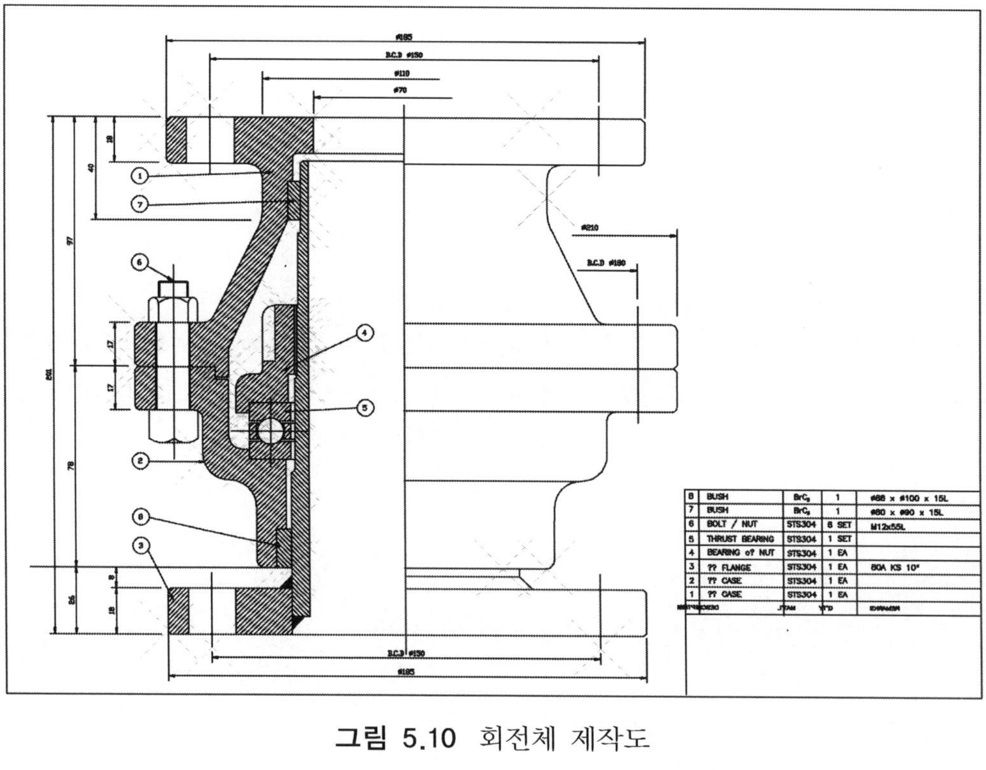

그림 5.10 회전체 제작도

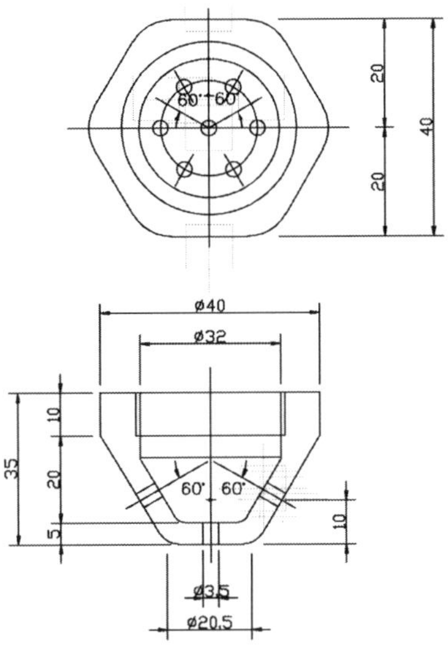

그림 5.11 분사 노즐

질문 1 **회전식 표면세척기의 장점은?**

회전식 표면세척기는 여과지내 배관이 간단하고 배관 구경과 펌프가 고정식에 비해 세척수량이 작아 크기도 작다. 여과지내의 배관도 간단하고 복잡하지 않아 미관상 좋다.

질문 2 **회전식 표면세척기의 단점은?**

회전식 표면세척기의 큰 단점은 표면 세척기가 회전하면서 세척됨으로 각형 여과지에 설치하면 표면세척기의 암이 여과표면에 못 미치는 사각지대가 발생한다. 이 사각지대는 30%이상 커질 수 있어 표면세척이 잘 안 될 수도 있다.

질문 3 **회전식 표면세척기의 회전체는 어떻게 제작하는가?**

회전식 표면세척기의 회전체는 그림 5.12, 5.13, 5.14와 같이 제작하여 상부플랜지를 배관에 고정시키고 하부플랜지를 표면세척기 암에 부착시켜 암이 분사 노즐에서 분사되는 힘에 반작용에 의해 회전될 수 있도록 하였다. 회전체 외부 몸체를 ①과 ②로 분리시켜 내부에 베어링을 삽입하고 조립할 수 있도록 하였다. ⑦과 ⑧의 메탈베어링은 회전체 양단에 조립하여 암이 회전 시 유격이 없도록 하여야하며 스러스트 볼베어링은 스테인리스로 제작하여 부식이 없도록 하였다. 하부베어링 링은 외부 몸체에 조립하고 상부베어링은 베어링 조임 너트에 고정시킨다. 베어링 조임 너트는 내부 중공축에 나사로 고정시키고 세트 나사로 풀리지 않도록 고정시킨다.

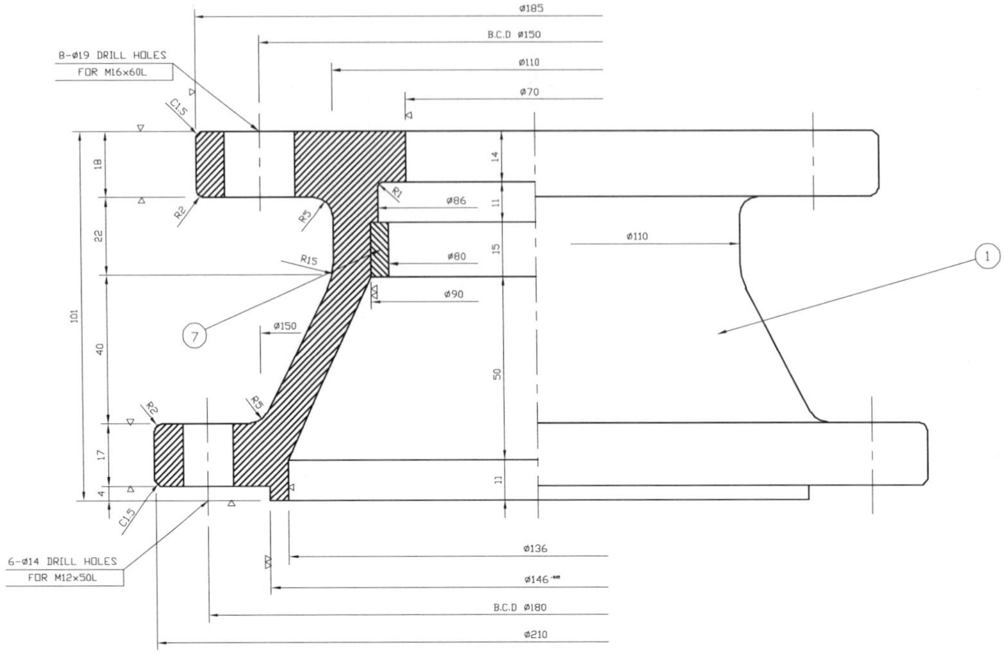

그림 5.12 표면세척기 회전체 상부제작도

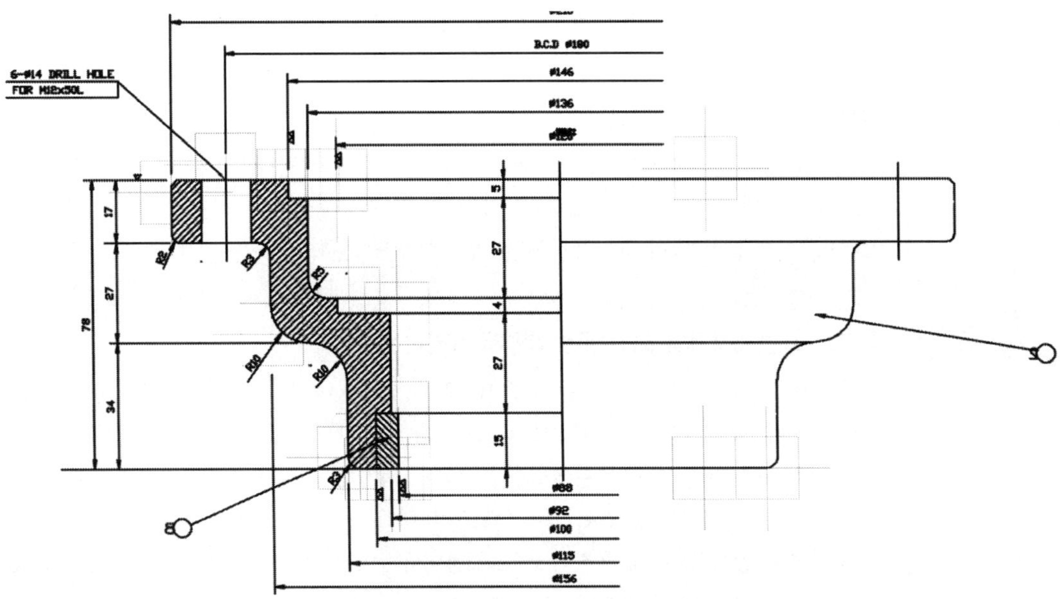

그림 5.13 표면세척기 회전체 하부제작도

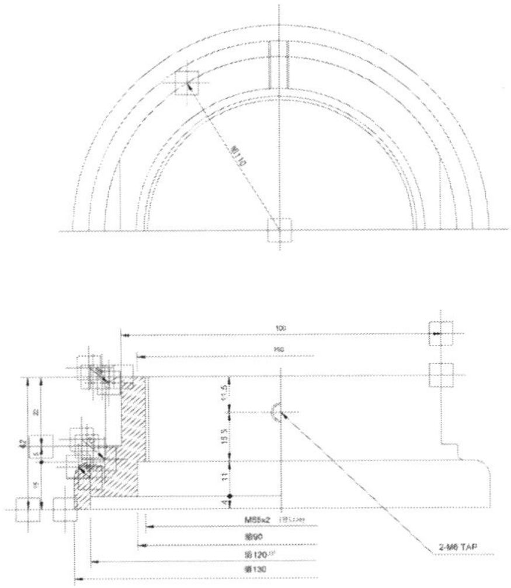

그림 5.14 베어링 누름 너트

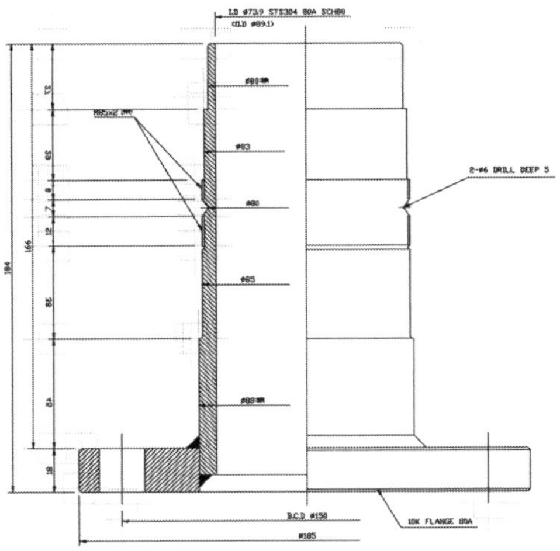

그림 5.15 표면세척기 회전체 축제작도

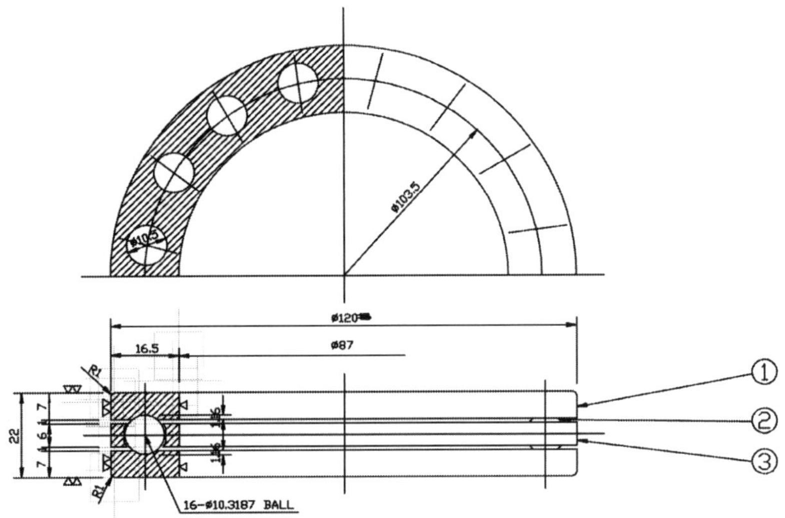

그림 5.16 회전체 베어링

(5) 왕복형 표면세척기

1) 원 리

왕복형 표면세척기는 회전식 표면세척기 사용 시 표면세척이 안 되는 사각지대를 없애기 위해 개발하였으며 그림 **5.17**과 같이 여과지 양 벽체에 ㄷ형강을 설치하고 안쪽에 롤러가 타고 움직일 수 있도록 하여 표면 세척 시 분사되는 힘의 반작용에 의해 표면세척기가 움직이도록 하였다. 따라서 표면세척기는 분사되는 반대방향으로 표면세척기는 움직이고 표면세척기 중앙에 설치되어 있는 ②방향전환장치가 여과지 양 벽체에 설치되어 있는 스토퍼에 의해 세척수의 분사 방향이 반대로 설치되어 있는 노즐로 분사되게 되고, 표면세척기는 반대방향으로 움직이게 되어 표면세척기는 계속 왕복하게 된다.

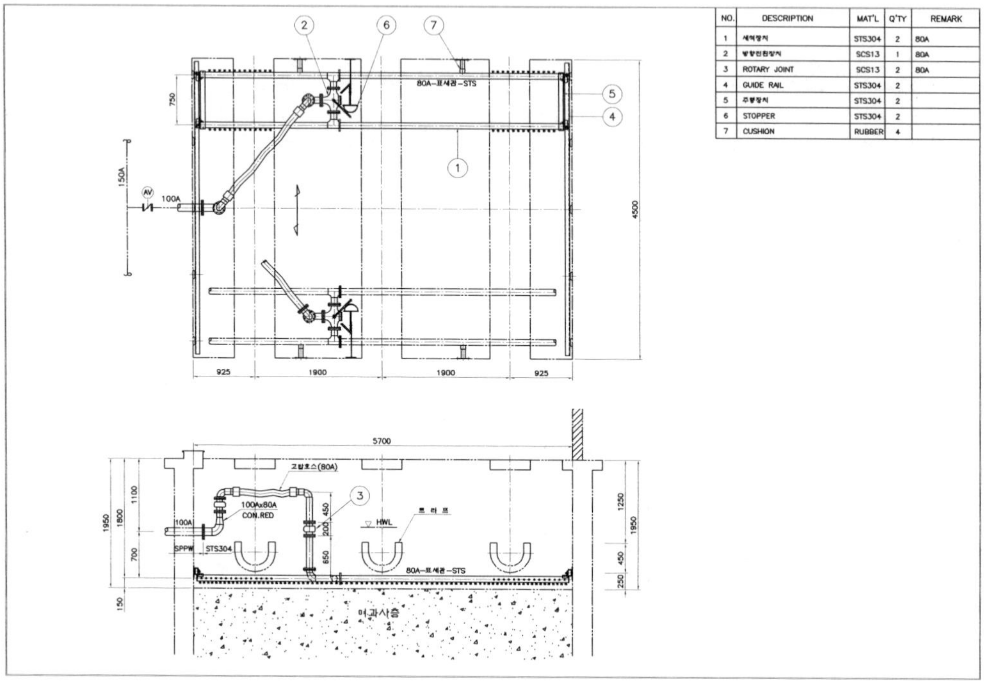

그림 5.17 왕복형 표면 세척기

2) 설계 기준

표면 분사 수압 : 30~40 m

표면 분사 수량 : 2.05~0.1 m^3/m^2 분

표면 분사 시간 : 4~6분을 표준으로 한다.

왕복형 표면세척기도 회전식 표면세척기와 같은 기준으로 설정하여 설계하였다.

3) 구 조

그림 5.18과 같은 왕복형 표면세척기가 그림 5.20처럼 벽체 ㄷ형강을 홈에 롤러를 설치할 수 있도록 ⑤와 같이 주행 장치를 설치하고 주행 장치 양단에 세척장치를 두 줄로 설치한다. 세척장치의 양면에 표면세척 노즐을 설치한다. 2개의 세척장치중 1개의 세척 장치로 압력수

가 공급될 수 있도록 볼밸브를 설치한다. 압력수가 원활히 공급될 수 있도록 하기위해 유입관 양단에 로터리조인트를 설치하여 표면세척기가 왕복 이동하더라도 유입관이 조임이 없이 압력수가 공급될 수 있도록 하였다.

여과지 양 벽체에는 유입수를 전환시킬 수 있는 스토퍼와 표면세척기가 충격 없이 멈출 수 있도록 하기위해 쿠션을 완화시키기 위한 고무를 부착한 스토퍼를 설치하였다.

세척장치는 그림 **5.18**과 같이 여과지를 폭과 같은 파이프 2개를 사용하여 분사노즐을 등간격으로 부착하고 파이프와 파이프를 T자로 연결한다. 연결부 중앙에 3방변(3-Way Valve)을 부착한다. 또 파이프 양쪽에는 평강을 사용해서 볼트로 고정시켜 두 파이프를 튼튼하게 조립되도록 한다. 표면세척용 노즐 설계는 회전식 표면세척기 노즐과 같은 방법으로 설계를 하여 노즐의 구멍의 크기를 결정한다. 노즐의 수량은 한 파이프의 부착된 노즐 수량만으로 계산하여야 한다.

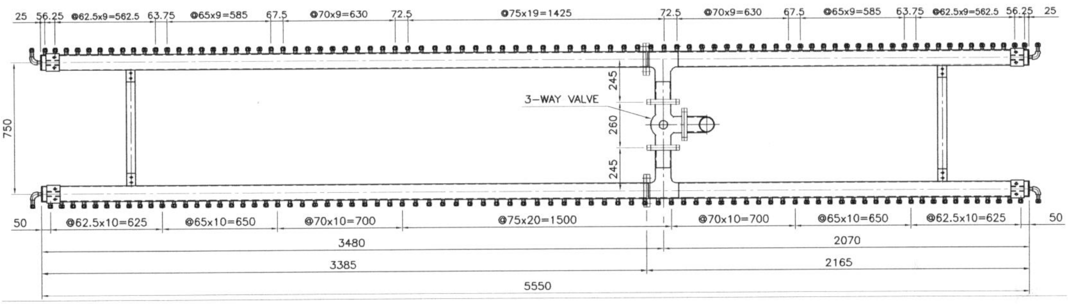

그림 5.18 표면세척기 상세도

표면세척 시 한쪽 파이프에서는 물이 분사되고 상대 파이프에서는 물이 분사되지 않는다.

표면세척기가 여과지를 좌우로 왕복할 수 있도록 그림 **5.19**와 같이 주행 장치를 양단에 부착시키고 왕복 주행 시 ㄷ형강 내부에 모래와 찌꺼기를 제거할 수 있도록 그림 **5.19**의 ⑨와 같이 스크레이퍼를 설치하고 ⑧과 같이 세척장치를 설치하여 가이드 레일이 항상 깨끗하게 하여 세척기 이동에 지장이 없도록 한다. 가이드레일은 그림 **5.20**과 같이 ㄷ형강을 여과지 벽체에 평행이 되도록 벽체에 고정시킨다.

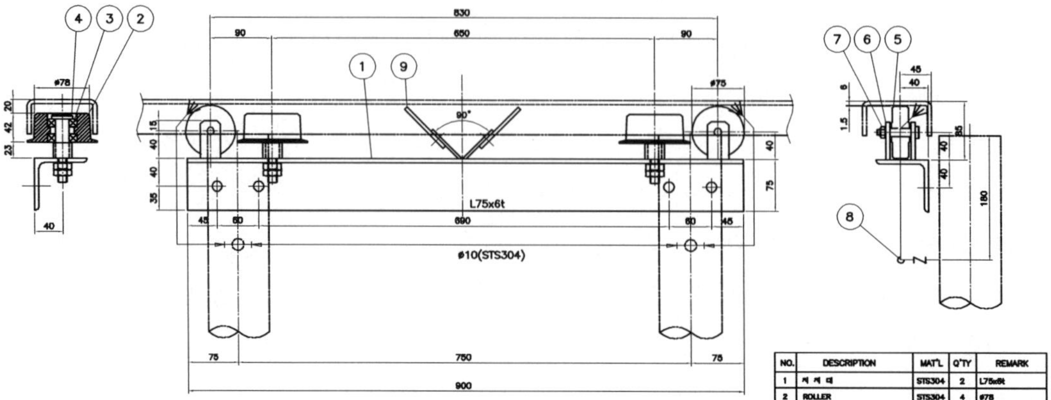

NO.	DESCRIPTION	MAT'L	Q'TY	REMARK
1	지 지 대	STS304	2	L75x6t
2	ROLLER	STS304	4	ø78
3	BEARING	–	8	ø6004
4	SHAFT	STS304	4	
5	GUIDE ROLLER	PE	4	
6	BRACKET	STS304	4	
7	PIN	STS304	4	
8	[illegible]	–	2	
9	SCRAPER	STS304	2	

그림 5.19 주행 장치

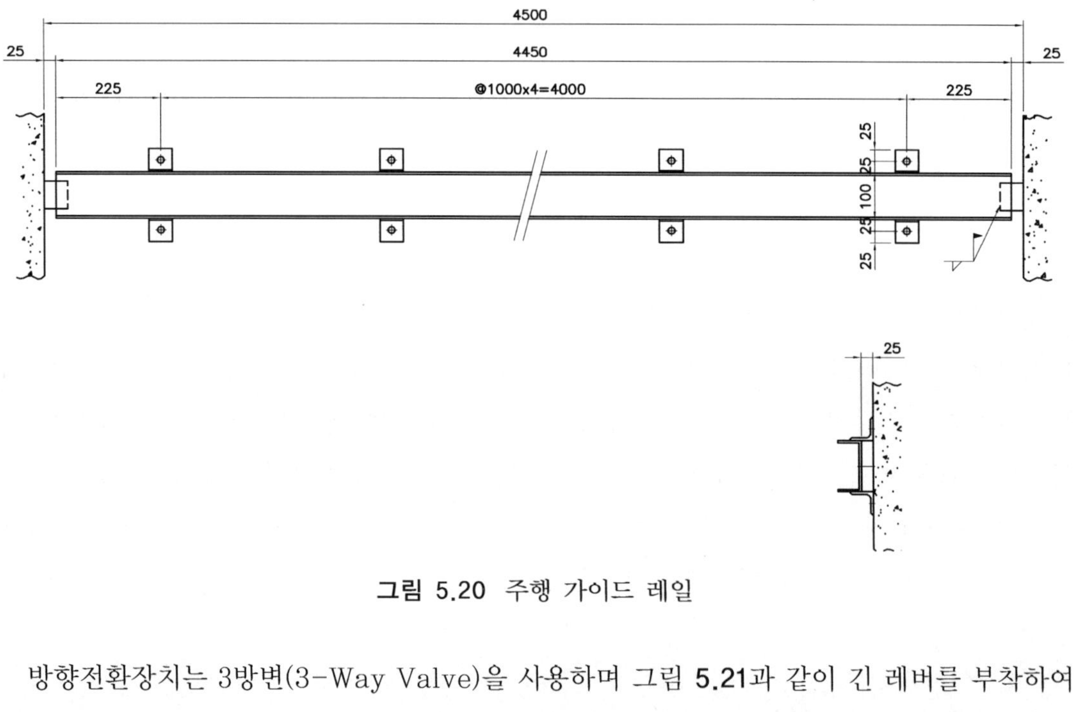

그림 5.20 주행 가이드 레일

방향전환장치는 3방변(3-Way Valve)을 사용하며 그림 5.21과 같이 긴 레버를 부착하여 작은 힘으로도 움직일 수 있도록 해야 한다. 이 밸브의 레버와 접촉하여 3방변(3-Way Valve)을 조정할 수 있는 스토퍼(Stopper)를 그림 5.22와 같이 제작한다.

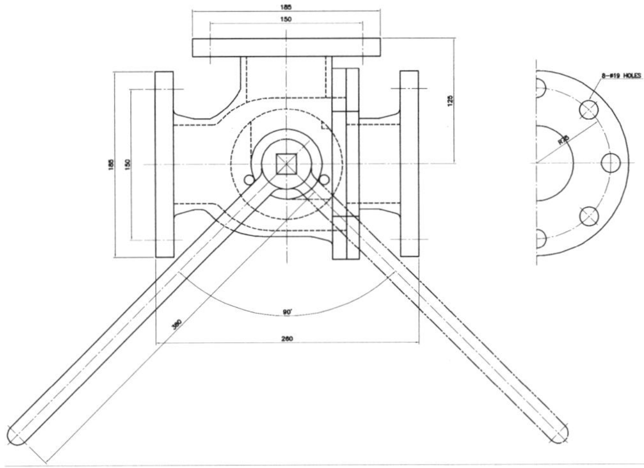

그림 5.21 3방변(3-Way Valve)

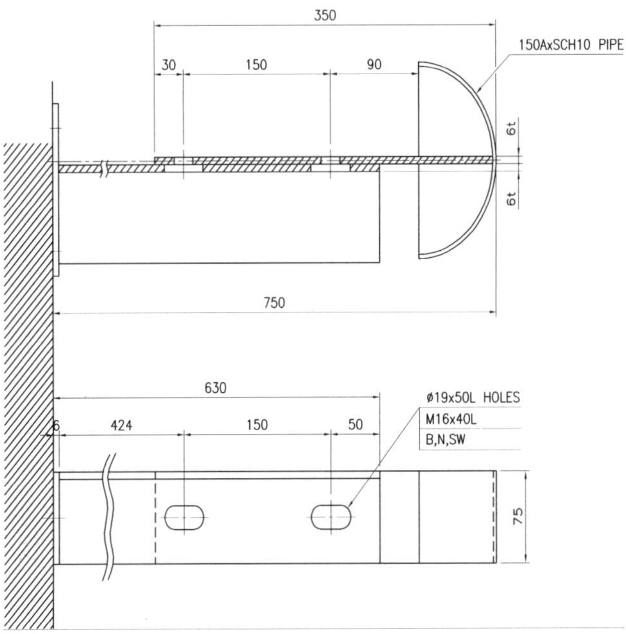

그림 5.22 스토퍼

주행 장치를 자유롭게 좌우로 움직일 수 있게 하는 로터리 조인트(Rotary Joint)는 그림 5.23과 같이 제작하여 표면 세척수 유입부와 표면세척기 상부에 그림 5.17에 ③과 같이 양쪽에 설치한다.

주행 장치의 주행 롤러는 그림 5.24와 같이 제작하며 조립도와 같이 조립하여 사용한다.

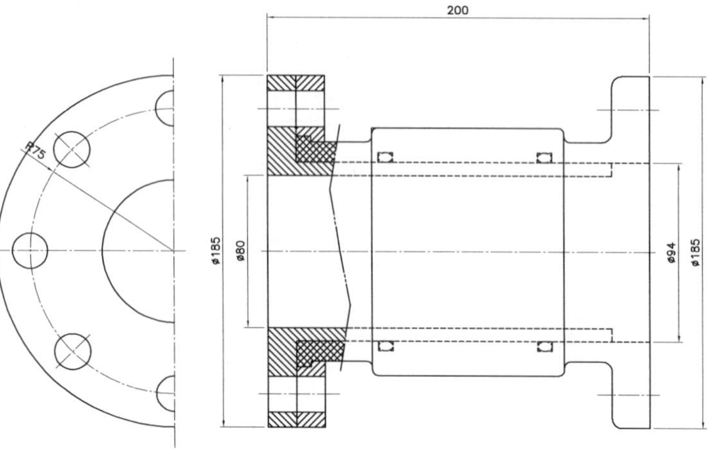

그림 5.23 로터리 조인트

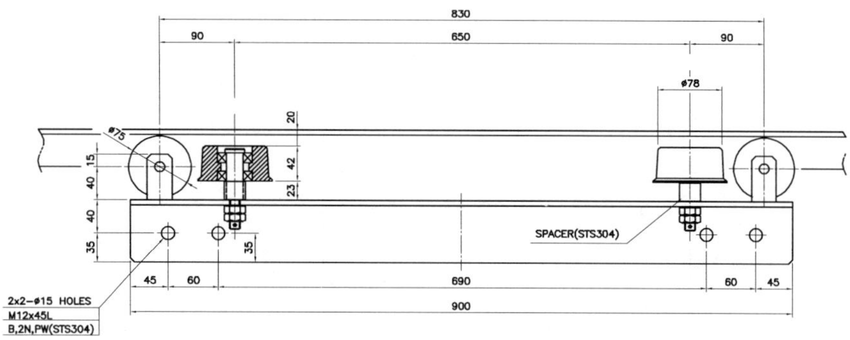

그림 5.24 주행 롤러

질문 1 세척수 유입관에 로터리조인트(Rotary Joint)를 왜 부착해야 하는가?

표면세척기가 좌우로 이동함으로 세척관도 좌우로 표면세척기에 따라 움직여야 한다. 표면세척기가 좌우로 움직임에 따라 관이 좌우로 회전이 안 되면 연결된 호수가 꼬임 현상이 발생한다. 이와 같은 꼬임현상을 작게 하려면 연결호수의 길게 하여야 좌우회전 각도가 작아져 꼬임현상이 줄어든다. 그러나 약간의 꼬임현상은 일어날 수 있다. 따라서 이러한 꼬임현상을 막기 위해 호수 연결끝단에 로터리조인트를 부착하여 좌우 회전할 수 있도록 한다.

표면세척기가 가까이 있으면서 좌우로 왕복운동을 함으로 호수 연결거리가 짧아질 때와 멀어질 때가 생긴다. 호수 연결거리가 짧아질 때에 호스가 많이 처질 경우를 대비하여 호수의 처짐을 방지해야 한다. 호스가 처지더라도 표면세척기와 간섭이 일어나지 않으면 된다.

질문 1 주행 장치에 가이드 롤러도 필요한가?

표면세척기가 좌우로 이동시 주행 롤러만 부착되면 이동이 가능하나 표면세척기가 좌우로 쏠리는 현상이 발생할 수 있다. 쏠리는 현상이 발생하면 세척기가 가이드 레일인 ㄷ형강에 끼여 움직이지 않을 수도 있다. 따라서 좌우로 쏠리는 현상을 방지하기 위해 그림 5.25와 같은 가이드롤러를 설치한다.

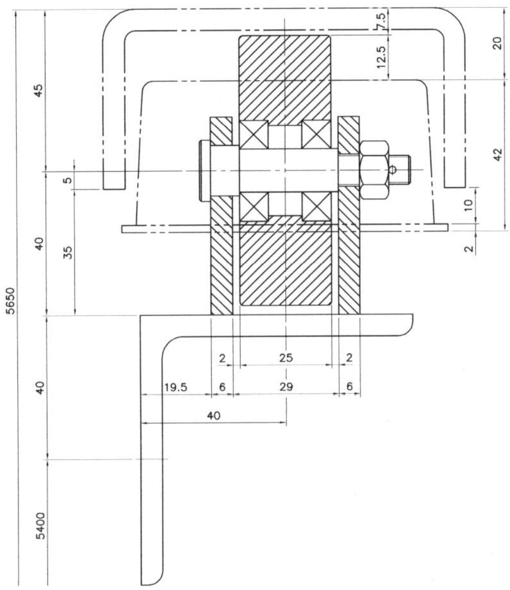

그림 5.25 가이드 롤러

질문 3 주행 장치 롤러에 필요한 베어링은 어떤 종류의 것을 사용하는가?

표면세척기는 역세 중에 사용함으로 표면세척기의 롤러는 더러운 물속에서 움직이게 된다. 따라서 윤활유를 사용할 수도 없음으로 베어링에 녹이 발생할 수도 있다. 따라서 베어링의 재질은 스테인리스 재질의 베어링을 사용하는 것이 좋다.

질문 4 방향전환 장치는 어떤 밸브를 사용하는가?

그림 5.17의 ②와 같이 표면세척수가 그림의 좌측방향으로 유입되어 우측방향 또는 좌측방향으로 세척수가 유입되어야 하므로 밸브의 조작레버를 90°를 회전 시키면 세척수의 흐름이 반대방향으로 흐를게 할 수 구조의 밸브를 사용하여야 한다.

보통 우리가 많이 사용하고 있는 볼밸브는 물이 직선으로 흐를 수 있도록 볼이 1자로 관통된 것을 사용하나 여기에 사용되는 볼 밸브는 90°방향으로 관통된 볼을 사용한다.

볼 밸브의 레버는 적은 힘으로 밸브를 조작할 수 있도록 그림 5.21과 같이 레버 길이를 길게 제작 하여 표면세척기가 이동하는 힘에 의하여 레버를 쉽게 밀 수 있도록 하였다.

질문 5 가이드레일 ㄷ형강은 어떻게 설치하는가?

주행 장치의 롤러가 움직이는 가이드레일 ㄷ형강은 물속에 설치되므로 스테인리스강을 사용하였으며 ㄷ형강은 동일하게 높이를 유지하여야하며 동일 간격을 유지할 수 있도록 설치하여야한다. ㄷ형강을 설치 후에도 표면세척기의 주행 장치를 설치하며 손으로 밀어 쉽게 원활하게 움직이나 점검하여야 한다. 특히 동일 간격을 유지해야 주행 장치의 롤러가 이탈되거나 끼이는 현상이 일어나지 않는다.

질문 6 가이드레일 ㄷ형강은 어떻게 관리해야 하나?

가이드레일 ㄷ형강 내를 주행 장치의 롤러가 움직이므로 항상 깨끗해야 주행 장치가 원활하게 움직일 수 있다. 따라서 ㄷ형강 내에 여과사나 찌꺼기가 없도록 스크레이퍼와 물세척 장치를 그림 5.19와 같이 설치하여 항상 깨끗하게 유지될 수 있도록 한다. ㄷ형강에 찌꺼기가 많으면 주행 장치가 움직이지 않을 수 있다. 주행 장치를 움직이는 힘은 세척수가 분사되는 힘의 반작용힘에 의해 움직인다.

질문 7 스토퍼는 어떻게 설치하는가?

표면세척기는 좌우로 움직이므로 표면세척기의 노즐이 벽체에 부딪치지 않도록 하기위해 주행 장치 스토퍼를 설치하여 더 이상 오지 못하도록 한다. 또 주행 장치가 멈추기 전까지는 방향전환 장치에 의해 세척수의 흐름이 반대방향으로 바뀌어야한다. 따라서 표면세척 장치가 여과지의 한 면에 도달하기 전에 밸브 레버를 움직일 수 있도록 레버 스토퍼를 설치한다. 이때 레버 스토퍼의 길이를 잘 조절하면 주행 장치가 주행 장치 스토퍼에 부딪히는 충격을 줄일 수 있다. 레버가 밀려가면서 분사되던 노즐에 물량이 줄어들면서 표면세척기는 추진력을 잃게 된다. 이때부터는 관성에 의해 움직이게 됨으로 이 관성으로 레버를 완전히 밀게 되고 표면세척기에 남아있는 잔여 관성이 약하면 스토퍼에 부딪히는 충격이 약하게 된다.

질문 8 볼 조인트는 어떻게 제작 설치하는가?

볼 조인트는 표면세척기가 좌우로 이동함에 유입관이 꼬이지 않고 원활히 세척수를 공급하기위해 사용된다. 따라서 그림 5.17과 같이 상부 플랜지와 하부 플랜지가 회전되고 물은 새지 않도록 제작되어야하며 그림 5.23 볼 조인트는 배관 수직부에 설치하고 호수는 꺾이지 않는 수평부에 호스로 연결 사용한다. 이때 호스는 부채꼴 모양으로 움직이므로 짧은 거리에서도 처지는 현상이 발생할 수 있어 주행 시 간섭이 발생할 수 있으므로 주의해야 한다.

(6) 여과 유량 조절장치

1) 기 능

급속여과지에서는 여과유량을 조절하는 장치를 구비해야 한다. 여과유량을 조절하는 목적은 여과지의 유입 및 유출수량의 평형과 여과 사면상의 필요한 수심을 유지하고, 각 여과지의 여과유량의 배분을 될수록 동일하게 유지함과 동시에 여과조건의 급격한 변화를 피하기 위함이다.

여과 층으로 현탁물 여과를 계속하면 여과 층에 탁질이 억류됨에 따라 여과 층 내의 유로의 단면적을 감소시키고 투수성이 떨어진다. 따라서 여과 층의 상부의 수위와 여과 층 하부의 수위가 일정할 경우, 즉 여과 층에 걸리는 압력차가 일정하면 여과 층의 폐색에 따라서 여과 유량은 서서히 감소한다. 이것을 정압여과라 한다.

폐색여과는 여과가 진행됨에 따라서 여과지내의 수위를 높게 하거나 여과지 유출관 밸브와 정수 밸브를 열고 닫는 등, 유량을 제어하여 저항을 저하시킴으로서 여과 층에 걸리는 압력차를 증가시켜주면 여과수량이 감소되지 않도록 할 수 있어 일정의 여과유량을 유지할 수 있다. 이 조절방법을 정속여과라 한다.

정압여과에서 여과 압력의 상한을 정하지 않을 경우에는 여과수량 관리에 지장이 있으므로 여과속도의 상한을 어느 정도로 억제하고 소정의 여과속도로 저하할 때까지 여과를 지속한다. 감쇄여과 방식으로 정압여과가 운용된다.

일반적으로 많이 사용되고 있는 것은 정속여과이다. 정속여과의 제어에는 유출 측 제어와 유입 측 제어의 두 가지 방식이 있으나 대부분 사용되는 것은 유출 측 제어방식이다. 유량제어의 목적의 하나로서 여과속도의 급격한 변동을 방지하는 것이다. 여과 층 내부에서 여재 입자 표면에 플록이 가볍게 억류되어 있으므로 유속을 급히 증대 시키면 억류된 플록이 쉽게 탈락하여 여과수중으로 유출된다.

2) 여과유량 제어 방법의 종류

① 여과수 유출 측에 유량계와 유량조절장치를 설치하고 여과초기에는 조절장치에 의해 큰 손실수두를 발생시킴으로서 여과유량을 억제한다. 여과가 진행됨에 따라 여과 층의 폐색이 진행되고 여과 층 내의 손실수두가 증가한분 만큼 밸브를 더 열어서 조절장치에의 손실수두를 감소시킴으로서 여과유량을 일정하게 유지하는 것이다. 이 방법에서는 수량 관리가 쉽고 사면상부의 유입관 수위까지의 고저차를 비교적 적게 할 수 있어 하류 측의 수압변동에 영향을 작게 받는 등의 장점을 갖는 반면 장치가 비교적 복잡하고

설비비가 고가이며 높은 손실수두 때의 부압 발생에 따라 수질 악화를 초래할 가능성이 있는 것 등이 단점이다.

② 유출 측의 유량은 제어하지 않고, 여과 저항이 점차 증가함에 따라 여과지 자체의 여과 사면상의 수심이 서서히 높아지게 함으로서 여과 층의 폐색에 따른 여과수의 감소를 방지하고 일정의 여과 수량을 유지하는 방법이다. 이 방법에서는 사면상의 수심이 어느 설정 치에 도달하면 여과를 정지하고 세척을 한다. 여과 사면상의 수심을 크게 할수록 여과 지속시간을 길게 할 수 있다. 이 방법은 여과지의 구조물이 깊어지는 단점이 있으나, 유출 측의 여과조절 및 정속여과가 가능하고 여과층 내에 부압이 발생할 위험이 적은 점 등의 장점이 있다.

③ 감쇠여과는 유출부에 고정된 단면 조절부를 설치하여 여과속도의 상한 제어만을 실시하고 다른 제어방법은 하지 않는다. 유입은 침전지와 비슷한 수위의 여과 수면을 갖는 형태로서 전체 여과지 수위가 동일하게 된다. 그러므로 여과지의 휴지나 복귀에 따라 여과속도가 변동하므로 수량 관리상 특별한 고려를 필요로 한다. 감쇠 여과의 이점은 복잡한 조절장치를 필요로 하지 않고 여과에 필요한 수두가 작으며 여과 층의 폐색에 따라 자연적으로 유량이 감소되므로 초기의 여과속도를 적절히 제한한 경우에 탁질의 누출 위험이 적은점 등이 있다.

3) 여과 유량 조절 장치의 종류

여과유량 제어방법에는 2)항에서와 같이 여과수 유출관에 유량계와 유량조절장치를 설치하여 여과수량을 조절하는 방법과 유출 측을 제어하지 않고 여과지 내의 수두를 증가시켜 여과 층 폐색에 따른 여과손실을 여과지내의 원수수두로서 보존하는 방법, 그리고 여과 유출부에 단면 조절부, 즉 웨어를 설치하여 여과수 유출관 수위를 여과층 표면보다 높게 하여 여과속도 변동이 적게 하는 방법 등이 있다.

여과유량 조절장치 중에서 여과유량을 여과지 유출 측에서 조절하는 방법으로는 여러 가지가 있으나, 크게 유량을 계측하여 밸브를 조절하는 유량계식과 웨어식이 있다. 유량을 계측하는 방법으로는 벤투리 또는 오리피스를 많이 사용한다.

웨어식에는 고정웨어식과 유출관의 선단을 상하 신축할 수 있는 신축웨어식이 있다.

4) 유량계식 여과유량 조절장치

① 원 리

유량계식 유량조절장치는 여과수 유출관에 유량계와 유량 조절변을 설치하여 유량계에서 측정된 유량을 설정한 유량과 비교하여 유량 조절변을 열어주고 닫아 주는 유량조절장치로 설정된 유량보다 보다 많이 계측되면 유량 조절변을 약간 닫아주고, 설정된 유량보다 적게 계측되면 약간 열어준다. 이 동작을 연동시켜 자동으로 정속여과를 할 수 있도록 조절된다.

정수관에 유량계와 조절밸브를 설치하고, 여과지 내에는 수위계를 설치한다. 유량계에서 측정된 유량신호는 조작대로 보내지고 조작대에서는 설정된 유량보다 많고 적으면 유량 조절밸브 조절기에 신호를 보내 유량조절 밸브를 닫고 열고 하여 유입유량과 유출유량이 평형을 이루도록 한다. 이렇게 유입유량과 유출유량이 같아지면 여과속도는 일정하게 되어 정속여과를 하게 된다. 그러나 여과층에 억류된 탁질에 의해 여과저항이 커지면 유량 조절 밸브를 완전히 열어도 여과지내의 수위는 상승하게 된다. 이때 상승된 수위가 최고수위 설정 치에 도달하면 조작대로 신호를 보내 역세척을 자동으로 시행한다.

질문 1 **유량계는 어떻게 설치해야 하는가?**

정수관은 여과지 옆 지하에 보통 설치되어있어 가장 밑에 위치하며 지하가 보통 습하다. 따라서 지하에 유량계가 물이 잠기지 않도록 배수가 잘 될 수 있도록 하고 계측기는 습기에 노출되지 않도록 하여야한다. 유량계는 직관부에 설치한다. 그러나 충분한 거리의 직관을 필요로 하나 실제는 실내배관으로 직관 거리가 짧아 많은 오차가 발생함으로 감안해야 한다. 유량계에는 항상 물이 꽉 차서 흘러야 함으로 정수지가 정수관보다 아래에 있거나 정수지 수위가 아래에 있으면 유량 조절밸브를 많이 열었을 경우 사이펀 현상이 일어나 유량계 내부에 자유 수면을 이뤄 유량측정이 불가능 할 수 있다. 따라서 유량계에는 항상 물이 꽉 차 흐를 수 있도록 배관을 조정할 필요가 있다.

질문 2 **계측기는 어떻게 설치해야 하나?**

유량계 옆과 유량조절밸브 앞에 설치되는 계측기 및 장비는 습한 지하에 설치됨으로 부식과 누전으로 인한 해를 입지 않도록 주의해서 설치해야 한다. 또 지하에는 누수로 인해 많은 물이 쏟아 질 수도 있으므로 주의해서 설치한다. 장비와 계측기는 방수 형을 사용하는 것이 좋다.

질문 3 **유량계식 유량조절장치의 장단점은?**

유량계식 유량조절장치의 장점은 여과기를 역세 후 가동초기에는 여과저항이 적어 유량 조절밸브를 많이 닫고 운전하고, 여과 층에 탁질로 인해 저항이 생기면 유량조절밸브를 점차 열어 완전히 열게 되어서 운전하게 됨으로 높은 수두차로 여과 시킬 수 있다. 따라서 여과지속시간이 길어진다.

단점은 설비가 복잡하고 고가이다. 또 설비가 전기적인 신호에 연동되면서 유량조절밸브가 계속 움직이게 됨으로 고장이 많다. 따라서 관리하기도 어렵고 유지관리비도 많이 들어간다.

5) 웨어식 유량 조절장치

① 원 리

여과지 유출관측에 웨어를 설치하여 여과지 수위를 여과 층의 표면보다 높게 유지시키는 방법으로 구조가 간단하다.

이 고정식 웨어와는 다르게 웨어를 올리고 내릴 수 있도록 하는 신축 웨어는 여과지 수위에 따라서 웨어 높이를 조절하는 방법으로 여과지 수위가 높아지면 유출관측 웨어는 낮아지고 여과지 수위가 낮아지면 유출관측 웨어는 높아진다. 따라서 여과초기에는 여과지 수위와 정수 웨어 수위는 같아진다. 여과 층의 저항 커지기 때문에 여과지 수위가 높나지면 유출관측 웨어는 반대로 낮아짐으로 높은 수두차로 여과 할 수 있다. 따라서 여과지속시간이 고정식 웨어보다는 많이 길어진다.

② 구 조

여과지 유출관측에 웨어를 고정시키는 방법은 큰 문제가 없고 간단하다. 웨어 높이를 여과 층 표면보다 높게 설치하면 되기 때문이다. 그래서 정수 시에는 항상 여과 층이 물에 잠겨있어 부분여과나 부압이 발생하지 않으며 유입된 수량만큼 여과가 이루어진다. 이렇게 유출수위가 여과표면보다 높아 여과지속시간이 짧아진다.

이에 유출구의 높이를 조절할 수 있는 이동식 웨어를 그림 5.26과 같이 개발하여 사용하였다. 그림에서 여과수가 N-2로 유입되며 ⑦파이프 상단으로 다시 유입되어 N-3로 유출되어 정수지로 보내진다. 여기서 ⑦파이프는 하부에 설치되어있는 큰 파이프 내부로 들어가 웨어의 높이가 낮아지게 된다. 이 ⑦파이프 상단에 부력통을 설치하고 ④번 부력통을 2단 활차에 묶어 ④부력통이 뜨면 ⑦파이프가 내려가게 연동시킨다. 2단 활차는 직경을 다르게 제작하였으며 직경 비는 약4:1로 제작하였다. 직경이 큰 활차에는 ④ 부력통을 연결시키고 ⑤탱크에는 여과지 상부와 즉 원수관과 연결시키면 여과지 수위가 400 mm 상승하면 정수관에 설치된 유량조절장치의 웨어는 1200 mm 정도 낮아지게 되므로 고정식 웨어보다는 약 1600 mm 정도의 수두차가 발생할 때까지 여과가 가능함으로 여과 지속시간이 길어진다. ⑥은 수위계로 정수수위를 측정할 수 있으며 수위계 어느 한계로 낮아지면 여과층을 역세척 하여야한다.

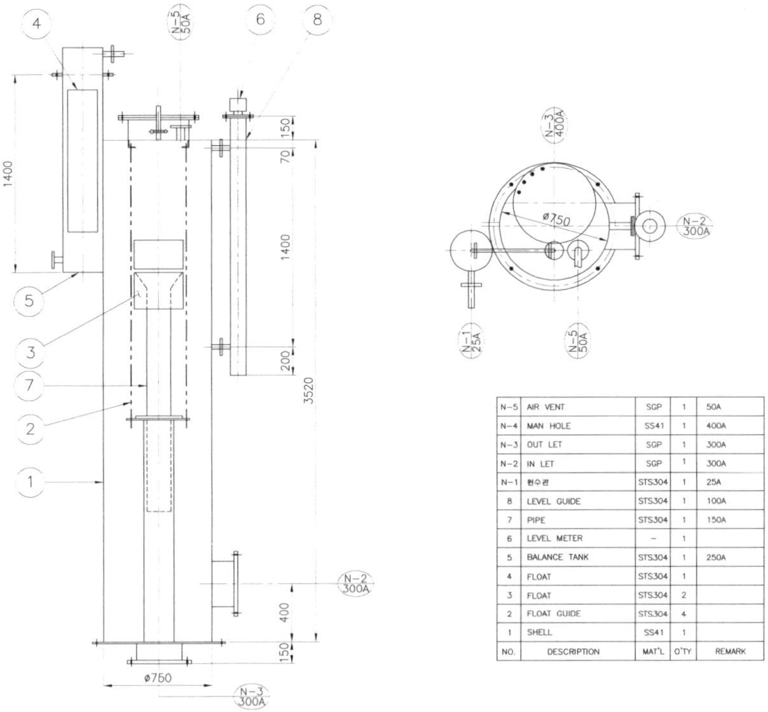

NO.	DESCRIPTION	MAT'L	O'TY	REMARK
N-5	AIR VENT	SGP	1	50A
N-4	MAN HOLE	SS41	1	400A
N-3	OUT LET	SGP	1	300A
N-2	IN LET	SGP	1	300A
N-1	원수관	STS304	1	25A
8	LEVEL GUIDE	STS304	1	100A
7	PIPE	STS304	1	150A
6	LEVEL METER	–	1	
5	BALANCE TANK	STS304	1	250A
4	FLOAT	STS304	1	
3	FLOAT	STS304	2	
2	FLOAT GUIDE	STS304	4	
1	SHELL	SS41	1	

그림 5.26 자동 유량 조절장치

상부에 설치되는 파이프는 그림 **5.26**의 ⑦ 파이프가 내부로 들어가 완전히 낮아 질 수 있도록 충분한 길이를 가져야하며 상부 파이프 외경과 하부 파이프 내경 틈새를 PE판을 가공하여 부력으로 뜨고 가라앉을 수 있도록 잘 가공하여야 한다.

그림 **5.26**의 ⑦ 파이프는 파이프 상단과 상부에 부력통을 설치하여 물속에서는 부력에 의해 파이프의 무게가 줄어들게 만들고 파이프도 무게가 적은 얇은 것을 사용하여 무게를 줄였다. 또 파이프는 진원인가를 확인하여 제작하였으며 상부 부력통은 중앙에 가는 파이프를 넣어 공기를 유입시켜 여과수가 유출될 때 사이펀현상이 일어나는 것을 방지하였다. 부력통 주위에는 수직으로 움직일 수 있도록 환봉을 설치하여 환봉 이 안내 역할을 할 수 있도록 하였다.

원수관과 연동시키는 균형통은 긴 원통으로 제작하여 사용했으며 ③ 부력통은 물을 넣을 수 있는 구멍을 뚫어 물을 넣어 내부 부력통과의 균형을 이룰 수 있도록 하였다.

③ 설 계

본 유량조절장치는 여과지에 유입되는 원수가 여과층에 탁질이 억류됨에 따라 수위가 상승함으로 이 상승되는 수위를 이용하여 정수관에 설치되어 있는 웨어가 상승 수위에 4배가 내려가도록 설계해야 하므로 균형탱크와 파이프 부력통이 연동될 수 있도록 부력계산을 정확하게 해야 한다.

㉠ FLOAT의 부력 계산

ⓐ 하부 Float의 부력

$$V_1 = 0.35^2 \times \frac{\pi}{4} \times 0.25 - 0.16^2 \times \frac{\pi}{4} \times 0.15 - \left\{\left(\frac{0.27}{2}\right)^2 + \left(\frac{0.27}{2} \times \frac{0.16}{2}\right) + \left(\frac{0.16}{2}\right)^2\right\} \times \frac{0.1\pi}{3}$$

$$= 0.02404 - 0.0030144 - 0.0048382$$

$$= 0.01618\ \mathrm{m^3} = 16.18\ \mathrm{kg}(\text{물 비중}1)$$

ⓑ 상부 Float의 부력

$$V^2 = 0.35^2 \times \frac{\pi}{4} \times 0.2$$

$$= 0.0192\ \mathrm{m^3} = 19.2\ \mathrm{kg}$$

부력의 합 $= V_1 + V^2 = 16.18 + 19.2 = 35.38\ \mathrm{kg}$

㉡ Float 의 중량 계산

ⓐ 하부 Float의 중량

Pipe 150^A $1.5^M \times 11.3\ \mathrm{kg/m} = 16.95\ \mathrm{kg}$

$$\text{Float} = \left\{0.35 \times 3.14 \times 0.25 + (0.35^2 - 0.165^2) \times \frac{\pi}{4} + (0.35^2 - 0.27^2) \times \frac{\pi}{4} + \left(0.27 + \frac{0.16}{2}\right) \times 0.114 \times \pi\right\} \times 2 \times 7.93$$

$$= 0.4654382 \times 27.93 = 7.38\ \mathrm{kg}$$

소계 24.33 kg

ⓑ 상부 Float의 중량

Float 원통 $0.35 \times 3.14 \times 0.2 \times 2 \times 7.93 = 3.48\ \mathrm{kg}$

Float의 상하판 $0.35^2 \times \frac{\pi}{4} \times 2 \times 2 \times 7.93 = 3.05\ \text{kg}$

소　　계　　　6.53 kg

ⓒ 연결 볼트 및 기타　　　　　2.0 kg

중량계　　　　32.86 kg

㉢ 부력통의 수위

ⓐ 부력통이 물에 뜨려면 부력이 자체무게보다 커야 되며 부력이 여유가 있어야 많이 뜰 수 있다.

여유부력＝부력－중량

＝35.38－32.86＝2.52 kg

ⓑ Float의 높이

$$h = 2.52\left(0.35^2 \times \frac{\pi}{4}\right) = 26.2\ \text{mm}$$

여유부력으로는 26.2 mm 뜨게 되나 Float로 물이 흘러들어감으로써 수위는 상부 Float의 중간부에 위치하게 된다.

㉣ 웨어로 통과되는 수량검토

낙차$(H) \fallingdotseq 1.65\ \text{m}$

파이프 내경$(D) = 159.6\ \text{mm}\,(165.2 - 2.8 \times 2 = 159.6\ \text{mm})$

유속$(V) = \sqrt{28H} = \sqrt{(2 \times 9.8 \times 1.65)} = 5.687\ \text{m}/$초

유량$(Q) = AV = 0.1596^2 \times \frac{\pi}{4} \times 5.687\ \text{m}/$초

$= 0.1137\ \text{m}^3/$초 $= 409.37\ \text{m}^3/$시간

$= 9824\ \text{m}^3/$일

여기 유출관에서는 정수수위와 정수지의 수위가 차이가 생기므로 사이펀현상이 일어난다. 따라서 최소 낙차 높이를 H로 설정하여 계산하였다.

㉤ 균형탱크 부력통의 부력계산

ⓐ 부력계산

규격 : $216.3\Phi \times 1000$

부피$(V) = 0.2163^2 \times \frac{\pi}{4} \times 1\ \text{m}$

$= 0.0367\ m^3 = 36.7\ kg$

ⓑ 활차연결

활차 비 4 : 1인 활차 중에서 작은 활차에 균형탱크 부력통을 연결시키고 큰 활차에는 유량조절용 부력통을 연결시키면 균형탱크의 부력통이 유량조절용 부력통에 최대로 $36.7 \times 1/4 = 9.175\ kg$의 당기는 힘이 작용하게 된다. 따라서 여과유량이 많아져 여과지 수위가 떨어지면 균형탱크 밑으로 내려감으로 유량조절장치 부력통이 들어 올려짐으로 원수 수위와 정수 수위차를 적게 만들어 여과유량을 적게 만들고 여과수량이 적어져 여과조 수위가 상승하면 균형탱크의 부력통 역시 상승함으로 유량조절장치 부력통을 당기는 힘도 적어지게 되어 유량조절장치의 부력장치는 밑으로 내려가게 된다. 따라서 여과조 수위와 정수관의 수위차가 커짐으로 여과 수량이 증가하게 된다. 이와 같이 균형탱크의 작은 움직임에 따라 유량조절정치의 부력통이 상승과 하강을 반복하면서 정속여과를 유지하고 여과지의 수위와 정수 유출관 수위차를 크게 함으로 여과지속시간을 길게 한다.

유량조절장치의 여과수가 유출되는 부력통과 부력통과의 간격을 정수유출관의 단면적보다 10%정도 넓은 단면적을 갖도록 높이를 조절하여 유출수가 잘 흐를 수 있도록 한다.

질문 1 활차는 어디에 설치하고 로프는 어떻게 설치하는가?

활차는 균형탱크 위에 설치하고 로프는 균형탱크에 부력통이 하단에 있을 때 작은 활차와 균형탱크 부력통을 팽팽하게 연결시키고 큰 활차에는 유량조절장치의 묶인 줄은 부력통을 상단으로 최대로 들어 올린 상태에서 늘어진 줄을 활차에 여유 있게 감은 다음 활차에 고정시킨다. 그러면 균형 부력통이 올라가면 유량조절장치의 부력통은 내려오게 되어 한쪽 줄이 풀리면 한쪽 줄은 감기게 된다.

질문 2 균형탱크의 부력통에는 얼마만큼 물을 채우나?

균형탱크의 부력통에 물을 채우지 않으면 균형탱크에 물이 조금만 들어와도 1/4로 감속된 활차로 인해 균형탱크는 균형탱크의 무게에 1/4 밖에 전달되지 않기 때문에 균형탱크는 상승하게 되어 여과초기에도 부력통이 너무 높게 상승하게 된다. 이렇게 되면 여과지 수위가 조금만 상승해도 부력통은 최대로 상승하게 됨으로 부력통에 부력통이 가라앉지 않을 정도로 물을 채워 수위와 부력통이 비슷하게 상승할 수 있도록 한다. 따라서 부력통이 30cm 상승하면 유량조절장치의 부력통은 $30 \times 4 = 120\ cm$를 하강하게 되어 이때 여과손실수두는 30 cm+120 cm=150 cm가 된다. 이 수두까지 여과를 할 수 있어 여과시간을 길게 할 수 있다.

질문 3 공기변은 설치해야 하는가?

유량조절장치 공기변을 설치해야 한다. 만약 공기변을 설치하지 않으면 정수관에 사이펀현상이 일어나 여과지로 전달되어 여과속도가 빨라지고 부압여과와 부분여과가 발생할 수 있다.

그러므로 유량조절장치 내에 자유 수면을 이룰 수 있도록 해야 한다. 자유 수면을 이룰 수 있도록 하려면 유량조절장치 내에 항상 대기압이 형성될 수 있도록 상부 부력통 중심부에 파이프를 설치하여 공기가 유입될 수 있도록 해야 사이펀현상을 방지하게 되어 중앙관과 부력통이 자주 오르락내리락 현상을 방지시킬 수 있다.

질문 4 질문4 : 활차의 직경이 같은 활차를 사용할 경우 어떤 문제가 있는가?

여과지가 깊지 않은 여과지를 사용할 경우에는 여과지 수위 변동이 30~50 cm 정도이다. 따라서 활차의 직경이 같을 경우 여과지 수위가 30 cm올라가면 정수수위도 30 cm 내려간다. 이 경우 여과 손실수두를 이용할 수 있는 높이는 60 cm이다. 그러나 1 : 4의 활차를 사용할 경우에는 여과수 수위가 30 cm 상승하면 정수 수위는 4배로 떨어지므로 120 cm가 내려간다. 따라서 여과 압력을 150 cm까지 여과할 수 있어 여과지속시간이 여과압력 상승이 60 cm부터 150 cm가 될 때까지 여과를 지속할 수 있다. 따라서 역세 후 여과지속시간이 길어진다.

질문 5 고정 웨어는 사용하면 어떤 문제가 있는가?

고정 웨어의 높이가 고정되어 있으므로 항상 수위가 일정하다. 따라서 여과손실수두는 여과지내 수위 상승으로만 여과를 지속할 수 있다. 즉 질문 4에서 여과지내 수위를 상승시킬 수 있는 높이가 30 cm라 하면 여과압력은 30 cm이므로 여과지속시간이 가장 짧아 역세가 자주 일어난다. 따라서 역세 시 손실되는 역세수와 여과 시간이 짧아지는 것이 가장 큰 단점이다. 그러나 역세수조가 필요 없거나 역세 펌프가 필요 없는 연립식 여과기 일 경우에는 정수관 수위가 역세에 필요한 수위로 항상 유지되어야 하므로 이와 같은 고정 웨어를 사용한다.

질문 6 수위계는 정수관인 유량조절장치에 설치해도 가능한가?

보통 역세시기를 알기위해 여과지 상부에 수위계를 설치하여 여과지 만수위일 때가 여과손실수두가 가장 클 때이므로 이때를 수위계로부터 신호를 받아 자동으로 세척공정에 들어간다.

이와 같이 여과지 상부에 수위계를 설치하려면 전선도 연결시켜야하므로 미관도 안 좋다. 보통은 여과지 수위가 높아 지하에 수위계설치가 불가능 했었으나, 지하에 설치되어 있는 유량조절장치에는 여과지수위보다는 낮음으로 유량조절장치 옆에 수위계를 설치하여 유량조절장치수위에 따라 같이 움직일 수 있도록 하면, 유량조절장치수위가 가장 낮아질 때가 이 여과지에서는 여과지수위가 가장 높을 때이므로 이때의 정수 수위계로부터 신호를 받아 역세시점으로 하여 세척공정 할 수 있도록 하였다. 수위계 신호는 가장 낮은 수위보다는 약간 높은 지점에서 신호를 받을 수 있도록 하는 것이 오작동을 없앨 수 있다.

5.4 연립식 여과지

1. 원 리

연립식 여과지는 급속여과지의 역세척 방법에 따라 분리한 방법 중 하나이다. 여과지 역세척 방법에는 역세척 수조를 여과지보다 높게 설치하여 수조에 물을 채우고 여과지 역세척 시 수조와 연결된 여과지 밸브를 열어 수조의 물로 역세척하는 방법이 있으며, 정수지의 물을역세척에 필요한 펌프를 설치하여 역세척 시 역세척 펌프를 가동시켜 역세척하는 방법 등이 있다.

연립식 여과기는 고가수조나 역세척펌프를 사용하지 않고 다른 여과지에서 동시에 여과되는 여과수로 1지를 역세척하는 방법으로 역세척 시 필요한 수두 확보하기 위해 여과수의 유출 웨어 높이를 높게 설치하여야 한다.

2. 구조 및 설계

급속여과지의 여과속도는 보통 120 m/일=0.0833 m/분이고, 역세척 시 속도는 보통 0.6 m/분로 7~8지의 여과되는 여과수로 1개의 여과지를 동시에 세척할 수 있으므로 최소 8지 이상의 여과지로 구성되어야 하며 여과속도도 항상 120m/일을 항상 유지 되어야 한다.

여과지를 최소 8지 이상 되도록 설계하여야 7지에서 여과되는 여과수로 역세척을 할 때 역세척속도 0.583 m/분로 세척을 할 수 있다.

웨어의 높이는 여과지내의 트라프 높이보다 약 80 cm 정도 높게 설치해야 역세척 시 여과사 유출이 안 되고 탁질 배출이 용이하다.

여과지 1호지를 역세 하고자 하면 원수밸브를 잠그고 배수변을 열면 2~8호지에서 여과된 여과수가 1호지로 유입되어 역세척을 하게 된다.이와 같이 동시에 여과된 여과수로 세척을 시킴으로 1지 이상 세척을 하여서는 안 된다. 또 역세척 시에는 여과수를 공급할 수 없으므로 여과지의 수량을 늘려서 충분히 역세척도 시행하고 여과수도 공급할 수 있도록 하는 것이 좋다.

질문 1 **연립식 여과기의 장점과 단점은 무엇인가?**

연립식 여과기는 여과지가 연립식으로 되어있고 역세수조나 역세펌프가 필요 없이 역세척을 할 수 있어 시설비나 유지비가 적게 된다.

단점은 여과지 수량이 8지 이상으로 설계되어야 하며 시설용량에 비해 처리 수량이 작을 경우에는 역세척 효율이 떨어진다. 이 경우에는 여과지의 크기를 줄이고 여과지의 수량을 많게 하여 지당 여과 수량이 줄더라도 역세척에 문제가 생기지 않도록 하여야 한다.

질문 2 **질웨어의 높이가 낮으면 어떤 문제가 발생하는가?**

급속여과지 역세척 시 보통 700 mm 정도의 손실수두가 생긴다. 따라서 역세척 시 여과지 수위와 웨어 부분의 수위가 700 mm이상은 유지되어야 올바른 세척을 할 수 있다. 만약 700 mm 이하 수두가 생기면 세척유속이 떨어져 세척효과가 나빠진다. 그러나 너무 높으면 세척유속이 빨라져 여과사가 유실될 수 있으므로 주의해야 한다. 특히 역세척 수조를 이용할 경우에는 역세척 수조가 너무 높아 유속이 빠른 경우가 많다. 이 경우에는 역세척 수조와 여과지 사이 관로에 수동밸브를 설치하여 밸브를 조금씩 잠가 유량을 조절시켜 사용해야한다. 이렇게 유량을 조절시키지 않으면 여과사도 유실되고 수충격에 의해 여과지의 하부집수장치가 파손될 수도 있다.

질문 3 **역세 시기는 어떻게 설정하는가?**

보통 역세 시간을 6~9분을 시행하므로 8지의 역세를 계속 시행한다면 최소 40분 이상 소요되게 되므로 여과 수량이 부족하여 공급에 문제가 생길 수 있다. 처음에는 수동으로 설정하여 3시간마다 1지씩 역세척을 시행하여 역세척이 약3시간 정도에서 세척이 일어나도록 한다.

오래 사용하여 세척시간이 몰릴 경우에는 다시 수동으로 하여 3시간마다 강제로 세척시켜 세척 시간을 조정한다.

5.5 무동력 전자동 여과기

1. 원 리

급속여과지나 여과기를 역세척을 하고자 할 때에는 수동이나 자동으로 여과지나 여과기에 부착되어있는 밸브를 조작시켜야 역세척을 할 수 있다. 그러나 무동력 전자동 여과기는 동력을 사용하지 않고 여과손실수두가 높아지면 자동으로 역세척을 할 수 있다.

원리는 여과손실수두가 높아져 원수가 넘치면 넘치는 물로서 부력에 의해 플로트밸브를 열리면서 사이편관내의 압축된 공기를 빼내면 여과실에 있던 원수가 사이펀 관을 타고 넘어 배수로로 빠지게 된다. 여과지 상부에 있는 정수된 여과수가 계속 사이펀현상에 의해 토해내게 된다. 이때 여과사가 세척되게 된다. 여과지 상부에 있는 여과수가 거의 빠지게 되면 사이펀 관 상부에 연결된 작은 관으로 공기가 유입되어 사이펀현상이 깨지게 되어 역세척을 멈추게 된다.

2. 구 조

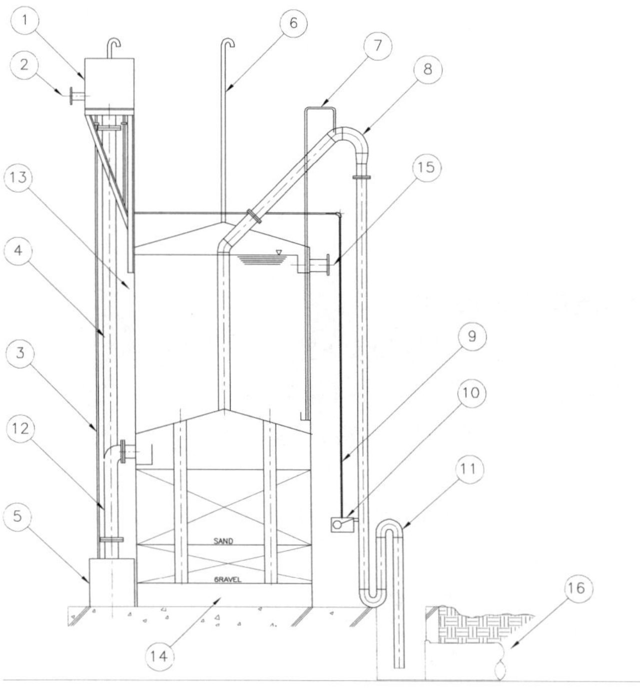

NO.	DESCRIPTION
16	배수관
15	정수 유출관
14	압력실
13	X세수조
12	원수 유입관
11	U-관XX압력조절관
10	BALL TAP
9	BALL TAP 조작관
8	역세 유출관
7	SYPHON BREAKER
6	공기 배출관
5	SEAL TANK
4	원수 유입관
3	공기 배출관
2	원수 유입관
1	HEAD TANK

그림 5.27 무동력 전자동 여과기

무동력 전자동여과기는 그림 5.27과 같이 탱크 하부에는 여과실을 만들고 여과기 상부에는 여과된 정수를 저장할 수 있는 역세수조를 두어 역세척 시 이 역세수조의 물을 사용하여 세척한다. 그림 5.31 그림 본체에서는 본체 하부에는 여과기, 상부에는 역세수조를 설치하고 ①Head Tank와 같이 본체와 ⑧역세관보다 높게 설치하여 원수를 유입시키고 다시 원수를 하부에 ⑤Seal Tank에 유입시켜 원수와 함께 유입되는 공기를 ③공기 배출관을 통해 배출시킨다.

유입된 원수는 본체 여과지 상부로 유입시키고 상부에서 하부로 여과된 여과수는 여과실을 관통한 관을 통해 상부에 있는 역세수조에 정수를 저장시키고 가득차면 상부에 ⑬정수 유출관을 통해 공급한다.

역세척 수조의 크기는 역세척에 필요한 물을 저장시켜야 하므로 역세척을 역세 유속 0.6m/분으로 역세수조 내 수위 높이는 최소 3.6 m이상이어야 한다.

역세 유출관의 관경은 역세수를 유출할 때 유속으로 계산하여 사용한다. 역세 유출관의 여과기 상부는 2 m/초로 하고 역세 유출관 상부를 지나면서 부터는 2.5 m/초로 설계하여 사용한다.

Head Tank는 상부에 설치하고 Seal Tank는 헤드 탱크 밑에 설치하고 배관한다. 여과기 Head Tank와 여과기 본체 역세수조 상부에는 공기를 뺄 수 있는 배기관을 설치해야한다.

여과기 Head Tank 는 원수가 중앙 하부로 유입되어, 양쪽에 여과기를 설치하였을 경우에는 양쪽으로 월류 되고 월류 된 원수는 수관을 통해 아래로 유출되어 Seal Tank로 유입되고 유입된 원수는 길게 내려온 관을 통해 유출된다.

3. 자동 역세원리

여과초기에는 역세관의 수위가 정수탱크 수위와 수평을 이루고 있으며 역세 사이펀과 수위도 수평을 이루고 있다.

Head Tank내의 수위는 여과손실이 없으므로 수위가 낮게 유지되고 있을 것이다. 그러나 여과를 오래 지속함에 따라 여과손실이 커지므로 헤드탱크내의 수위는 점차로 올라가고 역세관의 수위도 최대로 상승한다. 사이펀 관에 수평을 이루던 수위도 여과기유입부의 수위는 내려가게 되고 배수조쪽 수위는 올라간다.

이때 헤드탱크 수위가 최대로 올라가면 가는 배관을 통해 물이 흘러 볼탑 탱크로 유입되고 물이 유입되기 시작하면 공기가 빠져나가면서 사이펀현상이 일어나 유출되어 Ball Tap

Tank로 물이 유입되어 볼탑밸브를 열게 된다. 이때 밸브가 열리면 역세관에 있던 압축공기가 빠지게 된다. 공기가 빠지면 원수 수위가 사이펀보다 높음으로 원수가 역세관으로 넘어가기 시작하며 원수가 계속 유입되면 사이펀현상이 일어나 여과기내의 물을 역세관을 통해 토해내기 시작한다. 이때부터는 여과기 상부에 있는 정수탱크에서 여과기를 수직으로 연결된 관을 통해 하부 집수장치로 유입되어 역세가 일어나게 된다. 역세가 계속되어 정수탱크 수위가 떨어지면 역세관 상부로 연결된 가는 관을 통해 공기가 역세관으로 유입되어 사이펀 현상이 끊어지게 되어 역세척이 끝나게 된다. 이렇게 역세척이 끝나면 여과기는 다시 여과초기상태로 돌아가 여과를 진행하게 된다.

역세수조의 높이는 여과기와 같은 크기로 제작했을 경우 3.6 m정도의 높이가 필요하나 2대여과기의 역세척 수조를 연결시키거나 여과기를 반으로 분리하여 사용할 경우에는 역세척 수조의 높이를 1/2 로 줄일 수 있다.

질문 1 그림 5.27에서 사이펀 관을 U관을 사용하지 않으면 안 되는가?

그림 **5.27**에서와 같이 U관을 사용하지 않고 역세관을 직접 하수구에 넣어 사용할 수 있으나역세관의 하부를 약 800 mm 정도를 수중에 넣어 압축공기가 새지 않도록 하여야 한다. 만약 수압에 의해 밀봉되지 않으면 여과가 지속됨에 따라 수위가 상승하면 원수는 여과 시 역세관을 통해 계속 유출되게 된다. 따라서 배수구는 물이 빠져나가지 않도록 수조로 만들고 방수를 하여 항상 물이 고여 있도록 하여야한다. 그러나 U관을 사용하면 방수가 필요 없이 항상 물을 저장할 수 있으며 보온도 쉽다.

질문 2 Head Tank와 Seal Tank와의 연결 배관은 어떻게 연결 하나요?

Head Tank와 Seal Tank와 연결되는 원수관과 배기관을 그림 **5.27**과 같이 연결하며 원수가 유입 될 때 흡입되는 공기량을 줄이기 위해 Head Tank 와 같이 배관 하였으며 Seal Tank에는 관을 약간 내려 Seal Tank내에 유입된 공기는 Seal Tank 상층부로 모이게 하여 헤드탱크 배관과 연결시킨다. 이때 배기관은 엘보를 사용하여 관을 180° 로 아래로 돌려놓아야 배기 시 물이 튀어 넘치는 현상을 막을 수 있다. Head Tank 상부에 배기관을 설치해야 한다. Seal Tank에 원수유출관은여과기내로 공기가 유입되지 않도록 관을 깊숙이 내려 공기 유입을 방지시킨다.

질문 3 Head Tank는 얼마나 높이 설치해야 하는가?

상부탱크의 설치 높이는 수위로서 결정하며 역세관의 최대수위와 상부탱크의 최고 수위와의 차가 800 mm 이내로 되도록 설치한다. 이 수위차는 역세관을 물에 잠기게 한 높이가 800 mm이면 헤드탱크의 수위 차도 800 mm 이내로 하고 넘지 않도록 한다. 수위차가 클 경우 여과 시 손실수두가 커지면 역세관으로 원수가 유실되게 된다. 반대로 수위차가 너무 적게 설치하면 역세관 높이보다 위에 있는 물이 많지 않으면 역세 초기 시 사이펀 현상이 잘 일어나지 않을 수 있으며 많은 물이 역세관으로 일시에 넘어야 사이펀현상이 일어나 역세를 할 수 있다.

질문 4 역세관이 물에 잠기어 있지 않으면 어떤 문제가 생기는가?

역세관에 물에 잠겨있지 않거나 U자관에 물이 없으면 원수수위가 역세관보다 높아져 원수가 역세수위인 헤드탱크 최고수위에 도달하기 전에 역세관으로 원수가 유출된다. 계속 원수가 유출되면 원수의 손실이 커지고 역세가 일어나지 않을 수 있다. 그러나 U자관을 사용하면 초기에 누수 되는 물이 U자관을 막게 되므로 큰 문제가 일어나지 않는다. 또 U자관을 사용하면 보온하기도 쉽다.

5.6 전자동 압력식 여과기

1. 원 리

전자동 압력식 여과기는 압력여과기에 전동밸브나 공기 실린더밸브를 부착하여 제어반에서 원수압력과 정수압력의 차를 측정하여 차가 커지면 여과기에 여과손실수두가 커진 것이므로 밸브를 자동으로 열고 닫아 역세척을 시행하고 여과를 시행하는 방법이다.

2. 구 조

원수압력을 충분히 견딜 수 있는 그림 5.28과 같이 제작하여 스트레이너판 위에 여과자갈을 넣고 그 위에 여과사만을 넣어 여과시킬 경우에는 단층여과라 하고 그림과 같이 여재를 여과사와 안스라사이트를 넣어 사용할 경우에는 복층여과라 한다.

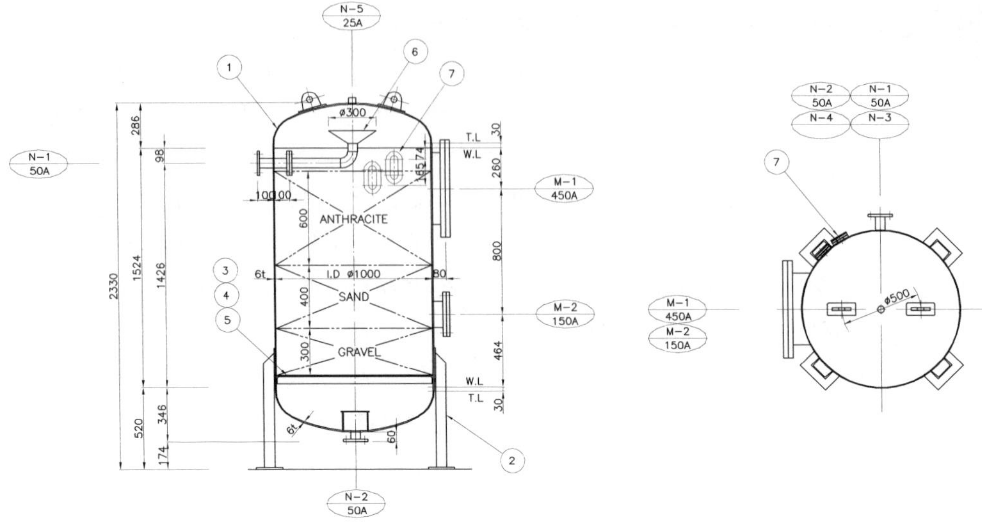

SPECIPICATION		
TYPE		VESSEL TYPE PRESSURE FILTER
CAPACITY		$6M^3$/HR
SIZE		ø1000x1524H
DESIGN PRESSURE		$3KG/Cm^2$
FILTERATION SPEED		$300M^3/M^2/D$
UNDERDRAIN SORCE		STRAINER
FILTER MEDIA (SIZE)	GRAVEL	2-75m/m
	SAND	0.8m/m
	ANTHRASITE	1.5m/m
QT'Y		1 SET

NOZZLE SCHEDULE				
NO	SERVICE	SIZE	QT'Y	REMARKS
N-1	원수 INLET	50A	1	KS10K
N-2	정수 OUTLET	50A		
N-3	역세 OUTLET	50A		
N-4	역세 INLET	50A		
N-5	AIR VENT	25A		
M-1	MANHOLE	450A		
M-2	여재 반출구	150A	1	KS10K

그림 5.28 복층 압력식 여과기

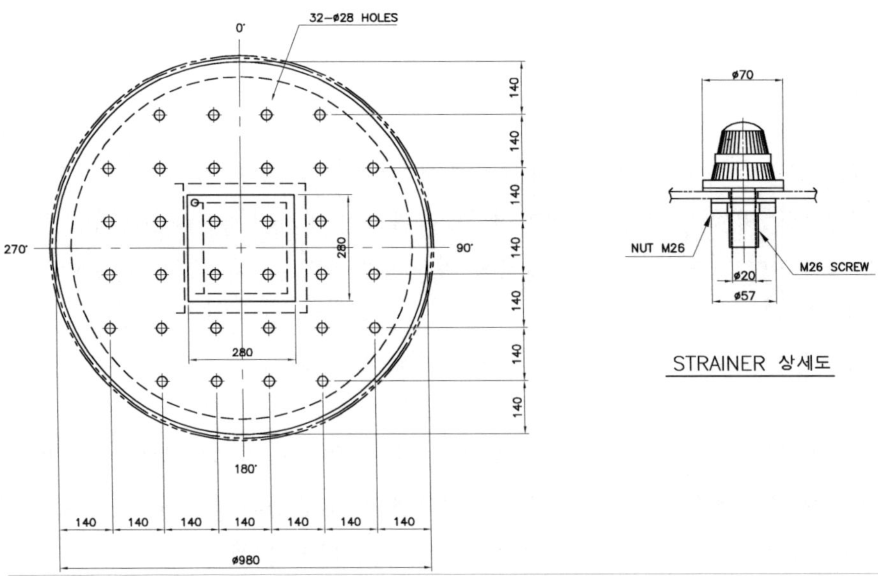

그림 5.29 하부 집수장치

스트레이너 판은 그림 **5.29**와 같이 철판에 구멍을 뚫어 스트레이너를 조립하여 여과시나 역세척 시에 물이 고루 분산되어 통과할 수 있도록 하여야하며, 스트레이너는 역세척 시 역세수가 높은 저항 없이 많은 수량이 통과 될 수 있도록 제작 되어야 한다.

여과기내 상부에는 원수유입과 역세척 시 배수가 잘될 수 있는 구조로 제작되어야 한다. 여과기 직경이 클 경우에는 배수가 고루 될 수 있도록 배수용 콘을 여러 개 설치하여야 하며 필요시 트라프를 설치해야 한다. 여과기 외부에는 정수나 역세척 시 밸브조작을 쉽게 할 수 있도록 그림 **5.30**과 같이 밸브를 설치하여야하며 필요시 표면 세척용 밸브도 설치해야 한다.

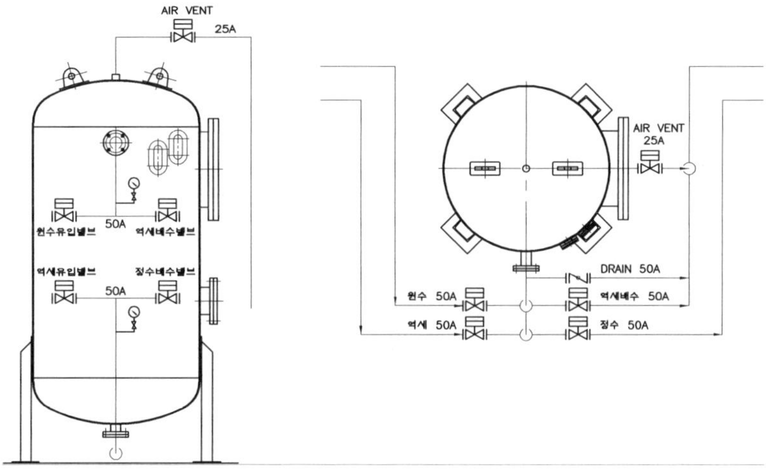

그림 5.30 압력여과기 배관도

여과 층을 감시하고자 할 때에는 여과기 몸통에 그림 **5.31**과 같이 감시창을 설치할 수 있다.

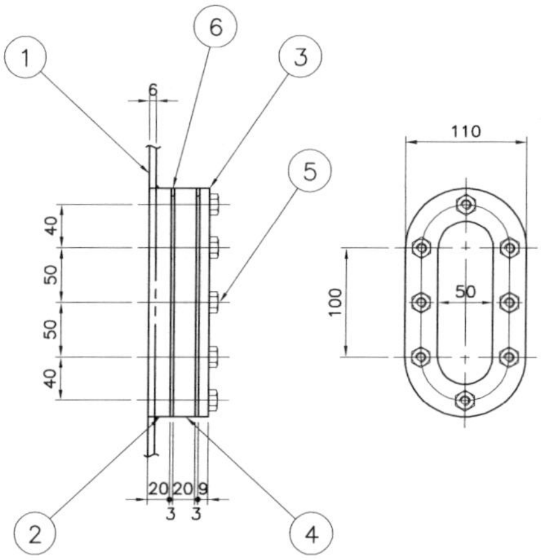

NO.	DESCRIPTION	MAT'L	O'TY	REMARK
1	SHELL	SS400	1	I.D1150x6t
2	PLATE	SS400	1	20t
3	PLATE	SS400	1	9t
4	SIGHT GLASS	ACRYL	1	20t
5	B, P/W, S/W	SS400	8	M10x45L
6	PACKING	RUBBER	2	3t

그림 5.31 감시창

3. 압력 여과기 밸브동작

압력여과기의 밸브는 각각 열고 닫을 수 있도록 하여야하며 역세척은 원수압력과 정수압력의 차가 1kg/㎠이상 발생하면 역세척을 시행하여야 한다.

자동 역세척은 그림 5.32와 같이 차압 신호에 의해 역세척이 시작되고 역세척 시간은 타이머에 의해 조정될 수 있다.

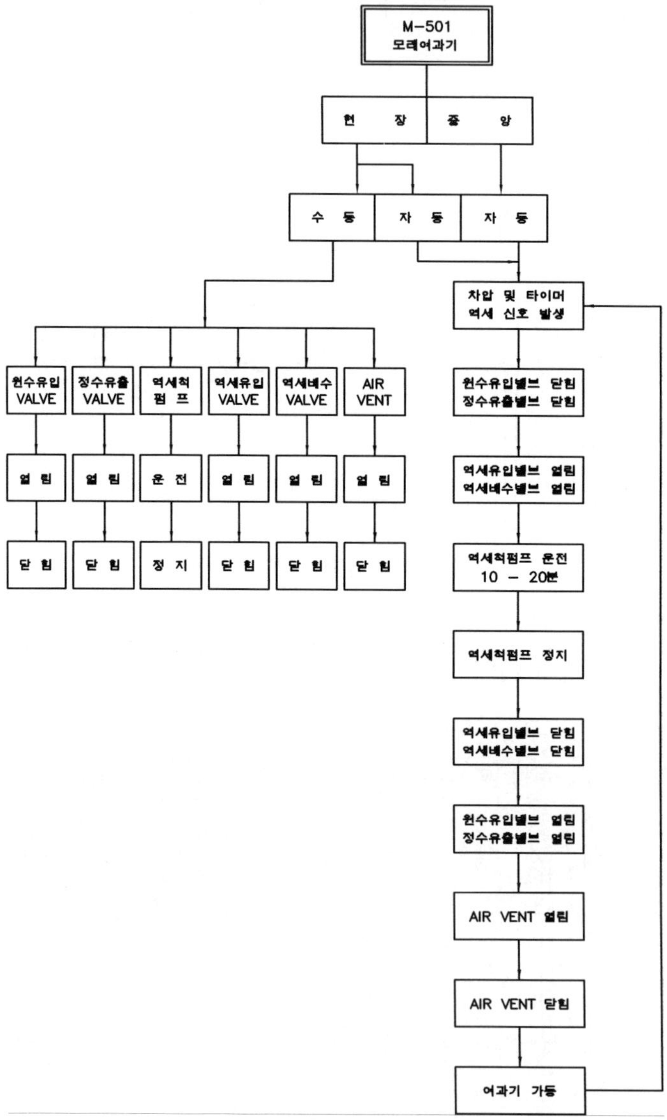

그림 5.32 역세척 조작도

질문 1 하부 집수장치는 제작 시 주의 할 사항은?

하부 집수장치는 여과 시에는 여재의 하중과 여과 손실에 따라 발생하는 차압이 하부 집수장치에 아랫방향으로 걸리고 역세 시에는 역세수압이 위에 방향으로 걸리므로 충분한 강도를 가질 수 있도록 설계해야한다.

스트레이너 판 설치는 탱크내부에 앵글을 둘러대고, 그 위에 스트레이너 판을 용접한다. 탱크 벽면을 따라 물이 흐르지 않도록 틈이 없도록 제작한다.

직경이 작은 여과기는 스트레이너 판 중앙부에서 분해 조립을 할 수 있도록 하여 스트레이너 판하부 보수를 할 수 있도록 하고, 직경이 큰 여과기는 스트레이너 판 하부에 기둥과 보로 보강하여야 한다. 또 사람이 직접 들어가 보수 할 수 있도록 스트레이너 판 혹은 하부 경판에 맨홀을 설치하여 관리를 할 수 있도록 한다.

질문 2 압력여과기의 배관 시 주의할 점은?

답변: 압력여과기는 여과기 내부에 압력이 높아 높은 정수 저장조나 압력이 높은 공급처에도 원수압력으로 직접 공급할 수 있다. 그러나 정수 저장조가 여과기보다 낮게 위치할 경우에는 정수관에 사이펀현상이 발생하여 부압이 발생할 우려가 있다. 이때에는 정수관 가장 높은 곳에 공기가 유입될 수 있도록 관을 설치하고 배관 상단에 공기를 유입시킬 수 있는 밸브를 설치하여, 사이펀현상을 방지 시켜야 한다. 부압여과가 발생하면 수질에 악영향을 미칠 수 있으므로 주의해야 한다.

5.7 상향류 모래 여과기

1. 원 리

현재 대용량 여과지에서는 사용할 수 있도록 개발되지 않아 사용되지 않고 있으며 소용량 모래여과기에서는 많이 이용되고 있다.

소용량의 하향류 모래여과기에서 전자동여과기, 압력여과기 등이 많이 사용되었으나 이러한 여과기에는 역세척을 할 수 있는 별도의 시설이 필요하다. 여과나 역세척이 유효하고 균등하게 될 수 있도록 하부 집수장치가 필요한데 여기 시설에는 스트레이너블록을 지지할 수 있는 기둥과 받침 그리고 그 위에 스트레이너를 삽입한 스트레이너블록이나 스트레이너 판을 설치하고 상부에 여과자갈을 굵은 입경부터 작은 왕사까지 넣고 그 위에 여과사를 넣어

그림 5.33과 같이 여과층을 구성한다. 또, 여과사 표면을 세척할 수 있는 표면세척기와 세척수를 균등하게 배출할 수 있는 트라프를 설치하고 역세척을 조작할 수 있는 관로와 밸브 그리고 전기 제어반을 설치하는 등시설이 복잡하다. 이에 따라 역세척에 관련된 복잡한 시설이 필요 없는 상향류식 모래여과기가 많이 사용되고 있다.

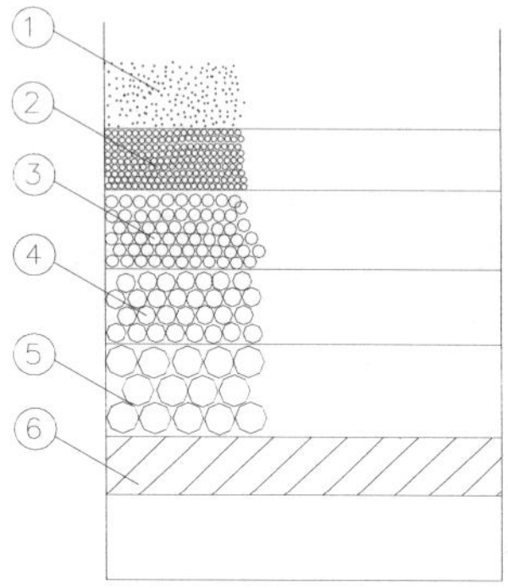

그림 5.33 여과층

번호	명 칭
①	여과사(유효경 0.45mm-0.7mm)
②	여과 자갈(입경 2mm-5mm)
③	여과 자갈(입경 5mm-10mm)
④	여과 자갈(입경 10mm-15mm)
⑤	여과 자갈(입경 15mm-25mm)
⑥	스트레이너블록

상향류 모래여과기는 그림 5.34와 그림 5.35에서와 같이 하부 집수장치와 여과자갈이 필요 없이 여과층은 여과사로만 사용하는 단층 여과로 여과층 하부에 원수를 고루 유입시켜 여과층 상부로 흐르게 하여 여과기 상부에 여과수를 모이게 한다.

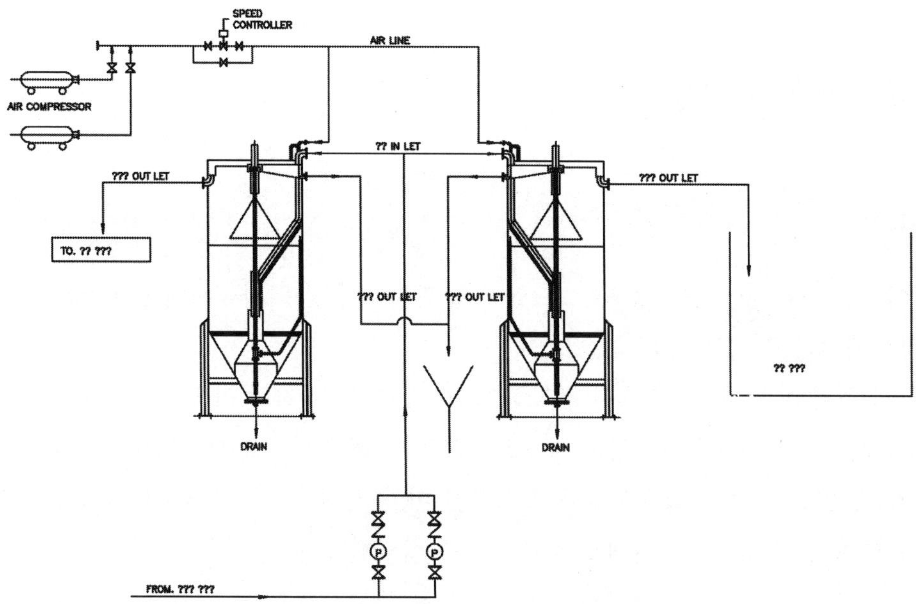

그림 5.34 상향류식 모래 여과기

여과층의 세척은 하향류 여과기에서 사용되는 역세척 방법을 사용하지 않고 공기부양펌프(Air Lift Pump)를 사용하여 오염된 모래를 연속적으로 조금씩 올려 세척하는 방법을 사용하므로 여과가 하향류 여과층과 같이 굵은 여과사와 가는 여과사로 분리되지 않는다. 여과사 세척은 항상 여과층 하부에 있는 오염된 여과사를 올리면서 세척하여 여과층 상부에 공급한다. 여과층 내부로 원수를 유입시킴으로 표면여과가 발생되지 않고 내부여과만 일어난다. 하향류 여과기에서 발생하는 부압여과나 부분여과가 일어나지 않는다. 여과속도는 하향류 모래여과기와 비슷하게 120 m/d 속도로 한다.

2. 구 조

상향류 모래여과기는 하향류 모래여과기와 마찬가지로 여과기의 처리 용량은 여과기의 면적에 여과속도를 곱하여 결정된다. 따라서 여과기의 면적에 따라 여과수량이 비례한다.

구조는 그림 5.35의 ①같이 제작된 탱크에 ②의 원수관으로 원수가 유입되고 원수가 유입되면서 유입된 공기를 배기변을 통해 배기시켜 여과층으로 통과하지 않도록 하였으며 유입된 원수는 여과층에방사형으로 배열시킨 ③관을 통해 여과층 전면적으로 유입시켜 상부로 여과시킨다. 여과층이 통과되면서 여과된 여과수는 ⑤와 같이 웨어를 통해 유출된다.

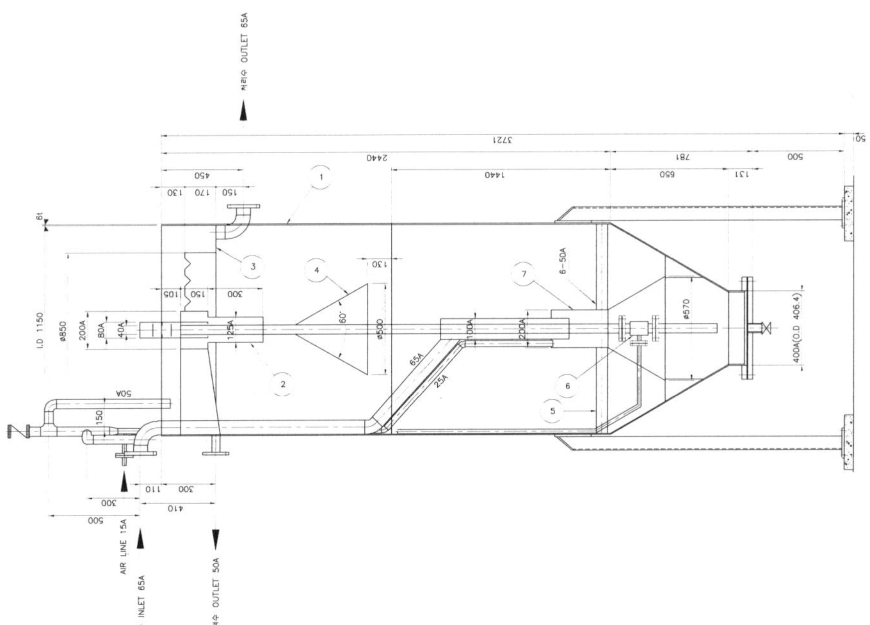

그림 5.35 상향류식 여과기

3. 여과사 세척 원리

오염된 여과사를 연속적으로 세척을 할 수 있도록 ⑥과같이 공기부양펌프(Air Lift Pump)를 설치하여 압축공기를 넣어주면 공기가 부력에 의해 상승되면서 오염된 여과사를 올려 지면서 세척되어 다시 여과층 상부로 투입되게 된다. 오염된 여과사는 중심에 설치되어 있는 공기 부양관으로 상승되면서 오염물질과 여과사와 분리되게 되고 오염물질과 섞인 여과사가 ⑧관으로 떨어지면서 세척된 여과사만 여과층 상부로 떨어지고 오염물질은 상승되는 여과수에 의해 상부로 배출된다.

4. 설 계

그림 5.35에서 세정관은 그림 5.36과 같이 제작하며 오염된 여과사가 세척되어 여과층으로 떨어질 때 여과수가 위쪽으로 흐르면서 오염물질을 배출시켜야 하므로 너무 직경이 크게 설계하면 유속은 0.6~0.9 m/분을 유지시켜야 하므로, 손실되는 물량이 커진다. 따라서 알맞게 설계를 해야 한다. 또 유출 웨어와 수위차가 커지면 유속이 빨라져 여과사가 유실될 수 있으므로 웨어 높이를 조정할 수 있도록 하는 것이 좋다. ③원류관은 여과수를 전 면적에서 적당한 유속으로 유출될 수 있도록 하여야 한다. 웨어가 한쪽으로 몰려 있으면 웨어가 몰려 있는 여과층에 상승되는 유속이 빨라지므로 주의해야한다. 그러나 웨어 부하는 침전지 웨어 부하와 비슷하게 처리해도 좋다. ④는 여과사 분배콘으로 세척 후 투입되는 여과사를 여과층에 고루 떨어질 수 있도록 한다. ⑤는 원수를 여과층 전면적으로 유입될 수 있도록 하는 분배기로서 관을 집수통 하부에 방사선으로 용접시키고 관 하부로 원수가 유출되어 여과층으로 유입될 수 있도록 길게 홈을 만들어준다. ⑦은 공기 부양 펌프(Air Lift Pump)로 압축공기를 유입시킬 수 있고 팽창된 공기가 오염된 모래와 함께 올려 지도록 한다. 공기 배기관은 집수통 상부에 부착하여 원수와 함께 유입되는 공기를 배기시킬 수 있도록 한다. 세척 장치에서 정류관은 그림 5.37과 같이 관 내부에 판을 부착시켜야 공기 부양 시 물과 여과사가 밖으로 튀어 나가는 것을 방지 할 수 있다. 이 정류관 상부로는 공기만 배기되고 관 하부로 오염된 여과사와 물이 떨어질 수 있도록 하여야 한다.

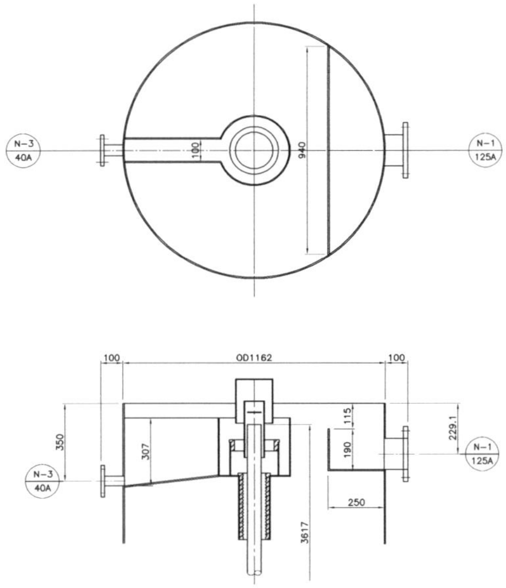

그림 5.36 세정장치

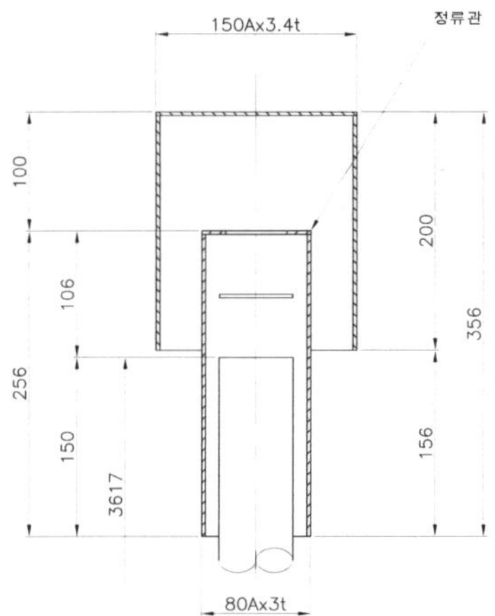

그림 5.37 정류관

방사형으로 제작된 분배관의 제작도는 그림 **5.38** 같으며 여과기 직경에 따라 분배관의 수량과 길이를 알맞게 배열하고 하부에 구멍을 내어 원수가 유입될 수 있도록 한다. 공기부양펌프는 그림 **5.39**와 같이 플랜지를 사용하여 분해가 가능하도록 하였으며 그림 **5.40**과 같이 여과기 하부에 공기부양펌프를 설치하고 외부에서 분해가 가능하도록 하여 관로에 막히는 문제가 발생 시 보수가 쉽도록 하였다. 앞에 그림 **5.35**와 같이 공기부양펌프를 여과사 속에 넣어도 무방하다.

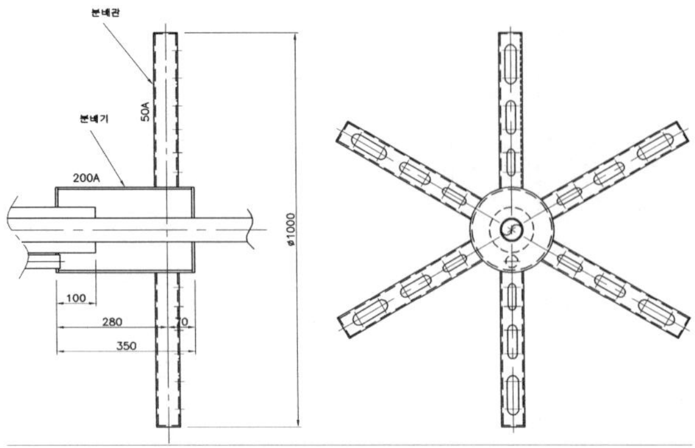

그림 5.38 분배관

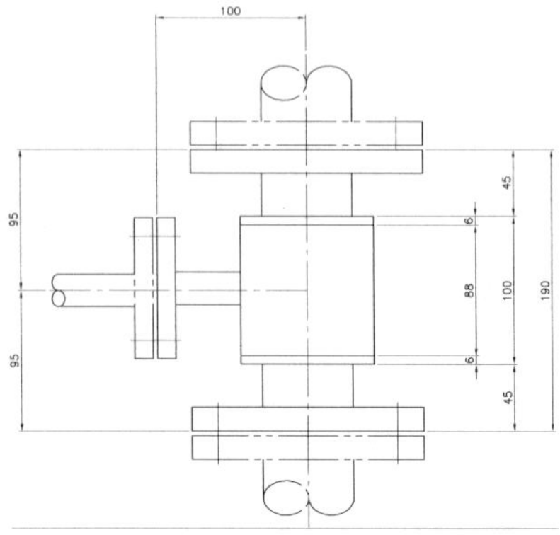

그림 5.39 공기부양 펌프

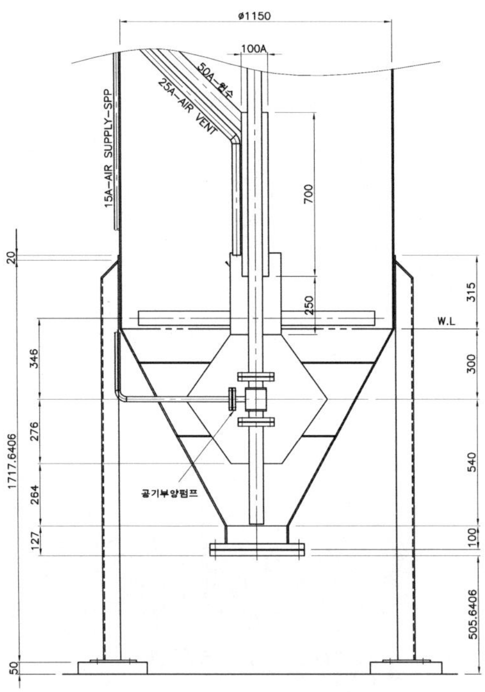

그림 5.40 공기부양 펌프 설치도

질문 1 **①상향류 여과기는 여과 시 부압상태가 발생하지 않는가?**

상향류식 여과기는 원수가 여과층 하부로 유입되어 여과상층으로 여과됨으로 항상 하층에 상층보다 높은 압력이 걸리게 됨으로 부압상태가 발생하지 않는다.

또 여과수는 여층 상부에서 월류되어 정수지로 유입됨으로 사이펀현상이 발생하지 않는다.

질문 2 **여과사 세척은 공기부양 펌프로만 할 수 있는가?**

공기부양 펌프로 세척은 여과사를 여과 중에도 조금씩 세척을 하는 방법으로 역세수조나 역세펌프가 필요 없으며 자체에서 여과된 물 일부를 사용하여 오염된 여과사를 조금씩 연속적으로 세척한다. 따라서 세척된 여과사는 여과층 상부에 조금씩 쌓이게 된다.

본 여과기도 하향류식 여과기와 같이 일시에 역세척을 시행 할 수도 있다. 여과기 하부에 분배관에 역세수를 유입시키고 여과기 상부에 처리수 유출수관을 잠그고 세척수를 배출 시킬 수 있도록 하면 된다. 그러나 역세척에 필요한 많은 물을 저장하고 세척수를 공급할 수 있는 펌프와 같은 장치가 필요하다.

질문 3 **공기부양펌프로 세척할시 좋은 점은?**

공기부양펌프를 사용하여 세척하면 일시에 많은 물이 필요 없으며 여과되는 일부의 물로 사용한다. 따라서 역세수조나 역세펌프가 필요 없다. 이와 같이 세척이 항상 여과 시에 연속적으로 조금씩 세척이 이루어지고 있으므로 오염된 여과사는 여과기 하부에서 빼내어 여과기 상부에 세척된 여과사를 공급함으로 오염물질이 여과층 일부에 집중되는 현상이 없으며, 오염 물질이 뭉치는 머드볼(Mud Ball)현상이 줄어든다. 그러나 세척수는 전체적으로 볼 때 역세척보다 많은 물이 소요됨으로 물 손실이 많아 질 수 있다.

5.8 수평류 모래 여과기

1. 원 리

하향류 모래여과기는 복잡한 역세척 설비가 필요하고 상향류 모래여과기는 역세척설비는 필요 없으나 하향류 모래여과기와 마찬가지로 여과흐름이 수직방향으로 되어있어 여과기의 원통면적과 같은 여과면적만 만들 수 있다. 여과 수 생산량이 많아지면 비례적으로 막대한 부지면적을 필요로 한다.

그러나 여과흐름을 수평으로 흐르게 하면 같은 면적에서도 그림 5.41같이 원통높이를 높여 여과층 높이를 높이면 보다 많은 여과 면적을 확보할 수 있다. 따라서 하향류 모래 여과기나 상향류 모래여과기보다 많은 여과수를 얻을 수 있다. 수평류 모래여과기도 상향류 모래여과기와 마찬가지로 역류세척을 하지 않고 공기부양펌프(Air Lift Pump)를 채택하면 오염된 여과사를 세척한다. 하향류 모래여과기에서 역류세척을 하면 가는 여과재는 위로 모이고 굵은 여과재는 아래로 모이지만 수평류 모래 여과기는 역세척이 아닌 공기 부양펌프를 사용하므로 가는 여과재와 굵은 여과재로 분리되지 않고 혼합되어 있다. 따라서 하향류 모래여과기의 여과표층에서 손실수두가 커지고 표면에 탁질 억류량이 너무 커지는 현상을 막을 수 있고 상하부 여과층이나 어느 여과층도 현탁물질 억류력이 일정하다. 또 여과재 세척방법으로는 역류세척을 사용하더라도 수평으로 여과됨으로 하향류 모래여과기의와 같은 표층에서 여과가 심하게 일어나지 않는다.

원수는 중심부 원수관에서 여과층 높이 전체로 유입되어 표면여과와 동시에 내부여과가 이루어진다. 원수 유입부의 표면 여과시 여과층 표면에 하향류식 모래 여과기처럼 가는 여과사가 몰려 있지 않고 가는 여과사와 굵은 여과사가 혼합되어 있으며 여과사는 연속적인 세척에 의해 여과 중에도 하부로 이동하고 상부에서 다른 여과사가 공급됨으로 어느 한 곳에 찌꺼기가 뭉치는 머드 볼(Mud Ball)발생이 적다. 상향류 모래여과기에서 여과속도를 빨리하면 여과층이 팽창되어 현탁 물질이 누출될 우려가 있으나 수평류 모래여과기는 여과의 방향이 수평류이므로 여과층이 팽창될 우려가 적다. 또, 본 수평류 모래여과기는 원수 유입부에서는 여과속도가 빠르나 여과수가 유출부 쪽으로 갈수록 여과면적이 넓어져 여과속도가 느려진다. 따라서 여과층이 팽창될 우려도 더욱 더 작아지고 현탁 물질이 유출될 위험성도 작아진다. 여과수 유출관도 세척수 배출수로와는 완전히 분리되어 있어 여과수에 세척된 오염물질이 섞일 염려가 없다.

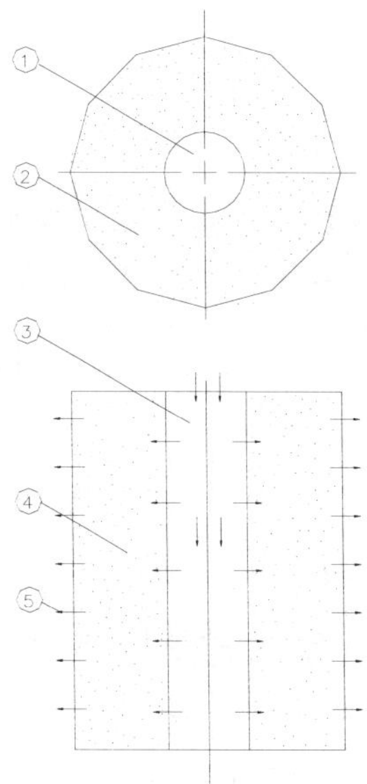

번호	명 칭
①	원수유입구
②	여과사
③	원수관
④	여과사층
⑤	여과 흐름도

그림 5.41 수평류 여과기 여과층

2. 구 조

하향류식인 압력식 모래여과기, 상향류식 상향류 모래여과기와 비슷한 크기의 원통으로 제작하여 수평류 모래여과기를 그림 **5.42**처럼 상향류 모래여과기와 같게 하부를 원추로 제작하고 오염된 여과사는 상향류식 모래여과기와 같은 공기부양펌프(Air Lift Pump)를 사용하여 세척한다.

원수는 압력식 모래여과기와 상향류 모래여과기와는 달리 원통 중앙부에 원수관을 내리고 원수관 주위에 여러 의 구멍을 뚫어 원수가 유입될 수 있도록 하고 원수관 주위에 철판을 원추형으로 제작하여 원추의 상부와 위에 다른 원추의 하부와 겹칠 수 있도록 부착시켜 여과사가 유입부를 막지 않고 유입된 원수가 여과층 전면으로 고루 유입될 수 있도록 한다. 또, 원수가 여과층을 수평으로 흐르면서 여과될 수 있도록 원수 유입부와 수평으로 원통 내부에 큰 원추를 만들어 원수유입부와의 같은 높이로 원추의 상부와 위에 다른 원추의 하부와 겹칠 수 있도록 부착하여 여과사가 유출부를 막지 않고 잘 유출될 수 있도록 한다.

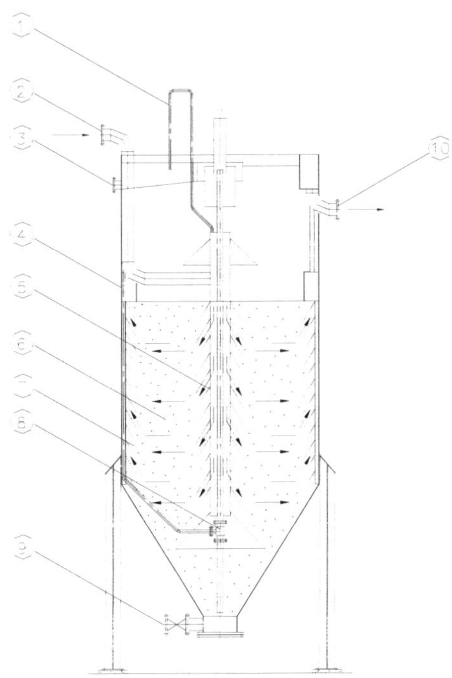

그림 5.42 수평류 여과기

3. 역세척 원리

여과가 지속됨에 따라 여과 손실수두, 즉, 원수의 수두가 증가하여 여과층을 세척하고자 할 때에는 ③원수밸브와 ①정수밸브를 닫고 ② 역세척 밸브와 ④배수밸브를 열면 ②밸브로 유입된 역세수가 여과층 하부로부터 유입되어 여과층을 세척하면서 상승되어 오염된 세척수는 ④ 배수밸브를 통해 배수된다. 역세척이 끝나면 ②번 역세수 유입밸브와 ④번 배수밸브를 닫고 사수 밸브를 열어 배수시킨다. 배수가 끝나면 사수밸브를 닫고 ③원수밸브와 ①번 정수밸브를 열어 여과를 시행한다.

4. 여과 면적 계산

원통을 3000 mm로 제작하였을 경우 그림 **5.43**같이 여과층을 만들 수 있다.여과면적을 계산하면 하향류 모래 여과기와 상향류 모래 여과기는 원통면적($\pi r^2 = 7.065\ \mathrm{m}^2$)과 같은 여과면적을 얻을 수 있다. 이에 수평류 여과기는 수평으로 여과시킴으로 여과면적을 πDH 계산할 수 있다. $\left[D=(d_1+d_2)\times\frac{1}{2}\right]$ 따라서 본 수평류 여과기의 여과층의 내부 원추직경(d_1) $= 700\ \mathrm{mm}$, 여과층의 외부직경(d_2)$= 2600\ \mathrm{mm}$, 여과층의 높이를 (H)$= 3000\ \mathrm{mm}$로 하면 여과면적은 $\pi\times(d_1+d_2)\times\frac{1}{2}\times H = 15.543\ \mathrm{m}^2$가 된다.

하향류 모래여과기일 때의 여과기에 필요한 여과사량은 여과층 높이를 700 mm로 하면 $15.543\mathrm{m}^2\times 0.7\mathrm{m} \fallingdotseq 10.88\ \mathrm{m}^2$가 된다. 본 여과기의 여과층 높이 3 m만의 여과사량을 계산하면 $(d_2^2-d_1^2)\times\frac{\pi}{4}\times H = 14.76\ \mathrm{m}^3$가 된다. 본 여과기의 여과층을 하향류 모래 여과기의 여과층 높이로 환산하면 (여재량)÷(여과면적)=0.95 m가 된다. 따라서 본 여과기의 여과사량을 하향류 모래여과기일 때의 여과층 환산높이가 950 mm가 되어 하향류 모래여과기 기준인 600~700 mm보다 크다. 또, 같은 여과면적 15.543 m^2에서 하향류 모래여과기는 여과사가 10.88 m^3이고 본 수평류 모래 여과기에서의 여과사는 14.76 m^3로 3.88 m^3가 더 많아 더 많은 양의 현탁 물질을 억류할 수 있다.

그림 5.43 수평류 모래여과기 여과층 크기

질문 1 **하부 집수장치는 어떻게 구성하나요?**

수평류 모래여과지에서는 하부 집수장치의 역할이 역세척에 필요한 설비로 하향류 모래여과지의 하부 집수장치와 동일하게 제작 설치한다. 여과층 구성도 여과층 하부에는 자갈층을 먼저 넣고 여과사를 투입한다.

질문 2 **여과층 단면에 미세망은 어떻게 설치하는가?**

여과층 단면은 물은 통과되어야하고 여과사는 유출되지 않아야하므로 여과지 여과층단면에 형강으로 격자를 구성한 다음 형강에 구멍을 뚫어 볼트머리를 형강에 용접시킨다. 이 볼트에 1차로 굵은 STS철망을 끼워 여과사 중량과 여과 손실수두에 견딜 수 있도록 하고 ②차로 여과사보다 가는 STS 망을 끼우고 ③차로 굵은 STS망을 끼워 가는 STS망을 보호한다.

제6장

농축 오니수집기

6.1 턴 테이블식(Turn Table Type)

1. 원 리

농축 오니수집기는 농축조에 설치하여 농축조로 유입된 슬러지를 농축시켜 농축된 오니를 오니제거기로 효과적으로 오니 저장 호바로 모아 배출이 용이하도록 해주는 기기이다.

농축조는 보통 원형 구조물로 제작한다.

2. 구 조

농축오니 수집기는 구동장치, 구동센터 게이지, 스크레이퍼 암, 써포트 프레임, 베어링 써포트, 중앙와류 방지판, 브릿지형 보교, 현장 조작반 및 기타 부속장치로 이루어지며 구조 도면은 그림 6.1, 그림 6.2와 같다.

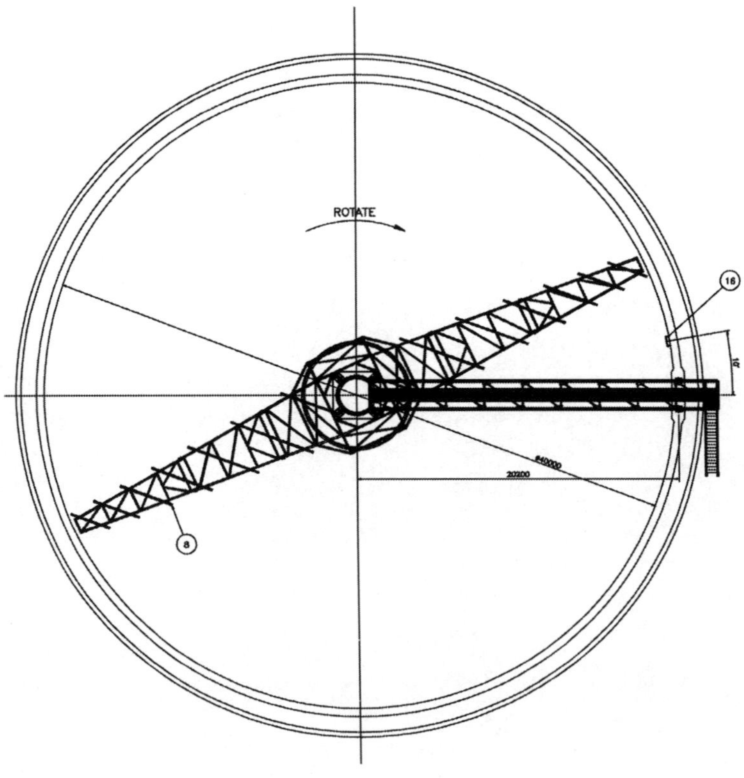

그림 6.1 농축조 오니수집기(평면도)

SPECIFICATION	
ITEM NO.	M-301
형 식	중심구동지주식
사 양	원주속도 : 0.6~2.0 m/min 크 기 : 40mDx4.5mH
전동기	수평형 싸이크로감속기 웜감속기/링기어턴테이블형 2.2kwx220Vx3φx60Hz
수 량	1대

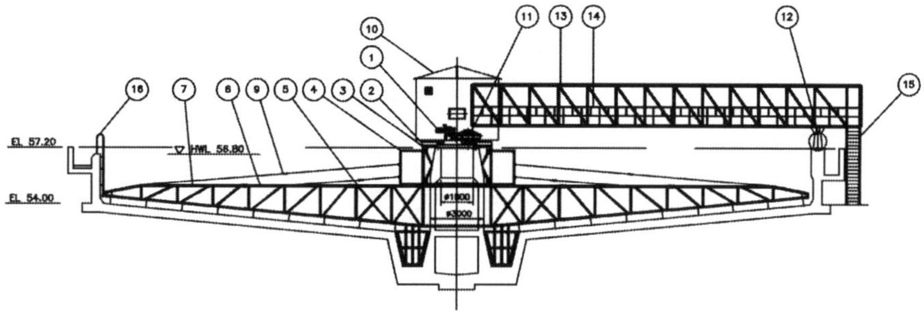

그림 6.2 농축조 오니 수집기(단면도)

3. 설 계

(1) 설계 사양

- 형식 : 중심 구동형
- 농축조 직경(D)=40m
- 스크레이퍼 주변속도 : 0.6 m/분~2 m/분
- 동력 : 2.2 kw×220 v×3φ×60 HZ

(2) 오니 수집시 필요 토크(T)

$$T = P \times \frac{D^2}{4} = 50 \times \frac{40^2}{4} = 20000\ \text{kg} \cdot \text{m}$$

P=(부하계수)=50 kg/m

(3) 주변속도(V)

$$V = 1750 \times i_1 \times \frac{NT_1}{NT_2} = \pi \times D$$

$$= 1750 \times \frac{1}{16211} \times \frac{20}{137} \times \pi \times 40$$

$$= 2\ \text{m/분}$$

i_1 : 싸이크로 감속기 감속비(1/16211)

NT_1 : 싸이크로 감속기 피니언 기어 잇수(20개)

NT_2 : 링 기어 잇수(137개)

(4) 감속기 소요동력(P)

$$P = \frac{N \times T \times \alpha}{975 \times \eta} = \frac{0.01576 \times 20000 \times 1.2}{975 \times 0.648} = 0.6\,\text{KW} < 2.2\,\text{KW}$$

N : 스크레이퍼 rpm(0.01576)

(5) 감속기 토크(T)

$$T = \frac{0.6 \times 975 \times 0.48}{1.2 \times 1750 \times \frac{1}{16211}} = 2916\,\text{kg} \cdot \text{m} = 4000\,\text{kg} \cdot \text{m}\text{로 선정}$$

4. 제 작

그림 6.1의 구동부 ① ② ③은 그림 6.3과 같이 농축조 중심에 있는 콘크리트 기둥 상단에 설치할 수 있도록 받침대를 제작하고 받침대 상부에 그림 6.4의 ①과 같이 구동부와 그 옆에 감속기를 설치하고 체인으로 구동시킨다. 감속기 출력축에는 그림 6.5와 같이 피니언기어를 설치하여 그림 6.6과 같이 구동부 피니언 기어를 설치하여 그림 6.6과 같이 구동부 받침대에 설치된 링 기어를 돌려지게 된다. 본 제작도면은 대용량으로서 스크레이퍼를 구동시키는 구동 골조는 그림 6.7과 같이 골조로 설계하여 많은 힘에 견딜 수 있도록 하였으며 스크레이퍼는 그림 6.8과 같은 골조로 제작하였으나 육로 운반에 용이하도록 그림 6.9, 6.10, 6.11과 같이 부분 제작하여 현장에서 조립할 수 있도록 하였다. 또 침전지 중앙 상부로 유입되는 원수가 정류로 흘러가면서 침전될 수 있도록 침전지 중앙 상부에는 그림 6.12와 같이 분배 실린더를 제작 설치하여야한다.

침전지 중심부로는 관리를 쉽게 할 수 있도록 그림 6.13과 같이 보교를 제작하여 설치하였다.

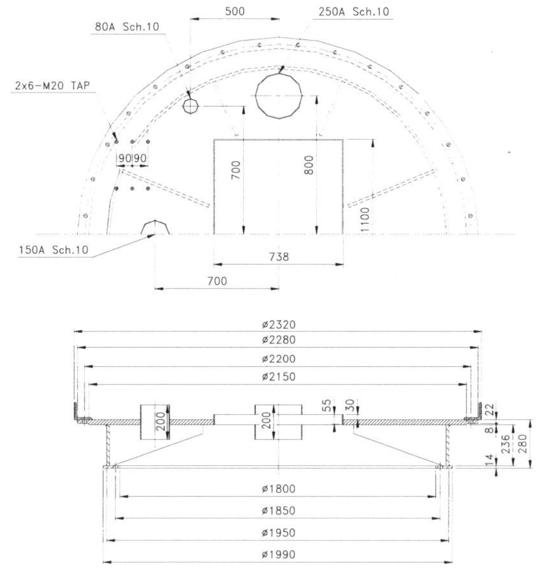

그림 6.3 구동부 받침대

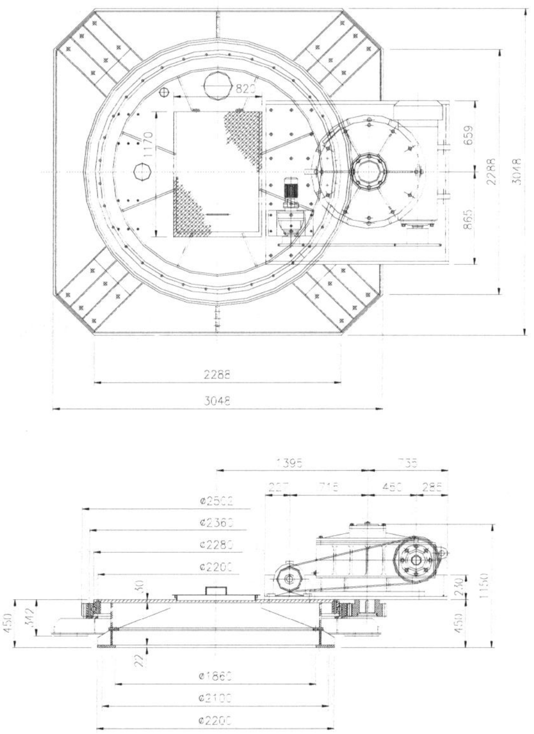

SPECIFICATION		
MOTOR	3HP 4P	V 60 Hz
RATIO	SUMITOMO REDUCER	1/ 195
	SPROCKET	1/ 1.864
	WORM REDUCER	1/ 40
	INTERNAL GEAR	1/ 7.611
SPEED RATIO	1/ 110657.85	
R.P.M	INPUT R.P.M	1800
	OUTPUT R.P.M	0.016
SPEED V.	2.01	M/MIN
TANK	ø 40	M
TORQUE	MAX. 25000	KG-M
Q'TY	1	SET
ITEM NO.		

그림 6.4 구동부 조립도

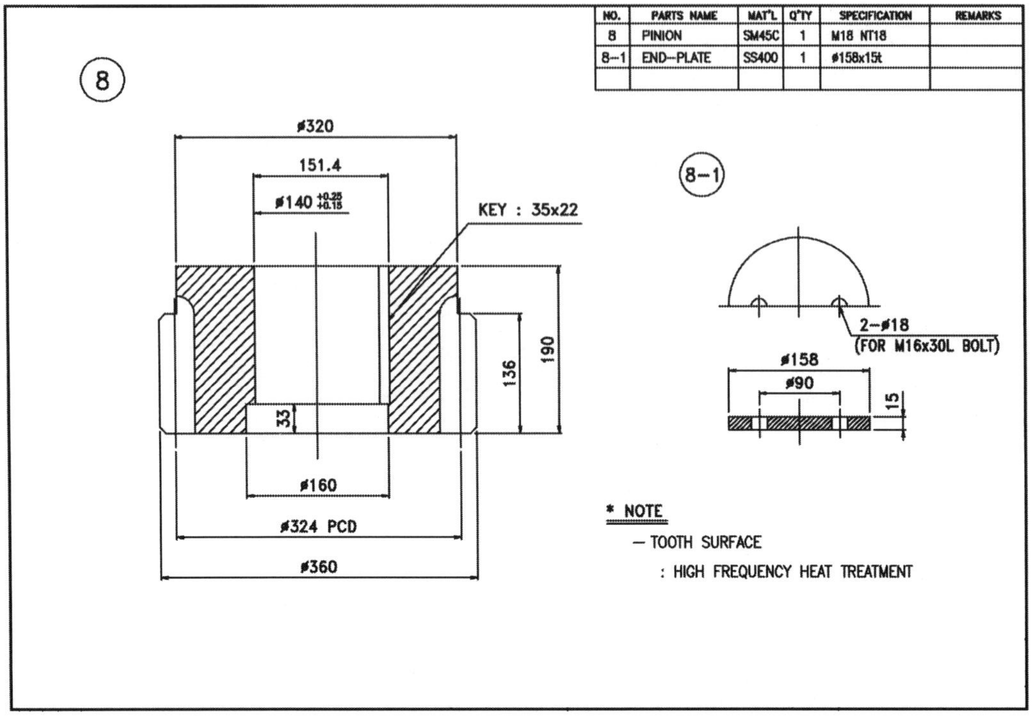

그림 6.5 감속기 피니언 기어

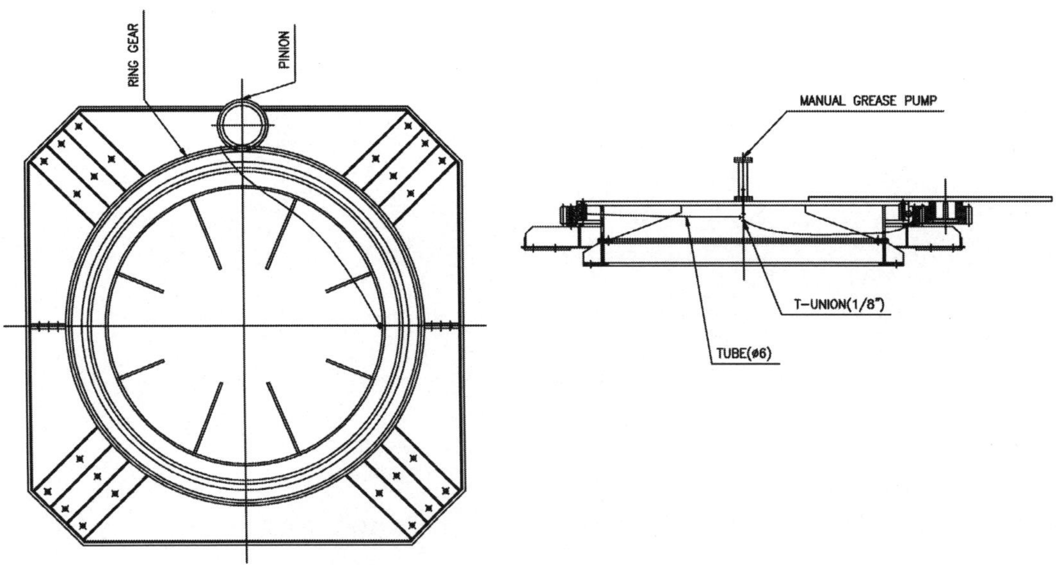

그림 6.6 링 기어 조립도

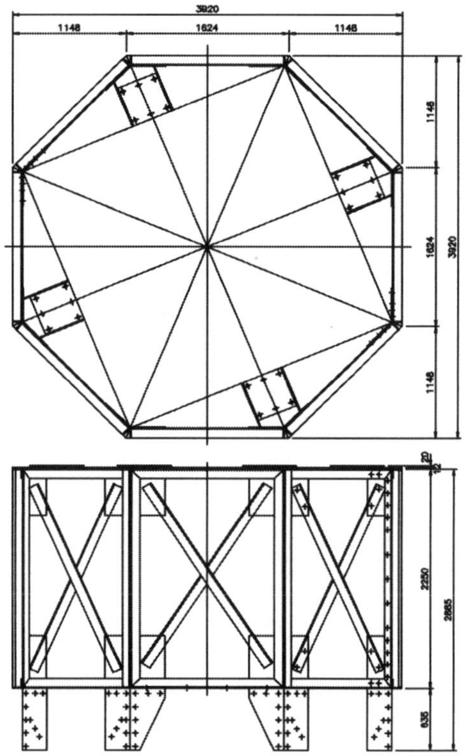

그림 6.7 구동골조

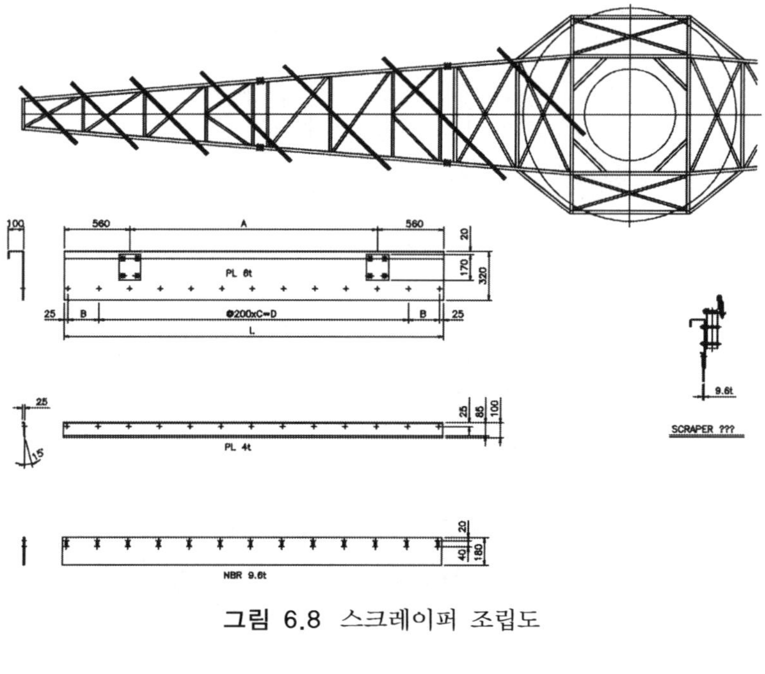

그림 6.8 스크레이퍼 조립도

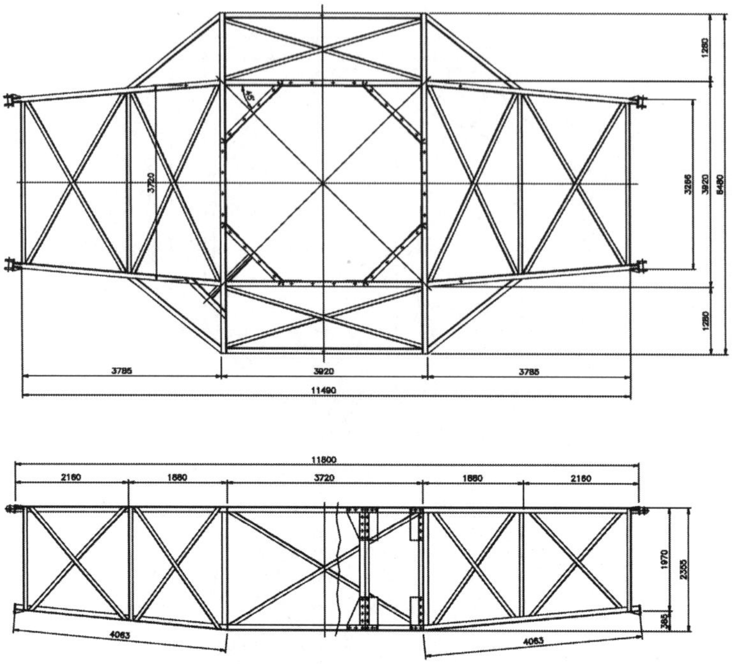

그림 6.9 스크레이퍼 암

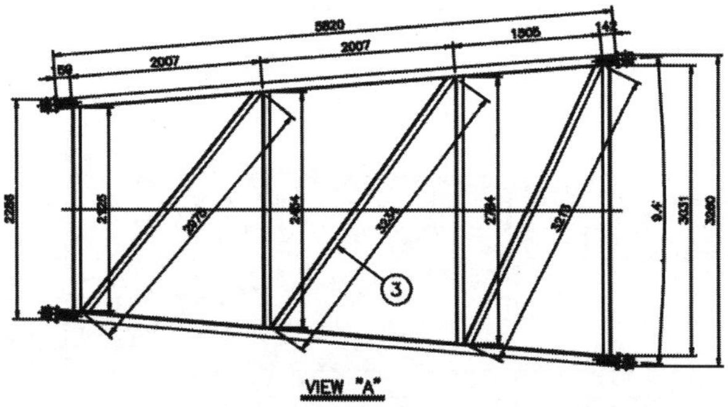

VIEW "A"

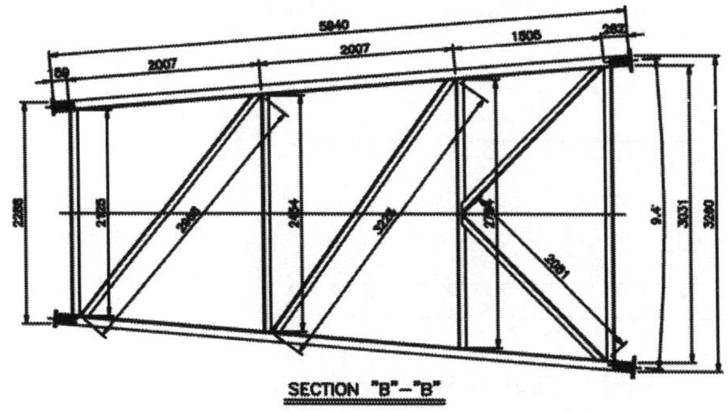

SECTION "B"-"B"

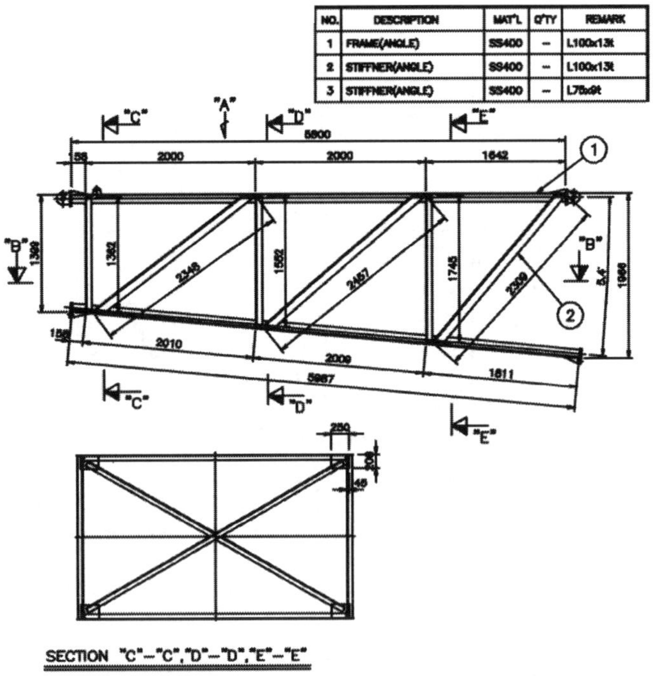

그림 6.10 스크레이퍼 암

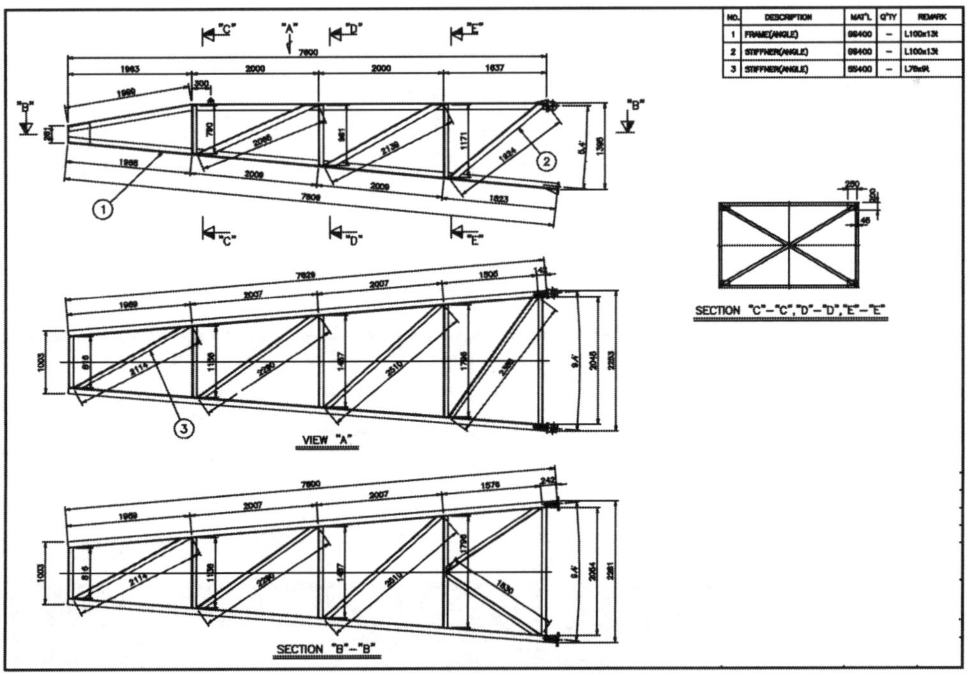

그림 6.11 스크레이퍼 암

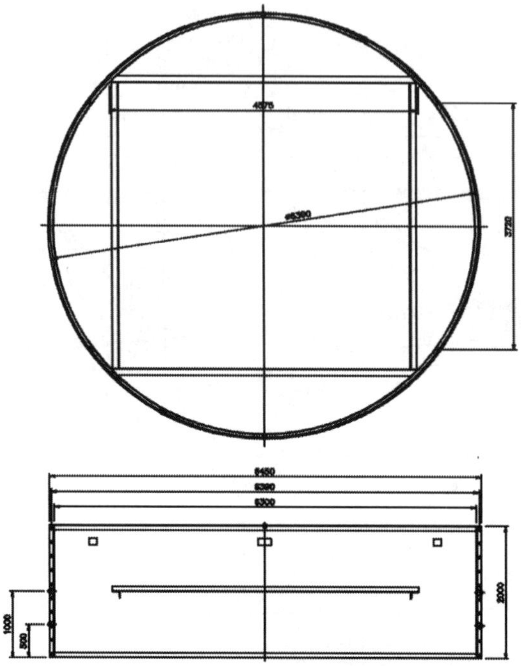

그림 6.12 분배 실린더

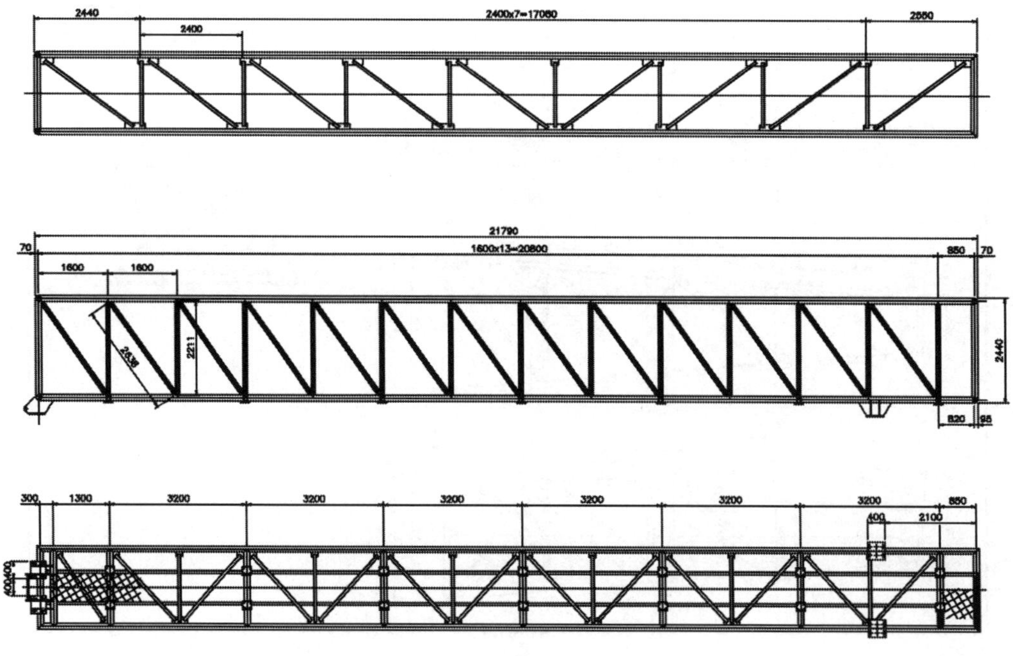

그림 6.13 보교

질문 1 **주변 구동형을 사용하면 안 되는가?**

농축조의 크기가 작을 경우에는 사용해도 가능하나 본 농축조는 직경이 매우 커서 주변에 고무바퀴로 구동 시 바퀴에 미끄럼 발생이 많아 바퀴의 마모가 매우 심하여 사용이 어려우나 침전물이 많지 않은 하수처리장 2차 침전지에서는 주변 구동형을 사용해도 무방하다.

질문 2 **턴테이블(Turn Table)식 구동부를 왜 사용하는가?**

턴테이블을 사용하여 그림 **6.3**에서 보는 바와 같이 턴테이블에 기어를 잇수 18개, 137개의 기어를 사용하여 18/137=1/7.61의 감속비를 얻어 앞에 감속기의 감속비와 토크를 1/7.61 만큼 줄일 수 있어 경제적이다. 만약 턴테이블을 사용하지 않으면 감속기의 토크와 감속비가 7.61 정도가 증가되어 커다란 감속기를 제작하여야 하므로 어렵고 고가이다.

6.2 중심 구동형(직결식) 농축 오니수집기

1. 원 리

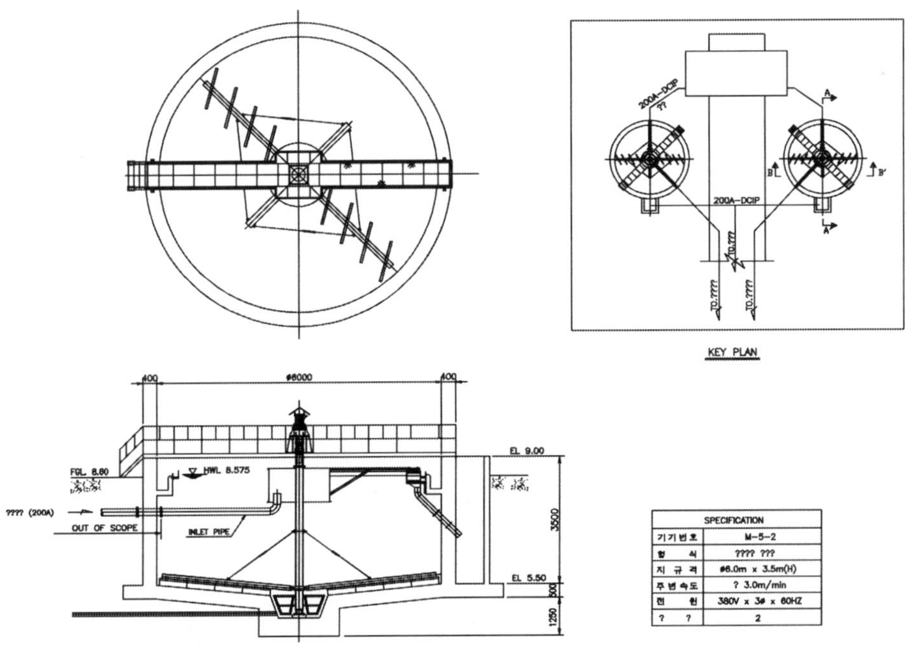

SPECIFICATION	
기기번호	M-5-2
형 식	???? ???
지 규 격	ø6.0m x 3.5m(H)
주변속도	? 3.0m/min
전 원	380V x 3ø x 60HZ
? ?	2

그림 6.14 농축조 오니수집기

턴테이블식 농축 오니수집기와는 달리 중앙에 수직형 감속기를 설치하고 그 밑에 그림 6.14와 같이 긴축을 수직으로 내리고 그 축에 스크레이퍼를 설치하여 오니를 수집하는 장치로 작은 농축조나 침전지에 사용한다.

2. 구 조

농축조의 중심구동(직결식) 오니수집기는 그림 6.14와 같이 감속기와 구동부 받침대를 설치 할 수 있도록 농축조 상단에 보교를 설치한다. 그 위에 구동부와 구동부 받침대를 설치한다. 구동부와 농축조 하부 베어링까지 축을 연결시키고 그 축 하단부에 스크레이퍼 암과 스크레이퍼를 부착시킨다. 농축조 중앙 상부에는 그림 6.14에 ⑤와 같이 분배 실린더 설치하여 원수가 정류로 흐르도록 하여 농축이 원활히 될 수 있도록 한다. 농축조 웨어 수면에는 스컴(Scum Box)박스를 설치하고 분배 실린더에 수면에 뜨는 스컴을 제거할 수 있도록 스컴 제거기를 설치하여 농축 오니제거기 회전 시 수면에 떠있는 스컴을 모아 스컴 박스에 넣을 수 있도록 한다.

3. 설 계

(1) 설계 기준

1) 구동방식 : 중심구동 현수형
2) 수량 : 2대
3) 조크기 : φ6m×3.0mH(유효수심)
4) 원주 속도 : 3 m/min

(2) 구동 토크(T)

$$T = W\left(\frac{D}{2}\right)^2 = 30 \times \left(\frac{6.0}{2}\right)^2 = 270\ \text{kg}\cdot\text{m}$$

W : Load Factor 30 kg/m^2/d
D : Tank Dia 6.0 m
선정 토크: 426 kg·m

(3) 주변 속도 및 감속비

$$V = \pi DN = 3.0 \text{ m/min}$$

$$\therefore\ N = \frac{3.0}{(\pi \times 6.0)} = 0.159 \text{ rpm}$$

4P(1750 rpm)일 때

Total 감속비 i = 0.159/1750 = 1/11006

싸이크로 감속기의 감속비는 1/11115로 선정한다.

(4) 구동마력(H)

$$T = 974\frac{H}{N} \times i \times \eta \times S$$

N : 회전수(1750 rpm)

η : 총 감속기 효율=모터효율(0.9)×감속기 효율(0.9)=0.81

S : 안전율=1.5

$$H = \frac{T \cdot N \cdot S}{974 \cdot i \cdot \eta} = \frac{270 \times 1750 \times 1.5}{974 \times 11115 \times 0.81} = 0.08 \text{ kW} < 0.75 \text{ kW} \quad \text{OK}$$

∴ 선정 Motor=0.75 kW

(5) Bridge 강도계산

1) 하중조건

① 정하중

- Walk Way=380 kg
- Check Plate=420 kg
- Hand Rail=70 kg

∴ Total 870 kg

∴ Bridge 1m 당 작용하는 정하중 $= \frac{870}{6.0} = 145 \text{kg/m}$

② 동하중≒100kg

∴ Bridge 1 m 당 작용하는 동하중≒100 kg/m

따라서 Bridge 1 m 당 작용하는 총 하중 : W

W=정하중+동하중=145 kg/m+100 kg/m=245 kg/m=2.45 kg/cm

③ 구동부 중량

- Drive Unit(Motor+감속기+Bed) : 300 kg
- 피드웰 : 210 kg
- 주축 : 220 kg
- Scraper 및 Arm : 170 kg
- 총 중 량 : 900 kg

2) 처짐 계산

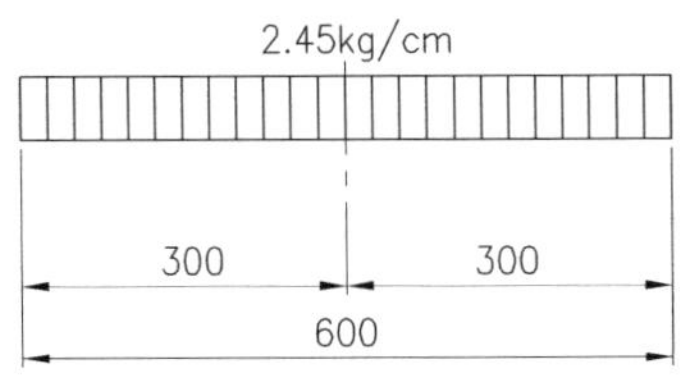

- $H = 200 \times 100 \times 5.5t \times 8$
- $I_x = 1840\ \mathrm{cm}^4$

$\therefore\ I = 2 \times I_x = 2 \times 1840 = 3680\ \mathrm{cm}^4$

$$처짐량(\delta) = \frac{5WL^4}{384EI} = \frac{5 \times 2.45 \times 600^4}{384 \times 2.1 \times 10^6 \times 3680}$$

$$\fallingdotseq 0.53\ \mathrm{cm}$$

W : Bridge에 작용하는 총 자중(2.45 kg/cm)

E : 종탄성 계수(영율) ⇒ 2.1×106 kg/cm^2

$$\therefore\ = \frac{\delta}{L} = \frac{0.53}{600} = \frac{1}{1132} < \frac{1}{800} \quad \mathrm{OK}$$

(6) 주축의 좌굴 현상과 파괴 하중(P)

Pipe 250A×6.4 t 사용할 때

$$K = \sqrt{\frac{1}{A}} = \sqrt{\frac{\frac{\pi(d_2^4 - d_1^4)}{64}}{\frac{\pi(d_2^2 - d_1^2)}{4}}} = \sqrt{\frac{(26.74^4 - 25.46^4)}{16(26.74^2 - 25.46^2)}} = 9.23\ \mathrm{cm}$$

$$\lambda = \frac{\ell}{K} = \frac{450}{9.23} = 48.7 < 90$$

$$P_B = \frac{\sigma_C \times A}{1 + \frac{a}{n} \times \lambda^2} = \frac{3400 \times 52.4}{1 + \frac{\frac{1}{7500}}{2} \times 48.7^2} = 153836.5\ \mathrm{kg}$$

안전율 S를 고려하여 안전 하중 P_S를 구하면

$$P_S = \frac{153836.5}{6} = 25369 \text{ kg}$$

그러므로 Pipe 250A 1개가 지지하여 줄 수 있는 안전하중은 25639 kg이다.

기기 총 중량이 1870 kg이고, Structure의 반력이 460 kg이기 때문에 주축이 받는 총 하중은 2330 kg이 된다. OK

P_B : 좌굴하중(kg), P_S : 안전하중(kg)

K : 최소회전반경(cm), A : 단면적(cm^2) : 52.4

n : 단말조건계수($n=2$)

λ : 세장비(30~150 : 중간주(中間柱), 탱킨식 : $< 90\sqrt{n}$)

σ : 압축 파괴 능력(3400 kg/cm^2)

ℓ : 주축의 길이(cm)

α : 상수(1/7500)

I : 단면 2차 모멘트(4720 m^2)

(7) Shaft 선정

- $T = \tau \cdot Z_P$
- $Z_P = \dfrac{T}{\tau}$
- $Z_P = \dfrac{42600}{500} = 85.2 \text{ cm}^3$
- $Z_P = \dfrac{\pi(D^4 - d^4)}{32D}$
- $D^4 - d^4 = 32 \times D \times \dfrac{Z_P}{\pi}$
- $d^4 = 26.74^4 - 32 \times 26.74 \times \dfrac{85.2}{\pi} = 488058$
- $d = \sqrt[4]{488058}$
- $d = 26.43 \text{ cm}$
- $t = \dfrac{(D-d)}{2} = \dfrac{(26.74 - 26.43)}{2} = 0.155 \text{ cm}$

∴ 250A×6.4t(SCH 20)으로 사용한다.

T : 선정Torque (42600 kg·cm), τ : 전단응력(500 kg·cm^3)

D: Shaft외경(φ26.74 cm), d : Shaft 내경(φ25.46 cm)

(8) 중실축 설계

$$d=\sqrt[3]{\frac{5.1\times T\times 1000}{\tau}}=\sqrt[3]{\frac{5.1\times 426\times 1000}{5}}=75.7\ \mathrm{mm}$$

따라서 85 mm선정

(9) Shear Pin 설계

1) Shear Pin 전단력

$$F=\frac{T}{R}=\frac{426}{0.088}=4840\ \mathrm{kg}$$

2) Shear Pin직경

$$d=\sqrt{\frac{4\times F}{2\pi\tau}}=\sqrt{\frac{4\times 4840}{2\times\pi\times 28.7}}=10.36\ \mathrm{mm}\,(\text{Shear Pin }10.4\ \mathrm{mm}\text{적용})$$

SS 41 경우 $41\ \mathrm{kg/mm^2}\times 70\%=28.7\ \mathrm{kg/mm^2}$ 적용

4. 제 작

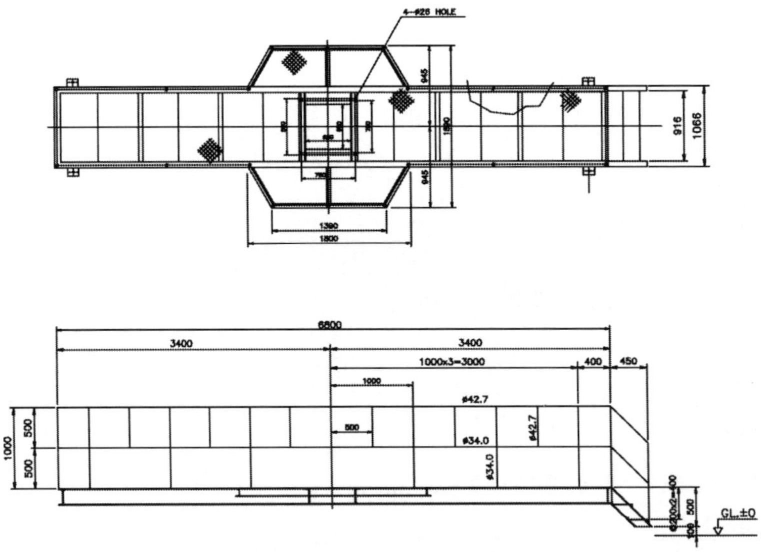

그림 6.15 보교

원형 농축조 상부에 보교를 그림 6.15와 같이 제작하여 설치한다. 보교 중앙에는 구동부

받침대를 견고히 설치 할 수 있도록 보교 주보와 같은 규격의 강재를 사용하여 구동부에 알맞게 제작한다. 구동부가 설치되는 중앙부에는 보교를 넓게 제작하여 유지관리 시 편리하도록 하고 주위에는 핸드레일(Hand Rail)을 설치한다. 구동부 받침대는 그림 **6.16**과 같이 설계하고 상부에 구동부와 조립되는 플랜지는 중심축과 동심원이 되도록 제작되어야 한다.

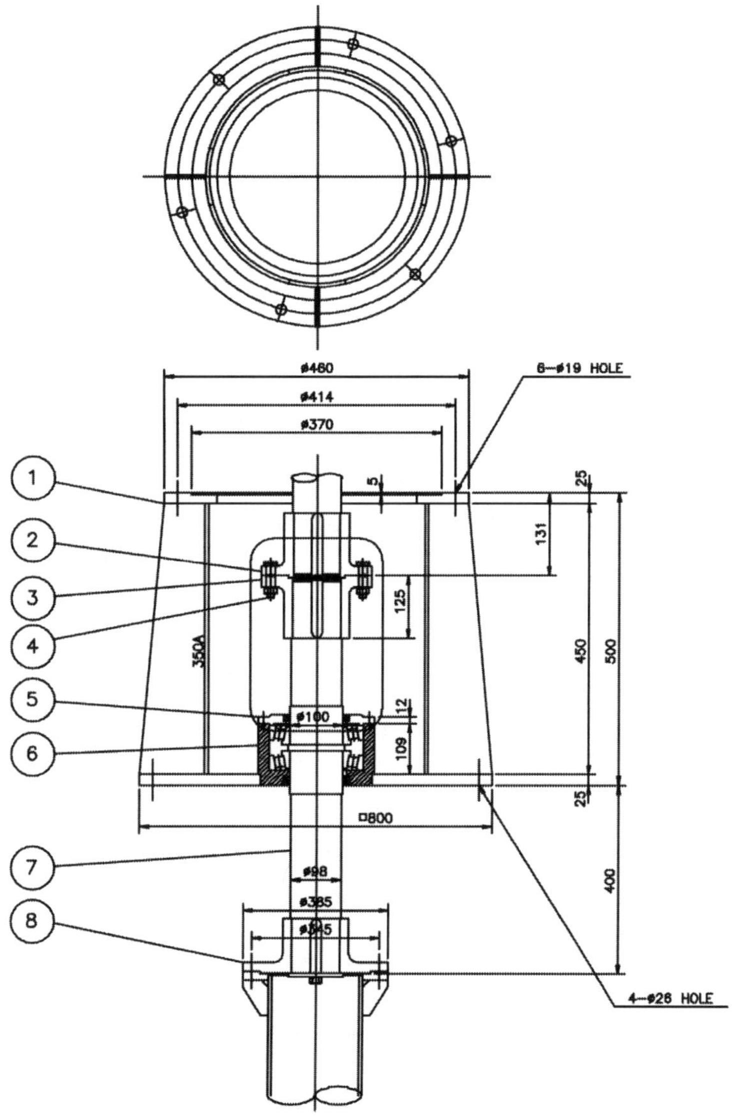

그림 6.16 구동부 받침대 조립도

구동부 받침대 상세도면은 그림 **6.17**, **6.18**, **6.19**, **6.20**과 같다.

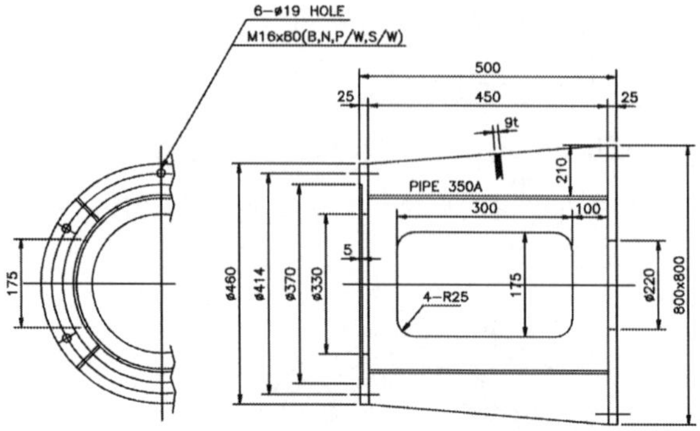

그림 6.17 구동부 받침대

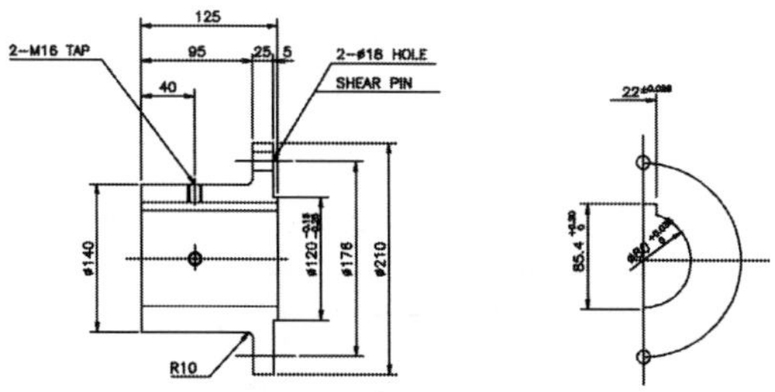

그림 6.18 구동부 받침대 커플링

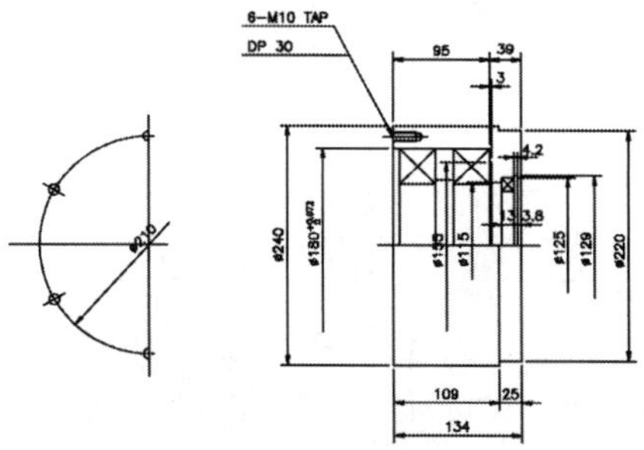

그림 6.19 베어링 하우징

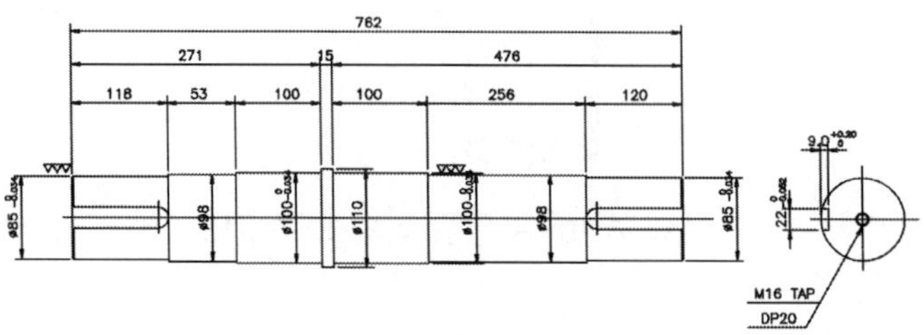

그림 6.20 축

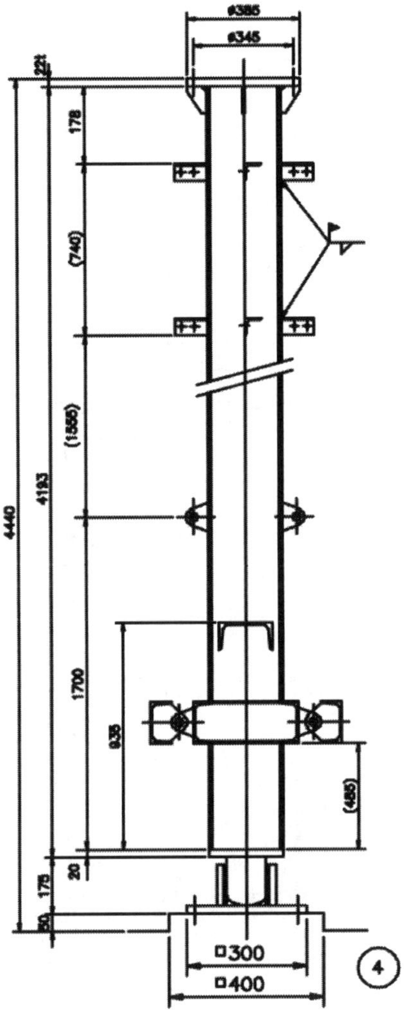

그림 6.21 구동축

구동부에서 농축조 하부로 설치되는 긴축은 그림 **6.21**과 같이 상부에는 구동부 커플링과 조립될 수 있도록 ②와 같이 플랜지를 제작하여 붙이고, 밑에는 분배 실린더를 조립할 수 있도록 브라켓 8-3을 부착시킨다. 축 밑에는 메탈박스 내에서 축이 회전될 수 있도록 ③과 같이 중공축에 밑에 조립할 수 있도록 제작하여 용접한다. 농축조 수면에 설치되는 분배 실린더는 그림 **6.22**와 같이 제작하여 축 상부 브라켓에 조립한다. 스크레이퍼 암은 그림 **6.23**과 같이 제작하여 축하부에 조립하고, 암과 암은 그림 **7.1**과 같이 텐선 바(Tension Bar)를 설치한다. 스크레이퍼는 그림 **6.24**와 같이 제작하여 스크레이퍼 암에 조립한다.

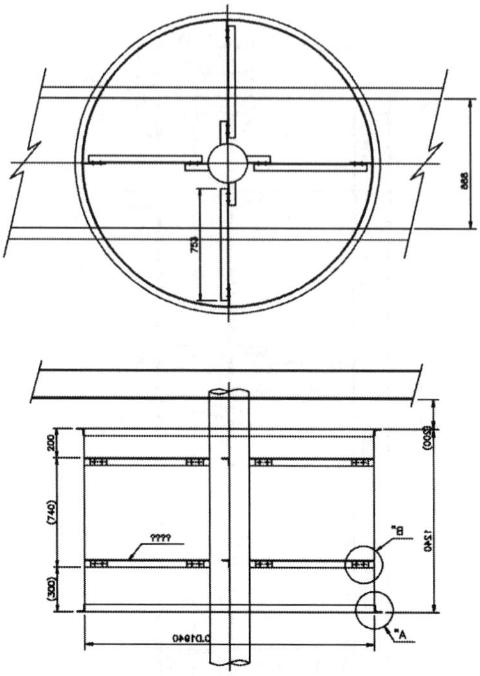

그림 6.22 분배실린더

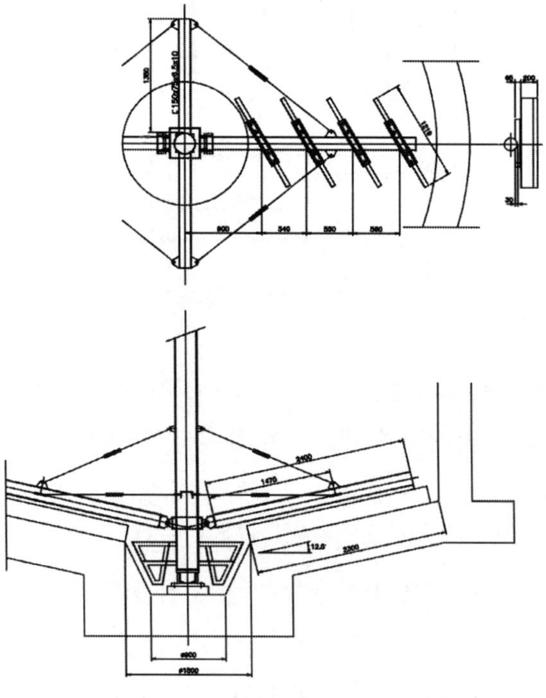

그림 6.23 스크레이퍼 암 조립도

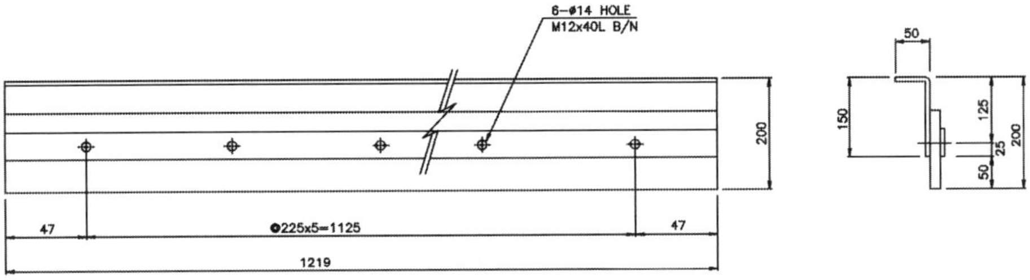

그림 6.24 스크레이퍼

스크레이퍼 암에 설치되는 고무판을 농축조 바닥을 스치면서 지나갈 수 있도록 조립한다. 스컴 제거기는 농축조 수면에 설치되며 제작도면은 그림 6.25와 같다. 스컴박스는 농축조 주변에 설치하고, 스컴 제거기는 분배 실린더에 연결시켜 농축기의 회전에 따라 회전되면 농축조 수면에 떠있는 스컴을 모아 스컴박스에 넣게 된다.

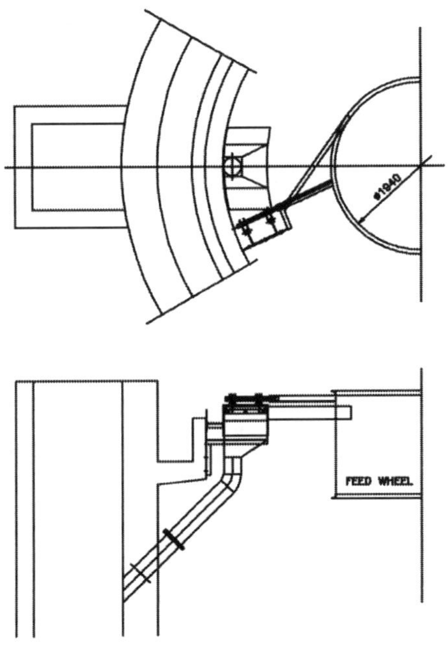

그림 6.25 스컴 제거기

질문 1 **농축조 바닥과 스크레이퍼 틈새는 어떻게 조정하는가?**

농축조는 바닥은 원추모양으로 되어있으며 콘크리트 타설시 바닥면에 거푸집이 없이 타설 하므로 바닥면이 고르지 않다. 따라서 스크레이퍼와의 틈새를 일정하게 조정하려면 농축조 바닥 콘크리트 상부에 모르타르를 기계가 설치가 완성된 후, 커플링 볼트를 분해하고 스크레이퍼를 인력으로 돌려가면서 바닥 모르타르로 마감 미장 작업한다. 스크레이퍼 하단에는 일정 면을 알 수 있도록 판재나 각목을 묶어 놓고 회전 시키면서 모르타르 두께를 조절 미장한다.

질문 2 보교의 처짐은 어떻게 줄일 수 있는가?

중심 구동형 농축기는 농축조 중심에 보교를 지지하는 기둥이 없이 보교가 농축조 위에 설치됨으로 보교 자중과 농축오니 수집기의 중량에 의해 처짐이 많이 발생 할 수 있다. 그렇다고 보교에 큰 강재를 사용하면 비경제적이므로 보교 제작 시 강재에 역으로 처짐 이상의 휨을 준 다음, 강재를 바로 놓아 보교를 제작하여 설치하면 수평을 유지할 수 있다.

제7장

염소 중화설비

1. 원 리

유해가스 처리를 위한 기술은 오염가스의 성질에 따라 다르나 보통 흡수, 흡착, 연소 등으로 나눌 수 있으나 염소가스는 흡수원리를 이용하여 염소가스를 가성소다액에 접촉시켜 염소가스가 액상에 잘 용해되면서 화학적으로 반응하는 성질을 이용하여 염소가스를 제거시키는 원리이다. 염소가스를 포함한 기체를 가성소다 액체가 들어있는 흡수 탑을 통과시키면서 기체 중에 들어 있는 염소가스 성분이 제거되거나 변질된다. 따라서 염소가스 누출에 따른 확산을 방지시킨다.

2. 구 조

염화중화 설비의 구조는 그림 7.1과 같이 염소가스를 흡입하여 중화 탑으로 공급하는 송풍기와 흡입된 염소가스를 가성소다에 접촉 흡수시켜 중화처리 시킬 수 있는 중화 탑과 그 밑에 가성소다 저장탱크를 두어 약품을 저장시킨다. 본 도면에서는 건물 내에 설치하게 되므로 중화 탑 높이를 낮게 하여 중화 탑을 2로 제작하였다.

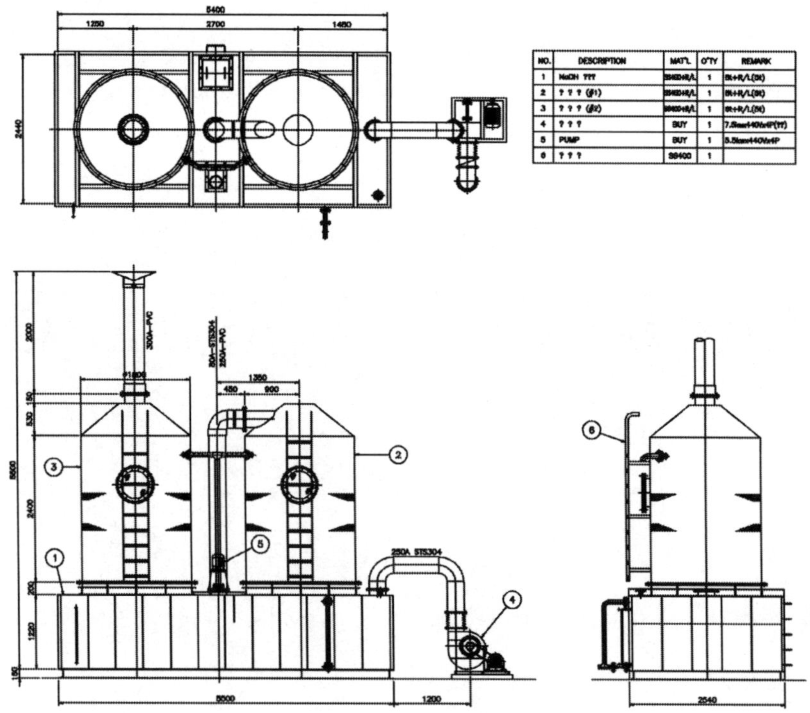

그림 7.1 염소중화설비

3. 설 계

(1) 설계 조건

1) 수량 : 1 UNIT

2) 용량 :1,000 kg/hr의 염소(Cl_2)의 누설

3) 중화처리 된 공기의 배출염소(Cl_2) 농도 : 1 PPM이하
   허용기준 : 10 PPM 이하

(2) 중화장치(중화탑 및 가성소다탱크) 설계

1) 중화시킬 염소실 공간(V_r)

- 염소 투입기실(9800×5300×5400H)
- 염소개량실(10000×9800×5400H)
- 염소탱크저장실(26200×9800×5400H)

$$V_r = 5.3\text{m}\times 9.8\text{m}\times 5.4\text{m}) + (10\text{m}\times 9.8\text{m}\times 5.4\text{m}) + (26.2\text{m}\times 9.8\text{m}\times 5.4\text{m})$$
$$= 2196.18\ \text{m}^3 \fallingdotseq 2200\text{m}^3$$

V_r을 1시간에 처리한다고 볼 때 분당 처리량은

$$V_{rm} = 2200\ \text{m}^3 \div 60\ \text{분} = 36.67\ \text{m}^3/\text{min}$$

2) 상온(20~25°C)에서 N ㎥/min으로 환산하여 처리량을 계산하면

$$36.67\ \text{m}^3/\text{min}\times\frac{273}{273\div 20}\times\frac{1.18}{1.03} = 39.15\ \text{Nm}^3/\text{min}$$

3) 중화탑 입구에서의 염소가스 mol수는

- 1000kg/hr×103/71=14,058.5(mol/hr)
- 중화탑 입구에서 공기+염소가스 mol수는

$$39.15\ \text{Nm}^3/\text{min}\times 60\ \text{min/hr}\times\frac{10^3}{22.4} = 104{,}866.07(\text{mol/hr})$$

따라서 공기의 mol수는

$$104{,}866.07(\text{mol/hr}) - 14{,}085.5(\text{mol/hr}) = 90780.57(\text{mol/hr})$$

4) 중화탑 입구에서 염소가스 농도는

$$\frac{14,085.5\times 71}{90,780.57\times 29+14,085.5\times 71}=\frac{1,000,070.5}{3,632,707.03}=0.276=2.76\times 10^{-2}\ \text{ppm}$$

5) 공기+염소의 분자량

$$\frac{90,780.57+14,085\times 71}{104866.07}=36.64(\text{g/mol.hr})$$

6) 가스중의 염소의 mol분율

액체중의 염소의 mol분율을 Y_{m1}이라 하면

$$Y_{m1}=\frac{14,085.5}{104866.07}=13.43\times 10^{-2}$$

7) ① 중화탑에서 염소가스농도를 300PPM까지 처리할 수 있는 능력을 갖춘다.

따라서 ①중화탑 출구(X_{m2})에서의 염소의 mol수는 X_{m2}(mol/hr)는

$$\frac{X_{m2}\times 71}{90,780.57\times 29+X_{m2}\times 71}=300\times 10^{-6}$$

$$X_{m2}\times 71(1-300\times 10^{-6})=300\times 10^{-6}\times 90,780.57\times 29$$

그러므로 X_{m2}의 mol분율(Y_{m2})은

$$Y_{m2}=\frac{11.13}{90,780.57+11.13}=\frac{11.13}{90,78057}=1,226\times 10^{-4}$$

② 중화탑 입구(Y_{m3})와 ① 중화탑 출구(Y_{m2})의 mol분율이 동일하므로

$$Y_{m2}=Y_{m3}=1,226\times 10^{-4}$$

③ 중화탑 출구의 농도(X_{m4})를 1 PPM로 하면,

$$\frac{X_{m4}\times 71}{(90,780.57\times 29+X_{m4}\times 71)}=1\times 10^{-6}$$

$$X_{m4}=\frac{1\times 10^{-6}\times 90,780.57\times 29}{71\times(1-1\times 10^{-6})}=\frac{2,633}{70,955}=0.0141(\text{mol/hr})$$

그러므로 배출 염소가스 mol분율(Y_{m4})은

$$Y_{m4}=\frac{0.0141}{90780.57+0.0141}=0.155\times 10^{-6}$$

20% 가성소다(NaOH) 용액순환에 의해 염소가스를 혼화중화 처리한다.

가성소다(NaOH)중의 염소가스 분압은 0이다.

① 중화탑의 $(NTU)_o$ gl은

$$(NTU)_o\ gl = ln\frac{Y_{m1}}{Y_{m2}} = ln\frac{13.43\times10^{-2}}{1.226\times10^{-4}} = 6.999$$

$$(NTU)_o\ gl = ln\frac{Y_{m3}}{Y_{m4}} = ln\frac{1.226\times10^{-4}}{0.155\times10^{-6}} = 6.674$$

20% NaOH 주입량을 650 ℓ/min으로 ①, ②중화탑에 동일한 양이 분사됨

∴ NaOH량은 $39\ m^3/hr\times1.17\times10^3 = 45,630\ kg/hr$

② 중화탑의 가스량은 (분자량 36.64)

$$G_1 = 104,866.07(mol/hr)\times36.64\times10^3 = 3842.3\ kg/hr$$

#2 중화탑의 가스량

여기는 공기+GAS중 염소가스가 제거되어 거의 공기로 보아 분자량을 29로 함

$$G_2 = 104,866.07\times29\times10^{-3} = 3041.1\ kg/hr$$

여기서 NaOH : 염소가스는 #1 중화탑에서

$$\frac{\ell_1}{G_1} = \frac{45,630}{3842.3} = 11.88$$

#2 중화탑에서

$$\frac{\ell_2}{G_2} = \frac{45,630}{304.1} = 15.0$$

8) 1000 kg/hr의 규격 모델에서 중화탑의 내경이 ϕ1800이므로 단면적 S는

$$S = \frac{\pi}{4}\times1.8^2 = 2.543\ m^2$$

따라서 단위면적당 가스량은

$$G_1' = 3842.3\div2.543 = 1511(kg/m^2\cdot hr)$$

$$G_2' = 3041.1\div2.543 = 1195.9(kg/m^2\cdot hr)$$

물질 이동 속도표에 의해 kga는

$$kga1 = 700(kg/mol/m^2\cdot hr\cdot atm)$$

$kga2 = 800(kg/mol/m^2 \cdot hr \cdot atm)$

질량속도 GM은,

$$GM_1 = 1511(kg/m^2 \cdot hr) \div 29 = 52.1(kg/mol/m^2 \cdot hr)$$

$$GM_2 = 1195.9(kg/m^2 \cdot hr) \div 29 = 41.3(kg/mol/m^2 \cdot hr)$$

$(NTU)_o\, g$를 주입하면

식$(HTU)_o\, g = G_m/kpa.P$

여기서, G_m : 질량속도

kga : 추진력 전압(1 atm)

$(HTU)_o\, g1 = 52.1/700 \times 1 = 0.0745m$

$(HTU)_o\, g2 = 41.3/800 \times 1 = 0.052m$

9) 따라서 충진고는

$Z = (NTU)_o\, g \times (HTU)_o\, g$에서

#1 중화탑 $Z1 = (NTU)_o\, g1 \times (HTU)_o\, g1$

$= 6.999 \times 0.052$

$= 0.347m \fallingdotseq 0.35m$

- 중화탑의 높이
  충진물의 높이 Z, Spray높이, Mist Collector의 설치높이 등을 감안하여 2.42 m로 한다.

NaOH S

Storage Tank Size 결정

- $Cl_2 + 2NaOH = NaOCl + Nacl + H_2O$
- 여기서 1000 kg/hr의 Cl_2 누출가스를 처리할 수 있는 용량으로서 이에 소요되는 가성소다(NaOH)량(W)는

$$W = 100\ kg/hr \times \frac{40 \times 2}{71} = 1,126\ kg/hr$$

- 20% NaOH를 사용했을 때 성분비는 전체의 8~9%임
  그러므로 이에 따른 20% NaOH량은

$$W' = 1.126\ kg/hr \times \frac{100\%}{20\%} \times \frac{20\%}{8\%} = 14,085\ kg/hr$$

• 이 NaOH량은 1시간 중화용으로 사용하면 14,085 kg

$$14{,}085 \times \frac{1}{1000} \times \frac{1}{1.2} = 11.738\ \text{m}^3$$

따라서 탱크의 용적은 약 12㎥ 이므로, ∴ 탱크 크기는

$$(\text{W})2.44\text{m} \times (\text{L})5.4\text{m} \times (\text{H})1.22\text{m} = 16.07\ \text{m}^3$$

로 제작한다.

(3) 가성소다 순환펌프 설계

1) 형식: 원심펌프

2) 용량

$$\frac{1{,}000 \times 2 \times 40}{71} \times \frac{100}{20 \times 0.65} \times \frac{1}{1.2} \times \frac{1}{60} \times 4 = 481.52\ \ell/\text{min}$$

$$= 28.89\ \text{m}^3/\text{hr} \rightarrow 42\ \text{m}^3/\text{hr}\ \ (0.7\ \text{m}^3/\text{hr})$$

3) 양정 : 15 m

4) 수량 : 1 Unit

5) 전동기 : 5.5 kW

(4) 송풍기

1) 용량 : 실내용적 2200 m^3를 1시간에 배출하되 실내용적의 2배를 배출용량으로 계산하면,

$$Q = 2200\ \text{m}^3/\text{hr} \times 2\text{배} = 4400\ \text{m}^{/\text{hr}} \rightarrow 73.4\ \text{m}^3/\text{min} \fallingdotseq 100\text{m}^3/\text{min}$$

2) 송풍압: 200 mmAq

3) 전동기 용량 : 7.5 kW

위와 같이 결정됨이 타당할 것으로 사료됨

4. 제 작

가성소다 제작탱크는 가성소다 20% 용액을 사용하므로 앞에 설계에서와 같이 탱크의 크기는 (W)2,440×(L)5400×(H)1220=16.07 m^3로 그림 **7.2**와 같이 제작하여 중화탑을 가성소다 탱크 상단에 설치한다.

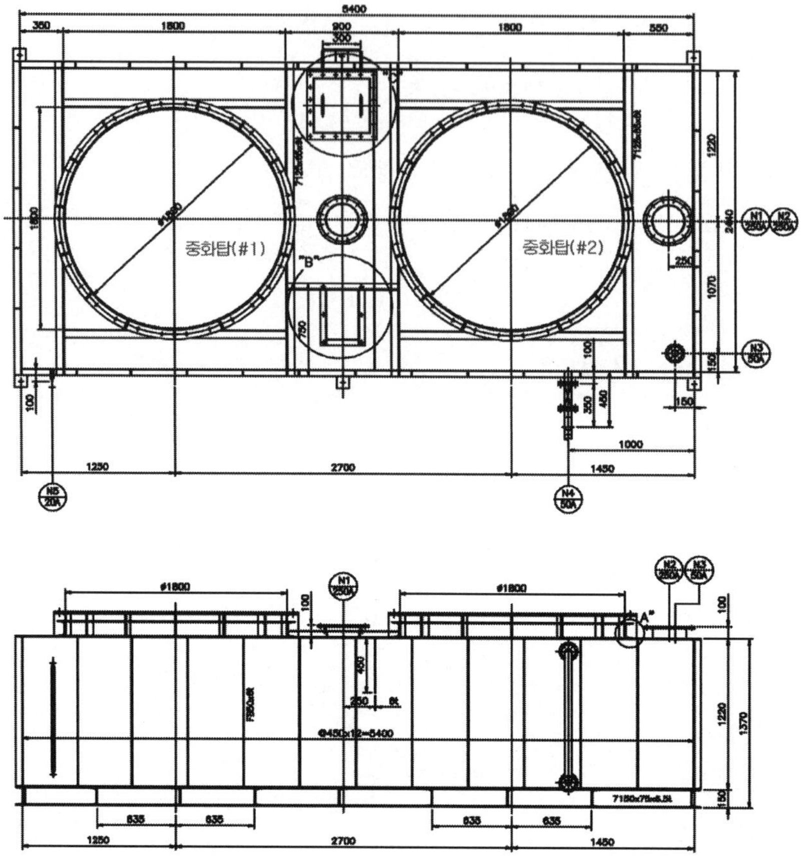

그림 7.2 가성소다 저장탱크

가성소다 용액의 농도는 20%로 하여야 그림 **7.3**과 같이 빙점이 가장 낮아 추운 겨울에도 액체 상태로 유지할 수 있다. 가성소다 저장탱크 내부에는 그림 **7.2**에서와 같이 내부 상단에 칸막이 철판을 설치하여 같이 내부 상단에 칸막이 철판을 설치하여 1번 중화탑으로 유입된 가스가 2번 중화탑으로 유입될 수 있도록 차단시켜야 한다. 중화탑 내부에는 그림 **7.4**와 같이 충진물이 빠지지 않도록 하부에 스크린을 설치하고 충진물을 채운다. 2번 중화탑 상부에는 미세 가성소다 입자가 공기 중으로 방출되지 않도록 하기위해 그림 **7.5**와 같이 Demist를 설치한다. 중화탑 상부에는 가성소다용액을 고루 살수할 수 있도록 그림 **7.6**과 같이 살수장치를 설치한다. 2번 중화탑 상부에 설치되는 공기 배출구는 공기 유입구보다 직경을 크게 하여 속도를 작게 하고 배출구 상단에는 덮개를 공기 흐름이 좋고 빠르게 확산 될 수 있도록 콘을 하부로 가도록 부착시킨다. 이 콘에 응축되는 응축수 (가성소다용액)는 중화탑 내부로 떨어지게 된다.

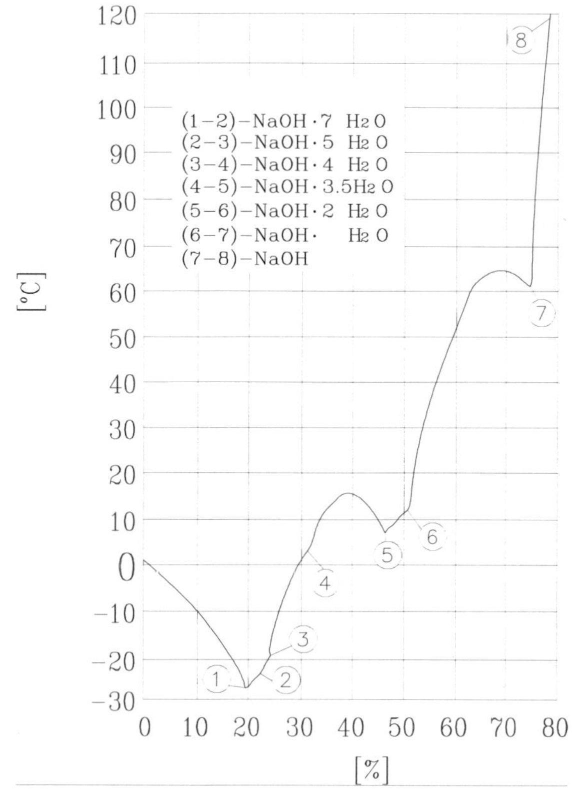

그림 7.3 가성소다 농도에 따른 고상온도

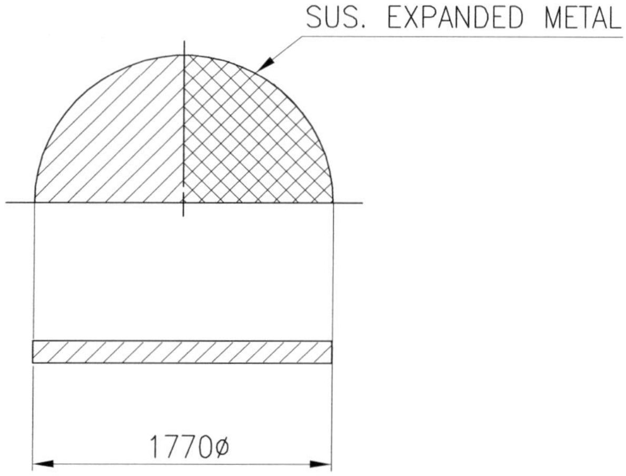

그림 7.4 하부 스크린

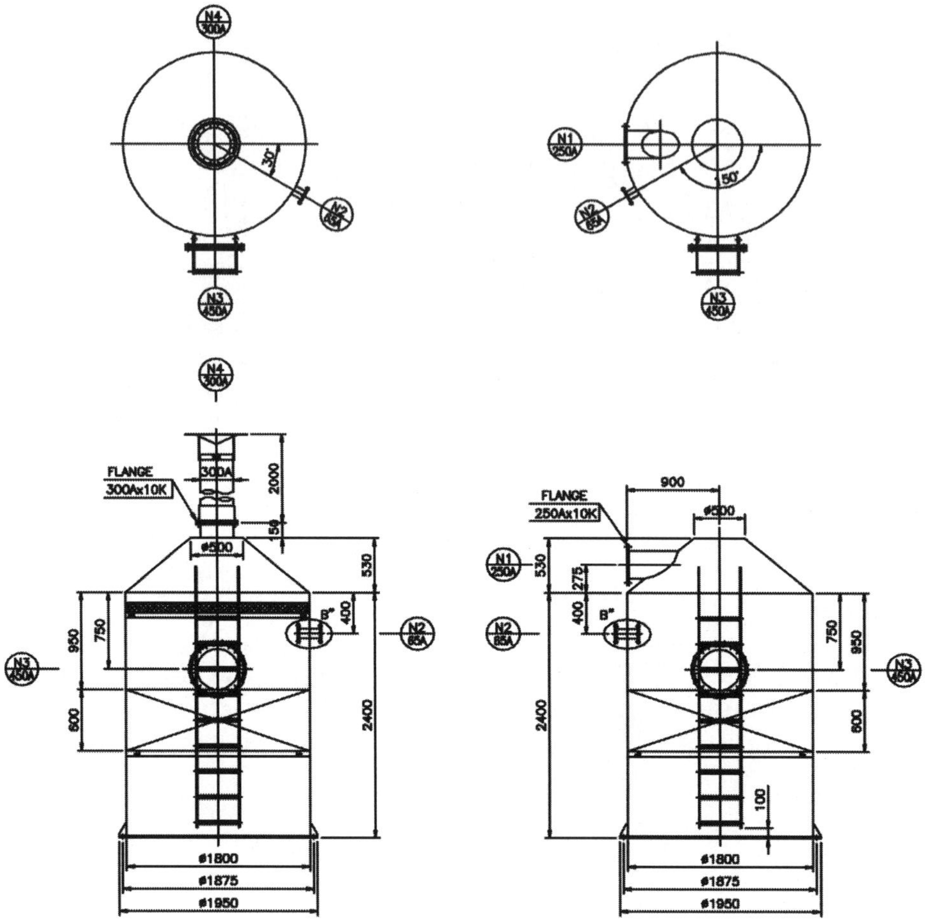

그림 7.5 중화탑

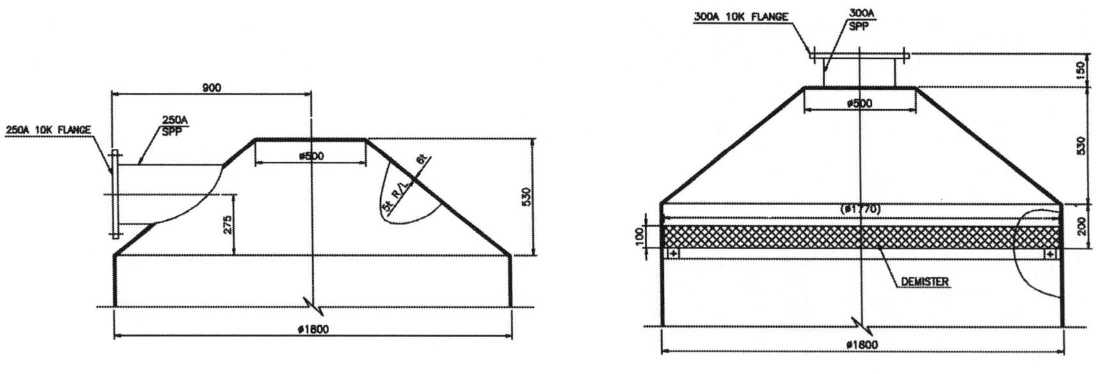

#1 중화탑용

#2 중화탑용

그림 7.6 Demist

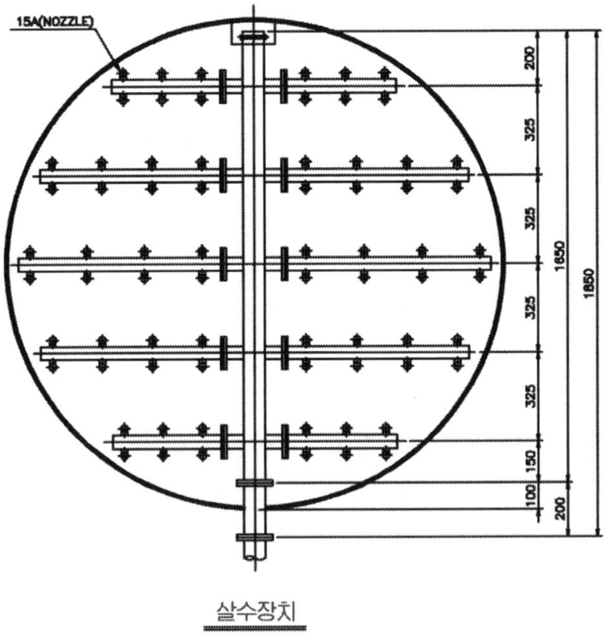

그림 7.7 살수장치

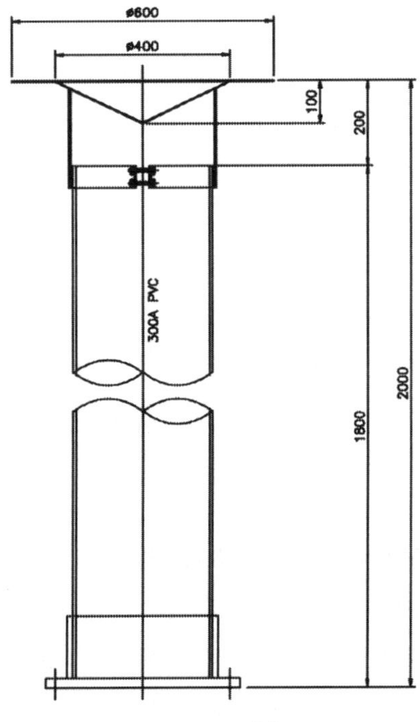

그림 7.8 배출구

질문 1 가성소다 저장탱크 내에 상부에 칸막이를 설치하지 않으면 어떤 문제가 생기는가?

답변: 본 중화설비는 중화탑을 2개로 제작하여 1개의 중화탑의 높이를 1/2로 제작되었다. 따라서 염소 가스는 1번 중화탑을 통과한 다음 2번 중화탑을 통과되면서 중화시켜야 충분한 반응시간을 가질 수 있다. 그런데 1호 중화탑과 2호 중화탑 사이를 분리하는 칸막이가 없으면 1호 중화탑은 사용되지 않고 2호 중화탑으로 만 염소 가스가 통과되어 반응시간이 부족할 수 있다. 따라서 염소가스가 대기 중으로 방출될 수 있다. 그러므로 칸막이가 없을 경우에는 탱크내로 염소가스가 유입시키지 말고 중화탑으로 직접 유입될 수 있도록 설계해야 한다. 분리 칸막이는 가성소다 용액 속으로 송풍기 압력보다 약 2배 이상 잠기게 설계한다.

질문 2 가성소다 탱크에 염소가스 유입 시 가성소다탱크는 어떻게 제작해야 하는가?

답변: 본 설계와 같이 가성소다 탱크로 염소가스를 유입시킬 경우에는 가성소다 탱크에서 염소가스가 유출되어서는 안 되므로 가성소다 펌프 설치나 맨홀 등을 철저히 밀폐 시켜야 한다. 송풍기 압력은 본 설계에서는 200 mmAq로 약한 저압이므로 약하게 밀폐시켜도 된다.

질문 3 가성소다 펌프는 어떤 펌프로 사용하는가?

답변: 저장탱크에 담겨져 있는 가성소다는 염소가스가 누출 되었을 때 사용되는 것이므로 항상 가성소다 용액에 담겨져 있다. 따라서 펌프는 스테인리스 재질로 하여 제작하고 메카니칼 실은 가성소다 용액이 수분이 증발되어 농도가 높아지면 그림 7.3과 같이 온도와 농도에 따라 고상됨으로 TC메카니칼 계통을 사용하여 가성소다 덩어리가 있더라도 메카니칼 실이 손상되지 않도록 한다.

질문 4 염소 중화실에 흰 가루가 왜 생기는가?

답변: 염소 중화실에 염소 중화탑을 가동 시 가성소다 용액이 실내로 누출되면 이 가성소다 용액이 수분이 건조되면서 가성소다 백색가루로 남게 된다. 따라서 가성소다 탱크와 중화탑 조립 및 기타 조립을 완벽하게 하여 누출이 생기지 않도록 한다. 습한 공기가 중화탑에서 누출되면 수분이 건조되면서 백색가루만 남게 된다.

질문 5 염소가스가 누출되어 염소 중화기 가 가동되면 가성소다 용액은 어떻게 해야 하는가?

가성소다 용액은 염소가스와 반응하면 $2NaOH + Cl_2 \rightarrow Nacl + NaOCl + H_2O$로 되어 사용된 약품은 폐기 처분하고 새로운 가성소다를 투입하여야 한다. 그러나 본 설계는 Cl_2 가소 1 Ton을 처리할 수 있는 충분한 가성소다를 저장하였으므로 약간의 염소가스 누출은 계속 사용하고 염소가스 처리량에 따라서 가성소다를 보충 또는 완전히 교환한다.

제8장

Auto Strainer
(자동 스트레이너)

1. 원 리

Auto Strainer는 스트레이너에 걸린 찌꺼기를 자동으로 제거 시켜주는 기계로 정수처리하기 전, 원수를 스트레이너에 통과시켜 원수에 있던 이물질을 제거시킨 처리수를 염소투입 압력수 또는 잡용수로 사용하기 위해 많이 사용된다. 그러나 일반 스트레이너는 스트레이너에 이물질이 많이 걸림에 따라 저항이 커져 처리 수량이 줄어들고 이물질 제거 시에는 용수 공급을 못하게 됨으로 다른 스트레이너를 설치하여 사용하여야 한다. 그러나 이 자동 스트레이너는 이물질이 스트레이너에 많이 걸려 손실 수두가 커지면 설정된 수두에서 배수변이 열리고 스크린 하부와 연결되는 판이 회전 되면서 1개 스크린씩 이물질을 밖으로 배출하게 된다. 이때에도 계속 처리수를 공급하게 된다.

2. 구 조

Auto Strainer구조는 그림 8.1과 같이 설계 제작하였으며 ①Casing은 파이프를 사용하여 제작하고 내부를 상층과 하층으로 나누어 하층은 원수가 유입되고 상층은 스트레이너를 설치하여 처리수가 모일 수 있도록 한다. ②구동부는 Casing 상부에 설치하여 ⑧역세척 축을 회전 시킬 수 있도록 한다. 원수 유입구와 처리수 유출구에는 구멍을 뚫어 차압을 측정할 수 있도록 하고 역세척 배수관에는 자동으로 열고 닫을 수 있는 밸브를 설치한다.

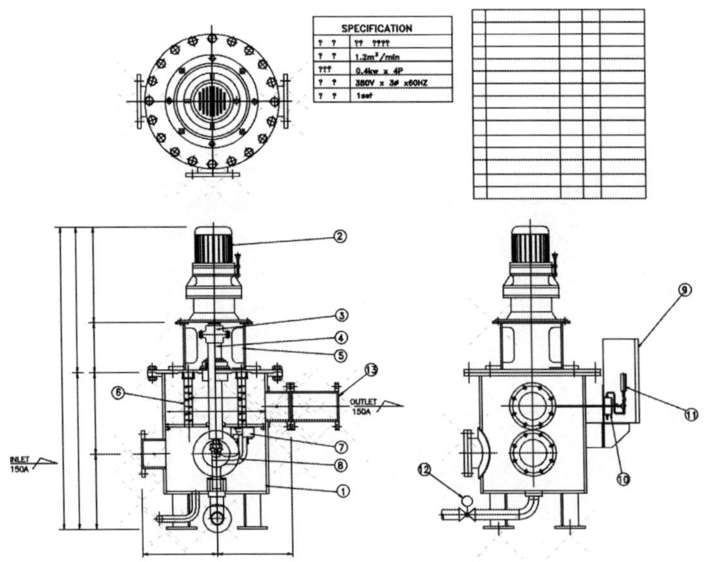

그림 8.1 Auto Strainer(자동 스트레이너)

3. 설계 사양

(1) 기능 : 2차 처리수(방류수)를 여과하여 각종 세척수로 사용하기 위함

(2) 설계조건

형 식	자동 세척형
운 전 방 법	타이머 및 압력차에 의한 자동운전
수량	1대
용량	1.2㎥/min
스크린 메시	80mesh
연결관 직경	φ 150mm
전 동 기	380V, 3φ , 60HZ, 0.4kW

(3) 구조 및 재질

본 스트레이너는 전동기에 의한 자동 세척형으로 케이싱, 여과망, 역세척장치, 제어반 등으로 구성된다.

역세척부는 스크린 회전형으로 회전체는 상부 베어링에 고정시키고 회전축은 전동기 감속기와 연결 회전토록 한다. 스트레이너 개구부는 협잡물, 특히 섬유질의 협잡물 제거가 용이한 형상으로 한다. 여과망은 스테인리스강 삼각형 웨지바를 용접한 여과망으로 분해가 가능하도록 한다. 스트레이너에는 고무 씰링판으로 된 역세척장치와 역세척장치 구동용 전동기가 있도록 한다. 역세척 장치 하부 베어링은 물로서 윤활 되는 오일리스베어링을 사용한다. 케이싱은 SS41으로 회전 드럼 표면에 역세용 구멍을 설치한다. 세척은 차압에 의해 자동세척이 이루어지도록 한다. 자동세정장치는 자기 세정형이고, 자동밸브는 전동식 개폐기로 한다. 제어반은 본체에 부착한 형태로 역세척 밸브와 연동 제거가 가능하고, 조작반 및 계전기반은 일체형으로 한다.

케이싱 : SS41

여과망 : STS304

축 : STS304

4. 설 계

(1) 설계 계산

- 유입관경 $D_i = 150\text{A}$(O.D 165.2×4.85t)
- 유출관의 관경 $D_o = 150\text{A}$
- Element의 직경(I.D) $d = \varphi 47.6$ m/m
- Element의 Slot ℓ =Mesh 80일 때 0.177 m/m
- Element의 높이 $H = 261$ m/m
- Element의 Pitch $P = 1.0 + 0.177 = 1.177$ m/m

(2) Element의 수량

- 유입관의 단면적

$$A_i = \frac{\pi}{4} \times 155.5^2 = 18991.12\ \text{mm}^2$$

- Element의 Slot의 1줄 단면적

$$A_{E1} = \pi \times 47.6 \times 0.177 = 26.4685\ \text{mm}^2$$

- Element 1개의 단면적

AE = 261/1.177 × 26.4685 = 5869.4㎟ $A_E = \frac{261}{1.177} \times 26.4685 = 5869.4\ \text{mm}^2$

- Element의 수량 n

역세척시 1개의 Element가 Close되므로 설계 시에는 $n-1$로 계산하는 것이 마땅하다.

$$n - 1 = \frac{A_i}{A_E} = \frac{18991.12}{5869.4} = 3.236\ \text{EA}$$

$\therefore\ n = 6$개로 결정

5. 제 작

그림 **8.1**의 ① Casing은 그림 **9.2**와 같이 파이프를 사용하여 하부바닥판과 상부 플랜지를 부착시키고 N-1 원수 유입관과 N-2처리수 유출관을 케이싱 옆에 부착하고 하부에 배수구

와 N-3와 같이 보수구를 설치한다.

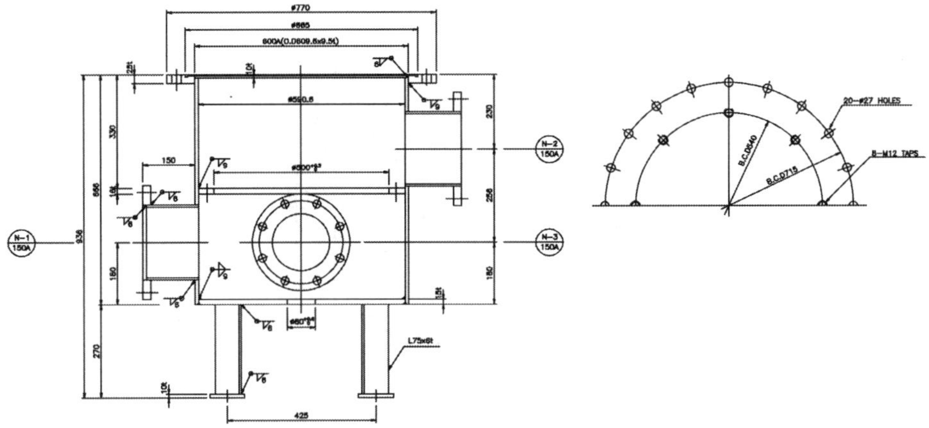

그림 8.2 Casing

케이싱 내부에는 상부와 하부를 분리시키고 STS망을 설치할 수 있도록 그림 **8.3**과 같이 중간 판을 제작하고 분리판 하부에는 역세척관이 밀착되어 회전할 수 있도록 미끄럼판을 STS304로 제작 부착한다. 미끄럼판 하부에 역세척관이 밀착되어 회전할 수 있도록 그림 **8.4**와 같이 제작하여 구동부축에 조립한다. 이때 역세척관 상부에 PE재질로 제작된 분배기는 회전 시 미끄럼판에 항상 밀착될 수 있도록 분배기 하부에 스프링을 끼워 설치한다.

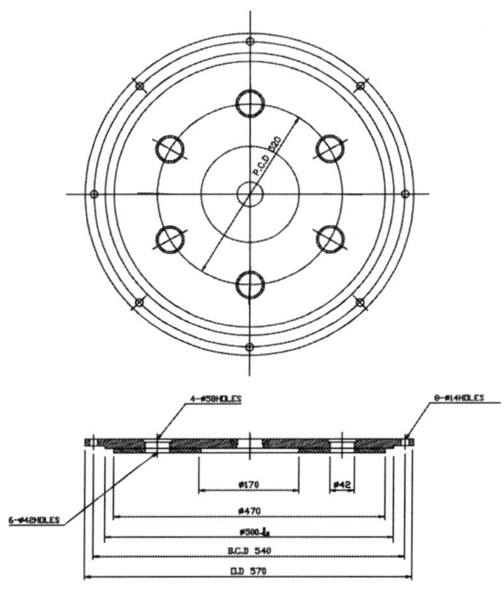

그림 8.3 중간판

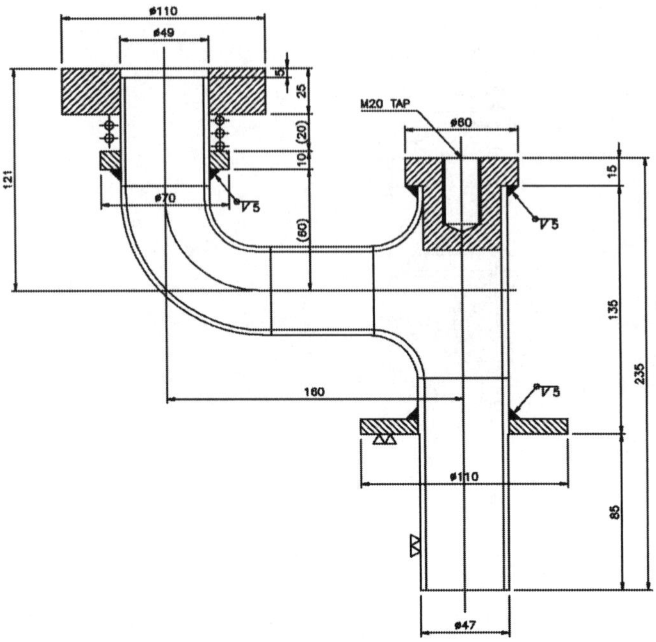

그림 8.4 역세척 관

역세척관 하부는 하부로 역세척수를 배출할 수 있도록 그림 8.5와 ①같이 베어링 박스에 ②와 같이 PE 베어링을 끼우고 역세척관을 끼워 조립한다.

중간판 상부에는 스트레이너(STS망)을 설치할 수 있도록 그림 8.6과 같이 제작하고 스트레이너 상부에는 그림 8.6에서 6-1과 같이 STS스프링을 끼워 스트레이너가 이탈되지 않도록 한다. 케이싱 상부에는 구동부를 설치하고 밀폐시킬 수 있도록 그림 8.7과 같이 물이 새지 않도록 고무 박킹을 플랜지에 넣고 조립한다.

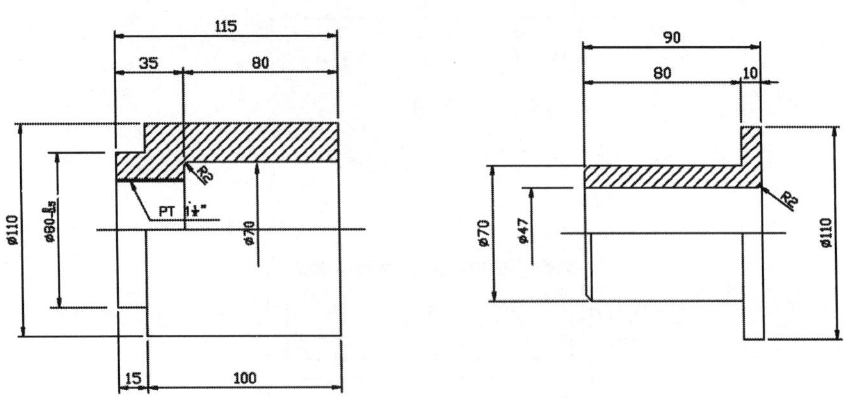

그림 8.5 하부 베어링박스

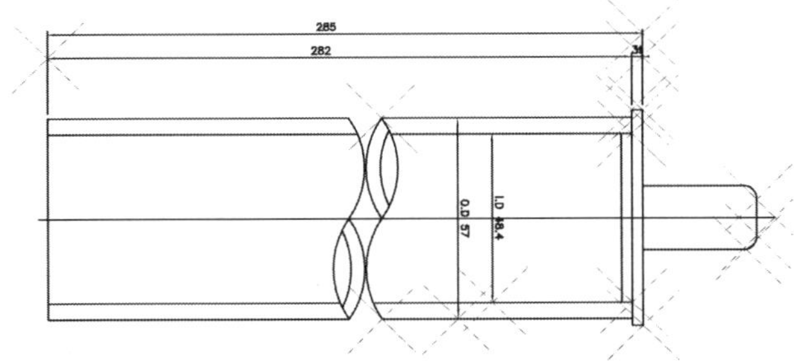

그림 8.6 스트레이너

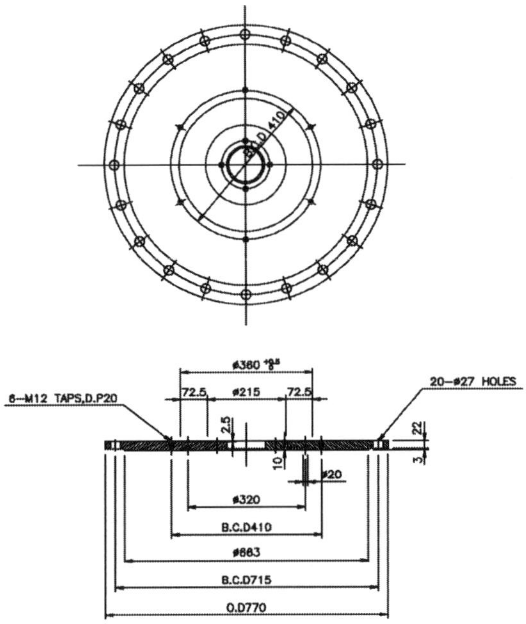

그림 8.7 케이싱 상판

구동부 받침대는 케이싱 상판과 동심원으로 조립될 수 있도록 그림 **8.8**과 같이 제작하여 조립한다. 구동부 받침대 옆에는 조립과 보수를 할 수 있도록 도면과 같이 구멍을 2개를 만들어 놓는다. 케이싱 상판 중앙에는 물이 새지 않도록 하기위해 그림 **8.9**의 ②와 같이 오일씰을 끼울 수 있도록 오일씰 집을 STS304로 제작하여 케이싱 상판에 끼우고 용접한다. 이때 용접은 축을 베어링까지 완전히 조립한 상태에서 부분용접하고 분해한 뒤 튼튼하게 용접한다. 또 상부에는 UCF베어링을 조립하여 축이 동심원으로 회전할 수 있도록 한다. 오일씰은 완전히 끼운 다음 오일씰이 내부 압력에 의해 밖으로 나오지 않도록 그림 **8.10**과 같이 스냅링(Snap Ring)을 끼워 마감한다.

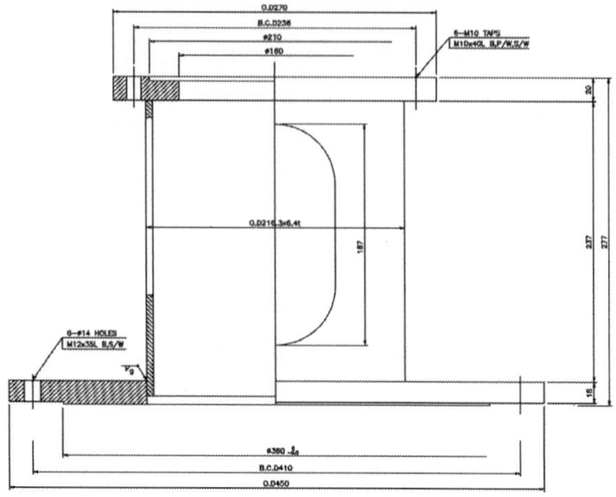

그림 8.8 구동부 받침대

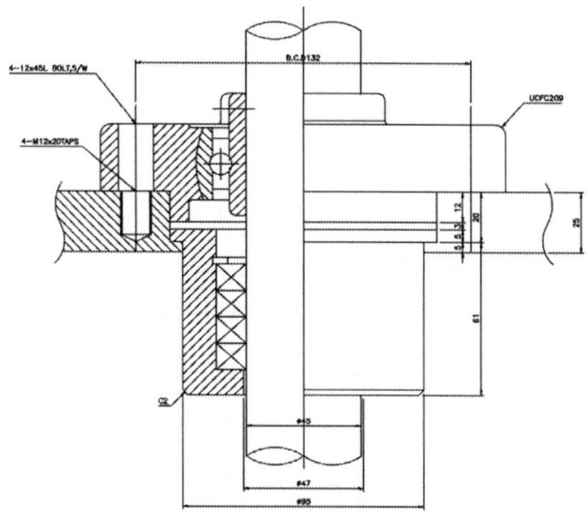

그림 8.9 베어링 조립도

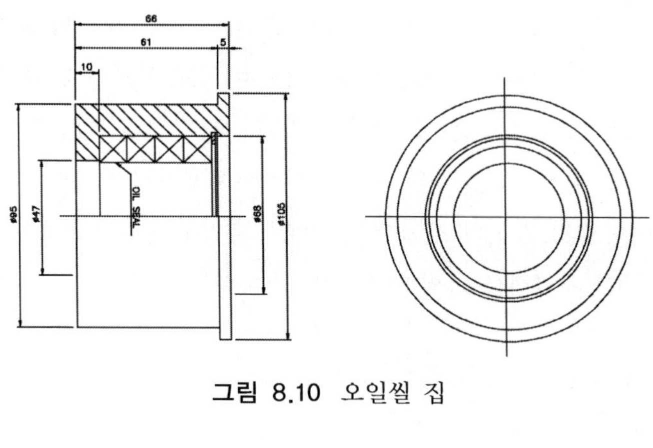

그림 8.10 오일씰 집

구동부축은 그림 8.11과 같이 STS로 제작하고 구동부와 축과의 연결은 그림 8.12와 같이 커플링을 제작하여 조립하여 구동시킨다. 제어반은 자동 스트레이너 케이싱 옆에 일체로 설치할 수 있도록 그림 8.13과 같이 케이싱에 받침대를 설치하여 제어반을 조립하고 배선한다.

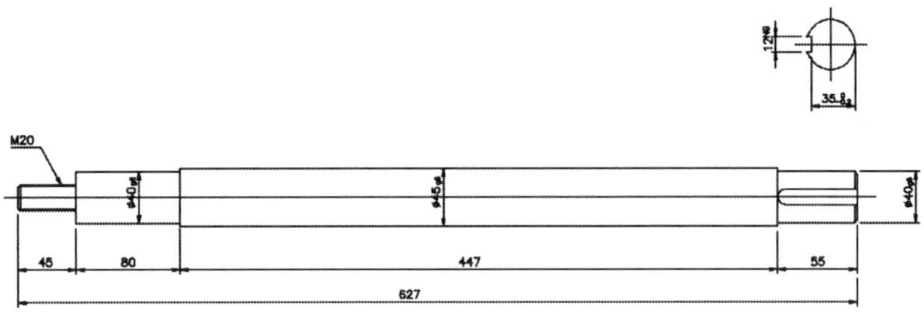

그림 8.11 축

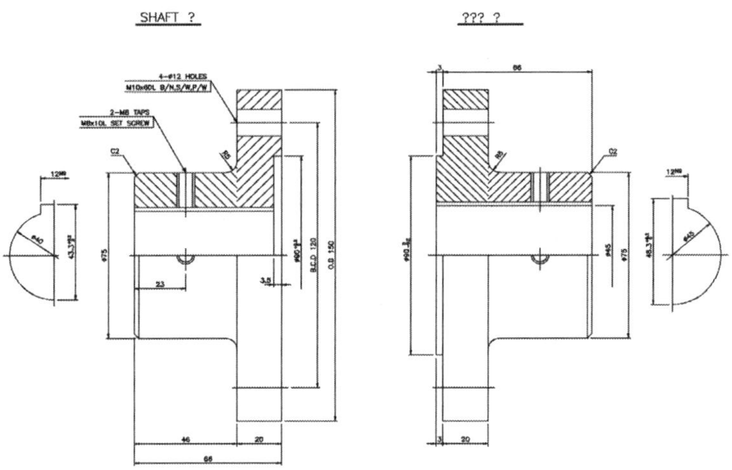

그림 8.12 커플링

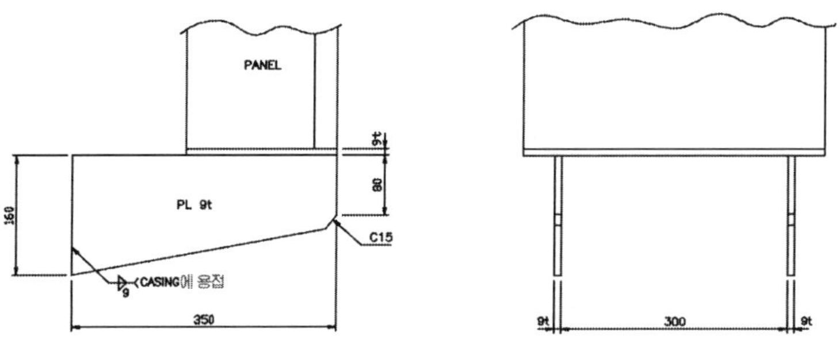

그림 8.13 제어판 받침대

질문 1

질문1 : 스트레이너는 어떻게 조립하는가?

답변: 자동 스트레이너가 스트레이너를 제외한 모두 조립된 상태에서 처리수 유출구로 스트레이너를 넣어 상판 홈에 스트레이너 스프링을 압축시키면서 STS망 하부를 중간한 홈에 밀어 끼운다.

질문 2

질문2 : 역세척은 어떻게 이루어지는가?

답변: 그림 8.1에서 원수가 하부로 유입되어 ⑥ STS망 내부로 유입되어 망의 틈새보다 큰 이물질은 STS망 내부에 걸리고 물과 작은 물질들은 STS망을 통과되어 상부 처리수관을 통하여 공급되게 된다. 그러나 STS망에 이 물질이 많이 걸리면 저항이 커지고 처리수량이 줄게 된다. 이때 유입관과 유출관의 차압을 측정하여 차압이 설정한(보통 1 kg/cm^2) 지점에 도달하면⑫ 전동밸브가 열리어 배수를 하게 되고, 자동 스트레이너 상부에 설치된 구동부에 의해 하부에 설치된 ⑧ 역세척 암이 천천히 회전하게 된다. 이때 ⑦분배기가 회전하면서 스트레이너 원수 유입구와 만나게 되면 상부에 있는 처리수가 스트레이너를 역으로 유입되고 역세척 암을 통해 배수되게 된다. 이때 역으로 유입수에 위해 스트레이너 내부에 걸려있던 이물질이 떨어져 배수되므로 스트레이너가 세척되게 된다.

질문 3

질문3: 그림 8.1의 ⑬과 같이 보수용단관이 필요한가?

필요하다. 만약 배관상에 보수용 단관 설치가 어렵다면 자동 스트레이너 케이싱에 보수구를 만들어야 한다. STS망에 물때나 미생물에 의해 청소나 보수가 필요할 경우 스트레이너를 빼내어 시행하여야 한다. 따라서 간단한 보수를 할 수 있도록 케이싱 상하부에 보수를 할 수 있는 구멍을 만들어 두어야 한다.

제9장

자동급수장치

1. 원 리

항상 일정한 압력을 유지 할 수 있는 고가수조가 필요 없이 지상이나 지하에서 일정 압력 이상으로 용수를 공급하기 위해 사용되고 있다.

자동급수장치는 탱크에 물이 압력이 떨어져 저 압력이 되면 펌프가 가동되어 탱크에 용수 탱크의 물을 채우고 설정압력에 도달되면 펌프의 가동이 멈추게 된다. 탱크의 고 압력에서 저 압력이 될 때까지 용수를 계속 공급하게 된다. 그러나 액체는 비압축성이므로 펌프가 멈췄다가 가동될 때마다 공기를 탱크내로 밀어 넣어 이 공기가 압축되어 있다가 팽창되면서 용수를 공급하게 되는 원리이다.

2. 구 조

자동급수장치의 설치장소는 용수탱크나 저수탱크 옆에 설치하며 자동급수장치 압력 탱크 옆에 펌프를 설치하여 용수탱크의 용수를 흡입하여 자동급수장치 압력탱크로 압력수를 공급하고 공급된 압력수는 공급처로 보내진다. 그러나 압력탱크에는 항상 공기가 압축되어 있어야하므로 공기를 보급할 수 있는 공기보급 참바를 그림 9.1의 ⑦과 같은 원리로 구비되어 있어야한다.

3. 설계 사양

(1) 설치위치 : 용수 공급 동

(2) 기능 : 펌프 및 송풍기동에 필요한 축 봉수, 냉각수를 공급하기 위함

(3) 설계조건

형 식	압력용기형 여과수 공급장치 펌프부착
운전방법	압력용기내의 압력에 의한 자동운전
수량	탱크1조, 펌프2대(예비 1대포함)
탱크용량	5.0㎥
펌프용량	0.5㎥/min
양정	35m
흡입구경	φ 65mm
회전수	1,750rpm
전동기	380V, 3φ , 60HZ, 7.5kW

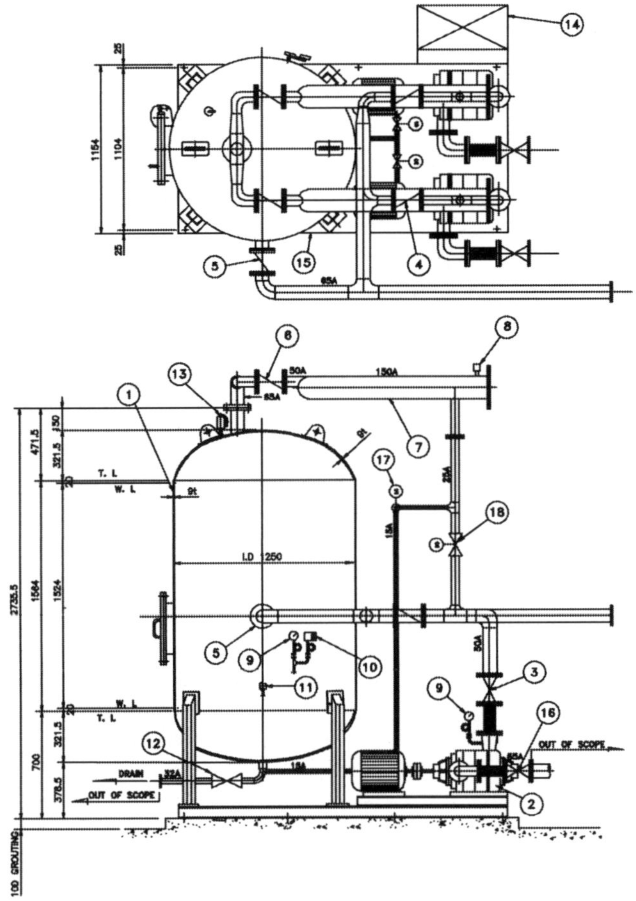

NO	DESCRIPTION	MAT'L	Q'TY	REMARKS
1	TANK	SS400	1	$2M^3$
2	PUMP	–	2	$11kw \times 0.4m^3/min \times 55mH$
3	GATE V/V	GC200	2	50A
4	CHECK V/V(3–1)	GC200	2	50A
5	CHECK V/V(3–1)	GC200	1	65A
6	CHECK V/V(3–1)	GC200	2	50A
7	AIR SUPPLY CHAMBER	SPPW	2	150A
8	VACUUM BREAKER	–	2	15A
9	PRESSURE GAUGE	–	1	10Ax10K
10	PRESSURE S/W	–	1	10Ax10K
11	AIR VENT	GC200	1	15A
12	BALL V/V	BC	1	32x10K SCREW TYPE
13	SHAFTY V/V	GC200	1	15A(10Kgf/cm)
14	CONTROL PANEL	STS304	1	600x300x1700
15	BED	SS400	1	[100x50x5t
16	GATE V/V	GC200	2	65A
17	SOL. V/V	–	2	15A
18	SOL. V/V	–	2	25A

그림 9.1 자동급수장치

4. 구조 및 재질

용수공급장치는 SS41 압력용기, 가압펌프, 밸브, 조작반 등으로 구성되며 여과수를 공급하는데 용량과 압력에 충분한 여유가 있도록 한다. 압력용기는 사용압력의 1.5배 이상의 압력에 견딜 수 있도록 제작한다. 탱크 내 외부는 도장을 시행하고 탱크내 공기가 토출관으로 혼입 및 유출되지 않도록 한다. 탱크는 공기를 자동으로 급배기할 수 있는 구조로 하고 이상압력 발생 시를 대비하여 안전변을 설치한다.

가압펌프는 용기내의 공급수 압력에 의해 자동으로 작동하도록 한다. 조작반은 압력용기 옆에 설치하며, 모든 필요부속 및 2차 배선을 갖춘다.

급수펌프의 케이싱은 주철제로하고, 임펠러는 청동합금으로 전폐형으로 한다. 축은 탄소강으로 물에 접촉하는 부분과 스터핑박스를 통과하는 부분에는 교환 가능한 스테인리스강의 축 슬리브가 장치된다. 스터핑박스에는 교환이 용이한 그랜드팩킹을 장착한다. 베어링 프레임은 단일체로 모든 레이디얼 및 스러스트 하중을 레이디얼 및 스러스트 베어링에 전달할 수 있도록 구성하고, 베어링 프레임은 회주철품으로 베어링은 축의 양쪽에 설치한다. 펌프의 소음은 KS 기준에 따라 측정하여 85db를 벗어나지 않도록 한다.

- 사용재료
  - 탱크 SS41
  - 펌프

케이싱	GC200
임펠라	BrC3
주축	SM 45C
슬리브	STS 304

5. 설 계

(1) 설계 조건

1) P(설계압력)=9.0 kg/cm^2(6.0 kg/cm^2×1.5배=9.0 kg/cm^2)
2) x : 인장강도에 대한 허용 인장 응력비(압연강재 : 1/4)
3) σ(인장강도)=41 kg/mm^2(SS41)
4) η(Welding efficiency)=0.7
5) K(증기 또는 액체의 온도에 따른 값)=480℃ 이하에서 0.4
6) α(부식여유)=1 mm
7) 경판형식 : 2:1 경판
8) R(중앙부의 내 반경)=0.9045D
9) r(모서리 둥글기의 내 반경)=0.1727D
10) K(반타원체 형상에 따른 계수)=1/6[2+(0.5×D/h)^2]

(2) Tank의 용량계산

1) Pump 사용량 : 0.5 m^3/min

2) Tank 유효용량 : $0.5\ m^3/min \times 3 = 1.5\ m^3$

$P_1 V_1 = P_2 V_2$

$V_1 - V_2 = 1.5\ m^2$ $\qquad P_1 = 4.0\ kg/cm^2$

$4.0 \times V_1 = 6.0(V_1 - 1.5)$ $\qquad P_2 = 6.0\ kg/cm^2$

$4.0\, V_1 = 6.0\, V_1 - 9.0$

$6.0\, V_1 - 4.0\, V_1 = 9.0$

$2.0\, V_1 = 9.0$

$V_1 = \frac{9.0}{2.0}$

$V_1 = 4.5\ m^2$

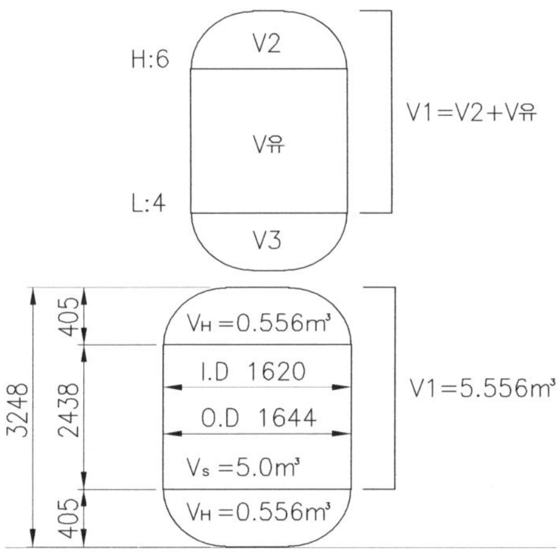

(3) 총 Tank 용량

$\therefore\ V_T = V_2 + V_{유} + V_3 = 6\ m^3$로 선정한다.

(4) Tank의 직경계산

1) $V_T = V_H \times 2 + V_S > 6.0\ m^3$

2) 직경(내경)$= 1620\ mm$

동체부의 길이 3248 mm로 선정하면

$$V_H = \frac{\pi D^3}{24} = 0.556\ \mathrm{m}^3$$

$$V_S = \frac{1.62^2 \times \pi}{4} \times 2.438 \fallingdotseq 5.0\ \mathrm{m}^3$$

$$\therefore\ V_T = 0.556 \times 2 + 5.0 \fallingdotseq 6.11\ \mathrm{m}^3 \ldots\ldots\ \mathrm{OK}$$

3) Shell Thickness

$$T = \frac{PDi}{200\sigma\eta - 2P(1-K)}$$

$$= \frac{9.0 \times 1620}{200 \times 10.25 \times 0.7 - 2 \times 9.0 \times (1-0.4)} + 1 \fallingdotseq 11.23 < 12\ \mathrm{mm}$$

4) 경판두께

$$T = \frac{PDi}{200\sigma\eta - 2P(1-K)}$$

$$= \frac{9.0 \times 1620 \times 1}{200 \times 10.25 \times 0.7 - 2 \times 9} + 1 \fallingdotseq 11.17 < 12\ \mathrm{mm}$$

$= 12\ \mathrm{mm}$로 결정

(5) 펌프의 가동 주기계산(1# 경우)

1) 시간당 용수 사용량

$$Qt = 0.5\ \mathrm{m}^3/\mathrm{min}$$

2) Pump의 휴식주기

$$C = \frac{\text{Tank 유효용량}}{\text{최대용수사용량}} = \frac{1.5}{0.5} = 3\ \mathrm{min}$$

따라서 용수를 최대 사용량으로 사용할 경우 약 4분간은 펌프가 동작하지 않아도 용수를 $4\ \mathrm{kg/cm^2}$ 이상의 수압으로 공급할 수 있다.

용수 사용량이 줄면 펌프의 휴식시간은 더 길어진다.

3) 펌프의 가동시간(2대)

압력탱크의 압력이 낮아져 가동될 경우 펌프의 가동시간은

$$T = \frac{21.5}{0.5\ \mathrm{m^3/min} \times 2\text{대} - 0.5\ \mathrm{m^3/min}} = 3\ \mathrm{min}$$

이 걸린다.

그러나 용수 사용량이 전혀 없을 경우에는 펌프 가동시간이 1.5분이 걸리고 1대를 가동할 경우에는 3분이 걸린다. 보통 용수 사용량이 최대로 사용하지 않으므로 펌프를 1대로 가동할 경우 가동시간이 길어지게 된다.

6. 제 작

자동급수장치의 제작은 자동 급수장치 받침대와 탱크를 제작한 후 받침대에 탱크와 펌프를 설치하고 배관을 구성하면 완료된다. 탱크는 그림 9.2와 같이 경판을 제작하여 탱크를 제작하고 그림 9.3, 9.4와 같이 맨홀과 다리 등을 부착시킨다. 받침대는 그림 9.5와 같이 탱크와 펌프를 함께 설치할 수 있도록 하여 제작 시 배관을 완료시킨다.

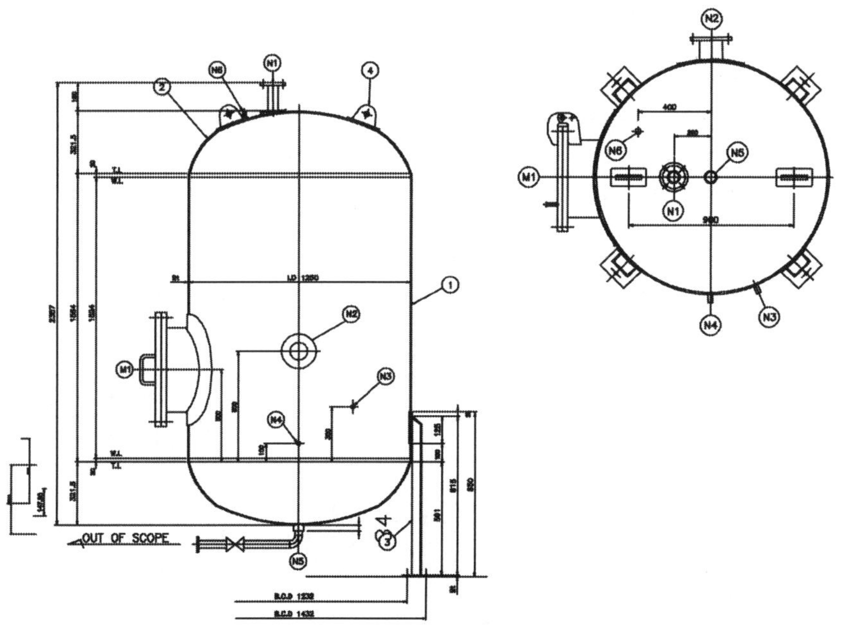

그림 9.2 탱크

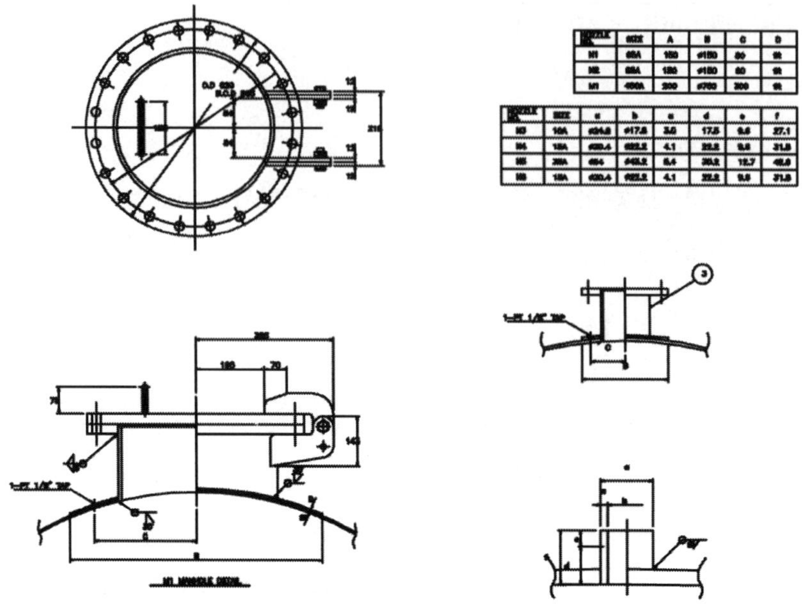

그림 9.3 맨홀 및 노즐 상세도

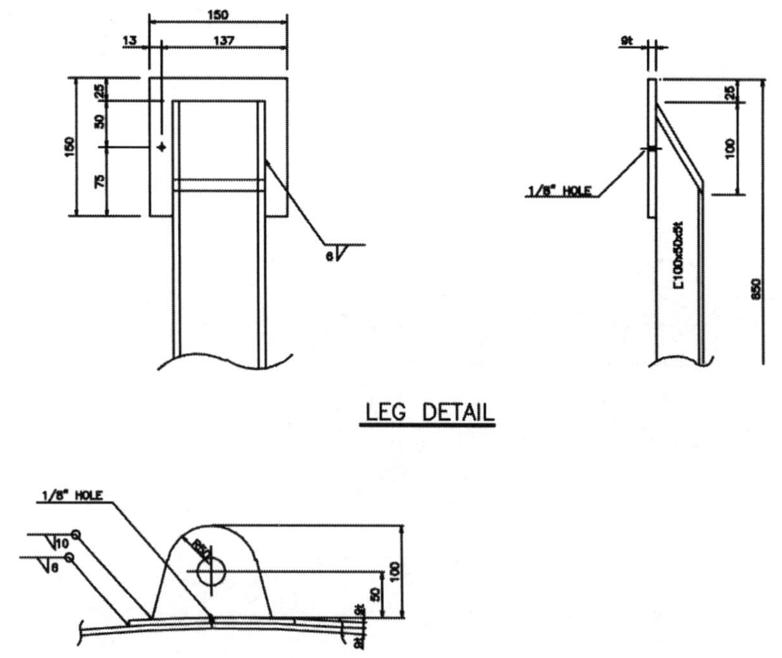

그림 9.4 탱크 다리 등

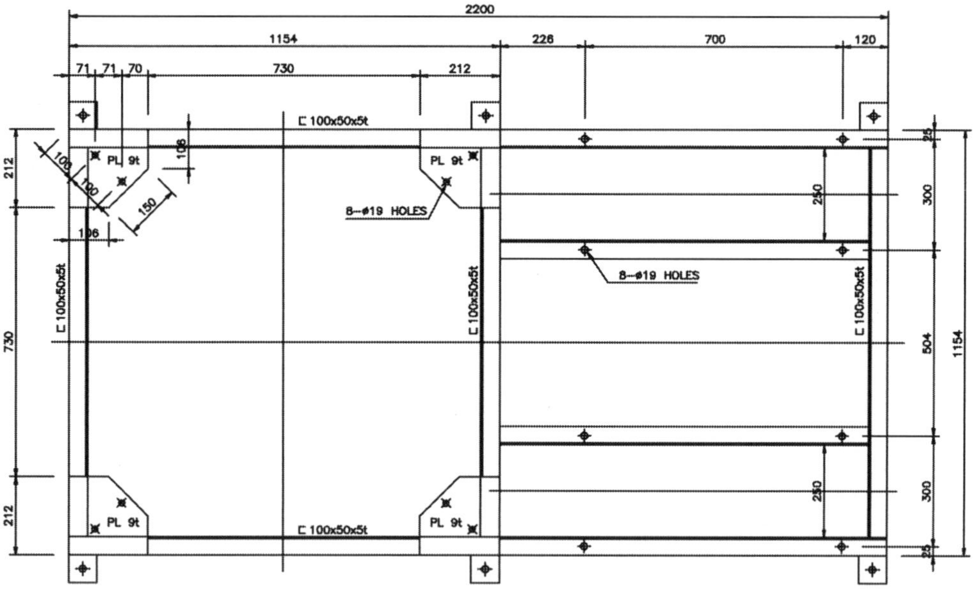

그림 9.5 받침대

7. 작동 설명

(1) 펌프에 의해 물이 탱크로 유입되어 압력이 4~6 kg/cm^{2}로 압력 스위치를 임의 설정하면 압력 스위치에 의해 펌프가 동작 및 정지한다.

(2) 탱크압력이 설정 압력에 도달하여 펌프가 멈추면서 에어참바(Air Chamber)에 있던 물이 용수 저장조 탱크로 수위 차에 의해 물이 내려가려하면 에어참바 상단에 설치된, 진공을 파괴하는 밸브(Vacuum Braker)에 의해 공기가 유입되면서 에어참바와 관내에 공기가 유입된다.

(3) 탱크압력이 용수를 공급함에 따라 떨어져 임의 설정압력에 도달되면 펌프가 동작하여 물이 에어참바(Air Chamber)에 있던 공기를 밀어 탱크로 먼저 공급하고 물을 공급한다.

(4) 탱크에 공기가 많이 유입되어 공기량이 많아지면 탱크 옆 하단에 설치되어 있는 배기변(Air Vent)에 의해 자동 배기된다.

8. 유지관리 지침서

(1) 구성 부품

급수조절을 위한 장치로서 그림 9.1과 같이 급수탱크, 급수 Pump, Air Supply Chamber, Vacuum Braker, 3-One Check Valve, Pressure Gauge, Pressure Switch, Local Panel로 구성된다.

(2) 운전

본 자동급수장치의 운전방식은 Tank내의 설정 압력이 저압(L/P), 고압(H/P)으로 설정되어 있어 Tank내의 압력이 저압(L/P)일 때 Pump가 가동하고 Tank내의 압력이 고압점(H/P)에 도달하면 작동을 멈추며 한 Cycle의 운전을 마친다. 급수를 사용하여 Tank내의 수압이 저압(L/0)점에 도달하면 다음 Cycle의 운전이 시작된다.

(3) 수동운전

1) 펌프 주변 밸브를 연다.
2) 자, 수동 선택 스위치를 수동 위치에 선택한다.
3) 펌프 가동 스위치를 눌러 가동시킨다.
4) 자동급수 탱크에 수압이 높으면 펌프정지 스위치를 눌러 정지시킨다.

(4) 자동운전

1) 펌프의 주변밸브를 연다.
2) 압력 스위치를 사용하고자하는 압력에 위치한다.
3) 자, 수동 선택스위치를 자동 위치에 선택한다.

(5) 기타

1) 펌프 1대가 고장이거나 다른 필요에 의해 1대만을 가동시키고자 할 때에는 사용코자 하는 해당 펌프만을 자동 및 수동으로 선택하여 가동시킨다.
2) 평상시는 자동운전으로 하고 수동운전은 점검 및 기타 필요시에 운전토록 한다.

질문 1 탱크 내에 공기가 없으면 어떤 문제가 발생하는가?

탱크 내에 공기가 없으면 물이 비압축성이므로 탱크 내에 물이 약간만 공급되면 압력이 최고 압력으로 올라가고 물이 약간만 빠져도 탱크 내에 압력이 저압으로 떨어져 펌프가 순간 가동되고 순간 정지되는 현상이 발생하여 가동이 어렵다.

질문 2 펌프가 정지되면 탱크내의 용수가 펌프 쪽으로 역류되지 않는가?

탱크내의 용수가 역지변(Check Valve)이 잘 듣지 않을 경우에는 펌프 쪽으로 물이 역류되면 펌프를 통해 압력수가 용수조를 유입되면서 압력 탱크내의물이 급속하게 빠지게 되어, 펌프의 휴지시간이 짧아진다. 따라서 자동 급수장치에서 사용되는 역지변(Check Valve)은 스프링이 있어 역지가 정확한 제품을 사용하여야 한다.

그림 **9.6**에 ⑤ 역지변은 펌프 가동 시에는 닫혀 있어야하며, 펌프가 가동 중지되면 역지변이 열려 용수가 공급되어야한다. 펌프 가동 시 압력수가 압력탱크내로 용수가 공급될 때에는 ⑥번 역지변 만을 통해 공급되어야한다. ⑤번 역지변을 통해서 용수가 공급되면 탱크 내에 공기보급이 끊어져 압력탱크에 공기가 부족하게 되어 펌프 가동이 빈번하게 된다. 따라서 ⑥번 역지변은 펌프 가동 시에만 열리어 압력수가 공급되어야 하고 ⑤번 역지변은 펌프가 가동중지 되었을 때에만 열려 탱크내의 용수가 공급되어야 한다. 또 탱크 내에 용수가 공급 될 때에는 항상 에어잠바를 통하여 공급되어야 하므로 ⑤번 역지변은 정확해야한다.

⑥역지변은 펌프정지 시 에어 챔버에 물이 빠지고 공기가 유입되어야 하므로 ⑥번 역지변도 정확해야 한다.

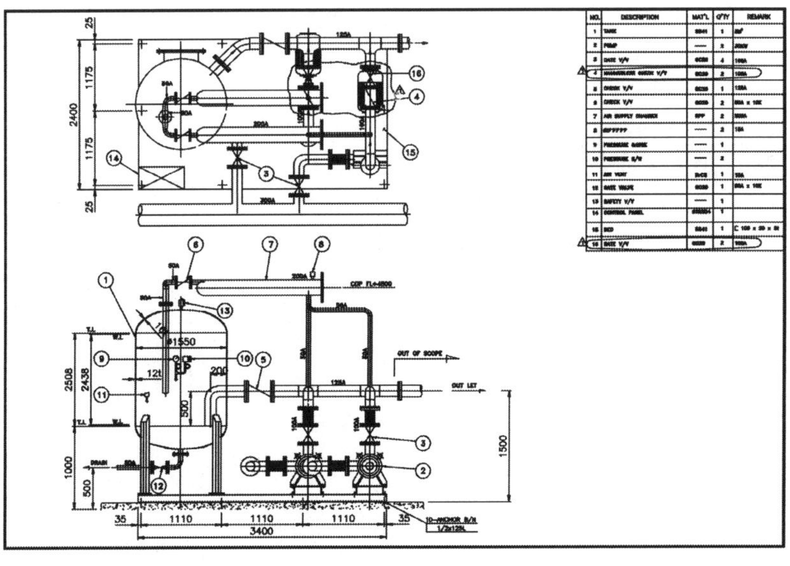

그림 9.6 자동급수장치

④번 역지변은 펌프 정지 시 용수공급처의 용수가 펌프로 역류되지 않아야 에어 참바의 물이 쉽게 빠져 나가고 공기가 유입될 수 있으므로 역지변은 정확한 제품으로 선택 하여야 한다.

질문 3 공기는 탱크에 계속 보급해야 하는가?

물은 순수할수록, 온도가 낮을수록, 압력이 높을수록 많은 공기를 용존 할 수 있다. 여기서는 같은 물을 같은 온도에서 물에 압력만 증가시켜 용수를 공급하므로 압력이 높아짐에 따라 물에 공기 용존도가 높아지게 된다. 따라서 탱크 내에 압력이 높아지면 탱크 내에 공기가 용수 속에 더 많이 용존하게 되어 물을 사용함에 따라 탱크내의 공기가 줄어들게 되므로 계속 탱크 내에 공기를 보급 시켜주어야 한다.

반대로 이 용수를 사용할 경우 높은 압력에서 대기압 상태로 떨어지므로 물속에 용존된 공기가 미세공기로 물에 들어나면서 물을 하얗게 만들기도 하지만 이 미세한 기포가 대기 중으로 사라지면서 하얀색도 사라진다.

질문 4 공기보급 장치가 용수탱크 수위보다 낮아 보급탱크 물이 빠지지 않으면 어떻게 해야 하나?

고 공기가 보급되는 장치가 고장이 없어 사용이 편리하다. 보통 같은 건물 내의 용수공기보급 장치는 용수탱크 수위보다 높게 설치하면 수위 차에 의해 물이 빠지탱크와 자동급수장치가 있을 경우에도 공기보급 장치를 천정에 높게 설치하거나 하여 높게 설치 할 수 있다. 그래도 높게 설치가 불가능 할 경우에는 그림 9.1에서 1718과 같이 전동밸브를 부착하여 펌프가 가동될 경우에는 18에 열고 17번 닫아 사용하고 펌프가 가동중지 될 경우에는 17번 열고 18 닫아 17 배수배관으로 물을 빼내어 공기를 공기보급 장치에 채울 수 있다.

질문 5 펌프는 몇 대를 설치해야 하는가?

펌프는 최소 2대 이상를 설치하며 1대를 예비로 하여야 한다. 따라서 펌프의 용량은 용수 사용량과 같은 크기 이상으로 설계를 해야 펌프용량이 용수 사용량보다 클 수 있다. 또, 사용량보다 펌프용량이 너무 크지 않아야 펌프가 가동되면 좀 긴 시간동안 가동 될 수 있다. 만약 펌프용량이 용수 사용량보다 부족하면 예비 없이 2대가 동시에 가동되어야 하므로 펌프 1대 고장 시 용수 공급이 불가능해진다. 펌프용량이 너무 커지면 3대를 설치하여 2대를 사용하고 1대는 예비로 한다.

제10장

제 진 기

10.1 체인 구동 제진기

1. 원 리

제진기는 하수처리장이나 유수지에서 사용되며, 하수 내에 부유물을 제거하여 펌프 손상을 방지하고 하수처리를 원활하게 하기위해 사용된다. 수로에 설치된, 바 스크린(Bar Screen)에 걸린 이물질을 상하에 스프로켓을 설치하고 양단 스프로켓에 체인을 걸고, 두 체인 사이에 갈퀴를 걸어, 바 스크린(Bar Screen)에 걸린 이물질을 제거하는 방법이다.

2. 구 조

하수 유입로에 그림 10.1에서 ⑨와 같이, 바 스크린(Bar Screen)을 설치하고 수로 상단에 제진기 ④케이싱을 설치한다. ⑪체인을 구동시킬 수 있는 상부프레임(Frame)과 수중프레임을 설치하여 프레임 상부에는 구동축과 스프로켓 수중프레임 하부에는 ⑤하부스프로켓을 설치한다. ⑪ 주 체인을 걸고, 레이크(Rake)를 두 체인에 설치한다. ①상부 구동부로 구동시켜 스크린에 걸린 이 물질을 끌어올려 수로상부에 설치되어 있는 컨베이어로 떨어뜨리는 구조이다.

3. 설 계

(1) 설계 일반사항

1) 설치위치 : 중계펌프장 입구수로
2) 기 능 : 하수내의 작은 부유물을 제거하기 위함
3) 설계조건

기기번호	M-1502
형식	체인구동 연속 자동 제진기
운전방법	자동 간헐(타이머 콘트롤) 및 수동스위치 조작운전
수량	2대
수로크기	폭 1000mm×높이 3700mm×2지
바 유효간격	20mm
설치각도	75°
레이크 용량	0.5㎥/hr이상
레이크속도	약 3m/min
전 동 기	380V,3Φ,60HZ,1.5kW이상, 옥외용

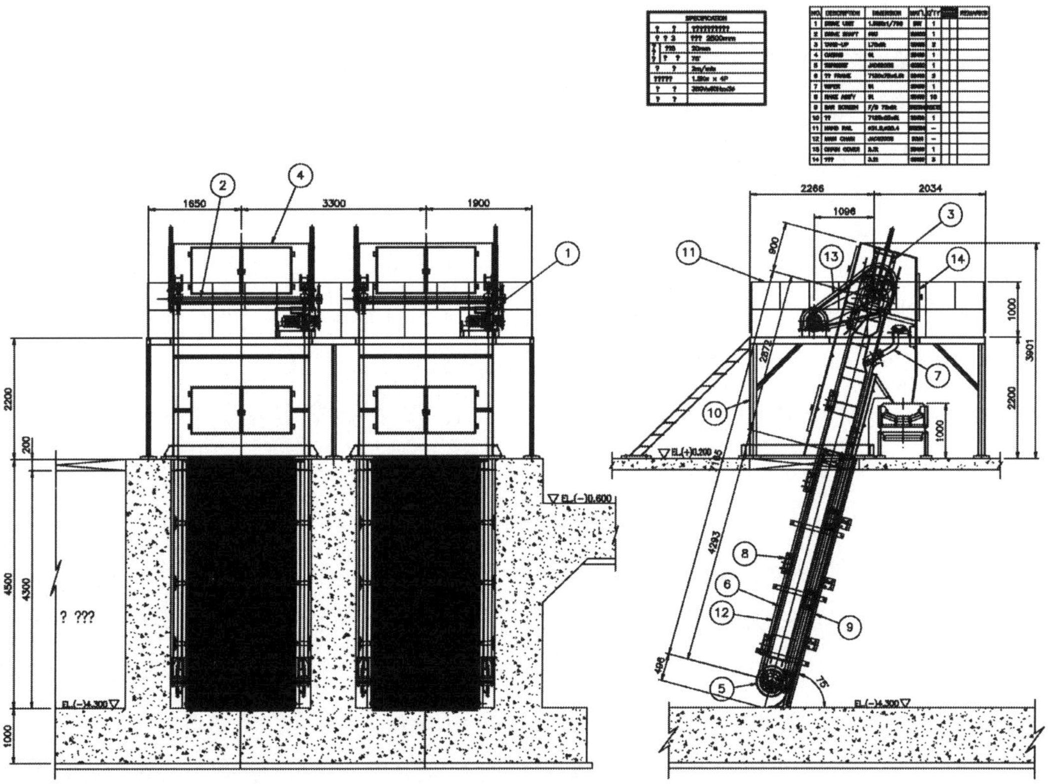

그림 10.1 체인 구동 제진기

4) 구조 및 재질

① 이 기계장치는 하수내의 작은 부유물을 수거하여 충분한 높이까지 인양하여 협잡물 컨베이어에 적재할 수 있는 능력이 있으며, 본체 프레임, 구동장치, 레이크, 체인, 축, 스프로켓, 세목 스크린 등으로 구성되며, 협잡물용 벨트 컨베이어 등과 연동운전이 될 수 있는 현장 조작반(옥외형)을 제작, 공급한다.

② 스크린 바는 75 mm×9 mm의 평강, 스페이서, 조립볼트, 너트, 지지대로 구성된다. 스크린은 유효간격이 20mm를 유지하도록 스페어를 삽입 조립하고 스크린은 지지용 형강으로 고정한다. 지지용 형강의 양단은 세목 스크린의 사이드 바에 일체로 조립하는 구조로 한다.

③ 바 레이크는바 유효간격이 20 mm인 스크린에 걸린 협잡물을 긁어 올리기에 편리한 구조로, 스크린 전폭에 걸쳐 긁어 올릴 수 있는 충분한 폭으로 한다.

④ 구동장치는 스틸 롤러체인, 과부하 보호장치가 내장된 싸이크로 감속기로 구성된다. 구동장치는 드라이브 체인의 길이 조절을 위해 슬라이딩 베이스를 설치하며 구동 스프로켓은 스테인리스강재 부시와 그리스로 윤활 되는 허브 및 리미트 스위치를 갖추어야하고 허브에는 안전핀이 구비된다.

⑤ 구동장치와 체인은 덮개를 하고 덮개에는 신속히 점검할 수 있는 문을 갖춘다.

⑥ 스크린의 헤드샤프트에 연결된 스프로켓의 재질은 닥타일 주철 혹은 탄소강이며, 제거장치는 작은 협잡물을 제거하는 갈퀴가 부착된 이중 체인을 사용한다.

⑦ 레이크의 설치공간은 수로 폭 654 mm(수로 폭이 1 m일 경우)이고 레이크는 스크린 바 사이에 삽입 긁어 올릴 수 있으며 용접 구조물이다.

⑧ 레이크는 본체용 체인의 양 끝에 장치되고 수로 양 벽에 설치된 가이드를 따라 원활하게 움직일 수 있다.

⑨ 레이크 구동체인은 크롬몰리브덴강으로 하고 체인의 평균 파단강도는 19000 kg 이상이다. 상부축의 재질은 탄소강으로 굽힘하중, 비틀림하중 등에 대해 충분한 강도를 가진 축경으로 하고 스프라켓 휠과 키로 결합되어 동시에 회전한다. 또한 지지하는 베어링 블록 내에 그리스가 주입될 수 있도록 그리스 주입배관을 설치한다. 하부축은 스테인리스강으로서 오일리스베어링을 구비한다.

⑩ 최소 9 mm 두께의 철판으로 제작된 디플렉터 측판을 콘크리트 구조물에 앵커볼트로 고정한다. 평행추식 레이크 와이퍼를 설치하여 레이크장치로부터 협잡물을 제거할 수

있도록 하고 조정 가능한 충격흡수 장치를 구비한다.

⑪ 침사지 바닥 위부분의 스크린 및 레이크 장치 등은 형강과 3.2 mm 두께의 철판으로 외함을 만들어 내장시키며, 스크린의 전후에 검사와 유지관리에 필요한 플랫 홈, 계단, 지지대 등을 설치하고 활하중 250 kg/m^{2}에 견딜 수 있는 구조로 한다.

⑫ 플랫 홈 바닥은 4.5 mm 두께의 무늬강판으로 제작하고, 계단과 플랫 홈 주위는 안전한 높이의 스테인리스 강관 핸드레일을 설치한다.

⑬ 본 장치의 모든 부품은 운전 중의 부가하중이나 제작 설치 시 예상되는 어떠한 조건의 하중에도 충분히 견딜 수 있는 구조로 제작하고, 구동장치는 토크 리미터를 구비한다.

⑭ 현장 조작반은 옥외형으로 스테인리스 강판(STS 304, 두께 2 mm이상)으로 제작하고 강제 통풍시설을 한다.

5) 사용 재료

① 프레임(수중부는 스테인리스강판 사용) SS 41+STS 304

② 체인

동력전달용	특수강
인양용	특수합금강(파단강도 19,000 kg 이상)

③ 스프로켓 휠

동력 전달용	SM 45C, DC 50 이상
치면(열처리)	
인양용	GCD 60이상
축	기계구조용 탄소강(STS 304)
레이크	형강 및 강판
레이크 안내판(수중)	STS 304
스크린	평강 STS 304

④ 기초볼트, 너트

수중부	STS 304
기타	SS 41(용융 아연도)

(2) 설계사양

수로크기 : 1.0 KW×3.7 mH

설치각도 : 75°

인양속도(S) : 3 m/min

레이크 취부 간격 : 약 1524 mm

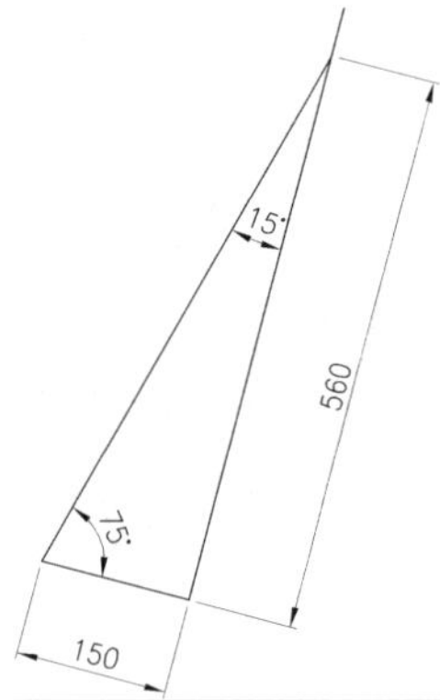

1) 수송량(Q)

- 협잡물 체적(V)
- Rake 폭(R_H) : DIR 0.15 m
- Rake 길이(R_L) : 약 0.583 m

$$V = \frac{R_H \times R_L \times 0.56}{2} = \frac{0.15 \times 0.583 \times 0.56}{2}$$

$$= 0.025\ \text{m}^3$$

2) 수송량(Q)

$$Q = \frac{V \cdot S \cdot \gamma \cdot 60}{P} = \frac{0.025 \times 3 \times 0.8 \times 60}{1.524}$$

$= 2.36$ Ton/hr > 0.5 ton/hr O.K

- 협잡물 비중(r): 0.8 Ton/m^3
- 레이크 피치(P) : 1.524 m

3) 체인에 생기는 최대장력 : T_1

① Rake의 협잡물 1m당의 중량 W(kg/m)는

$$W = \frac{rV}{P} = \frac{0.8 \times 0.025}{1.524} = 0.0131\ \text{Ton} = 13.1\ \text{kg}$$

② 협잡물을 긁어 올리기 위해서 생기는 장력 T_S는

$$T_S = \frac{W \cdot H + W \cdot \ell \cdot \cos\theta \cdot \mu_1}{2}$$

$$= \frac{13.1 \times 6.306 + 13.1 \times 6.529 \times \cos 75° \times 0.5}{2}$$

$$= 46.84\ \text{kg}$$

H : Sprocket 간의 수직거리(약 6306 m/m)

ℓ : Sprocket 간의 중심거리(6529 m/m)

μ : 마찰계수(0.5)

③ 체인 및 중량 때문에 생기는 장력 : T_c

- 본체용 체인 1 m 중량 W_c : JAC 6205S일 때 9.3 kg/m
- Rake 1 EA당 중량 W_L : 0.583×0.145×0.012×7.93=0.008 kg
- 체인 가이드와 체인 사이의 마찰계수 μ_2 : 0.2

$$= 9.3 \times 6.306 + \frac{0.008}{2 \times 1.524} \times 6.306 + \left(9.3 + \frac{9.3}{2 \times 1.524}\right) \times 6.529 \times \cos 75° \times 0.2$$

$$= 58.65 + 0.017 + 4.17 = 62.84 \text{ kg}$$

④ 체인이 이완측에 걸리는 장력 : T_2

$$T_2 = \left(W_c + \frac{W_L}{2P}\right) \cdot H - \left(W_c + \frac{W_L}{2P}\right) \cdot \ell \cdot \cos 75° \times 0.2 + 50$$

$$= \left(9.3 + \frac{0.008}{2 \times 1.524}\right) \times 6.306 - \left(9.3 + \frac{0.008}{2 \times 1.524}\right) \times 6.529 \times 0.2 + 50$$

$$= 58.66 - 3.14 + 50 = 105.52 \text{ kg}$$

T_3 : 초장력(50 kg)

4) 구동축 설계

- 속도 V≒3.05 m/min
- 본체용 스프로켓(JAC 6205S×11NT) : P.C.D 540.94 mm
- 구동스프로켓(N_1)RS 140×25NT : P.C.D 354.65 mm

  (N_2)RS 140×46NT : P.C.D 651.35 mm

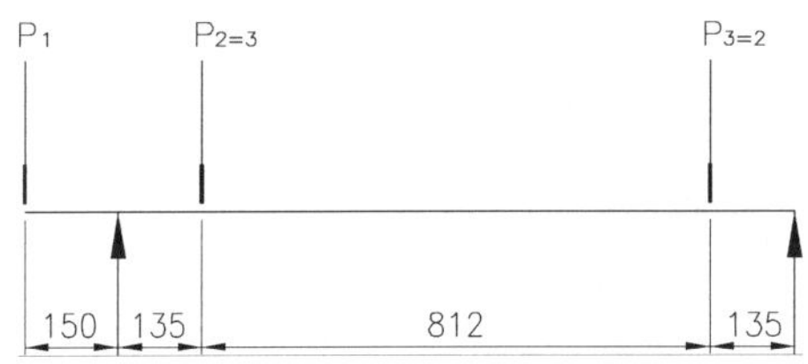

- 감속비 $I = \frac{1}{529}$

  μ : 2단 감속기의 기계효율(0.81)

  N_m : 이론구동 전동마력(0.08 kW)

  T_s : 협잡물 긁어 올리기 위해서 생기는 장력(46.84 kg)

T_c : 체인 및 중량 때문에 생기는 장력(62.84 kg)

T_2 : 이완측의 걸리는 장력(105.52 kg)

T_4 : 초장력(50 kg)

$$P_1 = \frac{N_m \times 6120 \times \eta}{V} = \frac{0.008 \times 6120 \times 0.81}{3.05} = 130.02 \text{ kg}$$

$$P_{2=3} = T_2 + T_s + T_c + T_4 = 105.52 + 46.84 + 62.84 + 50$$

$$= 265.2 \fallingdotseq 270 \text{ kg}$$

① 전동용 롤러 체인에 작용하는 장력에 의해서 구동축에 생기는 굽힘 모멘트

$$M_1 = 130.02 \times 15 = 1950.3 \text{ kg} \cdot \text{cm}$$

② 본체용 체인에 작용하는장력이 구동축에 주는 굽힘 모멘트 M_2M(kg·cm)은

$$M_2 = 270 \times 13.5 = 13645 \text{ kg} \cdot \text{cm}$$

③ 구동축에 작용하는 회전력은 T_d라 하면

$$T_d = \frac{97400 \times N_m \times \eta \times \eta_c}{N_d} = \frac{97400 \times 0.08 \times 0.81 \times 0.9}{1.8} = 3155.76 \text{ kg}$$

η_c : 쇄차 전용의 기계효율(0.9)

N_d : 구동축의 회전수(18 rpm)

④ 구동축에 생기는 상당 굽힘 모멘트 M_e는

$$M_{e1} = 0.35 \times M_1 + 0.65\sqrt{(M_1^2 + T_d^2)}$$

$$= 0.35 \times 1950.3 + 0.65\sqrt{(1950.3^2 - 3155.76^2)}$$

$$= 683.61 + 2411.26 = 3094.87 \text{ kg} \cdot \text{cm}$$

⑤ 본체용 체인에 생기는 상당 굽힘 모멘트

$$M_{e2} = 0.3 \times M_2 + 0.65\sqrt{(M_2^2 + T_d^2)} = 0.35 \times 3645 + 0.65\sqrt{(3645^2 - 3155.76^2)}$$

$$= 1275.75 + 3133.84 = 44099.59 \text{ kg} \cdot \text{cm}$$

⑥ 구동축 직경(d_1)

$$d_1 = \sqrt[3]{\frac{32 \times M_{e1}}{\pi \times \tau}} = \sqrt[3]{\left(32 \times \frac{3094.87}{\pi \times 500}\right)} = 3.98 \text{ cm} \fallingdotseq 40 \text{ mm}$$

⑦ 본체용 CHAIN의 축 직경(d_2)

$$d_2 = \sqrt[3]{\frac{32\times M_{e2}}{\pi\times\tau}} = \sqrt[3]{\left(32\times\frac{4409.59}{\pi\times 500}\right)} = 4.5\ \text{cm} \fallingdotseq 50\ \text{mm}$$

∴ $d=\varphi 50$ mm 이것을 $\varphi 90$ mm 하고, 본체용 Chain부의 축경을 $\varphi 80$,축받이부의 축경을 $\varphi 75$,동력 전달용 스프로켓의 축경을 $\varphi 70$으로 한다.

5) 구동 전동마력 : N_m(kW)

$$N = \frac{2\times(T_1 - T_2)\times V\times 1.5}{6120}$$

$$= 2\times(159.68 - 105.52)\times 3\times\frac{1.2}{6120}$$

$$= 0.064\,\text{kW}$$

$$\text{구동 전동마력}(N_m) = \frac{N}{\eta_o} = \frac{0.064}{0.81} = 0.08\ \text{kW} < 1.5\ \text{kW} \qquad \text{OK}$$

η_o : 기계효율(0.81)

6) 속도

① 본체용 스프로켓 : JAC 6205S 11NT　　P.C.D 540.94 m/m

② 구동 스프로켓(N_1) : RS140×25NT　　P.C.D 354.65

③ 구동 스프로켓(N_2) : RS140×46NT　　PCD 651.35

④ 레이크의 인양속도(S): 3 m/min

⑤ 감속기의 선정

$$\text{속도}(S) = 1750\times i\times\frac{N_1}{N_2}\times\pi\cdot D = 3\ \text{m/min}$$

$$\text{감속비}(i) = \frac{3\ \text{m/min}}{1750\times\frac{N_1}{N_2}\times\pi\cdot D}$$

$$= \frac{3}{1750\times\frac{25}{46}\times\pi\times 0.541}$$

$$= \frac{1}{538.8} \fallingdotseq \frac{1}{529}\ \text{로 선정}\quad \text{OK}$$

7) 설계의 확인

① 속도의 확인

$$레이크의\ 인양속도(S) = 1750 \times \frac{1}{529} \times \frac{25}{46} \times \pi \times 0.541$$
$$= 3.05\ m/min$$

② 레이크의 인양 횟수 확인

㉠ 회전 시 필요시간(t)

- 체인길이(C_L) : $2\ell + \pi D = 2 \times 6.529 + \pi \times 0.541 = 14.76\ m$
- 인양속도(S) : $3.05\ m/min$

$$t = \frac{14.76}{S} = 4.84\ min$$

㉡ 레이크의 수량(n)

$$n = \frac{C_L}{R_S} = \frac{14.76}{1.524} \fallingdotseq 10\ EA$$

레이크의 간격(R_S) : 1.524 m

㉢ 시간당 회전수

$$RPH = \frac{60}{t} = \frac{60}{4.84} = 12.4\ RPH$$

㉣ 시간당 레이크 인양회수(R_n)

$$R_n = RPH \times n = 12.4 \times 10 = 124\ 회/hr$$

8) Shear Pin 계산

① Shear Pin Torque

$$T_S = T \times 0.95 = 2361.21 \times 0.95 = 2243.15\ kg \cdot cm$$

P : 실 소요동력(0.08)
N : 감속기의 출력축 회전수(3.3 rpm)

② Shear Pin 전단력

$$F = \frac{T_S}{R} = \frac{2243.15}{8.5} = 263.9\ kg$$

R : Shear Pin위치 반경(8.5 cm)

③ Shear Pin 직경

$$D = \sqrt{\frac{4 \times F}{\pi \times \tau}} = \sqrt{\frac{4 \times 263.9}{\pi \times 10.25}} = 5.7\,\text{mm} \fallingdotseq 6.0\,\text{mm}$$

τ : SS41의 전단력(10.25 kg/mm)

4. 제작 및 설치

(1) 제작은 현장에서 설치가 용이하도록 공장에서 최대한 조립하여 현장작업을 줄여야 능률적이다. 그림 10.1에서 스크린 수중 프레임 및 하부 스프로켓, 케이싱 및 상부 스프로켓, 구동부 보교 등으로 구분하여 조립하면 운반과 현장 설치가 편하다.

(2) 체인 구동제진기 설치 평면도는 그림 10.2와 같이 수로에 한대씩 설치하고 제진기에서 제거된 협잡물은 컨베이어로 받아 이송할 수 있도록 배열한다.

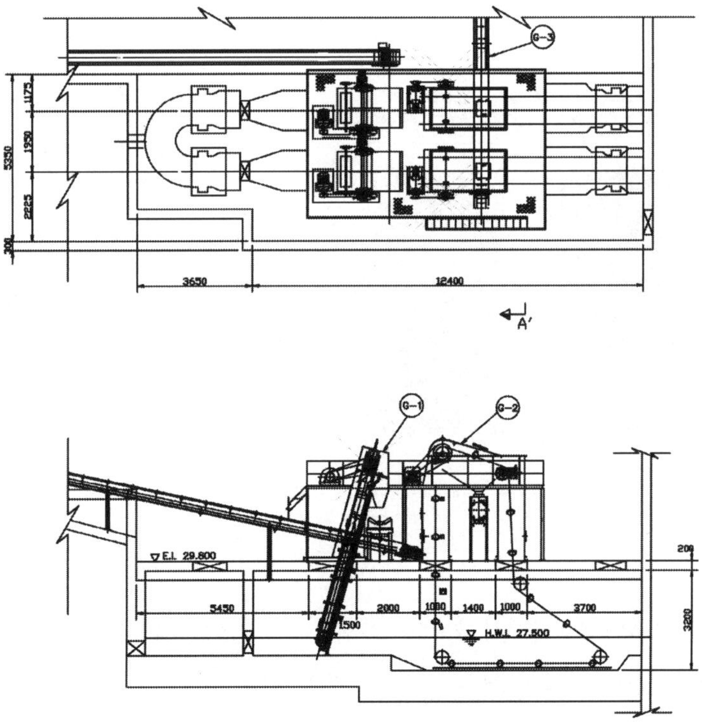

그림 10.2 체인구동 제진기 배치도

(3) 바 스크린은 그림 10.3과 같이 제작 사양에 따라 제작하며 바이 간격은 스페이서(Spacer)의 길이를 변경 제작한다. 스크린의 바이 길이는 그림과 같이 수로 바닥과 상부 구조물

에 걸쳐 설치 될 수 있도록 충분한 길이로 제작되어야 수압에 견딜 수 있다. 또, 바 스크린 뒤에도 수압에 의해 스크린이 휨을 방지할 수 있도록 설치 시 ㄷ형강을 그림과 같이 수로 벽에 앵커볼트를 막아 고정시킨다. 이때 형강의 길이는 원자재로 가지고가 현장에서 수로에 알맞게 절단하여 사용한다. 구조물은 기계와 달리 오차가 심함을 염두에 두어 제작하고 바 스크린과 구조물 벽과의 틈새는 철판이나 평철로 막아 틈새가 바 간격보다 작게 한다. 바 스크린 상부와 하부에도 스테인리스철판에 앵커를 설치하고 철판에 바를 용접하여 고정시킨다.

(4) 케이싱 및 상부 스프로켓은 제작 시 부품을 완전히 조립하여 현장에서는 조립하지 않도록 철저히 조립하고 문제가 발생하지 않도록 점검해야 설치 후 좁은 공간에서 작업하는 일이 발생하지 않는다.

케이싱을 현장에 설치할 때에는 하부 스크린과 수중 프레임이 원활하게 조립이 될 수 있도록 설치해야 하며 협잡물 제거 시 케이싱 주변으로 물이 흐르지 않도록 고려해서 케이싱을 제작해야 운전 시 기계 주변이 깨끗하다.

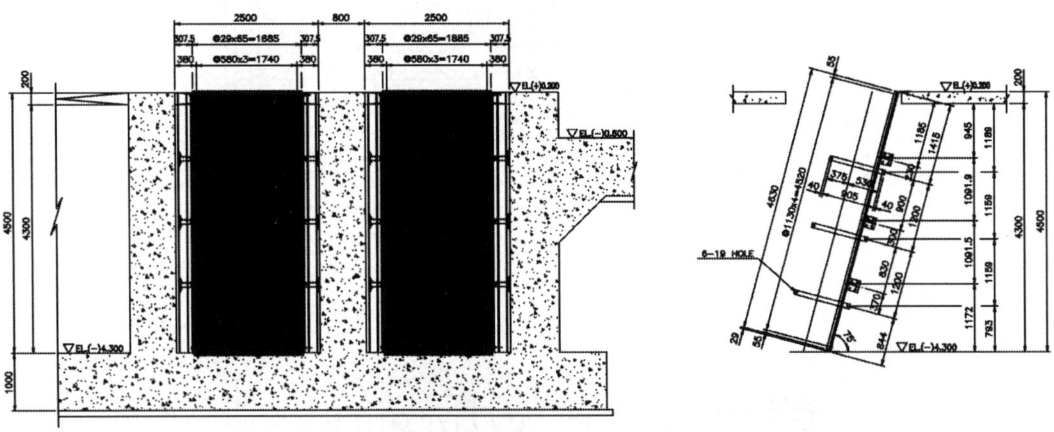

그림 10.3 바 스크린

(5) 보교는 그림 10.4와 같이 제작하고 현장에 설치 시에는 제진기가 위치할 곳을 감안하고 출입문 크기와 운반을 고려해서 분리 시켜야 한다.

현장에서 설치 시 손쉽게 설치될 수 있도록 제작되어야 한다. 제진기 구동부는 보교 상부에 설치하여 원활히 동작될 수 있도록 설치하고 위험하지 않도록 편리하게 제작한다.

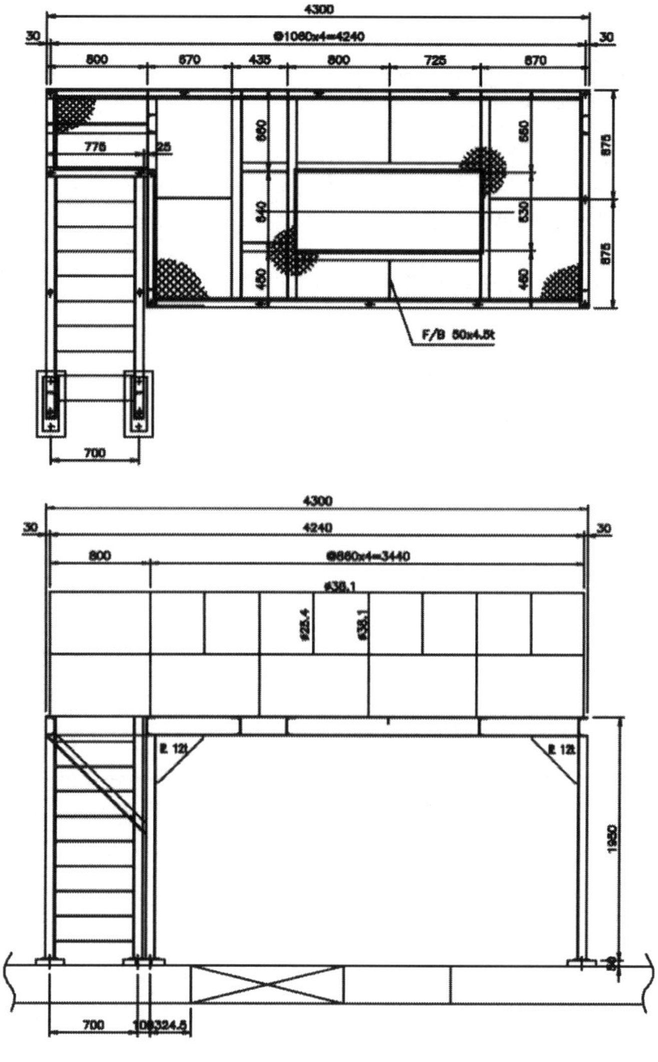

그림 10.4 보교

(6) 구동부는 그림 10.5와 같은 구동부를 사용하며 구동부의 받침대는 그림 10.6과 같이 받침대에 구동부 고정 볼트구멍을 길게 내어 구동체인의 길이를 조절할 수 있도록 한다. 구동부 받침대는 보교에 튼튼하게 용접하며 고정시킨다. 구동부 축에는 안전을 위하여 그림 10.7과 같이 안전장치를 구비하여 과부하시 기계를 보호 할 수 있도록 하며 스프로켓 구동 시 안전을 위하여 그림 10.8과 같이 체인커버를 설치한다.

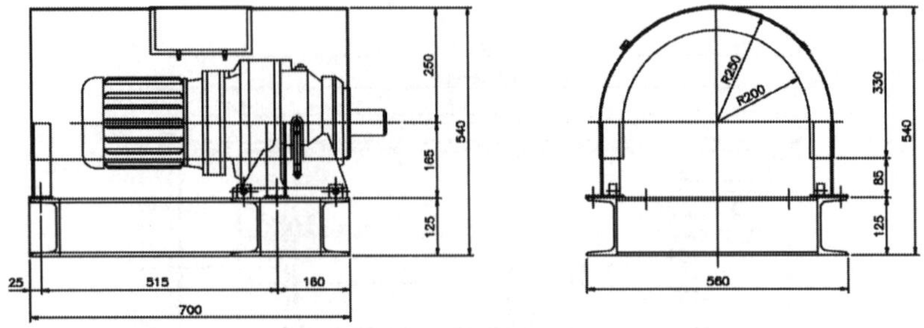

그림 10.5 구동부 및 구동 커버

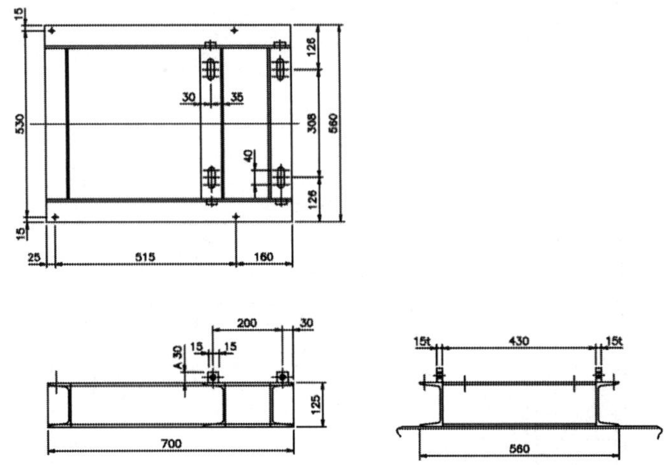

그림 10.6 구동부 받침대

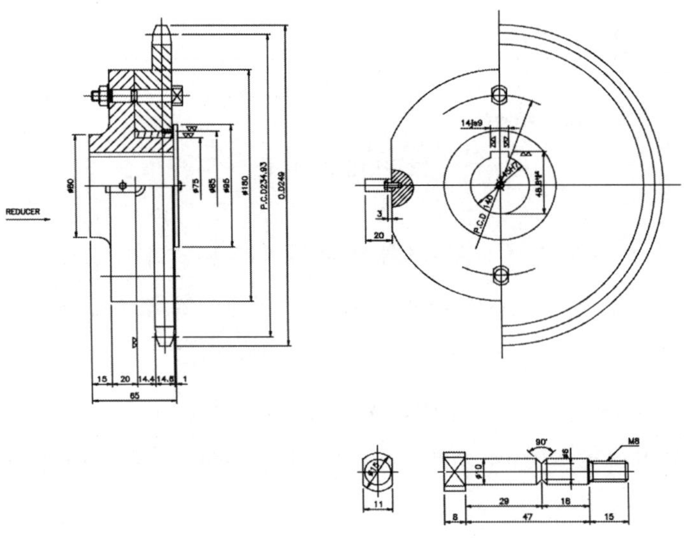

그림 10.7 구동 스프로켓과 안전장치

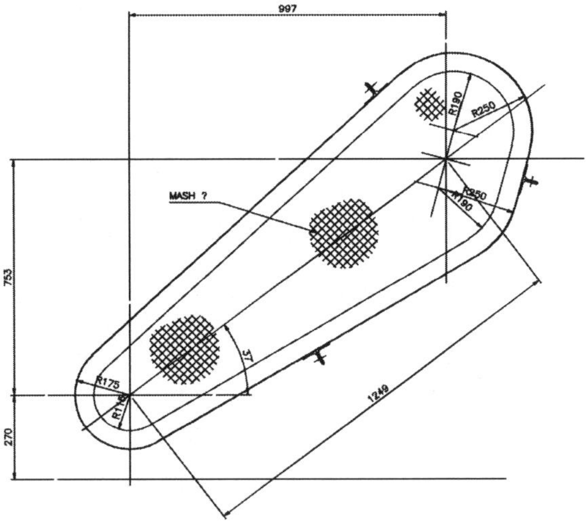

그림 10.8 체인 커버

(7) 상부스프로켓이 조립 될 수 있는 케이싱은 그림 10.9와 같이, 바 스크린과 일직선으로 조립될 수 있도록 하고 하부프레임과 상부프레임이 직선으로 조립 될 수 있도록 상부프레임을 케이싱에 부착 제작한다. 케이싱 상부에는 상부스프로켓을 조립 할 수 있는 구조로 하고 협잡물 제거 시 물이 외부로 떨어지지 않도록 주의해야한다.

그림 10.10은 프레임 상세도로 레이크를 부착한 체인이 회전 시 원활하게 동작 할 수 있도록 제작되어야 하며 수중프레임과 상부프레임이 만나는 지점은 턱과 홈이 생기지 않도록 제작되어야 체인 회전 시 원활히 움직일 수 있다.

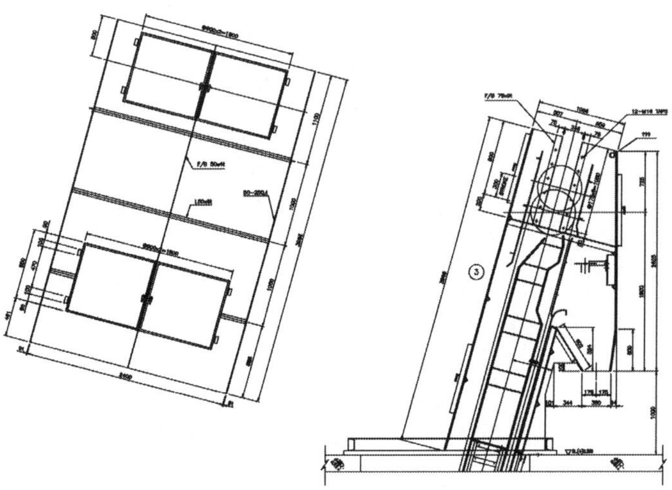

그림 10.9 케이싱

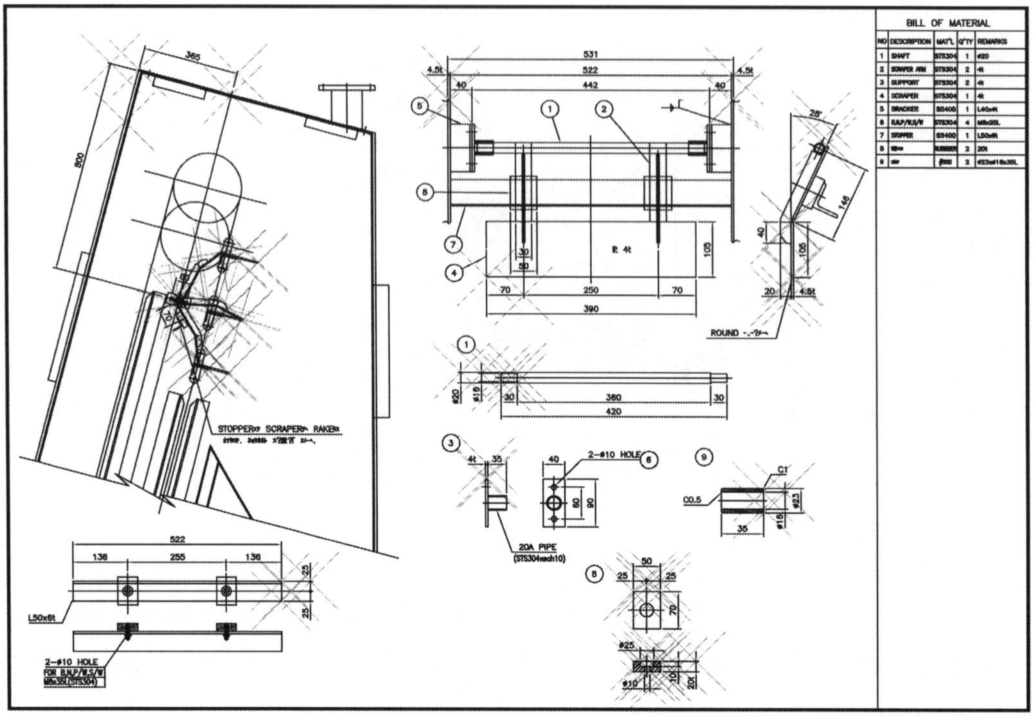

그림 10.10 프레임 상세도

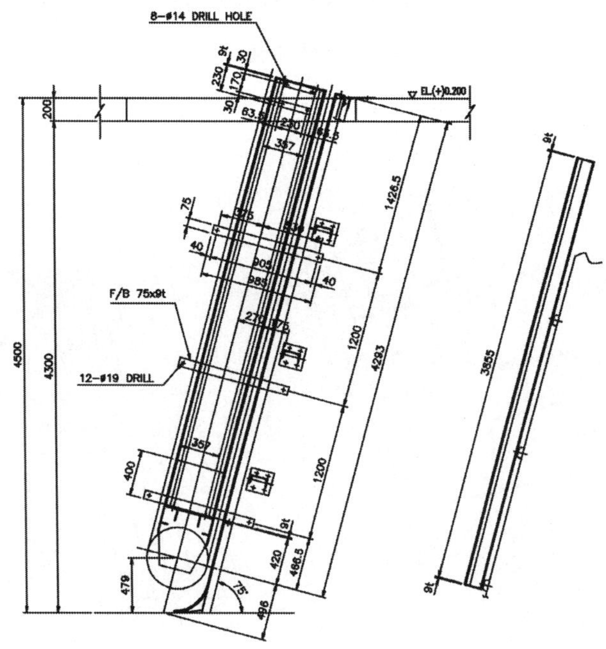

그림 10.11 수중 프레임

(8) 하부스프로켓과 수중 프레임은 그림 10.11과 같이 독립적인 프레임을 제작하고 프레임 하단에는 수중스프로켓을 조립할 수 있도록 한다.

프레임에는 수로 구조물에 앵커를 설치하여 고정시킬 수 있도록 하고 프레임 끝단에는 상부프레임 조립할 수 있도록 한다. 또 프레임에는 체인과 레이크가 원활히 움직일 수 있는 구조로 갖추고 있어야 한다. 프레임 하대 끝단에는 체인과 레이크가 원만히 회전될 수 있도록 주의해서 제작해야 한다.

스프로켓은 그림 10.12와 같이 스프로켓만 회전할 수 있는 구조로 제작하고 하부 스프로켓의 축과 부품은 그림 10.13과 같다.

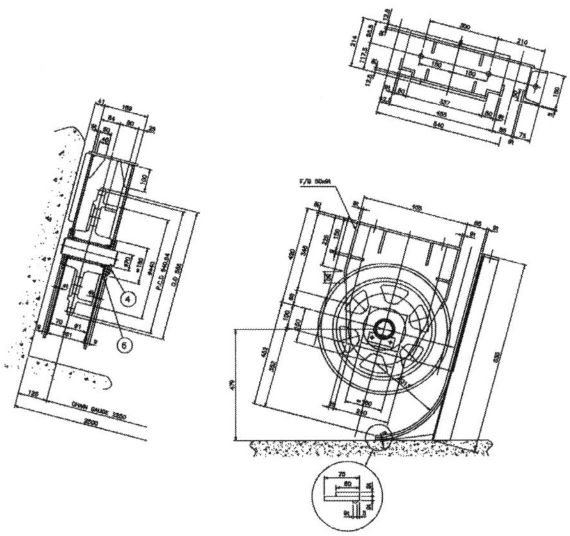

그림 10.12 하부 스프로켓 조립도

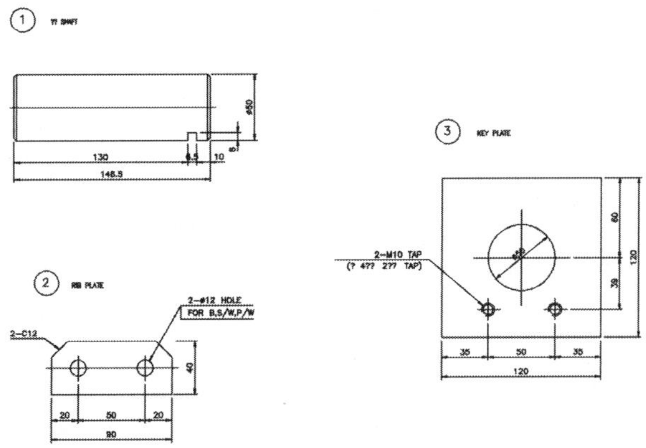

그림 10.13 하부 스프로켓 부품도

(9) 구동축과 스프로켓은 그림 10.14와 같이 구동축에 레이크를 회전시킬 수 있는 2개의 스프로켓과 구동부 스프로켓에 체인을 걸어 구동축을 회전시킬 수 있는 종동 스프로켓을 조립하고 베어링은 테이크 업(Take Up) 장치를 하여 구동축을 움직일 수 있도록 하여 레이크 체인을 처짐을 방지할 수 있는 구조로 한다. 구동축 상세도는 그림 10.15와 같다. 종동스프로켓의 상세도는 그림 10.16과 같다. 레이크 구동스프로켓의 상세도는 그림 10.17과 같다.

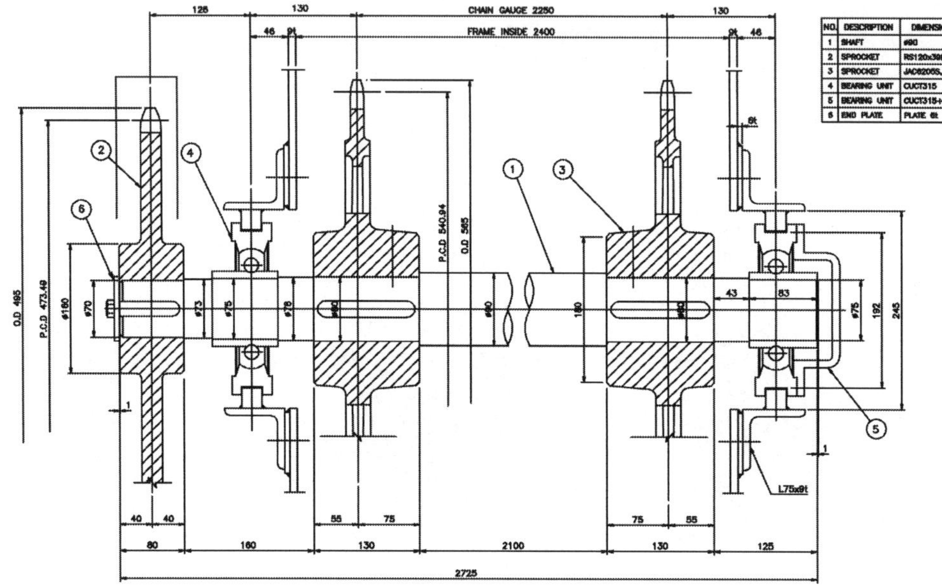

NO.	DESCRIPTION	DIMENSION	MAT'L	Q'TY	[illegible]	[illegible]	REMARKS
1	SHAFT	ø90	SM45C	1	1	120	
2	SPROCKET	RS120x39NT	SM45C	1	1	40	
3	SPROCKET	JAC6205S,11NT	GC050	2	2	42	
4	BEARING UNIT	CUCT315	–	1			BUY
5	BEARING UNIT	CUCT315+CE	–	1			BUY
6	END PLATE	PLATE 6t	SS400	1	1	3.6	

그림 10.14 구동축 조립도

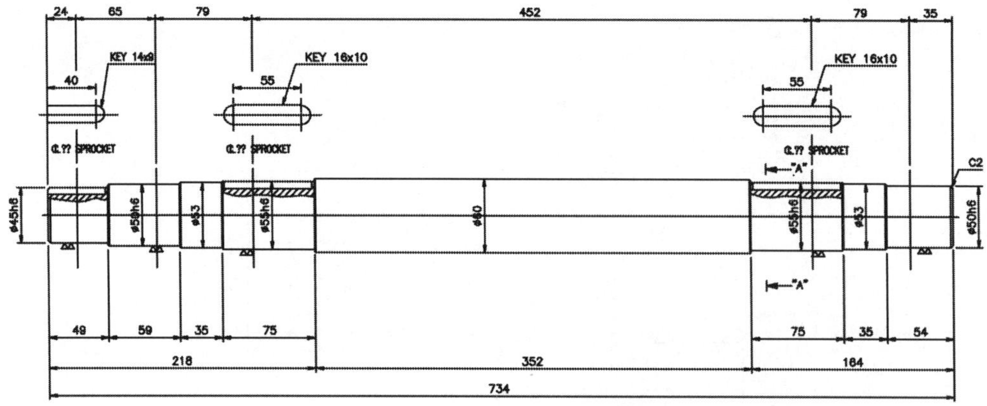

그림 10.15 구동축 상세도

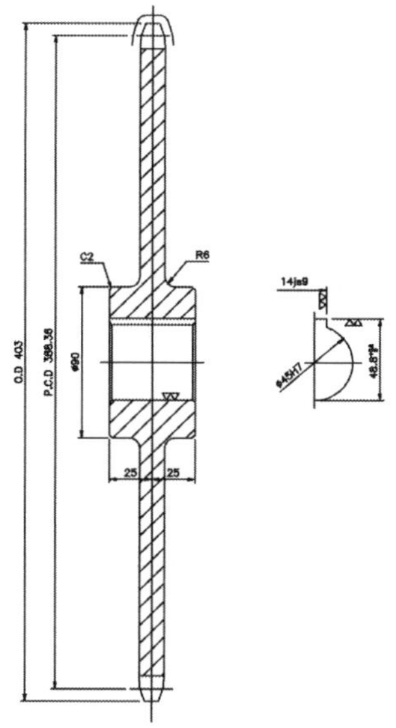

그림 10.16 종동 스프로켓

(10) 구동축을 들어 올릴 수 있는 테이크 업(Take Up)장치의 조립도는 **10.18**과 같다. 이때 주의해야 할 사항은 테이크 업(Take Up) 베어링 하우징의 재질이 일반주물을 사용할 경우 테이크 업장치의 스크루 로드와 연결부위가 약하여 충격에 의해 파손 될 수 있다. 따라서 당사에서는 테이크 업 장치를 반대로 부착하여 스크루 로드를 돌려 베어링을 밀어 올릴 수 있도록 조립하여 사용했다. 테이크 업 장치의 부품도는 그림 **10.19**와 그림 **10.20**과 같다. 또 스프로켓에 커버를 그림 **10.17**-①과 같이 제작하여 설치한다.

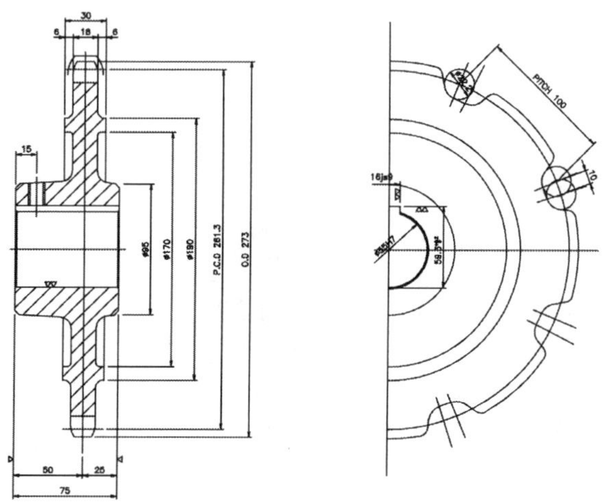

그림 10.17 구동 스프로켓 상세도

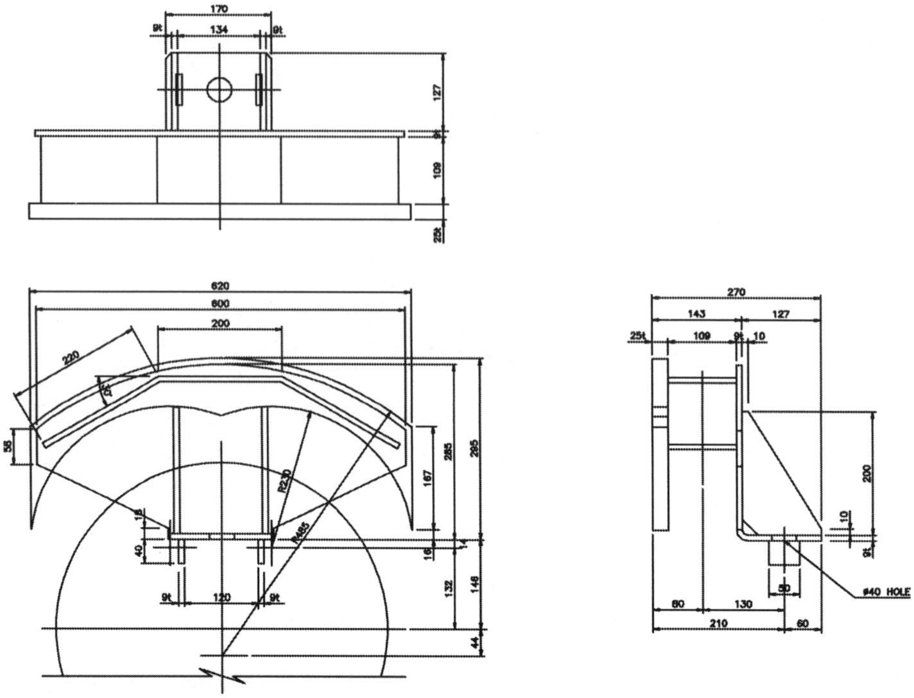

그림 10.17-① 레이크 가이드

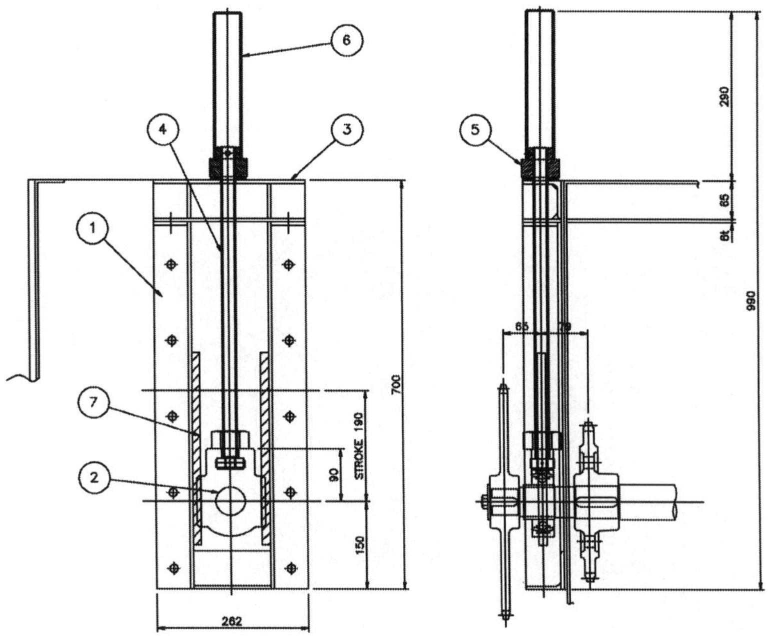

NO	DESCRIPTION	MAT'L	Q'TY	REMARKS
1	TAKE-UP BODY	SS400	2	L65x6t
2	BEARING	BUY	2	CUCT210
3	STOPPER	SS400	2	L65x6t
4	SCREW ROD	STS304	2	M24x350L
5	NUT	BrC3	2	
6	COVER	SPP	2	40A
7	RAIL	STS304	4	A14x330L

그림 10.18 테이크 업 장치 조립도

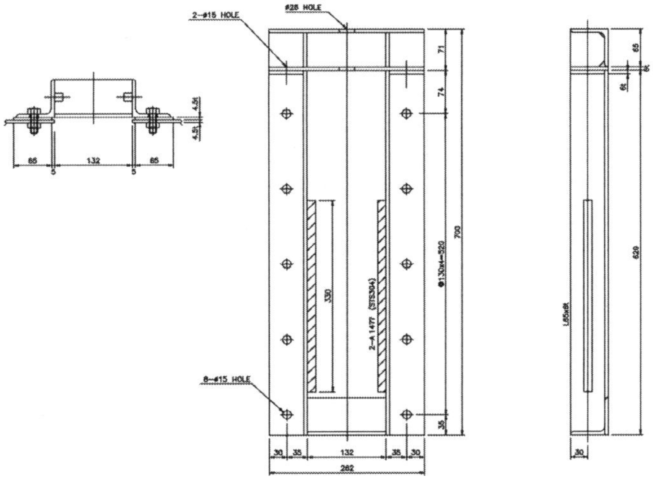

그림 10.19 테이크 업 틀

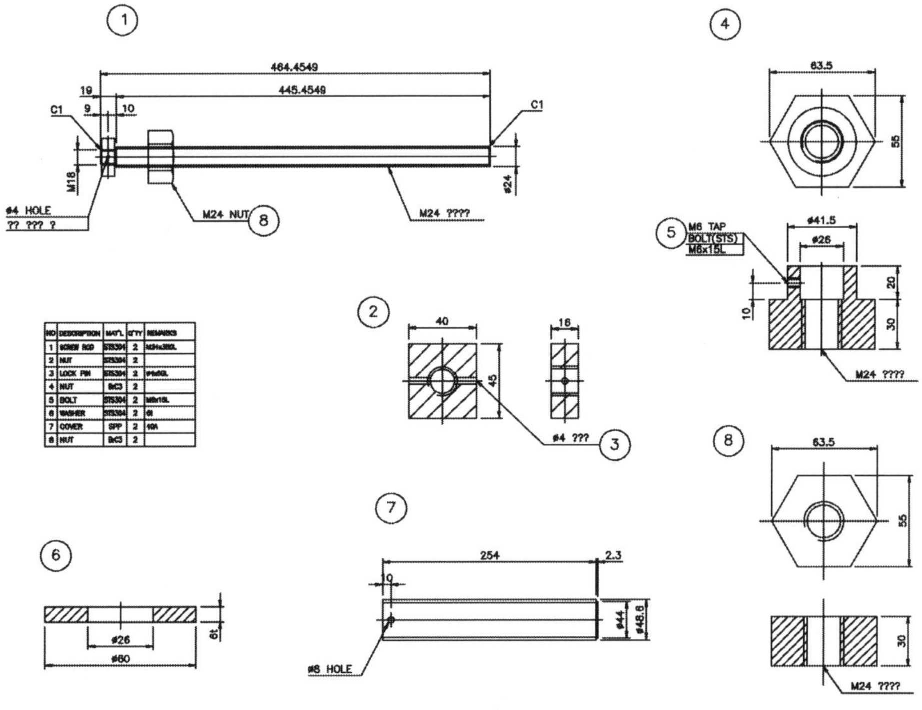

그림 10.20 테이크 업 부품도

(11) 레이크는 체인에 조립할 수 있도록 그림 **10.21**과 같이 2개의 체인 핀에 레이크 프레임을 고정시킬 수 있도록 한다. 레이크프레임은 그림 **10.22**와 같이 레이크 프레임을 주체인 핀에 조립할 수 있도록 하고 프레임 중앙에는 레이크를 조립할 수 있도록 한다.

레이크프레임에 부착되는 가이드롤러(Guide Roller)는 체인 롤러 프레임에 타고 돌 수 있도록 그림 10.23과 같이 롤러와 핀을 제작하여 조립한다.

레이크는 바 스크린 간격에 따라 레이크도 같은 간격으로 이를 그림 10.24와 같이 비슷한 모형으로 제작한다. 또 레이크는 레이크 프레임에 접시머리볼트를 사용하여 협잡물에 걸리지 않도록 한다.

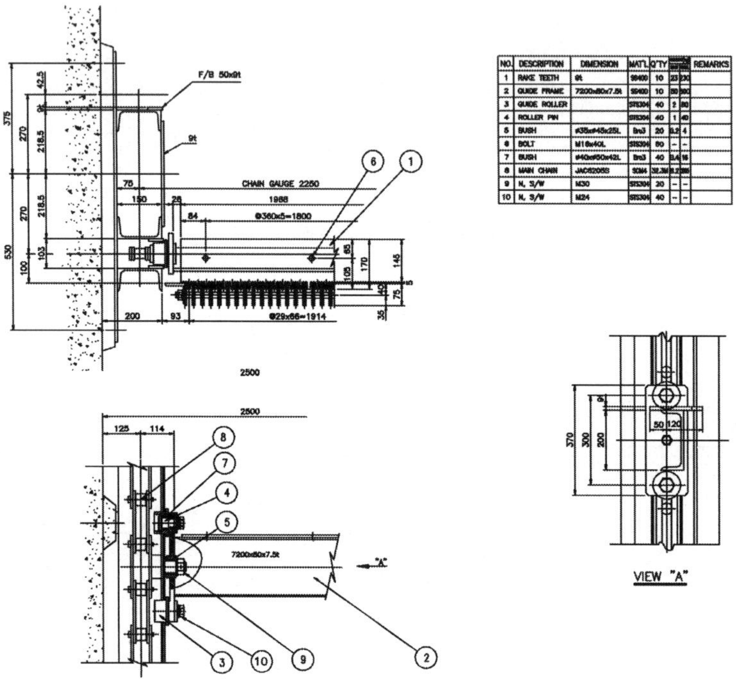

NO.	DESCRIPTION	DIMENSION	MAT'L	Q'TY	[illegible]	[illegible]	REMARKS
1	RAKE TEETH	9t	SS400	10	23	230	
2	GUIDE FRAME	7200x80x7.5t	SS400	10	50	500	
3	GUIDE ROLLER		STS304	40	2	80	
4	ROLLER PIN		STS304	40	1	40	
5	BUSH	Φ35xΦ45x25L	Bro3	20	0.2	4	
6	BOLT	M16x40L	STS304	80	–	–	
7	BUSH	Φ40xΦ50x42L	Bro3	40	0.4	16	
8	MAIN CHAIN	JAC6205S	SCM4	32.3M	[illegible]	[illegible]	
9	N, S/W	M30	STS304	20	–	–	
10	N, S/W	M24	STS304	40	–	–	

그림 10.21 레이크 조립도

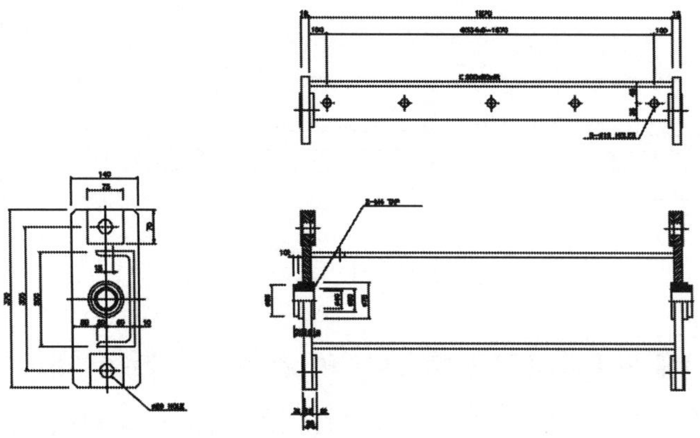

그림 10.22 레이크 프레임

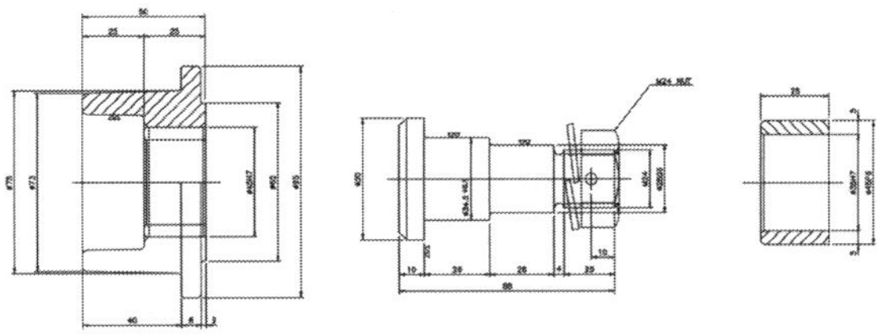

그림 10.23 가이드 롤러 및 핀 상세도

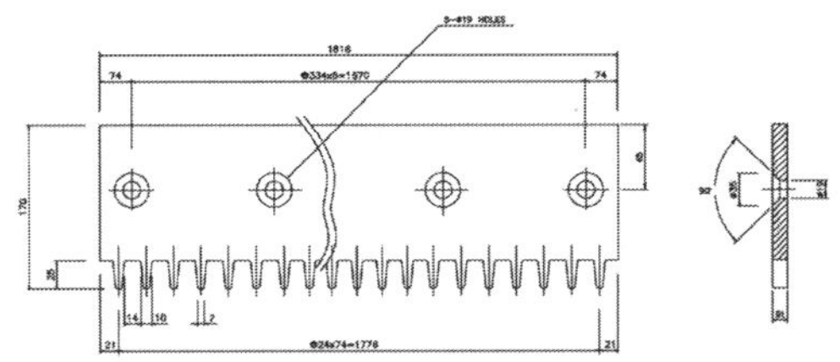

그림 10.24 레이크 상세도

(12) 레이크에 걸린 협잡물을 제거하는 와이퍼(Wiper)는 그림 **10.25**와 같이 설치하며, 설치된 와이퍼는 레이크가 스프로켓 회전에 의해 상승하면 와이퍼 끝단에 부착된 고무판에 의해 제거되고 레이크에서 이탈되면 자중에 의해 원상복구 되도록 움직일 수 있도록 하여야 한다. 와이퍼의 제작은 그림 **10.26**과 같이 제작하고 와이퍼 끝단에는 그림 **10.27**의 ④ 그림과 같이 고무판을 부착시켜 협잡물을 제거할 수 있도록 하고 와이퍼가 자중에 의해 너무 많이 내려가지 않고 고무판이 레이크 깊게 거칠 수 있도록 스톱 바를 설치해야 하며 스톱 바가 떨어질 때 소음이 적도록 고무를 부착한다.

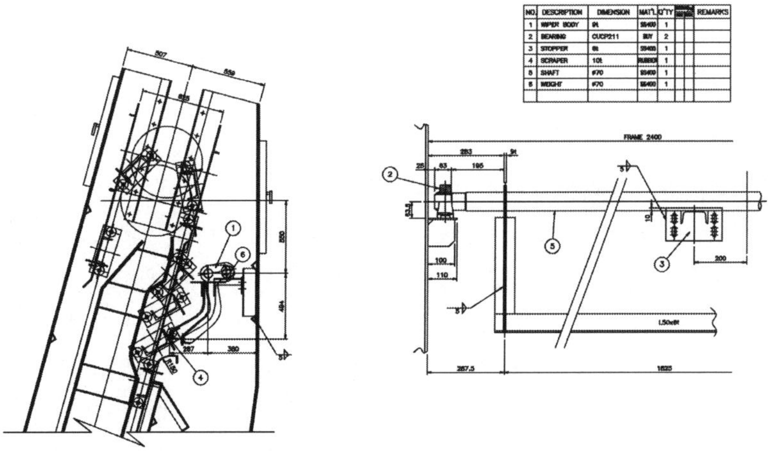

NO.	DESCRIPTION	DIMENSION	MAT'L	Q'TY	[illegible]	[illegible]	REMARKS
1	WIPER BODY	9t	SS400	1			
2	BEARING	CUCP211	BUY	2			
3	STOPPER	6t	SS400	1			
4	SCRAPER	10t	RUBBER	1			
5	SHAFT	ϕ70	SS400	1			
6	WEIGHT	ϕ70	SS400	1			

그림 10.25 와이퍼 조립도

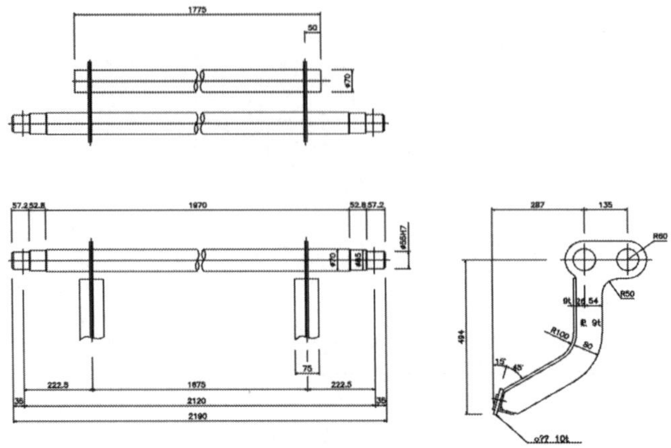

그림 10.26 와이퍼 상세도

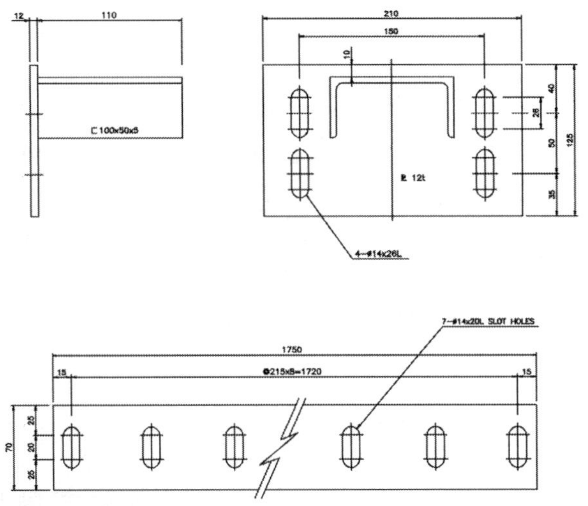

그림 10.27 스톱 바와 기타 상세도

질문 1 레이크가 수평을 이루지 못하는 원인은?

레이크는 좌우수평을 이루고, 바 스크린에 수직으로 상승해야 하나, 주 스프로켓의 좌우 치형이 위치가 틀어져 있으면 주 체인에 조립되어 있는 레이크 프레임이 틀어지게 되어 레이크도 틀어진다. 그러므로 구동축과 스프로켓의 키홈 가공 시 주의해서 가공해야한다. 구동축에 키홈을 가공할 때에는 축에 같은 일직선상에 주 스프로켓 연결부 키홈을 가공하고, 스프로켓의 키홈도 치형 위치를 2개를 조로하여 동일한 위치에 놓고 키홈을 가공해야 구동축에 스프로켓을 조립했을 때 2개의 스프로켓 치형이 같은 위치에 위치하게 되어 레이크가 수평을 이루게 된다.

질문 2 **바 스크린은 구조물에 어떻게 설치해야 하는가?**

토목구조물, 수로는 바닥의 수평과 수로의 옆면이 수직이 안 될 수 있고, 폭이 틀릴 수도 있다. 따라서 우리가 설치할 때는 수로에 중심을 잡고 수로 바닥과 수로벽면에 스크린을 설치할 위치를 벽면 높이에 따라 스크린을 기울이는 거리가 틀려지는 것을 주의해서 긋는다.

정확한 위치를 벽면에 표시할 수 있도록 설치도면에 기울기를 나타내어 현장에서 수직으로 선을 그은 다음, 스크린을 설치할 바닥지점 높이에서 도면에 명기된 높이를 측정하고, 측정된 높이에서 기울기 위치를 측정한 다음, 스크린이 위치할 지점과 선을 긋고 선을 연장시켜 벽체에 선을 그을 수 있도록 한다, 이렇게 기울기가 정확한 선을 그은 다음, 이 선에 스크린이 정확하게 설치해야 레이크가 스크린에 항상 붙어 긁어낼 수 있다. 그리고 스크린의 중심을 수로 바닥 중심에 위치하여 수직으로 설치해야 레이크가 스크린 바에 일정한 틈을 유지하면서 긁어 올릴 수 있다. 벽면이 약간 고르지 않더라도 스크린을 수직으로 설치할 수 있으며 벽과의 틈새가 일정하다.

10.2 유압식 제진기

1. 원 리

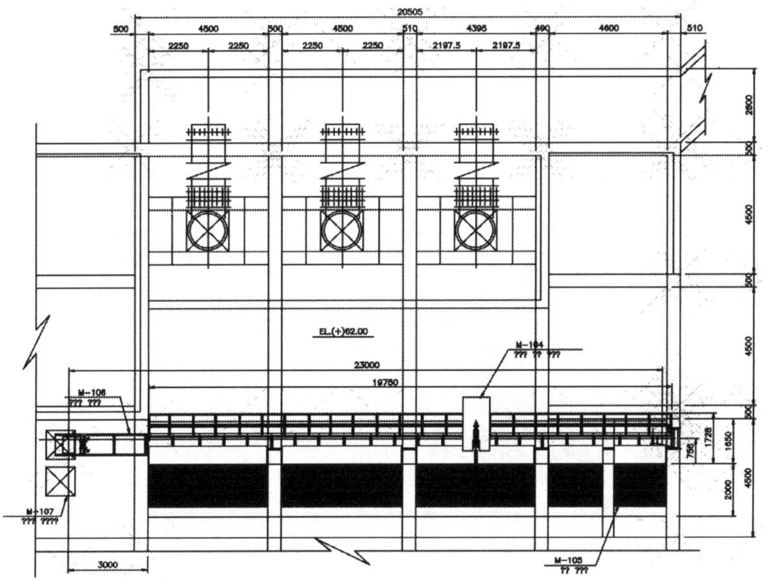

그림 10.28 유압식 자동제진기(평면도)

하수처리장이나 유수지에서 많이 사용되며 수로에 설치하여, 바 스크린(Bar Screen)에 걸린 협잡물을 사각파이프에 조립한 레이크를 유압실린더에 로프로 연결하고, 상승시키어 제거한다.

여러 개의 수로를 1대의 제진기로 좌우로 이동시키면서 협잡물을 제거 시킨다. 이때 제거된 협잡물을 벨트 컨베이어를 사용하여 협잡물 탱크로 이동 시킨다.

유압식 자동 제진기 설치 평면도는 그림 10.28과 같다.

2. 구 조

유압식 자동 제진기의 설치된 전체 구조는 그림 10.29와 같이 수로에 바 스크린을 설치하고 수로 상단에 제진기가 좌우로 움직일 수 있도록 ①과 같은 레일받침대와 레일을 설치한다. 레일에는 제진기프레임을 설치하고 프레임에 견인로드가 움직일 수 있도록 ③과 같이 몸체를 설치한다. 견인로드 하단에는 바 스크린 하단에서 상단으로 협잡물을 긁어 올릴 수 있도록 ⑥과 같이 갈퀴를 부착한다. 또 긁어 올린 협잡물은 벨트컨베이어에 떨어뜨려 협잡물 저장탱크로 이송시키는 구조로 한다.

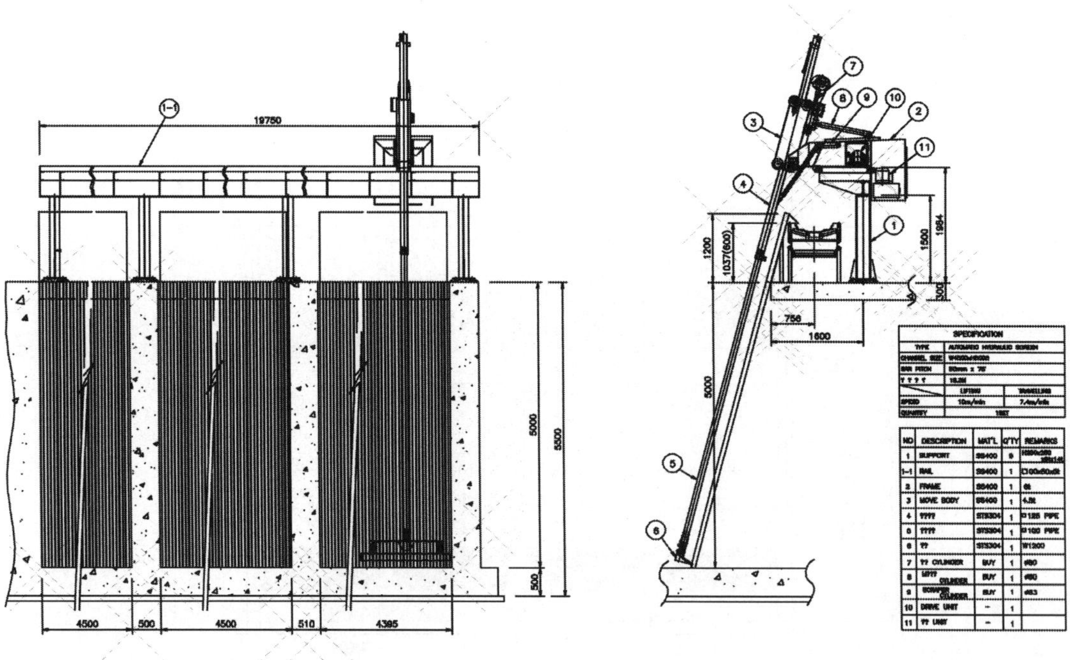

그림 10.29 유압식 자동 제진기(단면도)

(1) 적용 범위

1) 본 사양서는 김천 모암중계펌프장 유입부에 설치될 조목스크린의 협잡물을 제거를 위한 유압식제진기를 제작, 설치하는데 적용한다.
2) 본 설비를 설치할 배수펌프장의 수로 규격은 다음과 같다.
   규격 : W 4,500×H 5,000×3개 수로
   W 2,000×H 4,000×2개 수로
3) 협잡물제거기는 약 25분 이내 수로 전체 폭에 부착된 협잡물을 제거한다.
4) 본 설비에 소요되는 주요설비는 STS 304로 사용한다.

(2) 사양

항목	사 양	비 고
형식	주행형 유압식 자동 제진기	
수로규격	W4,500×H5,000×3개 수로 W2,000×H4,000×2개 수로	주행거리: 약 19.5m
스 크 린	간격 50mm×설치각도75°	
안양능력	250kg/회	
레이크 폭	약 1.2m	
동력	2.95kW×3φ ×380V×60HZ	유압펌프:2.2kW 주행 : 0.75kW
대수	1대	

(3) 구조 개요

자동 제진기는 본체 프레임, 주행구동장치, 체인, 스프로켓, 인양유압구동장치, 레이크, 주행레일 및 주행용 Beam, 제어반으로 구성되어 수로의 조목스크린에 걸리는 협잡물을 이동하며 인양할 수 있는 구조로 한다.

(4) 세부 사양

1) 본체 프레임

① 프레임은 SS 41로 하고 용접 후 볼트로 조립 시 휘어지거나 비틀림이 없는 구조로 한

다.

② 프레임은 레일에 의하여 수로 이동을 정확히 할 수 있다.

③ 프레임은 주행기구 및 인양기구등이 흔들림 없이 정확히 동작할 수 있도록 강도 및 내구성을 지닌다.

2) 주행기구

① 주행은 체인(간격 12.7 mm) 및 스프로켓에 의하여 전동 Geared Motor로부터 구동되며, 자동 및 수동운전이 될 수 있다.

3) 브라켓

① 프레임에 고정되어 상하, 앞뒤로 움직이는 텔레스코 픽 암(Telescope Arm)을 고정하며, 각도 및 위치고정감지기에 의하여 운전된다.

4) 레일

① 프레임이 흔들림 없이 이동시킬 수 있다.

② ㄷ형강(100×50×5t)또는 각 Pipe(50×3.2t)에 의해 전 수로에 걸쳐 정확히 설치된다.

③ 철골조의 지지구조물위에 설치하며, 지지구조물도 본 공사에 포함한다.

5) 텔레스코픽 암

① 수로 깊이에 따라 2단으로 작동 가능한 텔레스코픽 형태로 한다.

② 레이크 및 수장부분은 STS 304로 제작하며 100 및 125 mm의 사각 각봉구조로 한다.

6) 레이크 및 스크레이퍼

① 박스형의 STS 304로 만들며 텔레스코픽 암에 힌지로 연결한다.

② 레이크는 조목스크린과 결합하여 250 kg/회의 용량을 만족 시킬 수 있도록 한다.

③ 레이크의 폭은 약 1.2 m, 깊이는 300 mm 이상이 되도록 한다.

④ 레이크의 선단에는 바 스크린 피치에 적합한 갈퀴를 부착하여 능률적으로 협잡물을 긁어냄과 동시에 프레임에 장치된 스크레이퍼에 의하여 확실히 협잡물을 낙하시키는 구조로 한다.

⑤ 이젝터는 2개 이상의 회절부로 구성되어 인양된 레이크의 협잡물을 확실히 제거한다.

⑥ 레이크의 갈퀴는 철판으로 가공한다. 레이크 선단은 스크린과 접촉 시 찌그러지지 않도록 Rounding 가공한다.

7) 유압장치

① 유압장치는 다음과 같이 구성된다.

㉠ 오일 탱크

㉡ 오일펌프 및 필터

㉢ 모 타

㉣ 압력계

㉤ 압력 스위치

㉥ 전체 유압배관은 3/8 inch Tube로써 연결되며 전기적인 Valve(솔레노이드 밸브) 동작으로 오일방향과 실린더 동작을 조절한다.

8) 제어반

본 제진기의 운전은 평상시 1수로에 대한 운전과 우천 시 (배수펌프 가동 시) 4개수로 운전의 2개의 운전방법에 대한 Program을 작성하여 평상시 및 우천 시 제진기 운전에 문제가 없도록 한다. 또한 1수로 운전에서 4수로 운전으로의 전환은 자동 및 수동전환이 가능하도록 한다.

전기공사 범위는 제진설비 전 부하전원(1차 전원)의 본 제어반까지 공급하고 제어반에서의 2차 전원 및 제어(제진기 주행, 레이크인양, 벨트 컨베이어 구동 및 자동제어기능 등)를 위한 모든 배관 배선공사는 본 공사에 포함된다.

① 사용전원은 AC 380V, 3상, 60 Hz이다.

② 운전방법은 자동, 수동 겸용으로 선택스위치에 의하여 조정한다.

③ 자동설정 운전 시, 기 입력된 간격 및 작동시간으로 운전된다.

④ 수동설정 운전 시 각 기기는 On, Off S/W로 별도 운전가능하다.

⑤ 제어반은 STS 304제로 한다.

9) 작동원리

① 평철(스테인리스)로 제작된 바 스크린이 유입수로 전면에 위치하여 물의 흐름을 방해하는 협잡물을 차단한다.

② 유압작동식 텔레스코픽 암에 부착된 레이크가 스크린 시설과 접촉하지 않고 일정각도로 내려지며 바닥 콘크리트에 가까이 도달하면 레이크는 유압실린더의 힘에 의하여 스크린에 결합되고 유압 작동식 암에 의해 스크린을 따라 협잡물을 긁어 올린다.

③ 스크린에 결합되어 긁어 올려지는 동안 레이크는 결합 실린더에 의해 완전히 결합한 상태로 올려지며 1회 250 kg 이상의 협잡물을 제거할 수 있으며, 인양속도는 10 m/분, 하강속도는 14.6 m/분으로 한다.

④ 레이크가 스크린 상부에 도달하면 유압 작동식 Arm은 결합 실린더에 의하여 협잡물 이송용 벨트컨베이어로 협잡물을 떨어뜨리고 제진기는 약 7.4 m/분의 속도로 다음 장소로 이동한다.

10) 자동제진기 주행용 Beam

① 본 주행용 Beam은 철골구조로서 자동제진기를 운전하기 위하여 설치하며 H형강, ㄷ 형강, 각 Pipe등으로 구성된다.

② 사 양

항 목	사 양	비 고
형 식	1Column 자립식 철골구조 Beam	
규 격	약 W880mm×H1984mm×L19500mm	
수 량	1식	

③ 주행용 Beam은 "ㄱ" 자형으로써 기둥과 주행레일 설치용 Beam 및 보조지지대 등으로 구성된다.

④ 주 기둥은 유압식자동제진기가 이상 과부하가 발생하여도 충분히 견딜 수 있는 형강 또는 구조용 강관을 사용한 구조로써 약 2.5m 간격으로 1개소씩 설치한다.

⑤ 주행레일 설치용 Beam은 H형강을 사용하며 제진기의 최대부하에도 처짐이 1/800 이하가 되도록 설계, 제작된다.

⑥ 보조지지대는 기둥과 Beam을 보완하기 위하여 기둥이 설치되는 곳마다 설치한다.

⑦ 조립구조용 집전장치 Holder가 구비된다.

(5) 설계

1) 설계조건

① 형식 : 이동 대차식 유압 제진기

② 수로크기 : W 4,500×H 5,000×3개 수로

W 2,000×H 4,000×2개 수로

③ 동력

인양 : 2.2 kW×380 V×3φ×60 HZ

주행 : 0.75 kW×380 V×3φ×60 HZ

2) 협잡물 발생량 산정(q)

$$q = \frac{Q \times \alpha \times 3600}{1000} \times r$$

$$= \frac{9.77 \times 0.015 \times 3600}{1000} \times 0.8$$

$$= 0.528\ \text{m}^3/\text{hr} \times 0.8 = 0.422\ \text{ton}$$

Q : 시간 최대 유입 폐수량 : 9.77 m^3/sec

α : 1,000 m^3 당 협잡물량 : 0.015 m^3

r : 스크린 찌꺼기 겉보기 비중 : 0.8(t/ m^3)

3) 시간당 Rake 운반량 : QH

① Rake 1회 운반량 : Q

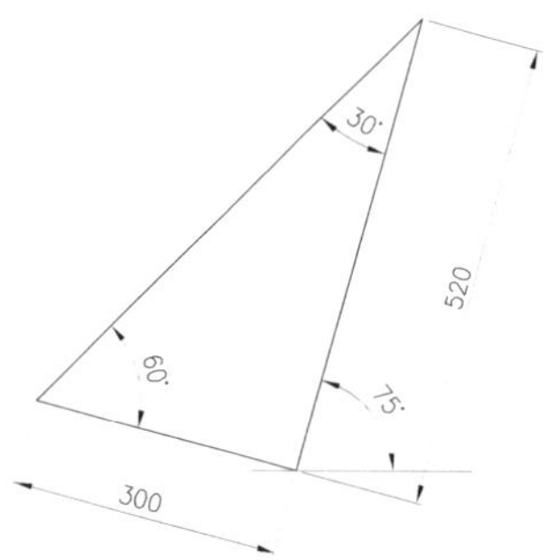

$$Q = \frac{V \times r}{2} \times 3$$

$$= \frac{0.3 \times 0.52 \times 1.2 \times 0.8}{2} = 0.075\ \text{Ton}$$

S_1 : Rake 권상속도 10 m/min

S_2: Rake 하강속도 14.63 m/min

S_3: 제진기 이송속도 7.4 m/min

V :Rake에 걸리는 내용물 용적(m^3)

H_1 : 양정(약 6.4 m)

H_2 : 양정(약 5.3 m)

D : 이동거리(약 18.3 m)

γ : 스크린찌꺼기 겉보기비중 : 0.8 t/km^3

Ru : Rake가 1회 상승하는 시간

Rd : Rake가 1회 하강하는 시간

Rh : Rake가 수로하부에 도착한 후 들린 상태에서 스크린 쪽으로 젖혀지는 시간 (2초)

Rt : Rake가 상부에 도달한 후 스크레이퍼에 의해 협잡물이 제거되는 시간(2초)

Rs : 협잡물 제거된 후 Rake가 주행을 시작하는 동작까지의 시간(5초)

DV : 전체 제진기 이송시간

$$Rd_1 = \frac{H_1 \times 60}{S_1} = \frac{6.4 \times 60}{10\ \mathrm{m/min}} = 38.4\ \mathrm{sec}$$

$$Ru_1 = \frac{H_1 \times 60}{S_2} = \frac{6.4 \times 60}{14.63\ \mathrm{m/min}} = 26.25\ \mathrm{sec}$$

$$Rd_2 = \frac{H_2 \times 60}{S_1} = \frac{5.3 \times 60}{10\ \mathrm{m/min}} = 31.8\ \mathrm{sec}$$

$$Ru_2 = \frac{H_2 \times 60}{S_2} = \frac{5.3 \times 60}{14.63\ \mathrm{m/min}} = 21.74\ \mathrm{sec}$$

$$DV = \frac{D \times 2 \times 60}{S_3} = \frac{18.32 \times 2 \times 60}{7.4} = 296.8\ \mathrm{sec}$$

Dt = 제진기 1cycle 소요시간 : $(DH \times 4) + DV$

$$Dt = \frac{(Rd_1 + Rh + Ru_1 + R_S) \times 4\text{회} \times 3\text{수로} + (Rd_2 + Rh + Ru_2 + Rt + R_S)}{60\ \mathrm{sec}}$$

$$\underline{\times 2\text{회} \times 2\text{수로} + DV}$$

$= 23.876\ \mathrm{min}$

② 시간당 Rake 운반량 : QH

$$QH = 0.075 \times (4\text{회} \times 3\text{수로} + 2\text{회} \times 2\text{수로}) \times \frac{60}{23.875}$$

$= 3.016\ \mathrm{Ton} > 0.422\ \mathrm{Ton}$　　OK

4) 권양 Rod 및 Rake 중량

- 권양 Rod　　220 kg
- Rake　　130 kg
- 계　　350 kg

5) 권양 중량

협잡물=Rake 1회 운반량에 안전하도록 300%증가시키면

$= 0.075 \times 4 = 0.3\ \mathrm{Ton}$

W= 협잡물 운반량+ 권양Rod 및 Rake중량

$=300+350=650$ kg

6) 실린더 내경 결정

① 권양 실린더 내경 결정

$$D=\sqrt{\frac{4F}{P\times B}}$$

$$D=\sqrt{\frac{4\times 650}{80\times 0.8}}=6.37\text{ cm}$$

F : 권양중량 650 kg

P : 실린더 작동 압력 80 kg/cm^2

B : 효율 80%

따라서 직경을 80 mm로 결정함

② 경사 실린더

$$D=\sqrt{\frac{4\times F_1\times L_2}{P\times B\times L_1}}$$

$$D=\sqrt{\frac{4\times 84\times \frac{1}{\tan 75°}\times 7700}{80\times 0.8\times 665}}=4.04\text{ cm}$$

F_1 =Rake 압축 84 kg×1/tan75°

P=실린더 작동 압력 80 kg/cm^2

B=효율

L_1 =실린더 작용점 665 mm

L_2 =Rake 작용점 7700 mm

따라서 80 mm로 결정함

③ Scraper 실린더

$$D=\sqrt{\frac{4\times F_2\times L_4}{P\times B\times L_3}}$$

$$D=\sqrt{\frac{4\times 40\times 1088}{80\times 0.8\times 100}}=5.2\text{ cm}$$

F_2 =Scraper 긁는 힘 40 kg

P=실린더 작동 압력 80 kg/cm^2

B=효율 80%

L_3 =실린더 작용점 100 mm

L_4 =Scraper 작용점 1088 mm

따라서 φ63로 h결정함

7) 유압펌프 및 실린더 계산

① Oil Tank 용량

권양 실린더 부피 : φ80×810L

$$V_1 = A_1 \times L_1$$

$$V_1 = 8^2 \times 0.785 \times 81 = 4069.4 \text{ cm}^3$$

A_1 : 실린더 면적 D : 80 mm

L_1 : 행정길이 약 810 mm

② 경사실린더의 부피 : φ80×400L

$$V_2 = A_2 \times L_2$$

$$V_2 = 8^2 \times 0.785 \times 40 = 2010 \text{ cm}^3$$

A_2 : 실린더 면적 D : 80 mm

L_2 : 행정길이 약 400 mm

③ Scraper 실린더 부피 : φ63×100L

$$V_3 = A_3 \times L_3$$

$$V_3 = 6.3^2 \times 0.785 \times 10 = 312 \text{ cm}^3$$

A_3 : 실린더 면적 D : 63 mm

L_3 : 행정길이 약 100 mm

실린더 전체부피

$$V = V_1 + V_2 + V_3$$

$$= 4069.4 + 2010 + 312 = 6391.4 \text{ cm}^2$$

여유 400%

Oil Tank 용량 : 6391.4×400%=25565.6cm^3

따라서 80ℓ로 결정함

④ 유압펌프 유량산출=실린더는 각각 다른 시간대에 작동되므로 가장 큰 실린더를 기준

으로 설계한다.

$$q = Av$$

$$= \frac{0.08\ \text{m}^2 \times \pi}{4} \times 1.25\ \text{m/min} = 0.0062832\ \text{m}^3/\text{min}$$

v = 실린더 속도

$$= \text{Rake}\ \frac{\text{주행속도}}{8}$$

$$= \frac{10\ \text{m/min}}{8} = 1.25\ \text{m/min}$$

D = 권양 실린더 직경(0.08m)

∴ 따라서 펌프는 9.12 ℓ/min 용량을 사용하고 실린더 In, Out에 Flow Control V/V를 사용하여 실린더 속도를 조정하며 동시에 Shock Less기능을 수행하도록 설계한다.

⑤ 유압펌프 동력

$$N = \frac{P \times q}{612 \times \eta_p} = \frac{80 \times 6.2832}{612 \times 0.77}$$

$$= 1.0667\ \text{kW} < 2.2\ \text{kW OK}$$

η_p : 펌프 효율(0.77)

P : 사용압력(80 kg/cm²)

Q : 사용유량(6.2832 ℓ/min)

$$V_u = \frac{q}{A_1} \times n$$

$$= \frac{6.2832 \times 10^{-3} \times 4}{0.08^2 \times \pi} \times 8 = 10\ \text{m/min}$$

⑥ Rake 권양속도(10 m/min)

q = 유압 펌프량(6.2832 ℓ/min)

A_1 = 실린더 면적(φ81 mm × $\frac{\pi}{4}$)

n = Rake 권양배속

= Wire 수량(4가닥) × 체인 수(2가닥)

= 8배속

⑦ Rake 하강속도

$$V_d = \frac{q}{A_2} \times n$$

$$= \frac{6.2832 \times 10^{-3} \times 4}{\pi \times (0.08^2 - 0.045^2)} \times 8 = 14.63\ \text{m/min}$$

A_2 =실린더 상부 면적= $[(80\ \text{mm})^2 - (45\ \text{mm})^2] \times \frac{\pi}{4}$

8) 주행장치 설계

① 주행속도

$$V_t = \frac{N \times N_T \times P}{60} \times i$$

$$= \frac{1750 \times 20 \times 12.7 \times 10^{-3}}{60} \times \frac{1}{60}$$

$$= 0.12347\ \text{m/sec} = 7.4\ \text{m/min} \quad \text{O.K}$$

N : 모터 회전수(1750 rpm)

N_T : Sprocket 잇수(20)

P : Sprocket 피치(12.7×10^{-3}m)

i : 감속비(1/60)

② 주행동력

㉠ 주행 저항에 의한 동력

ⓐ 단위 주행 저항

$$W_r = \frac{1000}{R} \times \left(\mu \times \frac{d}{2} + f\right)$$

$$= \frac{1000}{4} \times \left(0.1 \times \frac{5}{2} + 0.05\right) = 37.5\ \text{kg/t}$$

R : 주행 차륜 반경 약 4 cm

μ : 축받이부의 미끄럼틀 마찰계수 0.1

d : 주행차륜의 직경 2 cm

f : 구름 마찰계수 0.05

ⓑ 전 주행 저항 : WR

$$1.3\times W_r\times G=1.3\times 37.5\times 2$$

$$=97.5\text{ kg}$$

G : 본체중량 2 ton

ⓒ 소요동력

$$P_1=\frac{WR\times V_t}{1620\times\eta}$$

$$=\frac{97.5\times 7.4}{1620\times 0.71}=0.166\text{ kW}$$

V_t : 주행속도 7.4 m/min

η: 기계효율 0.71

η : $\eta_1\times\eta_2$

$=0.75\times 0.95=0.71$

η_1 : 웜 감속기 기계효율 0.75

η_2 : 체인 전달효율 0.95

ⓛ 풍압에 의한 소요 동력

$$P_2=\frac{P_d\times A\times V_t}{6120\times\eta}$$

$$=\frac{50\times 1.75\times 7.4}{6120\times 0.71}=0.149\text{ kW}$$

A : 수풍면적 1.75 m^2

V_t : 주행속도 7.4 m/sec

μ : 기계효율 0.71

ⓐ 소요동력

$$P=P_1+P_2$$

$$=0.166+0.149$$

$$=0.135\text{ kW} < 0.75\text{ kW O.K}$$

9) 주행레일 처짐 계산(⊏100×50×5t, H250×H250×9t)

$$\delta=\frac{P\ell^3}{48EI}$$

$$=\frac{2000\times 250^3}{48\times 2.1\times 10^6\times(188+10800)}=0.0282\text{ cm}$$

$$\therefore = \frac{\delta}{\ell} = \frac{0.0282}{250} < \frac{1}{800} \text{ O.K}$$

P : 제진기의 하중(약 2000 kg)
ℓ : Beam 간격(250 cm)
E : 탄성계수($2.1\times106\ \text{kg/cm}^2$)
I : 단면 2차모멘트($188+10800\ \text{cm}^4$)

10) Beam 처짐 계산(H250×250×9t)

$$\delta = \frac{P\ell^3}{48EI}$$

$$= \frac{2000\times 143.4^3}{48\times 2.1\times 10^6\times 10800} = 0.0054\ \text{cm}$$

$$\therefore = \frac{\delta}{\ell} = \frac{0.0054}{143.4} = \frac{1}{26555} < \frac{1}{800} \qquad \text{O.K}$$

ℓ : Beam의 길이
I : 단면 2차 모멘트($10800\ \text{cm}^4$)

11) 주요 제원의 정리

- 유압식 제진기
- 형 식 : 주행형 유압식 자동 제진기
- 인양응력 : 250 kg/회
- 설치각도 : 75°
- 동력 : 유압펌프 2.2 kW
  주 행 0.75 kW
- 주행속도 : 7.4 /min
- 권상속도 : 10 m/min

(6) 제작 및 설치

유압제진기의 현장 설치도는 그림 **10.30**과 같으며 ①받침대를 설치하고 그 위에 ㄷ형강으로 제작한 레일을 수평으로 설치한다. 바 스크린의 면과 알맞은 위치에서 평행하게 설치해야 한다. 그 위에 ②유압제진기 프레임을 설치하여 제진기가 좌우로 원활히 움직일 수 있도록 한다. 프레임 앞에 힌지로 ③움직일 수 있는 몸체(More Body Port)를 고정시키고 중앙에 권양로프 ④, ⑤번을 조립시켜 협잡물을 긁어 올릴 때와 협잡물을 털어 낼 때, 그리고 갈퀴를 바 스크린 하단으로 내릴 때에 따라서 경사각도로 조정되어 움직일 수 있도록 한다.

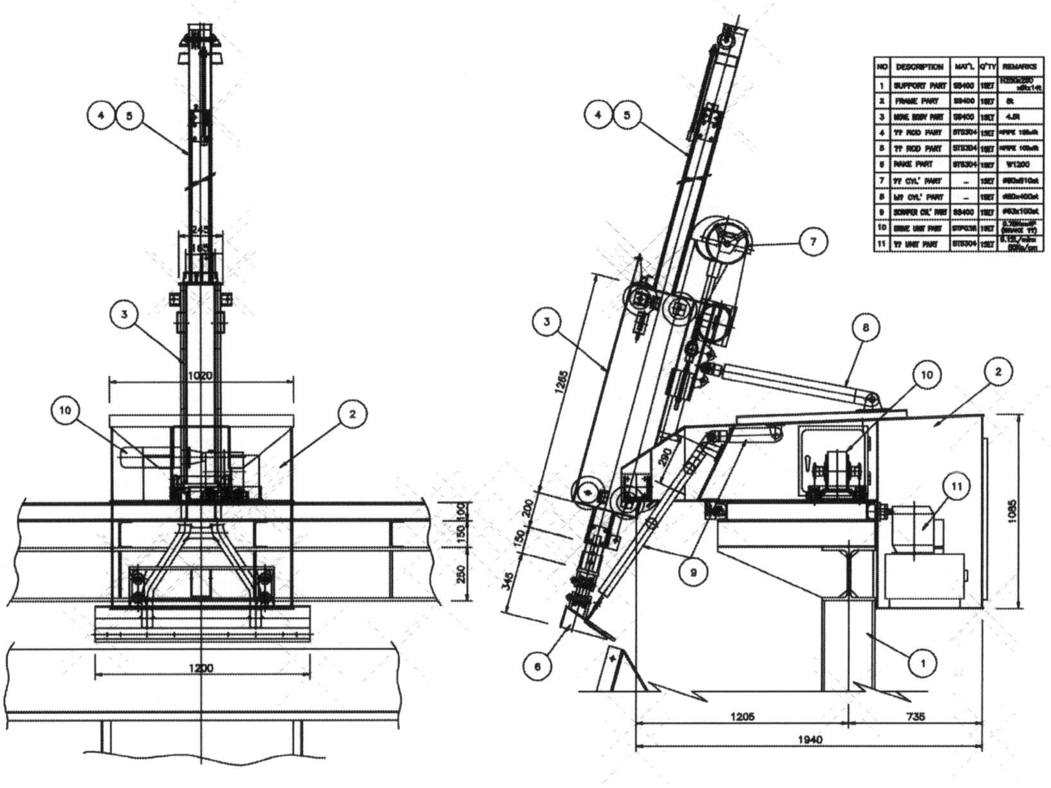

그림 10.30 유압제진기 설치도

1) 레일 받침대(Rail Support Assembly)

레일받침대는 제진기가 좌우로 움직일 때 많은 휨이 발생하지 않도록 충분한 강도를 가지도록 설계되어야 하며 구조물에 설치되는 앵커볼트도 제진기가 동작할 때 너무 많이 흔들리거나 뽑히지 않도록 견고하게 설치되어야한다. 레일받침대의 그림 10.31과 같이 제작하여 제진기가 동작할 때나 컨베이어 설치에 방해가 되지 않도록 고려해서 제작한다. 받침대 상부에 설치되는 ㄷ형강 레일은 수평과 직선이 되도록 정확하게 설치되어야 제진기 몸체 이동시 원활히 동작 할 수 있다.

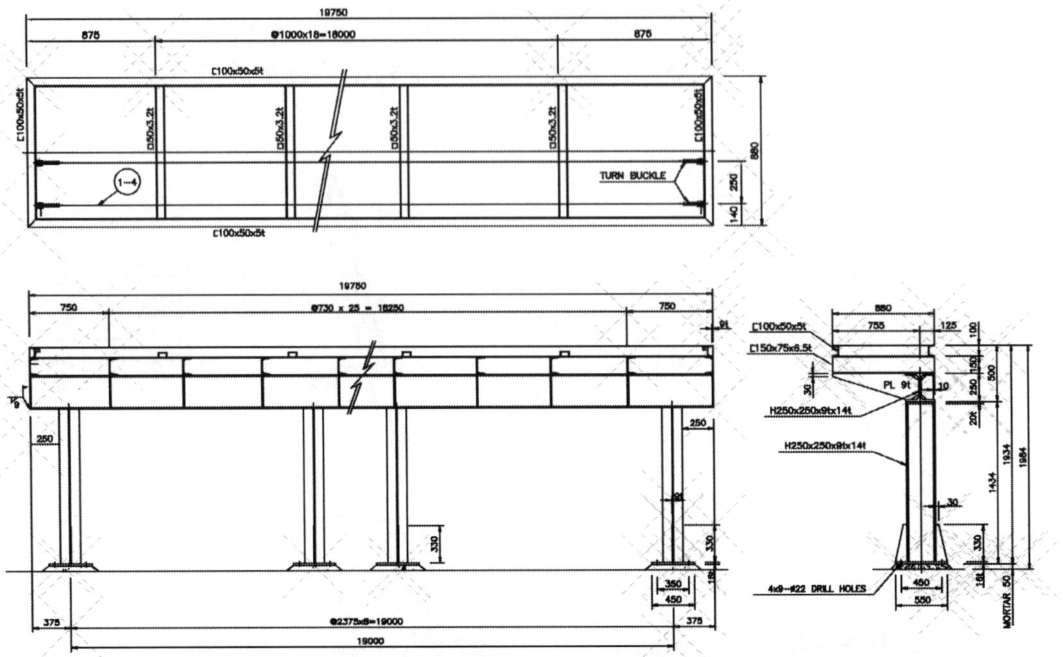

그림 10.31 레일 받침대(Rail Support)

2) 프레임(Flame)

프레임은 유압제진기의 좌우 이동에 필요한 구동부와 갈퀴 동작에 필요한 유압장치가 들어있고 좌우로 이동시킬 수 있는 바퀴를 부착하고 있다. 또 프레임은 그림 10.32와 같이 제작하여 좌우로 이동시킬 수 있는 구동부는 그림 10.33과 같이 감속기 양면으로 출력축이 나오게 제작하였으며 출력축 밑에 스프로켓을 각 축에 2개씩 부착시켜 레일에 체인을 길게 연결시키고 체인이 밑에 부착된 1개의 스프로켓을 돌아 상부감속기축 스프로켓을 감아 밑에 부착된 다른 스프로켓을 돌아 레일 다른 쪽에 당겨 고정시킨다. 이렇게 2개의 체인을 감아 당기면 프레임을 움직여 움직이게 되고 구동부를 회전시키면 좌우로 움직이게 된다. 구동부 받침대 상세도는 그림 10.34와 같고 구동용 스프로켓은 그림 10.35와 같다.

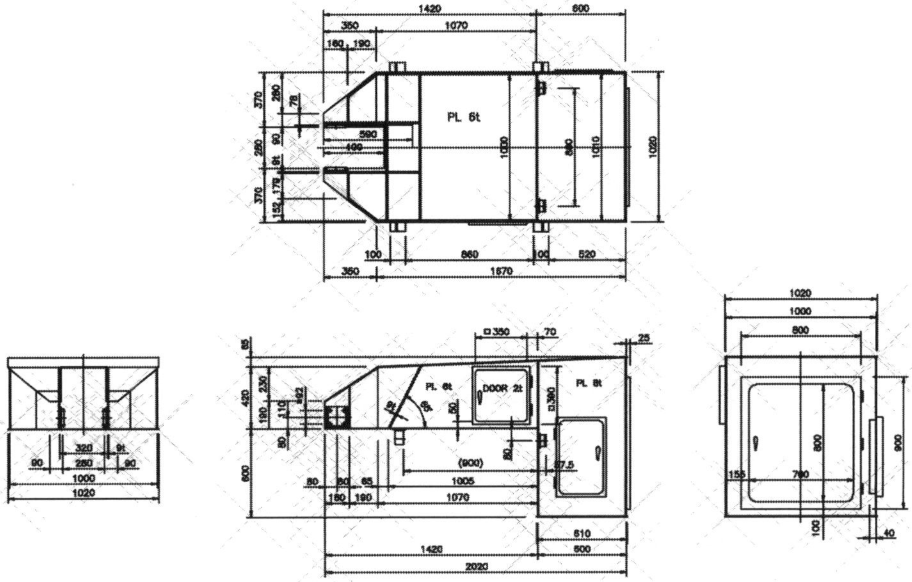

그림 10.32 프레임(Frame)

NO	DESCRIPTION	MAT'L	Q'TY	REMARKS
10-1	WORM REDUCER	BUY	1	
10-2	BASE PLATE	SS400	1	
10-3	17 SPROCKET	SM45C	2	RS40x20NT
10-4	17 SPROCKET	SM45C	4	RS40x20NT

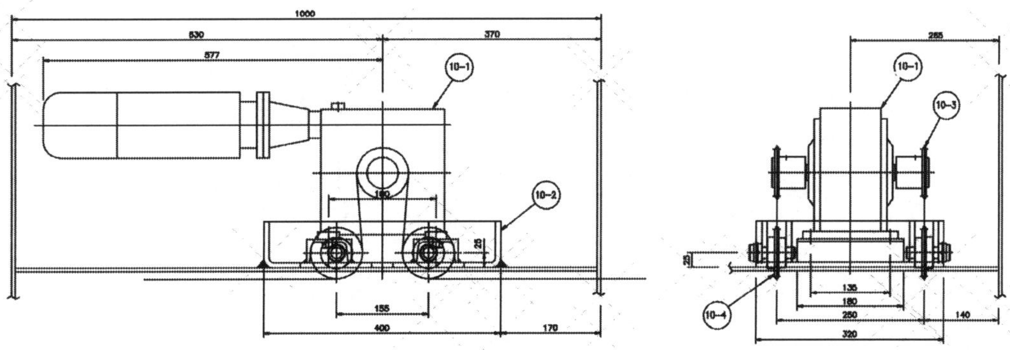

그림 10.33 좌우이동용 구동부

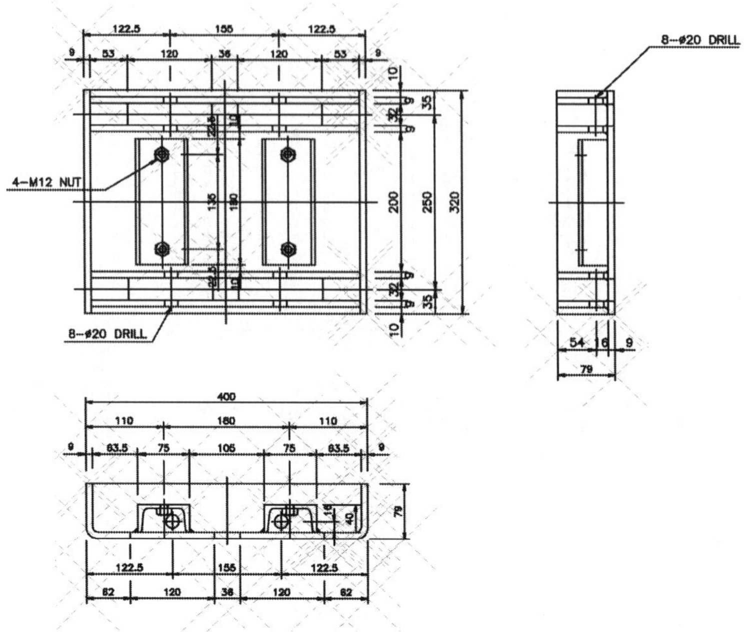

그림 10.34 구동부 받침대

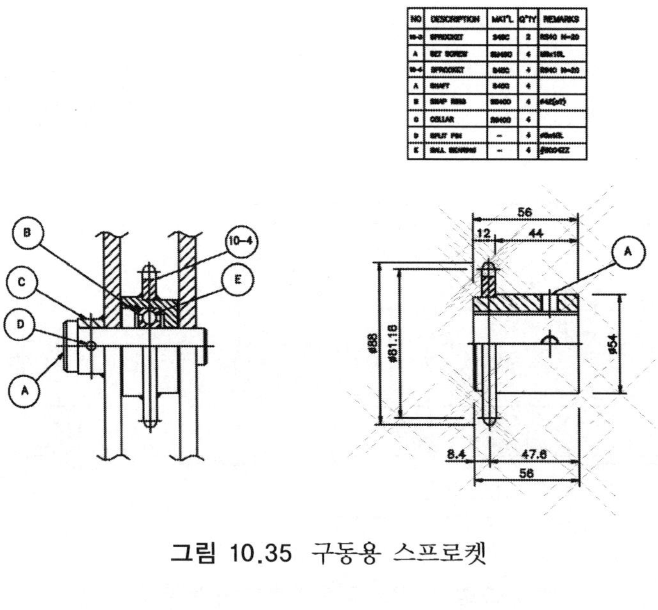

그림 10.35 구동용 스프로켓

갈퀴를 들어 올리고 내리기 위해 필요한 유압장치도 유압제진기와 항상 붙어 있어야 함으로 그림 10.36과 같은 유압 장치를 프레임 뒤 공간에 부착시킨다. 유압장치의 회로도는 그림 10.37과 같다.

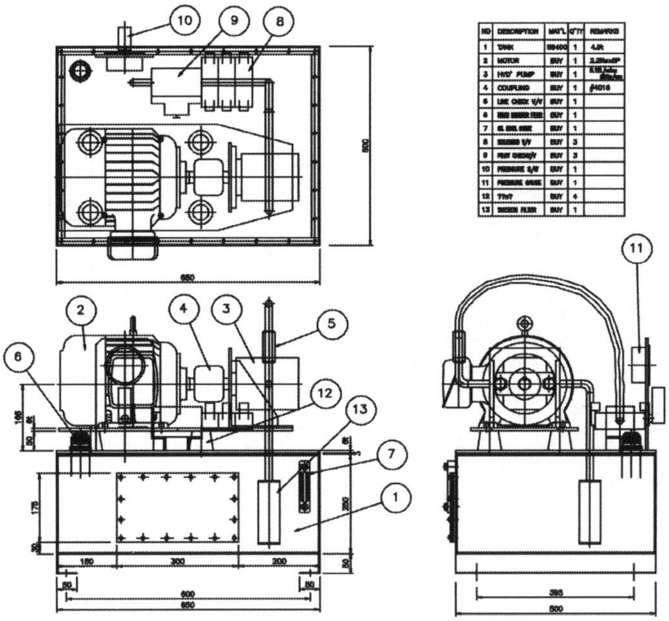

그림 10.36 유압장치

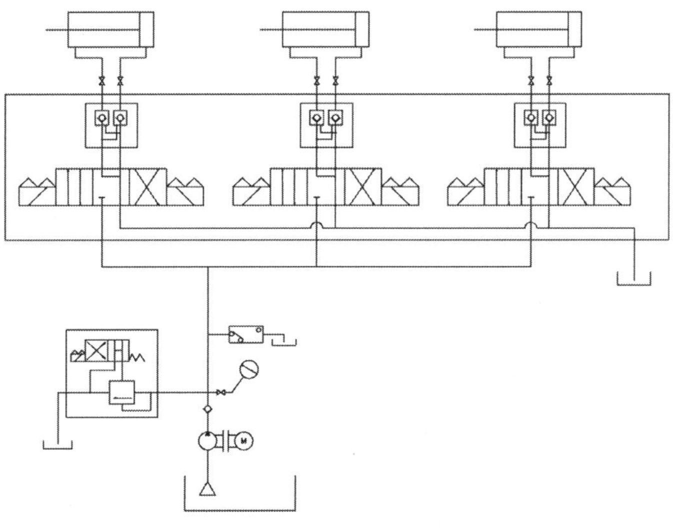

그림 10.37 유압회로도

프레임이 좌우로 ㄷ형강인 레일을 타고 움직이려면 그림 10.38과 같은 주행롤러를 구비한다. 또 프레임이 원활히 동작할 수 있도록 그림 10.38과 같이 측면바퀴(Side Roller)를 설치하여 프레임이 쏠리면서 움직이는 것을 방지한다.

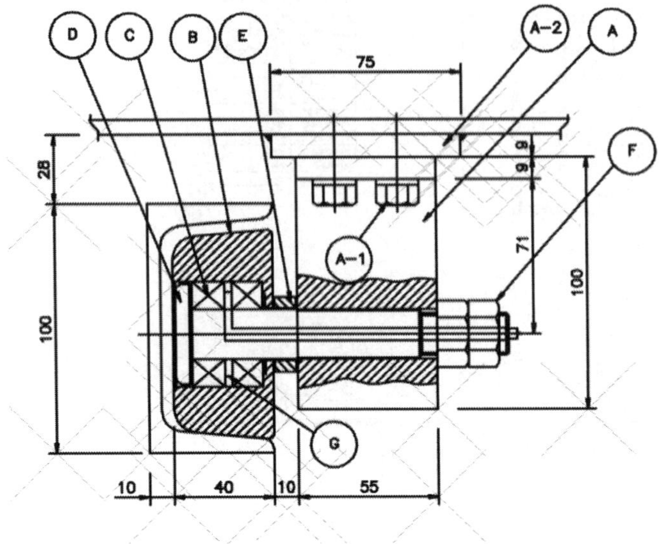

NO	DESCRIPTION	MAT'L	Q'TY	REMARKS
2-4	TROLLER ASS'Y	SS400	2SET	
A	BRACKET	SS400	2	
A-1	B,N,P/W,S/W	STS304	8	M10x20L
A-2	PLATE	SS400	2	6t
B	ROLLER	S45C	4	
C	BEARING	–	8	#6004ZZ
D	SHAFT	S45C	4	
E	BUSHING	S45C	4	
F	NUT,P/W,S/W	STS304	8	M16
G	COLLAR	S45C	4	

그림 10.38 주행 롤러

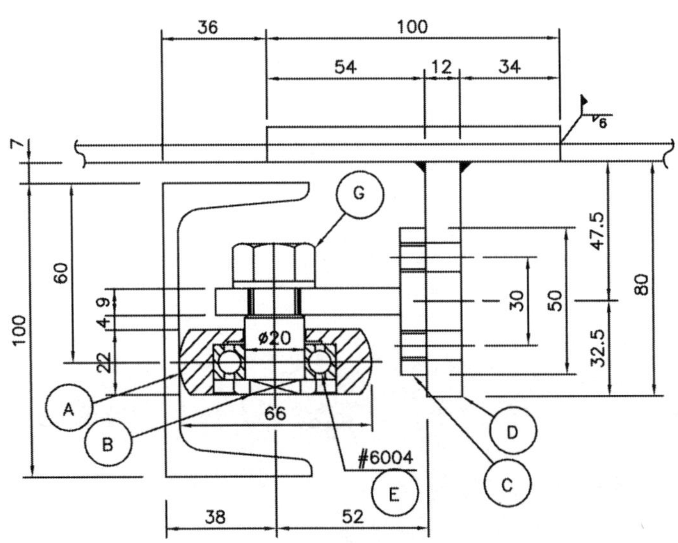

NO	DESCRIPTION	MAT'L	Q'TY	REMARKS
2-5	SIDE ROLLER ASS'Y	S45C	4	
A	ROLLER	S45C	4	
B	SHAFT	S45C	4	
C	BRACKET	SS400	4	
D	BRACKET	SS400	4	
E	BALL BEARING	–	4	#6004ZZ
F	B,N,P/W,S/W	STS304	16	M8x25L
G	NUT	STS304	4	M16

그림 10.39 측면바퀴 (Side Roller)

프레임에 장착된 구동부와 유압장치 및 바퀴는 그림 10.40과 같다.

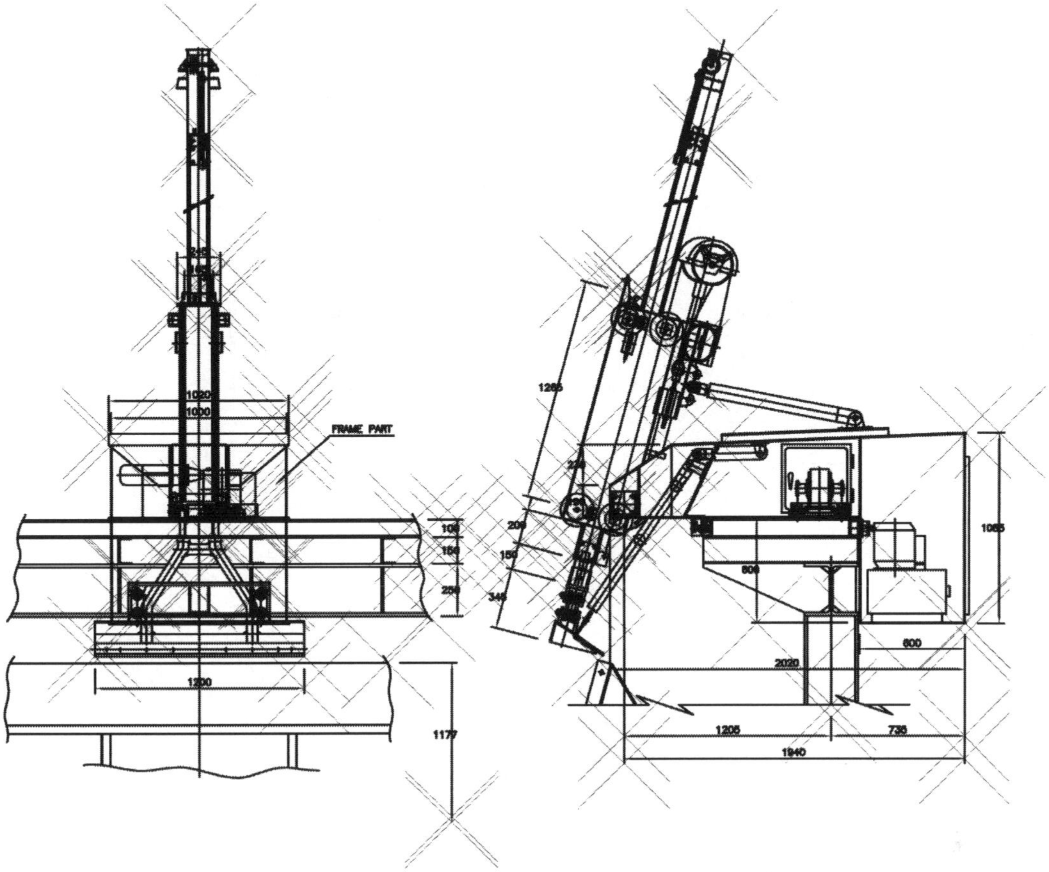

그림 10.40 프레임 조립도

3) 몸체

유압제진기의 몸체는 제진기의 기능을 가진 부분으로 조립된 상태는 그림 10.41과 같다. 사각실린더로 구성되어 있는 사각파이프로 사각 틀 안에 넣어 움직이게 하는 회전 틀의 상세도는 그림 10.42와 같다. 회전 틀 내에 실린더로 사용되는 사각파이프가 원활히 상하로 움직일 수 있도록 그림 10.44와 같은 안내롤러 4개로 그림 10.41 3-2와 같이 설치하여 사각파이프가 바르게 안내 되도록 한다. 회전틀 하부에는 그림 10.45와 같이 와이어 휠을 부착시켜 유압실린더 상부에 설치되어 있는 2개의 휠에 와이어로프를 연속으로 감아 실린더가 1m 빠지면 로프는 4배 즉 4m가 당겨지도록 한다. 여기에 감기는 로프는 그림 10.46과 같이 와이어 고정 장치 만들어 와이어로프의 처짐 상태에 따라서 조일 수 있도록 한다.

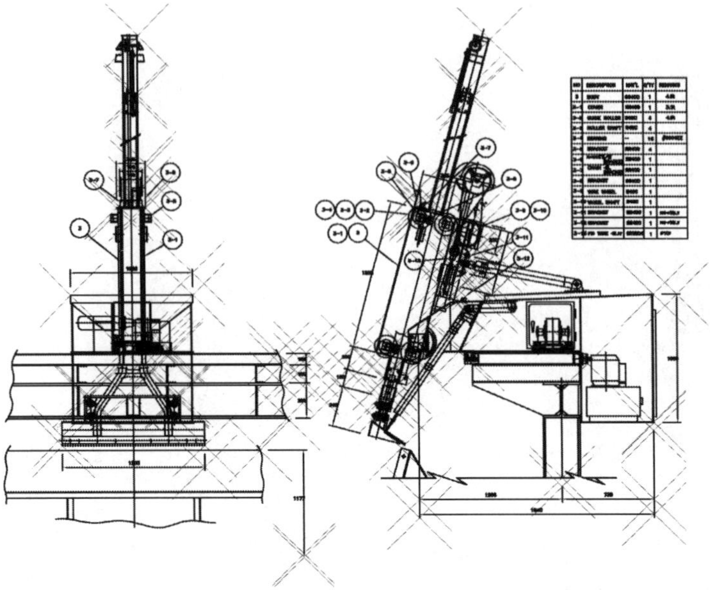

그림 10.41 몸체

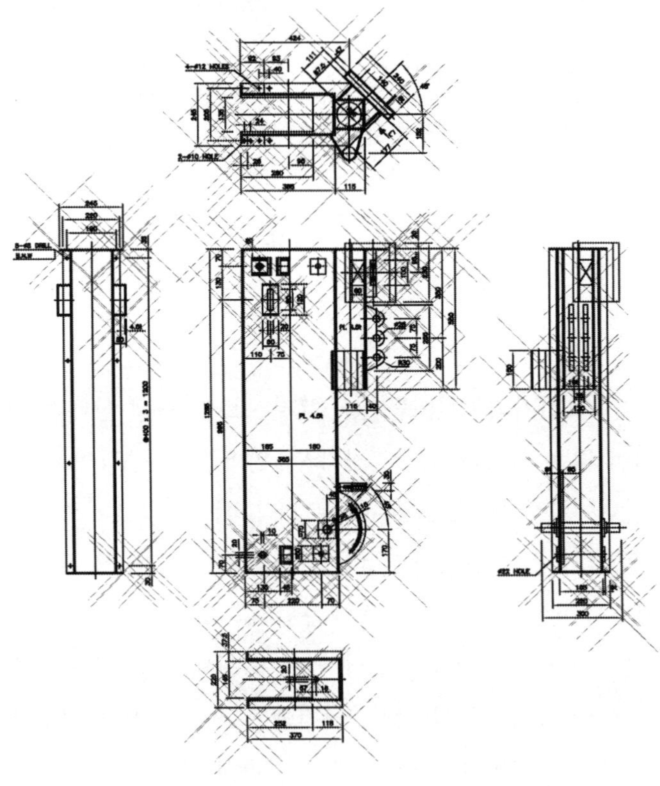

그림 10.42 회전틀(Move Body)

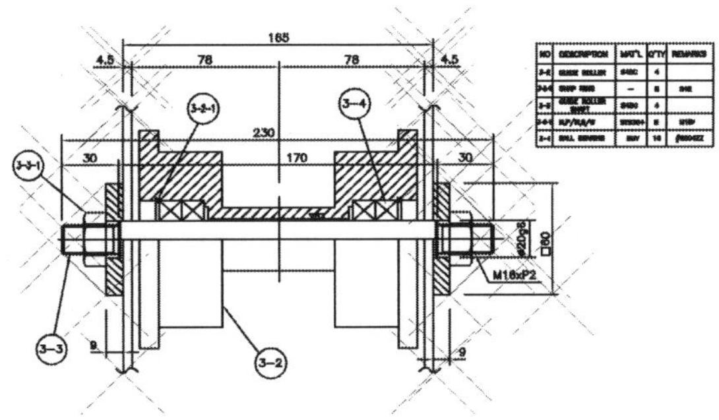

그림 10.44 안내롤러

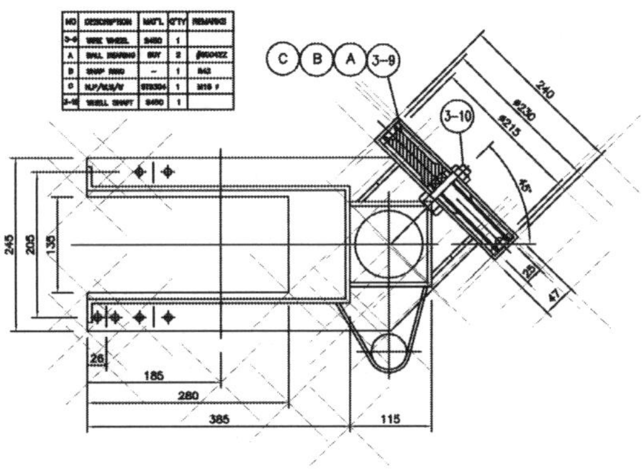

그림 10.45 로프 보조 휠

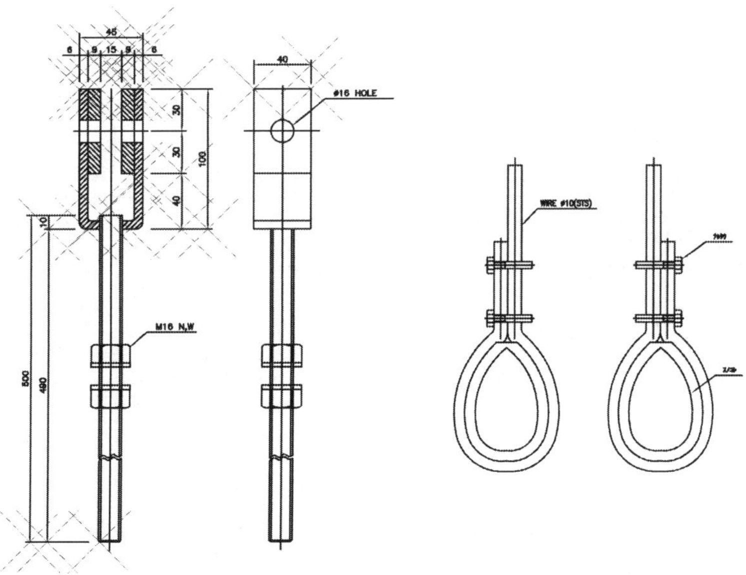

그림 10.46 와이어로프 고정 장치

4) 권양로드

권양로드는 사각실린더로 제작하고 끝에 갈퀴를 달아, 사각실린더가 상하로 움직임에 따라 협잡물을 제거할 수 있는 장치로 조립된 상태는 그림 10.47과 같으며 여기에 조립되어 있는 권양로드의 상세 제작도는 그림 10.48과 같다. 권양로드 한쪽 끝부분에는 그림과 같이 PE판을 부착시켜 권양로드가 상하동작 시, 소음과 유격 없이 원활히 동작할 수 있도록 한다.

큰 권양로드 상단에는 그림 10.47의 4-1과 같이 체인 휠을 설치하고 그림 10.43 회전 틀 상단에 설치에는 체인 고정 브라켓에 조립한다. 권양로드 상단 휠을 연결 체인으로 감아 큰 권양로드 내부에 있는 작은 권양로드 상단에 고정시켜 큰 로드가 1m 끌어올려질 때 작은 권양로드는 2배 즉 2 m가 끌어올려지도록 하였다. 권양로드 상단에 설치되는 체인 안내 휠의 상세도는 그림 10.50과 같다.

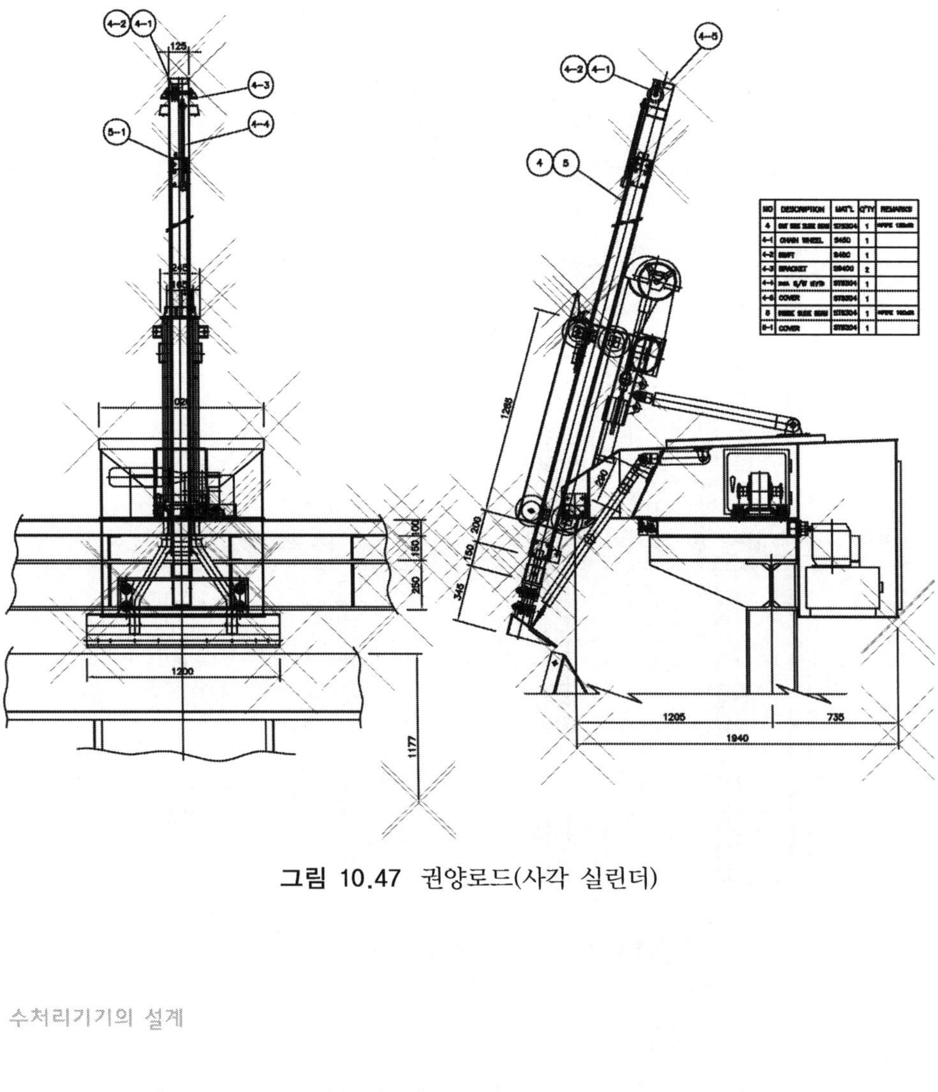

그림 10.47 권양로드(사각 실린더)

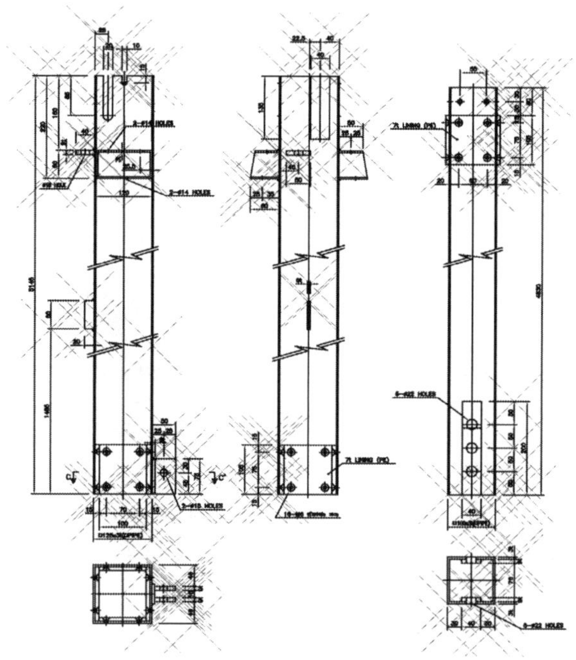

그림 10.48 권양로드(사각 실린더)

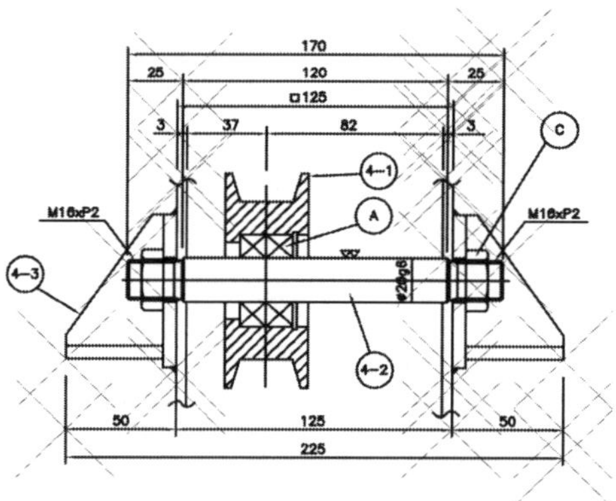

NO	DESCRIPTION	MAT'L	Q'TY	REMARKS
4-1	CHAIN WHEEL	S45C	1	
A	BALL BEARING	[illegible]	2	[illegible]
B	SNAP RING	–	1	[illegible]
4-2	SHAFT	S45C	1	
C	N,P/W,S/W	STS304	2	M16
4-3	BRACKET	SS400	2	
4-4	[illegible]	SS400	1	
D	N,P/W,S/W	STS304	2	M16

그림 10.50 체인 안내 휠

5) 갈퀴

갈퀴의 조립도는 그림 **10.51**과 같다. 갈퀴가 바 스크린 하단에 조립된 상태로 좌우로 움직일 수 있도록 그림 **10.52** 6-2와 같이 힌지를 설치한다. 힌지와 갈퀴 틀에 부착되는 갈퀴의 상세도는 그림 **10.53**과 같다. 권양로드와 연결부의 상세도와 갈퀴 틀의 상세도는 그림 **10.54**와 같다.

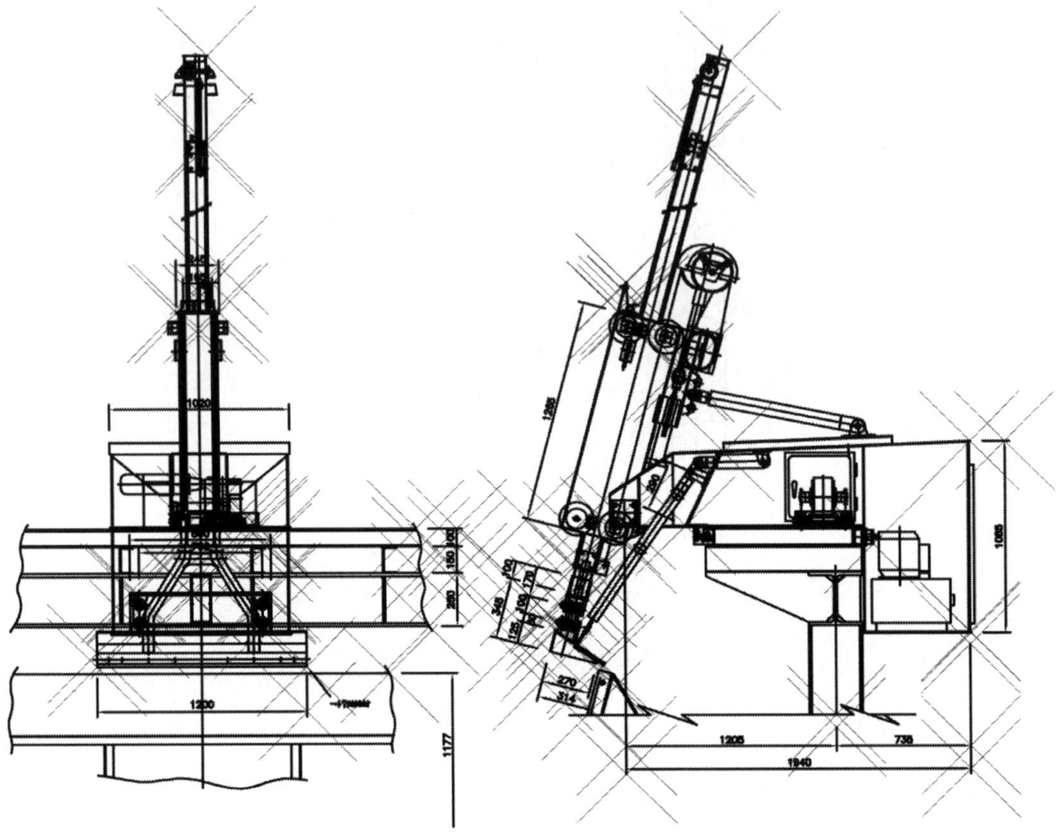

그림 10.51 갈퀴 조립도

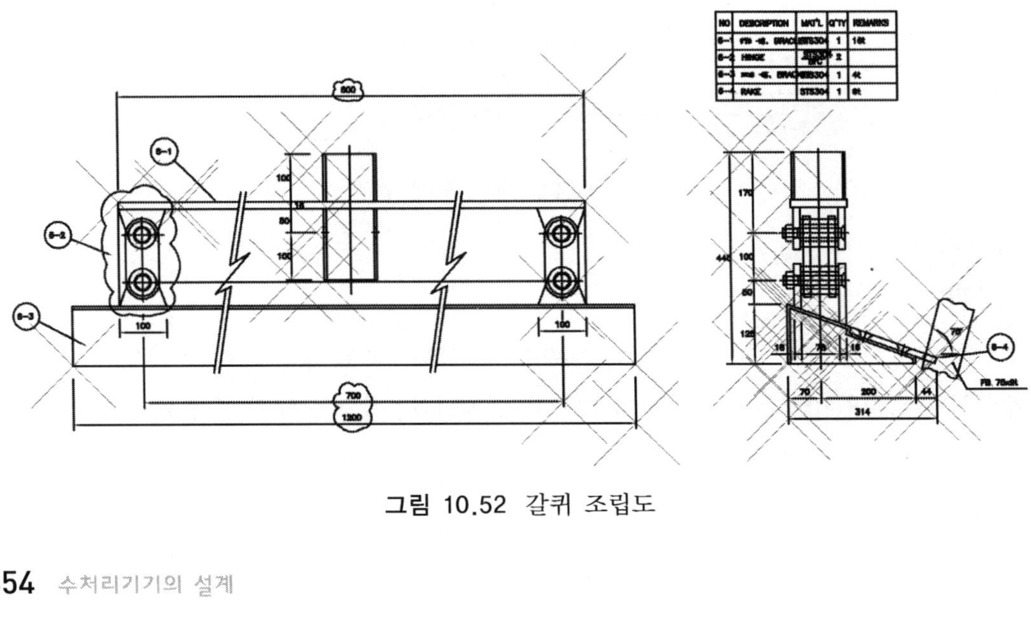

그림 10.52 갈퀴 조립도

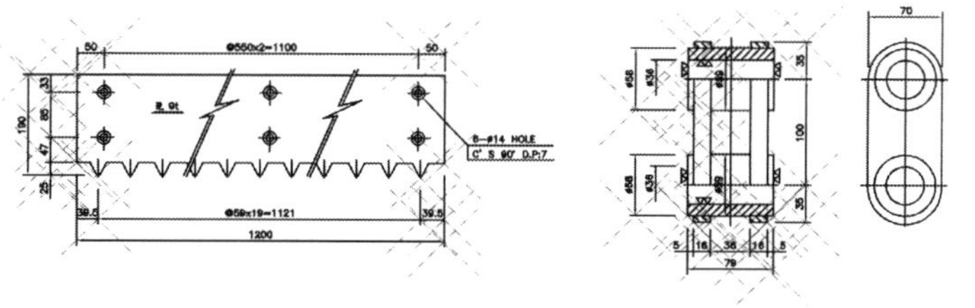

그림 10.53 휜지와 갈퀴 상세도

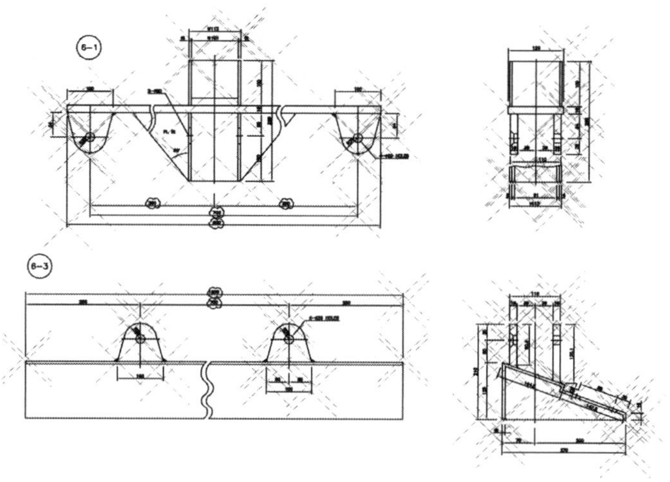

그림 10.54 갈퀴 상세도

6) 권양 실린더 및 와이어 휠

권양실린더 길이는 권양실린더의 축이 나오는 길이에 로프가 4배로 당겨지고 로프가 당겨지는 길이에 비해 권양로드가 2배가 권양된다. 따라서 유압실린더가 0.6 m나오면 로프는 0.6×4=2.4 m가 당겨지고 권양로드는 2.4×2=4.8 m가 권양된다. 그러므로 갈퀴의 최대 권양 길이를 계산하여 8나눈 몫이 권양 유압실린더의 행정 길이가 된다. 그림 **10.45**의 와이어 휠과 그림 **10.55**의 ①과 같이 유압실린더 상단에 그림 **10.56**과 같이 T자로 하여 와이어 휠 2개를 조립하여 와이어로프를 상부1개 휠을 감아 아래 휠에 와이어로프를 감아 다시 상부에 있는 다른 휠에 와이어로프를 감으면 유압 실린더의 축이 빠지는 길이에 4배 만큼 와이어로프 길이가 당겨지게 된다. 또 유압 실린더의 축을 실린더에 넣으면 축이 짧아진 길이에 4배만큼 와이어로프의 길이가 늘어지게 되어 갈퀴가 부착된 권양로드가 내려가게 된다. 이때 내려가는 것을 유압실린더의 축이 짧아짐에 따라 와이어로프가 늘어지면 갈퀴 및 권양로드의 자중에 의해 내려간다.

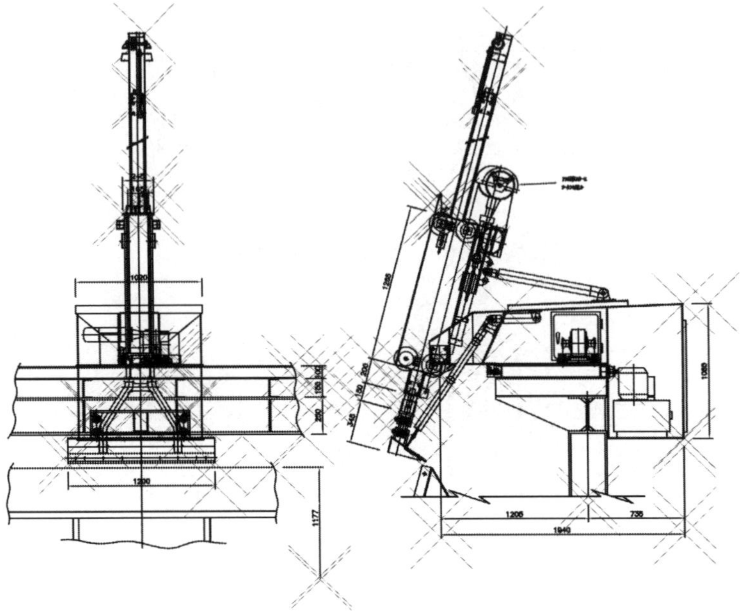

그림 10.55 권양유압실린더 및 와이어휠

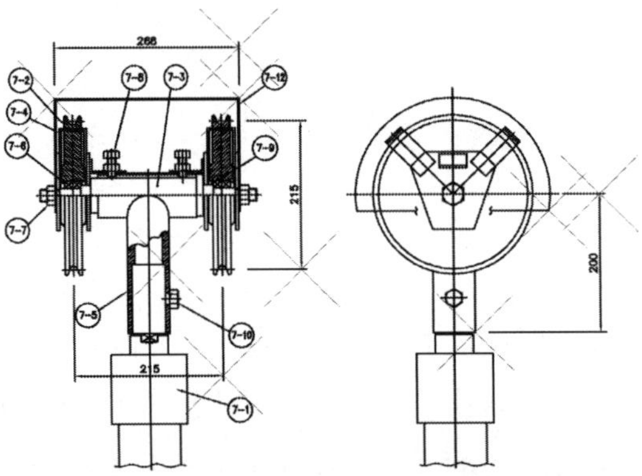

NO	DESCRIPTION	MAT'L	Q'TY	REMARKS
7	[illegible] & [illegible] ASSY		1	
7-1	[illegible]	–	1	[illegible]
7-2	WHEEL	S45C	2	
7-3	SHAFT	STS304	1	
7-4	WHEEL COVER	SS400	2	
7-5	WIRE WHEEL POST	SS400	1	
7-6	BALL BEARING	BUY	4	#6004ZZ
7-7	N,P/W,S/W	STS304	2	M16
7-8	B,N,P/W,S/W	STS304	2	M12x30L
7-9	SNAP RING	–	2	R42
7-10	BOLT,NUT	STS304	1	
7-11	N,P/W,S/W	STS304	1	M16
7-12	COVER	STS304	1	#280x2t

그림 10.56 휠 상세도

7) 경사 유압실린더

경사유압실린더는 갈퀴가 협잡물을 긁어내어 털어내고 다시 갈퀴를 바 스크린 하부로 내리기위해 동작하기위해서는 경사각도 변경을 먼저 시행한다. 이때 경사 각도를 변경하기위해 그림 **10.57**과 같이 경사유압실린더를 몸체와 연결하여 유압실린더를 밀고 당겨 경사도를 조절한다. 이때 경사도를 조절할 수 있도록 그림 **10.43**의 3-11과 같이 경사유압실린더의 축을 브라켓에 조립할 수 있도록 하였으며 3-13과 같이 홈을 내어 여기에 근접스위치를 임의 조립하여 경사도를 조절할 수 있도록 하였다. 경사유압실린더의 설치에 따른 상세도는 그림 10.58과 같다.

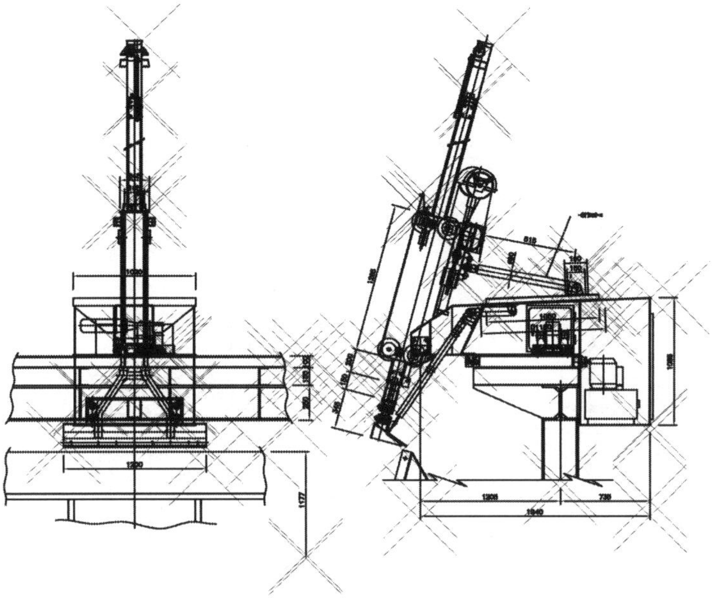

그림 10.57 경사 유압실린더

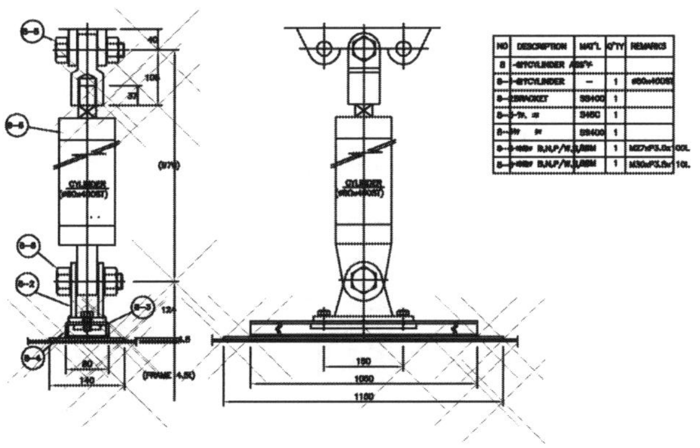

그림 10.58 경사 유압실린더 부품도

8) 협잡물 제거장치

갈퀴가 협잡물을 바 스크린에서 긁어 올리면 갈퀴에서 협잡물을 벨트컨베이어로 긁어내어야 한다. 이때 긁어내는 장치를 그림 **10.59**와 같이 스크레이퍼 장치를 했으며 스크레이퍼 암(Scraper Arm)은 그림 **10.60**과 같이 제작하였다. 하단에 스크레이퍼를 그림 **10.61**과 같이 제작하고 고무판을 조립하여 사용하였다.

이 스크레이퍼를 조립하고 밀고 당길 수 있는 유압실린더 장착에 필요한 부품도는 그림 10.62와 같다.

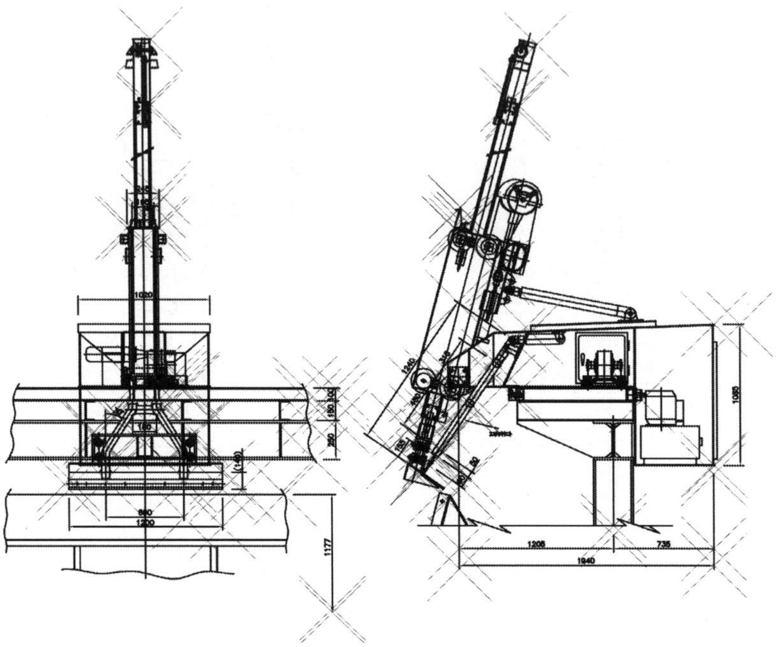

그림 10.59 스크레이퍼 장치

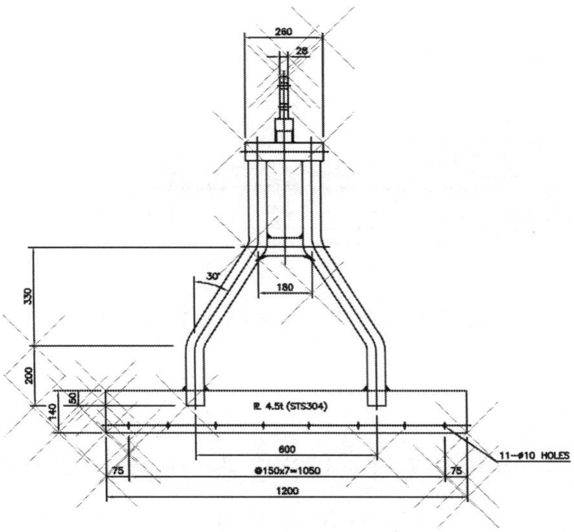

그림 10.60 스크레이퍼 암(Scraper Arm)

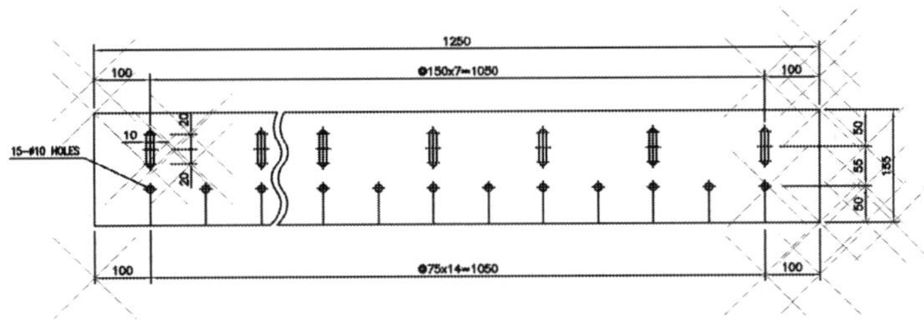

그림 10.61 스크레이퍼(Scraper)

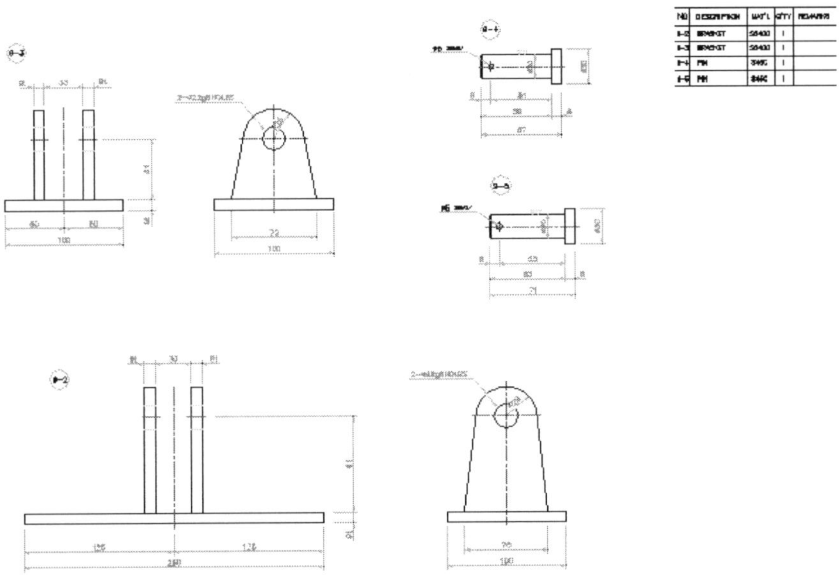

그림 10.62 스크레이퍼 및 유압실린더용 부품도

질문 1 제진기가 좌우 이동시 한쪽으로 쏠리는 현상이 발생하는 원인은?

제진기가 지그재그 운전되거나 한쪽으로 쏠리는 현상은 사이드 롤러와 레일인 ㄷ형강과의 틈새가 너무 많아 발생한다. 따라서 ㄷ형강은 레일 폭을 일정하게 하고 사이드 롤러를 조정하여 틈새를 3 mm 이내로 하여 유격이 없도록 한다. 또 구동부 감속기 스프로켓과 레일에 길게 설치된 2개의 체인을 1개씩 당기고 밀어 제진기가 원활히 좌우로 움직일 수 있도록 한다.

질문 2 갈퀴가 바 스크린에 밀착이 잘 안 된다.

갈퀴는 경사실린더에 의해 경사도가 결정되면 갈퀴는 동일한 경사도에 의해 계속 움직인다. 그러나 제진기의 받침대 설치가 바 스크린에 비해 앞으로 나와 설치되어 있으면 갈퀴는 긁어 올릴 때 상부로 올라오면서 상부 스크린과 갈퀴와의 거리가 점점 멀어지면서 벌어지게 되고, 바 스크린에 비해 제진기 받침대가 들어가 설치되어 있으면 갈퀴가 바 스크린을 타고 올라오면서 갈퀴가 바 스크린에 점점 더 밀착되어 소음이 발생하는 등, 문제가 발생할 수 있다. 따라서 바 스크린과 제진기가 바른 위치에 설치될 수 있도록 설치도에 치수 정확히 명기하여 스크린과 제진기 받침대 거리를 정확하게 설치해야 한다.

질문 3 갈퀴가 바 스크린에서 한쪽이 들리면 어떻게 해야 하나요?

갈퀴가 바 스크린 면과 전체적으로 밀착되어야 한다. 그러나 제작 시 정밀하게 제작되지 않으면 한쪽 면이 들릴 수 있다. 프레임과 회전틀 연결부가 정확히 제작되어있는가 점검한다. 이 부분이 약간 틀어지면 갈퀴가 들리게 된다. 프레임이 좌우로 움직일 수 있는 프레임 바퀴도 정확한 위치에 고정시켜야하고 권양 로드에 갈퀴 연결도 뒤틀림이 없도록 정확하게 제작 되어야 한다.

질문 4 프레임 받침대 설치는 어떻게 해야 하나?

프레임 받침대 위에 레일이 설치되고 레일에는 프레임이 설치되어 좌우로 이동하고 협잡물을 긁어내는 동작을 함에 따라 프레임 받침대가 많이 흔들린다. 따라서 프레임 받침대 앵커볼트 설치 시공을 잘못하면 앵커볼트가 뽑혀 나올 수 있으므로 주의해서 시공해야 한다. 앵커볼트 설치는 구조물 철근에 걸어서 설치해야 하고 구조물에 철근을 걸어 설치가 곤란할 경우에는 구조물도 관통시켜 긴 앵커볼트를 밑에서 위로 끼워 사용하는 것이 좋다.

10.3 주행식 간헐 인양 제진기

1. 원 리

본 제진기는 제진기실이 건물처럼 높이가 제한되어 있어 길게 권양로드가 높게 올라가는 유압식제진기 사용이 불가능 할 때 많이 사용되며, 유압제진기와 마찬가지로 좌우 이동은 좌우 이동용 구동부로 같은 원리로 사용되고 협잡물 제거도 유압실린더를 사용하여 협잡물을 제거한다. 그러나 본 주행식 간헐 인양제진기에는 유압제진기와 같은 권양로드가 없으며 로프에 갈퀴를 매달아 갈퀴를 내리고 올리면서 협잡물을 제거하는 방법이다.

2. 구 조

주행식 간헐 인양제진기도 유압제진기와 마찬가지로 그림 10.63과 같이 여러 개의 수로에 1개의 제진기를 설치하여, 제진기가 좌우로 이동되면서 협잡물을 제거하는 구조이다. 본 제진기는 1개의 본체에 좌우 이동시설과 인양시설에 필요한 유압장치와 유압실린더 등을 구비한다. 이 본체는 구조물 바닥에 설치한 ㄷ형강의 레일에 설치한다. 인양시설은 그림 10.64와 같이, 바 스크린에 걸린 협잡물을 긁어 올릴 수 있도록 갈퀴를 제작하고, 이 갈퀴에 본체 실린더에서 내려온 와이어로프를 고리에 묶어 내리고 끌어 올려 협잡물을 제거하는 구조이다.

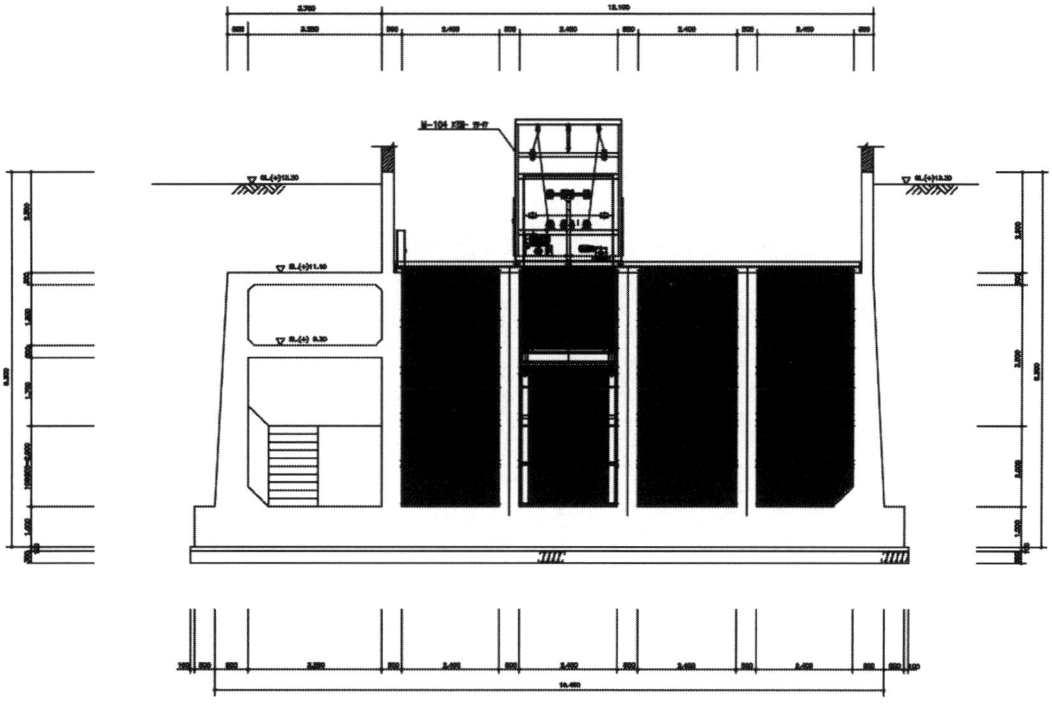

그림 10.63 주행식 간헐 인양 제진기(평면도)

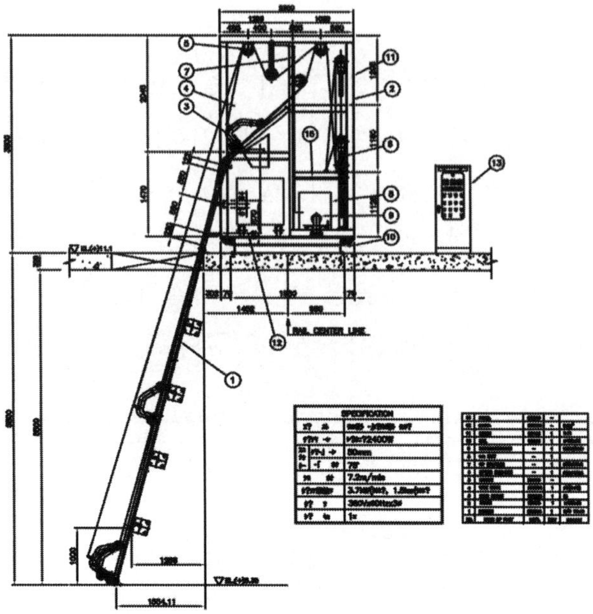

그림 10.64 주행식 간헐 인양 제진기 단면도

3. 설계 사양

(1) 바 스크린

1) 적용범위

협잡물을 제거하기 위하여 펌프장 앞단에 설치하며 설계, 제작, 시험 및 검사, 시운전 등에 대하여 적용한다.

2) 제원 및 수량

구 분	제원	비고
형 식	STS, 평철 바 스크린	
지의 규격	W3,500mm×H5,300mm	
목 간 격	50mm	
설치각도	75°	
수량	4대	

3) 재질 및 구조

① 스크린은 유효간격(목 간격) 50mm를 갖는 격자형으로 STS, 평철(75mm×9t)로 제작한다.

② 프레임 철판은 STS, 평철은 9t이며, STS제 앵커볼트에 의해 콘크리트 벽체에 고정한다.

③ 평철 바 스크린 사이에는 적당한 규격은 Spacer를 넣어가면서 조립하며 움직임이 없도록 제작한다.

④ 스크린은 전후 압력차가 1m가 되더라도 충분히 견딜 수 있도록 철골구조의 스테인리스제로 견고히 지지되어야 한다.

4) 사용재료

① 스크린(75mm×9t) STS 304

② 볼트, 너트 STS 304

③ Spacer STS 304

(2) 주행식 간헐 인양 제진기

1) 일반사항

펌프장 전단에 설치되는 협잡물 제거하기 위해 설치하며, 자동운전이 될 수 있도록 설계 및 제작하여야 한다. 유압식 자동 제진기는 수로에 설치된 조목스크린에 수집된 협잡물을 인양하여 협잡물 컨테이너에 떨어뜨리는 장치로서 다음 사양에 의해 설계 제작 하여야 한다.

2) 설계사양

구 분	제 원	비 고
수 량	1대	
형 식	주행식 간헐 인양 제진기	
수로크기	W3,500×H5,850×4수로	
목 간격	50mm(설치각도 75°)	
구동동력	인양3.7kW(주행:1.5kW×2)	
인양속도	상승 7m/min,하강10m/min	
횡행속도	7.2m/min	
운전방식	시간제어에 의한 자동운전 및 수동운전	
공급전율	380V×3φ ×60HZ	

3) 설계 및 구조

자동 제진기는 본체 프레임, 주행레일, 주행구동장치, 주행체인, 주행스프로켓, 인양유압구동장치, 인양유압실린더, 전복유압 실린더, 레이크장치, 안내활자, 슈트, 검출기 및 제어반으로 구성되어 수로의 조, 세목 스크린에 걸리는 협잡물을 이동하며 인양할 수 있는 구조로 한다.

4) 구 조

① 본체 프레임

㉠ 프레임은 SS41로 박스형으로 제작하고 내부에 주행장치 및 인양장치인 인양실린더와 견인 풀리 등을 설치한 견고한 구조로 설계, 제작하여야 한다.

㉡ 프레임은 주행레일에 의하여 수로를 정확히 이동 할 수 있어야 한다.

㉢ 프레임은 주행기구 및 인양기구등이 흔들림 없이 정확히 동작할 수 있도록 강도 및 내구성을 지닌다.

② 주행기구

㉠ 주행은 복열의 체인(간격 12.7 mm) 및 체인 스프로켓에 의하여 전동 Geared Motor로부터 구동되며 정확한 위치에서 제동되어 자동 및 수동운전이 될 수 있어야 한다.

③ 레일

㉠ 본체 프레임이 흔들림 없이 이동시킬 수 있어야 한다.

㉡ ㄷ형강(100×50×5t)에 의해 전 수로에 걸쳐 정확히 설지 되어야 한다.

㉢ 콘크리트 구조물 바닥위에 설치하여 안정적인 구조로 설치되어야 한다.

④ 레이크(갈퀴) 장치

㉠ 레이크장치는 대차식 레이크 프레임, 갈퀴, 주 롤러와 보조롤러 등으로 구성되어 인양용 유압실린더와 견인와이어 로프의 인양력에 의해 스크린 상부의 구조물을 주행하며 협잡물을 제거하는 구조로 설계, 제작되어야 한다.

㉡ 레이크 프레임에는 평철 스크린(STS304) 상부의 구조물을 원활하게 움직이기 위한 주롤러와 보조롤러가 설치되어야 하며 재질은 탄소강(SM45C)으로 만들고 오일리스 메탈의부싱과 스테인리스강(STS304)으로 된 축으로 이루어진다.

㉢ 레이크의 선단에는 스크린 피치에 적합하고 분해조립 할 수 있는 갈퀴를 부착하여

능률적으로 협잡물을 제거할 수 있어야 한다.

⑤ 인양기구(유압실린더 장치)

㉠ 인양장치는 인양용 유압실린더와 전복용 유압실린더, 견인풀리와 구동풀리, 견인와이어 로프로 구성되며 레이크를 적정한 속도로 긁어 올리고 이송시켜 원활한 협잡물 제거 할 수 있어야 한다.

㉡ 인양용 유압실린더와 본체 프레임에 각기 설치된 구동 및 견인 풀리에 감긴 로프를 전복용 실린더가 이완시켜 견인력을 발생시키고 인양용 실린더가 레이크를 견인하는 구조로 설계, 제작되어야 한다.

㉢ 유압실린더의 전 스트로크를 최대 인양거리로 하여 긴 권양으로 인한 하자발생을 제거한 구조로 설계되어야 한다.

㉣ 전복용 실린더를 설치하여 레이크 하부가 전복된 상태로 하강할 수 있도록 설계되어야 한다.

⑥ 유압장치

㉠ 유압장치는 오일탱크, 오일펌프 및 필터, 모터, 압력계, 압력스위치 등으로 구성하며 설계, 제작되어야 한다.

㉡ 전체 유압배관은 3/8 inch Tube로써 연결되며 전기적인 밸브(솔레노이드 밸브)동작으로 오일방향과 실린더동작을 조절한다.

⑦ 제어반

본 제진기의 운전은 자동 운전과 수동운전이 모두 가능하도록 PLC 회로를 사용하여 제작되어야 한다.

전기공사 범위는 제진설비 전 부하전원(1차 전원)과 제어반에서의 2차 전원 및 제어(제진기 주행, 레이크 인양, 벨트컨베이어 구동 및 자동제어기능 등)를 위한 모든 배관 배선공사는 본 공사에 포함한다.

㉠ 사용전원은 AC 380V, 3상 60HZ이다.

㉡ 운전방법은 자동, 수동겸용으로 선택스위치에 의하여 조정한다.

㉢ 자동설정 운전 시, 기 입력 될 간격 및 작동시간으로 운전된다.

㉣ 수동설정 운전 시, 각 기기는 ON, OFF S/W로 별도 운전가능하다.

㉤ 제어반은 STS 304제로 한다.

㉥ 조립구조용 집전장치 Holder가 구비된다.

5) 표준 부속품

① 주행본체 프레임

② 주행레일 및 주행체인

③ 주행구동장치 및 주행체인, 주행스프로켓

④ 인양유압 구동장치

⑤ 인양 및 전복유압실린더

⑥ 레이크 장치

⑦ 안내활차

⑧ 슈트 및 검출기

⑨ 제어반

6) 예비품

① 갈퀴 1조

② Wire Rope 1조

③ 리미트 스위치 1개

4. 설 계

(1) 설계 조건

- 형 식 : 주행식 간헐 인양 제진기
- 수로 수 : 4지
- 목 간격 : 50 mm
- 수로규격 : W3500 m×5850 mH
- 설치대수 : 1대(스크린 4대)
- 스크린각도 : 75°

(2) 인양능력

1) Rake 1회 운반량(Q)

$$Q = \frac{b \times h}{2} \times W \times r$$

$$= \frac{0.3 \times 0.6}{2} \times 2.1 \times 0.8 = 0.15\ \text{Ton}$$

b : 레이크 폭(0.3)

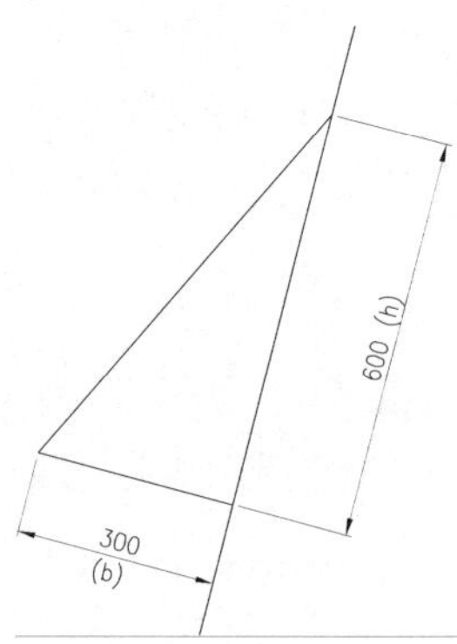

W : 레이크 길이(2.1)

S_1 : Rake 권상속도 7 m/min

S_2 : Rake 하강속도 10 m/min

S_3 : 제진기의 이송속도 7.2 m/min

V : Rake에 걸리는 내용물 용적(m^3)

H : 양정(약 7.32 m)

D : 이동거리 (약 4m)

r : 스크린찌꺼기 겉보기 비중 : 0.8 t/m^3

R_u : Rake가 1회 상승하는 시간

R_d : Rake가 1회 하강하는 시간

R_h :Rake가 수로하부에 도착한 후 들린 상태에서 스크린이 젖혀지는 시간(2초)

R_t : Rake가 상부에 도착한 후 협잡물을 제거하는 시간(2초)

R_s : 협잡물 제거된 후 Rake가 주행을 시작하는 동작까지의 시간(5초)

Q_v : 전체 제진기 이송시간

$$R_u = \frac{H \times 60}{S_1} = \frac{7.32 \times 60}{7\ \text{m/min}} = 62.74\ \text{sec}$$

$$R_d = \frac{H \times 60}{S_2} = \frac{7.32 \times 60}{10\ \text{m/min}} = 43.92\ \text{sec}$$

$$D_v = \frac{D \times 4 \times 60}{S_3} = \frac{4 \times 4 \times 60}{7.2\ \text{m/min}} = 133.33\ \text{sec}$$

D_t : 제진기 1cycle 소요시간 : $(D_H \times 4) + D_v$

$$D_t = \frac{(R_d + R_h + R_u + R_t + R_s) \times 4 + 133.33}{60\ \text{sec}}$$

$$= \frac{(43.92 + 2 + 62.74 + 2 + 5) \times 4 + 133.33}{60\ \text{sec}} = 9.93\ \text{m/min}$$

2) 권양 및 Rake 중량

① Rake 중량≒200 kg

② 권양중량

③ 협잡물=Rake 1회 운반량에 안전하도록 300% 증가시키면,

=0.15×3=0.45 Ton

W= 협잡물중량+Rake 중량

$=450+200=650\ \text{kg}$

3) 실린더 선정

① 권양 실린더 선정

$$D=\sqrt{\frac{4\times F}{\pi\times P\times B}}=\sqrt{\frac{4\times 3900}{\pi\times 120\times 0.8}}=7.19\ \text{cm}$$

∴ 직경(d)를 80 mm로 선정하고 전복 실린더는 φ63 mm로 선정한다.

F : 권양중량(650k g×6=3900 kg)

P : 작동압력 120 kg/cm^2

B : 효율 80%

4) 유압펌프 및 실린더 계산

① Oil Tank 용량

㉠ 권양실린더 부피: φ80×1220L

$$V_1=A_1\times L_1$$

$$V_1=8^2\times 0.785\times 122=6129.28\ \text{cm}^3$$

㉡ 전복실린더 부피: φ63×200L

$$V_2=A_2\times L_2$$

$$V_2=6.3^2\times 0.785\times 20=623.13\ \text{cm}^3$$

실린더 전체부피

$$V=V_1\times V_2$$

$$=6129.28+623.13=6752.41\ \text{cm}^3$$

∴ Oil Tank 용량은 여유율 400% 감안하여

6752.41×400%=27009.64 cm^3

∴ 80L로 결정

② 유압펌프 유량산출=실린더는 각각 다른 시간대에 작동되므로 가장 큰 실린더를 기준으로 설계한다.

$$q=Av=\frac{0.08\ \text{m}^2\times\pi}{4}\times 1.17\ \text{m/min}$$

$$=0.0059\ \text{m}^3/\text{min}=5.9\ \ell/\text{min}$$

∴ 펌프는 9.12 ℓ/min 용량을 사용한다.

- V=실린더 속도= $\dfrac{\text{Rake 주행속도}}{6}$

$$= \frac{7\ \text{m/min}}{6} = 1.17\ \text{m/min}$$

- D=권양실린더 직경(0.08 m)

③ 유압펌프 동력

$$N = \frac{p \times q}{612 \times \eta_p} = \frac{120 \times 5.9}{612 \times 0.77}$$

$= 1.5\ \text{KW}$ 3.7 KW 사용

④ Rake의 권양속도(10 m/min)

$$V_u = \frac{q}{A_1} \times n = \frac{5.9 \times 10^{-3} \times 4 \times 6}{0.08^2 \times \pi} = 7\ \text{m/min}$$

q=유압펌프 유량(5.9 ℓ/min)

A_1 : 실린더 면적(φ80 mm× $\dfrac{\pi}{4}$)

n : Rake 권양배속

=Wire 로프 수량 6가닥=6배속

⑤ Rake의 하강속도

$$V_d = \frac{q}{A_2} \times n = \frac{5.9 \times 10^{-3} \times 4 \times 6}{(0.08^2 - 0.045^2) \times \pi} = 10\ \text{m/min}$$

A_2 : 실린더 상부면적

5) 주행장치 설계

① 주행속도

$$V_t = \frac{N \times N_t \times P}{1000} \times i$$

$$= \frac{1710 \times 16 \times 15.875}{1000} \times \frac{1}{60}$$

$= 7.2\ \text{m/min}$

N : 모터 회전수

I : 감속비(1/60)

N_T : Sprocket 잇수(16NT)

P : Sprocket Pitch(15.875 mm)

② 동력계산

㉠ 단위 주행저항(W_r)

$$W_r = \frac{1000}{R} \times \left(\mu \times \frac{d}{2} + f\right)$$

$$= \frac{1000}{5.5} \times \left(0.1 \times \frac{1.75}{2} + 0.05\right)$$

$$= 181.82 \times 0.14$$

$$= 25.45 \text{ kg/ton}$$

R : 주행차륜 반경(약 5.5 m)

μ : 축받이부의 미끄럼 마찰계수(0.1)

d : 주행 차륜축의 직경(1.75 cm)

f : 구름 마찰계수(0.05)

G : 주행부 중량(약 3 Ton)

㉡ 전 주행저항(WR)

$$WR = 1.3\,W_r \times G$$

$$= 1.3 \times 25.45 \times 3 = 99.25 \text{ kg}$$

㉢ 소요동력

$$N = \frac{WR \times V}{6120 \times \eta} = \frac{99.25 \times 7.2}{6120 \times 0.7}$$

$$= 0.17 \text{ kW} < 1.5 \text{ kW} \quad \text{O.K}$$

V : 속도(7.2 m/min)

η : 효율(0.7)

5. 제작 및 설치

(1) 바 스크린

본 사양의 수로는 그림 10.65와 같이 4개의 수로로 되어있어 그림 10.66과 같이 제작하였다. 그러나 수로 폭이 3.5 m로 스크린을 3.5 m로 제작하면 운반이 어려워 그림 10.66에서 보는 바와 같이 바 스크린을 2개로 분할 제작하여 현장에서 설치하였다. 설치 시 수로 폭이 실측 폭이 커졌을 경우에는 수로의 중심을 잡아 스크린을 설치하여 양구조물 벽면과 스크린 사이에 벌어지는 틈이 일정하게하고 스크린을 수직으로 세우는데 벽이 간섭이 일어나지 않도록 한다. 또 수로의 깊이가 깊어지거나 낮아졌을 경우에는 그림 **10.66**에서 수로의 경사도도 감안해서 밑변의 길이 1340 mm도 높이에 따라 변경되어야 함을 주의해야한다.

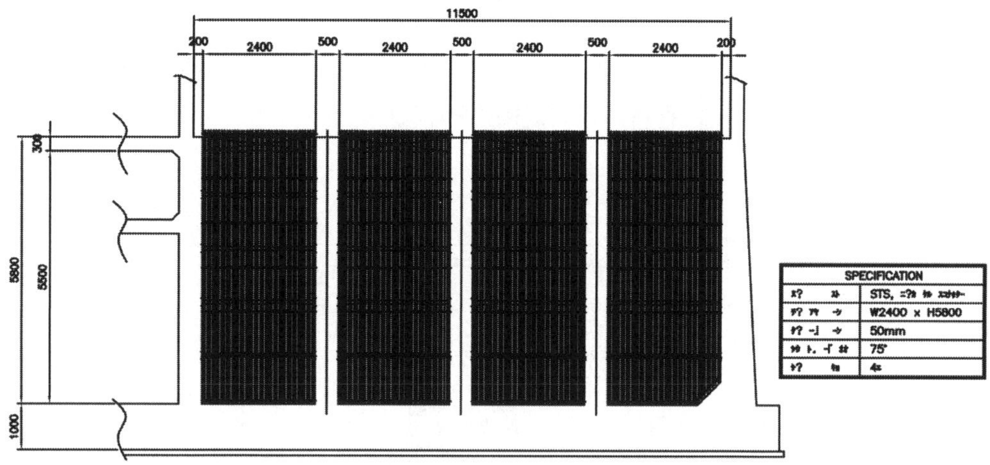

그림 10.65 바 스크린 설치도

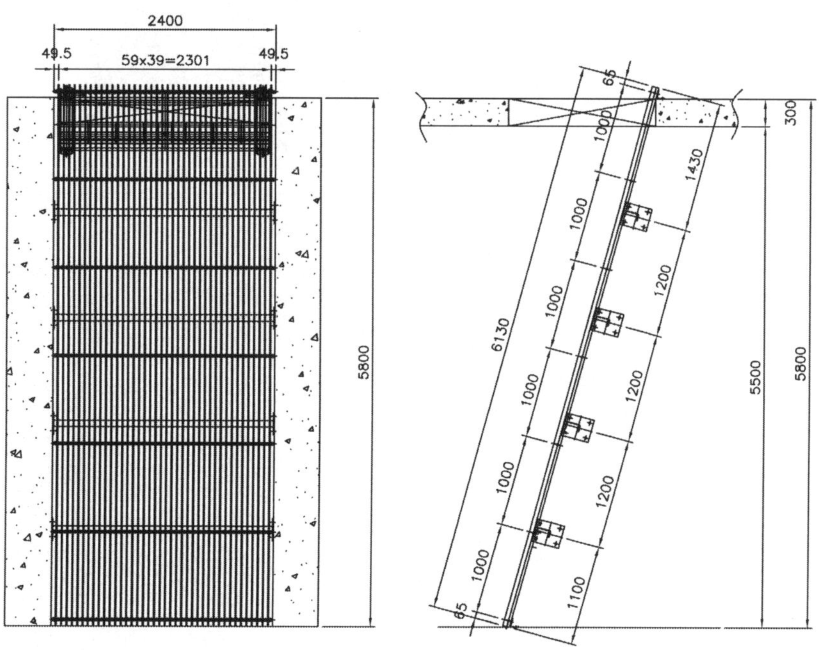

그림 10.66 바 스크린 제작설치도

(2) 견인 유압실린더와 갈퀴 연결

갈퀴는 그림 10.67과 10.68에서 보는 바와 같이 로프로 연결되어 갈퀴가 견인되어 있다. 그림 10.67의 ④ 갈퀴는 3개의 와이어로프로 묶어져 있으며 양단의 2개의 로프는 갈퀴 앞에 묶고 중앙의 로프는 갈퀴 중앙 상단에 묶는다. 따라서 그림 10.69에서 ⑥은 권양 유압실린더로 권양실린더의 로드가 상승함에 따라 휠을 상 하단에 3개씩 조립하여, 이 휠에 와이어로프를 3바퀴를 감음으로서 와이어로프 3가닥이 권양로드 상승 길이에 6배로 당겨진다. 권양로드 와이어로프와 갈퀴에 연결 관계는 그림 10.69와 같다.

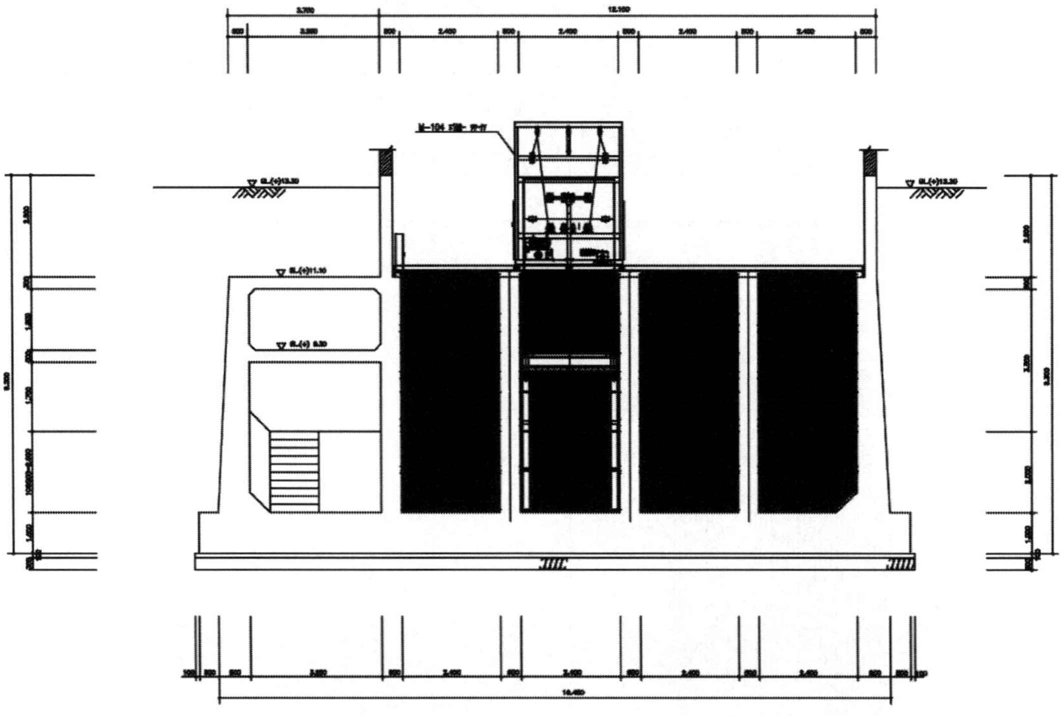

그림 10.67 협잡물제거기 배치 전면도

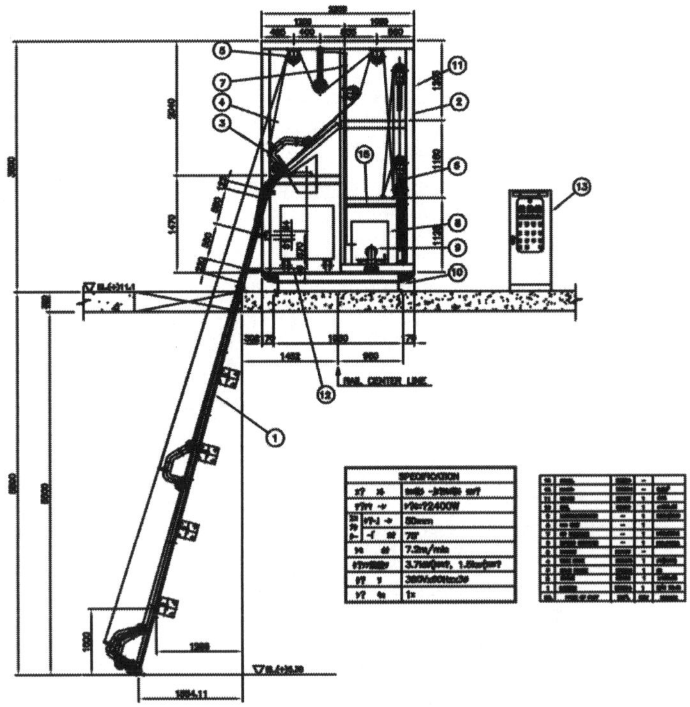

그림 10.68 협잡물 제거기 단면도

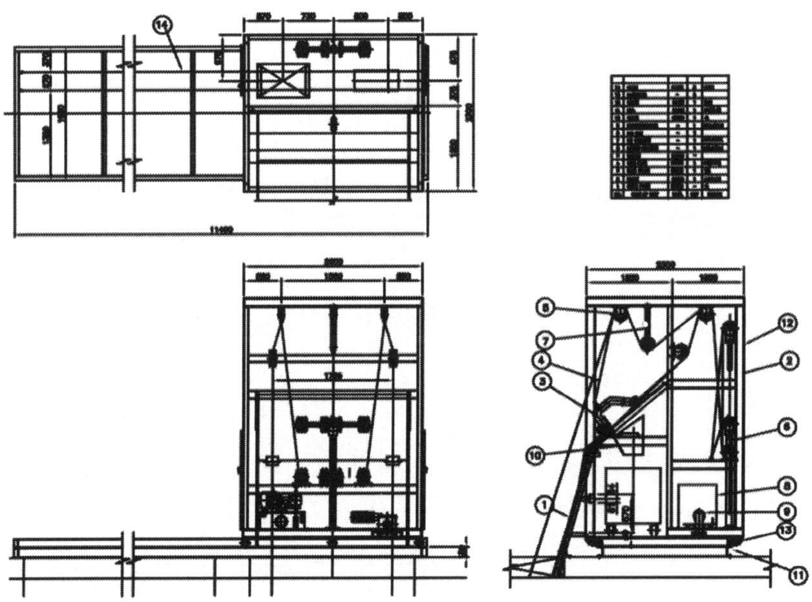

그림 10.69 제진기 로프 연결도

(3) 주행 레일

제진기 즉 협잡물제거기가 좌우로 이동하면서 협잡물을 제거하려면 그림 10.70과 같이 ㄷ 형강으로 레일을 제작하여 설치한다. ㄷ형강 레일은 ㄷ형강 안쪽으로 타고 롤러가 회전함으로 밑에 레일과 같은 폭으로 레일 받침대를 구비하고, 바 스크린과 평행하고 수평으로 정확한 위치에 설치해야한다.

제진기가 좌우로 이동할 때 필요한 체인이 들어갈 수 있는 홈을 만들어 관리자가 보행 시 걸리지 않도록 한다.

경사로는 협잡물 컨테이너 반출입시 필요한 경사로로 현장 구조물에 알맞게 제작하여 사용한다.

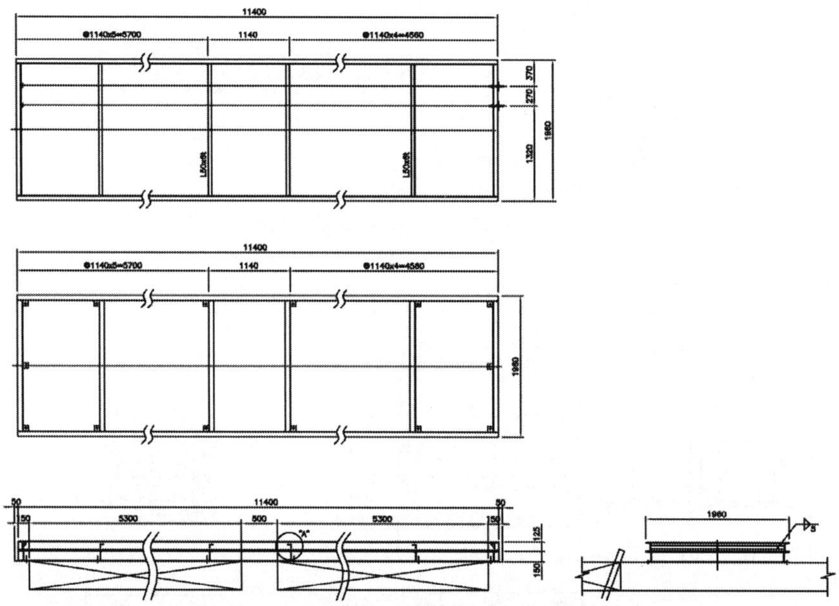

그림 10.70 레일 제작도

(4) 제진기 프레임

제진기 프레임은 그림 10.71과 같은 구조로 되어 있으며 상세도 "A"-"A"는 제진기 프레임 밑 부분의 상세도로 좌우로 주행할 수 있는 롤러를 구비하고 있다.

그림 10.72의 "B"-"B"도는 유압펌프와 좌우주행 구동부가 위치하는 곳의 상세도이다. 또 그림의 "C"-"C"도는 협잡물 컨테이너가 위치하는 곳과 유압실린더 상부의 휠과 짝을 이루는 하부 휠이 설치되는 위치의 브라켓트 패드 도면이다.

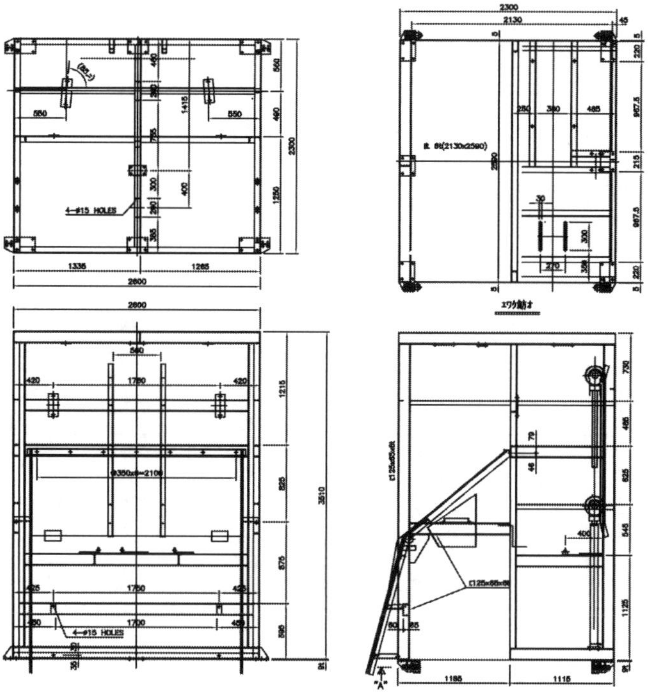

그림 10.71 제진기 프레임 상세도

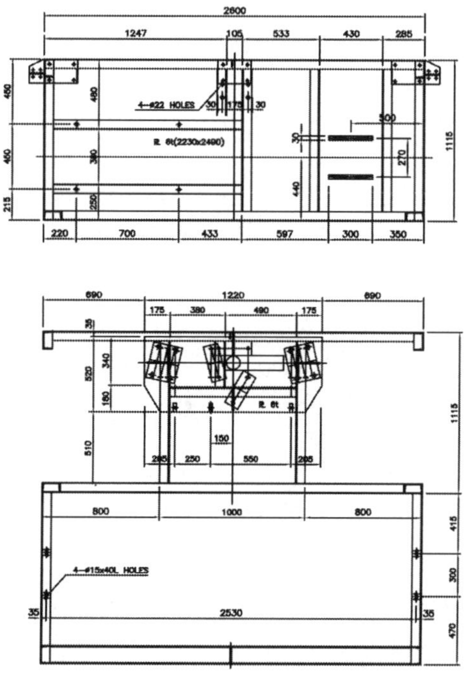

그림 10.72 제진기 프레임 부품상세도

그림 10.75의 제진기 프레임을 덮는 커버 도면이다.

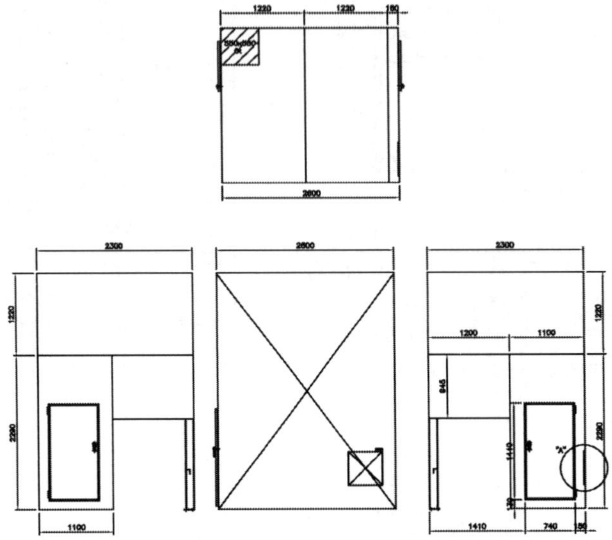

(5) 유압실린더

유압실린더는 갈퀴를 끌어 올리는 권양실린더와 갈퀴의 뒤를 들어 올려 협잡물을 털어내고 갈퀴가 내려 갈 때까지 들고 있는 전복실린더가 있다.

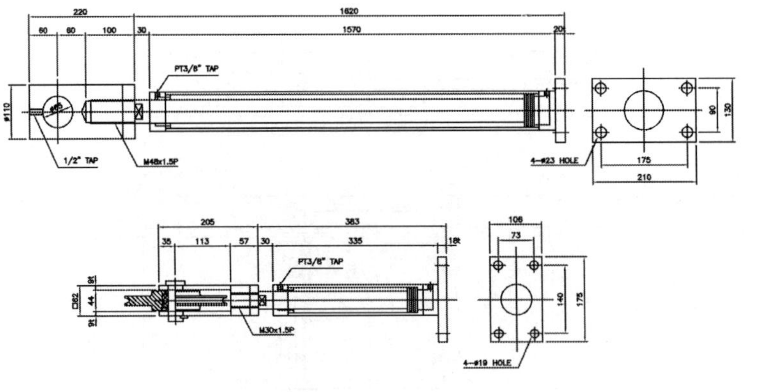

그림 10.76 유압실린더

권양실린더는 그림 **10.76**에서와 같이 지름이 크고 긴 실린더로 무거운 갈퀴와 협잡물을 끌어 올릴 때 필요한 견인능력이 있어야 한다. 견인력은 견인실린더의 로드가 1m 상승하면 로드는 6배인 6 m가 견인됨으로 실린더로드의 상승되는 힘은 갈퀴 끌어 올릴 때 힘의 6배

이상이 필요하다. 전복실린더는 중앙로프 상단에 설치되어 갈퀴를 들어 올릴 때 필요하다. 이 실린더 로드가 상승됨에 따라 갈퀴가 들어 올려 질 때의 힘과 길이가 필요함으로 직경이 작고 짧다.

(6) 휠(시브, Sheave)

와이어로프 시브에 관련된 제작도 중, 권양실린더 상단에 조립되는 조립도는 그림 10.77과 같다. 조립도 중앙부분에 조립되어 있는 와이어로프 시브 3개와 하단 시브 3개 짝을 이루 감기게 된다. 따라서 상하 6개의 시브를 감아 와이어로프가 3바퀴 감기게 된다. 여기에 조립된 축과 시브의 상세도는 그림 10.78과 같다. 권양실린더 상부 시브와 짝을 이루는 하부실린더의 위치도는 그림 10.79와 같으며, 여기에 들어가는 각종 시브와 제진기프레임 상단에 들어가는 각종 시브의 상세도는 그림 10.80에서 그림 10.85까지이다.

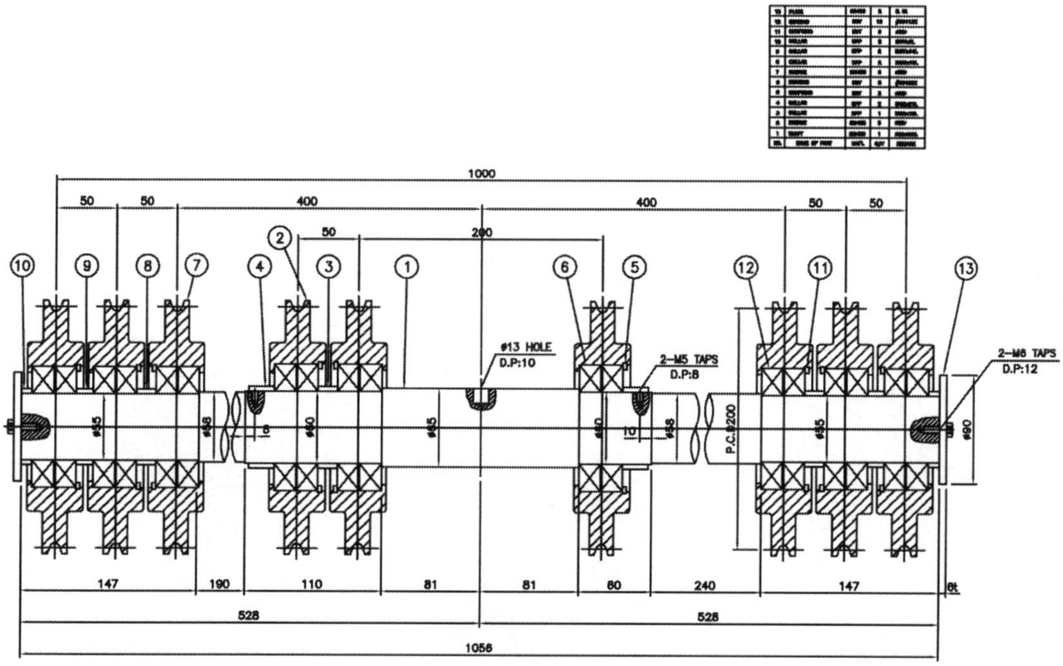

그림 10.77 견인 실린더용 시브 및 축 조립도

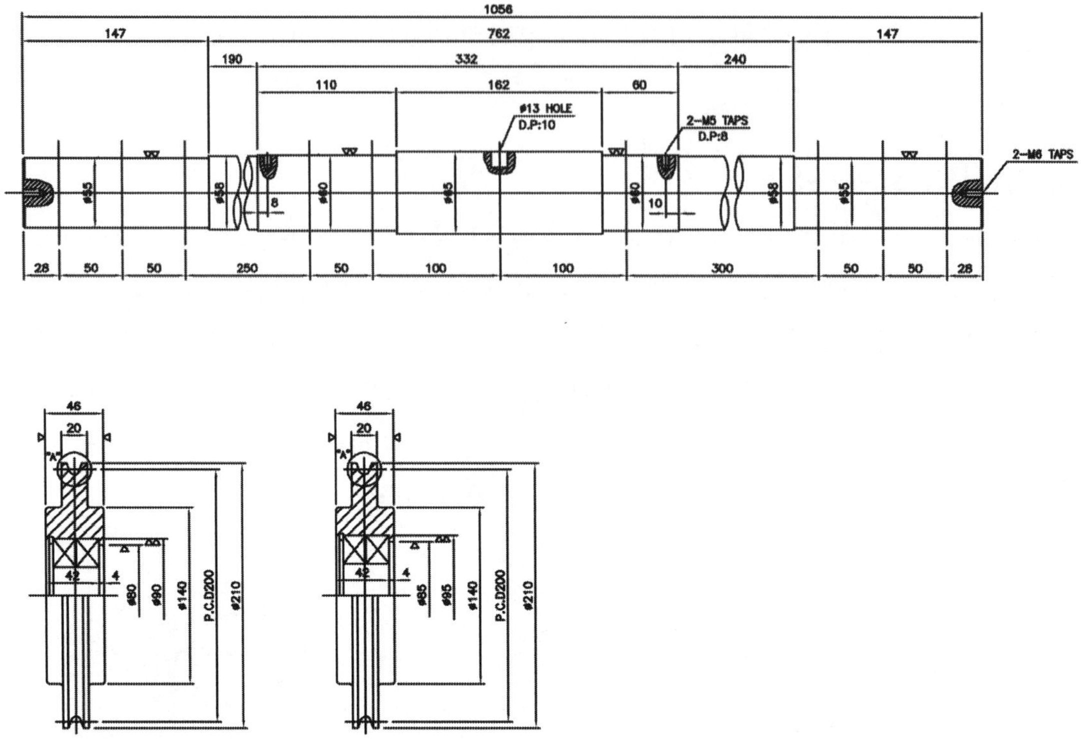

그림 10.78 축과 시브 상세도

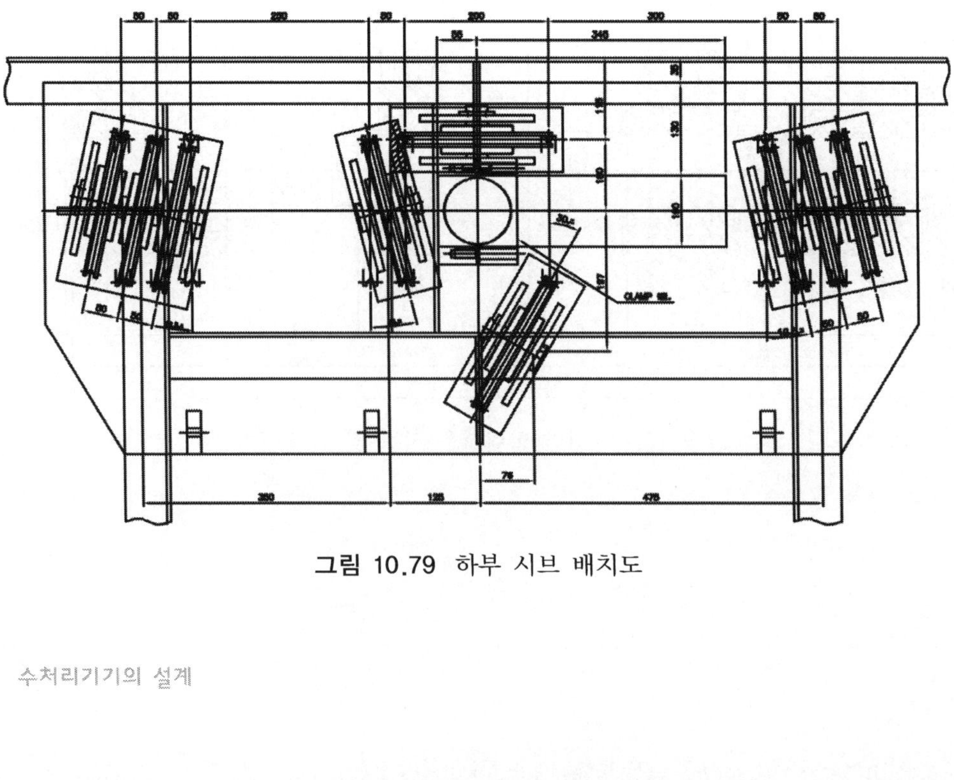

그림 10.79 하부 시브 배치도

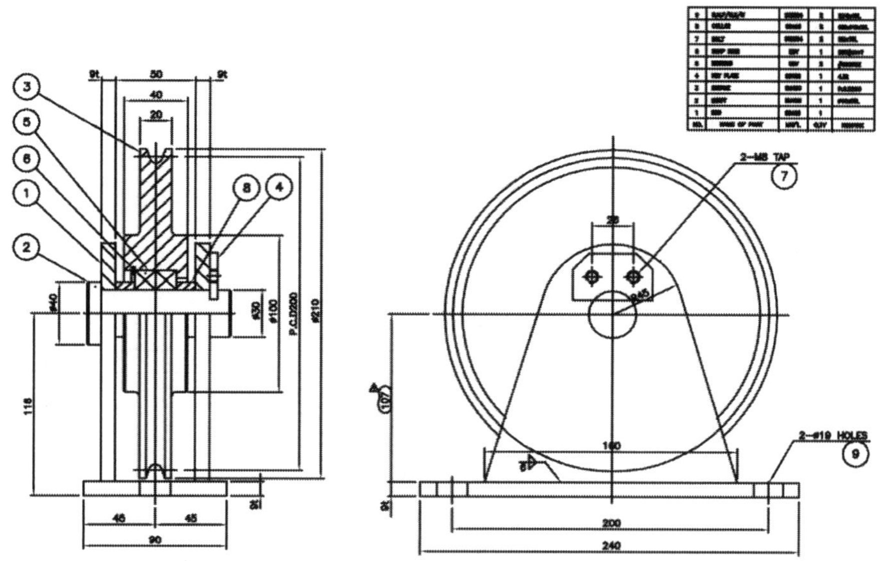

그림 10.80 시브 조립도

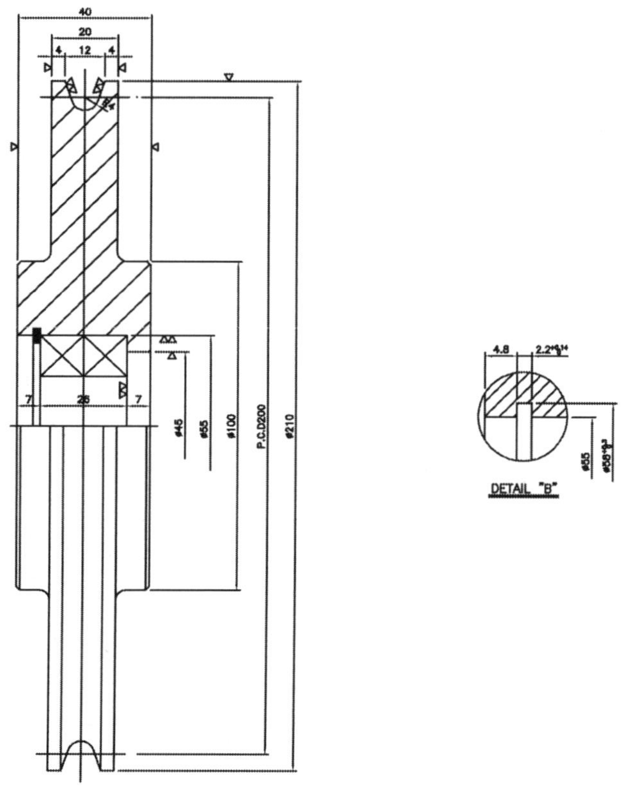

그림 10.81 시브 상세도

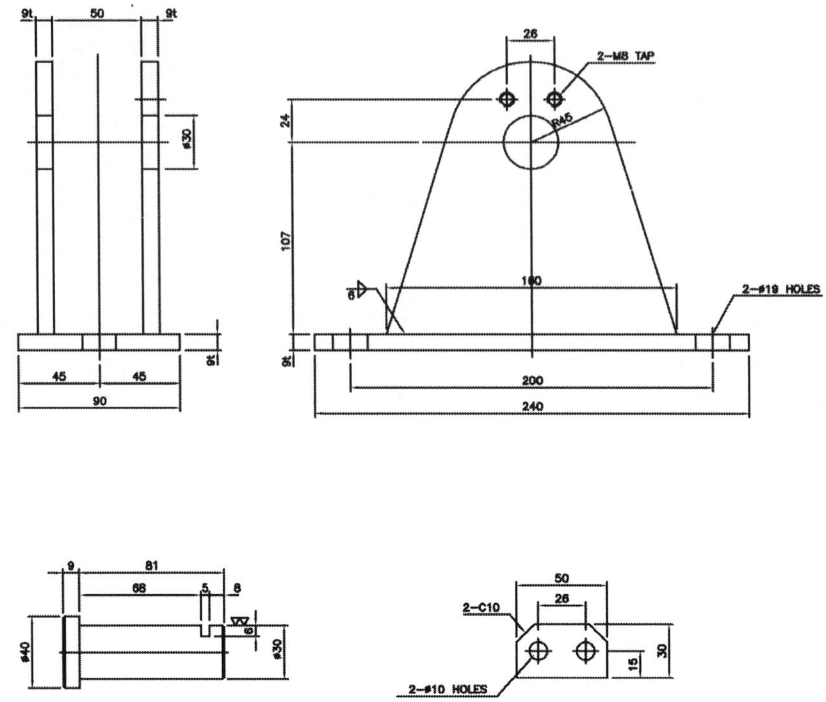

그림 10.82 시브 틀 상세도

10	BOLT	STS304	8	[illegible]
9	B.N.P/W.S/W	STS304	8	[illegible]
8	COLLAR	SS400	4	[illegible]
7	COLLAR	SS400	4	[illegible]
6	SNAP RING	BUY	6	[illegible]
5	BEARING	BUY	12	[illegible]
4	KEY PLATE	SS400	2	[illegible]
3	SHEAVE	SM45C	6	P.C.D 200
2	SHAFT	SM45C	2	[illegible]
1	BED	SS400	2	
NO.	NAME OF PART	MAT'L.	Q.TY	REMARK

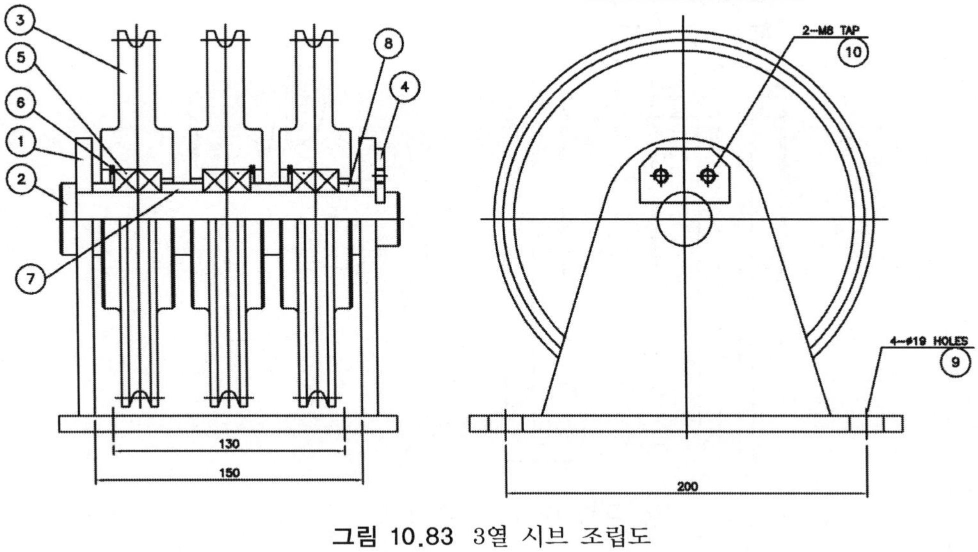

그림 10.83 3열 시브 조립도

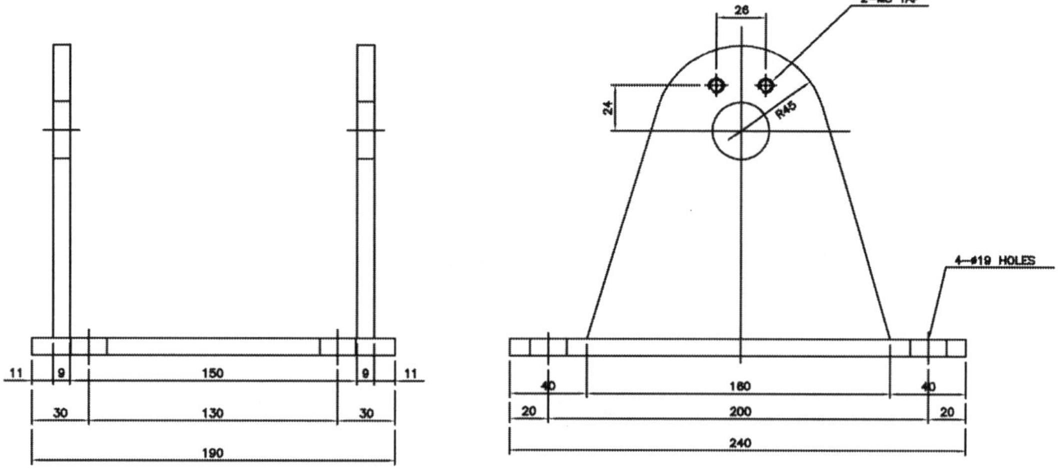

그림 10.84 3열 시브 틀 상세도

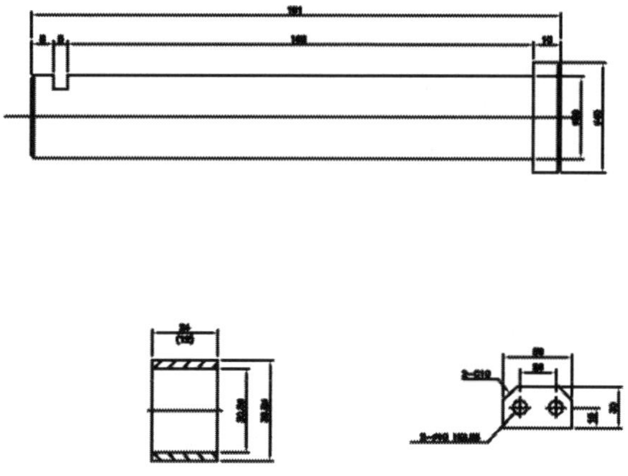

그림 10.85 3열 시브 부품도

그림 10.86의 시브 조립도는 중앙 로프가 갈퀴 동작 시 로프의 처짐을 방지하기 위해 제진기 프레임 상부에 설치하여, 로프가 처질 때에는 하부시브가 떨어지고 로프가 짧아 질 때에는 프레임상부로 올라가게 되어 로프의 처짐을 방지한다. 따라서 장치의 아래시브는 원을 그리면서 전체가 로프의 처짐에 따라 움직이게 된다. 로프의 처짐을 방지하게 되어 로프의 탈선도 막게 된다. 그림 10.87은 와이어로프 장력조절장치의 부품 상세도이다.

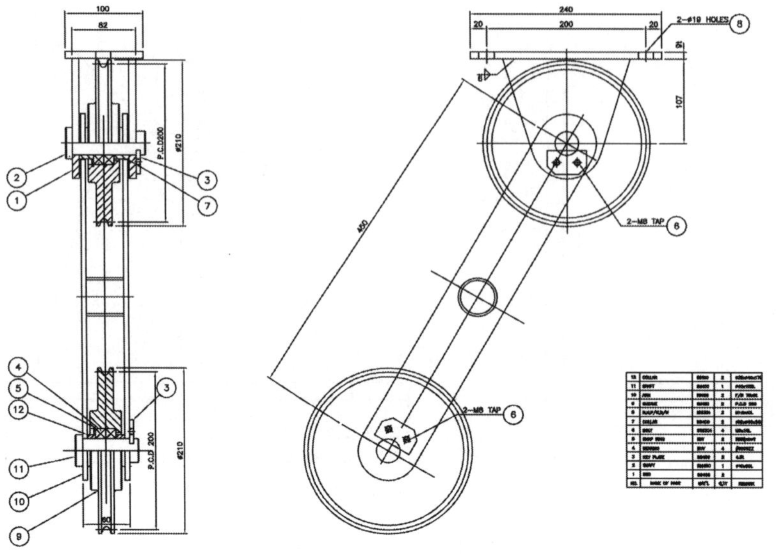

그림 10.86 와이어로프 장력 조절장치

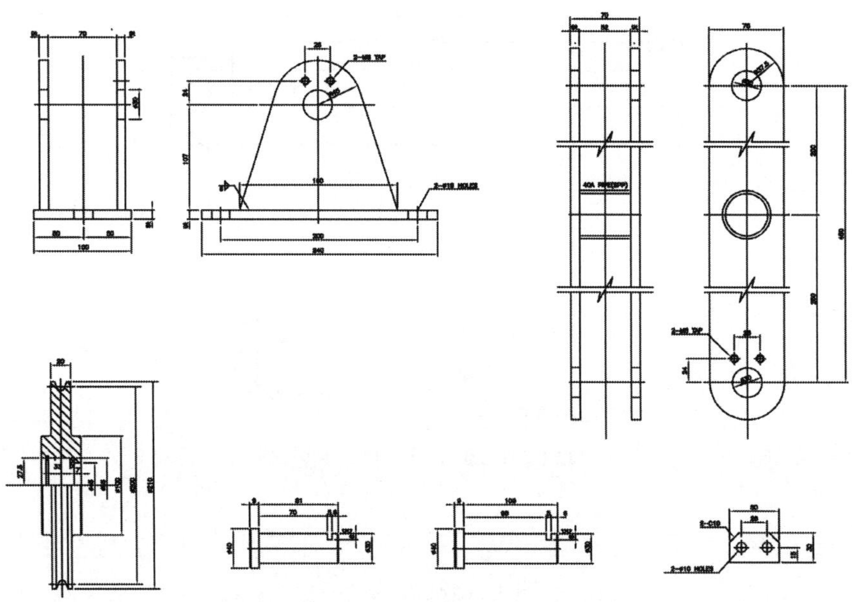

그림 10.87 와이어로프 조절장치 부품도

(7) 안내판(Guide Plate)

갈퀴가 협잡물을 긁어 올릴 때 바 스크린 상단에서부터 슈트(Chute)까지는 그림 **10.88**과 같이 안내판이 있어야 긁어 올리는 협잡물을 떨어뜨리지 않고 슈트에 투입할 수 있다. 안내판은 상세도와 같이 제작하여 갈퀴에 붙어있는 롤러가 타고 올라올 수 있도록 하고 갈퀴 폭과 같게 하여 협잡물이 떨어지지 않고 갈퀴가 원활히 견인되어 올라올 수 있도록 한다.

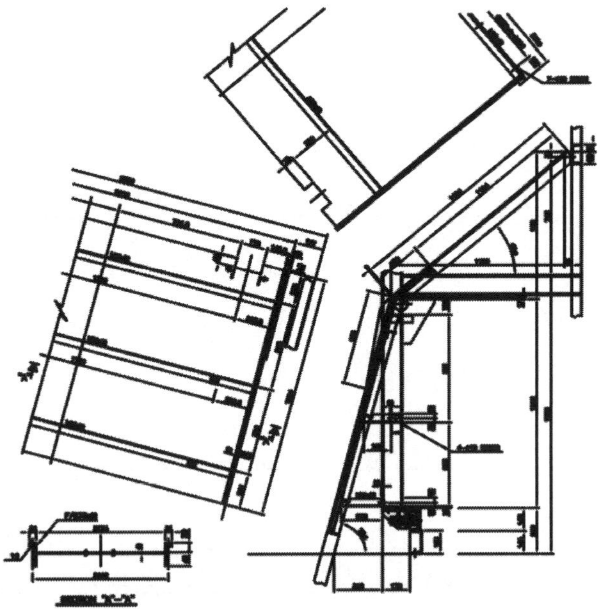

그림 10.88 안내판(Guide Plate)

(8) 슈트(Chute)

슈트는 갈퀴가 긁어 올린 협잡물을 받아 협잡물 컨테이너로 담는 역할을 하는 것으로 제진기 프레임에 고정시켜 사용할 수 있도록 그림 10.89와 같이 제작한다. 협잡물 컨테이너에 협잡물이 잘 투입될 수 있도록 컨테이너와 갈퀴 크기를 고려해서 제작하도록 한다.

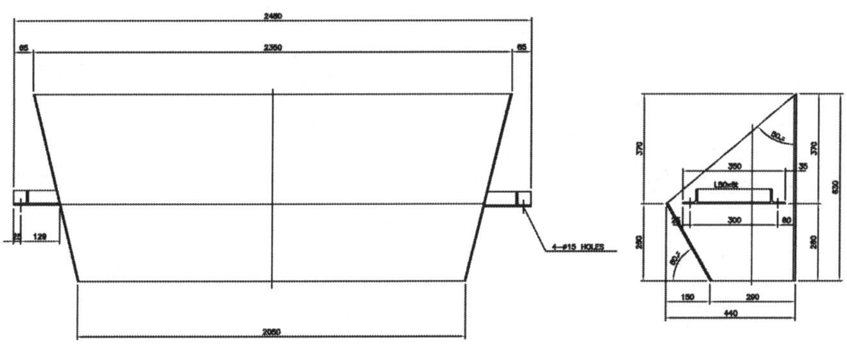

그림 10.89 슈트(Chute)

(9) 갈퀴(Rake)

갈퀴는 협잡물을 긁어 올리는 것은 물론이며, 바 스크린에서 올라 올 때나 갈퀴를 들어 올리고 내리고 할 때 등, 모든 동작에서 안정되게 움직일 수 있도록 제작되어야 한다. 갈퀴가 탈선되거나 옆으로 밀려 나거나 해서는 안 되므로 중량감 있고 균형감 있도록 제작해야 한다. 특히 갈퀴가 내려갈 때 균형을 잃지 않도록 주의해서 제작해야한다. 따라서 무게 중심이 될 수 있으면 갈퀴의 밑 부분에 위치하도록 설계한다. 그림 10.90과 같이 바 스크린을 안정되게 타고 올라갈 수 있도록 갈퀴 하단에 롤러를 부착하였으며, 갈퀴 상단 양쪽에 있는 축에 와이어로프를 묶고 중앙 상단에는 중앙에 있는 로프를 묶어 갈퀴를 들어 올릴 때 사용한다. 갈퀴의 상세 제작도는 그림 10.91과 같으며 롤러의 위치는 대각과 평행이 잘 맞도록 제작하여 지그재그 동작이 일어나지 않도록 한다.

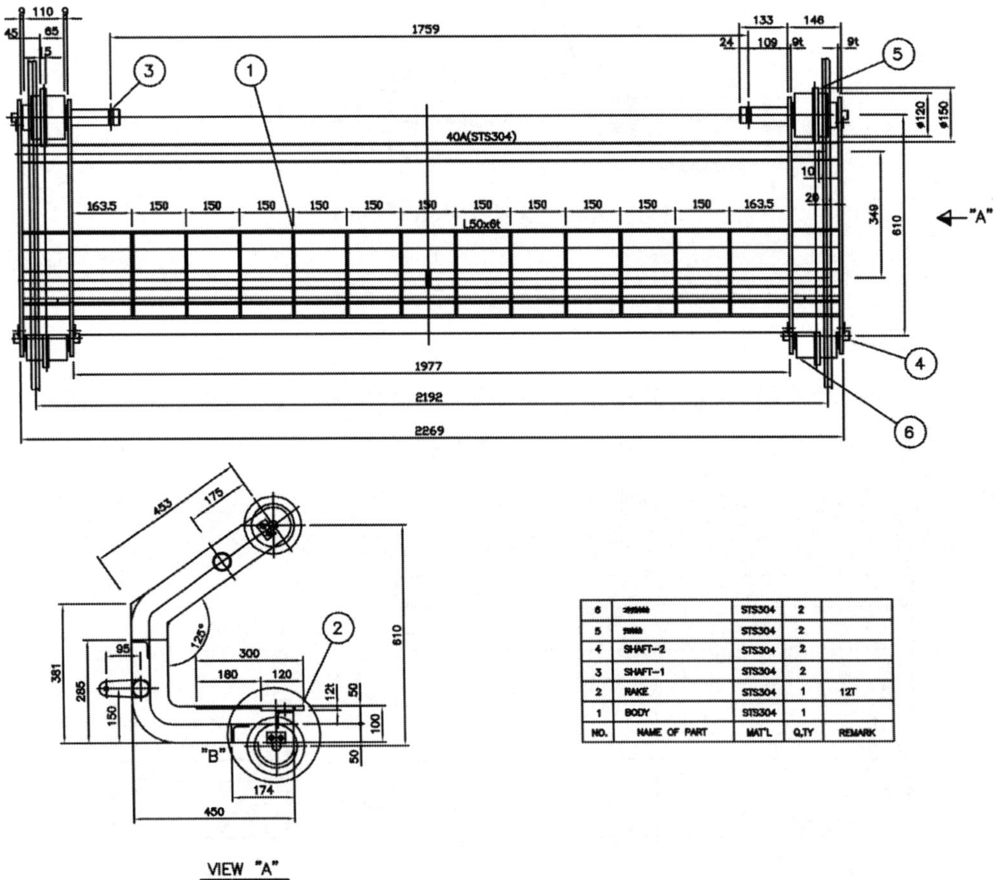

NO.	NAME OF PART	MAT'L	Q,TY	REMARK
6	[illegible]	STS304	2	
5	[illegible]	STS304	2	
4	SHAFT-2	STS304	2	
3	SHAFT-1	STS304	2	
2	RAKE	STS304	1	12T
1	BODY	STS304	1	

그림 10.90 갈퀴 조립도

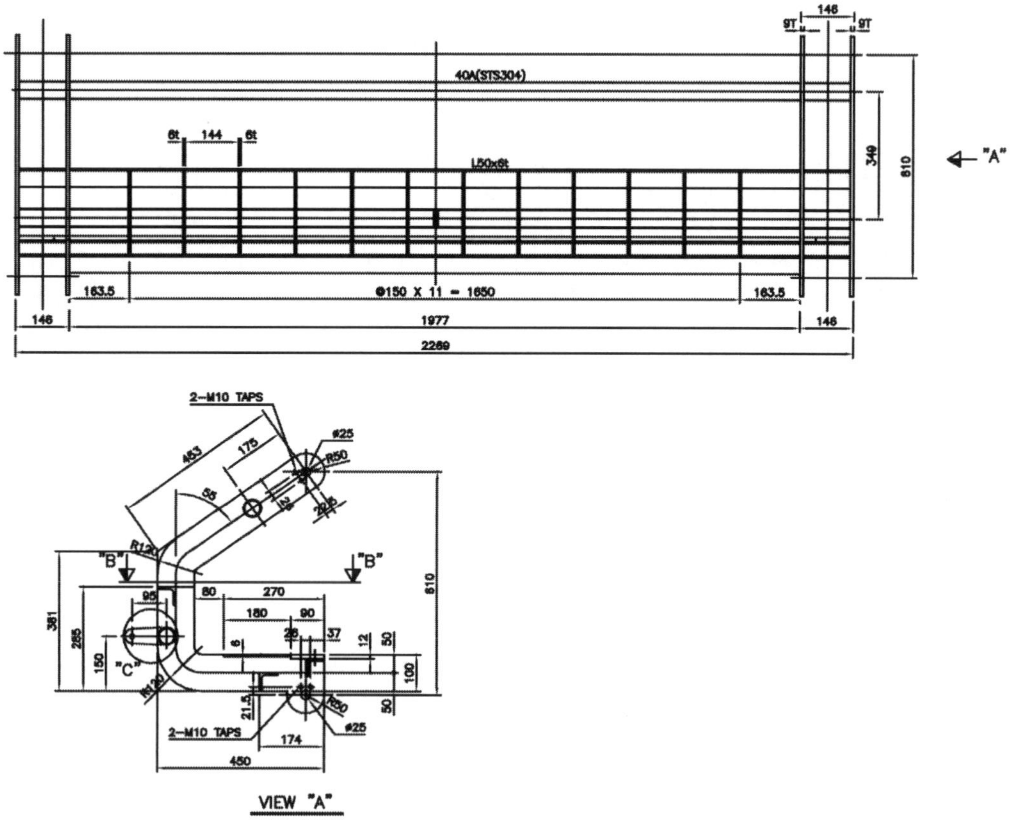

그림 10.91 갈퀴 틀 제작도

갈퀴 롤러는 전부롤러와 후부롤러가 있으며 후부롤러는 그림 10.92와 같이 제작한다. 후부롤러는 바 스크린의 바를 2개 이상을 항상 타고 올라올 수 있도록 롤러 폭을 넓게 설계 제작하였다. 전부롤러는 그림 10.93과 같이 롤러에 턱을 만들어, 바 스크린을 타고 올라올 때 옆으로 쏠리는 현상을 방지하도록 하였으며, 축 한쪽 끝에 홈은 견인 와이어로프를 묶는 자리이다. 전부롤러에는 필요시 보조 롤러를 달 필요가 있다. 중앙 와이어로프를 더 당기면 갈퀴가 들어 올려 지게 되는데 이때에는 전면롤러 2개로만 갈퀴를 지탱해야 하므로 더 불안정할 수 있다. 이때처럼 들어 올려 졌을 때를 감안하여 전면롤러를 달면 갈퀴가 들어 올려졌을 때에도 롤러 4개가 접촉하므로 갈퀴가 보다 안정되게 움직일 수 있다. 이때 사용되는 보조롤러의 제작도면은 그림 10.94와 같다. 갈퀴 몸체 바닥에 갈퀴를 조립할 수 있도록 그림 10.95와 같이 바 스크린의 폭에 알맞게 제작하여 조립한다. 조립 시 사용되는 볼트는 접시머리 볼트를 사용하여 협잡물이 걸리지 않도록 한다.

5	B,N,S/W	STS304	8	M12x35L
4	SET SCREW	STS304	8	M5x10L
3	BEARING	OILLESS	4	[illegible]
2	BRACKET	SS400	4	9t
1	ROLLER	STS304	2	
NO.	NAME OF PART	MAT'L	Q,TY	REMARK

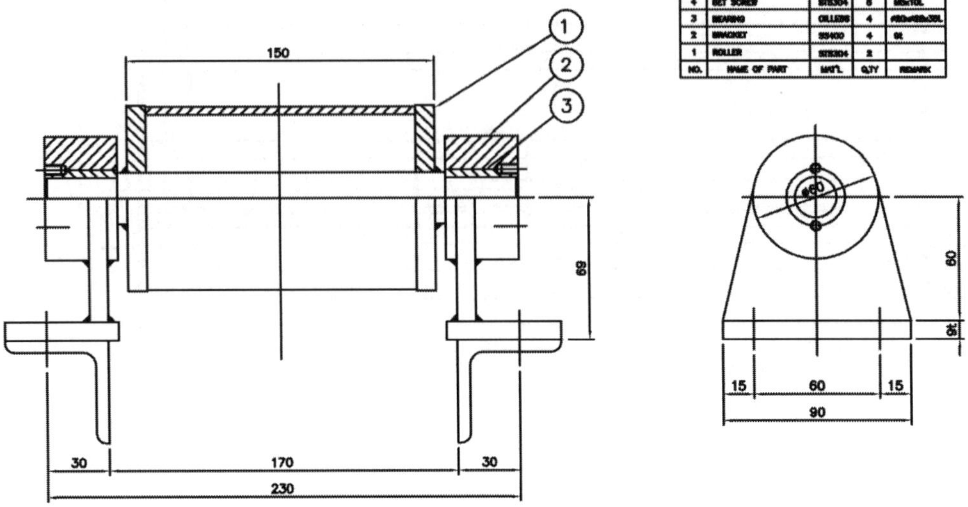

그림 10.92 안내롤러

6	B,S/W	STS304	4	M12x20L
5	KEY PLATE	STS304	2	4t
4	COLLAR	STS304	4	[illegible]
3	BEARING	OILLESS	4	[illegible]
2	SHAFT(MAIN)	STS304	2	ϕ45
1	ROLLER	STS304	2	
NO.	NAME OF PART	MAT'L	Q,TY	REMARK

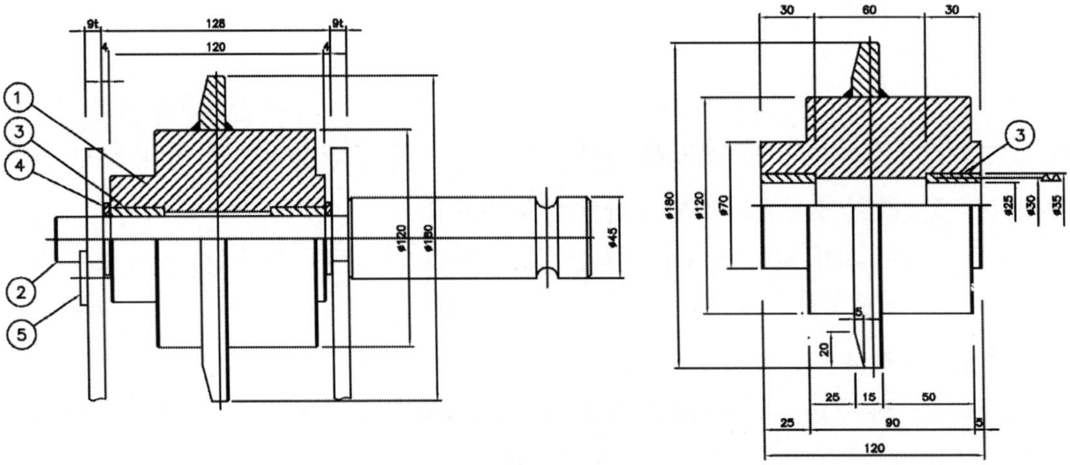

그림 10.93 전부롤러

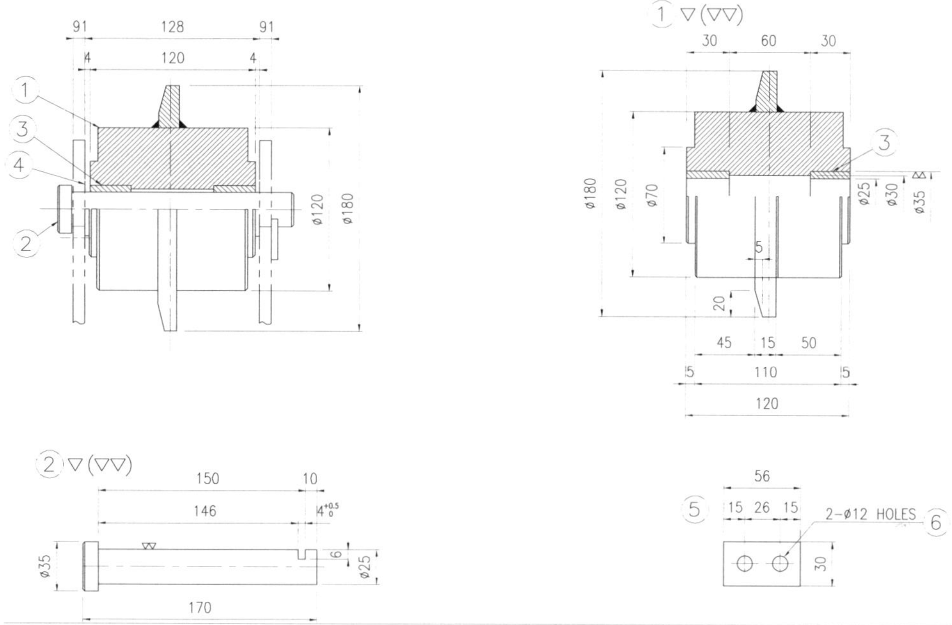

그림 10.94 보조롤러 제작도

(10) 제진기 좌우주행 구동장치

앞에 제진기와 마찬가지로 제진기를 좌우 이동시 필요한 구동장치는 그림 10.96과 같은 모양의 감속기를 사용하여 감속기 양측에 축을 이용하여 레일에 깔린 2개의 체인을 감속기 스프로켓에 걸어 회전시킴으로 제진기 전체가 움직이도록 하였다.

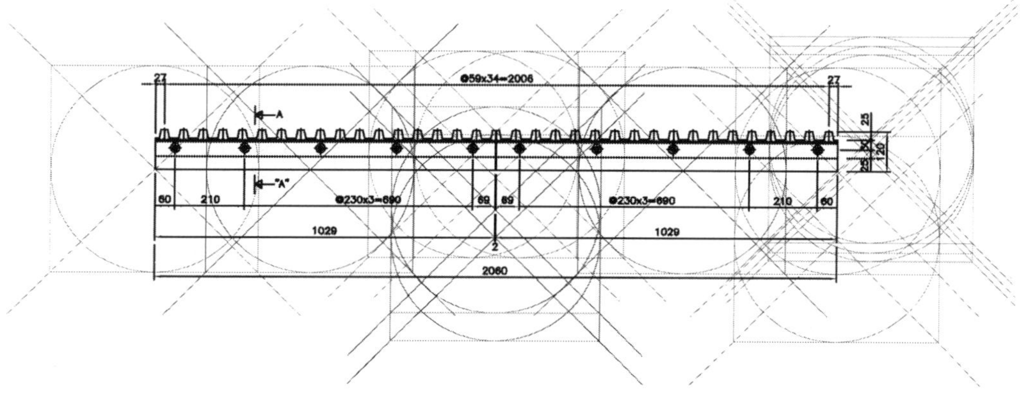

그림 10.95 갈퀴 제작도

5	CHAIN	SM45C	2	RS50
4	[illegible] SPROCKET	SM45C	4	RS50x16NT
3	[illegible] SPROCKET	SM45C	2	RS50x16NT
2	WORM REDUCER	BUY	1	
1	BASE PLATE	SS400	1	
NO.	NAME OF PART	MAT'L	Q,TY	REMARK

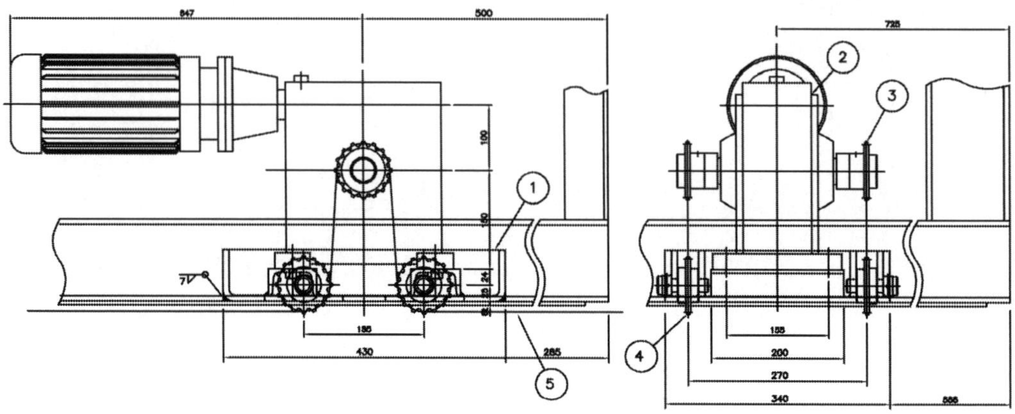

그림 10.96 제진기 좌우이동 구동장치

그림 10.97은 구동장치의 받침대로 구동부를 고정시키고 하부 스프로켓을 끼워 체인을 상하 체인을 감아 돌도록 하였다. 그림 10.98은 감속기 끼우는 스프로켓 제작도와 구동부 받침대에 끼우는 스프로켓 및 부품제작도이다.

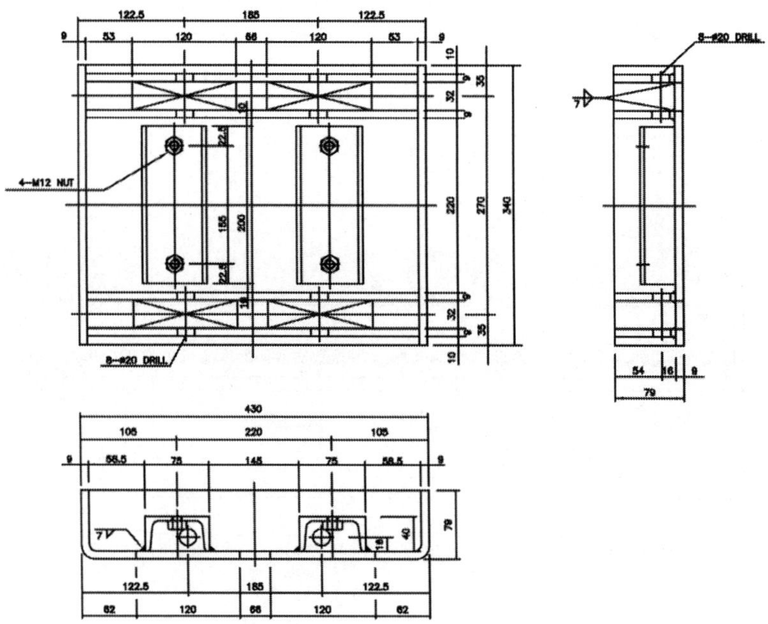

그림 10.97 구동부 받침대

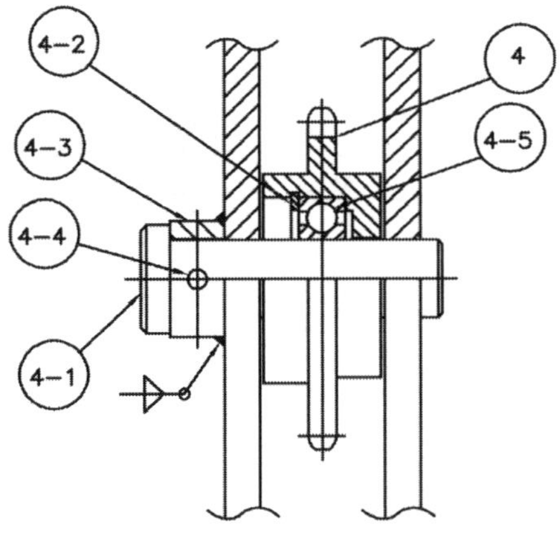

NO.	NAME OF PART	MAT'L	Q'TY	REMARK
4-5	BALL BEARING	-	4	φ6004ZZ
4-4	SPLIT PIN	-	4	φ5x40L
4-3	COLLAR	SM45C	4	
4-2	SNAP RING	SM45C	4	[illegible]
4-1	SHAFT	SM45C	4	
4	SPROCKET	SM45C	4	RS60 N=16
3-1	SET SCREW	STS304	4	M8x13L
3	SPROCKET	SM45C	2	RS60 N=16

그림 10.98 스프로켓 및 부품도

(11) 구동롤러 및 측면롤러

구동롤러는 제진기 몸체 하부 4개소에 조립되어 ㄷ형강 레일 내부에서 구동부에의해 체인을 당기면 제진기 몸체 롤러가 ㄷ형강 레일 내부에서 회전 되면서 좌우를 끌려 다니게 되어 좌우로 이동하게 된다. 구동롤러 및 부품도는 그림 **10.99**와 같다. 측면롤러(Side Roller)는 제진기 몸체 하부 구동롤러 옆에 조립하여 ㄷ형강 내부에서 제진기 몸체가 좌우로 쏠리는 현상을 막기 위해 그림 **10.100**과 같이 롤러와 부품을 제작하였다. 조립 시 측면롤러 면을구동롤러의 단면보다 돌출되어 있어야 측면롤러가 먼저 닿게 되어 제진기 몸체가 원활히 회전 될 수 있다.

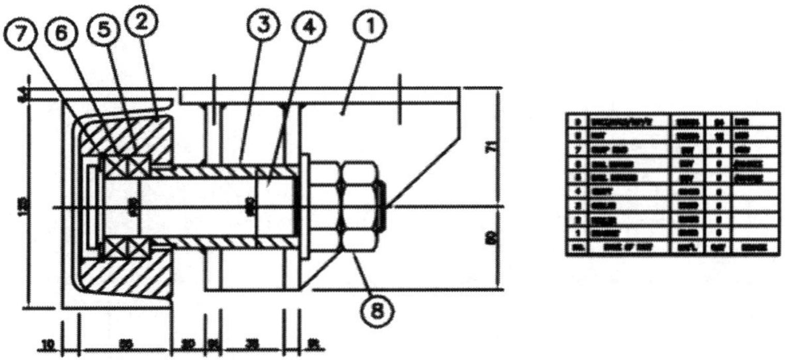

그림 10.98 스프로켓 및 부품도

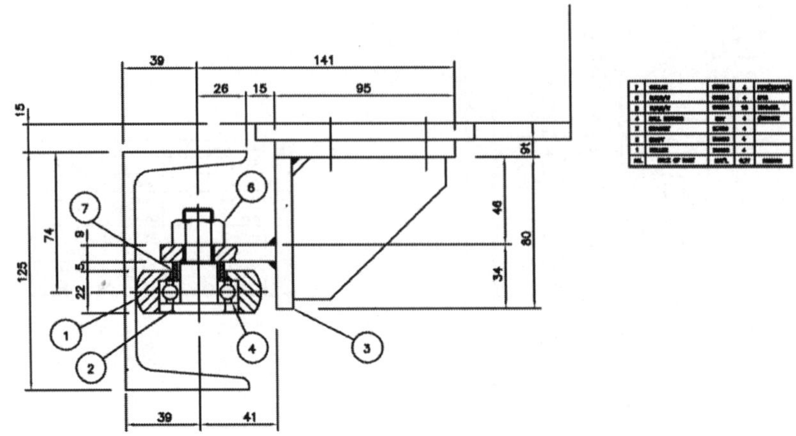

그림 10.100 측면롤러 및 부품도

(12) 유압장치 및 기타

유압장치 그림 10.101과 같으며 제진기 몸체 하부에 조립하여 사용한다. 유지관리에 필요한 공간 혹은 점검구를 구비한다.

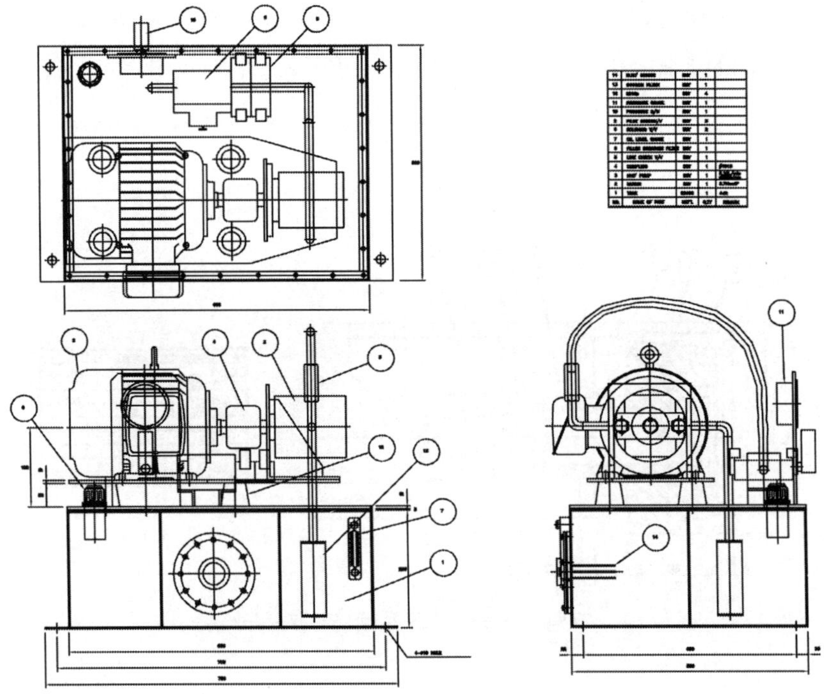

그림 10.101 유압장치

유압회로도는 그림 10.102와 같으며 그림 10.103과 같은 공정도에 따른 전기적 조작은 PC에서 조작한다. 또 제진기 몸체가 좌우 이동하므로 그림 10.104와 같이 케이블 트롤리 (Cable Trolley)를 조립할 수 있도록 한 브라켓 도면이다.

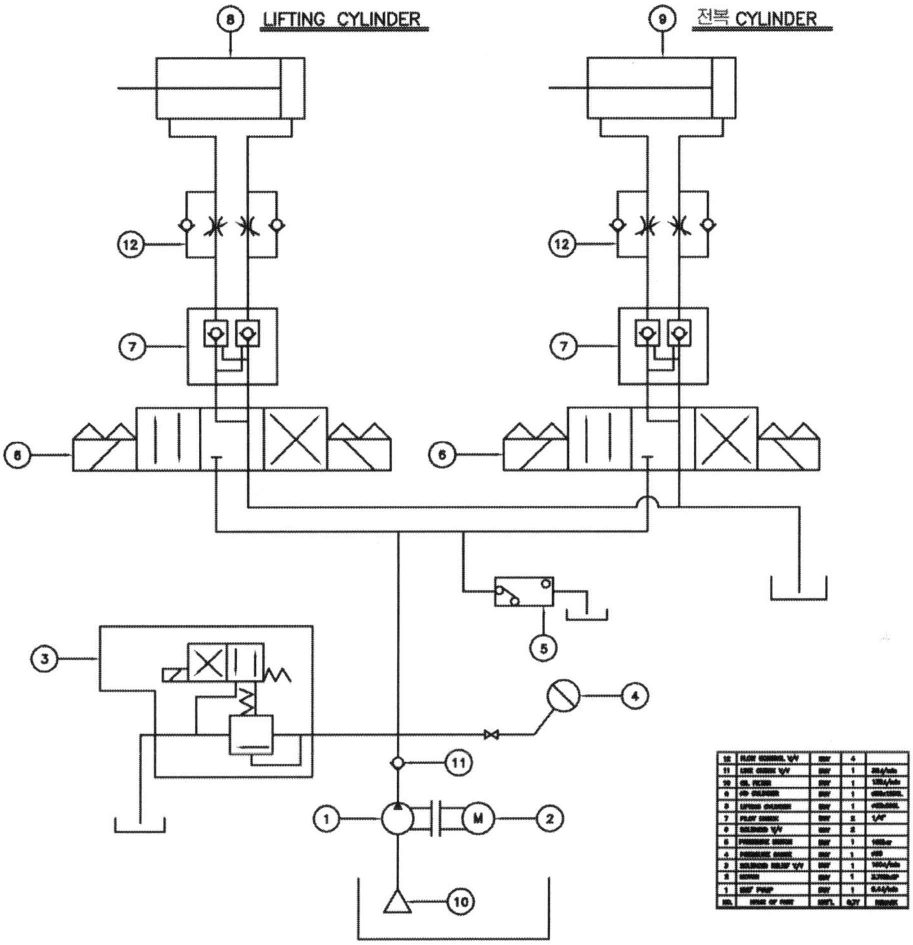

그림 10.102 유압회로도

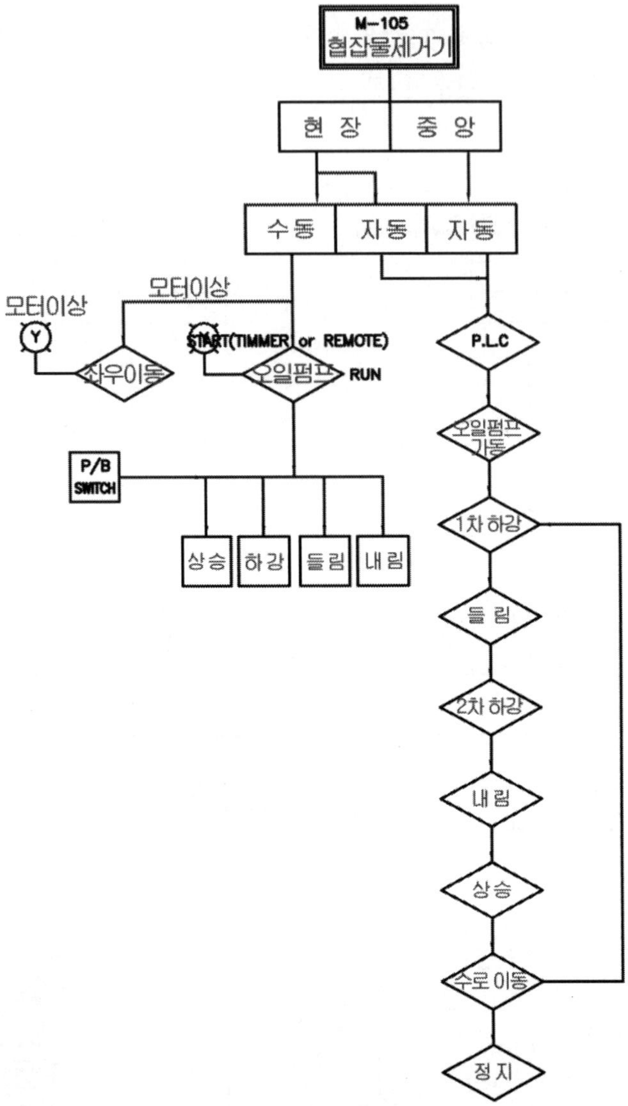

그림 10.103 공정도

질문 1 권양 실린더 어떠한 장점이 있는가?

전에는 윈치를 사용하여 와이어로프를 윈치에 감아 갈퀴를 끌어 올리고 내리고 하였으나 갈퀴가 상승하면 상승정도에 따라 윈치가 정지되고, 윈치가 바 스크린 바닥으로 최대로 내려가면 또 정지 되어야한다. 그러나 이것을 감지하는 스위치가 만약에 고장이 일어나면 윈치는 계속 감아올리게 되어 와이어로프가 끊어지거나 기계가 파손되는 현상 등이 발생하여 큰 고장이 발생하였다. 갈퀴를 내려 보낼 때에도 스위치가 감지하지 못하면 윈치는 계속 돌아 와이어로프를 모두 풀고 다시 역으로 와이어로프를 감아 먼저와 마찬가지로 큰 고장이 발생한다. 그러므로 이러한 고장을 막기 위해 권양실린더를 사용하여 실린더로드가 최대로 빠지면 갈퀴는 최대로 상승되고, 또 최대로 실린더로드를 집어넣으면 갈퀴는 바 스크린 하단으로 내려가게 되어 갈퀴의 하단 지점과 상단지점이 일정하여 갈퀴나 로프에 무리한 힘이 걸리지 않아 큰 고장이 발생하지 않는다.

단 권양실린더의 행정길이를 변경시키는 어려움으로 갈퀴의 이동거리는 정확히 계산하여 사용하여야 한다. 권양실린더 로드 길이 잘못 선정하여 로드길이가 길면 로드 하단에 칼라를 끼워 로드의 행정길이를 줄일 수 있으며 칼라를 끼워 사용하는 것으로 설계하면 조정이 가능하다. 실린더의 행정 길이가 짧으면 칼라의 길이를 짧게 하면 실린더 행정길이가 길어진다. 따라서 로드에 끼운 칼라를 조정하여 실린더 로드의 행정길이를 조정할 수도 있다.

질문 2 제진기를 설치 할 건물높이 낮을 경우에는 어떻게 해야 하는가?

건물 높이가 높을 경우에는 그림 10.77에서 휠의 수량을 2개씩 사용하여 실린더의 길이를 길게 사용할 수 있으나 만약에 건물의 높이 낮으면 실린더의 휠을 그림 같이 휠의 수량을 3개씩 사용해야 하고, 더 건물이 낮으면 휠의 수량을 4개씩 사용해서 제진기의 높이를 줄일 수 있다. 보통 우리나라 건물에서는 휠의 수량이 그림과 같이 3개씩 사용하면 충분하다. 이때 실린더의 필요 힘은 휠을 2개로 사용할 경우에는 사용 최대 힘에 4배를 해서 설계해야 하며, 휠을 3개를 사용하면 6배를 해서 설계해야 한다. 휠을 4개로 사용하면 8배를 해서 설계해야 한다. 그리고 갈퀴가 하강 할 때에는 갈퀴의 자중에 의해 로프가 내려감으로 권양로드실린더에 미치는 힘은 1/4, 1/6, 1/8로 줄어들게 되므로 많은 4개의 휠을 사용하면 갈퀴 중량에 1/8밖에 미치지 않으므로 갈퀴를 더 무겁게 만들 필요가 있다.

질문 3 바 스크린 설치 시 주의할 사항은?

다른 제진기와는 달리 그림 10.88과 같이, 안내판이 제진기 틀에 조립되어 좌우 이동시 같이 이동하게 된다. 따라서 바 스크린의 상단 높이가 일정하지 않으면 안내판과의 틈이 크게 생기거나 부딪치게 되므로 바의 상단 높이를 수평이 되도록 해야 한다. 만약 수로가 도면보다 깊을 경우에는 받침대 부분에 높이를 높게 조정한 다음 설치해야한다. 다른 제진기에 사용 되는 바 스크린도 바의 상단 높이를 일정하게 맞추는 것이 유리하다.

질문 4 제진기 틀의 위치는 어떻게 설정하는가?

제진기가 레일에서 최대로 움직일 수 있는 곳에 정지판을 양단에 설치하여 레일 밖으로 이탈되지 않도록 하고, 정지판 전에 양쪽에 스위치를 설치하여 더 이상 움직이지 않도록 한다. 제진기가 한쪽 스위치에서 정지되어 있다가 임의의 신호에 따라 협잡물을 제거하고 옆 구간으로 이동할 경우 이때에는 좌우 이동 구동부 감속기 축에 설치된 엔코더의 점점 신호에 설정된 펄스에 의해 멈추게 되고 협잡물을 긁어내는 동작을 할 수 있다. 그러나 펄스에 신호 감지를 잘못 할 경우에는 정지 위치를 벗어날 수 가 있으므로 조심해야한다. 이때에는 한수로마다 근접 스위치를 설치하여 오차를 줄일 수 있다. 레일 끝이나 수로 중간에 설치된 스위치에서부터 펄스가 계산 되므로 누적오차를 줄일 수 있다.

질문 5 제진기의 좌우 구동부의 선정은?

제진기의 좌우이동 속도가 빠르면, 정지 시 관성에 의해 감속기나 체인에 무리한 힘이 전달되어 고장을 일으킬 수 있으며 관성에 의해 정지위치를 벗어날 수 있다. 따라서 웜 감속기를 사용하여 관성에 의해서는 움직이지 못하도록 하였으며 감속비를 1단에서 크게 주어 좌우 이동속도를 줄여 관성을 작게 하였다.

제11장

인 양 기

11.1 더블체인 V 버킷 침사인양기

1. 원 리

축 양단에 스프로켓을 끼워 그림 11.1과 같이 침사지 하부와 상부에 축을 설치하고 스프로켓에 체인을 걸고 V버킷을 달아 상부의 구동축을 회전시키면 V버킷이 움직이면서 침사지내에 침전된 모래를 퍼 올리고 퍼 올린 모래는 컨베이어로 이송시키는 기기이다.

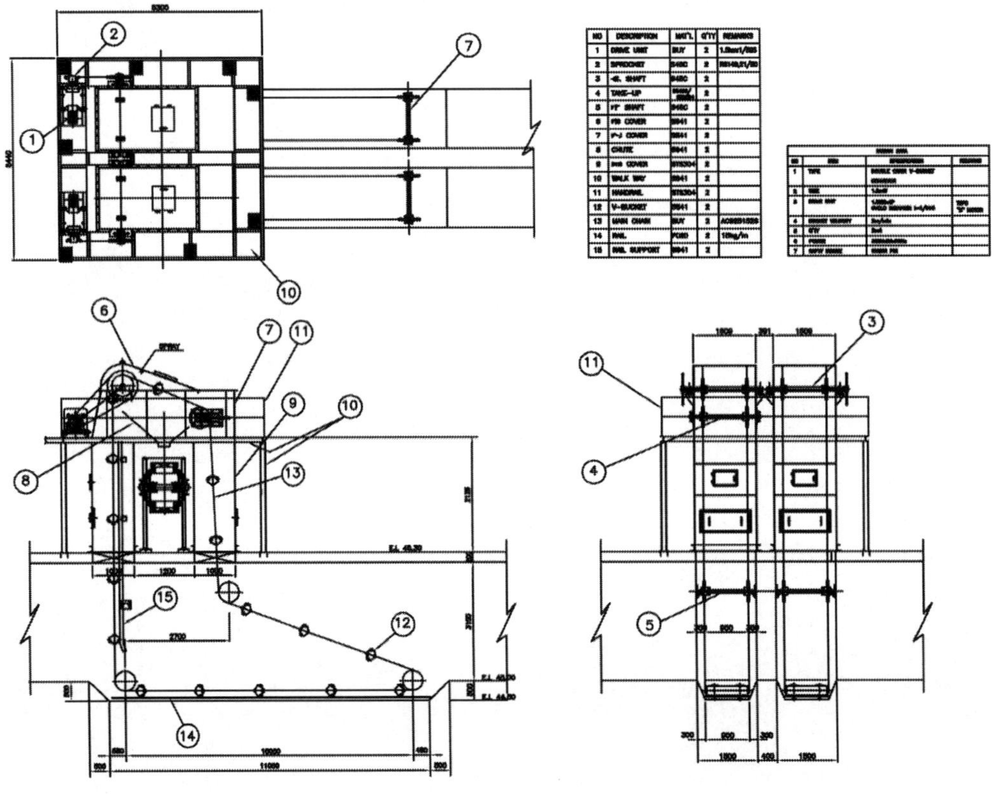

그림 11.1 더블체인 V버킷 침사 인양기

2. 구 조

더블체인 V버킷 침사인양기는 그림 11.2에서와 같이 ①구동부를 설치하고 관리에 필요한 ⑩과 같이 발판을 설치한다. ③구동축과 ⑤피동 축과 테이크 업 장치를 조립할 수 있는 틀을 구비하고 ⑨하부 커버와 ⑥상부 커버를 덮는다.

침사지내에는 피동 축을 설치하고 2줄의 체인과 체인에 V버킷을 조립하는 구조로 되어 있어 V버킷이 회전 시 원활히 움직일 수 있도록 침사지 바닥과 측면에 레일을 설치하여 사용한다.

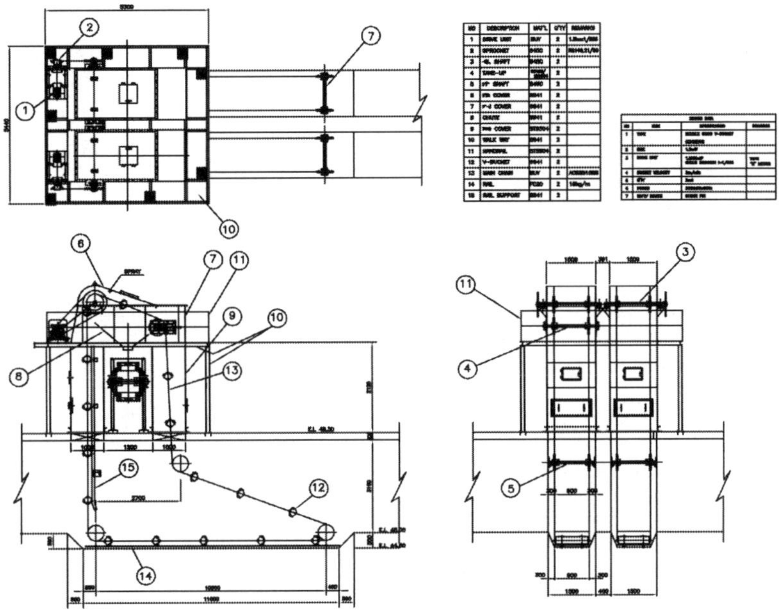

그림 11.2 더블체인방식 조립도

3. 설계 사양

(1) 설치 위치 : 침사인양기는 침사지에 설치

(2) 기 능 : 침사지내에 침전된 모래를 제거하기 위해 설치한다.

(3) 설계 사양

형 식	V형 Bucket과 Chain 방식 침사 인양기
수 량	2대
운전방법	자동운전(timer에 의한) 및 수동 스위치식
용 량	1,680kg/hr
침사수집 속도	약 2m/min
전동기 출력	1.5kW

(4) 구조 및 재질

1) 침사 인양기는 구동부, Platform을 갖춘 Frame Housing, 스프로켓(Sprocket), Collector Chain, Collector Bucket 등과 필요한 부품으로 구성된다.
2) 이 구조는 침사지에 침사된 모래를 수집, 인양할 수 있는 능력을 가지며, 침사 반출 컨베이어까지 운반할 수 있는 구조이다.
3) V-형 버킷은 침사된 모래에 묻히지 않게 설계되며, 침사된 모래에 의해 기능저하가 발생되지 않도록 한다.
4) 구동부는 전동기와 직결된 Cyclo 감속기와 롤러체인 및 과부하방지장치 등으로 구성된다.
5) 구동용 체인이 있는 구동부는 스테인리스 커버로 덮고 커버에는 점검구가 있다.
6) 구동 스프로켓에는 청동제 부싱에 그리스(Grease)가 주입되도록 하며, Shear Pin과 Limit Switch가 설치된다.
7) 구동 Chain은 열처리된 스프로켓을 통하여 감속기의 구동축과 제사기의 주축을 연결하며 Chain Tightener가 있다.
8) 모든 축은 탄소강이고, 지벽과 하우징 프레임(Housing Frame)사이에 연속적이고 곧게 설치된다.
9) 각 축에는 두개의 스프로켓이 있어 제사기의 Chain과 정확히 맞물려야 한다.
10) 모든 베어링은 자동조심형이다.
11) 베어링은 그리스 윤활이며, 그리스 건에 의해 그리스를 주입할 수 있는 그리스 니플이 있다.
12) 제사기의 체인은 롤러 체인이거나 강과 가단주철과의 혼합형이다. 체인의 인장 항복 강도는 25,000 kg/cm^{2}이다.
13) V형 버킷은 용접 강판제이며, 침사를 긁어모으기에 충분한 강도와 용적을 갖도록 균형 있게 배치하고 체인에 볼트를 고정한다.
13) 버킷 는 마모 슈(Shoe)가 부착되는데 하나는 침전지 바닥에 고정된 15 kg/m 레일과 슬라이딩 하고 다른 하나는 복귀 레일과 슬라이딩 한다. 체인에 고정되는 버킷의 간격은 대략 1.5 m이다.
14) 주행레일, 복귀 레일 및 복귀 레일의 써포트 브래킷이 설치된다.
15) 모든 스프로켓은 일체형이고, 주축 스프로켓은 적당한 크기의 키와 고정스크루가 있

으며 각 회전축이 스프로켓은 고정스크루가 있어 침사지 벽에 고정된 베어링에서 회전한다.

16) 작업장 바닥위에 있는 상부베어링은 스크루 타입의 Take Up 장치가 있어 제사기 체인의 장력을 조정할 수 있고, 이 조정장치의 스크루, 너트 및 마찰부분은 스테인리스강으로 한다.

17) 제사기의 작업장 바닥 윗부분은 두께 4.5t 이상의 강판과 앵글로 보강된 덮개를 씌우고, 이 덮개 전, 후 면에는 출입구 및 플레이트 홈과 사다리가 각종 검사를 위해 설치된다. 덮개 상부에는 탈취관 연결을 위한 Flange가 부착된 단관이 있다.

18) 덮개 매부에는 버킷을 씻을 수 있는 물 분사 장치를 한다.

19) 침사지 바닥과 제사기 버킷의 마모 슈(Shoe)사이가 10 mm정도 떨어져 레일 위를 지나갈 수 있도록 콘크리트 바닥을 모르타르로 마감한다.

20) 모든 Handrail은 기계 구조용 스테인리스 강관으로 제작된다.

4. 설 계

(1) 설계 조건

- 형식 : 더블체인 V-버킷 침사 인양기
- 설계 하수량 : 100,000 m^3/day
- 설치대수 : 2대(1수로 1구동형)
- 지 규격 : 0.9 kW×10 mL×3.5 mH×2지
- 침사 발생률 : 설계하수량 1,000 m^3당 0.03 m^3
- 예정 침사량 : $q_1 = Q \times P \times \frac{\gamma}{24}$

여기서 Q : 설계하수량(100,000 m^3/day)

P : 침사발생량(0.03 m^3/1000 m^3당)

γ : 침사비중(1.8)

$$q_1 = \frac{100,000 \times 0.03 \times 1.8}{1,000 \times 24}$$

$$= 0.225$$

따라서 1지당 침사 발생율은 0.225/2지=0.1125Ton/hr

(2) 침사인양기의 처리 침사량(Q_t)

$$Q_t = \frac{V \cdot S \cdot \gamma \cdot \phi \cdot 60}{P}$$

S : 본체용 체인의 속도(2 m/min)

ϕ : V버킷의 퍼 넣기 효율(70%)

γ : 침사지 겉보기 비중(1.8)

V : 버킷의 용적 V(m^3)는

$$V = \ell \times V_o$$

$$V = 0.9 \times 0.024 = 0.0216\ \text{m}^3/\text{EA}$$

ℓ : 900 mm(버킷의 길이)

$V_o = 0.024\text{m}^3$(1 m당 버킷의 용량)

V 버킷의 Pitch P는

$P = 152.4 \times 10\text{Link} = 1524$ mm

$$Q_t = \frac{0.0216 \times 2 \times 1.8 \times 60}{1.524} = 2.14\ \text{t/hr} > 0.1125\ \text{t/hr}(\text{침사 발생량/지당})$$

따라서 기계인양 능력은 충분하다.

(3) 체인의 설계

침사인양기 체인은 ACS 25152를 사용하는 것으로 평균 파단력은 25000 kg, 체인의 중량은 $W_c = 7.9$ kg/m이다.

1) V버킷의 중량 W_b(kg)는

$$W_b = 29.84 \times 0.9 = 26.85\ \text{kg}$$

2) 인양기의 침사 1m당의 중량 W는

$$W = \frac{1000 \times Q_t}{60 \times S} = 16.7 \times \frac{2.14}{2} = 17.86\ \text{kg/cm}$$

3) 체인에 작용하는 장력 T_1(kg)

$$T_1 = \frac{W \cdot L \cdot \mu_1}{2} = \frac{17.86 \times 10.1 \times 0.5}{2} = 45.09\ \text{kg}$$

μ : 마찰계수(0.5)

4) 침사를 들어올리기 위한 체인의 장력 T_2(kg)

$$T_2 = \frac{W \cdot H}{2} + \left(W_c + \frac{W_b}{2P}\right) \cdot H$$

$$= \frac{17.86 \times 6.5}{2} + \left(7.9 + \frac{26.85}{2 \times 1.524}\right) \times 6.5$$

$$= 58.04 + 108.60$$

$$= 166.64 \text{ kg}$$

5) 경사부의 체인에 발생하는 장력 T_3(kg)

$$T_3 = \left(W_c + \frac{W_b}{2P}\right) \cdot L \cdot \mu_2$$

$$= \left(7.9 + \frac{26.85}{2 \times 1.524}\right) \times 10.1 \times 0.33$$

$$= 55.69 \text{ kg}$$

6) 초장력(T_0)

초장력은 체인의 늘어진 부분이 팽팽하게 되어 전체가 움직이기까지의 생기는 장력을 나타내는데 가이드 레일의 설치로 체인의 늘어짐이 거의 없으므로 초장력을(T_o) 250 kg으로 본다.

7) 스프로켓 휠을 회전시키기 위하여 발생되는 장력(T_4)

$$T_4 = n \Sigma T \times \mu_3 \cdot \frac{d}{D}$$

$$= 5 \times 517.42 \times 0.2 \times \frac{75}{516.84}$$

$$= 75.08 \text{ kg}$$

n : 스프로켓 휠의 수(5개)
T : 체인장력의 합($T_1 + T_2 + T_3 + T_4 + T_0 = 517.42$ kg)
D : 스프로켓의 휠의 P.C.D(ϕ516.84)
d : 축의 직경(ϕ75)
μ_3 : 축과 축받이 사이의 마찰계수(0.2)

8) Main Chain에 발생되는 최대장력(T_n)

$$T_n = (T_1 + T_2 + T_3 + T_4 + T_0)$$
$$= 45.09 + 166.64 + 55.69 + 75.08 + 250$$
$$= 592.5\ \text{kg}$$

9) 사용계수에 의한 장력(T_n')

$$T_n' = T_n \times \eta_1 \times \eta_2 = 592.5 \times 1.4 \times 1.1 = 912.4\ \text{kg}$$

η_1 : 사용계수(내부식성, 내마모성이 요구되므로 1.4로 설계)

η_2 : 체인의 장력에 미치는 치우침률(110%)

10) 체인의 안전율(S_f)

$$S_f = \frac{25000}{912.45} = 27.3 \qquad \text{O.K}$$

체인의 파단강도 : ACS 25152 체인의 파단강도는 25000 kg이다.

11) 구동축 마력 P(kW)는

$$P = \frac{1}{6120}(WL\mu) + (WH) + \left\{\left(2W_c + \frac{W_b}{2P}\right)(L \cdot \mu)\right\} + \left(2n\Sigma T\mu_3 \cdot \frac{d}{D} \cdot S\right)$$
$$= \frac{1}{6120}(17.86 \times 10.1 \times 0.5) + (17.86 \times 6.5) + \left(2 + 7.9 + \frac{26.85}{2 \times 1.524}\right)$$
$$\times (10.1 \times 0.33) + (2 \times 75.08) \times 2$$
$$= \frac{1}{6120}(90.19 + 116.09 + 82.02 + 150.16) \times 2$$
$$= 0.143\,\text{kW}$$

구동전동마력 P_m(kW)는

$$P_m = \frac{1.5 \times P}{\eta_0} = \frac{1.5 \times 0.143}{0.73} = 0.293\ \text{kW} < 1.5\,\text{kW}$$

∴ 전동기의 용량을 1.5 kW로 한다.

(4) 전동용 롤러 체인의 설계

전동용 롤러 체인의 설계요항은

• 전동기의 용량	1.5 kw
• 전동기의 회전수	1750 mm
• 사이크로 감속기의 감속비	1/595
• 사이크로 감속기의 저속축 회전수	3 rpm
• 침사 긁어 올리는 속도	2 m/min
• 체인번호	RS 140
• 체인의 피치	$P=44.45$ mm
• 평균파단강도	$S_b=20,900$ kg
• 스프로켓 피니언의 이의 수	$N_1=21$개, $N_2=50$개
• 스프로켓 피니언의	$PCD=\phi 298.24$

1) 롤러체인의 속도 V(m/min)

$$V=3\times 0.298\times 3.14=2.80\text{ m/min}$$

2) 롤러 체인에 유발되는 장력 T(kg)

$$T=\frac{P_m\times 6120\times\eta}{V}$$

$$=\frac{0.293\times 6120\times 0.81}{2.80}=518.7\text{ kg}$$

η : 2단 사이크로 감속기의 기계효율

3) 안전율 S_f

$$S_f=\frac{S_b}{T}=\frac{20900}{518.73}=40.2$$

Rs 롤러체인 140을 채용한다.

(5) 구동축 설계

1) 전동용 롤러체인에 작용하는 장력 T kg에 의해서 구동축에 생기는 굽힘 모멘트 M_1 (kg·cm)은

$$M_1=518.73\times 16.8=8714.6\text{ kg}\cdot\text{cm}$$

2) 본체용 체인에 작용하는 장력이, 구동축에 주는 굽힘 모멘트 M_2(kg·cm)은

$$M_2 = 912.45 \times 33.5 = 30567.0\ \text{kg} \cdot \text{cm}$$

3) 구동축에 작용하는 회전력을 T_d라 하면

$$T_d = \frac{97400 \times P_m \times \eta \times \eta_c}{N_d}$$

$$= \frac{97400 \times 0.293 \times 0.81 \times 0.90}{1.23} = 16914\ \text{kg} \cdot \text{cm}$$

η_c : 기계효율

N_d : 구동축의 회전수(rpm)

4) 구동축에 작용하는 상당 굽힘 모멘트 M_e는

$$M_e = 0.35 \cdot M_1 + 0.65\sqrt{(M_1^2 + T_d^2)}$$

$$= 0.35 \times 8714.6 + 0.65\sqrt{(8714.6^2 + 16914^2)}$$

$$= 3050.1 + 12367.5 = 15417.6\ \text{kg} \cdot \text{cm}$$

5) 구동축의 직경을 d라 하면,

$$d^3 = \frac{32 \times M_2}{\pi \times \tau} = \frac{32 \times 15417.6}{3.14 \times 500} = 314.2\ \text{cm}^3$$

$$d = \phi 6.79\ \text{cm} = \phi 68\ \text{m/m}$$

M_2점의 축경을 구하면, 상당 굽힘 모멘트 M_e는

$$M_e = 0.35 \times M_2 + 0.65\sqrt{(M_2^2 + T_d^2)}$$

$$= 0.35 \times 30567 + 0.65\sqrt{(30567^2 + 16914^2)}$$

$$= 10698.4 + 22707.4 = 33405.8\ \text{kg} \cdot \text{cm}$$

$$d = \sqrt{\frac{32 \times M_e}{\pi \times \tau}} = \sqrt{\frac{32 \times 33405.8}{3.14 \times 500}} = \sqrt{680.8}\ \text{cm} = 8.7\ \text{cm}$$

$d = \phi 8.7$이것을 $\phi 105$로하고, 축받이부의 축경을 $\phi 95$, 동력전달용 스프로켓 축 부의 축경을 $\phi 90$으로 한다.

(6) 축받이의 설계

1) 반력 계산

그림에서 A축받이에 작용하는 반력 P_A kg이라 하면,

$$P_A = -247 \times \frac{168}{1470} + 680 = 708.2 \text{ kg}$$

$$P_A = 247 \times \frac{1470 + 168}{1470} + 680 = 955.2 \text{ kg}$$

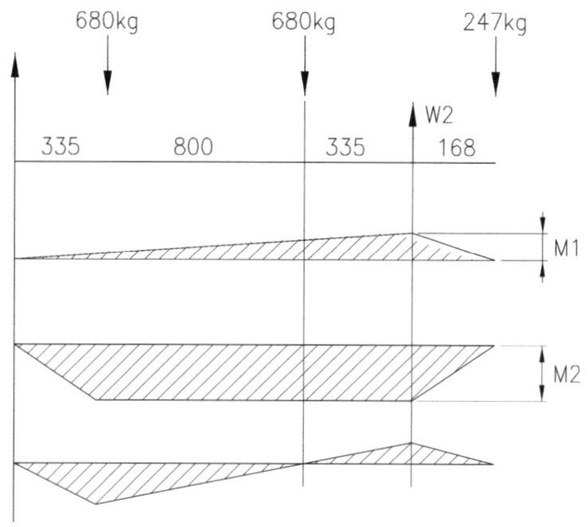

2) B 축받이에 작용하는 단위압력 k kg/cm²

$$k = \frac{P_B}{d \cdot l} = \frac{955.2}{8.5 \times 9.6} = 11.7 \text{ kg/cm}^2$$

3) 축받이 외주의 속도 v m/s

$$v = \frac{\pi \cdot d \cdot n}{60} = \frac{0.085 \times 3.14 \times 1.23}{60} = 0.005 \text{ m/sec}$$

P_A는 P_B보다 작은 값이지만 ,축받이 A와 B는 같은 치수로 한다. 급유방법은 그리스급유로 한다.

4) Bearing 수명계산

구 분	Ball Bearing	Roller Bearing
속도계수(fn)	$fn = \left(\frac{33.3}{n}\right)^{1/3}$	$fn = \left(\frac{33.3}{n}\right)^{3/10}$
수명계수(fh)	$fh = fn\left(\frac{C}{P}\right)$	$fh = fn\left(\frac{C}{P}\right)$
수명시간(Lh)	$Lh = 500fh^3$	$Lh = 500fh^{10/3}$

구 분	Bearing No	기본 부하용량 C	정 부하용량 Co	N(RPM)	하중(P)
Wheel	UCP319	11980	11100	1.23	1195

① 속도계수(fn)

$$fn = \left(\frac{33.3}{N}\right)^{1/3} = (33.3 \div 1.23)^{1/3} = 3.00$$

② 수명계수(fh)

$$fh = fn(C \div P) = 3.00 \times (11980 \div 1195) = 30.07$$

③ 수명시간(Lh)

$$Lh = 500 \cdot fh^3 = 500 \times 30.07^3 = 13{,}594{,}720\ \mathrm{hr}$$

(7) 본체체인용 구동 스프로켓 휠의 설계

1) 설계상의 기초 수값

① 체인번호 : ACS 25152(Pitch=152.4 mm)

② 평균 파단강도 : 25000 kg

③ 스프로켓의 이의 수 : 21개(P.C.D 516.84)

④ 구동축의 직경 : ϕ100

⑤ 보스 경 : ϕ190

⑥ 보스너비 : 135 mm

2) 감속비 계산

$$R = N \times \frac{N_1}{N_2} \times (\pi \times P) \times \frac{1}{2}$$

$$= 1750 \times \frac{21}{50} \times (\pi \times 0.51684) \times 0.5 = 595$$

감속비 I=1/595로 선정한다.

3) 침사 인양기 버킷 속도 V

$$V = 1750 \times \frac{1}{595} \times \frac{21}{50} \times 3.14 \times 0.51684$$

$= 2\ \text{m/min}$

(8) Shear Pin계산

1) Shear Pin Torque

$$T = 97400 \times \frac{P_m}{N} = 97400 \times \frac{0.293}{2.94} = 9706\ \text{kg} \cdot \text{cm}$$

∴ Torque : 118(kg·m)

P_m : 실 소요동력(0.293)

N : 감속기 토출축의 회전수(2.94 rpm)

2) Shear Pin 전단력

$$P = \frac{T_s}{R} = \frac{11800}{8.5} = 1388.2\ \text{kg}$$

R : Shear Pin 위치반경(8.5cm)

3) Shear Pin직경

$$D = \sqrt{\frac{4 \times P}{\pi \times \tau \times \eta}} = \sqrt{\frac{4 \times 1388.2}{\pi \times 28.7}} = 7.84\ \text{mm} \fallingdotseq 8.0\ \text{mm}$$

τ : SS400의 전단력(41×70%=28.7 kg/mm)

- Torque Limit Switch
  - Torque Limit Switch 설정치 : 97 kg·m
  - 선정된 감속기 Torque : 118 kg·m

5. 제작 설치

(1) 하부 받침대

침사지 상부에 침사 인양기 몸체를 설치 할 수 있도록 바닥 구조물에 앵커를 설치하고 하부받침대를 구조물에 평행을 이루고 수평으로 설치한다. 받침대는 침사인양기와 조합될 수 있도록 그림 11.3과 같이 제작 설치한다.

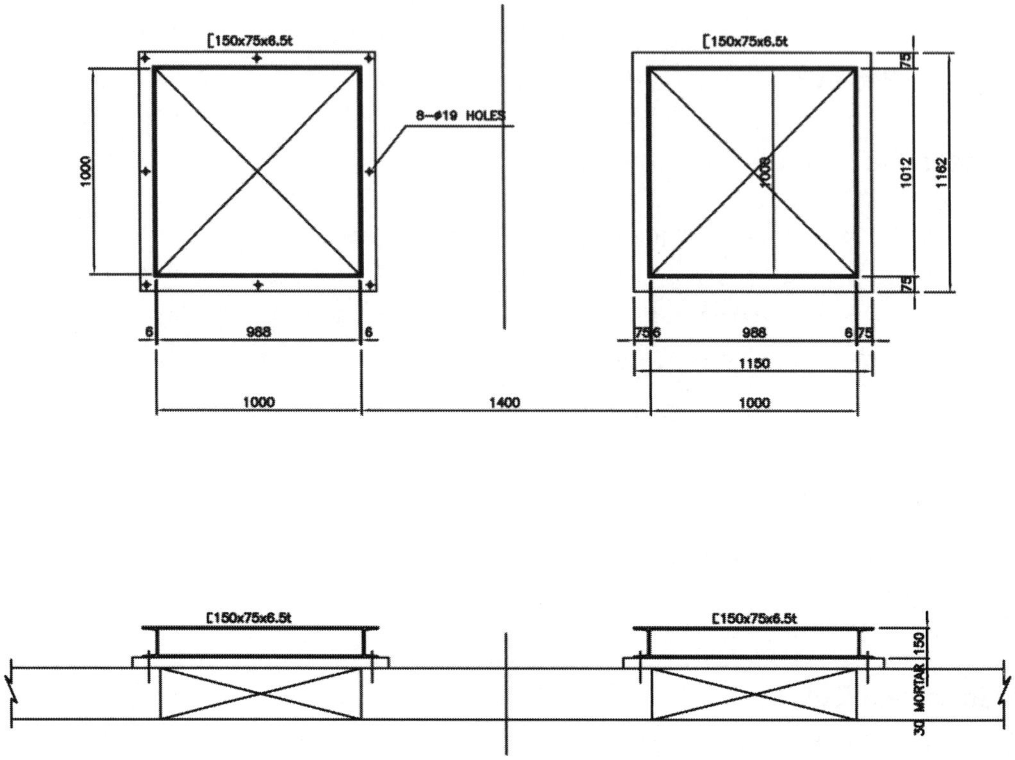

그림 11.3 침사 인양기 하부 받침대

침사 인양 시 물이 밖으로 유출되지 않도록 하기위해 하부 커버의 철판이 하부받침대 ㄷ형강 안으로 유입되도록 길게 제작하는 것이 좋으며 약간 높게 위치한 사각 플랜지와 하부받침대와 제작 시 맞대기 구멍을 뚫어 제작한 커버를 볼트로 고정 조립한다. 설치 시에는 상부에 설치되는 하부커버와 조립되어야하므로 받침대 사이의 간격과 정확하고 평행해야 조립이 가능하다.

(2) 하부 커버

하부커버는 뼈대가 없이 제작되므로 절곡을 하여 튼튼하게 제작하고 제작 완료 후에도 커버로도 사용되므로 틀어지지 않도록 조심해서 제작해야한다. 하부커버의 제작도는 그림 11.4와 같으며 상하에 있는 사각플랜지 제작 시에는 상대플랜지를 포개어 놓은 상태로 조립볼트 구멍을 뚫어야 조립 시 쉽게 조립할 수 있다. 제작 시 커버 용접은 커버가 틀어지지 않도록 보강을 완전하게 한 후 용접에 들어 가야한다.

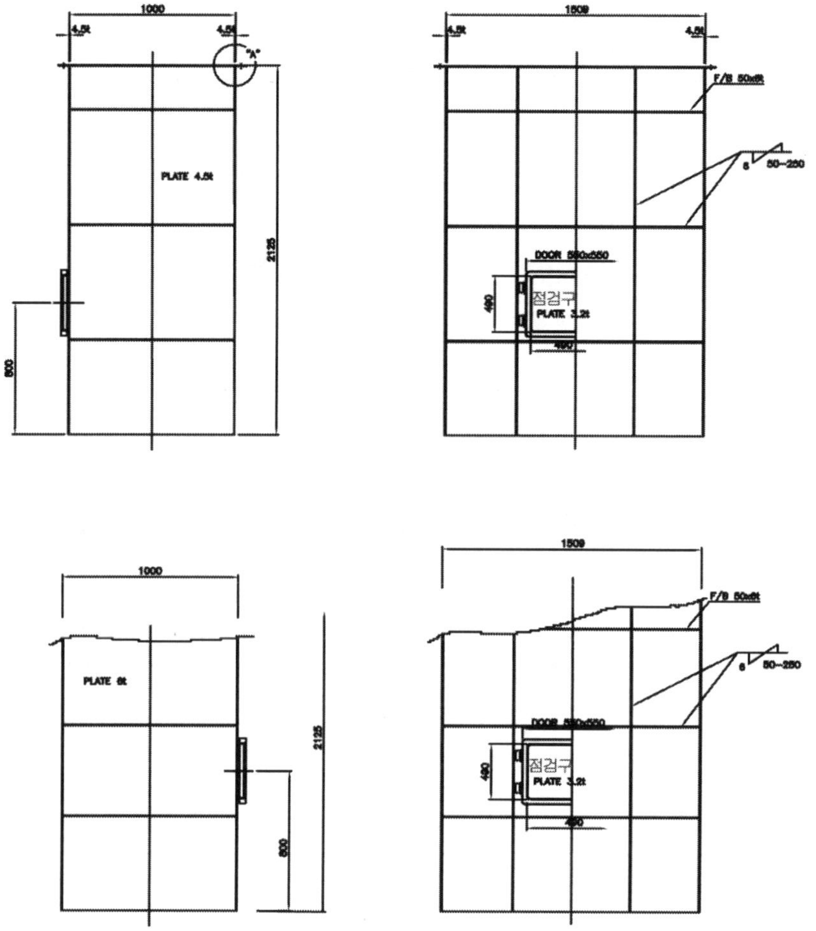

그림 11.4 하부커버

(3) 중간 커버(Middle Cover)

중간커버에는 구동축과 피동축이 설치되어야하므로 그림 11.5와 같이 축 베어링을 조립할 수 있는 구조로 제작되어야 한다. 또 테이크 업 장치가 설치되는 곳은 테이크 업 장치를 밀거나 당겼을 때 체인이 구조물이나 커버에 간섭이 일어나지 않도록 주의해야한다. 하부커버와 중간커버 조립은 물이 커버 밖으로 유출될 수 있으므로 플랜지에 볼트 수를 많이 하고 얇은 플랜지 판이 조립 시 벌어지지 않기 위해 보강을 많이 할 필요가 있다. 플랜지 사이에는 고무 패킹은 물론 넣어야하고 접착제를 삽입시켜 누수가 생기지 않도록 주의해서 조립한다.

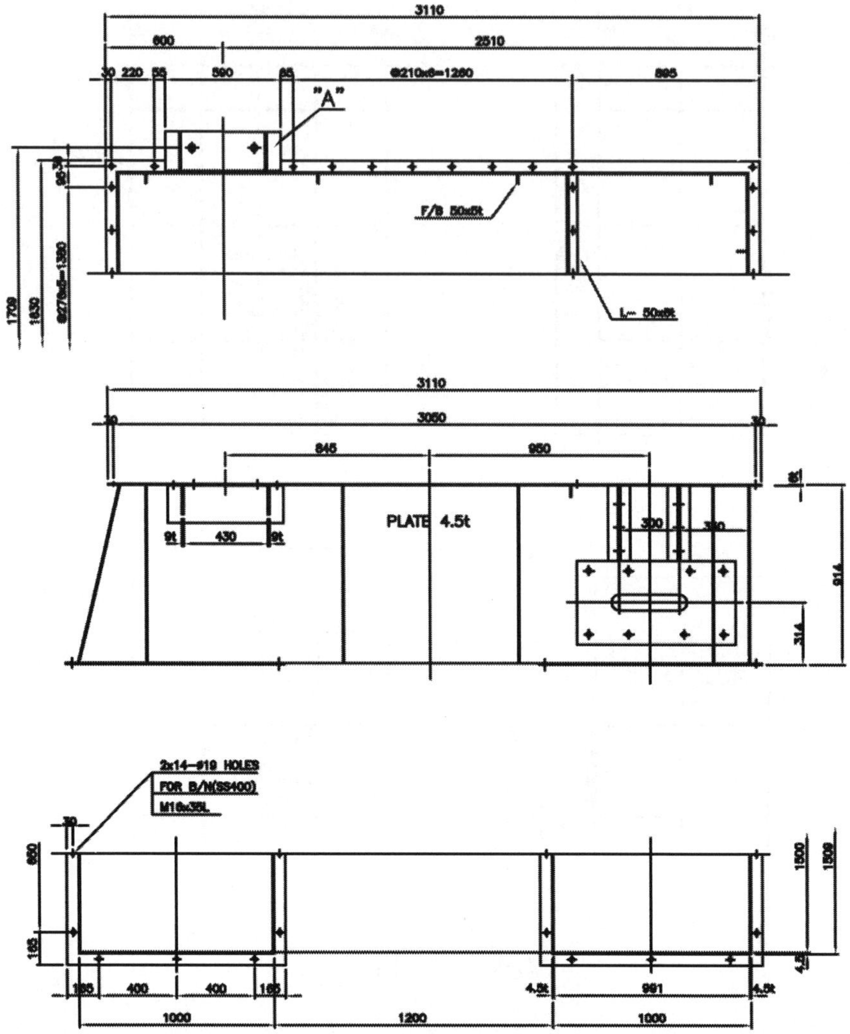

그림 11.5 중간커버(Middle Cover)

(4) 상부 커버

상부커버는 최종적으로 침사인양기를 덮는 구조로 침사 인양기 체인 부설 또는 V-버킷 조립 등 유지 보수 시 들어내고 시공하는데 필요하다. 따라서 그림 11.6과 같이 관리에 용이하도록 제작되어야 하고 또 물이 사각 플랜지 또는 구동축 구멍 부분으로 유출될 수 있으므로 주의해서 시공해야 한다. 만약 축을 타고 물이 흘러나온다면 축 안쪽으로 콤 파운드로 빙 둘러 턱을 만들어 놓으며 흘러나오지 않는다.

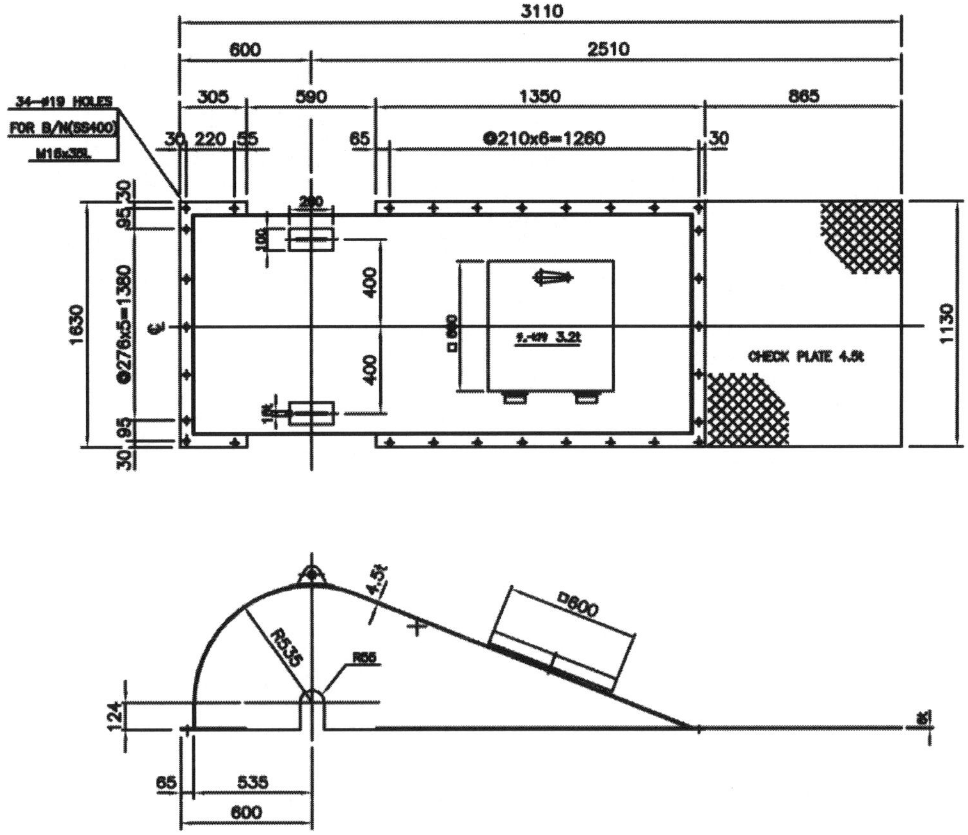

그림 11.6 상부커버

(5) 구동 축

구동 축은 가장 중요한 축으로 잘못 제작하면 하자가 많이 생기므로 주의해서 설계하고 제작하여야한다. 구동축의 조립된 상태와 제작도는 그림 11.7과 같으며 ②종동 스프로켓은 그림과 같이 키로서 조립하고 구동 시 축에서 이탈되지 않도록 ⑤와 같이 엔드 플레이트(End Plate)를 채우는 것이 좋다. V-버킷용 스프로켓 ③의 키 홈은 동일 위치에 키 홈을 가공해야하고, 축에도 키 홈을 일직선상에 위치해서 가공해야 V-버킷이 틀어지지 않는다.

스프로켓은 축에 조립 시 고정용 볼트 Set Screw 위치를 확인하여 볼트 자리를 깊게 홈을 내어 조립하는 것이 좋다. 양단의 베어링 위치도 단을 베어링 위치에 꼭 맞게 가공 조립하여 축이 좌우로 움직이지 못하도록 하는 것이 좋다.

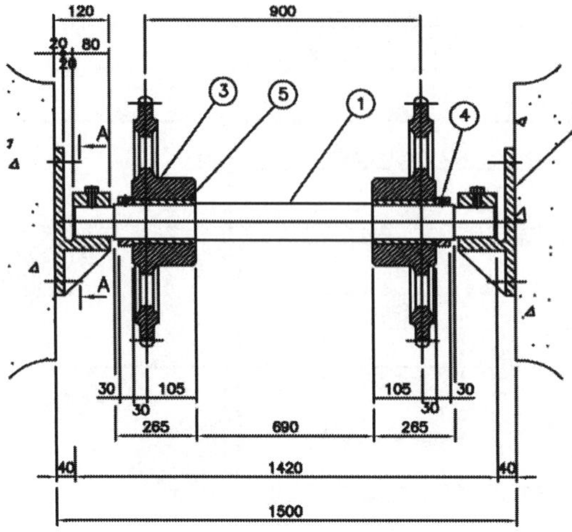

NO	DESCRIPTION	MAT'L	Q'TY	REMARKS
1	TAIL SHAFT	S45C	3	ø60
2	SUPPORT	SC46	6	
3	TAIL SPROCKET	GCD50	6	
4	COLLER	SS400	6	
5	OILLESS B/R	ø500	6	

그림 11.7 구동축 조립도

(6) 테이크 업용 축(Take-Up Shaft)

테이크 업용 축은 V-버킷용 축이 처지지 않도록 테이크 업 조절을 해야 하므로 조절 가능하게 보교상단에 설치하고 그림 11.8과 같이 제작한다. 테이크 업용의 축도 구동축과 같이 키 홈으로 스프로켓을 조립하고, 테이크 업 베어링으로 회전되게 하는 것이 소음도 없으며 주유도 편리하다.

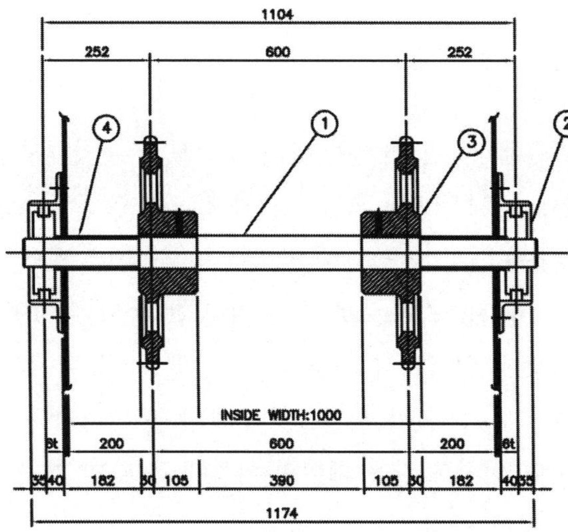

NO.	DESCRIPTION	MAT'L	Q'TY	REMARK
1	TAKE-UP SHAFT	SM45C	1	[illegible]
2	TAKE-UP UNIT	BUY	2	
3	TAKE-UP SPROCKET	GCD50	2	[illegible]
4	COLLAR	[illegible]	2	[illegible]

그림 11.8 테이크 업 축(Take Up Shaft)

키 홈 가공은 구동축과 마찬가지로 주의해서 V-버킷이 일직선이 되도록 정밀하게 가공해야 한다. 또 스프로켓이 밀리지 않도록 칼라를 채우거나 스프로켓이나 칼라의 Set Screw를 축에 홈을 깊게 내어 완전히 고정시킬 수 있도록 한다. Take Up장치는 그림 **11.9**와 같이 제작하며 테이크 업 장치를 조립할 때에는 축을 당기지 않고 미는 구조로 하는 것이 좋다. 왜냐하면 테이크 업 베어링 케이싱이 주물로 제작되어있어 충격에 약해 주물이 파손될 수 있다. 따라서 충격에 강한 재질이 사용되지 않을 경우에는 미는 구조로 사용해야 한다.

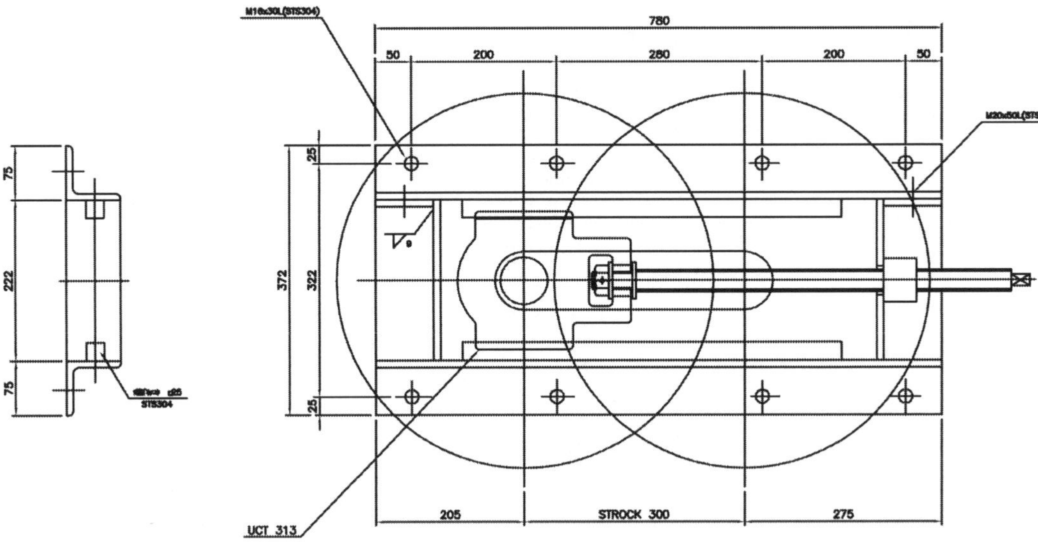

그림 11.9 테이크 업 장치 제작도

(7) 수중 축(고정 축)

수중 축에 조립되는 스프로켓은 스프로켓만 회전되는 형태로 수중 축은 회전되지 않고 고정시킨다. 침전지내에 설치된 형태는 그림 **11.10**과 같이 설치된다. 스프로켓은 키 홈 없이 가공하여 내부에 오일리스 베어링을 끼워 스프로켓은 V-버킷 체인이 움직임에 따라 회전될 수 있도록 한다. 이때 스프로켓은 회전되면서 좌우로 움직이지 못하도록 칼라를 꼭 끼우고 칼라를 완전히 고정시켜야 한다. 그림에서 ②와 같이 축 고정용 받침대는 구조물 벽체에 고정시키며 구조물 폭이 도면보다 클 경우에도 설치 위치에 꼭 맞게 받침대를 고정시킨다.

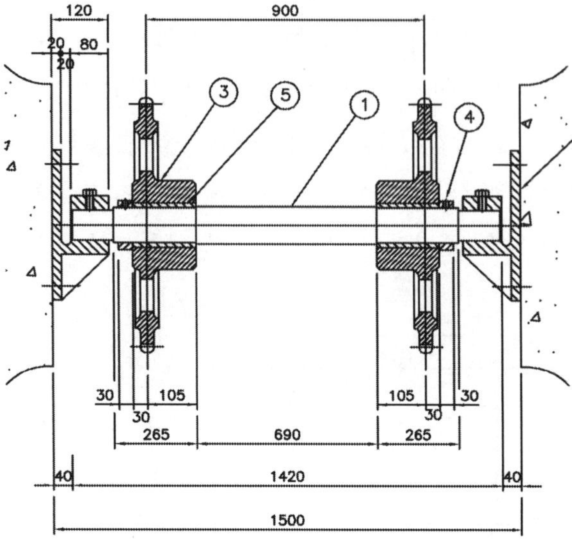

NO	DESCRIPTION	MAT'L	Q'TY	REMARKS
1	TAIL SHAFT	S45C	3	ø80
2	SUPPORT	SC46	6	
3	TAIL SPROCKET	GCD50	6	
4	COLLER	SS400	6	
5	OILLESS B/R	#500	6	

그림 11.10 수중 축(고정 축)

(8) 구동부

구동부는 설계 사양에 알맞도록 가속비와 동력을 선정하여 감속기를 선정하고 그림 11.11 와 같이 구동부 받침대와 커버를 제작한다.

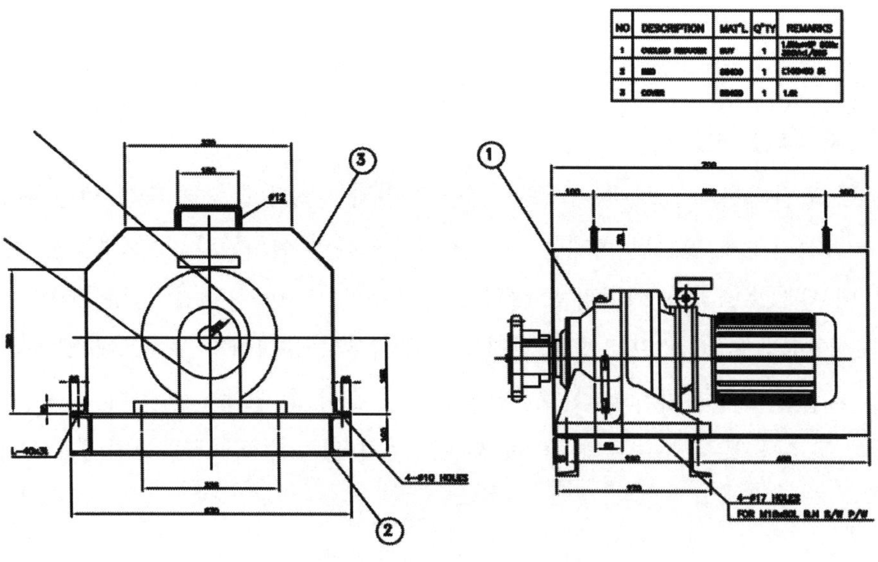

그림 11.11 구동부 및 커버

받침대는 구동부가 밀리거나 당겨지지 않고 체인 처짐을 방지하기 위해 그림 **11.12**와 같이 받침대를 제작한다.

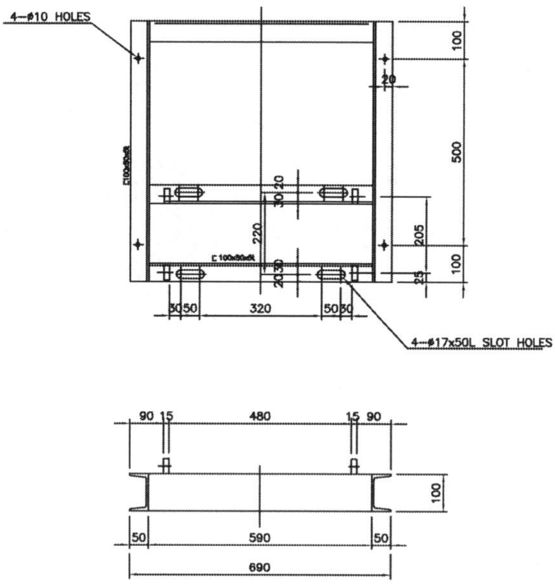

그림 11.12 구동부 받침대

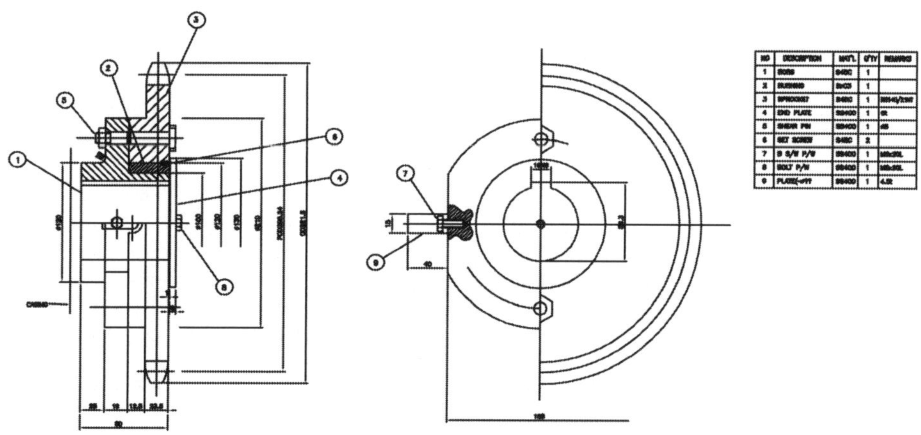

그림 11.13 구동 스프로켓

침사 인양기 가동 시 구동부에 무리한 부하가 걸릴 때에 안전핀에 의해 동력이 차단될 수 있도록 그림 **11.13**과 같이 구동 스프로켓에 안전장치를 구비한다. 동력 전달이 차단되었을 경우 상태를 알 수 있도록 ⑨와 같이 감시용 핀을 설치하여 감시용 스위치에 의해 신호를 줄 수 있도록 한다. 구동체인에는 안전을 위하여 그림 11.14와 같이 구동부 체인커버를 설치한다.

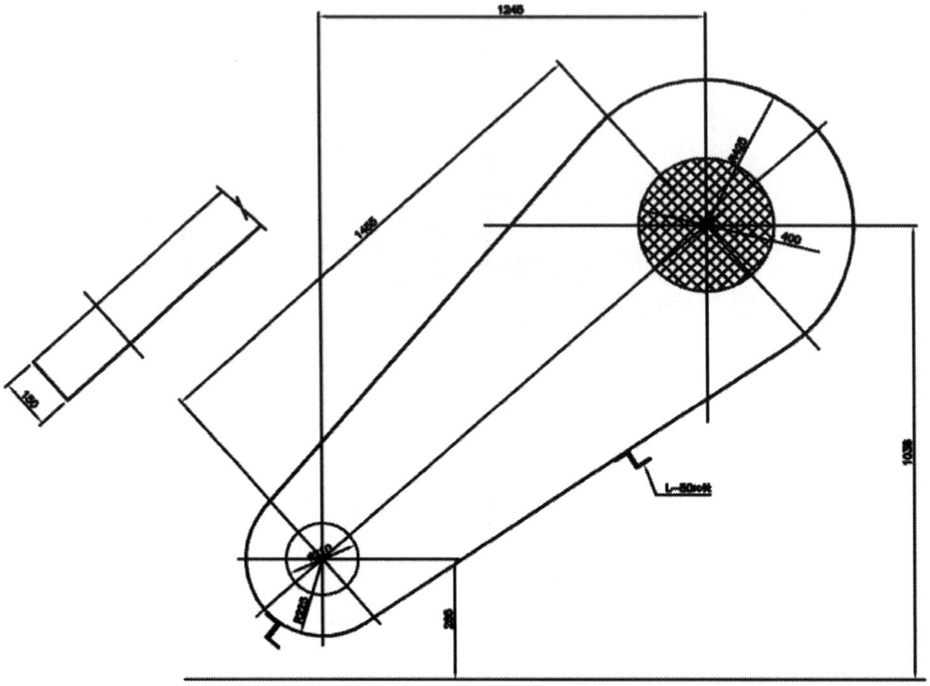

그림 11.14 구동부 체인 커버

(9) V-버킷(V-Bucket)

버킷은 침사된 모래를 잘 퍼내고 쏟아 낼 수 있도록 V형을 사용하였으며 그림 11.15와 같이 V-버킷이 회전 시 레일에 닿아 회전될 수 있도록 ②와 같이 미끄럼판(Sliding Shoe)를 부착하고 슈는 교환하여 사용할 수 있도록 한다. V-버킷 측면에는 체인에 조립할 수 있도록 조립용 구멍을 도면처럼 가공하고 모래를 퍼 올릴 때 물을 빠져 나갈 수 있도록 배수 구멍을 가공한다.

V-버킷용 조립볼트는 침사인양기 가동 시 진동이 많으므로 풀리지 않도록 주위해서 조립해야 한다.

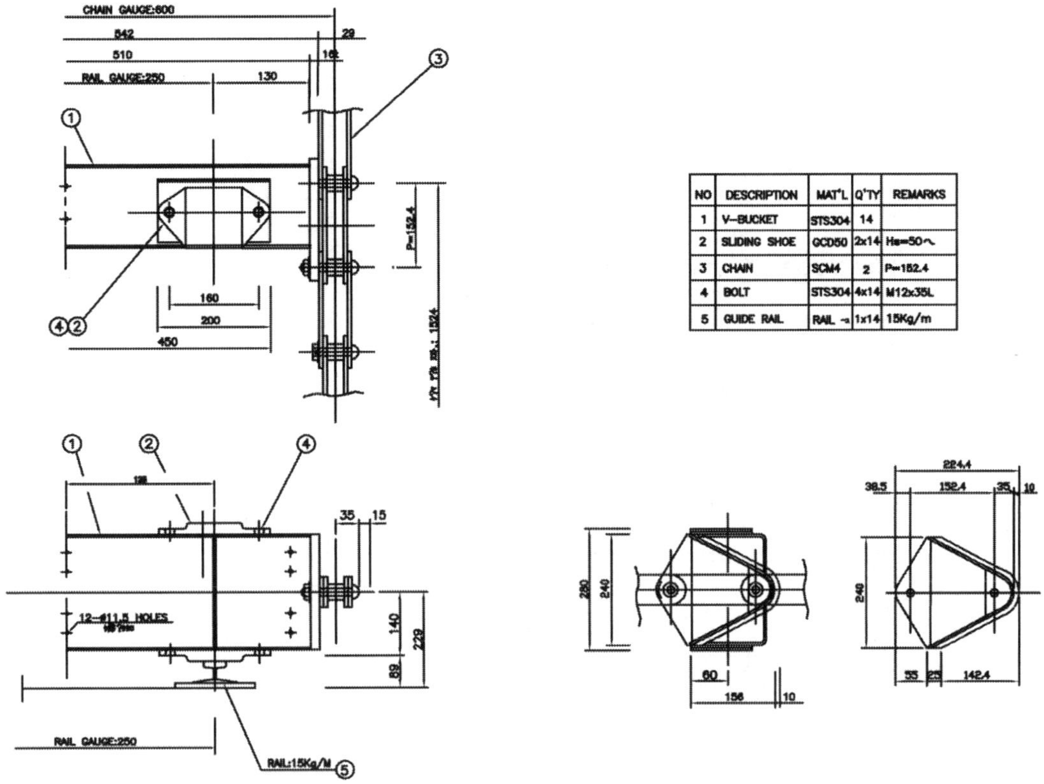

NO	DESCRIPTION	MAT'L	Q'TY	REMARKS
1	V-BUCKET	STS304	14	
2	SLIDING SHOE	GCD50	2x14	Hs=50~
3	CHAIN	SCM4	2	P=152.4
4	BOLT	STS304	4x14	M12x35L
5	GUIDE RAIL	RAIL -ɜ	1x14	15Kg/m

그림 11.15 버킷(Bucket)

(10) 보교

보교는 구동부 설치에 적당하고 침사 인양기 관리에 적당 높이 설치하고 계단과 난간을 설치하여 안전에 주의해야 한다. 보교는 운반에 용이하게 제작한 후 현장에서 조립하도록 한다. 보교는 그림 11.16과 같이 제작 하였다.

(11) 살수장치 및 슈트

침사인양기 V-버킷이 모래를 퍼 올려 침사인양기 상부에서 모래를 쏟아 내릴 때 진흙 성분에 섞어 잘 떨어지지 않음으로 살수장치를 설치한다. 살수 시간은 침사 인양기가 가동 될 때만 살수되도록 연동시킨다. 이때 떨어지는 모래와 물을 잘 받아낼 수 있도록 그림 11.17과 같이 슈트를 밑에 붙여 사용한다.

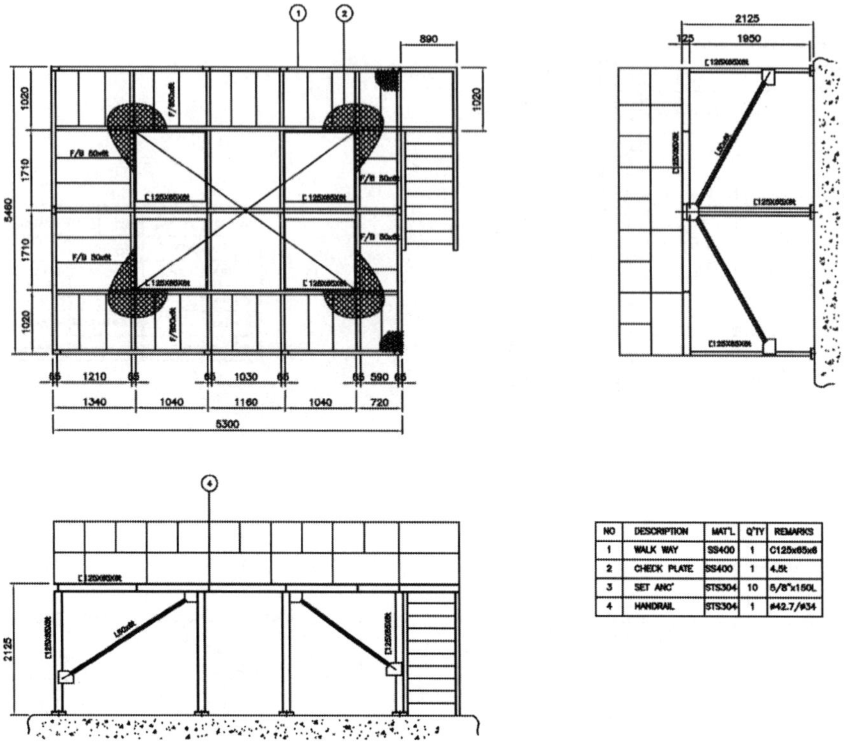

NO	DESCRIPTION	MAT'L	Q'TY	REMARKS
1	WALK WAY	SS400	1	C125x65x6
2	CHECK PLATE	SS400	1	4.5t
3	SET ANC'	STS304	10	5/8"x150L
4	HANDRAIL	STS304	1	ø42.7/ø34

그림 11.16 보교

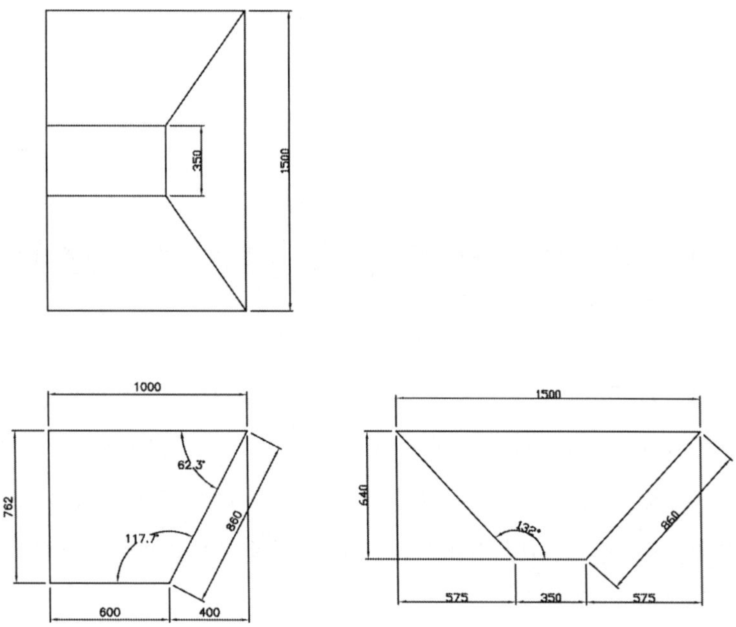

그림 11.17 슈트

질문 1 침사인양기 구동부 안전핀이 끊어지는 원인은?

침사인양기를 정상적으로 가동되고 있을 때 안전핀의 설계가 잘못되어 너무 작게 설계되었을 경우이고 평상시 정상적으로 작동되었는데 끊어질 경우에는 침사인양기에 무리한 부하가 걸려서 끊어진다.

무리한 부하가 걸리는 경우에는 침사인양기를 오랫동안 돌리지 않아 침사량이 너무 많아 V-버킷이 움직이지 않아 발생한다. 따라서 침사인양기가 오랫동안 가동하지 못할 경우에는 침사지에 원수를 유입시키지 말아야 다음에 쉽게 가동시킬 수 있다. 또 V-버킷을 너무 크게 설계하지 않는 것이 좋다. 버킷을 너무 크게 설계하면 안전핀이 쉽게 끊어짐으로 V-버킷은 작게 만드는 것이 좋다. 또 회전 시 V-버킷이 지벽이나 레일에 걸리지 않도록 주위해서 설치해야 한다. 침사량이 많아 안전핀이 끊어질 경우에는 침사지에 모래를 완전히 청소한 후에 가동 시켜야한다.

질문 2 버킷이 삐뚤어지는 경우는?

버킷을 달아매고 있는 양 체인이 나란히 걸려 있지 않아 체인에 조립한 버킷도 나란히 조립되지 않고 삐뚤게 조립되게 된다. 원인은 축의 키 홈이나 일직선상에 키 홈이 가공되어야 하나 일직선상에 키 홈이 가공되지 않을 경우 발생하며 2개의 스프로켓의 같은 위치에 가공되어야 한다. 이러한 문제가 발생하면 키 홈을 다시 가공하여 수정해야 한다.

질문 3 침사인양기 커버 주위로 물이 떨어지지 않게 하려면?

침사인양기 주변으로 물이 떨어져 흐르면 미관상 좋지 않다. 따라서 살수장치에서 쏘는 물에 새거나 모래를 끌어 올리면서 물이 커버 밖으로 유출될 수 있다. 그러나 커버는 얇은 철판으로 제작되어 플랜지도 조립되어 있더라도 물이 유출될 경우가 많다. 따라서 가장 안전한 방법은 플랜지 접합부 안쪽 상부에 평철을 덧대고 윗 커버에 용접을 하면 평철이 플랜지 부위를 막아줌으로 물이 유출되지 않는다.

질문 4 축에 조립된 스프로켓이 좌우로 움직이는 않게 하는 방법은?

축에 조립된 스프로켓은 항상 제자리에서 회전되어야 하나 침사인양기가 가동되면서 스프로켓이 헐거워져 좌우로 밀릴 수 있다. 축이 회전되는 것은 스프로켓이 조립되는 부위 안쪽에는 턱을 주어 더 밀려들어가지 못하게 하고 스프로켓을 억지로 박아 고정시키고 세트 스크루 위치에 자리를 깊게 내어 좌우로 밀리지 않도록 한다. 또 축은 회전하지 않고 스프로켓만 회전하는 경우에도 스프로켓 안쪽 축 부위에 턱을 주어 스프로켓이 안쪽으로 밀려들어가지 않도록 하며 바깥쪽에는 칼라를 꼭 맞게 끼우고 세트 스크루를 채울 때 축에 깊은 홈을 내어 세트 스크루를 조립한다.

질문 5 **V-버킷 조립볼트가 풀리면 어떻게 하나요?**

볼트는 기계 가동 시 진동에 의해 볼트가 풀리는 경우가 많다. 스프링 와셔를 끼워도 풀림으로 주의해서 조립해야한다. 이때 사용되는 볼트에 분할 핀을 끼워 사용하면 좋으나 사용하지 못할 경우가 많다. 볼트 조립 시 탈 에폭시를 볼트에 칠하여 조립하면 볼트가 잘 풀리지 않는다.

11.2 클램셀(Clamshell) 침사인양기

1. 원 리

크램셀은 준설기로서 많이 사용되는 곳은 우물처럼 깊은 곳에서 준설하기 위해 많이 사용된다. 크램셀의 종류는 외줄식과 쌍줄식 있으나 여기에서는 크레인 외줄로만 사용할 수 있는 외줄식 크램셀을 설명하고자 한다.

이 크램셀은 크레인 외줄에 매달아 내려서 바닥에 닿으면 크램셀이 열리고 다시 들어 올렸다고 다시 내려 바닥에 닿으면 크램셀이 닫히게 되어 모래를 퍼 올리게 된다. 따라서 크램셀이 열린 상태에서 침사지에 내리면 침사된 모래에 닿아 모래를 집으면서 닫히게 되고 닫힌 크램셀을 끌어올려 호바에 내려놓으면 크램셀은 열리게 되어 모래를 쏟아 내게 되는 원리이다.

2. 구 조

크램셀의 구조는 그림 11.18과 같은 구조로 상부 와이어로프 상단에 크레인이나 호이스트를 설치하여 크램셀을 내리고 올리면서 침사된 모래를 제거한다. 그림에서 ①중앙외줄의 로프를 내리면 여기 양쪽에 묶인 2줄이 내려가면서 ②,③휠에 감긴 로프가 풀어지면서 ②와 ③과의 간격이 벌어지게 된다. 이때 간격이 벌어지면 바가지를 잡고 있던 중앙의 사각 축이 더 내려가면서 바가지가 벌어지게 되어 열리게 된다. 이때 ②에 설치된 ⑤추와 ③에 설치된 핀은 ②번 ③번이 멀어지면서 핀은 추의 간섭이 일어나지 않아 ⑥핀은 자중에 의해 핀 홈에서 빠져 나오게 된다. 이렇게 열린 크램셀을 들어 올렸다가 모래를 퍼 올리기 위해 열린 상태로 내리면 바가지가 모래에 닿게 되므로 무거운 크램셀 자중에 의해 바가지가 닫히면서 중앙에 ⑤사각 축은 밀려들어가고 ②와 ③이 간격이 좁아지면서 사각 축과 ⑥핀을 누르면서 핀 홈에 ⑥핀이 들어가 크램셀이 닫힌 상태를 유지 되면서 크레인 로프를 당기면 모래를 담은 상태를 들어 올려지는 구조이다.

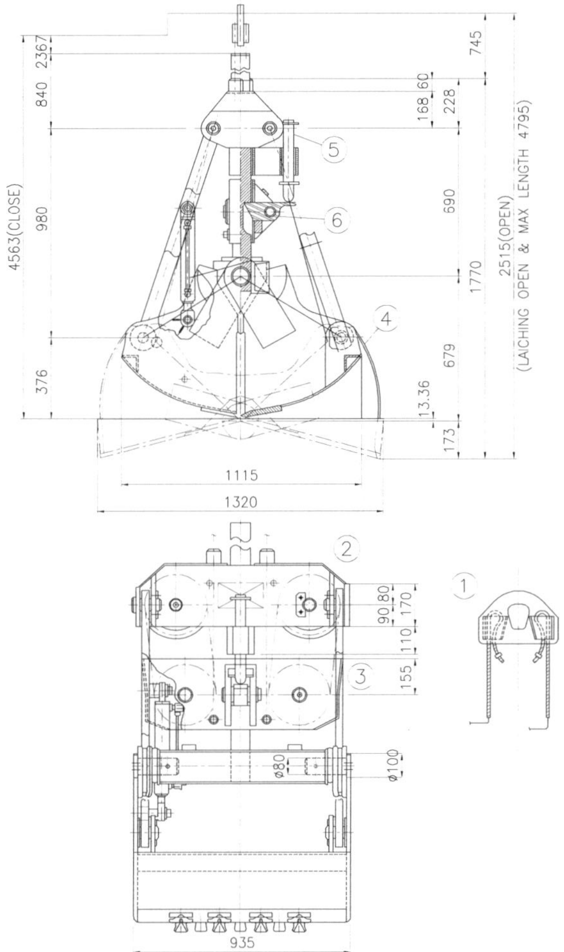

그림 11.18 크램셀 조립도

3. 설계 사양

(1) 설치 위치

일반적인 침사인양기 설치 불가하거나 구조물 설치가 불가한 침사지에 사용한다. 특히 우물처럼 깊은 침사지 사용한다.

(2) 기 능

원수가 유입되는 깊은 맨홀 등 깊은 곳에 침전된 모래를 제거하기위해 설치한다.

(3) 설계 사양

1) 형식 : 외줄 크램셀(Clamshell) 침사인양기
2) 수량 : 1대
3) 운전방법 : 수동운전
4) 용량 : 1회 침사 인양량 : 0.3 m^3
5) 인양속도 : 20 m/분
6) 전동기 : 1.5kW : 2대
7) 호이스트용량 : 2 Ton

(4) 구조 및 재질

1) 침사인양기는 호이스트, 크램셀, I빔 등으로 한다.
2) 이 구조는 침사지에 침사된 모래를 인양하여 침사 반출 컨베이어나 모래저장 호퍼까지 운반할 수 있는 구조이다.
3) 이 인양기의 구조는 우물처럼 깊은 구조물에 침사된 모래를 인양하는데 적합하다.
4) 깊은 우물에 사용되고 물에 와류가 심함으로 외줄 크램셀을 사용하여 조작이 간단하게 한다.
5) 크램셀은 한번 내려 바닥에 닿으면 바가지가 열리고, 올렸다가 다시 내리면 닫히는 크램셀을 사용한다.
6) 크램셀에는 전원을 사용하지 않고 내리면 자중에 의해 동작되는 구조이어야 한다.
7) 크램셀은 수중에 들어갔다 나왔다 하므로 오일리스베어링을 사용한다.
8) 주 재질은 탄소강을 사용한다.
9) 크램셀의 바가지는 정확히 맞물려야 한다.

4. 제작 설치

(1) 로프 연결 장치

로프 연결 장치는 호이스트 후크(Hoist Hook)를 중앙에 걸 수 있는 구조로 하고 좌우에

그림 11.19와 같이 크램셀에서 올라오는 2줄의 와이어로프를 쉽게 같은 길이를 조절 할 수 있고 쉽게 묶을 수 있도록 설계 하였다.

와이어로프는 그라인더와 같은 절단기로 절단하여 사용해야하며 아크용접기로 절단해서는 안 된다.

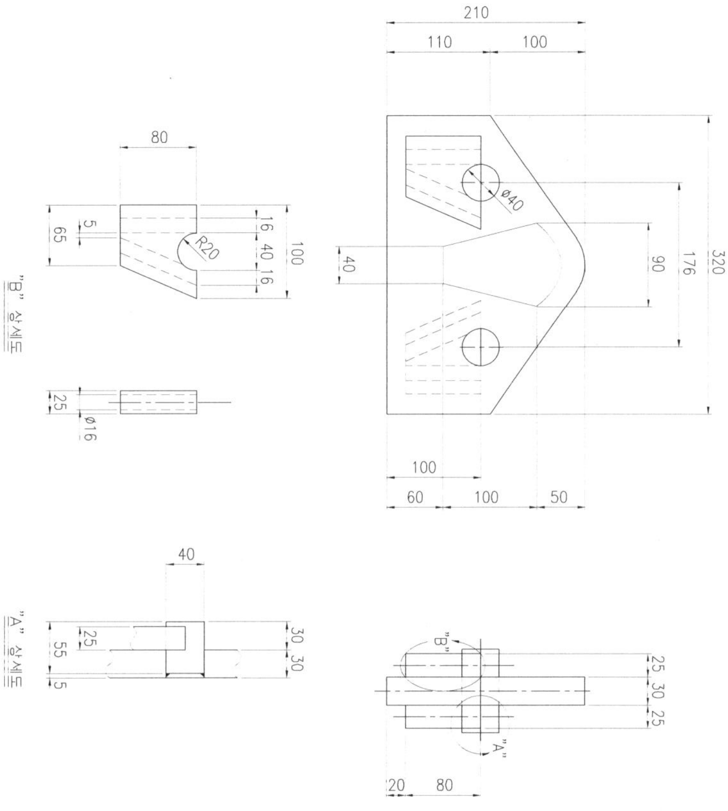

그림 11.19 로프 연결장치

(2) 상부 휠 장치

상부 휠 장치에는 2개의 휠과 핀을 들어 올릴 수 있는 추를 그림 11.20과 같이 구비해야하고 상부휠 장치는 그림 11.21과 같이 제작한다. 또 하부 휠을 감아 올라온 와이어로프를 휠에 간섭받지 않고 위에 있는 로프 연결 장치로 올라갈 수 있는 구멍이 있어야하며, 축은 스테인리스로 한다. 추의 설치 위치는 핀과 위치가 같도록 해야 하며 핀을 누를 때에는 충분한 추의 자중이 전달될 수 있도록 해야 하며 추가 옆으로 이탈되지 않도록 주의해서 제작한다.

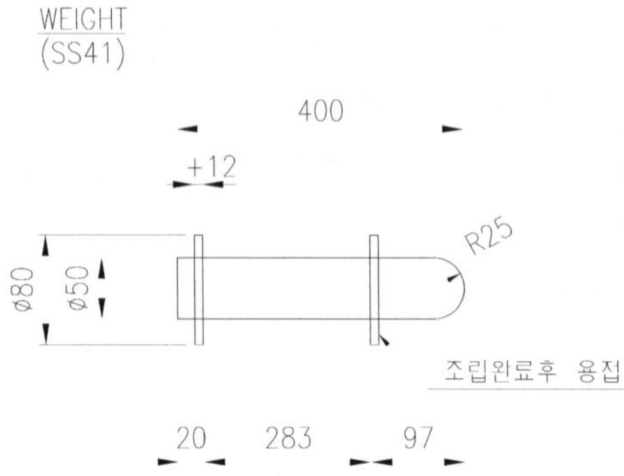

그림 11.20 추

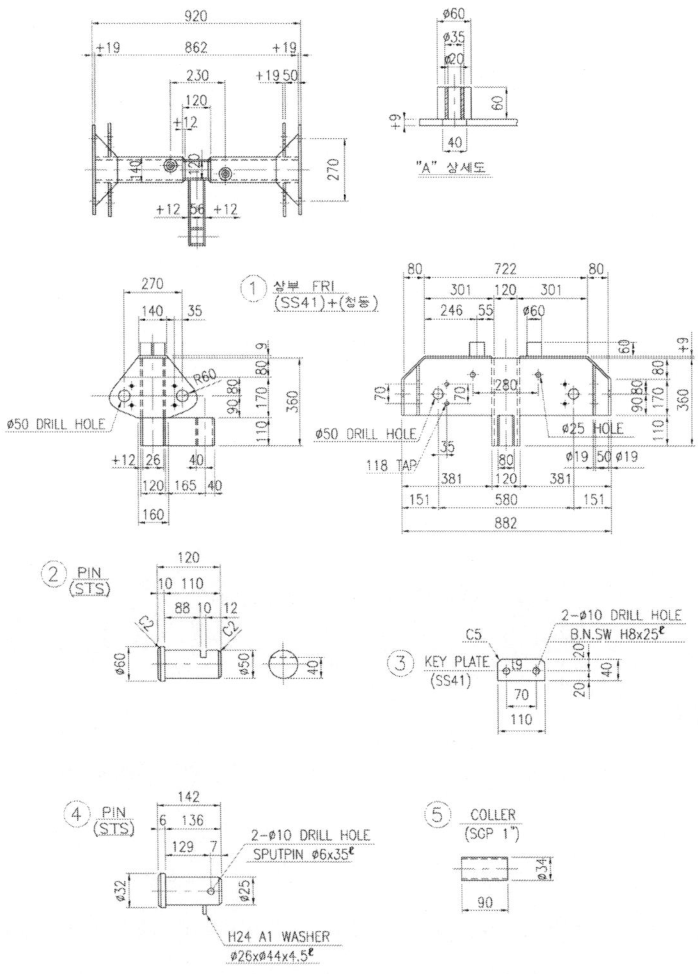

그림 11.21 상부휠 장치

(3) 하부 휠 장치

하부 휠 장치는 2개의 휠과 그림 **11.22**와 같이 핀을 부착할 수 있도록 해야 한다. 하부에서 올라오는 사각 축이 중앙으로 통과 되도록 하고 사각 축 홈에 걸리는 핀은 추가 올라갔을 때 핀이 자중에 의해 수평으로 내려 갈 수 있도록 한다. (수평유지는)받침판을 튼튼하게 부착한다. 추가 핀에 접촉할 때에는 정지 판을 부착해서 핀이 완전히 넘어가지 않도록 해야 한다. 넘어가는 경사도는 사각 축의 핀 홈을 벗어나도록 해야 한다. 축의 재질은 스테인리스로 하며 회전부에만 오일리스 베어링을 사용하여 무급유로 사용할 수 있도록 한다.

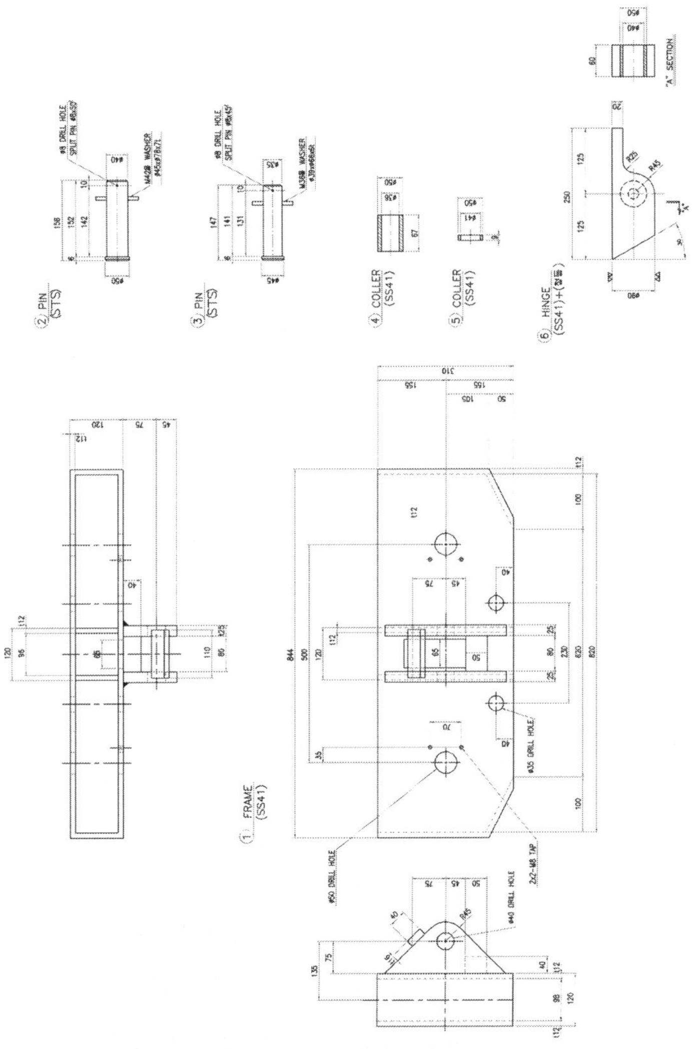

그림 11.22 하부휠 장치

(4) 사각 축 및 바가지 축

사각 축은 긴 사각 봉으로 핀이 들어갈 홈이 그림 **11.23**과 같이 설계하여 크램셀이 핀에 걸려 바가지가 닫힌 상태로 들어 올려 진다. 사각 축 하단은 바가지의 축으로 양 바가지를 핀으로 걸 수 있도록 튼튼하게 제작되어야 한다. 핀은 스테인리스로 제작한다.

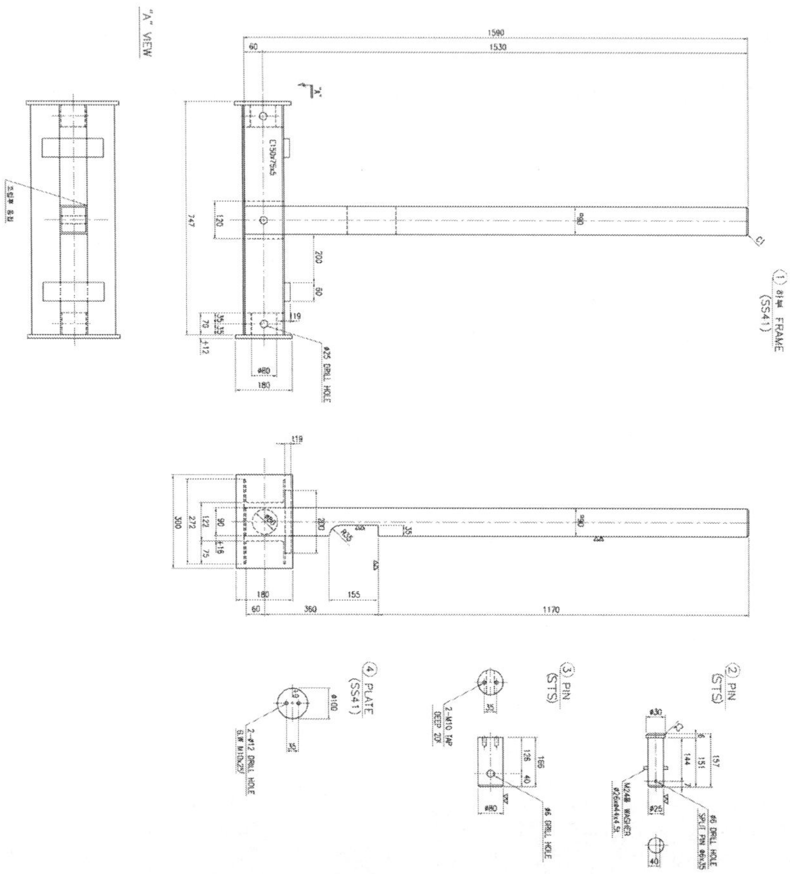

그림 11.23 사각 축 및 바가지 축

(5) 바가지

바가지는 양쪽으로 되어 있어 그림 **11.18**과 같이 벌어졌다하는 구조로 그림 **11.24**와 같이 제작한다. 2개의 바가지가 1개의 힌지에 고정됨으로 그림과 같이 바가지 조립 시 겹치지 않도록 주의해서 제작한다. 힌지 부분에는 오일리스베어링을 사용하고 핀은 스테인리스로 제작한다.

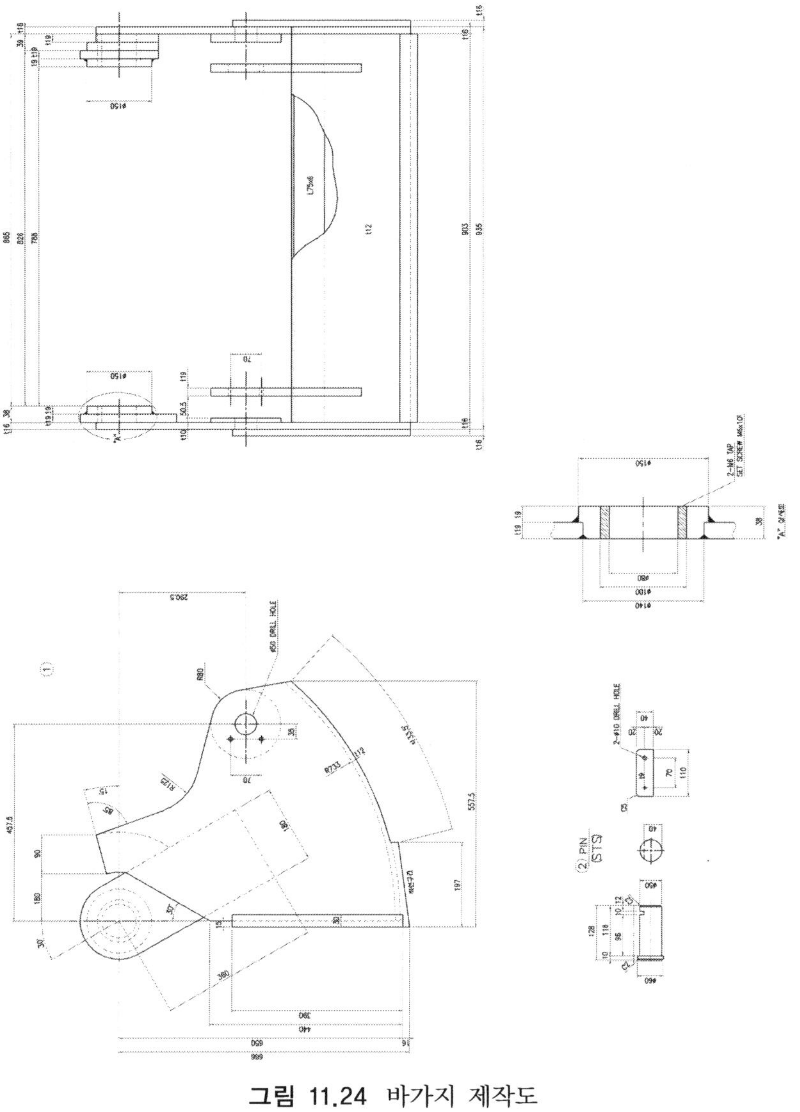

그림 11.24 바가지 제작도

(6) 암(Arm)

암은 상부 휠 장치에서 바가지를 잡아주는 암으로 그림 **11.25**와 같이 제작하여 바가지가 열리고 닫힐 때 암의 힌지에 의해 링크(Link) 동작을 하도록 한다. 암의 힌지에도 오일리스 베어링을 사용한다.1개의 암과 바가지에 그림 **11.18**과 같이 유압 실린더를 부착하여 바가지가 열리고 닫힐 때 완충되면서 개폐되도록 한다. 유압실린더 오일은 연결관을 통해 앞뒤로 옮겨지도록 연결관을 연결시킨다.

(7) 휠(Wheel Sheave)

상하 휠 장치에 들어가는 휠의 제작도는 그림 11.26과 같다. 칼라는 휠을 안쪽으로 위치하기 위해 조립 시 칼라를 끼우고 휠을 조립한다. 휠에는 오일리스베어링을 사용하고 핀은 STS를 사용한다. 2개의 휠을 조립 할 때에는 대칭이 되도록 조립한다.

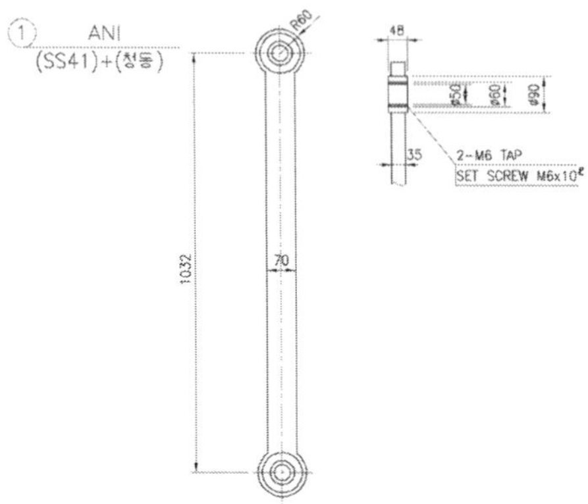

그림 11.25 암(Arm)

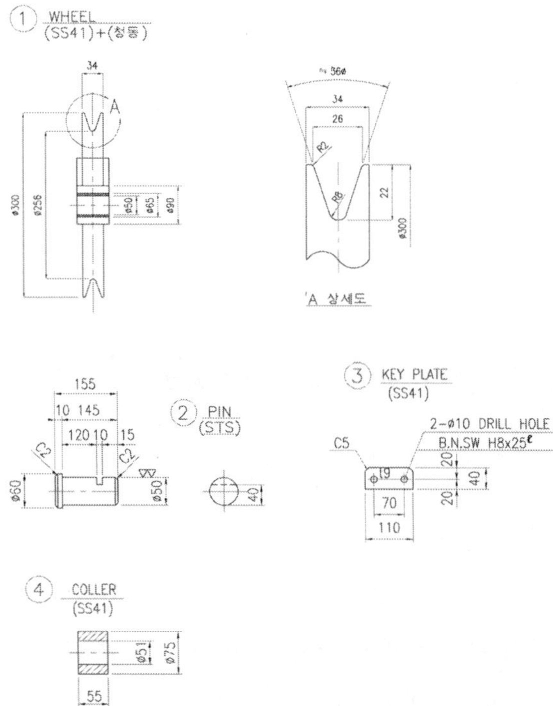

그림 11.26 휠(Wheel, Sheave)

질문 1 **크램셀의 개폐원리는?**

크램셀이 닫혀 있을 때에 사각 축은 완전히 삽입되어 사각 홈에 핀이 들어가 있어 사각 축이 핀에 걸려 있고, 로프를 들어 올리면 상부 휠 장치와 하부 휠 장치가 가장 멀리 떨어져 있어 추가 핀에 영향이 미치지 않는 상태로 바가지가 닫혀져 들어 올려 지게 된다. ②이렇게 닫힌 상태로 내려서 바닥에 크램셀이 닫게 되면 상부 휠 장치가 하부 휠 장치로 내려가면서 하부 휠 장치도 하부에 있는 바가지 축까지 더 내려가게 된다. 이때 핀에는 추의 자중이 작용하게 되어 들어 올려 지려는 모멘트가 작용함에 따라 사각 축에 위에 홈이 넓어져 핀이 완전히 위로 올라가게 되어 핀이 사각 홈에서 빠지게 된다. ③ 이렇게 핀이 사각 홈에서 핀이 빠져나오면 바가지 연결 축에 작용하는 사각 축, 하부 휠 장치, 상부 휠 장치 등 자중에 의해 바가지는 축은 더 내려가게 되어 완전히 열리게 된다. ④ 이렇게 열린 상태에서 로프를 들어 올리면 크램셀 중심의 자중에 의해 암에 걸린 바가지 부분의 힌지를 중심으로 열려진 상태로 들어 올려 지게 됨으로 크램셀 내부에 담겨져 있던 모래를 쏟아 놓게 된다. ⑤이렇게 열려 있는 상태에서 바닥에 크램셀을 내려놓으면 크램셀의 자중에 의해 바가지와 연결되어 있는 사각 축이 밀려 올라가게 된다. 계속 밀려 사각 축이 올라가면 사각에 핀 홈이 다시 핀에 걸리게 되고 바가지는 완전히 닫히게 된다. 이때 로프를 끌어 올리면 사각 축에 핀 홈에 핀이 걸려 닫힌 상태로 모래를 달아 끌어올리게 된다.

질문 2 **크램셀이 잘 안 닫히면 어떻게 해야 하나?**

외줄 크램셀은 자중에 의해 닫히고 열리므로 바가지가 완전히 닫히지 않으면 핀이 사각 축에 걸리지 않아 다시 열어 질 수 있다. 침사된 모래를 퍼 올릴 때에는 잘 닫힌다. 굳은 흙이나 덩어리가 큰 물질을 퍼 올릴 때에는 쌍줄 크램셀을 이용하는 것이 좋다. 쌍줄 크램셀에서 로프 2줄을 사용하여 1줄을 당겨 열고 다른 줄을 당겨 닫아 퍼 올린다.

질문 3 **핀이 잘 안내려 가면 어떻게 해야 하나?**

핀은 그림 11.18에서 보는 보와 같이 핀의 좌측이 무거워 추를 들어 올리면 핀은 좌측으로 떨어져 수평을 유지해야 한다. 그러나 물속에서 부력이나 와류 크램셀이 기울어져 잘 안 떨어질 수도 있다. 따라서 핀의 힌지 좌측부의 무게가 확실히 무겁게 제작하고 핀의 힌지부분을 헐겁게 제작하여 쉽게 떨어질 수 있도록 하는 것이 좋다.

11.3 I형 침사 인양기

1. 원 리

침사지가 여러 개 같이 있을 때 1개의 침사인양기를 사용하여 여러 침사지의 모래를 인양하는 침사인양기로 그림 11.27, 11.28과 같은 모형으로 1개의 침사지를 앞뒤로 이동하여 침사된 모래를 인양한 다음, 침사인양기 I자를 침사지 구조물 상단으로 들어 올린 후 침사인양기 전체를 다른 침사지로 이동 시킨 후 I자형을 다시 내리고 앞뒤로 이동시키면서 모래를 인양시킨다. 인양 방법은 I자형에 버킷 엘리베이터를 설치하여 회전 시키면서 모래를 퍼 올리는 형식이다.

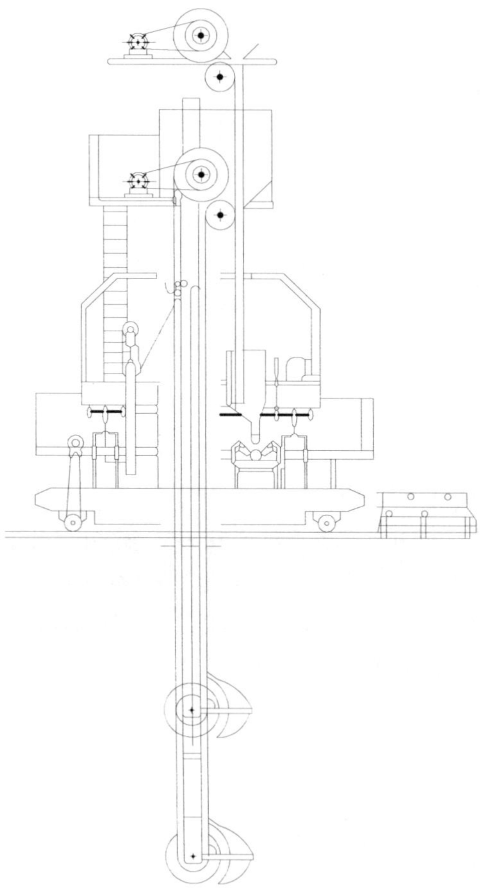

그림 11.27 I자형 침사인양기(측면도)

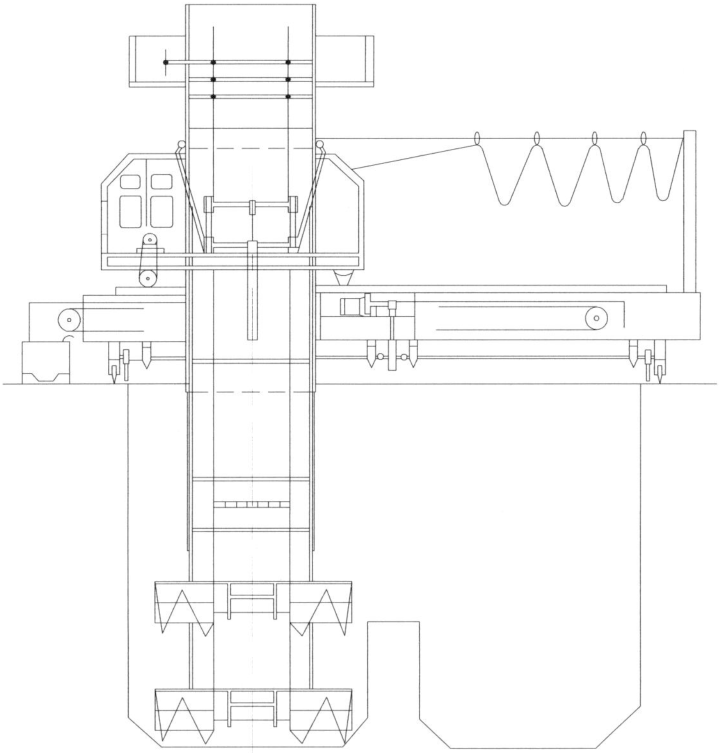

그림 11.28 I자형 침사인양기(정면도)

2. 구 조

하수처리장등의 침사지가 2개 이상의 지로 나누어져 있을 때 사용되는 침사인양기로 수직으로 승강 시킬 수 있는 구조와 침사인양기를 다른지로 이동시키고 내려서 침사된 모래를 앞뒤로 전 후진하면서 가동되는 구조이다.

여기서 보교는 침전지 오니수집기와 같은 구조로 침사지 양끝 구조물 상단에 레일을 설치하고 그 위에 바퀴를 장착한 보교를 설치하여 바퀴를 구동시키면 침사지 앞뒤로 움직이게 됨으로 침사지를 앞뒤로 이동하면서 모래를 인양한다. 보교위에 있는 침사인양기는 보교위에 좌우로 설치된 레일 위에서 움직이며 한 침사지의 모래 인양이 완료되면 침사인양기를 구조물 위로 들어 올리고 들어 올린 상태로 다른 침사지로 이동시키고 침사인양기를 바닥으로 내려 침사물질을 인양시키는 구조이다.

3. 설계 및 제작

(1) 침사지 구조물 레일

침사지 구조물 상단에 설치하는 레일은 침사지와 평행하게 전체 침사지 양단에 설치하여 보교식(주행식) 오니수집기의 레일과 같은 방법으로 하중에 견딜 수 있도록 앵커볼트로 레일을 고정시켜 사용한다. 구조물이 두께가 얇을 경우에는 구조물에 구멍을 관통시켜 구조물 바닥에서 위로 와셔를 넣고 볼트를 끼워 레일을 고정시켜 사용한다. 레일과 구조물 사이에는 고무판 9t정도를 끼워 충격이 고무판에 흡수되도록 한다.

(2) 보교

보교는 보교식(주행식) 오니수집기와 같은 방법으로 바퀴를 설계제작하며 침사 인양기가 좌우로 이동 할 수 있도록 공간이 확보되도록 설계되어야 한다. 이 공간은 좌우로 직사각형으로 길게 만들고 공간 좌우에는 침사인양기를 설치할 수 있도록 레일을 설치한다. 레일은 직사각형 공간에 평행하도록 설치한다. 레일은 보교위에 바닥 철판을 깔고 그 위에 고무판을 놓고 레일을 설치하여 고정 시킨다. 또 보교하단에는 보조 레일을 설치하여 침사인양기를 들어 올리거나 내릴 때 등 흔들림 없도록 인양기 롤러와 접촉할 수 있도록 하는 것이 좋다.

(3) 인양기용 가이드 프레임

인양기는 좌우로 이동도 하고 상하 동작이 가능하도록 설계되어야하므로 인양기를 상하로 움직일 수 있도록 하기 위해서는 인양기가 프레임 속에서 움직일 수 있는 가이드 프레임이 제작되어야 한다. 이 가이드 프레임은 보교 사각 공간 내에 설치되어야 하며 좌우로 움직일 수 있도록 바퀴를 설치하여 보교위에 설치된 레일을 타고 있어야 한다. 또 가이드 프레임이 흔들리지 않고 안정되게 동작할 수 있도록 보교 하부에 설치된 하부레일에 롤러가 닿아 움직일 수 있도록 하여야 한다.

(4) 인양기

인양기는 가이드 프레임 내에서 슬라이딩되면서 움직일 수 있도록 미끄럼판을 조립하여 설치하고 상하 동작을 윈치나 유압실린더를 사용하여 들어 올리고 내릴 수 있도록 한다. 인양기에는 양쪽 상하에 스프로켓을 설치하고 체인을 걸어 V-버킷을 부착하고 상부에 구동부를 두어 회전 시키면서 침사된 모래를 퍼 올릴 수 있도록 한다. 또 인양기 하단에는 침사지

바닥 좌우에 멀리 있는 침사물질을 체인구동 시 회전하여 가운데로 모을 수 있도록 인양기 하단에 스프로켓 축 좌우에 스크루를 설치한다.

(5) 구동부

구동부는 침사물질을 퍼 올리는 인양용 구동부, 보교를 앞뒤로 이동시키는 보교 이동용 구동부, 침사인양기를 좌우로 이송시키는 인양기 좌우 이송용 구동부 및 침사 인양기를 들어 올리고 내릴 수 있는 권양 구동부로 이루어져 있다.

- 인양용 구동부 : 침사물질을 퍼 올리는 구동부
- 보교 이송용 구동부 : 침사인양기 전체를 침사지 앞뒤로 이송시키는데 필요한 구동부
- 좌우 이송용 구동부 : 인양기를 한 침사지에서 다른 침사지로 이동 시키는 구동부
- 권양용 구동부 : 침사인양기를 들어 올리고 내릴 수 있는 권양장치로 윈치나 유압장치를 이용하여 권양 시킬 수 있는 구동부

(6) 기타 설비

인양된 침사물질을 안전하게 받을 수 있는 슈트와 슈트에서 떨어지는 침사물질을 보교 상단에 플라이트 콘베어를 설치하여 받아내고 침사물질을 한쪽 측면으로 이송 시킬 수 있도록 한다.

질문 1 **I형 침사인양기의 장점은 무엇인가?**

I형 침사인양기는 1대의 침사인양기로 여러 개의 침사지의 침사물질을 제거할 수 있다. 따라서 침사지가 여러 지로 구성되어 있을 때에는 설비비가 저렴하다. 그러나 1지나 2지일 경우에는 비싸질 수 있다. 또 본 침사인양기는 수중에 고정되어 있는 설비가 없어 유지관리가 용이하며 많은 침사물이 쌓여 있어도 큰 부하 없이 침사물질 인양이 가능하다.

11.4 T형 침사 인양기

1. 원 리

I형 침사인양기와 마찬가지로 침사지가 여러 지로 설계되어 있을 때 각각의 침사인양기를 설치하는 것보다 1개의 침사 인양기로 여러 침사지의 침사물질을 제거하기 위해 개발 되었으며 T형 침사인양기는 침사지에 건물이 설치되었거나 기타 구조물에 의해 높이가 제한되어 I형 침사인양기를 설치하기 어려울 때 들어 올려지는 체인을 T와 같이 상단 보를 길게 늘이고 줄이게 하여 인양기를 들어 올리는 구조로 침사인양기의 상부의 최대 높이는 변함이 없이 일정하게 유지되면서 침사물질을 인양하는 원리이다.

2. 구 조

구조도 I형 침사인양기와 같으나 다른 점은 인양기를 들어 올릴 때 그림 11.29와 같이 수직으로 된 인양기 프레임을 들어 올릴 때에는 실린더처럼 설계되어 줄어들고 길어지도록 하여야 하며 인양기가 들어 올릴 때에는 상부에 설치된 수평보가 늘어나면 인양기가 당겨져 들어올려지고 수평보가 줄어들면 체인이 늘어지면서 인양기가 침사지로 내려지게 되는 구조이다.

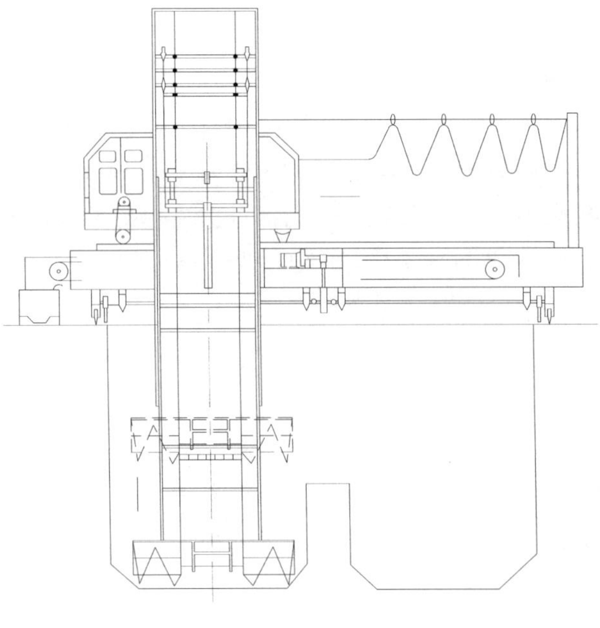

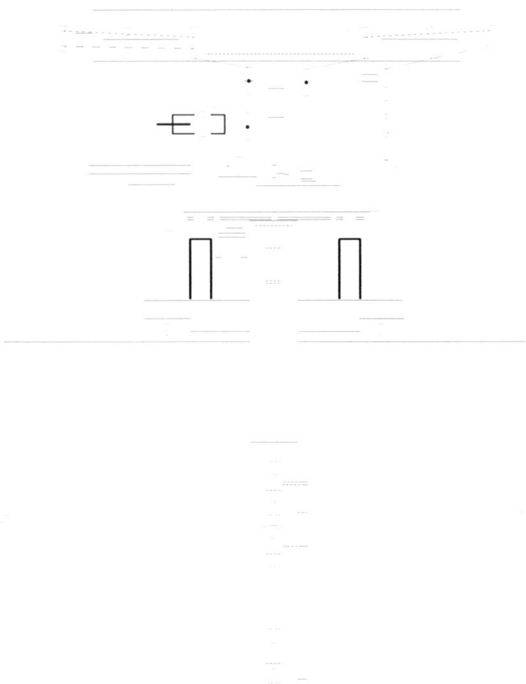

그림 11.29 T자형 침사인양기

3. 설계 및 제작

(1) 인양장치

I형 침사인양기와 다른 인양장치에 관해 설명한다. 인양장치 중 수직 프레임은 I형에서는 고정된 프레임이지만 T형에서는 프레임이 실린더 식으로 되어 있어 실린더가 자중에 의해 길게 빠지게 되어 있으며 침사물질 인양체인을 당기면 실린더가 들어가게 되어 들어 올려지게 제작되어야 한다. 또 상단에 수평으로 설치된 프레임도 양단에 체인 스프로켓을 설치하여 프레임을 길게 늘이면 체인이 당겨지게 프레임을 짧게 줄이면 체인이 늘어지게 되어 인양기의 수직 프레임이 자중에 의해 침사지 바닥으로 내려가게 설계해야 한다.

11.5 공기 부양식 침사인양기

1. 원 리

공기 부양식 침사인양기는 침사물이 한곳으로 집중될 때 사용되며 상향류식 모래 여과기에서 사용되는 공기 부양펌프처럼 배관을 수직으로 설치하고 배관 중앙에 알맞게 공기를 넣어 주면 공기 부력에 의해 물을 밀어 올리게 되면 물이 올라가는 상승 속도에 의해 침사물질까지 밀어 올리게 되는 원리이다.

2. 구 조

상향류식 모래여과기에서 사용되는 공기 부양펌프를 설치하여 침사물질을 퍼 올리고 부양펌프 상단에 옆으로 배관을 부설하면 침사물질과 물이 함께 옆으로 쏟아지게 된다. 이 쏟아진 침사물질을 물과 함께 플라이트 컨베이어에 들어가게 하고 경사진 플라이트 컨베이어를 돌려 호바에 넣기 위해 상부로 퍼 올리면 물은 플라이트 컨베이어 하단으로 빠져 침사지로 흘러들어가고 침사물질만 호바로 올려지는 구조이다.

3. 설계 및 제작

공기 부양식 침사인양기는 침사지 상단에 설치하고 배관이 박혔을 때에는 상부에서 들어올려 수리할 수 있는 구조로 설계한다.

여기에 들어가는 공기배관은 공기량을 조절할 수 있도록 공기조절밸브를 구비한다. 공기압은 공기 부양식 침사인양기 상단에서 공기 유입구까지의 수두보다 높게 산정하고 공기량도 충분히 설계하여 사용한다.

제12장

포 기 기

12.1 산기식

1. 원 리

산기식은 포기조에 산기기(散氣機)를 이용하여 공기를 포기조에 확산시키는 원리로 외부에서 공기를 관을 통해 포기조로 유입시키고 산기기를 통해 공기를 산기 시킨다. 산기기로는 산기판, 산기관, 산기 노즐이 사용된다.

산기장치는 송풍기에서 보낸 공기를 산기기에서 미세한 기포로 쪼개어지면서 포기조 하부로 공급하고 공기가 물속에서 확산됨에 따라 부력으로 상부로 올라오게 된다. 이때 활성 슬러지 및 하수가 공기와 접촉되고 혼합하여 활성 슬러지 중의 미생물과 하수에 필요한 공기를 공급하는 장치이다.

2. 구 조

포기조 외부에 송풍기를 설치하고 송풍기는 2대 이상으로 한다. 하수량에 대응하는 송기량을 조정할 수 있는 용량으로 하여야하며 송풍기에서 발생된 압축 공기는 송기관을 통해 포기조로 공급된다. 각 포기조 앞에 밸브를 설치하고 지관을 통해 포기조로 유입시키고 유입된 지관을 여러 개로 분기시켜 산기기를 부착할 수 있도록 한다. 또 산기장치는 설치 및 탈착이 간편하게 설계할 필요가 있으며 유지관리상 필요할 때에는 산기장치를 들어 올릴 수 있도록 설계하는 것이 필요하다.

3. 설 계

(1) 일반사항

산기기는 생물반응조 전면에 설치하여 각 반응조에 미세기포의 공기로 산소를 공급을 한다. 따라서 산기기와 이에 관련되는 부대설비는 다음에 기술된 시방에 따라 설계, 제작, 납품, 시험 및 검사, 설치, 시운전 등을 시행하여 그 기능에 적합하도록 한다.

(2) 규격 및 수량

장비번호	장비이름	형식 및 규격	동력	수량	비고
M-3-9	산기기	형식 : 미세기포식 세라믹 원판형 직경 : 230mm 두께 : 19mm 통기량 : 100ℓ /min이상 기공율 : 35% 이상 기공크기 : 300μ 이상 압력손실 : 200mmAq	–	510	

(3) 구조 및 재질 개요

1) 산기기는 반구형 몸체와 원형디스크로 된 세라믹 산기판 등으로 구성하여 생물 반응조내 슬러지의 활성화를 위하여 송풍기로부터 공급되는 공기를 미세기포로 쪼개어 생물 반응조에 일정량의 산소를 공급할 수 있어야 한다.
2) 산기기는 반구형 몸체에 세라믹 산기판을 조립한 것으로서 진동에 견딜 수 있도록 충분한 강도를 가져야한다.

3) 주요 재질

① 반구형 몸체 : 폴리프로필렌 성형품
② 세라믹 디스크 : 산화알루미늄(Al_2O_3)
③ 패킹 : 고무(E.P.D.M)
④ 볼트 : 스테인리스 강제(STS 304)

(4) 설계 조건

1) 송풍기 종류 : 루츠 블로어
2) 송풍기 용량 : 15 m^3/min
3) 송풍기 수량 : 3대
4) 산기관 종류 : 세라믹 디스크 산기관
5) 산기관 1개당 설계 통기량

6) 산기관 1개당 표준 통기량 : 60~150 ℓ/min

(5) 산기관 수량

산기관 수량=공기 공급량 ÷ 산기관 1개당 필요공기량

공기 공급량 : 45 m^3/min

산기관 1개당 필요공기량 : 60~150 ℓ/min

산기관 수량=45 m^3/min ÷ 60~150 ℓ/min

=45,000 ℓ/min ÷ 60~150 ℓ/min

=300~750개

산기관 표준 통기량인 60~150 ℓ/min을 기준으로 할 때, 본 처리장에 필요한 산기관 수량은 300~750개이고 산기관의 설계 통기량인 100 ℓ/min를 기준으로 할 때 필요한 산기관 수량은 450개이나 반응조 내 산소공급과 교반을 원활하게하기 위해 산기관의 간격과 배열을 고려하여 산기관 510개를 설치한다.

4. 제작 및 설치

(1) 산기관 선정은 세라믹 디스크형 산기관을 선정하였으며 산소 전달 곡선도는 그림 12.1과 같으며 통기 저항 곡선도는 그림 12.2와 같다.

- 품 명 : 산기관
- 형 식 : 미세기포 세라믹 디스크형 산기관
- 통기량 : 60~150 ℓ/min
- 통기저항 : 200 mmAq 이하
- 사용수심 : 4.5 m이상
- 산소전달효율 : 18% 이상
- 폭기방식 : 전면폭기, 점감폭기, 간헐폭기, 측면폭기등
- 직 경 : 242 mm
- 접속구경 : 25A 암나사(PT 1")
- 재 질 : 디스크 : 산화알루미늄 (Al_2O_3)
  베이스 : 폴리프로필렌 (P.P)
  볼트 : 스테인리스 강재(STS 304)

패킹 : 에틸렌프로필렌 고무(EPDM)

• 산기관수량 : 510개

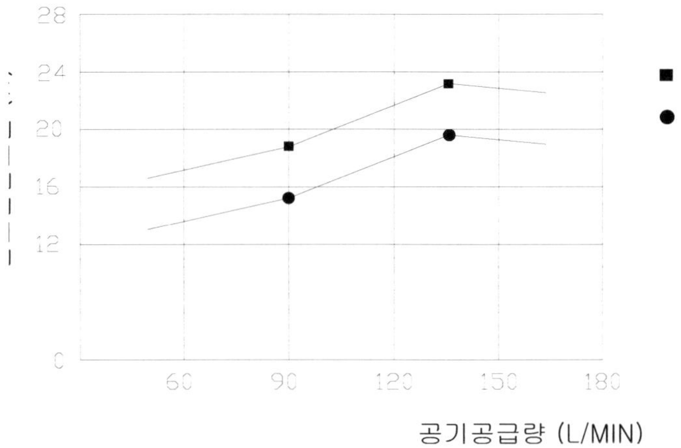

그림 12.1 산소전달 효율 곡선도(세라믹 디스크형 산기관)

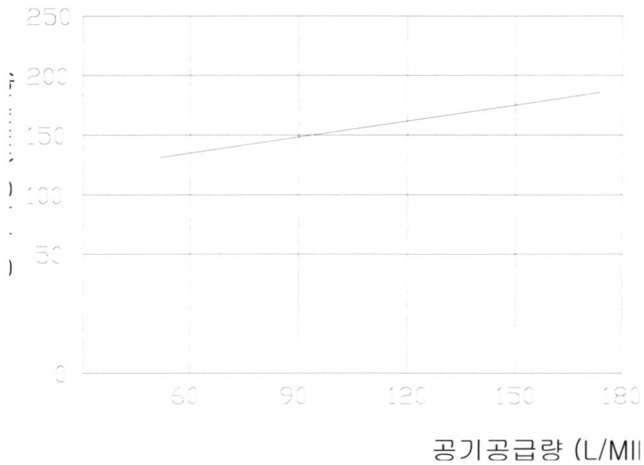

그림 12.2 통기저항 곡선도(세라믹 디스크형 산기관)

(2) 산기관 설치 평면도는 그림 **12.3**과 같다.

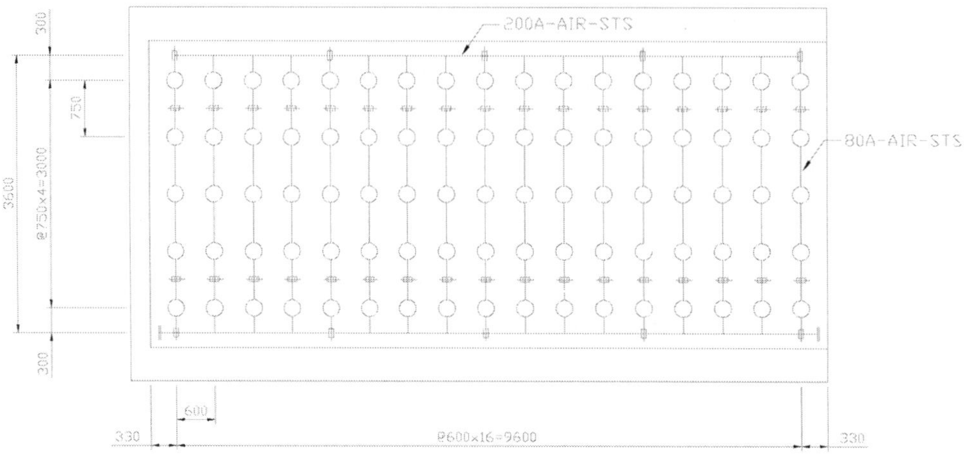

그림 12.3 산기관 설치 평면도

(3) 산기관 설치 단면도는 그림 12.4와 같다.

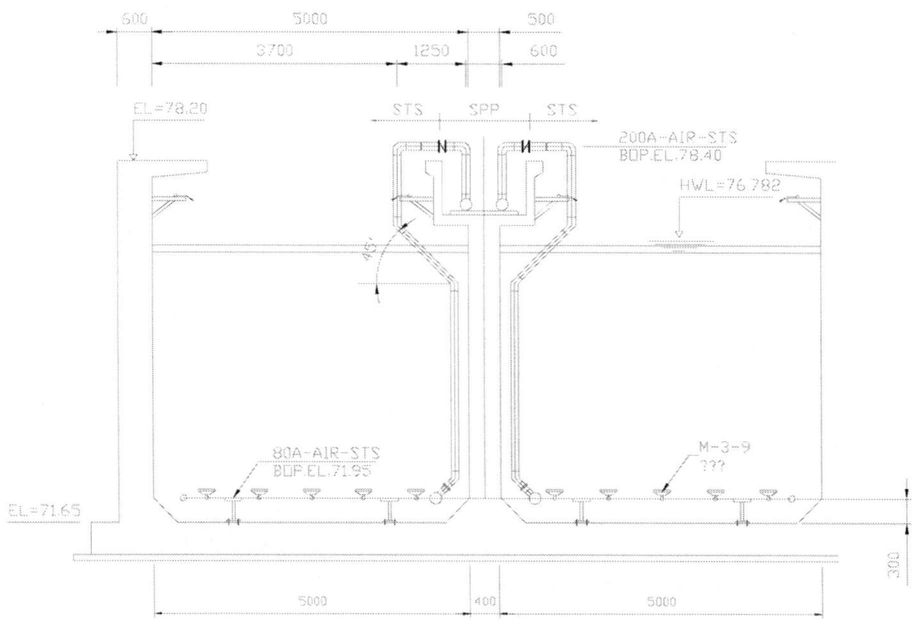

그림 12.3 산기관 설치 평면도

(4) 산기관 배열도는 그림 12.5와 같다.

(5) 산기관 조립도는 그림 12.6과 같다.

(6) 산기관 상세도는 그림 12.7과 같다.

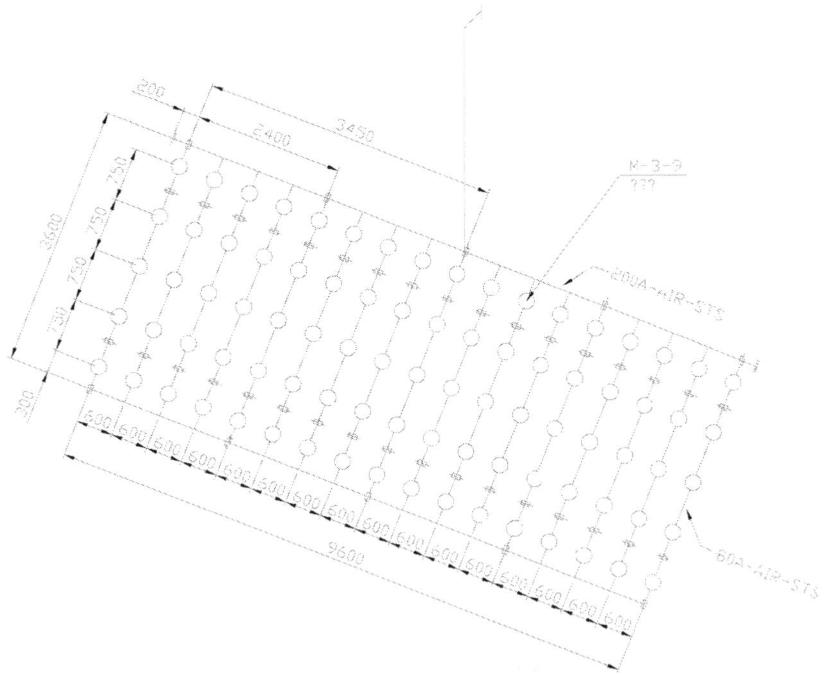

그림 12.5 산기관 배열도

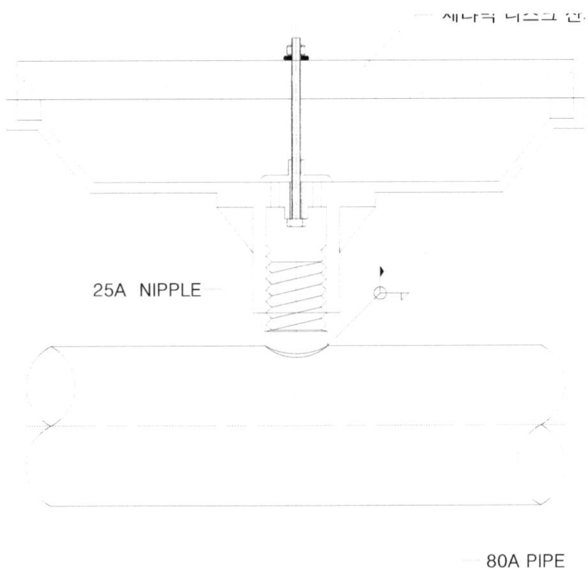

그림 12.6 산기관 조립도

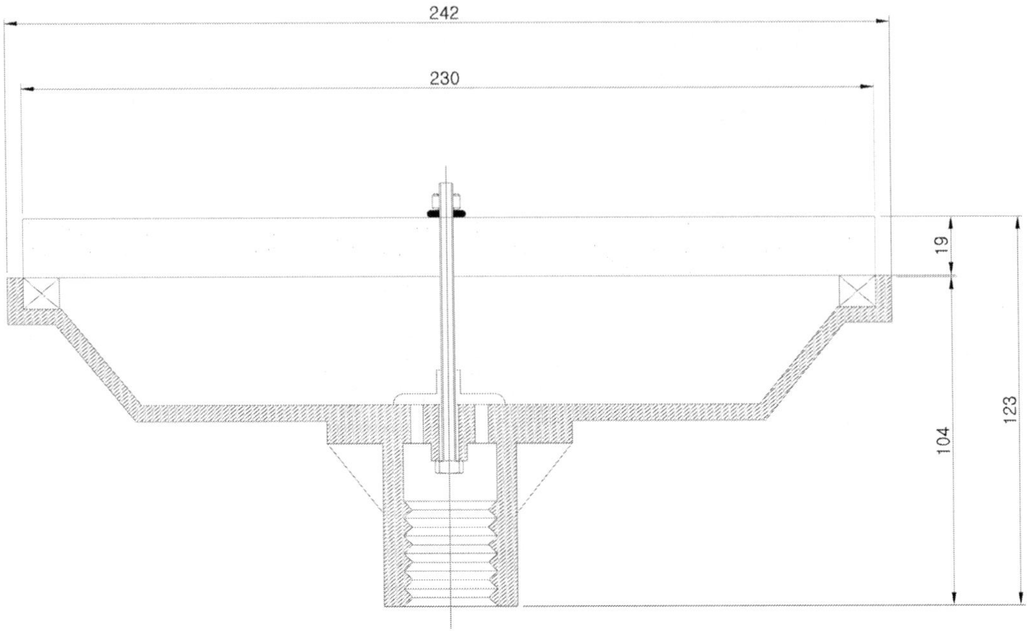

그림 12.7 산기관 상세도

제13장

유압식 파쇄기

13.1 원 리

유압펌프와 유압모터를 이용해서 축을 구동 시키고 2축 간의 차동장치를 이용하여 파쇄하는 원리로 유압모터에 의해 구동되는 2개의 회전축이 저속으로 회전하여 강력한 힘으로 연속 절단 및 파쇄 능력을 발휘한다.

13.2 구 조

파쇄처리시설의 구조는 그림 13.1과 같이 ①파쇄기 ②투입컨베이어 ③배출컨베이어 ④상차컨베이어 ⑤유압장치 ⑥제어반 등의 시설로 되어있으며 유압펌프에서에서 발생되는 고압인 유압을 받아 유압모터가 회전하고 이 회전축으로 감속 동력을 전달하는 감속기는 파쇄기의 기어 박스와 일체형으로 제작하여 크기를 축소시킨다.

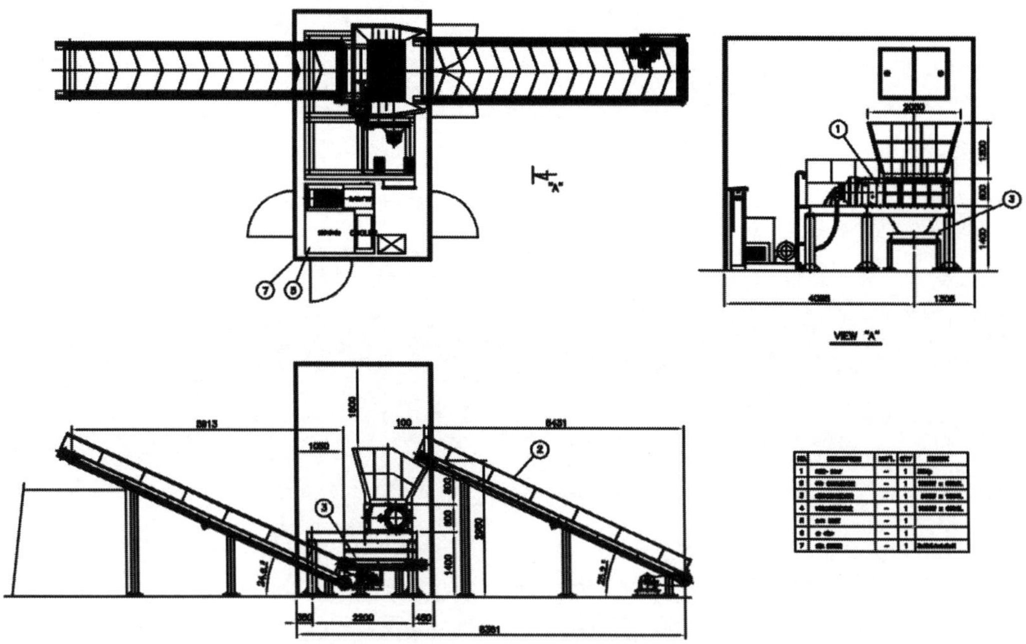

그림 13.1 파쇄시설

13.3 설계 사양

1. 목 적

본 유압식 2축 전단식 커터 분리형 파쇄기 설비는 수거된 폐기물(폐 가구, 폐목재, 등을 투입 → 파쇄 → 배출 → 상차의 공정으로 매립 또는 소각의 효율을 위한 시설임)

2. 일반사항

- 형 식 : 투입 → 파쇄 → 배출 → 상차
- 용 량 : 시간당 1톤 이상처리
- 진 원 : 380 V × 60 Hz × 3 P
- 총 전력소비량 : 45kW

3. 주요 제원

(1) 투입 Conveyer

대형쓰레기를 협잡물처리기에 이송시키는 장치로 평 벨트컨베이어 방식으로 제작한다.

1) 일반사양

일 반 사 양	
기계의 크기	6000 mmL × 1200 mmW
이 송 방 법	Belt C/V(Robber)
이 송 속 도	20 m/min
전 원	380V × 60Hz × 3φ
Motor	3HP(60 : 1 Geared)

2) 재질 및 규격

Frame은 ㄷ형강(150 × 75)으로 제작한다.

① 이송 시 벨트 처짐 및 낙하방지를 위하여 처짐 방지장치를 하고 상단 부는 300 mm이상으로 낙하방지 Guide를 설치한다.
② Driving. Tail Drum은 ϕ200×1200 mm, Roller는 ϕ89.1×1200 mm으로 제작하고 미끄럼 현상이 없도록 한다.
③ 본체는 고정식(ϕ20 Anchor Bolt로 고정)으로 제작한다.
④ 벨트의 재질은 Rubber Belt로 한다.
⑤ 도장은 3회 이상하며, 각 구동부분은 그리스 주입구를 부착한다.

(2) 파쇄기

투입 C/V로 이송된 대형쓰레기를 강력한 유압의 힘으로 협잡물을 처리하는 장치

1) 일반사양

일 반 사 양	
품 명	2축 전단 유압식 파쇄기
수 량	1대
구 동 방 식	유압구동방식(유압펌프→유압모터→감속기→주축)
처 리 방 식	2축 전단방식
소 요 동 력	50HP×380V×ϕ3×4P×60Hz
출력 Torque	4,000 kg·m
협잡물 처리실 크기	810W×1310L×600H
커 터 날	26SETS, ϕ450×50t×50mm(2Hook), 분해조립식

2) 구조 및 제원

① 유압장치

㉠ 유압장치는 전동 모터, 유압펌프, 유압탱크, 냉각팬, 유량조절밸브, 릴리프 밸브, 압력 스위치 등으로 구성되며 일체형으로 제작하여야 한다.

㉡ 유압탱크

ⓐ 재질 : SS41

ⓑ 용량 : 600 ℓ 이상

ⓒ Oil Level Gage를 설치하여 적정 Oil Level을 유지할 수 있도록 제작하여야 한다.

ⓓ 탱크 상단에 증기여과기와 오일 여과망을 설치하여 주유하도록 하며 탱크 하단부에는 Drain Nozzle을 설치하여 청소 또는 오일 교체 시 작업이 용이하도록 하여야 한다.

㉢ 유압펌프

ⓐ 최고 사용 압력 : 230 kgf/cm^2

ⓑ 최대회전수 : 1800 rpm

ⓒ 최대 토출 용량 : 49 $cm^3/rev \Rightarrow 85.75\ \ell/min$

ⓓ 형식 : 피스톤 펌프

ⓔ 펌프 흡입 측에 오일필터를 장착하여 불순물, 이물질 등이 펌프로 유입되지 않아야 한다.

ⓕ 오일 토출 라인에 Inline Check Valve를 설치하여 오일 역류를 방지하여야 한다.

㉣ 유압모터

ⓐ 최대 용적 : 596.5 cm^3/rev

ⓑ 최고 압력 : 230 kgf/cm^2

ⓒ 최고 사용 압력: 200 kgf/cm^2

ⓓ 최고 회전수 : 360 rpm

ⓔ 출력 Torque : 1760 Nm/200bar

ⓕ 사용 유압유 : #46

ⓖ 감속기와 일체형으로 조립하여 최대 회전력을 얻도록 한다.

ⓗ 정, 역회전 시 발생하는 충격을 최대로 흡수할 수 있는 구조로 제작하여야 한다.

㉤ AC 모터

ⓐ 출력 동력 : 50HP

ⓑ 사용 동력 : $380\ V \times \phi 3 \times 4\ P \times 60\ Hz$

㉥ 기타 표준 부속

ⓐ 공랭식 오일냉각팬을 설치하여 온도가 적정 유온이상 상승하지 않도록 제작하여야 한다.

ⓑ 유량조절 밸브를 설치하여 출력축의 회전을 변속할 수 있어야 한다.

ⓒ 솔레노이드 밸브를 설치하여 정방향 및 역방향 회전을 원활히 제어할 수 있어야하며 과압에 대한 안전장치로 릴리프밸브를 설치하여야 한다.

ⓓ 유압 모터의 과부하 감지장치로 압력 스위치 및 EOCR을 설치하여야 한다.

② 감속기

㉠ 감속기는 유압모터 및 파쇄기의 주축과 직결되는 일체형의 유성치차형으로 제작되며 운전 소음은 85 dB이하 이어야 한다.

㉡ 규격

ⓐ 감 속 기 : 1/22.233

ⓑ 입력, 출력 회전수 : 143 rpm, 6.46 rpm

ⓒ 출력축 형식 : Spline Boss Type

ⓓ 치면 가공정도 : 2급

㉢ 재질

ⓐ 유성기어, 축 : SCM4

ⓑ 기어오일 :한국 쉘 오말라 #300(극압 첨가제 함유)

③ 동력 전달 기어

㉠ 재질 : SCM 21종

㉡ 치면 정도 : HRc 58~60

㉢ 기어는 1차 조질 처리 후 치면 가공하여 침탄 열처리 한다.

㉣ 압력각 : 20°

④ Shaft

㉠ Shaft는 면간거리 145 mm의 사각 축으로 제작하여야 한다.

㉡ Shaft 재질은 SCM 4로 조질 처리 후 가공한다.

㉢ Shaft와 칼날과의 공차는 0.1 mm 공차 이내로 가공하여야 한다.

㉣ Shaft와 기어와의 연결부위는 0.1 mm 이내의 공차로 가공하여야 하며 2축은 340mm의 간격의 평행한 구조로 제작되어야 한다.

㉤ Shaft의 기어박스 쪽 Bearing부에는 기어박스의 기어오일로 윤활하고 후단 쪽 Bearing은 Grease로 윤활하는 구조로 하여야 한다.

⑤ 칼날 보스

㉠ 칼날보스는 SM 45C, 50t로 26개(13×2)를 사각조립식으로 제작하며 상 하단부 등

에 2개의 후크 날을 분해 조립을 할 수 있는 구조로 제작 되어야 한다.

㉡ 칼날보스의 재질은 SM 45C, 55t 소재를 모형 절단 후 조질 처리하여 50t으로 가공한다. 칼날보스의 수량은 26EA

⑥ 칼날

㉠ 칼날은 SCM21, 55t 소재를 모형 절단 후 조질 처리하여 후크 50t×50 mm로 가공한다.

㉡ 칼날 수량은 52 EA의 후크 날과 52 EA의 평날로 구성되며 하이텐션 육각렌치 볼트로 조립할 수 있는 구조로 제작한다.

㉢ 가공 완료 후 침탄 열처리를 HRc 53 이상의 경도로 열처리 한다.

㉣ Spacer와 Guide Plate는 S45C로 칼날보스와 동일한 수량으로 제작한다.

⑦ 케이싱

㉠ 케이싱은 SS41 재질로 상하분리 형으로 제작하여 부품의 분해 조립이 용이한 구조로 제작되어야 한다.

㉡ 케이싱은 용접 작업 완료 후 노멀라이징(불림)하여 용접응력 및 소재응력을 최대한 제거하여 변형이 발생하지 않도록 제작하여야 한다.

㉢ 케이싱의 감속기 조립부는 조립용 단을 가공하여야 한다. 또한 감속기와 케이싱을 일체형으로 제작하여야하므로 감속기의 출력축 베어링 고정용 단을 케이싱에 가공하여야 한다.

㉣ 케이싱 분할부의 조립용 볼트는 하이텐션 6각 렌치볼트를 사용하여 견고히 조립하여야 한다.

⑧ 스탠드(구조물)

㉠ 크기 : 2400W×3200L×1200H

㉡ 스탠드는 기계하중 및 협잡물처리기 진동을 고려하여 주 구조물은 H형강(H200×200×8×12t)로 제작하고 보강재는 ㄷ형강(ㄷ200×80×7×11t)과 ㄱ형강(L50×6t)으로 제작하여야하며 협잡물처리기 주위의 바닥판은 SS41, 4.5t 체크판을 깔아야 한다.

⑨ 투입구(호퍼)

㉠ 크기 : 2050W×1500L

㉡ SS41, 6t 이상의 재질로 투입구 전부는 30° 경사로 투입구 측, 후부는 15° 경사진

구조로 제작하여 협잡물이 원활하게 투입되도록 하여야 한다.

㉢ 호퍼의 투입구 전부와 후부 하단에 조립용 판(SS41 10t 이상)을 부착하여 협잡물처리기 본체와 M16 볼트로 조립하는 구조로 제작하여야하며 투입구의 측부 하단은 협잡물처리기 본체 내부에 삽입되는 구조로 제작하여야 한다.

⑩ 제어반

㉠ 제어반은 유압장치 옆에 두고 인입 동력선을 결선하여 주 조작반 기능을 갖추어야 한다.

㉡ 크기 : 600L×400W×1800H

㉢ 재질 : SS41, 2.3t

㉣ 동력선 및 조작선을 사용전류를 계산하여 50% 이상의 여유율을 갖는 굵기로 제작되어야 한다.

㉤ 제어반 내부전선은 식별이 용이하여야 한다.

㉥ 결선용 각 부속은 규격에 맞는 부속으로 견고히 부착하여 접지로 누전, 감전 사고가 없도록 제작하여야 한다.

㉦ 제어반에 부품은 KS 제품이나 이와 동등한 품질을 갖는 제품을 사용하여야 한다.

㉧ 파쇄기에 과부하 발생 시 유압유의 과압을 감지하여 자동 역회전되어 기기를 보호하여야 한다.

과부하 일정시간

(정회전 ───▶ 역회전 ───▶ 정회전)

타이머

㉨ 유압압력 S/W 고장 시 과부하 제어를 위해 EOCR을 설치하여 2중 안전장치 구조로 제작하여야 한다.

㉩ 처리가 불가능한 물체가 투입되어 계속적인 과부하 발생 시 타이머와 카운터를 이용하여 단위 시간당 세팅되어있는 회수 이상의 과부하 발생시 System이 자동정지 하여야 한다.

㉪ 제어반에는 위급상황 시 모든 전원을 차단할 수 있는 비상S/W를 설치하여야 한다.

㉫ 과부하 발생 시 정회전 동작에서 역회전 동작으로 변환될 때 기계에 무리한 힘이 가해지지 않도록 타이머를 설치하여 1초 이상 정지되었다가 역회전 되도록 회로가 구성되어야 한다,

(3) 배출 C/V

처리된 협잡물을 상차 C/V로 이송하는 장치

1) 일반 사양

일 반 사 양	
기계의 크기	1500 mmL×900 mmW
이 송 방 법	Belt C/V(Rubber)
이 송 속 도	20 m/min
전 원	380V×60Hz×3ϕ
모 터	1 HP(30 : 1 Geared)

2) 재질 및 규격

① Frame은 ㄷ형강(150mm×75mm)으로 한다.

일 반 사 양	
기계의 크기	6500 mmL×1000 mmW
이 송 방 법	Belt C/V(Rubber)
이 송 속 도	20 m/min
전 원	380V×60Hz×3ϕ
모 터	3HP(30 : 1 Geared)

② 측면과 후면은 밀폐식으로 제작한다.

③ 하단부에 Guide Roller(1EA)

(4) 상차 C/V

배출 C/V로 이송된 협잡물을 대기 중인 청소차량 박스에 적재하는 장치

1) 일반 사양

일 반 사 양	
기계의 크기	6500 mmL×1000 mmW
이 송 방 법	Belt C/V(Rubber)
이 송 속 도	20 m/min
전 원	380V×60Hz×3ϕ
모 터	3HP(30 : 1 Geared)

2) 재질 및 규격

① Frame은 ㄷ형강(150 mm×75 mm)으로 한다.

② 벨트는 이송 시 미끄럼 방지를 위하여 V-Figure Type으로 한다.

③ 이송 시 벨트 처짐 및 낙하방지를 위하여 3.2t 이상의 처짐 방지를 하고, 상단부에 300 mm Guide를 설치한다.

4. 성능 보증 시험

(1) 성능 보증시험 운전은 2단계로 나누어 실시하여 무 부하 운전과 부하운전으로 나눈다.

- 전원공급 및 조작반 점검
- 각 부위의 기능 점검
- 정상 운전요령 및 비상정지
- 응급조치 요령

(2) 검사는 제반시설의 견고성 : 안전성에 대해 육안검사를 실시하고 소음도 측정, 절연저항 시험, 유압장치 압력누수검사 등을 한다.

13.4 설 계

1. 파쇄기 설계

(1) 설계 사양

- Power : 380V × ϕ3 × 4P × 60Hz
- Torque : 4,000 kg·m
- Cutter Size : ϕ450 × 50t × 50 mm(2 Hooks)
- Cutter : 26 Sets
- 파쇄실 Size : 800W × 1300L

(2) 설계 계산

1) 유압모터 선정

① 모델명 : FH 600

② 용적량(V_m) : 596.5 cm^3/rev

③ 최대사용압력(P_m) : 200 bar(203.94 kgf/cm^2)

④ 최대 Peak 압력 : 300 bar(305.91 kgf/cm^2)

⑤ 최대 사용회전수 : 360 rpm

⑥ 단위 출력 Torque(T_{um}) : 1760 N.m/200 bar(0.88 kgf/cm^2)

$$= \frac{1760(\text{N} \cdot \text{m}) \times 0.101979(\text{kgf} \cdot \text{m/N} \cdot \text{m})}{200(\text{bar}) \times 0.01979(\text{kgf} \cdot \text{m/bar})}$$

$$= 0.88 \text{ kgf} \cdot \text{m/kgf/cm}^2$$

2) 유압 펌프의 선정(가변 용량형)

① 최대용량(V_p) : 49 cm^3/rev

② 최고사용압력 : 230 kgf/cm^2

③ 전동 모터 최대 회전수(N_M) : 1750 rpm

④ 유압 펌프의 토출량(Q)

$$Q = V_p \times N_M$$

$$= 49(\text{cm}^3/\text{rev}) \times \frac{1}{10^3}(\ell/\text{cm}^2) \times 1750$$

$$= 85.75\ \ell/\text{min}$$

3) 주축의 회전수 계산

① 유압모터의 회전수(N_m)

$$N_m = \frac{Q}{V_m}$$

$$= \frac{85.75(\ell/\text{min}) \times 10^3(\text{cm}^3/\ell)}{596.5(\text{cm}^3/\text{rev})}$$

$$= 143.75\ \text{rpm}$$

② 유성치차 감속기의 감속비(i)를 1/22.233로 선정 시 주축의 출력 회전수(N_s)

$$N_s = N_m \times i = 143.75 \times \frac{1}{22.233}$$

$$= 6.46\ \text{rpm} \Rightarrow 6 < N_s < 7 \qquad \text{OK}$$

③ 2축의 회전속도의 비를 1/0.7로 선정하여 절단효율을 높일 때 기어 비
2개의 기어는 M12×23NT, M12×33NT ⇒ 23/33≒0.7 OK

4) 출력 Torque(T)

$$T = T_{um} \times P_P \times \frac{1}{i}$$

$$= 0.88 \times 230 \times \frac{1}{\frac{1}{22,233}} = 4500\ \text{kgf/cm}^2 > 4000\text{kgf/cm}^2 \qquad \text{OK}$$

P_P : (펌프의 운전시 최고압력) : 205 kgf/cm^2

5) 유압펌프의 소요동력(L)

① 유압모터의 성능 곡선도를 참조한 결과 최고사용압력 230 kgf/cm^{2}일 때 유압모터의 회전수 143.75 rpm이므로 이때의 유압 펌프의 토출유량(Q_p)

$$Q_p = V_m \times N_m$$

$$= 596.5(\text{cm}^3/\text{rev}) \times 143.75(\text{rpm})$$

$$= 85,746.875\ \text{cm}^3/\text{min} \fallingdotseq 85.75\ \ell/\text{min}$$

② 유압펌프 소요동력(L_p), 펌프 실동력(L_s)

$$L_p = \frac{Q_p \times P_P}{7500}$$

$$= \frac{85,750 \times 230 \times \frac{1}{60}(\text{sec/min})}{7500} \times 0.98635(\text{HP/PS})$$

$$= 43.23\ \text{HP}$$

Q_p(230 kgf/cm^{2}일 때 유량) : 85,746.875 cm^3/min

$$L_s = \frac{L_p}{\eta_p} = \frac{43.23}{0.88} \fallingdotseq 49.125 < 50\ \text{HP} \qquad \text{OK}$$

η_p(유압 유닛 전 효율) : 0.88

6) 출력 축경 계산

W_1(칼날의 자중) : 5 kg/cm

W_2(기어의 자중) : 150 kg

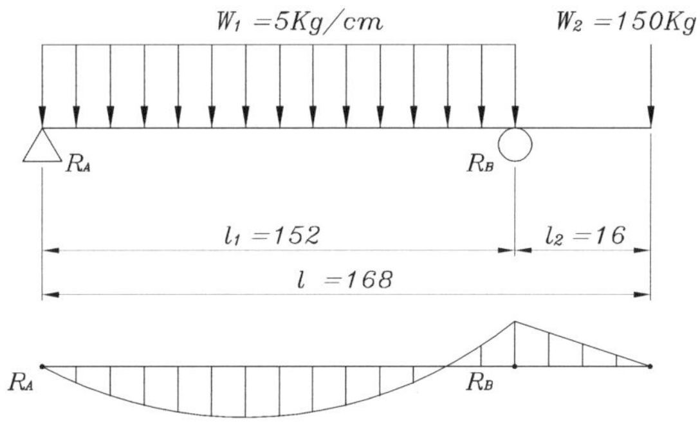

• RA :

$$-RA \times 152 + \left|5 \times \frac{152}{2}\right| \times \left|\frac{152}{2}\right| = 150 \times 16$$

$$RA \times 152 = \left|\frac{5 \times 152}{2}\right| \times \left|\frac{152}{2}\right| - 150 \times 16$$

$$RA = 174.21\ \text{kg}$$

• RB :

$$O = \left|\frac{5 \times 152}{2}\right| \times \left|\frac{152}{2}\right| - RB \times 152 + 150 \times 6$$

$$RB \times 152 = \left|\frac{5 \times 152}{2}\right| \times \left|\frac{152}{2}\right| + 150 \times 16$$

$$RB = 205.79 \text{ kg}$$

- $M_{max} = MB = Ra \times \ell_1 - W \times \ell_1 \times \frac{\ell}{2}$

$$= 174.21 \times 152 - 5 \times 152 \times \frac{152}{2}$$

$$= -31{,}280.1 \text{ kg} \cdot \text{cm}$$

- $T_e = \sqrt{(M^2 + T^2)}$

$$= \sqrt{(31{,}280.1)^2 + (401{,}083)^2}$$

$$= 402{,}301 \text{ kg} \cdot \text{cm}$$

T_e =상당 비틀림 모멘트

$$d = \sqrt[3]{\frac{5.1 \times T_e}{\tau_a}}$$

$$= \sqrt[3]{\frac{5.1 \times 402{,}301}{900}}$$

$$= 13.161 \text{ cm} < 135 \text{ mm OK}$$

τ_a(SCM4의 비틀림 하중시 허용전단응력) : 900 kg/cm^2

2. 투입 컨베이어 설계

(1) 운반량(Q)

$$Q = \frac{22}{3} \times V \times (0.9B - 0.05)^2 \times \gamma$$

$$= \frac{22}{3} \times 10 \times (0.9 \times 1.2 - 0.05)^2 \times 0.6 = 46.68 \text{ Ton/hr}$$

V : 벨트 속도(10 m/min)
B : 벨트 폭(1200 mm)
γ : 수송물의 겉보기 비중(0.6)

(2) 소요동력(N_m)

$$N = 0.06 \times f \times W \times V \times \frac{L + L_0}{367} + f \times Q \times \frac{L + L_0}{367} + \frac{H \times Q}{367}$$

$$= 0.06 \times 0.03 \times 70 \times 10 \times \frac{5.48 + 49}{367} + 0.03 \times 46.68$$

$$\times 46.68 \times \frac{5.48 + 49}{367} + \frac{2.43 \times 46.68}{367}$$

$$= 0.187 + 0.208 + 0.311$$

$$= 0.706 \text{ kW}$$

$$N_m = N \times \frac{a}{\eta} = 0.706 \times \frac{1.2}{0.81} = 1.04 \text{ kW} < 2.2 \text{ kW} \quad \text{OK}$$

f : 마찰계수(0.03)
η : Conveyer 총합효율(0.81)
W : 운반물 이외의 운동부분의 중량(70 kg/m)
V : 벨트 속도(10 m/min)
L : 컨베이어의 수평거리(5.48 m)
L_o : 중심거리 수정치(49 m)
Q : 운반능력(46.68 Ton/hr)
N : 구동축 동력(kW)
α : 여유계수(1.2)
H : 수직높이(2.443 m)

(3) 감속비 선정

1) Belt 속도(V) : 10m/min
2) 구동 Sprocket(D_1) : RS80×19NT
3) 종동 Sprocket(D_2) : RS80×34NT
4) Head Pulley 직경(D_H) : ϕ200 mm

$$V = 1750 \times \ell \times \frac{D_1}{D_2} + \pi \times D_H$$

$$\ell = \frac{V \times D_2}{1750 \times \pi \times D_1 \times D_H} = \frac{10 \times 34}{1750 \times \pi \times 19 \times 0.2}$$

$$= 0.0162 = \frac{1}{61} \fallingdotseq \frac{1}{60}$$

∴ 감속기 2.2kW×1/60×380V×4P로 선정

(4) 속도의 검토

$$V = 1750 \times \frac{1}{60} \times \frac{19}{34} \times \pi \times 0.2 = 10.2 \text{ m/min}$$

3. 배출 컨베이어

(1) 운반량(Q)

$$Q = \frac{22}{3} \times V \times (0.9B - 0.05)^2 \times \gamma$$

$$= \frac{22}{3} \times 20 \times (0.9 \times 0.9 - 0.05)^2 \times 0.6 = 50.8 \text{ ton/hr}$$

V : 벨트 속도(20 m/min)
B : 벨트 폭(900 mm)
γ : 수송물의 겉보기 비중(0.6)

(2) 소요동력(N_m)

$$N = 0.06 \times f \times W \times V \times \frac{L + Lo}{367} + f \times Q \times \frac{L + L_o}{367}$$

$$= 0.06 \times 0.03 \times 55.84 \times 20 \times \frac{15 + 49}{367} + 0.03 \times 50.8 \times \frac{1.5 + 4.9}{367}$$

$$= 0.276 + 0.210 = 0.486 \text{ kW}$$

$$N_m = \frac{N \times a}{\eta} = \frac{0.486 \times 1.2}{0.81} = 0.72 \text{ kW} < 0.75 \text{ kW} \quad \text{OK}$$

f : 마찰계수(0.03)
η : Conveyor 총합효율(0.81)
W : 운반물 이외의 운동부분의 중량(55.84 kg/m)
V : 벨트 속도(20 m/min)
L : 컨베이어의 수평거리(1.5 m)
L_o : 중심거리의 수정치(49 m)

Q :운반능력(50.8 Ton/hr)
N : 구동축 동력(kW)
α : 여유계수(1.2)

(3) 감속비 선정

1) Belt 속도(V) : 20 m/min
2) 구동 스프로켓(D_1) : RS80×19NT
3) 종동 스프로켓(D_2) : RS80×34NT
4) Head Pulley 직경(D_H) : ϕ200 mm

$$V = 1750 \times \ell \times \frac{D_1}{D_2} \times \pi \times D_H$$

$$\ell = \frac{V \times D_2}{1750 \times \pi \times D_1 \times D_H} = \frac{20 \times 34}{1750 \times \pi \times 19 \times 0.2} = 0.0325 = \frac{1}{31} \fallingdotseq \frac{1}{30}$$

∴ 감속기 0.75kW×1/30×380V×4P로 선정

(4) 속도의 검토

$$V = 1750 \times \frac{1}{30} \times \frac{19}{34} \times \pi \times 0.2$$
$$= 20.4 \text{ m/min} \fallingdotseq 20 \text{ m/min}$$

4. 상차 컨베이어

(1) 운반량(Q)

$$Q = \frac{22}{3} \times V \times (0.9B - 0.05)^2 \times \gamma$$
$$= \frac{22}{3} \times 20 \times (0.9 \times 1.0 - 0.05)^2 \times 0.6 = 63.58 \text{ Ton/hr}$$

V : 벨트 속도(20 m/min)
B : 벨트 폭(1000 mm)
γ : 수송물의 겉보기 비중(0.6)

(2) 소요동력(N_m)

$$N = 0.06 \times f \times W \times V \times \frac{L + L_o}{367} + f \times Q \times \frac{L + L_o}{367} + \frac{H \times Q}{367}$$

$$= 0.06 \times 0.03 \times 60 \times 20 \times \frac{6.111 + 49}{367} + 0.03 \times 63.58 \times \frac{6.111 + 63.58}{367}$$

$$+ \frac{6.111 + 63.58}{367}$$

$$= 0.324 + 0.286 + 0.384 = 0.994 \text{ kW}$$

$$N_m = \frac{N \times a}{\eta} = \frac{0.994 \times 1.2}{0.81} = 1.47 \text{ kW} < 2.2 \text{ kW} \quad \text{OK}$$

f : 마찰계수(0.03), η : Conveyor 총합효율(0.81)
W : 운반물 이외의 운동부분의 중량 (60 kg/m)
V : 벨트속도(20 m/min), L : 컨베이어의 수평거리(6.111 m)
L_o : 중심거리 수정치(49 m), Q : 운반능력(63.58 Ton/hr)
N : 구동축 동력(kW), α : 여유계수(1.2)
H : 수직높이(2.216 m)

(3) 감속비 선정

1) Belt 속도(V) : 20 m/min
2) 구동 스프로켓(D_1) : RS80×19NT
3) 종동 스프로켓(D_2) : RS80×34NT
4) Head Pulley 직경(D_H) : ϕ200 mm

$$V = 1750 \times \ell \times \frac{D_1}{D_2} \times \pi \times D_H$$

$$\ell = \frac{V \times D_2}{1750 \times \pi \times D_1 \times D_H} = \frac{20 \times 34}{1750 \times \pi \times 19 \times 0.2} = 0.0325 = \frac{1}{31} \fallingdotseq \frac{1}{30}$$

∴ 감속기 2.2kW×1/30×380V×4P로 선정

(4) 속도의 검토

$$V = 1750 \times \frac{1}{30} \times 19 \times 34 \times \pi \times 0.2$$

$$= 20.4 \text{ m/min} \fallingdotseq 20 \text{ m/min}$$

13.5 제작 및 설치

1. 파쇄기

(1) 파쇄기 몸체

파쇄기 몸체는 그림 13.2와 그림 13.3과 같이 제작되며 그림에서 보는바와 같이 동일한 조건이라면 그림 13.2가 파쇄면적이 큼으로 많은 동력이 필요하다. 따라서 파쇄 할 물건에 따라 파쇄 힘이 틀리고 파쇄 날의 직경과 rpm에 따라 틀려지므로 기계강도가 동력도 충분하게 설계되어야 한다. 따라서 파쇄 날이 많아지면 축경도 커지고 기어 및 감속기 모터도 크게 설계되어야 한다.

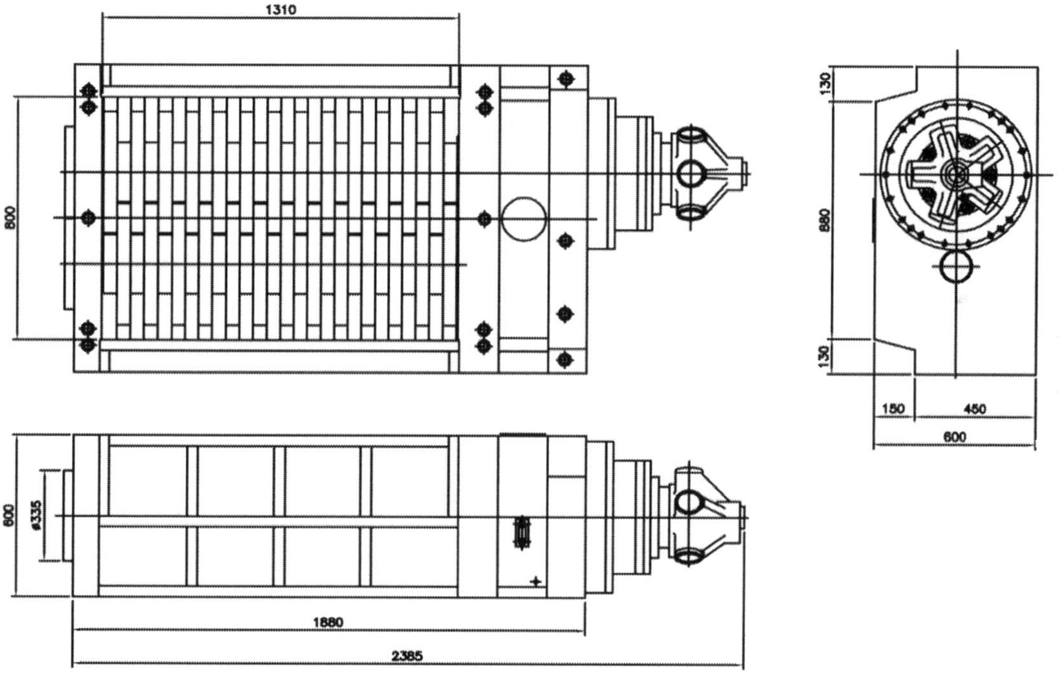

그림 13.2 파쇄기 몸체

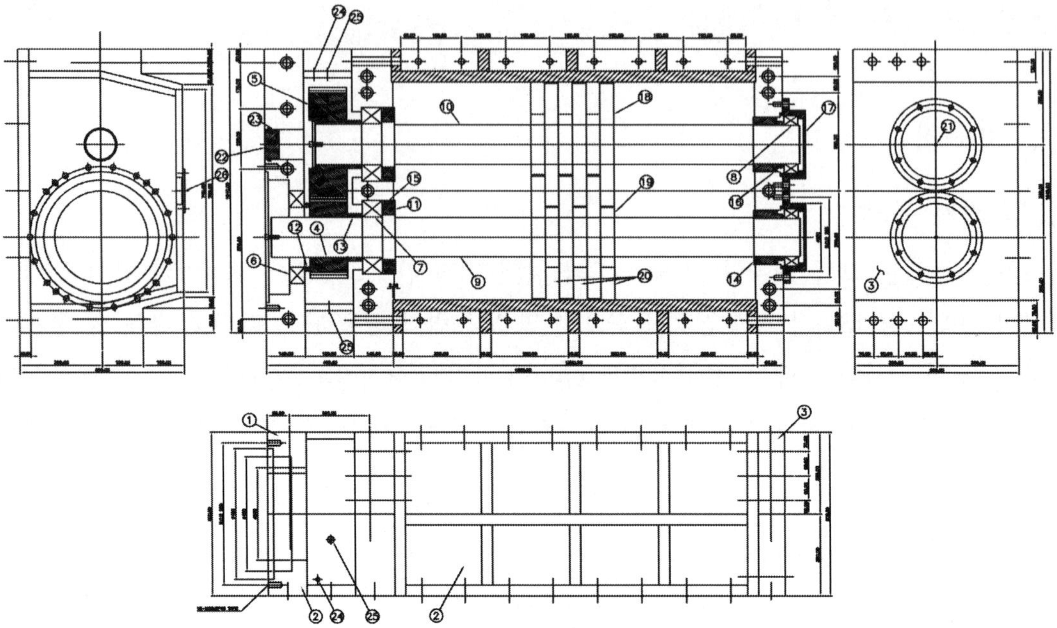

그림 13.3 케이싱과 축 조립도

(2) 파쇄기 Casing

당사에서는 파쇄기 Casing을 상하로 분리시켜 제작하며 베어링 분해가 용이하도록 하였다. 파쇄기 Casing에 축이 조립된 도면은 그림 13.3과 같으며 케이싱의 양면을 그림과 같이 분리형으로 제작하였다.

베어링이 조립되는 베어링 조립부의 가공은 분리된 케이싱을 완전히 조립된 상태에서 동심원이 되도록 가공해야 축이 원활히 회전할 수 있으므로 주의해서 제작한다. 그림 13.4는 케이싱의 상세 제작도이며 용접 시 틀어지지 않도록 보강을 완전하게 한 상태에서 용접하도록 한다.

그림 13.4의 부분별 상세도는 그림 13.5와 13.6과 같다.

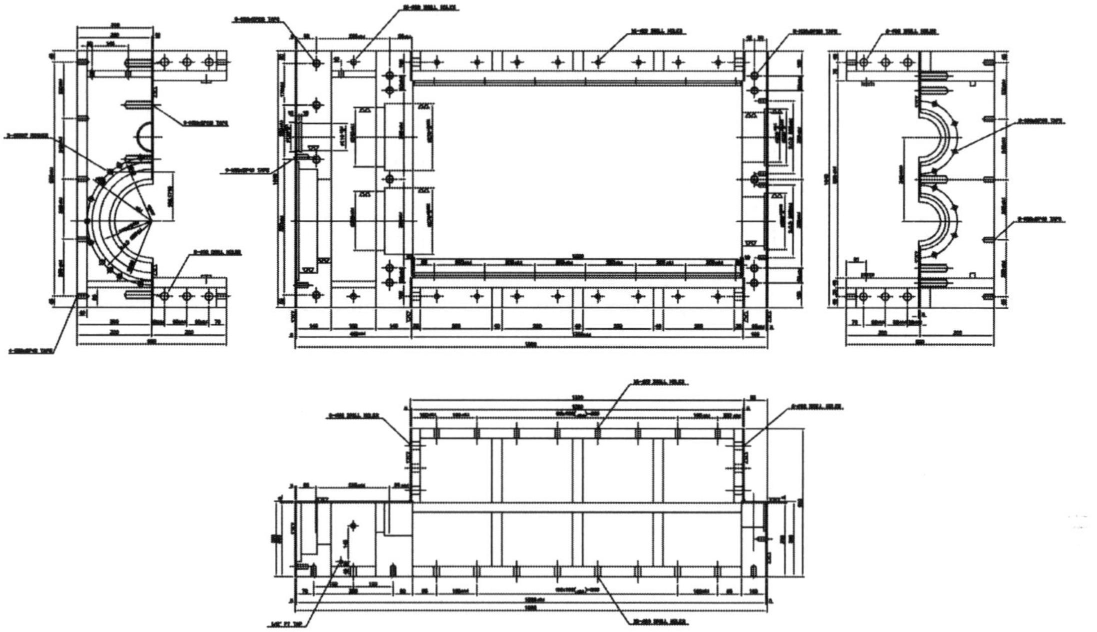

그림 13.4 케이싱 제작도

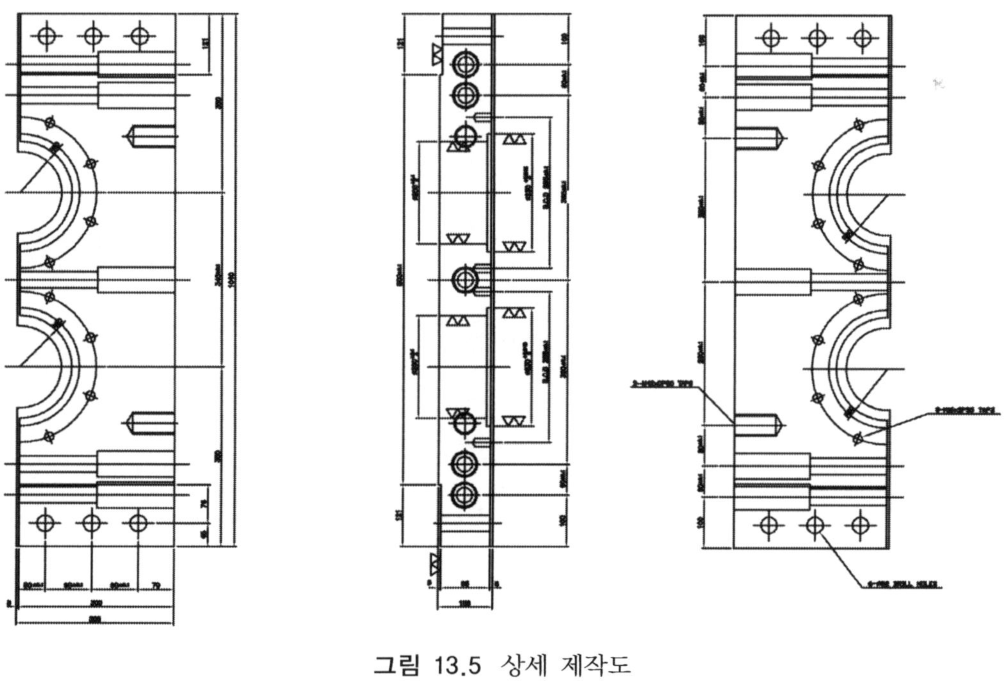

그림 13.5 상세 제작도

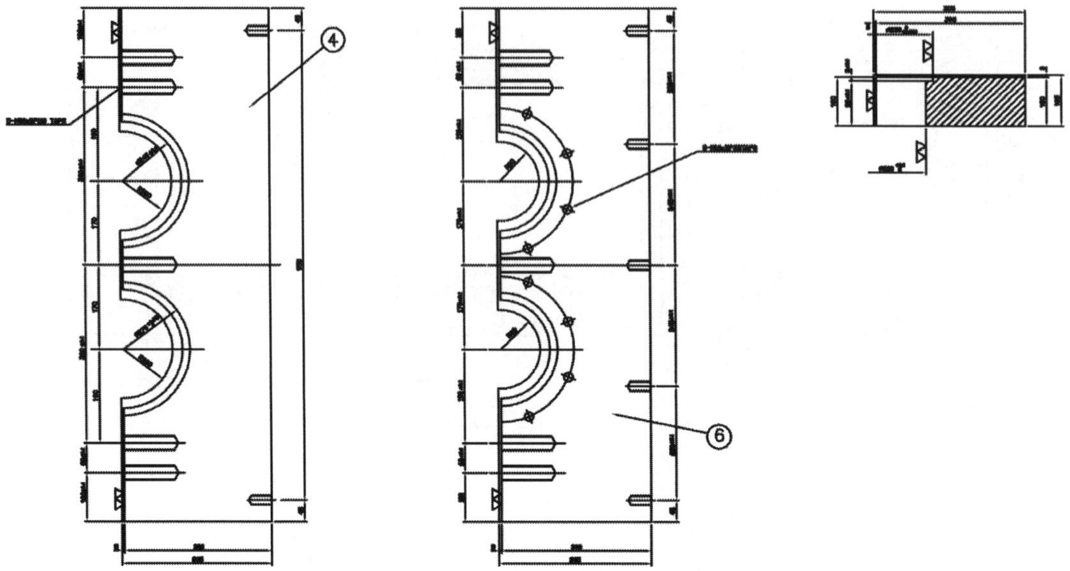

그림 13.6 상세 제작도

(3) 상부 기어박스(Upper Gear Box)

몸체 케이싱 기어박스 부분의 상부부분에 조립되는 부분으로 그림 13.7과 같이 제작하며 몸체 케이싱과 분해 조립할 수 있도록 하였으며 몸체와 분리되는 측면 한곳에 핀을 삽입할 수 있도록 한다. 이 핀의 상세도는 그림 13.8과 같다. 이 핀을 케이싱 중앙에 넣어 파쇄기가 강력한 힘으로 파쇄 되는 과정에 상판과 하판이 좌우로 밀리지 않기 위해 삽입하였다. 점검구의 커버는 그림 13.9와 같이 제작하였으며 베어링 하우징(Bearing Housing)은 그림 13.10과 같이 제작하였다.

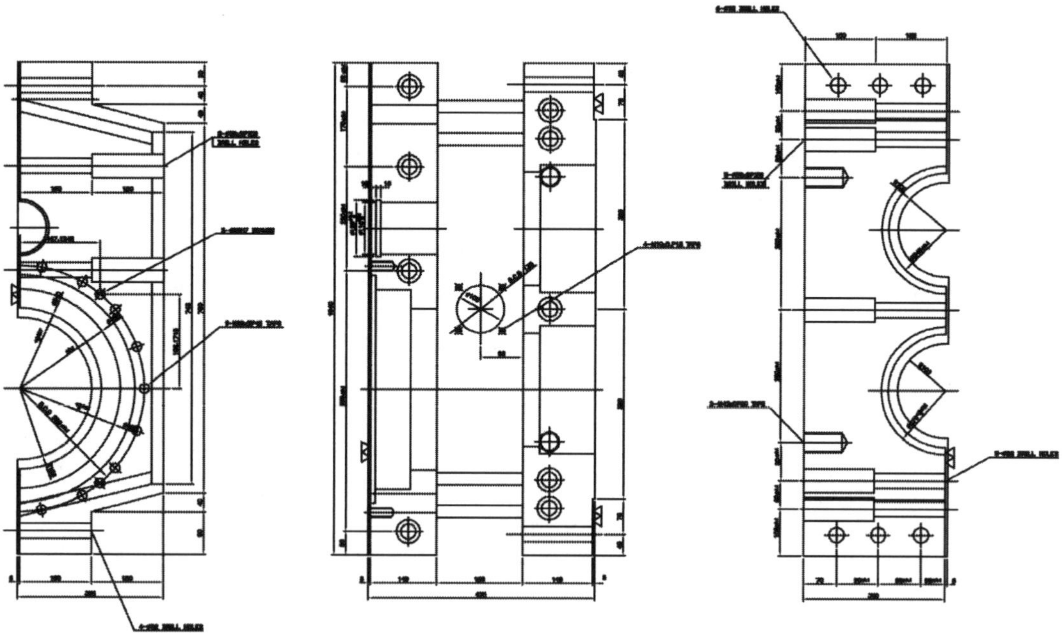

그림 13.7 상부 기어박스(Upper Gear Box)

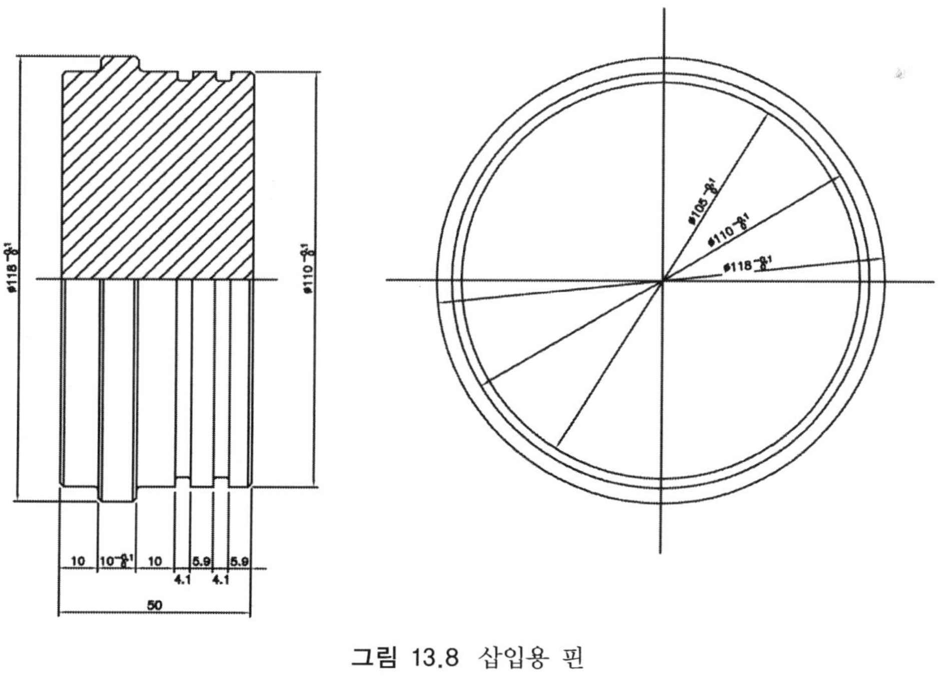

그림 13.8 삽입용 핀

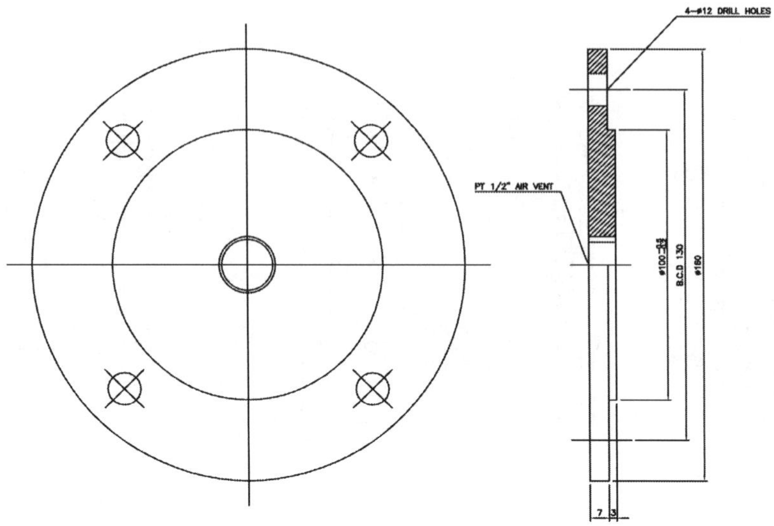

그림 13.9 점검 구 커버

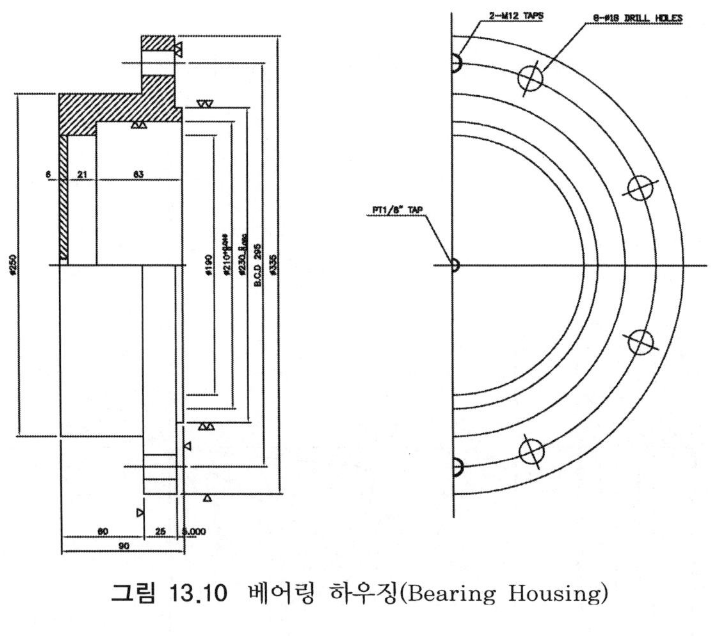

그림 13.10 베어링 하우징(Bearing Housing)

(4) 축

본 파쇄기 도면은 2축용 파쇄기로 2개의 축을 사용하였으며 각각의 축의 도면은 그림 13.11과 13.12와 같다. 그림 13.11은 A축으로 그림 13.3에서 보는바와 같이 유압모터의 축과 연결되어 회전된다. 그림 13.12의 B축으로 A축과 B축에 조립된 기어에 의해 A축이 회전됨에 따라 B축에 회전하게 된다. 이때 양축의 회전속도는 양축에 물려있는 기어의 크기가 달라 다르다. A축에는 그림 **13.13**에서 23개 기어와 B축에는 33개 기어가 맞물려 회전하고 있어 A축이 1회전할 때 B축도 약 0.7회전 회전한다.

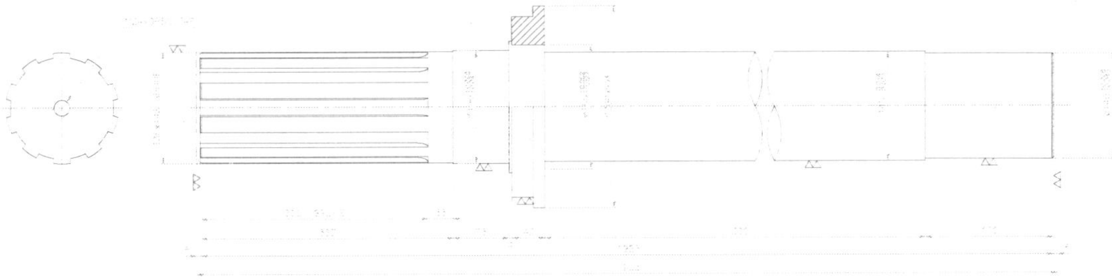

그림 13.11 A축

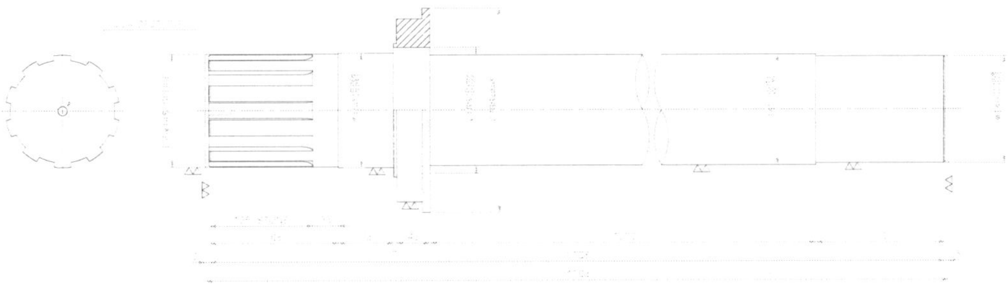

그림 13.12 B축

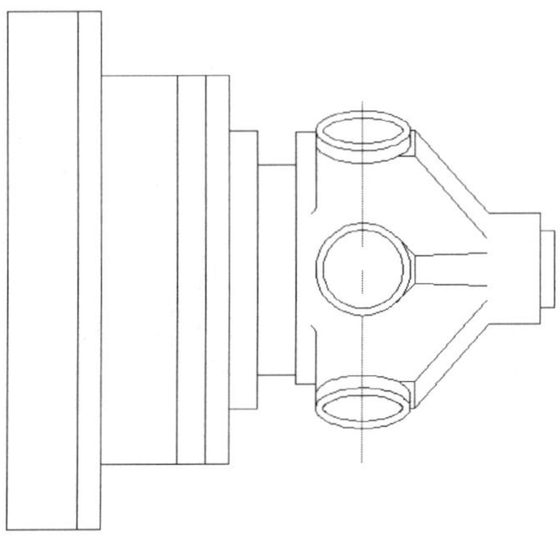

그림 13.12-1 감속기

(5) 커터 및 커터 보스(Cutter Boss)

파쇄 커터는 2축에 조립하여 파쇄할 물건을 물고 들어가거나 좌우 커터에 의해 절단되어 파쇄 되도록 한다. 커터 날은 마모 시 쉽게 교환할 수 있도록 커터보스(Cutter Boss)를 이용하여 커터보스에 그림 13.13과 같이 커터를 조립할 수 있도록 한다. 커터보스는 축에 조립 될 수 있도록 그림과 같이 가공하여 사용한다. 또 커터는 필요에 따라서 그림 13.13에서 ②모양과 ③모양을 선택해서 조립할 수 있다. 커터보스(Cutter Boss)는 그림 13.14와 같이 정확히 가공하여 파쇄 시 커터가 앞뒤로 밀리지 않도록 홈을 만들어 사용한다. 커터보스에 조립되는 커터도 턱을 주어 커터보스에 꼭 맞게 조립될 수 있도록 그림 13.15, 13.16과 같이 제작하여 사용한다. 커터보스가 조립될 때 사이에 그림 13.17과 같은 스페이서(Spacer)를 만들어 사이사이에 넣어 좌우 커터가 원활히 회전 될 수 있도록 한다. 그림 13.8에서 칼라(Collar)와 엔드 플레이트(End Plate)는 그림 13.3에서 축 조립 시 사용한다.

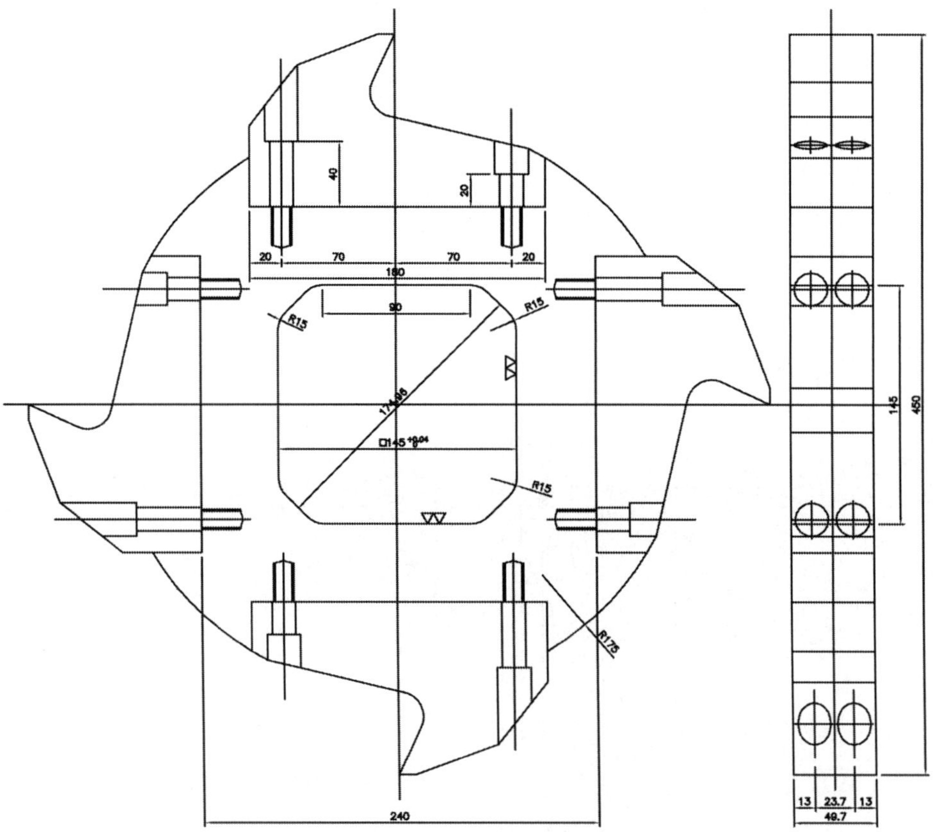

그림 13.13 커터(Cutter)

① ▽▽(▽▽▽)

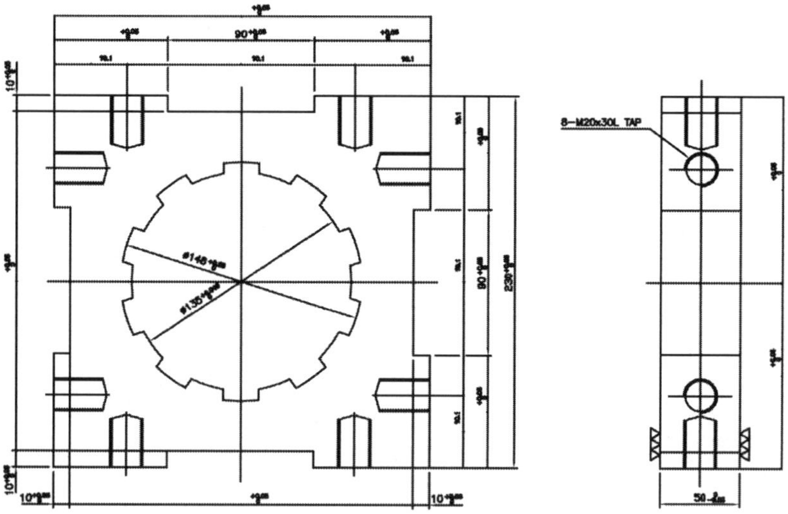

그림 13.14 커터보스(Cutter Boss)

② ▽▽(～,▽▽▽)

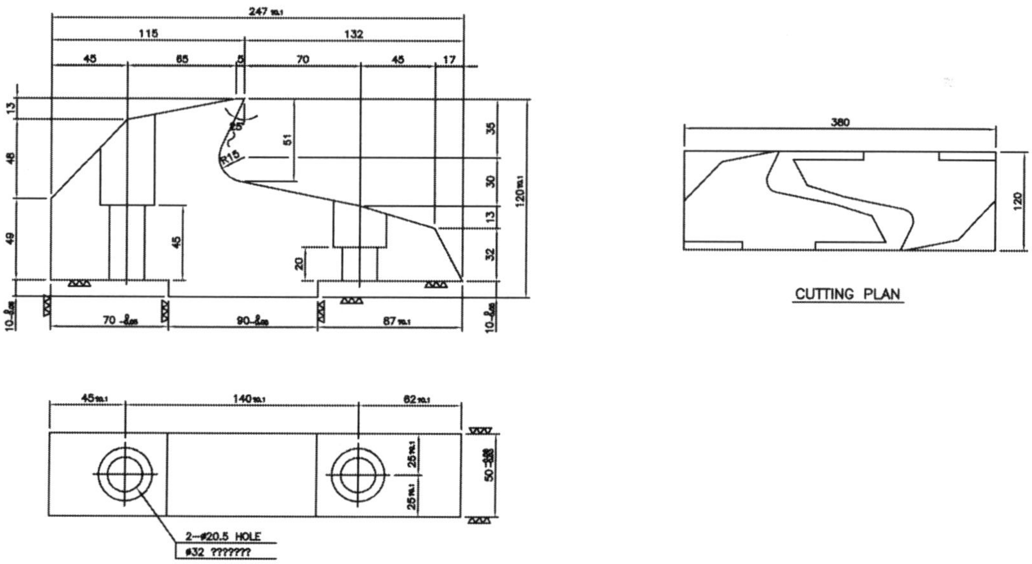

그림 13.15 커터 "ㅜ"형

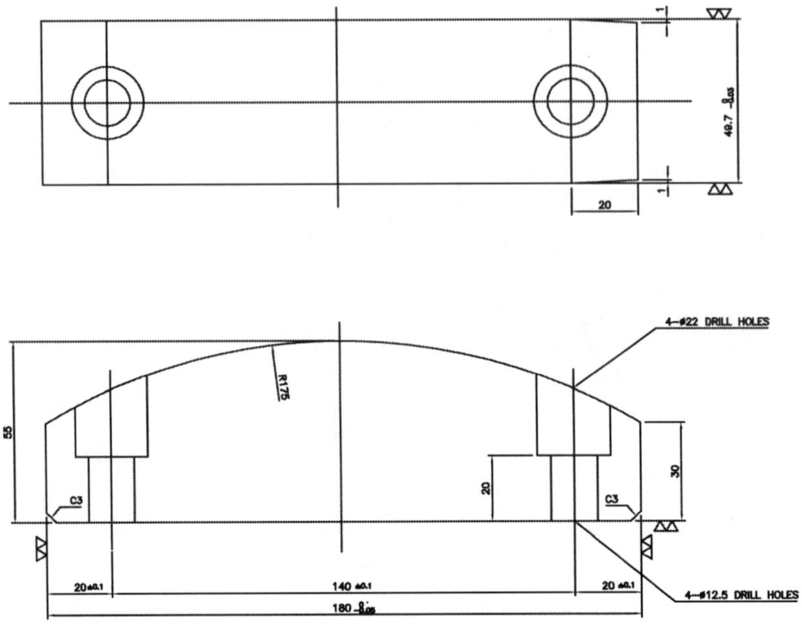

그림 13.16 카타 F형

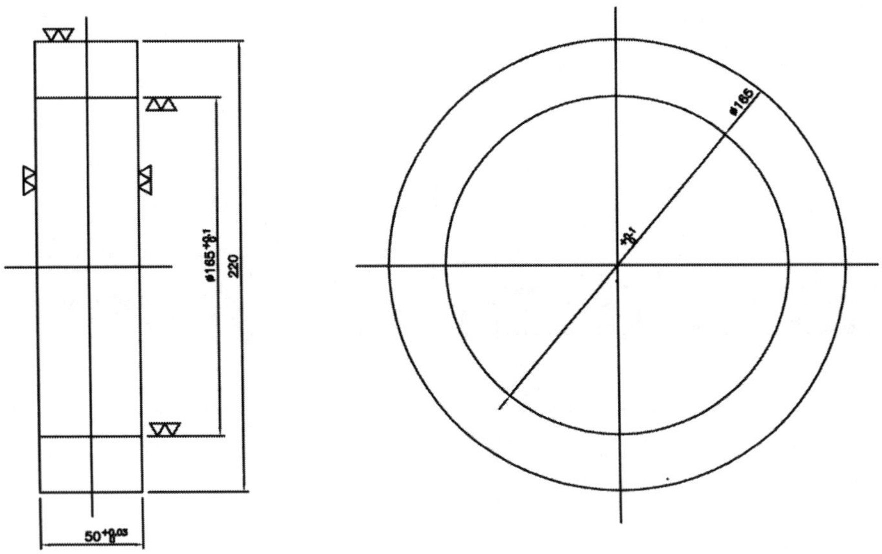

그림 13.17 스페이서(Spacer)

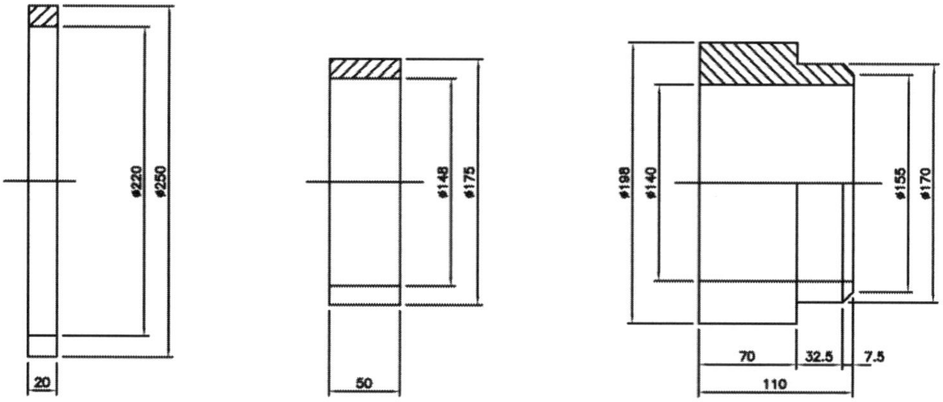

그림 13.18 칼라(Collar) 및 엔드플레이트(End Plate)

(6) 가이드(Guide)

가이드는 좌우 커터날 사이에 공간을 막아주고 파쇄물이 다시 상부로 올라오지 못하도록 상하에 가이드를 설치한다. 설치하는 가이드는 그림 13.19와 같으며 가이드를 파쇄기 몸체에 조립한 후 용접을 하여 가이드가 떨어지지 않도록 한다. 가이드에도 큰 힘이 걸리므로 튼튼하게 용접 하여야한다.

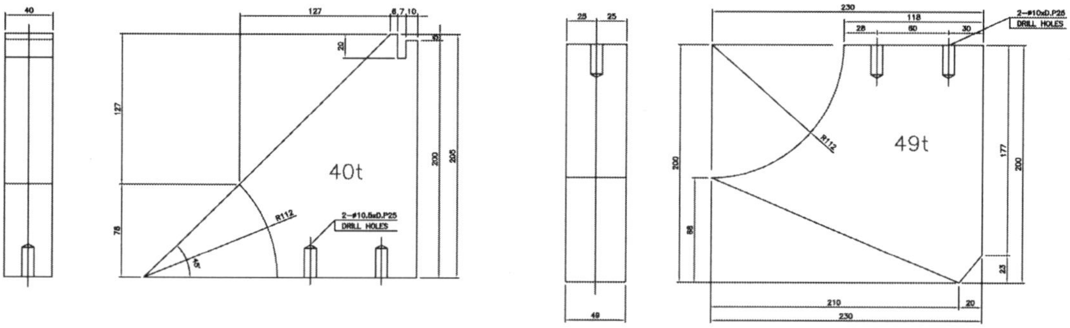

그림 13.19 가이드(Guide)

(7) 받침대

파쇄기 받침대는 설치 현장 조건에 알맞게 받침대를 설치하고 사용하는 자재나 앵커는 튼튼하게 설치하여야 한다. 본 파쇄기의 받침대는 그림 13.20과 같다.

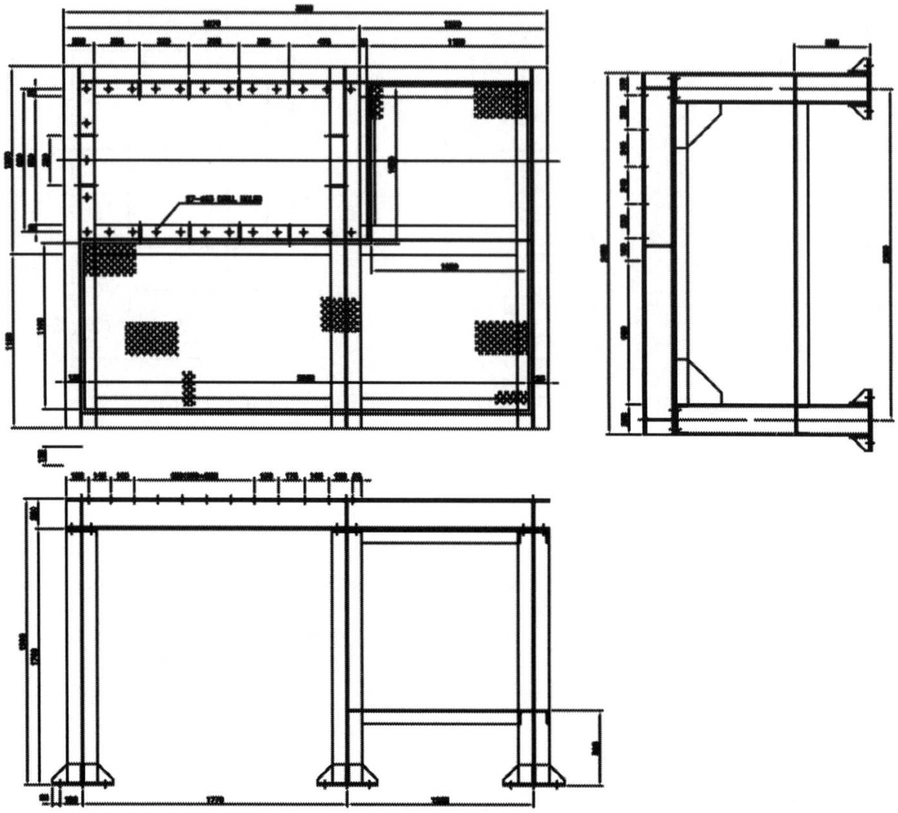

그림 13.20 받침대

(8) 슈트(Shute)

슈트도 현장 조건과 받침대에 및 컨베이어에 알맞게 슈트를 제작하고 설치하여야 한다.

(9) 호퍼(Hopper)

파쇄기 상부에 설치되며 파쇄할 물건들을 투입하기 알맞게 하며 밖으로 떨어지지 않도록 설계되고 튼튼하게 제작되어야 한다. 호바 제작도는 그림 13.21과 같으며 필요시 파쇄물이 잘 투입할 수 있도록 호바 측면 일부가 실린더로 움직이게 하여 투입이 원활하게 할 수도 있다.

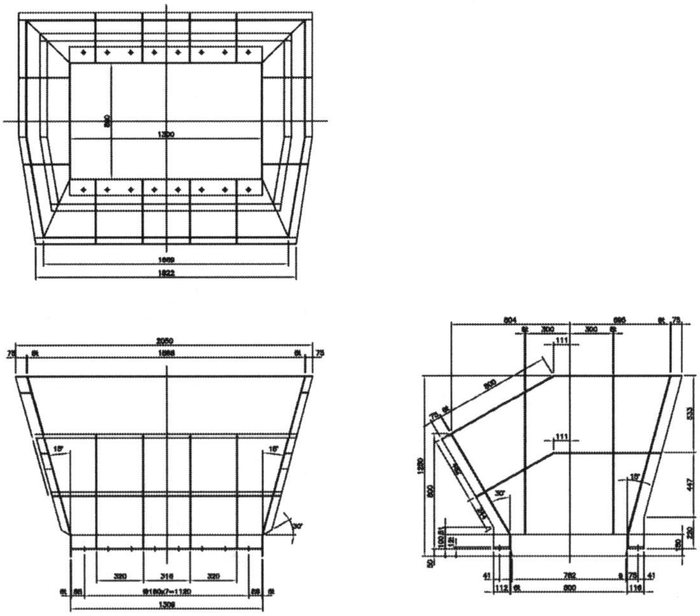

그림 13.21 호퍼(Hopper)

(10) 전기 제어반(Control Panel)

제어반은 먼지나 바가 들어가지 않도록 옥외용으로 그림 13.22와 같이 제작하며 참고용 회로도는 그림 13.23, 24, 25, 26, 27과 같다.

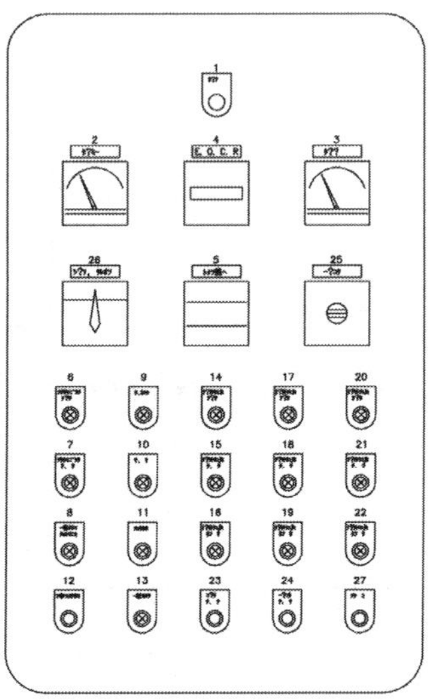

1	전 원
2	전압계
3	전류계
4	E. O. C. R
5	카운터
6	오일펌프운전
7	오일펌프정지
8	과부하리셋트
9	정회전
10	정 지
11	역회전
12	가동시작
13	
14	투입컨베어 운전
15	투입컨베어 정지
16	투입컨베어 이상
17	??컨베어 운전
18	??컨베어 정지
19	??컨베어 이상
20	상차컨베어 운전
21	상차컨베어 정지
22	상차컨베어 이상
23	비상 정지
24	경보 정지
25	경보
26	수동, 자동
27	예 비

그림 13.22 전기 제어반(Control Panel)

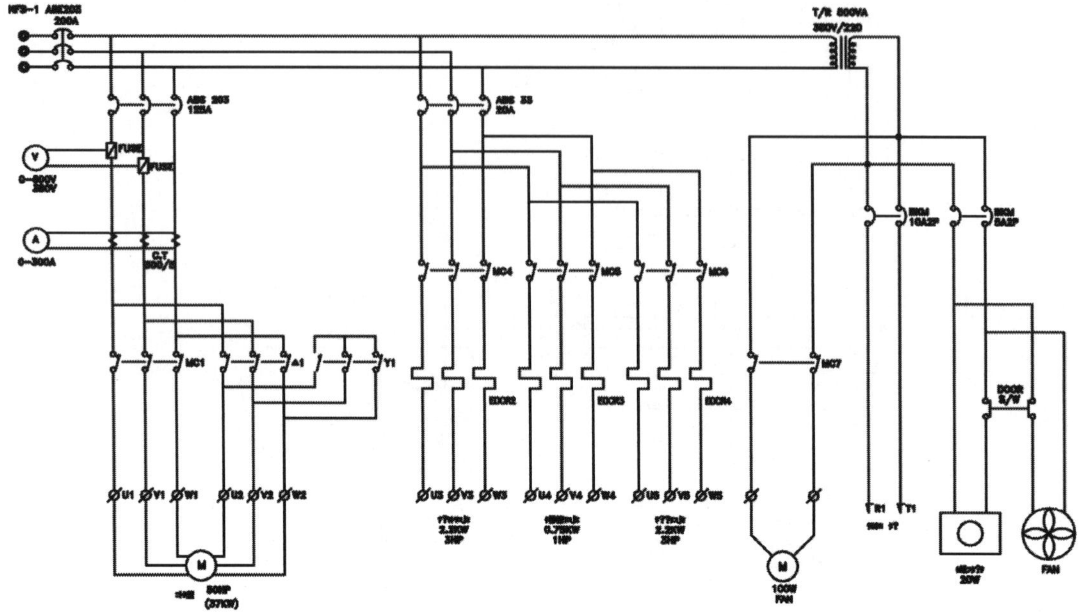

그림 13.23 회로도

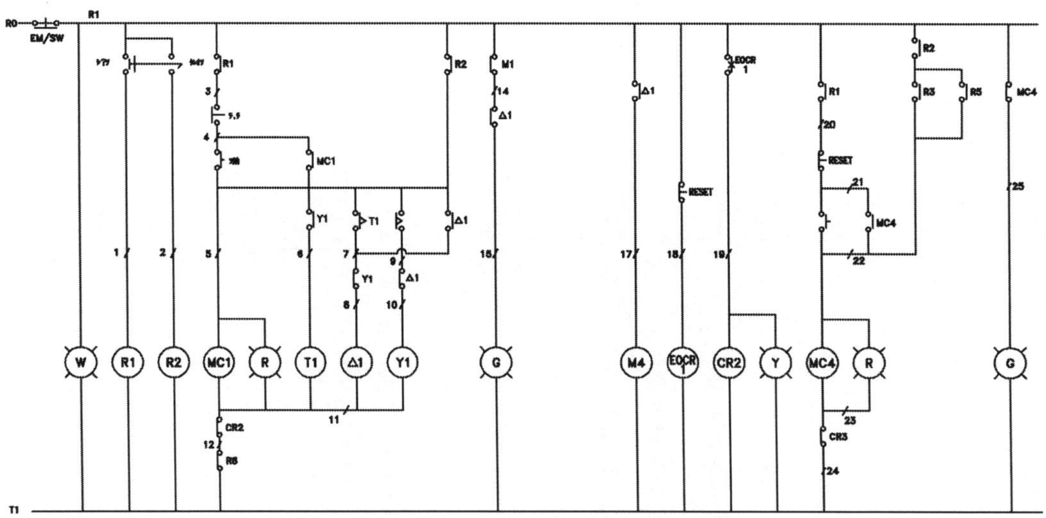

그림 13.24 회로도

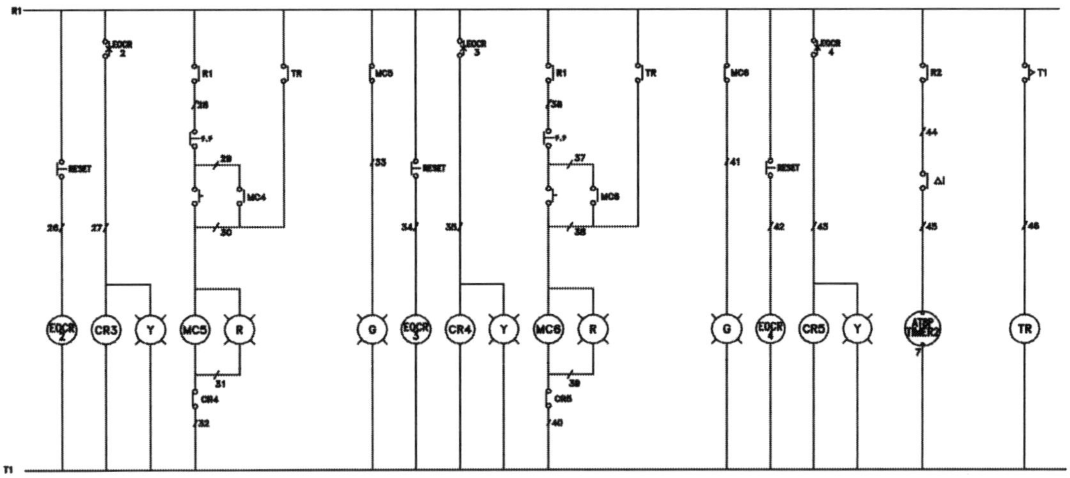

그림 13.25 회로도

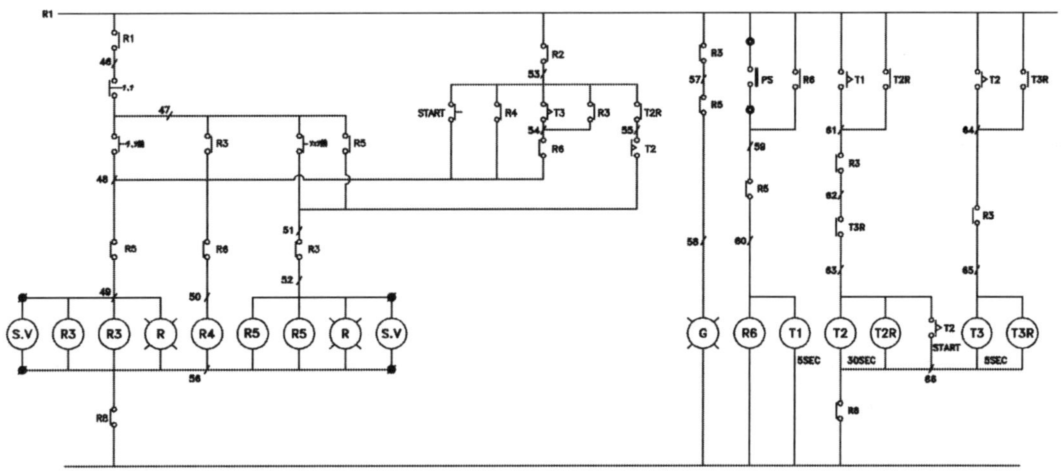

그림 13.26 회로도

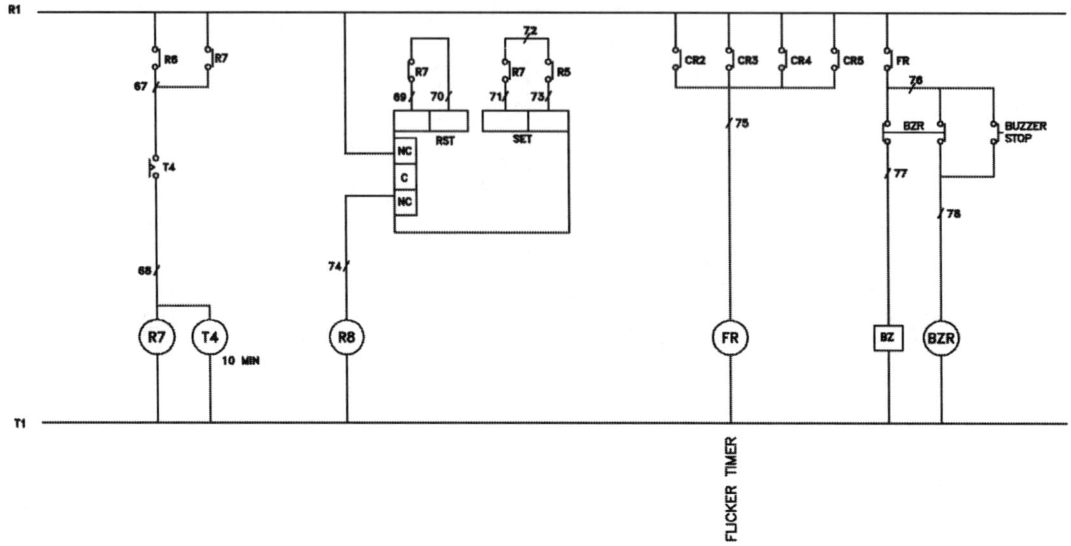

그림 13.27 회로도

2. 투입 컨베이어

투입컨베이어는 파쇄할 물건들을 파쇄기 호퍼에 투입하는 컨베이어로 파쇄할 물건에 따라 설계를 달리해야한다. 그림 13.28의 투입컨베이어는 당사에서 설치한 투입컨베이어의 조립도이며 그림 13.29는 구동부 설치도이며 그림 13.30은 구동부 스프로켓(Sprocket) 그림 13.31은 구동풀리(Head Pulley) 그림 13.32는 구동풀리 조립도 그림 13.33은 후미풀리(Tail Pulley) 그림 13.34는 테이크 업 장치(Take Up장치) 그림 13.35는 하부롤러(Return Roller)로 제작에 필요한 도면이다.

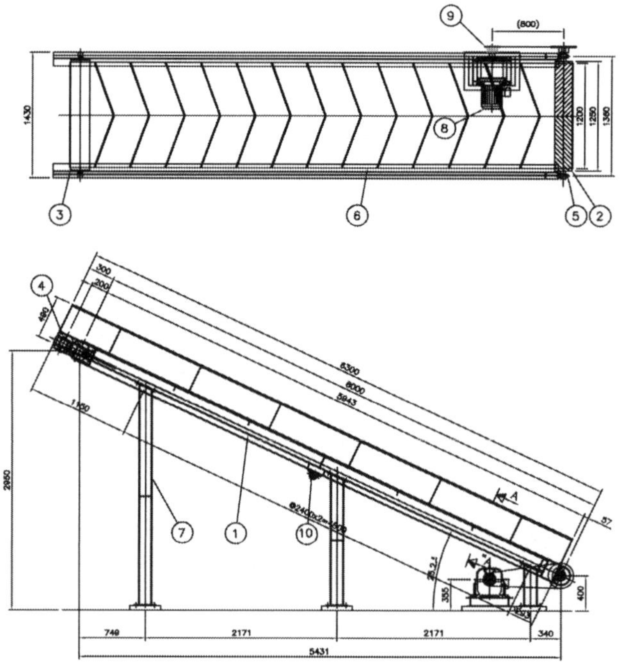

SPECIFICATION	
TYPE	≠BELT CONVEYOR
BELT	1,200W x 6,000L
BELT SPEED	10m/min
MOTOR POWER	2.2kW×4P×60Hz
ELECTRIC SOURCE	AC 380V x 3Φ
Q'TY	1 UNIT

NO.	DESCRIPTION	MAT'L	Q'TY	REMARK
1	FRAME	SS400	1	⊏100x75x6.5t
2	HEAD PULLEY	SPP SM45C	1	150A RUBBER LAGGING
3	TAIL PULLEY	SPP SM45C	1	200A
4	TAKE UP UNIT	SS400	2	200 STROKE
5	PILLOW BLOCK	BUY	2	UCP210
6	BELT	RUBBER	1	1,200W
7	SUPPORT	SS400	6	⊏150x75x6.5t
8	GEARED MOTOR	BUY	1	2.2kWx1/60
9	SPROCKET	SM45C	1	RS80x19/34
10	RETURN ROLLER	SPP SM45C	1	Φ89.1

그림 13.28 투입컨베이어

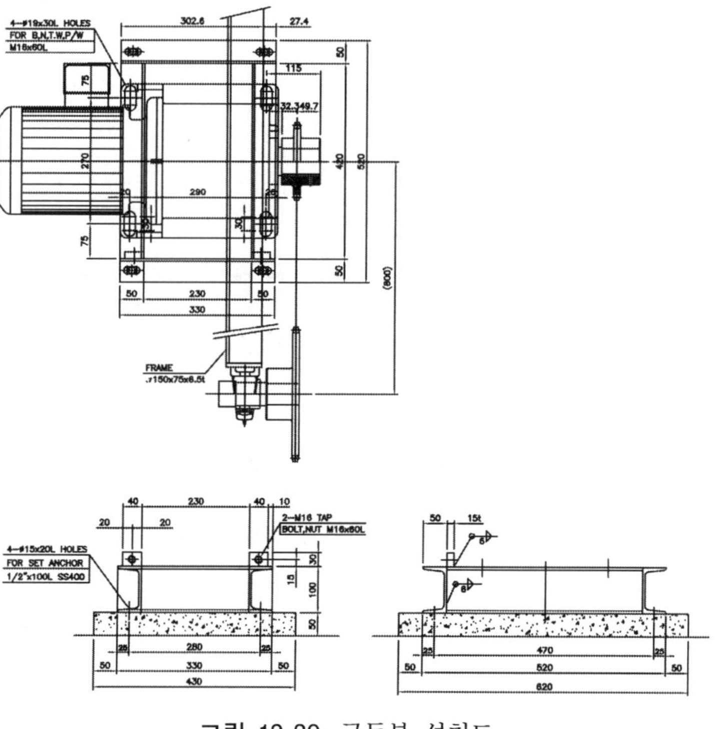

그림 13.29 구동부 설치도

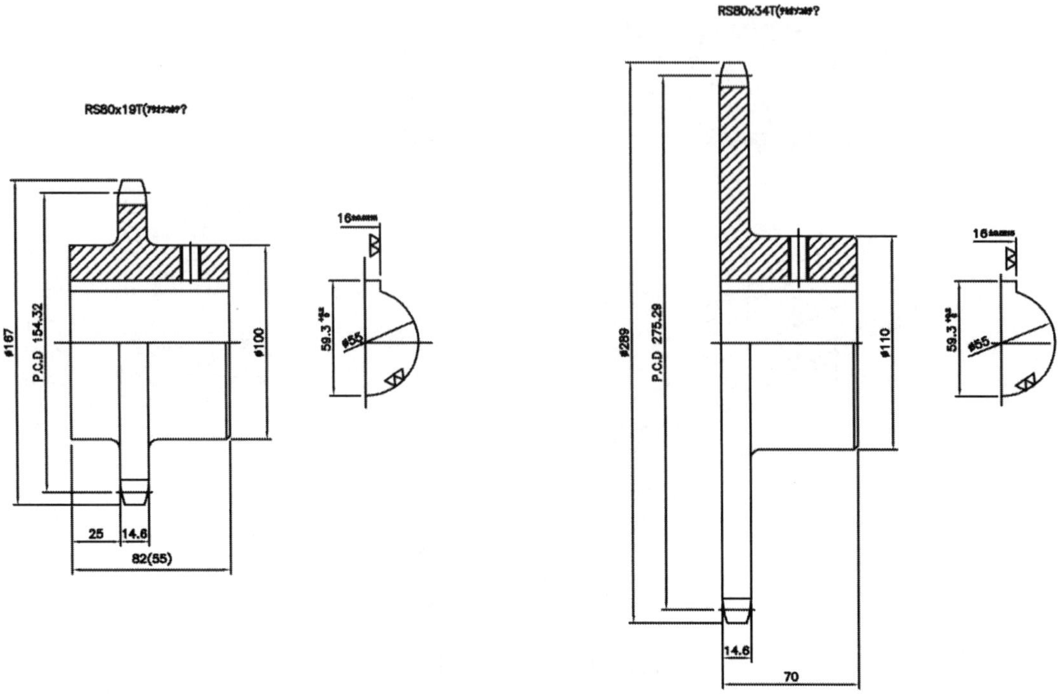

그림 13.30 구동 스프로켓(Sprocket)

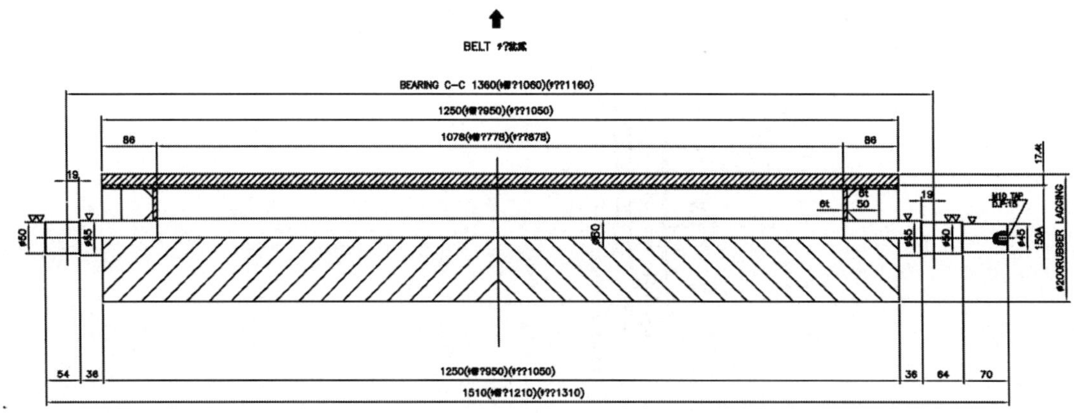

그림 13.31 구동 풀리(Head Pulley)

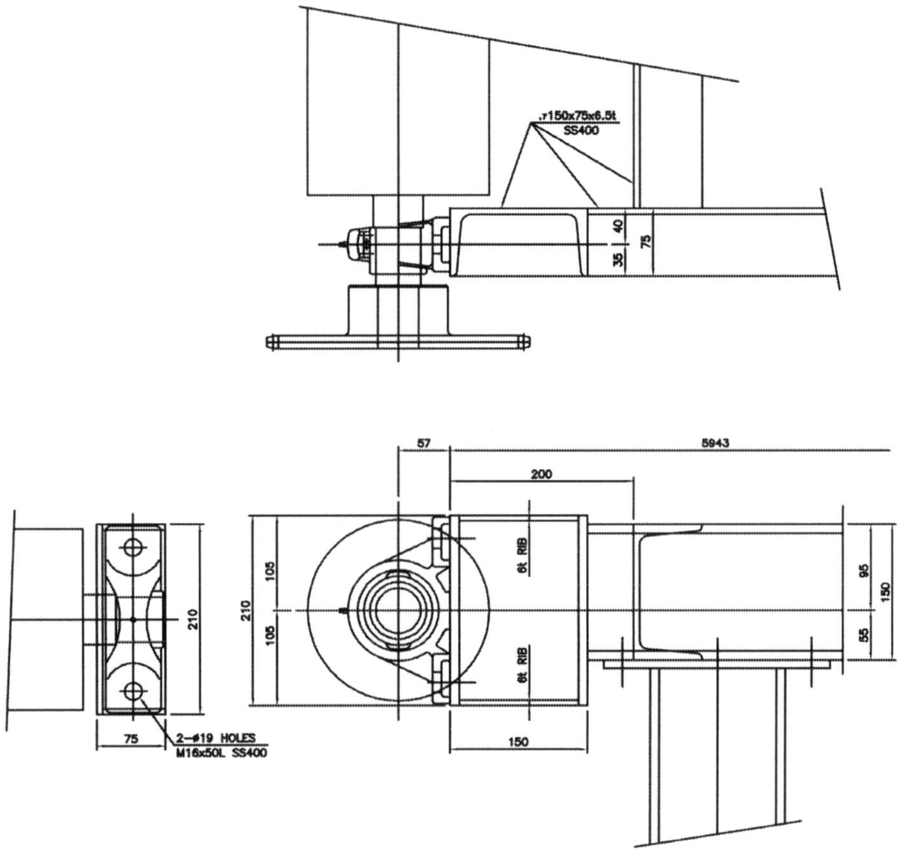

그림 13.32 구동 풀리 조립도

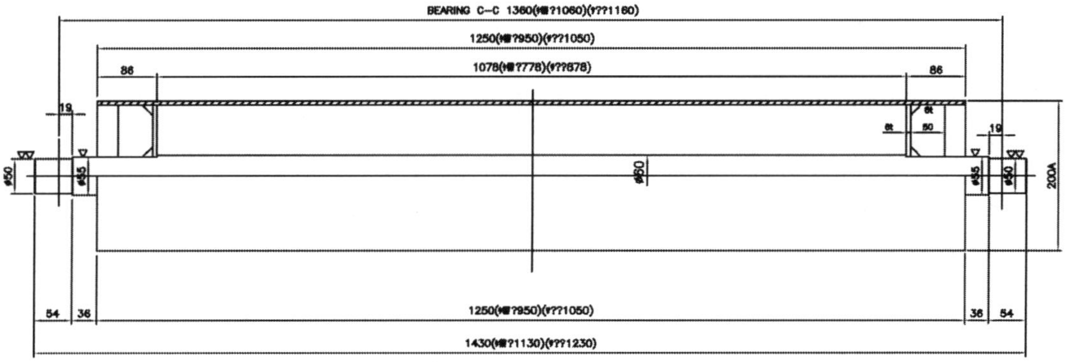

그림 13.33 후미 풀리(Tail Pulley)

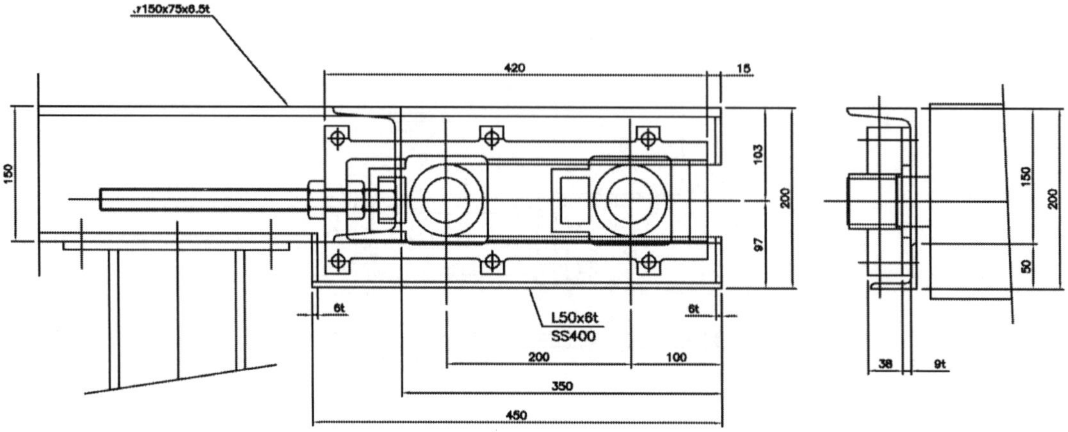

그림 13.34 테이크 업(Take Up)

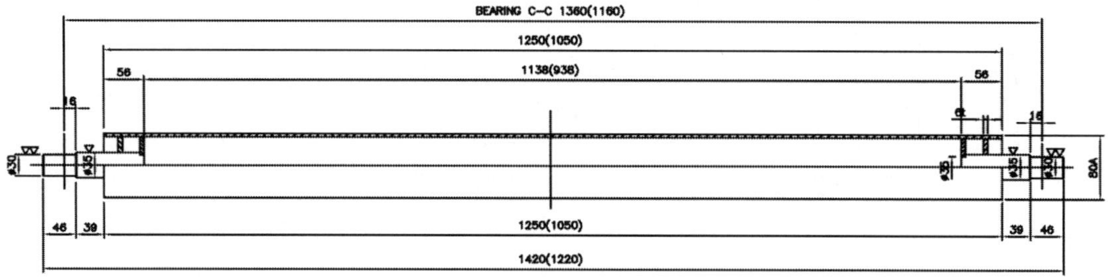

그림 13.35 하부롤러(Return Roller)

3. 배출 컨베이어

배출컨베이어는 파쇄기 밑에 설치되어 파쇄되어 떨어지는 파쇄물을 밖으로 배출시키는 컨베이어로 파쇄기 받침대와 공간을 고려해서 설계하고 설치한다. 그림 13.36은 배출컨베이어 조립도이고 그림 13.37은 구동부 설치도 그림 13.38은 배출컨베이어 상부 슈트로 배출물이 밖으로 떨어지지 않도록 한다.

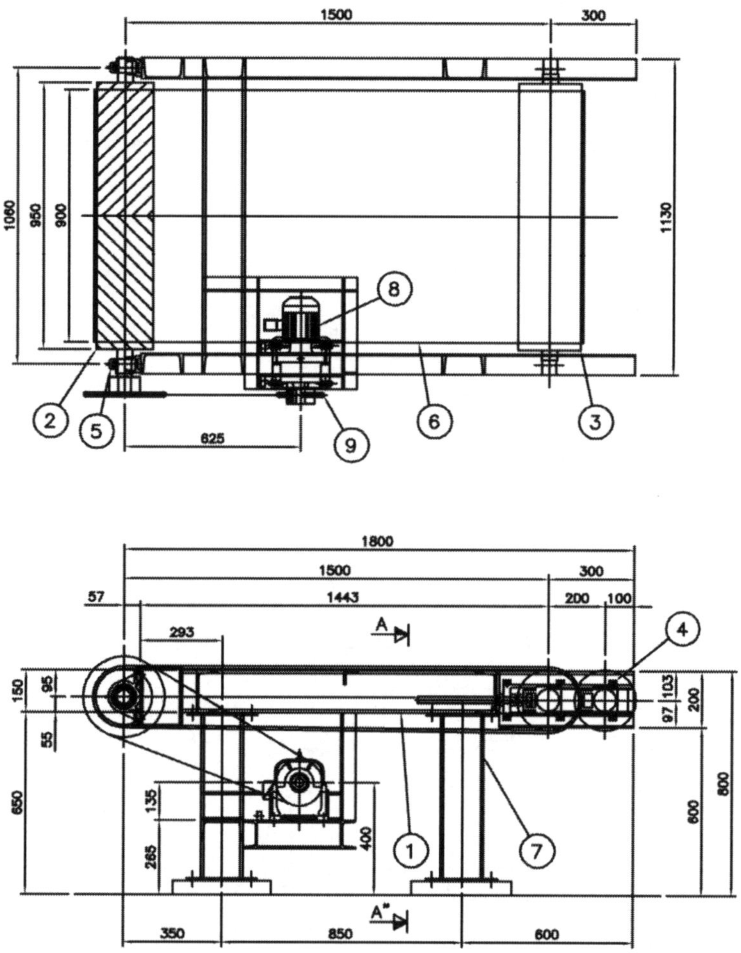

SPECIFICATION	
TYPE	BELT CONVEYOR
BELT	900W x 1,000L
BELT SPEED	20m/min
MOTOR POWER	0.75kWx4Px60Hz
ELECTRIC SOURCE	AC 380V x 3φ
Q'TY	1 UNIT

NO.	DESCRIPTION	MAT'L.	Q'TY	REMARK
1	FRAME	SS400	1	ㄷ150x75x6.5t
2	HEAD PULLEY	SPP SS400	1	150A RUBBER LAGGING
3	TAIL PULLEY	SPP SS400	1	200A
4	TAKE UP UNIT	SS400	2	300 STROKE
5	PILLOW BLOCK	BUY	2	UCP210
6	BELT	RUBBER	1	900W
7	SUPPORT	SS400	4	ㄷ150x75x6.5t
8	GEARED MOTOR	BUY	1	0.75kWx1/30
9	SPROCKET	SM45C	1	RS60x18/24

그림 13.36 배출 컨베이어

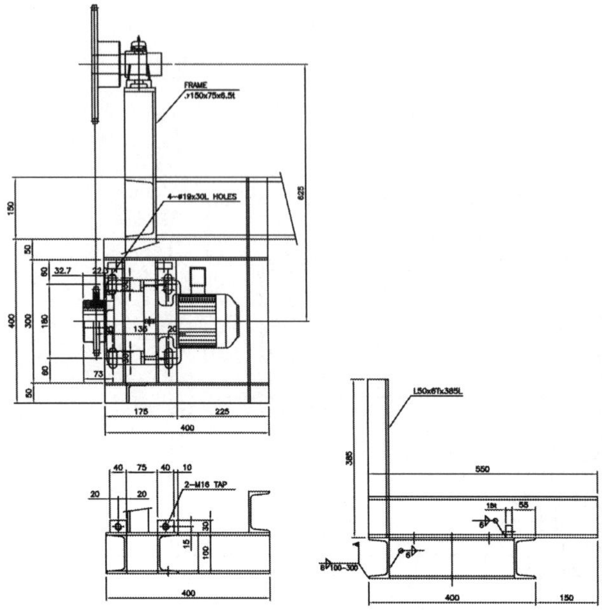

그림 13.37 구동부 설치도

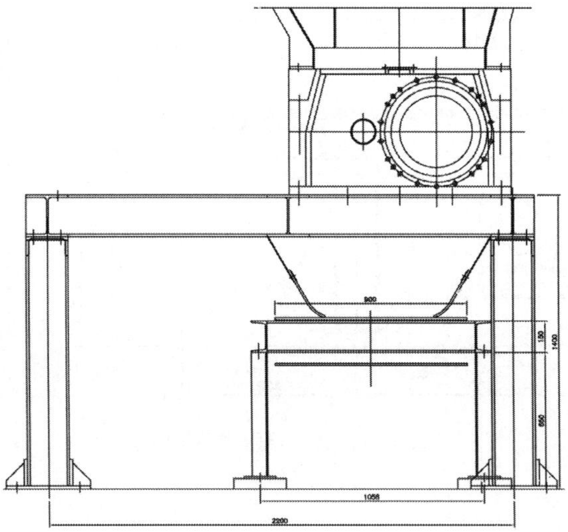

그림 13.38 상부 슈트(Shute)

4. 상차 컨베이어

상차 컨베이어는 배출컨베이어에서 배출된 파쇄물을 상차 컨베이어를 이용하여 쓰레기 적재함에 투입하는 컨베이어로 적재함 높이나 크기에 알맞게 제작한다. 그림 13.39는 상차 컨베이어 조립도이며 그림 13.40은 구동부설치도 그림 13.41은 상차 컨베이어 제작도이다.

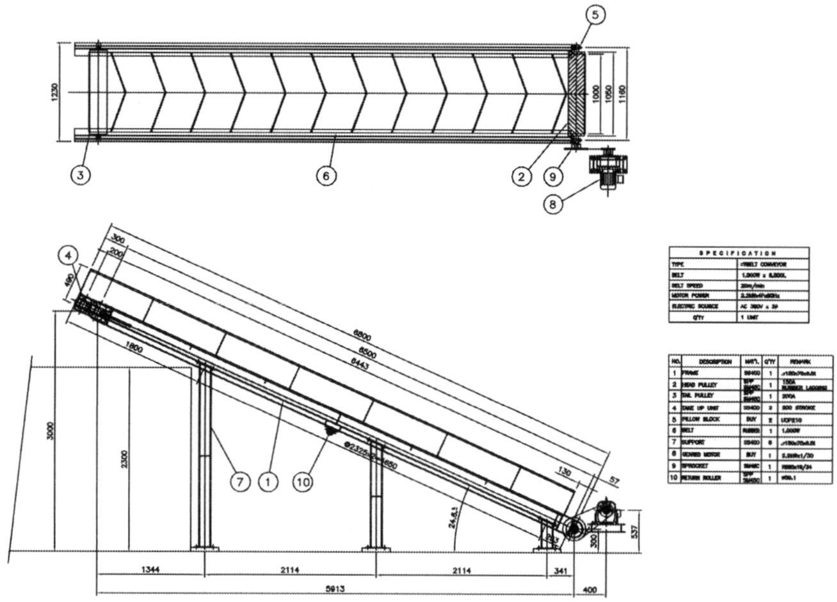

그림 13.39 상차 컨베이어

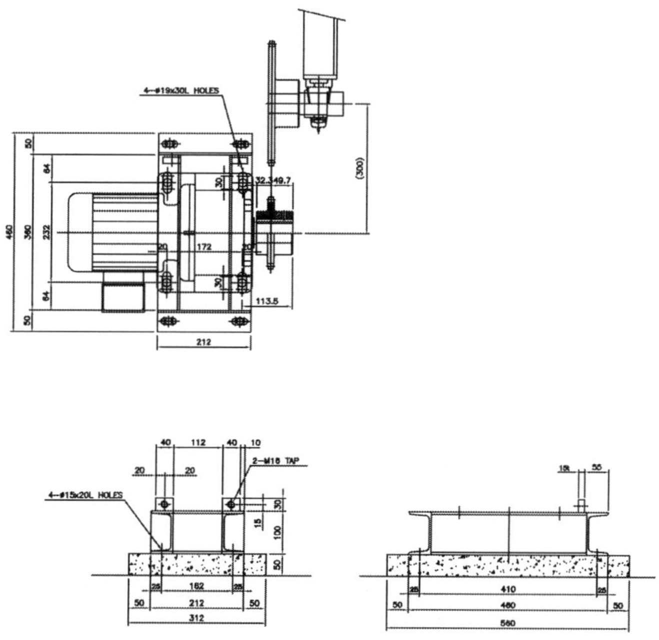

그림 13.40 구동부 설치도

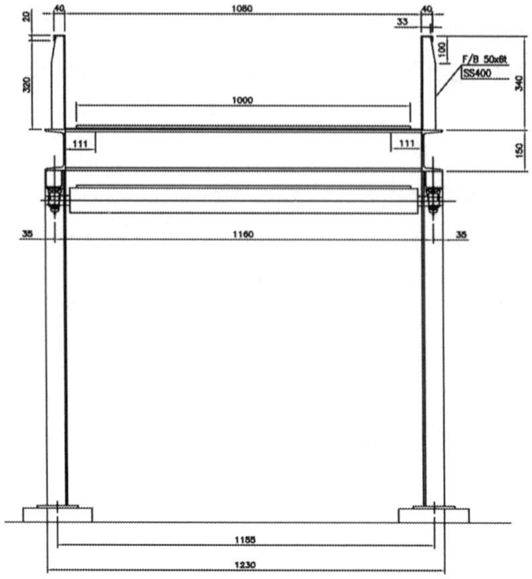

그림 13.41 상차 컨베이어 제작도

질문 1 **파쇄기 몸체를 일체형으로 만들면 어떤 문제가 있는가요?**

파쇄기 몸체를 당사 제품과 같이 몸체를 축을 중심으로 상하 분리시키지 않고 일체형으로 만들 수도 있다. 그러나 이렇게 몸체를 일체형으로 만들 경우에는 파쇄기를 조립 시 축을 한쪽 구멍에서 밀어 넣고 축을 밀어 넣으면서 칼날 보스를 끼우고 그 다음에 베어링을 끼운 다음 베어링 하우징에 베어링을 끼워야 한다. 또 베어링이나 칼날보스를 교환할 경우 조립했던 반대로 축을 쳐내어 베어링을 빼고 칼날보스를 빼내어야만 축을 분리시킬 수 있다. 따라서 좁은 공간에서 칼날 보스와 베어링을 끼우고 분해하려면 작업이 매우 어렵다. 그러므로 본 파쇄기는 축을 중심으로 몸체를 상하 분리시키므로 축 부분을 칼날보스 및 칼날과 베어링 등을 완전히 조립한 후에도 축을 몸체에 올려놓고 상부 커버를 조립하면 됨으로 매우 편리하고 조립비 및 유지 관리비가 매우 적게 든다.

질문 2 **파쇄기 칼날을 칼날 보스에 조립하지 않고 일체형으로 만들면 어떤 단점이 발생하는가?**

파쇄기 칼날을 칼날보스와 칼날을 일체형으로 만들면 제작비와 조립비등이 절감됨으로 제작 시에는 경제적일 수 있으나 칼날이 마모되어 칼날을 교환하고자 할 때에는 축을 완전히 분해하고 칼날을 교환해야만 사용할 수 있어 교체비가 매우 비싸 비경제적이다.

질문 3 **커터보스는 열처리를 해야 하는가?**

커터보스도 열처리를 해야 한다. 커터보스의 원자재는 57t를 사용하여 모형 절단하고 조질 처리를 하며 조질 처리 후 절삭 가공을 시행한다. 가공이 완료되면 양 측면 등을 고주파 열처리를 시행하여 강도는 HRC 55이상이 나오도록 한다. 열처리가 끝나면 양 측면을 연마하여 사용하면 원활히 회전할 수 있다. 만약 열처리를 하지 않고 사용하면 파쇄물에 의해 커터보스가 손상될 수 있으므로 꼭 처리를 시행하여야 한다. 연마공정은 생략할 수 있다.

질문 4 커터는 모두 열처리해야 하는가?

커터는 돌출된 카타 끝 부분이나 커터 모서리를 절단 되거나 물고 들어가면서 파쇄 됨으로 열처리를 꼭 시행해서 사용하여야 한다. 만약 커터의 모서리 부분을 열처리하지 않으면 커터의 날은 쉽게 마모되어 잘 절단되지 않는다.

질문 5 커터 조립 시 주의 사항은?

커터는 회전되면서 파쇄 시 충격에 의해 볼트가 풀릴 수 있다. 이때 볼트가 풀리면 커터 날의 흔들림에 의해 커터 날의 조립용 볼트와 커터보스가 마모될 수 있으므로 풀리지 않도록 해야 한다. 따라서 볼트를 조일 때에는 충격이나 진동에 의해 풀리지 않도록 볼트에 나사 밀봉제를 칠하면서 조립해야 한다. 이때 사용되는 커터 조립용 볼트를 고장력 볼트로 사용하여 조립한다.

질문 6 기계강도 설계 시 주의사항은?

파쇄물을 파쇄시 커다란 쇠뭉치가 유입되어 커터에 물리게 되면 파쇄 되지 않으면 회전축은 정지되고 전기제어반에 의해 회전축은 역회전이 되고 다시 정회전을 하게 된다. 이때에도 파쇄 시키지 못하면 다시 역회전 하고 또 다시 정회전을 시행한다. 이와 같은 동작을 설정치에 도달 할 때까지 파쇄 되지 못하면 경보가 울면서 기계를 완전히 정지된다. 이때 전기를 차단시킨 후 파쇄 불가능한 물질은 제거하고 가동시키도록 한다. 이와 같이 파쇄할 물건들에 의해 기계가동이 멈춰지더라도 기계나 구동부가 이상이 없도록 안전하게 설계되어야 한다.

질문 7 가이드는 어떻게 설치해야 하는가?

가이드는 커터와 커터 사이에 공간을 채워주는 부품으로 가이드가 없으면 빈 공간으로 파쇄물이 밑으로 빠져 나갈 수 있다. 가이드는 정회전시 하부로 빠져 나가지 못하도록 상부에 설치되는 가이드와 파쇄시 파쇄물을 물고 올라올 때 막아주는 하부 가이드가 있다. 그림 13.19에서 보는바와 같이 벽체에 볼트로 조립할 수 있게 제작되었으나 볼트로서는 가이드에 큰 힘이 걸려 견디기 어렵다. 따라서 볼트 조립 후 가이드로 벽체에 완전히 용접하여 고정하도록 한다.

제14장

부유물 제거기

14.1 부력식 부유물 제거기

1. 원 리

부유물제거기는 보통 침전지에서 부유되는 부유물을 제거하나 부유물이 많이 생기는 곳이 있으면 부유물을 제거해야 한다.

보통 부유물이 많이 발생하는 곳에 깔때기 형으로 제작하여 상부에서 핸들을 돌려 깔때기를 올리고 내리면서 부유물을 제거한다. 그러나 수위는 항상 변함으로 수위가 상승하면 많은 물이 빠져 나가 원수 손실이 커지고 수위나 내려가면 부유물이 제거되지 않는다. 따라서 수위 변동에 따라 현장에 달려가 깔때기를 올리고 내리고 조작을 항시 시행해야하는 불편함이 있었다.

본 부력식 부유물제거기는 부력에 의해 항상 일정한 높이를 유지하면서 깔때기에 부유물이 일정한 유속으로 흘러들어 갈 수 있도록 하여 부유물을 제거하는 방법이다. 따라서 본 부력식 부유물제거기는 수위변동 때마다 조정할 필요가 없는 구조이다.

2. 구 조

부력식 부유물제거기의 구조는 깔때기 양옆에 그림 14.1에 ③과 같이 부력통을 두고, 이 부력통 사이에 깔때기를 두어 깔때기가 안정되게 움직일 수 있도록 한다. 2개의 부력통은 바로 연결시키고 중앙에 ②와 같이 파이프를 관통시킨다. 파이프 중앙에 ⑫와 같이 부력조절 볼트를 넣고 2개의 부력통을 연결한 바와 중앙에 연결시키어 부력통이 상하로 움직이도록 한다. 중앙에 있는 부력조절 볼트로 파이프 상단에서 조절하고 깔때기 하단에 있는 부유물 유출파이프는 배수관과 좁은 간격으로 슬라이딩 되면서 상하 움직일 수 있도록 하였다.

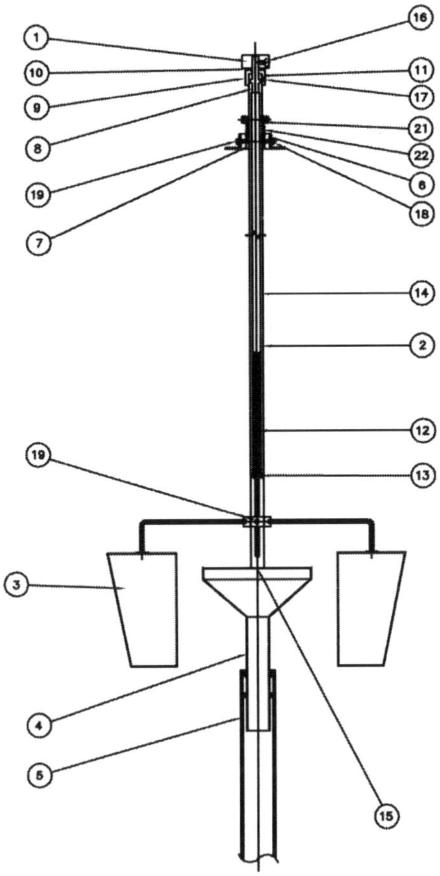

NO.	DESCRIPTION	MAT'L	Q'TY	REMARK
1	[illegible]	STS304	1	φ70x35L
2	PIPE	STS304	1	25Ax2.8tx1500L
3	[illegible]	STS304	1	2t
4	HOPPER	STS304	1	2t
5	GUIDE PIPE	STS304	1	80Ax3.5t
6	BUSHING HOUSING	STS304	1	
7	BUSHING	PE	1	
8	[illegible]	STS304	1	
9	BUSHING	STS304	1	
10	BUSHING	PE	1	
11	BUSHING	PE	1	
12	[illegible] BOLT	STS304	1	M10
13	[illegible] BUSHING	STS304	1	
14	[illegible] PIPE	STS304	1	15Ax2.1tx1215L
15	BOLT P/W	STS304	1	M16x30L
16	[illegible] BOLT	STS304	1	M8x20L
17	[illegible] BOLT	STS304	1	M8x10L
18	BOLT	STS304	1	M8x30L
19	BOLT. P/W. S/W	STS304	1	M8x30L(20L)
20	BOLT . NUT	STS304	1	M8x80L
21	[illegible]	STS304	1	
22	SPRING	STS304	1	φ60xφ4x50L

그림 14.1 부력식 부유물 제거기

3. 제작 설치 사양서

본 기기는 가양 하수처리장의 침전지에 설치하여 각지에 발생하는 부유물을 제거하기 위하여 설치하며, 전동밸브 및 Timer에 의해 자동 제거되며, 핸들 조작에 의한 수동 조작이 가능하게 되어있다.

(1) 구조 및 형상

구 분	구 조	규 격	재 질	단 위	수 량	비 고
침전지	수위에 따른 부력 조절형	도면 참조	STS 304	지	16	2 SET/지

(2) 세부 부품 설명서(도면참조)

No	품　명	재 질	세부 부품 설명
1	부력조절 핸들	STS304	부력기의 부력을 조절하는 핸들로 외부는 너얼링가공을 하였음
2	핸들 축	STS304	부유물 제거기의 Hopper와 연결된 Pipe로 내부에 부력조절을 위한 Pipe로 구성되었음
3	부력 조절기	STS304	수면으로부터 일정량의 높이를 유지하며 뜰 수 있도록 부력을 가진 밀폐된 통으로 필요에 따라 수면과의 높이 조절이 가능한 구조임
4	부유물 제거통	STS304	축과 연결된 폐수 Hopper로 부력조절기에 의해 수면보다 낮게 조절되어 부유물이 쉽게 유입 배출되도록 하였음
5	안내 PIPE	STS304	배수 Hopper하부의 Pipe를 안내하여 Hopper가 한쪽으로 기울어짐을 방지하고 상하 유동이 원활하도록 하였음

(3) 부대설비

1) 부유물 제거통 설치 지점인 지내부에 부유물 배출용 배관(STS 304, 80ϕ×2.5 t)을 한다.
2) 배관부 접합 : 배관부 접합은 용접 및 관용 테이퍼 나사 접합을 원칙으로 하며 누수가 되지 않도록 한다.
3) 배관에 전동밸브를 설치하고 조작 Panel Timer에 의한 개폐로 부유물의 배출시간이 임의로 자동 조절되는 구조로 한다.

- 전동밸브 : 볼 Type, 80ϕ, 10 kg/cm^2, 380 V, 25 W로하고 밸브 및 Actuator 연결축은 STS 304이며, Actuator는 철판(12t) 기초 위에 견고하게 설치한다.

(4) 현장 설치 및 시운전

1) 전동밸브 설치용 받침대 16개 설치(방청 및 마감도장 실시)
2) 반송 수로까지 부유물을 배출할 수 있도록 부유물 제거기와 배관으로 연결한다.
3) 반송수로 벽체 구조물의 배관 관통부위는 누수가 없도록 충분한 밀폐 시공한다.
4) 모든 규격과 치수는 도면에 의하되 현장조건에 따라 맞춤 처리한다.

4. 설 계

부력식 부유물제거기의 설계는 부력에 의해 부유물제거기가 떠있어야 함으로 떠있는 부유물제거기의 중량을 계산하고 부력통의 부력크기를 부유물제거기가 충분히 떠 있을 수 있도록 설계하면 된다. 따라서 부력계산은 다음과 같이 계산하여 사용하였으며 도면은 다음에 나오는 도면을 참조하여 계산하였다.

(1) 부력조절기(Hopper)의 부력계산

$$V = \frac{\pi H}{3}(D^2 + Dd + d^2)$$

$$= \frac{\pi \times 0.1}{3}\{(0.3^2 + (0.3 \times 0.06) + 0.06^2\}$$

$$= 0.012\ \mathrm{m}^3$$

$$F_{B1} = \gamma_r \times V$$

$$= 1000 \times 0.012 = 12\ \mathrm{kg}$$

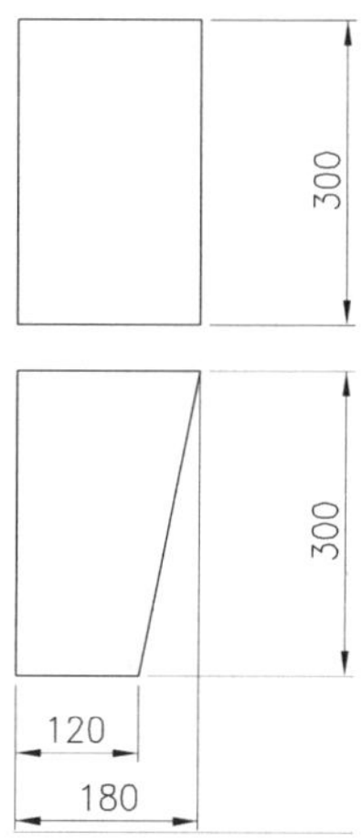

(2) 부력통의 계산

$$V = (0.12 \times 0.3 \times 0.3) + \frac{1}{2}(0.06 \times 0.3 \times 0.3)$$

$$= 0.0108 + 0.0027$$

$$= 0.0135\ \mathrm{m}^3$$

• 부력통의 수량이 2 EA이므로

$$V_2 = V \times 2\mathrm{EA} = 0.0135 \times 2 = 0.027\ \mathrm{m}^3$$

$$F_{B2} = \gamma \times V_2 = 1000 \times 0.027 = 27\ \mathrm{kg}$$

(3) 전체 부력은

$$F_{B1} + F_{B2} = 12 + 27 = 39\ \mathrm{kg}$$

(4) 부유물 제거기 중량(W) : 약 27 kg

$\therefore$ 39 kg > 27 kg O.K

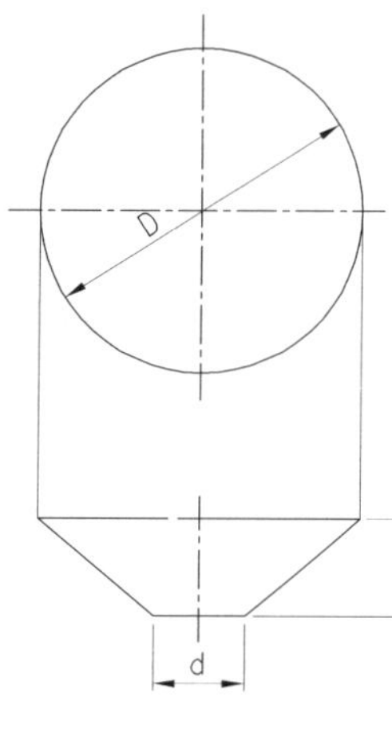

5. 제작 설치

(1) 설치위치 선정을 설계초기에 하기는 매우 어렵다. 수로나 응집지 침전지 등에 물을 넣어 정상적으로 운전하면 스컴이 모이는 곳이 생긴다. 이때 위치를 선정하여 그림 14.2와 같이 설치한다.

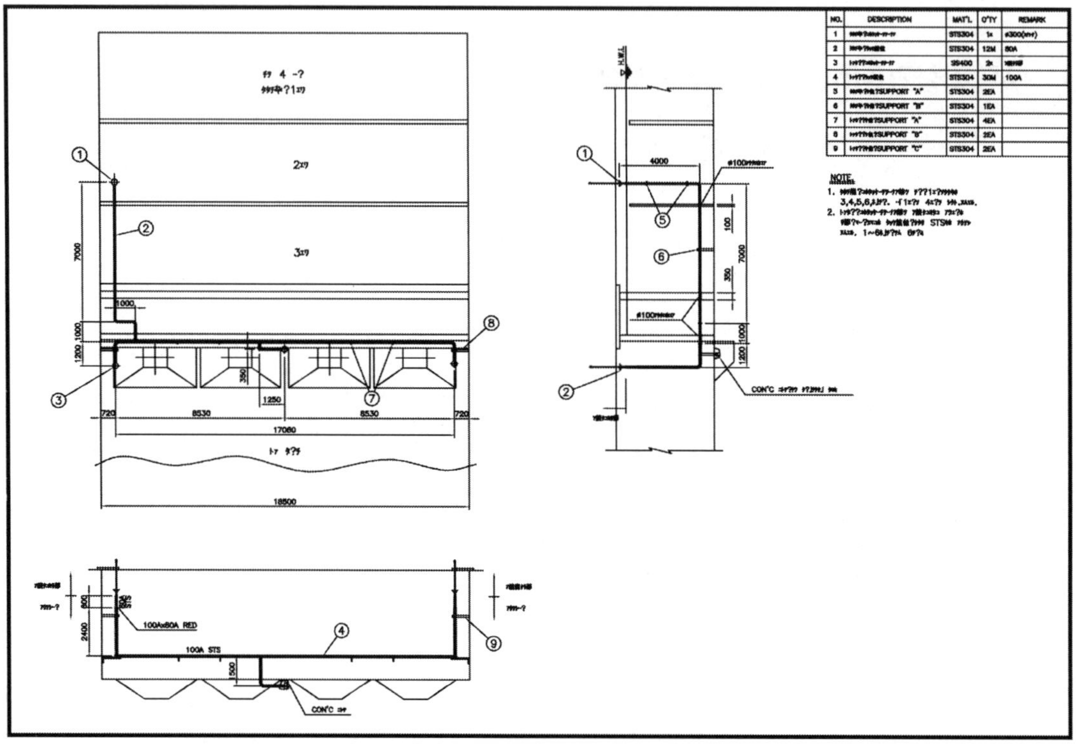

그림 14.2 침전지내 설치도

(2) 여과지에서도 정상 운전 중에 위치를 선정하는 것이 바람직하다. 그림 14.3에서 여과지 수위가 크게 변하더라도 본 부력식 부유물 제거기는 조작이 필요 없이 수위에 따라 자동으로 움직이면서 부유물을 제거하게 된다.

(3) 하수처리장 침전지에서도 설치할 수 있으며 그림 14.4와 같이 좌우에 설치된 2개소의 부유물제거기에 전동 배수밸브를 부착하여 주기적으로 밸브를 열어 부유물을 제거 할 수 있다.

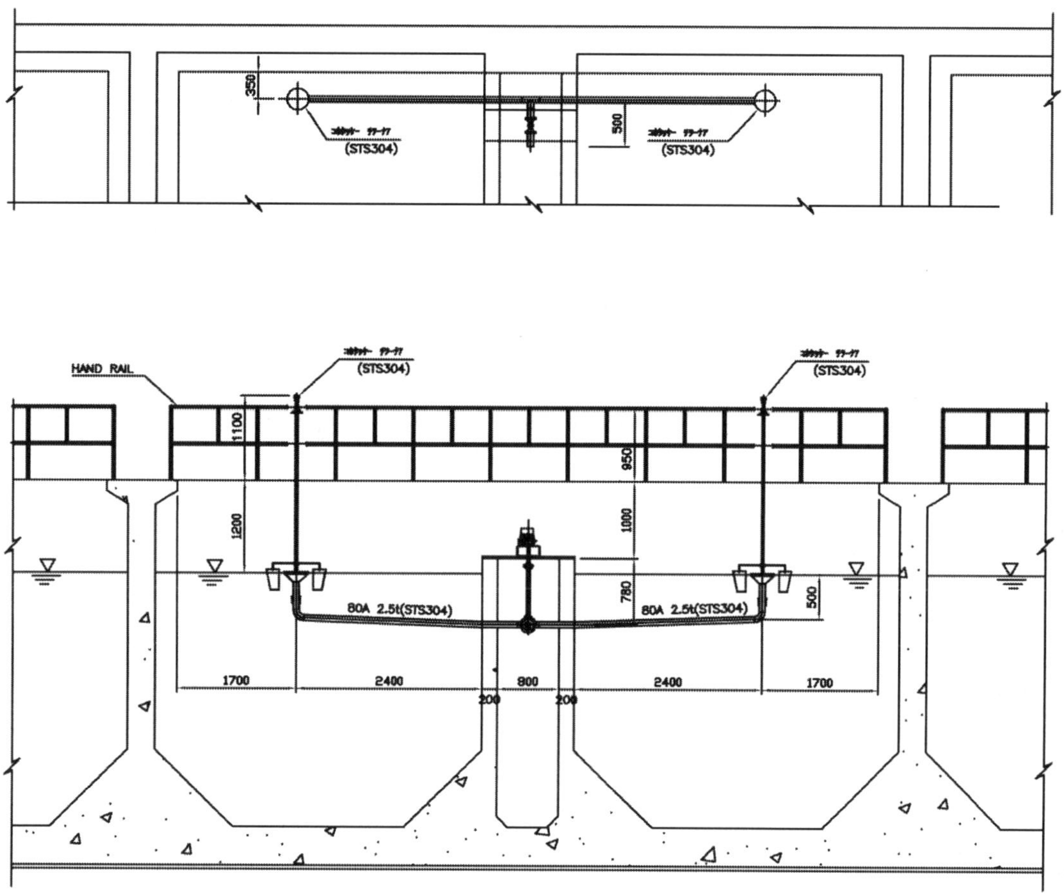

그림 14.4 하수처리장 부유물 제거기

(4) 부력조절기는 설계계산 시 계산된 부력크기에 따라 알맞게 설계한 그림 14.5와 같이 좌우 부력통과 부력통을 환봉으로 연결하고 중앙에 링을 부착하여 링 중앙으로 파이프가 지나갈 수 있도록 한다.

(5) 깔때기 모양의 호퍼는 그림 14.6과 같이 제작하며 호바 중앙 상단에는 평철을 부착시켜 상부 부력조절 파이프를 조립시킬 수 있도록 한다. 그리고 호퍼 하부에 설치된 파이프는 가볍고 찌그러지지 않은 진원으로 사용해야 수위에 따라서 부력으로 원활히 상하로 부유물 제거기가 움직일 수 있다. 그리고 이 파이프가 상하로 움직일 수 있도록 그림 14.7과 같이 제작하여 틈새가 정밀하게 가공되어 적은 물이 빠지면서 움직이도록 한다. 이 파이프는 하부 배수관 파이프와 연결시킨다.

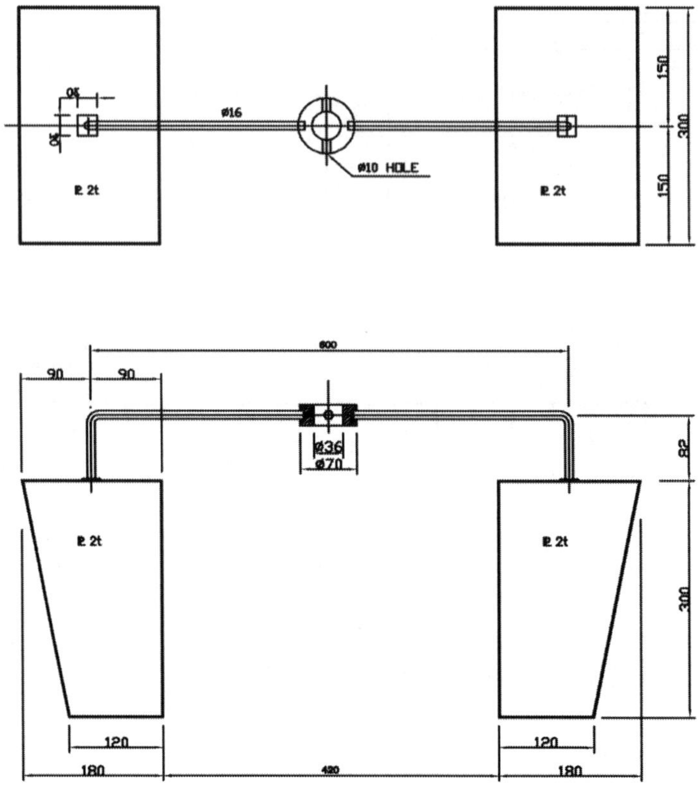

그림 14.5 부력조절기

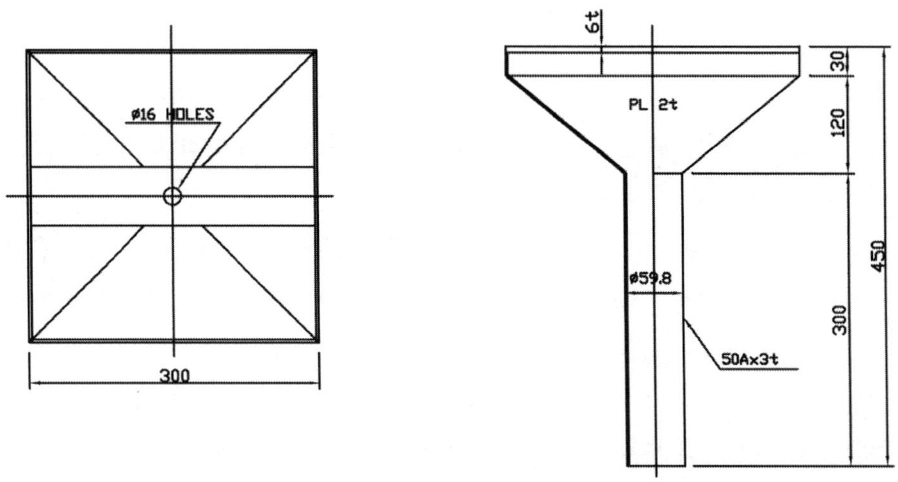

그림 14.6 호퍼(Hopper)

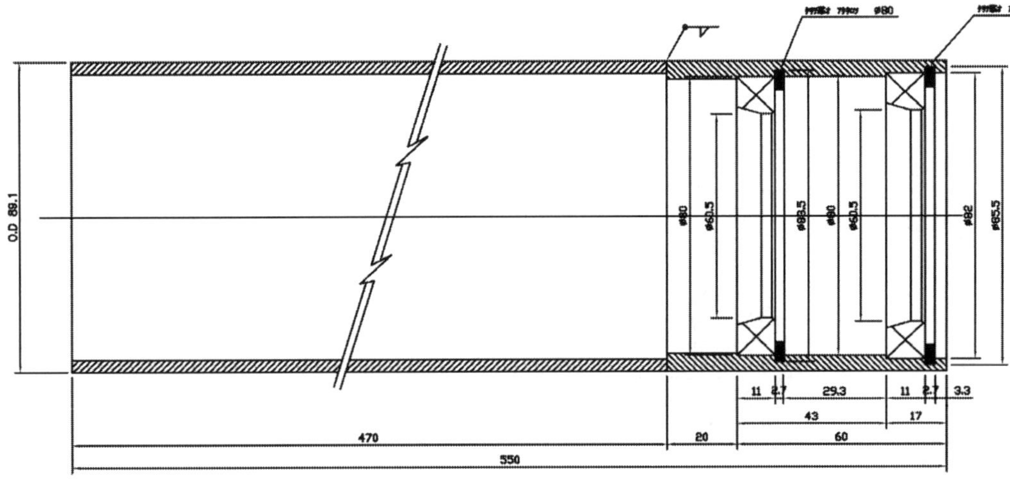

그림 14.7 안내 관(Guide Pipe)

(6) 부유물제거기가 좌우로 움직이지 않도록 앵글로 지지대를 그림 **14.8**과 같이 만들어 구조물이나 난간 대에 고정시키고 부유물제거기 호퍼 상단에 연결된 파이프 중앙에 그림 **14.9**와 같이 인장장치(Tension Detail)를 만들어 지지대 앵글에 고정시킨다. 인장장치의 부품도는 그림 **14.10**과 같다.

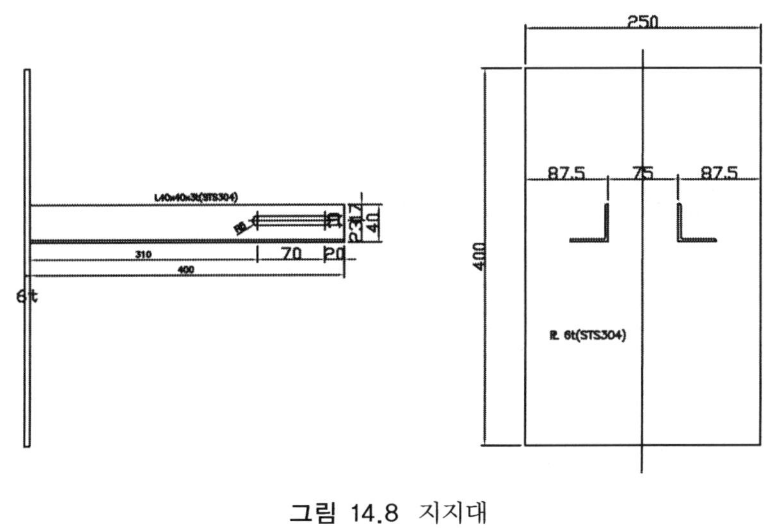

그림 14.8 지지대

NO.	DESCRIPTION	MAT'L.	Q'TY	REMARK
1	BUSHING HOUSING	STS304	1	
2	BUSHING	STS304	1	
3	BOLT. P/W. S/W	STS304	1	M8x30L(20L)
4	[illegible]	STS304	1	
5	SPRING	STS304	1	[illegible]

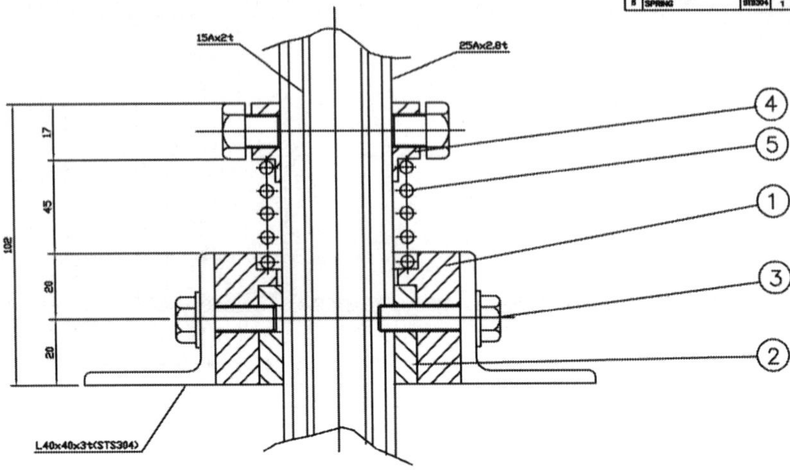

그림 14.9 인장장치(Tension Detail)

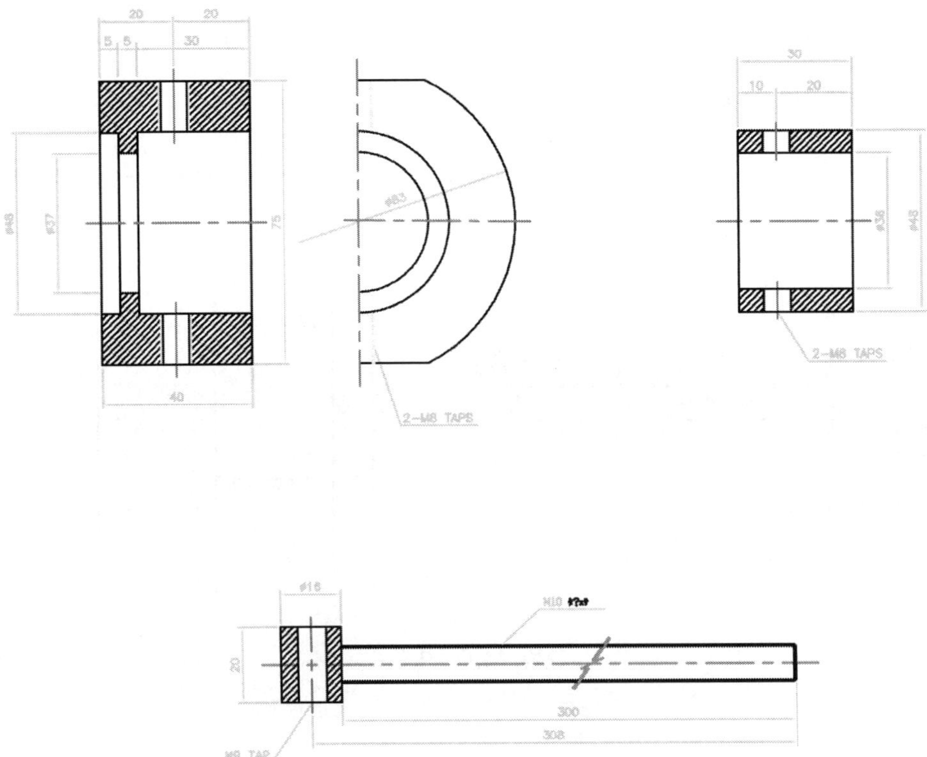

그림 14.10 인장장치 부품도

(7) 인장장치가 조립된 파이프의 제작상세도는 그림 14.11과 같이 상하위치에 길게 홈을 만들어 하부양쪽 홈 부분에 설치되는 부력통이 상하조절이 가능하도록 하였으며 상부 부위에 길게 한쪽만 만든 홈 부위에는 인장장치를 설치하여 부유물제거기가 돌지 않고 수위변동에 따라서 상하 움직일 수 있도록 하였다.

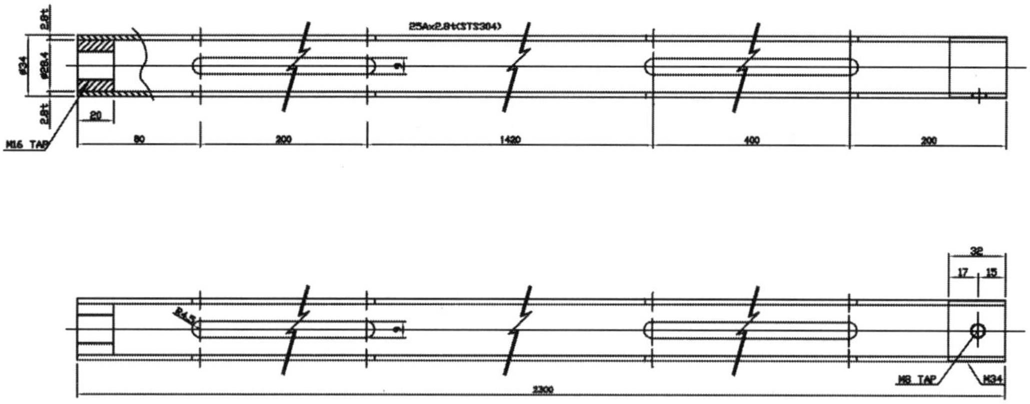

그림 14.11 파이프 상세도

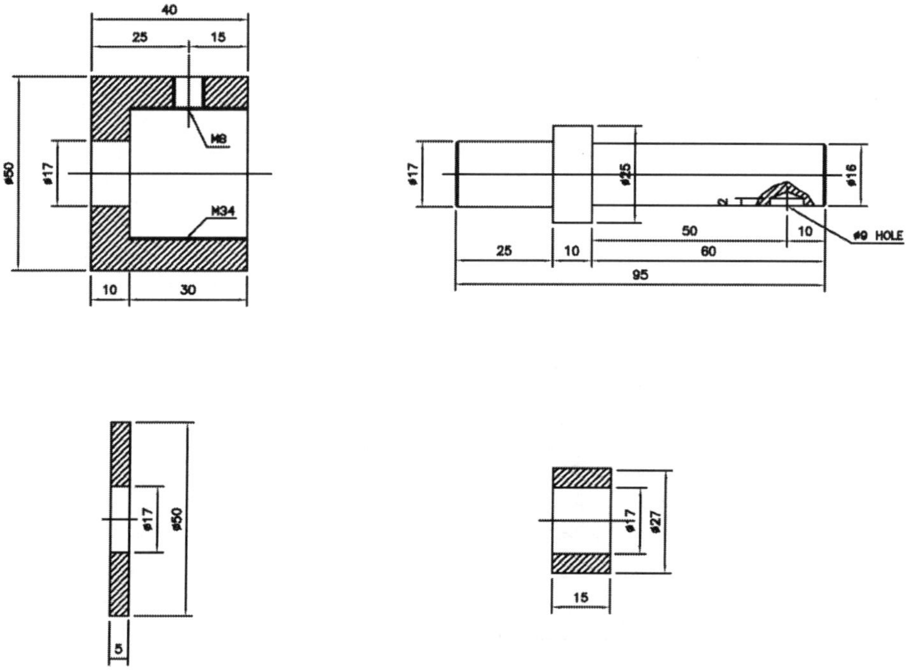

그림 14.12 부력조절장치 부품도

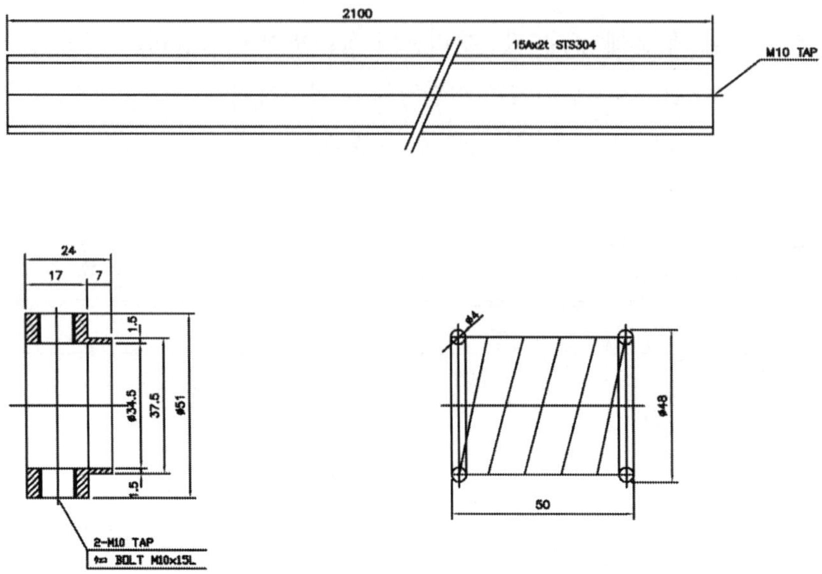

그림 14.13 부력 조절용 파이프

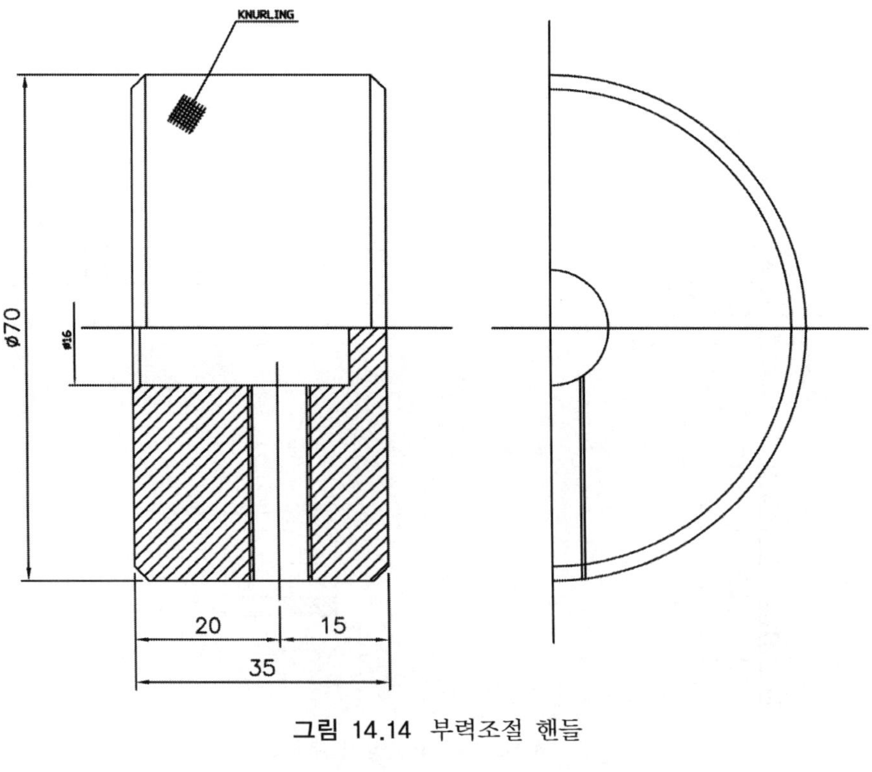

그림 14.14 부력조절 핸들

6. 자동 부유물 제거기 운전 요령서

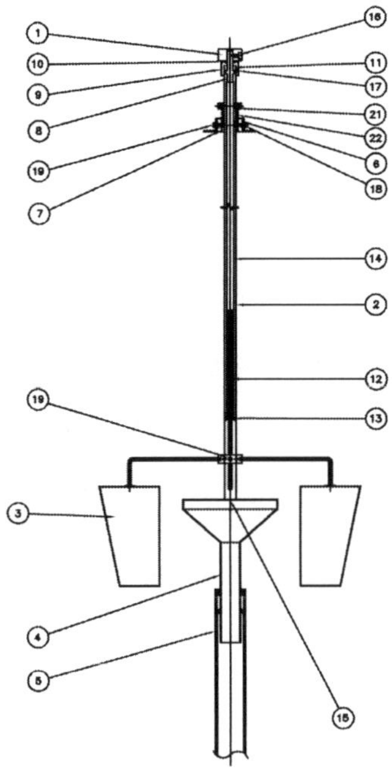

구 조

1. 부력 조절 핸들
2. 침몰 방지 장치
3. 완충 및 침몰방지용 스프링
4. 부력조절 축
5. 부력조절기
6. 부유물 제거 호퍼
7. 퇴수 밸브

그림 14.15 부유물 제거기

(1) 부력조절 방법

1) 퇴수밸브 ⑦을 연다.
2) 부력조절핸들 ①을 조작하여 부력조절기 ⑤와 부유물제거호퍼 ⑥의 부력을 조절한다.(부유물제거호퍼 ⑥가 물위에 부상한 상태에서 호퍼의 상단이 수면과 일치하게 조절한다.)
3) 부력조절이 완료되면 침몰방지장치 ②를 완충 및 침몰방지용 스프링 상단에서 10~15 mm 간격을 두고 고정한다. 외부의 물리적인 힘에 의해 발생하는 과 침몰시, 부유물제거 호퍼 (⑥가 물에 침수되어 부유물제거 호퍼 ⑥가 가지고 있는 부력보다 침몰되는 힘이 커서 부상하지 않을 때 침몰방지용 스프링 ③힘에 의해 부상하도록 하는 장치임)
4) 모든 조작이 완료되면 퇴수밸브를 닫는다.

(2) 운전요령

퇴수밸브의 개폐동작으로 운전하며 물의 유출량은 부력조절핸들 ①을 사용하여 조절한다.

(단, 퇴수밸브를 닫은 상대에서는 부유물제거기가 침수될 수 있으며 퇴수밸브를 열면 자동 부상하여 정상 운전된다.)

(3) 주의사항

침몰방지 장치의 조작은 외부의 힘 등이 작용하여 부력균형 상태가 유지되지 않을 때만 상기 부력조절방법에 따라 조작하여야하며 가능한 한 조작하지 않도록 하여야 한다.

질문 1 수면과 호퍼 상단과의 차이는 항상 일정하게 유지 되는가?

부력 조절핸들을 돌려 호퍼에 물이 일정 높이로 넘칠 수 있도록 조절되면 부력통의 부력과 부유물제거기의 중량이 일정함으로 일정 높이로 유지된다. 따라서 수위가 올라가면 수위에 따라 호퍼도 올라가고 수위가 내려가면 수위에 따라 호퍼도 내려간다. 그러나 호퍼에 많은 물이 내려가면서 물이 차이거나 사이펀현상이 일어나면 부유물제거기의 중량이 순간적으로 증가됨으로 깊게 잠길 수가 있다. 이때 이러한 현상을 막아주는 것이 인장장치의 스프링으로 더 이상 물속으로 내려가지 않고 스프링 탄성으로 인해 쉽게 복원된다.

질문 2 부력통은 호퍼에 붙게 설치하는가?

부력통은 호퍼 붙게 설치하지 않는다. 호퍼가 4면에서 부유물을 제거할 수 있도록 간격을 벌려 설치한다. 호퍼에 붙게 설치하면 부유물은 잘 제거되지 않고 물만 빠질 수 있으므로 주의해서 조립한다. 가까이 부력통이 있으면 부유물이 부유통에 걸려 잘 제거되지 않을 수 있다. 약 50 mm정도 간격을 유지하는 것이 좋다. 만약 양 측면으로만 부유물 제거해도 충분하다면 호퍼에 붙게 조립해도 좋다.

질문 3 부력조절은 어떻게 되는가?

부력조절은 호퍼와 부력통의 관계로 호퍼에 비해서 부력통을 높게 올리면 부력통에 수면의 위치는 일정하므로 호퍼는 물속에 많이 잠기게 된다. 이와 반대로 호퍼에 비해서 부력통을 낮게 내리면 부력통에 수면의 위치는 항상 일정하므로 호퍼는 물 밖으로 나와 물이 유입되지 않을 수도 있다. 이와 같이 부력통을 올리고, 내리고 할 수 있는 것은 그림 14.1에서 ①부력조절 핸들을 좌우로 돌리면 그림 14.14에서⑬부력조절(암나사)이 좌우로 회전되면서 그림 14.10의 ⑫부력조절 볼트가 암나사에 감겨 올라가거나 내려가면서 여기에 조립된 부력통은 올리고 내리면서 부력조절을 하게 된다.

질문 4 퇴수밸브를 설치해야 하는가?

퇴수밸브는 부착하여 사용하는 것이 좋다. 퇴수밸브가 없으면 항상 부유물이 제거하게 된다. 부유물이 없을 때에는 물만 배출하게 되어 물만 손실될 수 있다. 이때에는 상부에 부력조절 밸브를 돌려 부력통을 내려 호퍼를 수면보다 높게 위치하면 된다. 퇴수밸브가 설치되어 있다면 부유물 정도에 따라 퇴수밸브로 타이머에 의해 자동으로 열고 닫으면 주기적으로 부유물을 제거함으로 물 손실이 적다. 또 번거롭게 부력조절 핸들을 자주 조작할 필요가 없다.

질문 5 침몰방지 장치가 없으면 어떤 현상이 발생하는가?

그림 14.15에서 21과 같이 완충장치(침몰방지 장치)가 없으면 호퍼에 물이 차거나 사이펀현상이 발생하면 호퍼의 중량이 커짐으로 호퍼가 물속으로 잠기게 된다. 이때 빨리 복원시킬 수 있는 장치가 완충장치로 호퍼가 물속에 잠기게 되면 완충 스프링이 압축되어 탄성이 발생하므로 탄성에 의해 호퍼가 상부로 올라오게 되므로 정상 작동을 할 수 있다.

14.2 스컴 스키머 파이프(Scum Skimmer Pipe)

1. 원 리

스컴 스키머(Scum Skimmer)의 원리는 직경이 약 250mm정도 되는 파이프 표면에 길게 홈을 내고 침전지 스컴 발생지역에 길게 수평으로 수면에 설치하고 파이프로 회전시켜 홈의 수면 밑으로 들어가면 수면의 물이 유입되면서 스컴이 빨려 들어가 스컴을 제거하는 방법이다.

2. 구 조

스컴을 제거하고자 하는 위치에 그림 14.16과 같이 파이프를 길게 수평으로 설치하고 파이프 한쪽 끝부분에는 유입되는 물과 스컴을 같이 배수시킬 수 있도록 배수관과 연결시킨다. 연결 방법은 파이프 스컴 스키머가 회전될 수 있도록 연결하여야 한다. 또 파이프 스컴 스키머를 90° 이상 회전 시킬 수 있도록 그림과 같이 수동권양기 또는 전동권양기를 설치하는 구조이다.

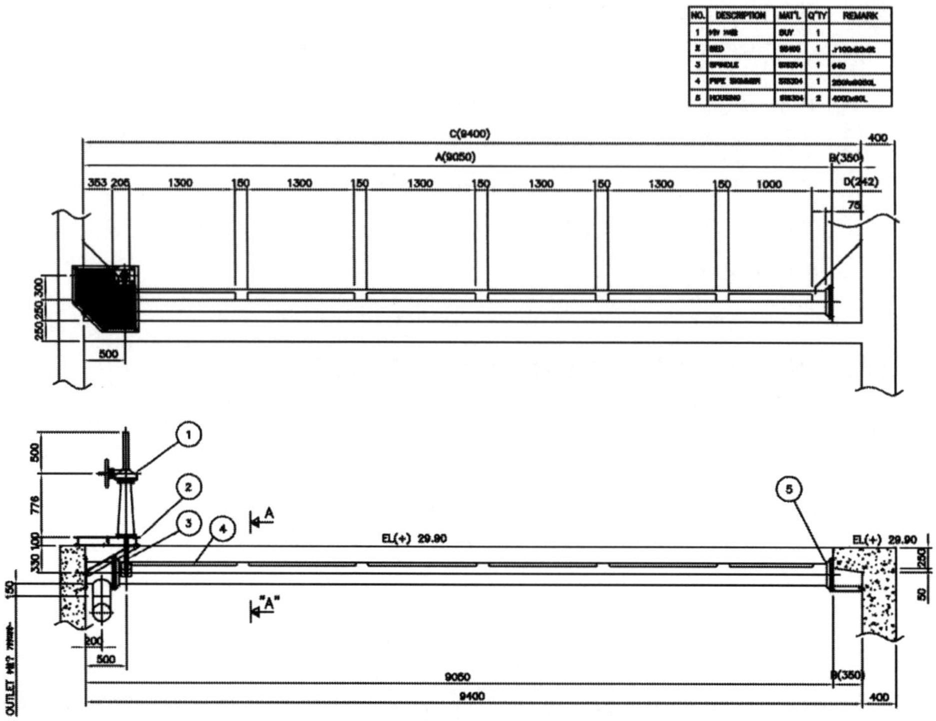

그림 14.16 파이프 스컴 스키머

3. 설계 사양

(1) 사용목적

기존 응집지 3단 수면에 설치되어 유입되는 스컴을 수집하기 위한 설비이다.

(2) 시방

항 목	시 방	비 고
기기번호	M－306	
형　식	수동식 파이프 스키머	
구동방식	1수로 1구동	
규　격	ϕ250 mm×9.05 mm	침전지크기 W10m
구동장치	수동권양기	
수　량	4대	

(3) 구조 및 재질

1) 스컴 스키머는 스컴파이프, 가대, 수동 권양기, 스터핑박스 등으로 구성된다. 스컴 스키머를 수동 작동하기에 적합하여야 한다.
2) 스키머 축수부는 온도변화에 따른 강관의 신축이 고려되어야 하고 회전각도의 조정이 용이하게 되어야 하며 원활한 작동이 되도록 하여야 한다.
3) 스컴 파이프는 ϕ250 mm의 강관 (STS304)제로서 스컴을 제거하기 위한 개구부를 만들고 양단 지지로 비틀림, 처짐 등에 충분히 견딜 수 있어야 한다. 또한 회전각도 조정이 용이하게 되고 원활한 작동기능을 갖도록 하여야 한다.
4) 스키머 스터핑박스는 양질의 주철제로 하고 내부에 패킹을 삽입하여 누수를 방지해야 한다. 또한 축수는 충분한 수명을 가지고 물에 의해 완전한 윤활이 될 수 있도록 하여야 하고 측벽 콘크리트 기초에 기초볼트로서 철근에 연결하여 방수 모르타르 마감하여야 한다.

(4) 사용 재질

• Skimmer 본체	STS 304
• 스터핑 박스	STS 304
• 권양기	GC 200
• Bolt, Nut	STS 304

4. 설계 계산서

(1) 설계 조건

• Scum Skimmer Size : 250A×9.05 mL

(2) 수동 Actuator 설계추정 Torque(T)

$$T = F \times R \times \mu_b = 235.3 \times 0.3 \times 0.5 = 35.295(\text{kg} \cdot \text{m})$$

$$F = W = 235.3 \text{ kg}$$

$$W = 26.0 \times 9.05 \text{ m} = 235.3 \text{ kg}$$

R : Skimmer 중심에서 작용점까지의 거리(300 mm)

μ_b : 회전마찰 저항(0.5)

(배관용 스테인리스 강관 스케줄 10S, 두께 4 mm, 1m당 중량 26.0 kg)

1) 파이프 연결용 레버에 작용하는 힘

$$P = \frac{T}{0.3} = \frac{35.295}{0.3} = 117.65(\text{kg})$$

2) 핸들 조작력 P_h 계산

$$P_h = \frac{h \times W_u}{D \times 3.14 \times \eta \times i}$$

h : 피치 6 mm

W_u : 개폐대의 권양력 117.65 kg

D : 핸들 경 350 mm

η : 총 효율 0.66

I : 감속비 2 : 1

$$P_h = \frac{6 \times 117.65}{350 \times 3.14 \times 0.66 \times 2}$$

$$= 0.48 \text{ kg}$$

3) 설치 및 부식 기타 안전을 고려한 조작력

$$P_1 = P_h \times \alpha = 0.48 \times 3 = 1.44 \text{ kg} < 15 \text{ kg} \quad \text{O.K}$$

(3) Skimmer Deflection

1) 강도계산

$$\sigma_{\max} = \frac{M_{\max}}{Z_X} = \frac{26618.3}{214.7} = 124 \text{ kg/cm}^2 < 735 \text{ kg/cm}^2 \qquad \text{O.K}$$

$$M_{\max} = \frac{W \times \ell^2}{8} = \frac{0.26 \times 905^2}{8} = 26618.3 \text{ kg} \cdot \text{cm}$$

$$W = \frac{W}{\ell} = \frac{235.5}{905} = 0.26 \text{ kg/cm}$$

W : Skimmer 작용하는 하중(235.3 kg)

ℓ : Skimmer의 길이(905 cm)

$$Z_X = \frac{\pi}{32} \times \frac{d_2^4 - d_1^4}{d_2} = \frac{\pi}{32} \times \frac{26.74^2 - 25.94^2}{26.74} = 214.7 \text{ cm}^3$$

d_2 : 250A Pipe 외경(ϕ267.4)

d_1 : 250A Pipe 내경(ϕ259.4)

σ_{max} : Skimmer에 작용하는 최대응력(kg/cm^2)

M_{max} : Skimmer에 작용하는 최대 굽힘 Moment(kg·cm)

Z_X : 단면계수(cm^3)

2) Deflection

$$\sigma_{max} = \frac{5W\ell^4}{384EI} = \frac{5 \times 0.26 \times 905^4}{384 \times 2.1 \times 10^6 \times 2871} = 0.38 \text{ cm}$$

$$\lambda = \frac{\sigma_{max}}{\ell} = \frac{0.38}{905} = \frac{1}{2382} < \frac{1}{1000} \qquad \text{O.K}$$

$$I = \frac{\pi(d_2^4 - d_1^4)}{64} = \frac{\pi(26.74^2 - 25.94^2)}{64} = 2871(\text{cm}^4)$$

σ_{max} : Skimmer의 최대 처짐량(cm)

W : Skimmer의 등분포 하중(kgf/cm)

E : 종탄성계수((2.1×106kg/cm^2)

ℓ : Skimmer의 길이(cm)

I : 250A Skimmer의 단면 2차 Moment(cm^4)

5. 제작 설치

(1) 스키머(Skimmer)는 보통 250A 파이프를 사용하며 스컴을 제거하고자 하는 곳의 폭에 알맞게 절단하여 그림 **14.17**과 같이 등 간격으로 절단하여 홈을 만든다. 홈은 일직선이 되도록 정밀하게 제작해야 한다. 스컴이 배출판과 연결되는 반대 끝부분에는 철판을 이용하여 밀폐시킨다. 또 스키머를 회전 시킬 수 있도록 그림 **14.17**의 4-2와 같이 브래킷트(Bracket)를 부착하여 권양기의 축이 상하 동작함에 따라 스키머는 회전할 수 있도록 한다. 스키머의 힌지 지점은 슬로트(Slot)를 만들어 회전시 4-3 핀이 원활히 움직일 수 있도록 한다.

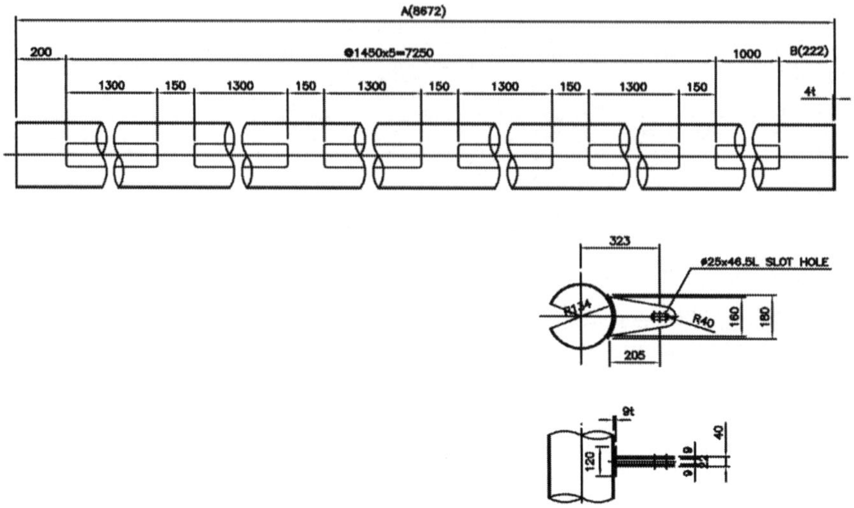

그림 14.17 스키머(Skimmer)

(2) 스키머 양단에는 스키머가 회전할 수 있도록 하여야 함으로 스컴이 배출되는 곳은 그림 14.18과 같이 스컴이 배출되고 스키머가 회전할 수 있도록 스터핑박스(Stuffing Box)를 제작하여 벽체에 설치해야 한다.

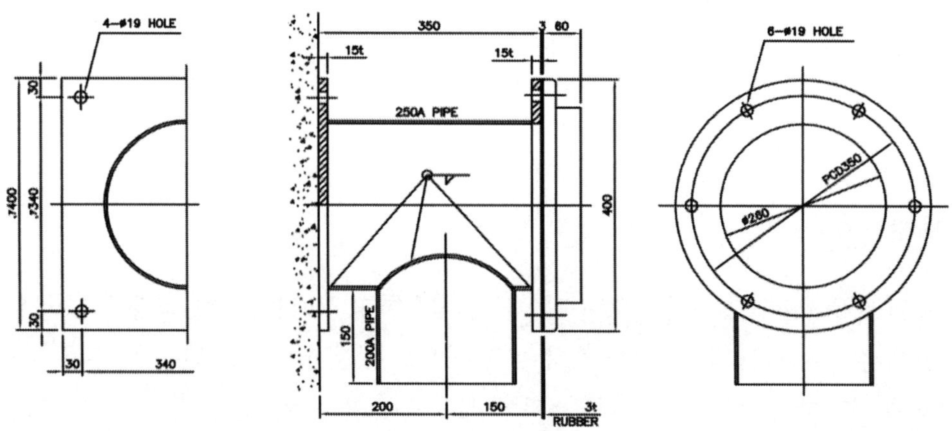

그림 14.18 스터핑박스(Stuffing Box)

스키머 회전부위에는 원활히 회전할 수 있도록 부싱(Bushing)을 넣고 부싱 중앙에는 수 팽창지수 고무링을 넣어 물이 누수 되지 않도록 한다. 반대쪽에는 그림 14.19와 같이 스키머가 원활히 회전만 할 수 있도록 하우징(Housing)을 설치한다. 하우징에는 위내용과 마찬가지로 부싱만 끼워 사용한다. 하우징은 벽체에 수직과 수평이 정확히 맞도록 하여 스키머를 끼워 설치한 다음 벽체 부분에 모르타르로 마감한다.

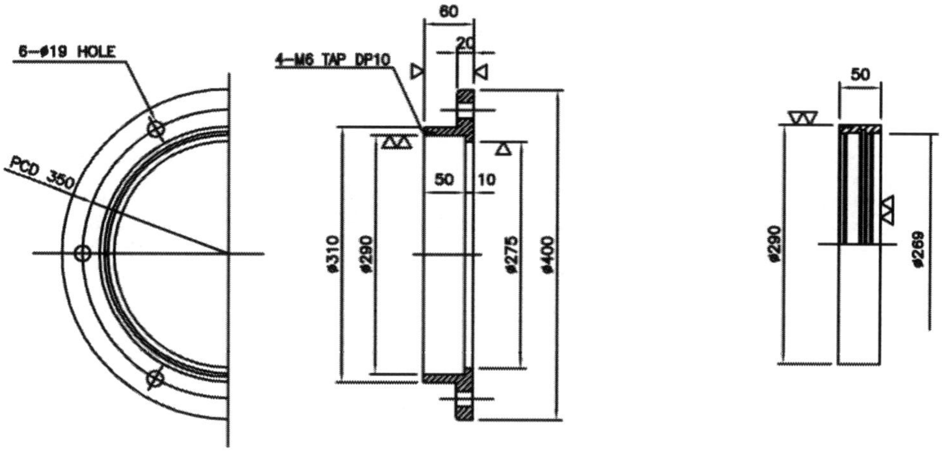

그림 14.19 하우징(Housing)

(3) 권양기는 축이 상하로 움직일 수 있는 권양기를 사용하며 수동이나 전동으로 동작시킬 수 있다. 수동은 운영자나 직접 동작 시켜야 하므로 매우 불편하다. 전동은 현장에서도 동작시킬 수 있으며 타이머 등으로도 동작시킬 수 있어 편리하다.

스키머의 회전 범위는 그림 14.20과 같이 수면에서 상하 30° 정도 움직이므로 90° 정도 회전할 수 있도록 권양기 축을 상하로 움직일 수 있도록 선정하면 된다. 수동 권양기는 그림 14.21과 같이 사용한다. 전동 권양기는 상한 하한 리미트 스위치를 부착하여 사용한다. 그러나 스위치 고장 시에는 기계가 크게 파손될 수 있으므로 안전장치를 필히 구성해야한다. 따라서 축의 상하 동작을 크랭크에 축을 연결하여 축이 상하동작을 제한적으로 할 수 있어 안전하다. 또 유압실린더를 사용하여 제한적인 구간만 축이 움직이게 할 수 있다.

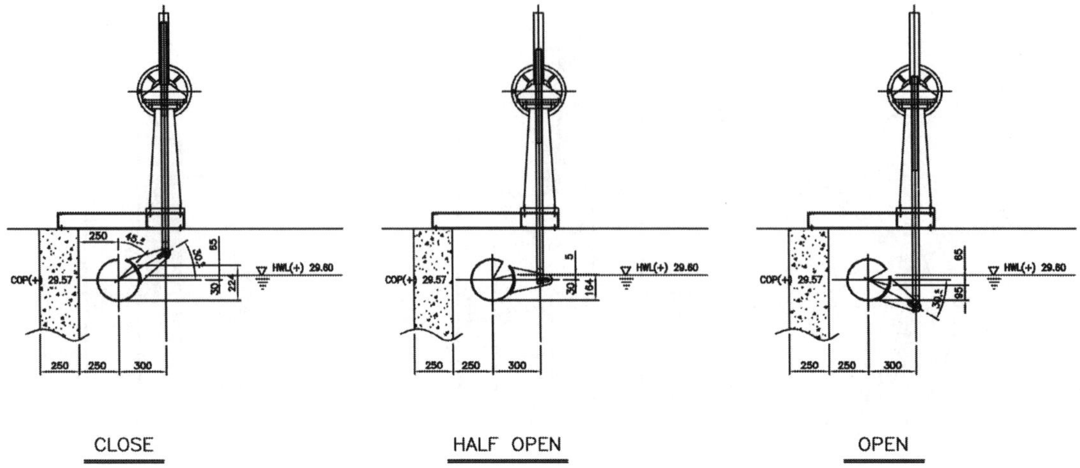

그림 14.20 스키머 동작 범위

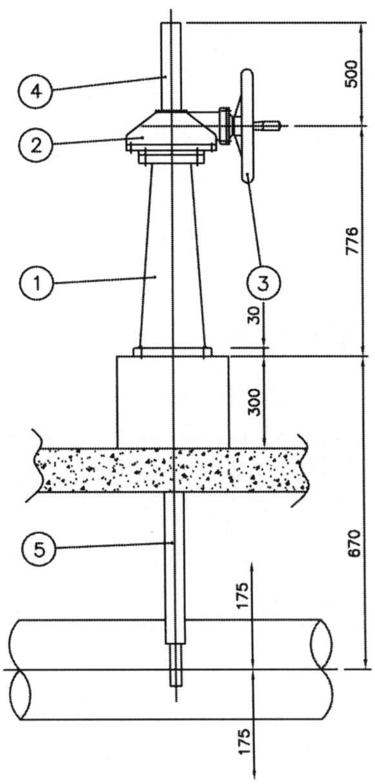

NO	PARTS NAME	MATERIAL	Q'TY	W'T
1	STAND	GC200	1	
2	REDUCER ASS'Y	BG-200	1st	
3	HAND WHEEL	SPP	1	ø350
4	STEM COVER	SPP	1	
5	STEM	STS304	1	ST350

그림 14.21 권양기(개폐대)

질문 1 **권양기 설치는 어떻게 하는가?**

권양기의 설치 위치는 스키머 설치가 끝난 상태에서 그림 14.17의 슬로트(Slot)를 수평이 되도록 한 다음 슬로트 안쪽에 권양기 핀이 위치하도록 권양기 위치를 선정해야 스키머를 상하로 회전시킬 때 핀이 슬로트 내에서 원활히 움직이게 된다. 위치가 선정된 후 앵커볼트는 기존철근에 걸거나 구조물을 관통시켜 긴 볼트를 이용하여 견고하게 설치해야 한다. 시공이 부실하면 스키머를 밀어 내리면서 회전시킬 때 권양기가 들리는 현상이 일어날 수 있다.

질문 2 **스키머는 어떻게 설치해야 하는가?**

스키버는 좌우의 홈에 수평이 정확하도록 설치해야 한다. 만약 수평이 틀어지면 깊은 곳은 스컴에 비해 많은 상등수가 유출되고 높은 곳은 스컴이 잘 배출되지 않아 스키머를 더 깊게 회전시켜야 하므로 스키머에 물이 많이 차이게 되면 배출구 반대부분에는 스컴 배출이 전혀 되지 않는다. 따라서 홈의 하단부가 슬로트를 수평으로 했을 때 수면위치에 있도록 설치한다. 수면 위치는 설치된 웨어를 고려해서 설치해야만 실수가 없다.

질문 3 **스터핑박스(Stuffing Box) 및 하우징(Housing)은 어떻게 설치하는가?**

스키머의 높이가 선정되면 앵커볼트를 먼저 설치하여 스터핑박스(Stuffing Box)부터 고정시키고 스키머에 양쪽의 하우징을 미리 끼워 넣은 상태에서 스키머를 넣어 위치에오면 스터핑박스 하우징을 먼저 고정시키고 다른 부분의 하우징을 앵커에 고정시킨다. 이때 최종 수평을 점검하여 고정시키고 스터핑박스 벽체와 하우징과 벽체 사이에 모르타르를 채워 움직이지 않도록 고정시킨다.

질문 4 **하우징(Housing)부싱은 어떻게 제작해야 하는가?**

답변 :부싱(Bushing)은 헐겁게 제작되어야 하고 너무 넓게 제작하지 말아야 한다. 그러나 너무 헐겁게 제작하면 부력에 의해 스키머가 위로 올라 갈수 있으므로 주의해야 한다. 또 부싱을 넓게 제작하면 겨울에 스키머와 하우징이 넓은 면적으로 얼어붙어 큰 힘으로도 움직일 수 없게 됨으로 너무 폭이 넓게 제작하지 말아야 한다.

제15장

이동스크린

15.1 상하 스프로켓형 이동 스크린

1. 원 리

본 이동스크린은 상부에 구동 스프로켓과 하부에 아이들 스프로켓(Idle Sprocket)이 있어 양쪽에 체인을 걸고 체인 사이에 스크린을 설치하여 구동스프로켓을 회전시키면 원수가 스크린 망을 통과하면서 흐를 때 걸린 부유물질을 상부로 끌어올려 살수장치로 이물질을 제거하는 원리이다.

2. 구 조

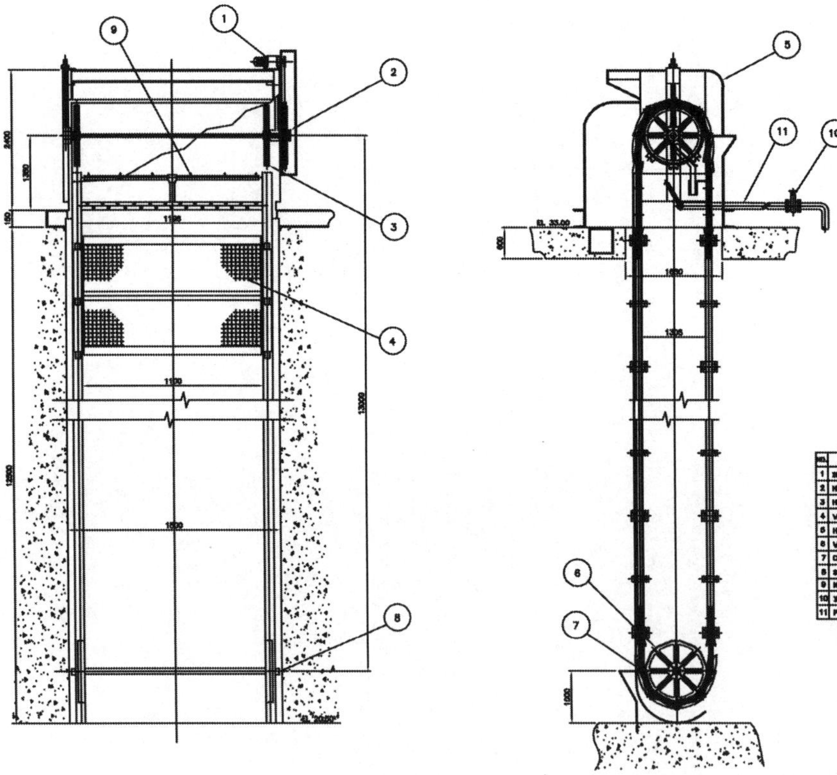

NO.	DESCRIPTION	MAT'L.	Q'TY	REMARK
1	DRIVE UNIT	-	1	
2	HEAD SHAFT	SM45C	1	
3	HEAD SPROCKET	GC20	2	
4	WIRE SCREEN	STS304	65	
5	HOUSING	STS304	1	
6	WHEEL	GC20	2	
7	CARRYING CHAIN	STS304	120	
8	SHAFT	SM45C	1	
9	NOZZLE	BC3	7	
10	BALL V/V	-	1	
11	PIPE	SPP	1	

그림 15.1 이동스크린(상하 스프로켓형)

상하부 스프로켓형 이동스크린의 구조는 수로 상부에 상부스프로켓을 조립하고 덮을 수 있는 하우징(Housing)을 설치하며 하우징 상부에 구동부를 놓는다. 수중에 설치되는 하부 프레임은 아이들 스프로켓((Idle Sprocket)을 조립하고 수로와 하부프레임에 큰 틈새가 없도록 철판으로 마감한다. 상하스프로켓 사이 구조물에는 체인 가이드 레일 서포트(Chain Guide Rail Support) 설치하여 스크린이 조립된 체인이 이탈하지 않고 지나갈 수 있도록 했다. 상하 스프로켓형 이동스크린의 구조도는 그림 15.1과 같다.

3. 설계 사양서

(1) 사용 목적

원수 중에 포함되어 있는 다량의 협잡물을 분리 제거하여 다른 설비의 원활한 운전을 위해 설치한다.

(2) 사 양

항 목		사 양	비 고
형 식		직선 흐름 횡단형	
속 도		2.2m/min	
스크린 간격		ϕ2mm×15mm	
처 리 용 량		63,000M^2/D	
전동기	형 식	전폐 실외형	
	출 력	3.7 kW	
	정 격	연속	
전 원		380V×3ϕ×60HZ	
수 량		1대	

(3) 구조 개요

본 이동스크린은 직선흐름 횡단형 이동스크린으로 하부 프레임, 헤드 하우징, 스크린 망, 체인, 구동장치 스프로켓, 축, 세정장치 및 조작반등으로 구성되며 제거된 불순물 수거함을 포함하여 연속적으로 운전될 수 있는 구조로 한다.

(4) 제작 조건

1) 본 장치의 각부 강도는 충분한 안전율을 갖고 있어야한다.
2) 장치 각부의 강도는 충분해도 부속 및 마모의 기능성이 있는 부분은 충분한 여유 두께를 고려한다.

(5) 구조 및 재질

1) 프레임

① 머리(Head)와 발(Foot)부분을 지지하여야 한다.
② 가동바닥(Operating Floor)아래의 프레임은 전체를 최소한 9 mm 두께의 강판(SS41)으로 튼튼하게 만들어야하며 구조물에 견고하게 고정한다.
③ 체인의 유도를 위한 가이드 웨이(Guide Way)는 강철제로 제작한다.
④ 돌아오는 쪽의 체인에는 유도용 주로를 구비한다.
⑤ 체인의 가이드 웨이(Guide Way)에 들어갈 때 발생하는 마찰을 적게 하도록 마모슈즈를 가이드 웨이(Guide Way)의 바깥쪽 끝에 부착하여야 한다.

2) 바스켓(Basket)

① 스크린 바스켓은 최소 6 mm 두께의 강판(SS41)으로 용접 제작한다.
② 체인과의 고정은 스테인리스 볼트로 고정하고 등 간격을 유지하여야 한다.

3) 스크린 망(Screen Cloth)

① 스크린 망은 직경 2 mm의 스테인리스 강철 와이어로 15 mm 간격의 사각형 구멍을 형성한다.
② 바스켓에 볼트로 견고하게 고정한다.

4) 체인

① 체인 사이드 바(Chain Side Bar)는 SM45C로하고 두께를 9 mm이상으로 한다.
② 체인롤러는 STS 304 스테인리스로 하고 직경은 95 mm이상이며, 체인 핀은 STS 304 로서 직경은 25 mm 이상으로 하고 체인 부싱은 STS 410으로 한다.

5) 구동(Drive)

① 구동용 감속기는 싸이크로 감속기로 스크린을 구동시키는데 충분한 용량을 가진다.

② 본기기의 운전은 헤드 스프로켓을 헤드 샤프트에 견고하게 부착시켜 같이 회전시키고 종동축(Foot Shaft)에는 Bush를 끼우고 슬리브의 양단에는 Set Collar 사이에 종동 스프로켓을 조립하여 바스켓이 부착된 Carrier Chain으로 연속운전이 가능하다.

6) 스프로켓(Sprocket)

① 스크린 체인 스프로켓은 주철로 제작하며, 헤드샤프트 스프로켓은 제거 가능한 키로 샤프트에 견고하게 부착하고 톱니를 구비한다.

② 후드 샤프트의 톱니는 점토질 상태의 수중사용에 적절한 청동제 부싱을 구비하고, Chilled Teeth와 Rim을 구비한 구동용 스프로켓은 스크린의 헤드샤프트를 돌리기 위한 스테인리스제의 구동용 롤러 체인을 사용한다.

③ 감속기 출력축 족의 구동용 톱니바퀴에는 과부하 보호를 위하여 3가지 크기로 된 전단핀 장치(Shear Pin Device)를 부착하며, 전단핀 장치는 시험, 일상가동 및 NEMA 정격 모터 실속 토크(NEMA Rated Motor Stalling Torque)를 모두 사용할 때에 보호용으로 사용한다.

7) 축 및 베어링(Shaft And Bearing)

① 모든 축은 기계구조용 탄소강(SM45C)으로 한다.

② 후드샤프트(Foot Shaft)는 하부프레임에 견고하게 고정한다.

③ 모든 베어링은 청동제 부싱을 구비하고 물위에서 사용되는 베어링은 적절한 윤활이 되도록 한다.

④ 헤드샤프트 베어링은 끝 쪽으로의 이동을 방지하기 위하여 수직으로 조정이 가능하도록 한다.

8) 하우징(Housing)

① 하우징은 헤드부분에 볼트를 부착하고 살수장치(Spray System)와 Screening Trough를 덮는다.

② 하우징은 3 mm 두께이상의 철판(STS304)으로 한다.

③ Trough에 점검하기 위하여 방수용 패킹을 부착하고 신속히 열 수 있는 철판으로 된 검사용 문을 설치한다.

④ 뒤쪽 하우징은 스크린 헤드부분의 뒤쪽을 완전히 덮을 수 있으며 아래쪽의 반은 바스켓 체인에 사람이 접근할 수 있도록 하여 용이하게 제거가 가능토록 한다.

9) 살수장치((Spray System)

① 뿌려지는 물이 바스켓 스크린 전체를 통과 할 수 있게 하고 중복되도록 살수 파이프 (Spray Pipe)와 노즐(BC)의 간격과 방향을 잡는다.

② 찌꺼기와 세척수는 바닥에 있는 찌꺼기 통으로 방출한다.

③ 살수헤더는 최소한 80 mm 직경의 플랜지형 볼 밸브로서 하우징 밖에 단다.

(6) 각부 재료

• Housing	STS304
• 하부 Frame	SS41
• 본체용 Chain	STS304
• 구동용 Chain	SM45C
• Screen Cloth	STS304
• Basket	SS41
• Shaft	SM45C
• 본체용 Sprocket	GC20
• 구동용 Sprocket	SM45C
• Nozzle	STS304
• Bolt류	STS304

4. 설 계

(1) 설계조건

• Head Loss	750 mm
• Screen 속도	2.0 m/min
• Basket 폭	1000 mm
• 최고수위	EL 4.62
• 최저수위	EL−3.50
• 스크린실 표고	EL 5.70
• 유압부 바닥 표고	EL−5.50
• 본체용 스프로켓 잇수	6T

• 본체용 스프로켓 피치 609 mm

(2) 감속비

$$감속비 \ F = 1750 \times \frac{Z_1}{Z_2} \times P \times N \div V$$

$$= 1750 \times \frac{11}{88} \times 0.609 \times 6 \div 2$$

$$= 373.7$$

∴ 사용감속비는 1/391로 한다.

Z_1 : 구동용 스프로켓 잇수(11 t)

Z_2 : 종동 스프로켓 잇수(88)

P : 피치(609 mm)

N : 본체용 스프로켓 잇수(6 T)

$$속도 \ V = 1750 \times \frac{1}{i} \times \frac{Z_1}{Z_2} \times P \times N$$

$$= 1750 \times \frac{1}{391} \times \frac{11}{88} \times 0.609 \times 6$$

$$= 2.0443 \text{ m/min}$$

(3) 처리능력

협잡물의 운반능력을 Q t/hr라고 하면

$$Q = \frac{V \times S \times \gamma \times 60}{P}$$

위 식의

$$V = \frac{0.1 \times 0.6 \times 1}{2.0443} = 0.02935$$

S : 체인의 속도(m/min)

γ : 스크린 찌꺼기의 겉보기 비중(0.8)

P : 스크린 피치(0.609 m)

$$Q = \frac{0.02935 \times 2.0443 \times 60}{0.609} = 4.7291 \text{ t/hr}$$

∴ 긁어 올리기 능력 Q t/hr가 흘러 들어오는 찌꺼기양의 이상이면 된다.

(4) 본체용 체인에 유발되는 장력

$$T_1 = T_s + T_c + T_4$$

$$= \frac{W_H \times W\ell \cos\theta \mu_1 + H}{2} + W_B(\ell \cos\theta \mu_2 + H) + 50$$

$$= \frac{38.56 \times 13.1 + 0}{2} + 67.1 \times (0 + 13.1) + 50$$

$$= 1181.58 \text{ kg}$$

$$T_2 = W_B \cdot H - W_B \ell \cos\theta \mu_2 + T_3$$

$$= 67.1 \times 13.1 - 67.1 \times 0 + 50$$

$$= 929.01 \text{ kg}$$

$$W = \frac{\gamma V}{2} = \frac{0.8 \times 0.02953 \times 1000}{0.609} = 38.56 \text{ m}$$

H : 13.1 m

$\cos\theta = \cos 90 = 0$

W_B : Basket 중량

W_B = Basket 중량

$$= W_C + \frac{(W_M + W_F)}{2P}$$

$$= 24.4 + \frac{12 + 40}{2 \times 0.609}$$

$$= 67.1 \text{ kg}$$

W_C : 체인 중량 (24.4 kg/m)

W_M : 망 중량(12 kg)

W_F : 프레임 중량(40 kg)

P : Pitch(0.609 m)

(5) 본체용 체인

$$T = \frac{N_m \times 6120 \times \eta}{S} = \frac{2.2 \times 6120 \times 0.78}{2} = 5250.9 \text{ kg}$$

위의 2.2는 구동 전동마력, 0.78은 기계효율 2는 체인의 속도이다. 다시 사용계수를 1.4로 하고 체인에 작용하는 장력을 수정하면

$$T' = 1.4 \times 5250.9 = 735 \text{ kg}$$

이 된다.

이동식 스크린의 긁어 올리기 용 체인의 평균파단강도는 52000 kg 이상을 사용하며 피치는 약 600 mm 개략 중량은 24.4 kg/m이다.

따라서 안전율을 S라 하면

$$S = \frac{52000}{7351} = 7.07$$

이므로 안전하다.

(6) 동 력

$$N = \frac{2(T_1 - T_2)V \times 1.2}{6120}$$

$$= 2(1181.58 - 929.01) \times 2.0443 \times 1.2$$

$$= 0.2025$$

$$N_m = \frac{1.5N}{\eta}$$

$$= \frac{1.5 \times 0.2025}{0.78} = 0.3894 \rightarrow 2.2 \text{ kW}$$

(7) 샤핀 계산

$$T = 97400 \times \frac{P}{N} = 97400 \times \frac{0.2025}{4.4756} = 4406.8 \text{ kg} \cdot \text{cm}$$

$$T_s = T \times 1.2 = 4406.8 \times 1.2 = 5288.15 \text{ kg} \cdot \text{cm}$$

$$F = \frac{T_s}{R} = \frac{5288.15}{11} = 480.74$$

$$d = \sqrt{\frac{4 \times 5}{\pi \times \tau}} = \sqrt{\frac{4 \times 480.74}{\pi \times 28.7}} \fallingdotseq 4.62 \text{ mm} < 5 \text{ mm}$$

샤핀 직경 5mm×1EA

5. 제작 설치

(1) 헤드 스프로켓(Head Sprocket)

헤드 스프로켓은 체인(Chain) 피치(Pitch)길이 609mm를 걸 수 있도록 그림 15.2와 같이 주조하였으며 체인의 롤러(Roller)가 걸리는 부분을 가이드 슈(Guide Shoe)를 ②와 같이 부착하여 사용하며 마모 시 가이드 슈만을 교환하여 사용할 수 있도록 제작했다. 또 스프로켓이 회전 시 진동에 의해 좌우로 움직이지 않도록 좌우에 칼라(Collar)를 채워 사용한다.

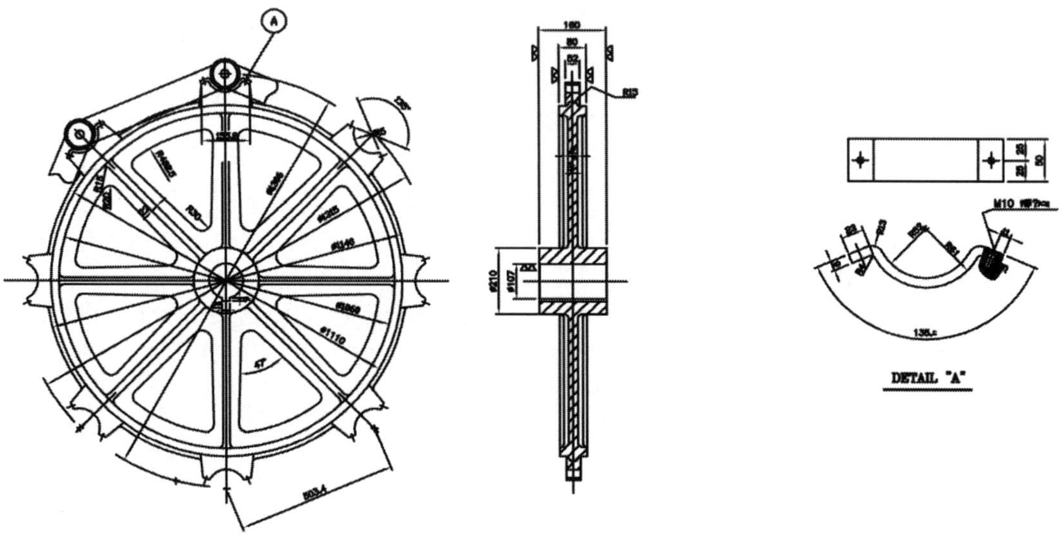

그림 15.2 헤드 스프로켓(Head Sprocket)

(2) 하우징(Housing)

하우징은 취수로 상단에 설치되며 제작 상세도는 그림 15.3과 같으며 하우징 내에는 상부 헤드스프로켓이 설치됨으로 하우징에 헤드 축(Head Shaft)이 설치될 수 있도록 제작되어야 한다. 스크린에 걸린 이물질을 살수되는 유속에 의해 이물질이 하우징 내에서 떨어짐으로 하우징이 부식되지 않도록 해야 하며 물이 밖으로 누출되지 않도록 설계 및 설치 시 주의해서 시공해야 한다. 하우징 하단부에는 수로로 물이 떨어질 수 있도록 사각홀 안으로 판이 들어갈 수 있도록 설계하는 것이 구조물 바닥으로 물이 흐르지 않아 깨끗하다. 하우징의 설치 위치는 하부 포스트 프레임(Post Frame)을 기준으로 하여 수직 상단에 설치하는 것이 좋다.

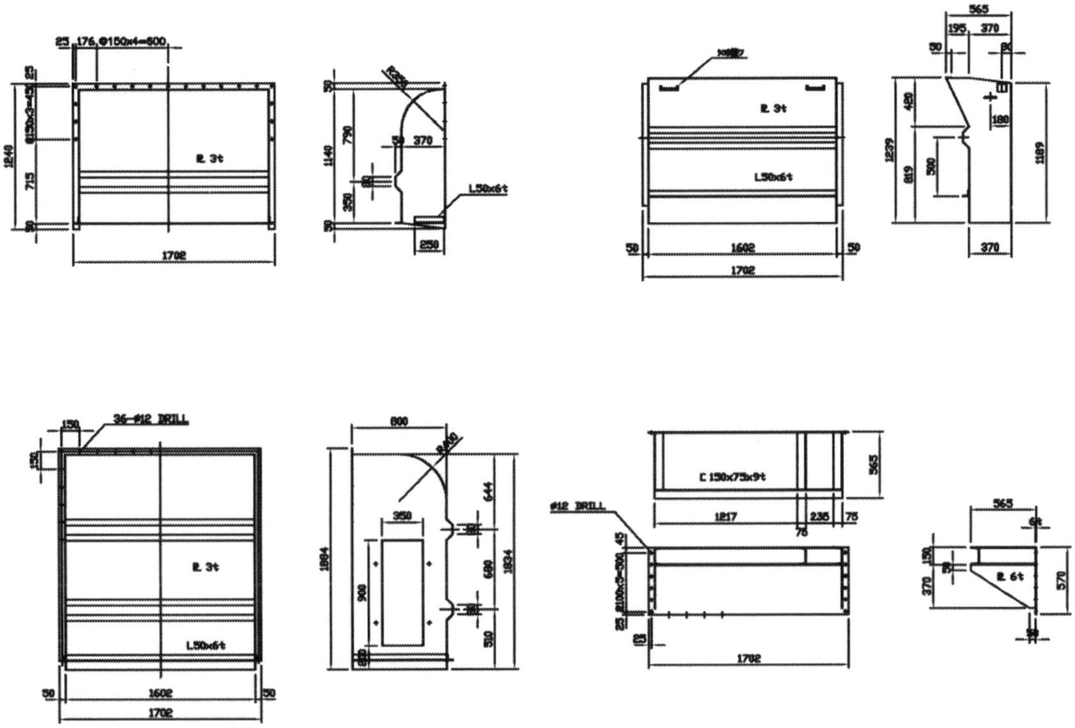

그림 15.3 하우징(Housing)

(3) 포스트 프레임(Post Frame)

수로 바닥에는 그림 15.4와 같은 지지프레임을 제작하여 프레임에 하부스프로켓 축을 조립할 수 있는 구조로 설계되어야 한다. 그리고 스크린이 원활히 회전될 수 있도록 하여야하며 이물질이 수로 하단부로 유출되지 않는 구조로 설계 제작되어야 한다. 또 빠른 유속에도 견딜 수 있는 구조로 설계되어야 한다. 설치도 튼튼하게 되어야 한다. 포스트 프레임이 설치되는 장소는 매우 깊은 수중에 설치되어 수리가 어려움으로 설치 시 수압에 밀려나가지 않도록 프레임 좌우에 공간이 없도록 앵커를 설치하고 평철 등으로 공간을 메워 이물질이 유입되지 않도록 시공한다.

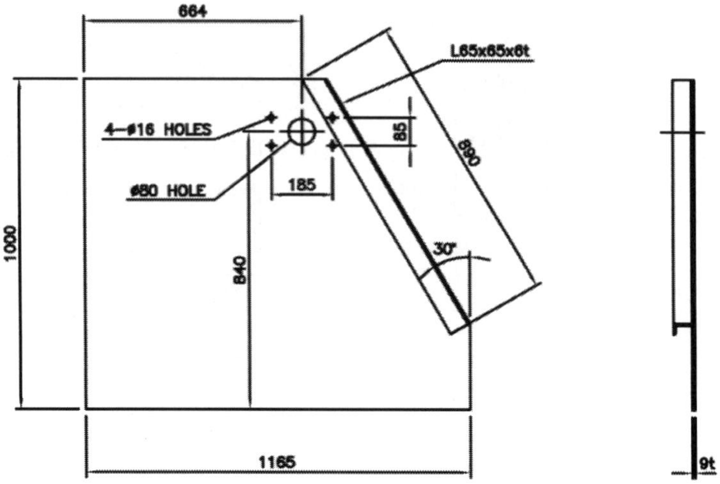

그림 15.4 포스트 프레임(Post Frame)

(4) 하부 프레임(Foot Frame)

하부 프레임은 그림 15.5와 같이 제작하여 포스트 프레임을 구조물 중앙에 위치하고 수평으로 설치한다. 그림 15.5의 ③ 브래킷판(Bracket Plate)의 축 구멍이 포스트 축에 중심에 위치하도록 하여 앵커볼트로 수직이 되도록 하여 고정시킨다. ④ 크로스바(Cross Bar)는 좌우 포스트 프레임이 폭을 유지할 수 있도록 좌우 포스트 프레임에 1개씩 고정시킨다.

기타 부품은 상하 포스트 프레임을 고정시키는 조립용 판이다.

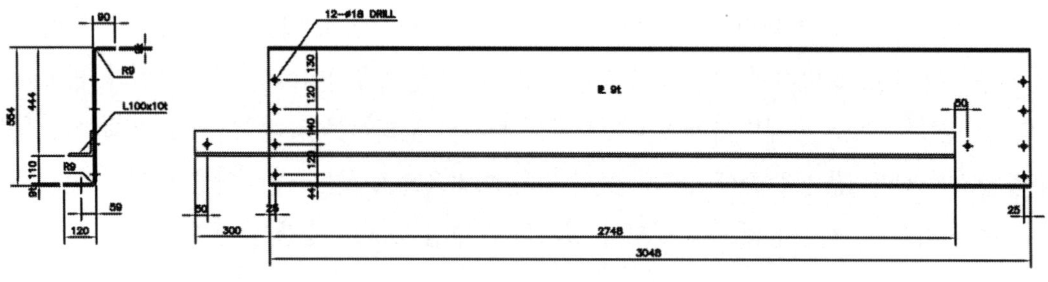

그림 15.5 하부 프레임(Foot Frame)

(5) 가이드레일(Guide Rail)

가이드레일은 하부프레임을 끼워 고정시키기 위해 그림 15.6과 같이 제작하여 구조물 양 벽에 수직으로 선을 그린 다음 하부에서부터 벽체에 앵커를 설치하고 가이드 레일을 조립한다. 가이드레일을 벽체에 조립할 때 구조물이 많이 들어가 있으면 보조 판을 받히어 될 수 있으면 직선이 되도록 설치한다. 설치가 끝나면 하부프레임은 상부에서 내려 하부에서부터 하나씩 조립해 나간다.

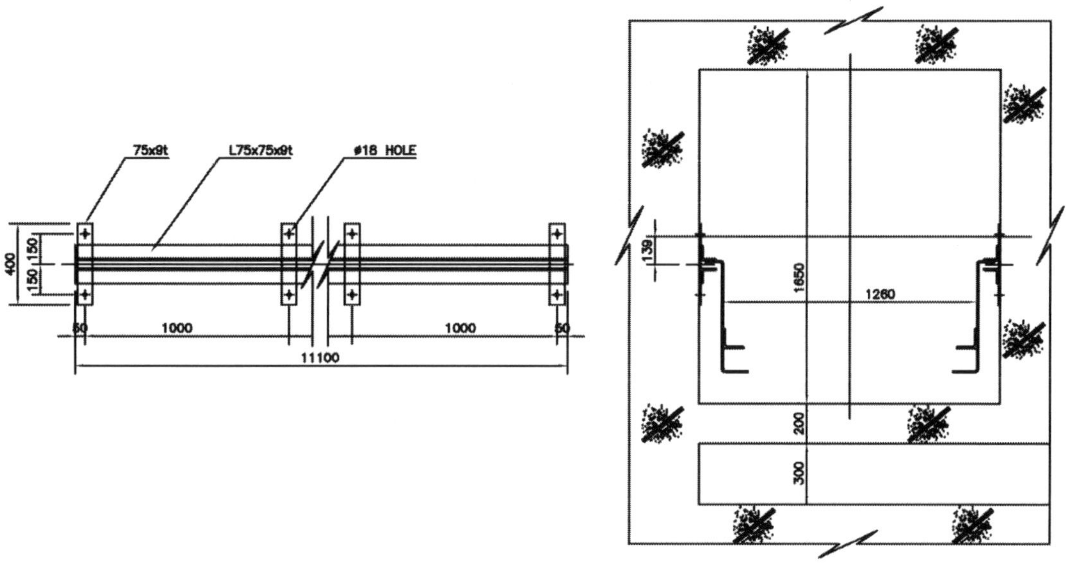

그림 15.6 가이드 레일(Guide Rail)

(6) 하부 휠(Foot Wheel)

하부 휠(Foot Wheel)은 스크린이 조립된 체인이 하부에서 쉽게 돌아올라 올수 있도록 하부 휠(아이들 스프로켓)을 그림 15.7과 같이 하부 휠을 제작하여 포스트 프레임(Post Frame)에 조립한다. 하부 휠을 조립 할 때에는 휠 좌우에 칼라(Collar)를 견고하게 채워 휠이 좌우로 밀려나가지 않도록 한다. 칼라를 채울 때에는 축에 홈을 내어 세트 스크루(Set Screw) 끝이 축 홈에 안전히 조립되어 좌우로 밀려나가지 않도록 하여야 한다.

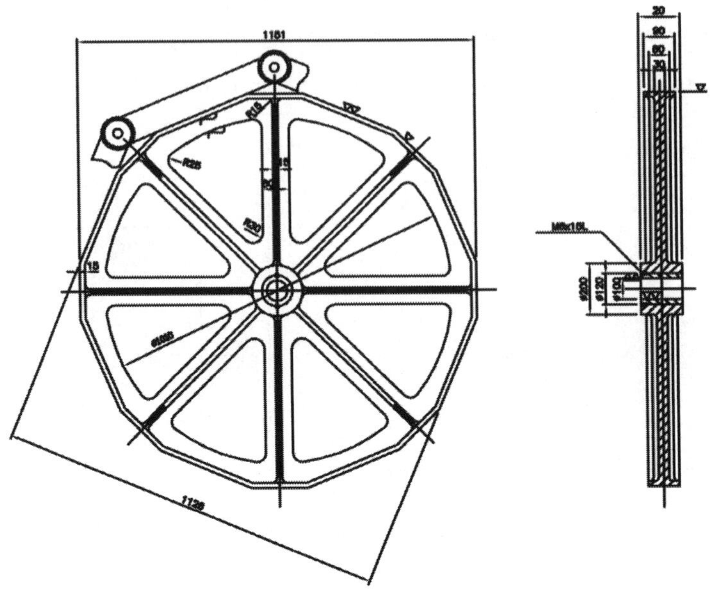

그림 15.7 하부 휠(Foot Wheel)

(7) 축(Shaft)

축은 상부 구동축과 하부에 설치되는 하부축이 있다. 상부 축은 구동축이므로 축에 키 홈을 가공해서 스프로켓을 조립해야 한다. 키 홈 3개중 스크린체인이 걸리는 스프로켓 조립용 2개의 키홈은 축 동일선상에 키 홈을 가공해야 함은 물론이며 2개의 스프로켓에도 동일한 위치에 키홈을 가공해야 체인에 조립된 스크린이 바르게 조립될 수 있으므로 주의해서 키홈을 가공한다.

스프로켓을 조립할 때에는 스프로켓 세트 스크루(Set Screw)가 조립되는 축에 홈을 만들어 스크루 끝부분이 홈에 채워지도록 조립해야 스프로켓이 좌우로 밀리는 것을 방지할 수 있다. 하부 축은 스프로켓만 회전되는 고정 축이므로 축이 하부프레임(Foot Frame)에서 빠지지 않도록 축 양단에 구멍을 내어 그림과 같이 핀을 끼워 조립하는 것이 좋다. 이 하부프레임은 깊은 물속에 잠기어 물살이 세고 스크린 회전 시 진동이 많음으로 견고하게 제작하고 조립되어야 한다.

(8) 스크린(Screen Basket)

스크린은 사각바스켓 형으로 협잡물이 스크린에 걸린 형태 또는 바스켓에 담긴 형태로 올라올 수 있도록 제작되었으며 조립된 모양은 그림 **15.8**과 같다. 이 스크린은 체인 피치 내에 조립될 수 있도록 제작되어 있으며 체인이 상하스프로켓에서 회전 시 원활히 스크린도 회전될 수 있음은 물론이고, 틈새도 많이 벌어지지 않도록 제작되어야 한다. 그림 **15.10**은 스크린이 조립된 측면 도면으로 스크린프레임이 조립된 상태에서 좌우볼트 2개로 체인에 조립할 수 있는 구조이다. 그림 **15.10**의 ④옆판(Side Plate)은 그림 **15.11**과 같이 좌우 대칭이 되도록 스크린 1대에 1조씩 제작한다. 그림 **15.10**의 ①과 ②는 그림 **15.12**와 같이 프레임을 제작하고 그림 **15.11**과 용접하여 스크린의 사각프레임을 제작한다. 또 사각프레임 중앙에 평철을 용접하여 보강한다. 이와 같이 스크린프레임이 완성되면 스크린을 조립하여 스크린바스켓을 완성시킨다.

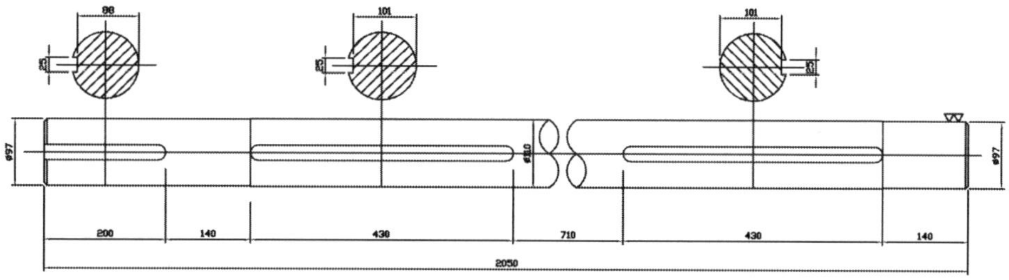

그림 15.8 축(Shaft)

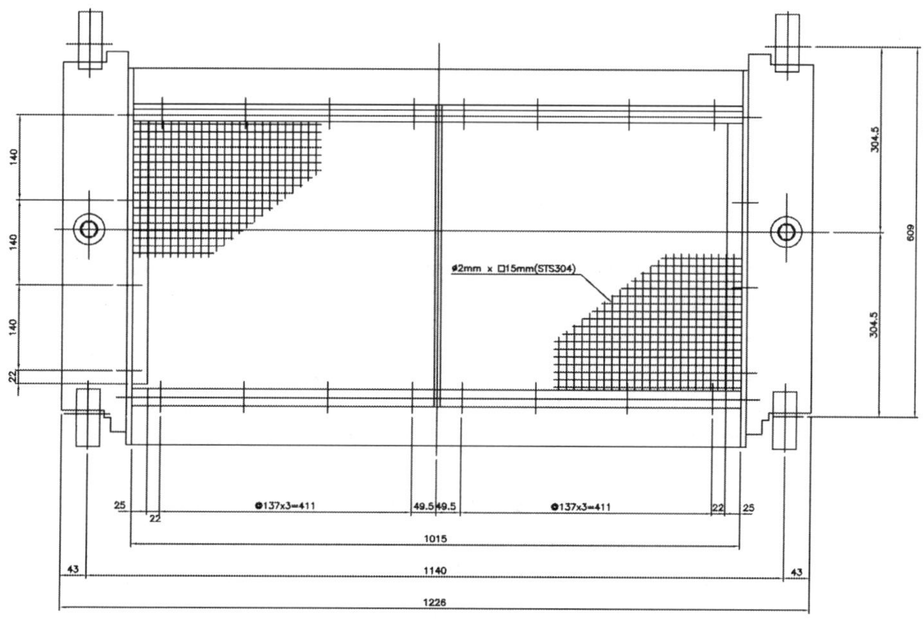

그림 15.9 스크린(Screen Basket)

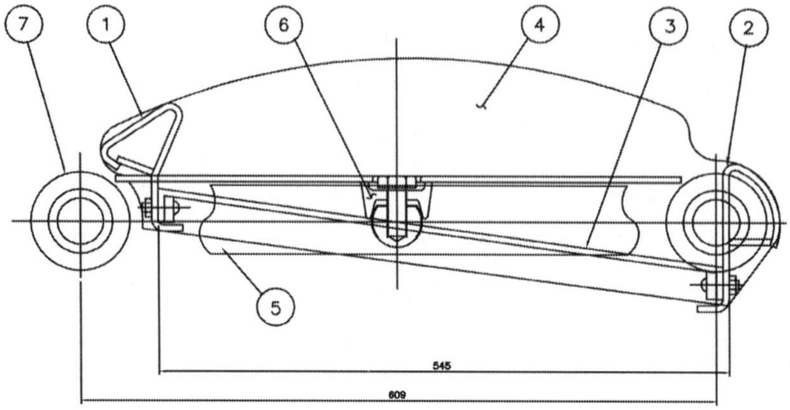

NO.	DESCRIPTION	MAT'L.	Q'TY	REMARK
1	FRAME	SS41	[illegible]	
2	FRAME	SS41	[illegible]	
3	WIRE SCREEN	STS304	[illegible]	
4	SIDE PLATE	SS41	[illegible]	
5	SIDE BAR	SM45C	[illegible]	
6	CLAMPLING BRACKET	SC46	[illegible]	
7	CHAIN ROLLER	SC513	[illegible]	
8	PIN	STS304	[illegible]	

그림 15.10 스크린(Screen Basket)측면도

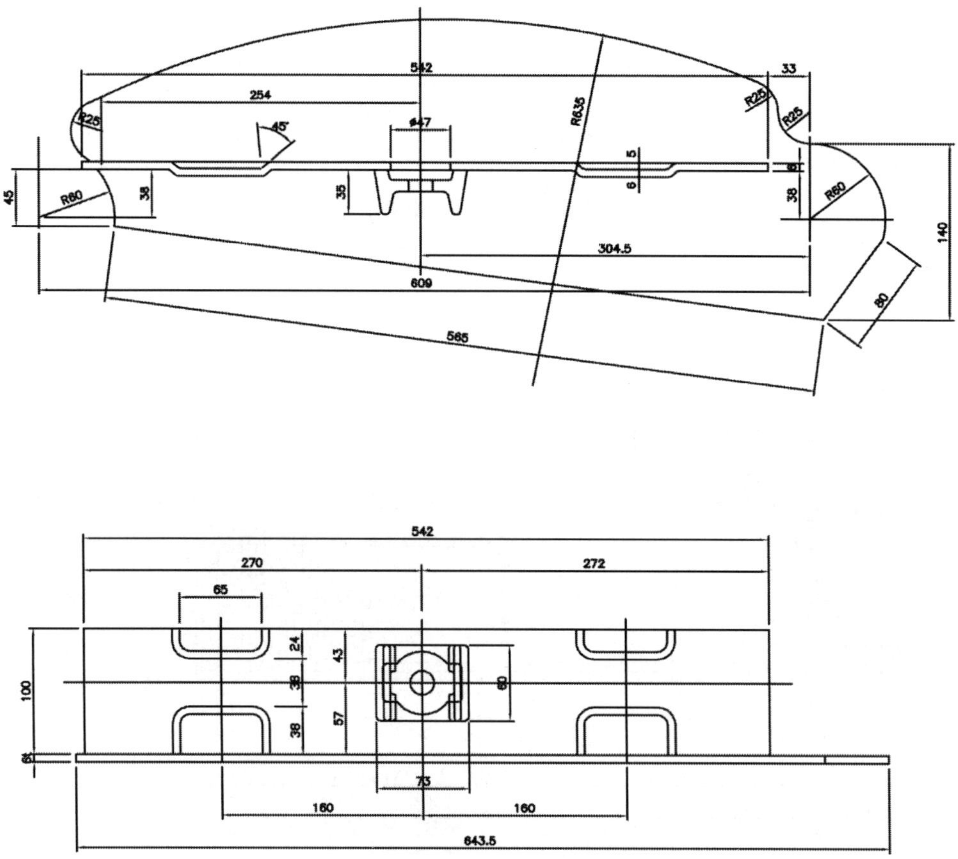

그림 15.11 옆판(Side Plate)

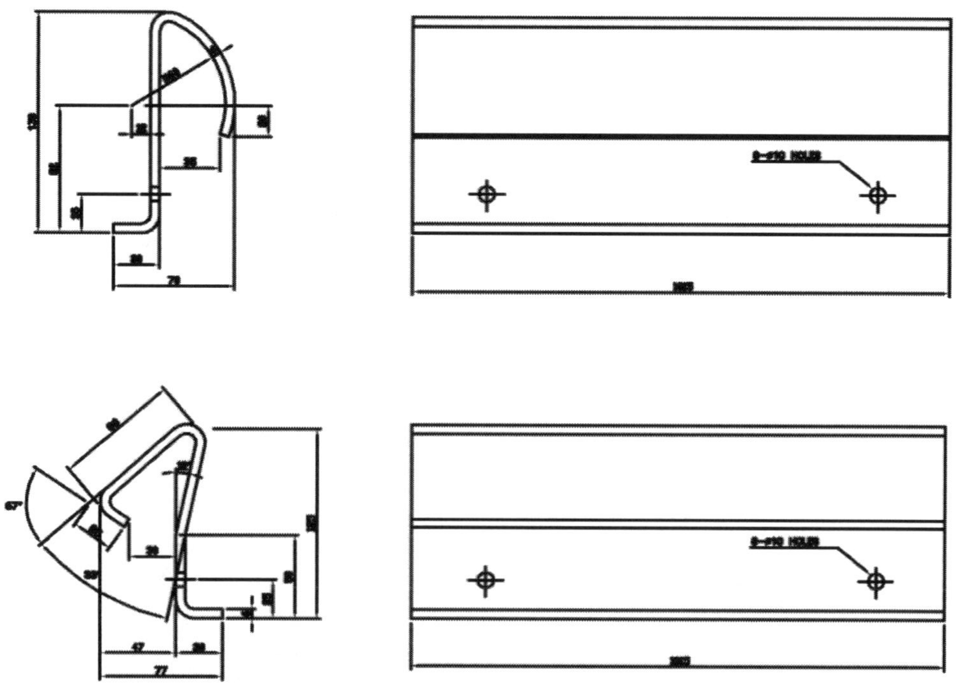

그림 15.12 프레임(Frame)

(9) 체인(Chain)

스크린을 조립하는 체인은 그림 15.13의 옆판(Side Bar)과 그림 15.14와 같이 부품으로 이루어져 조립하여 사용한다. 체인을 조립 시에는 분할핀을 마지막으로 끼워 핀이 진동에 의해 빠지지 않도록 하고 스크린 조립 시에도 볼트가 풀리지 않도록 풀림 방지용 접착제를 칠하여 조립하는 것이 좋다.

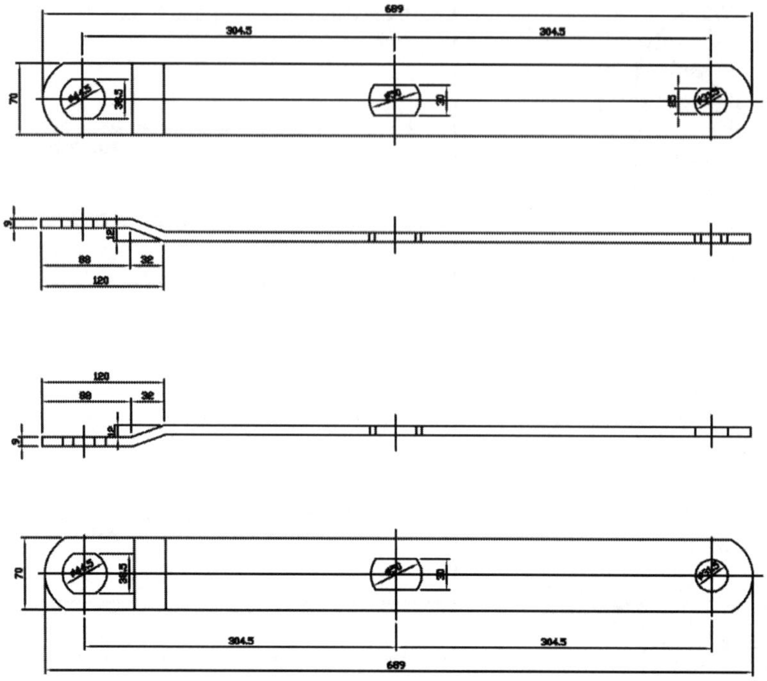

그림 15.13 체인 옆판(Chain Side Bar)

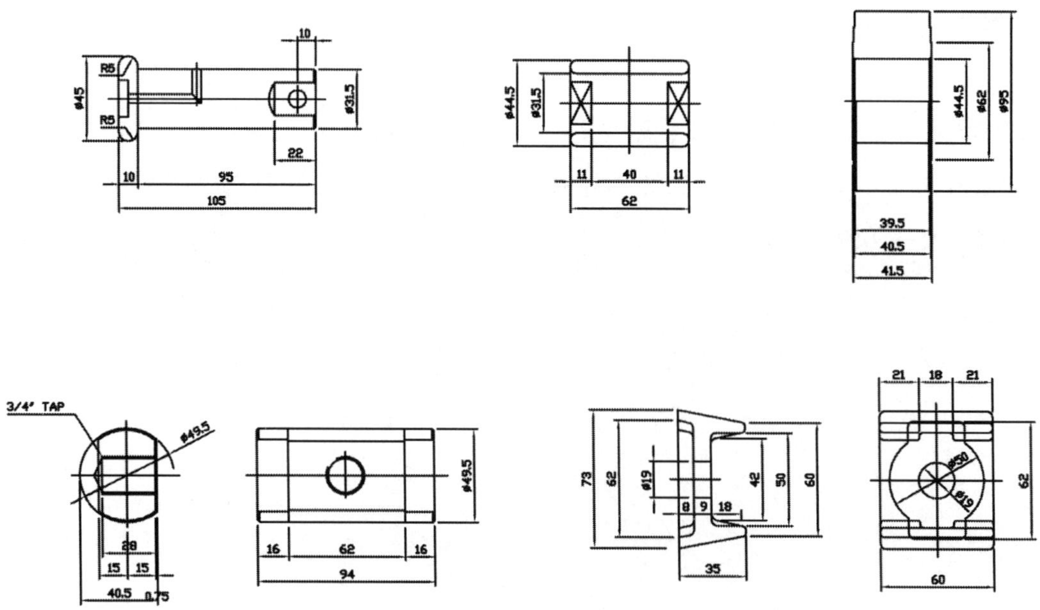

그림 15.14 체인 부품

(10) 체인 스프로켓(Chain Sprocket)

구동체인 스프로켓의 감속기용 체인스프로켓을 그림 **15.15**와 같이 제작하여 체인에 무리한 힘이 걸리면 안전핀(Shear Pin)이 절단되어 회전이 멈출 수 있도록 한다. 종동체인 스프로켓은 그림 **15.16**과 같이 제작하고 안전을 위해 그림 **15.17**과 같이 체인커버(Chain Cover)를 부착한다.

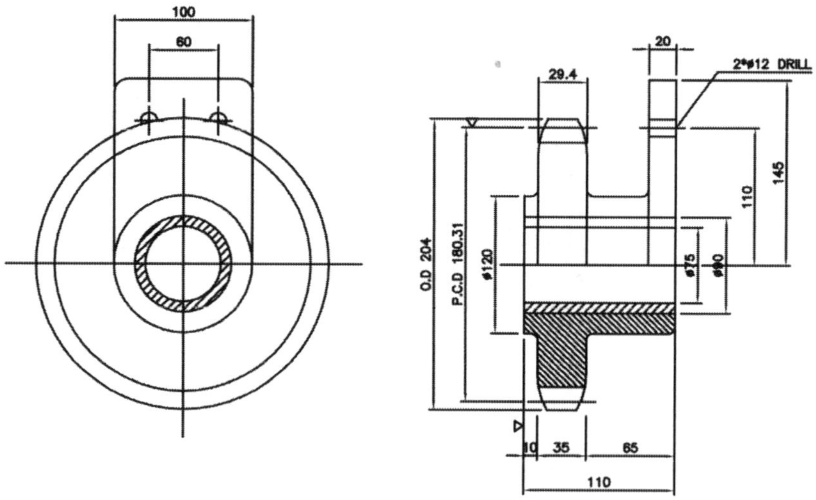

그림 15.15 구동체인 스프로켓

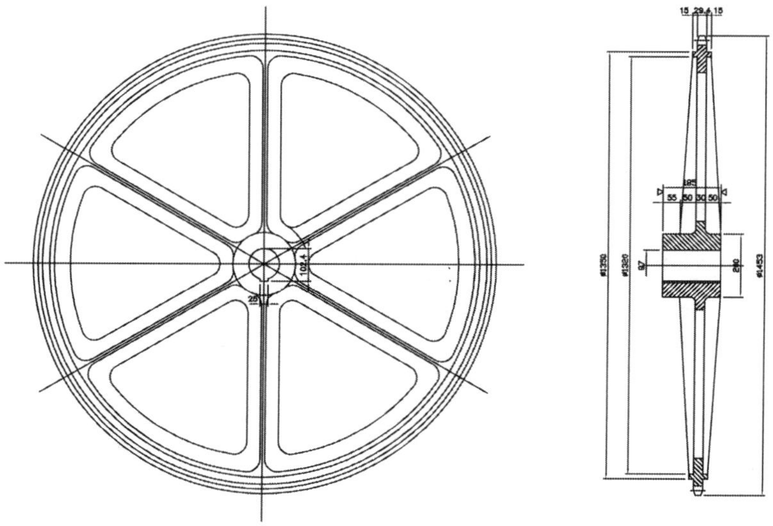

그림 15.16 종동체인 스프로켓

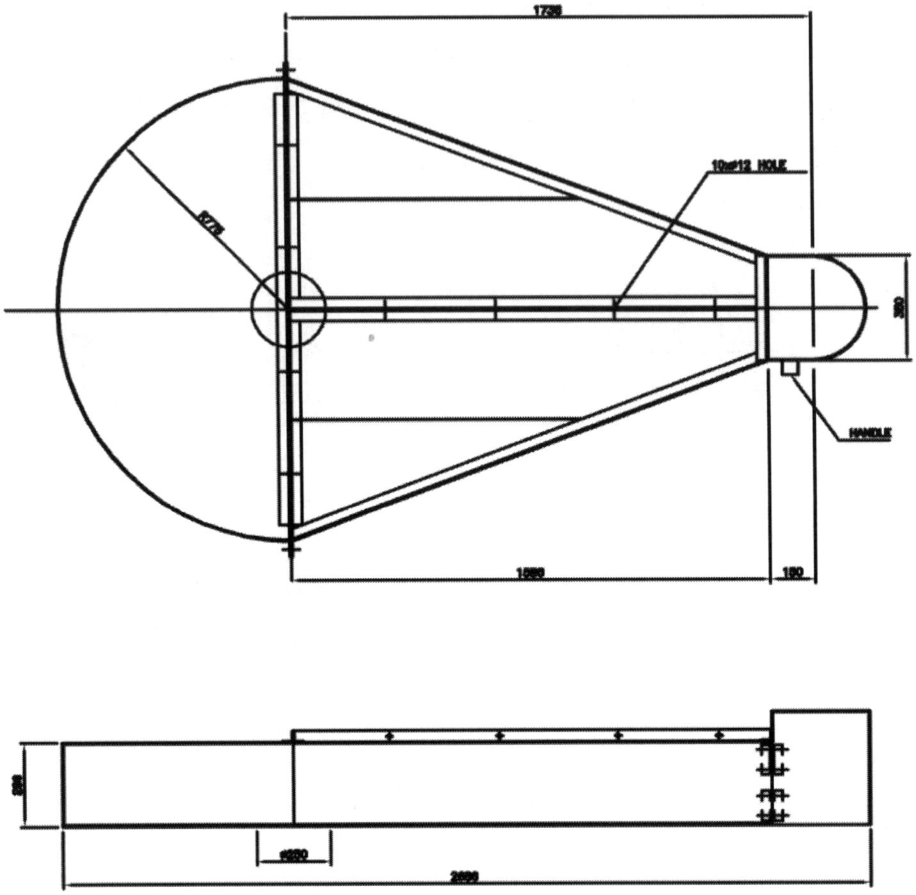

그림 15.17 체인커버(Chain Cover)

(11) 테이크 업 장치(Take Up Housing)

테이크 업 장치는 하우징에 설치되어 스크린체인의 늘어짐을 조정하는 장치로 그밀 15.18과 같이 주축(Main Shaft)을 끼울 수 있는 테이크 업 하우징(Take Up Housing)과 부품으로 구성되어 있으며 그림 15.19의 사각나사 축은 스크루를 회전시켜 테이크업 장치를 올리고 내린다.

세팅 바는 스크린 틀에 철망을 조립할 때 철망을 눌러주는 평철이다.

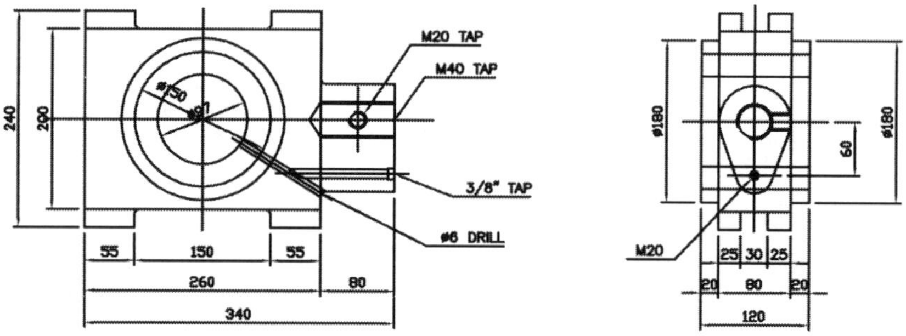

그림 15.18 테이크업 장치(Take Up Housing)

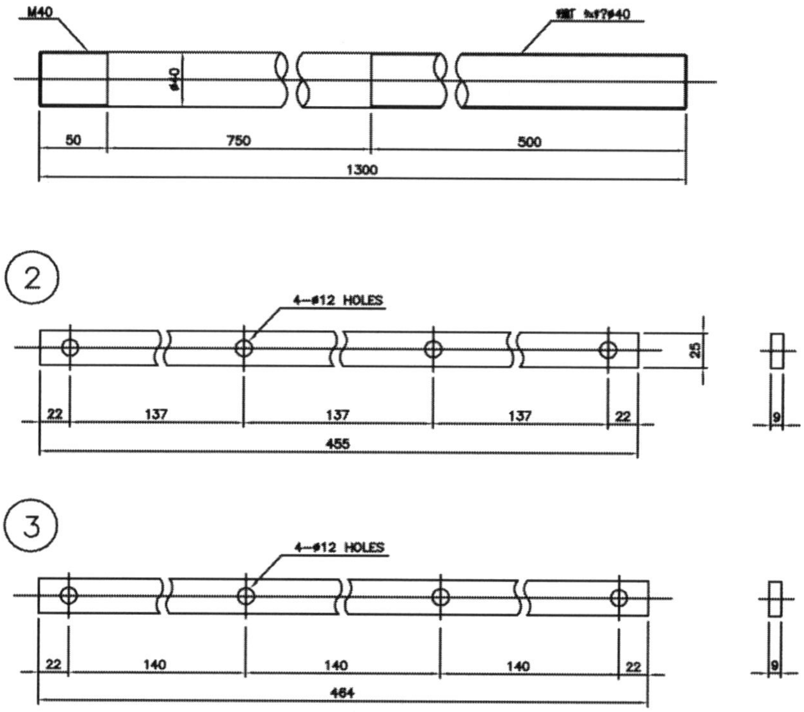

그림 15.19 스크루 및 스크린 조립용 바

(12) 살수장치

스크린에 협잡물이 걸려 올라오면 협잡물을 물을 분사시켜 협잡물을 제거하여야 한다. 이때 사용되는 살수장치는 그림 15.20과 같이 하우징(Housing)내부에 배관하고 그림 15.21과 같이 노즐(Nozzle)을 부착시켜 세척수를 강하게 분사시켜 협잡물을 털어낸다.

그림 15.21의 베어링은 테이크업 장치에 사용된다.

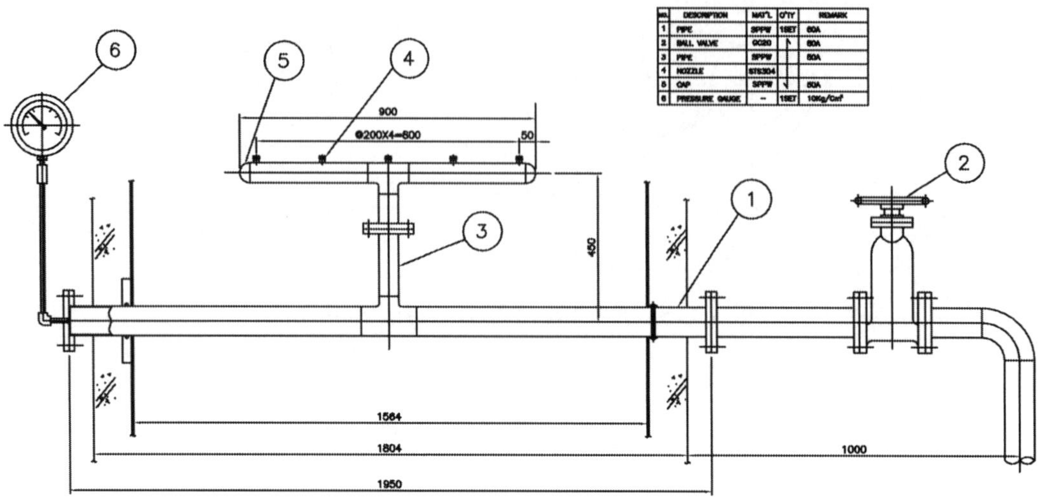

그림 15.20 살수장치

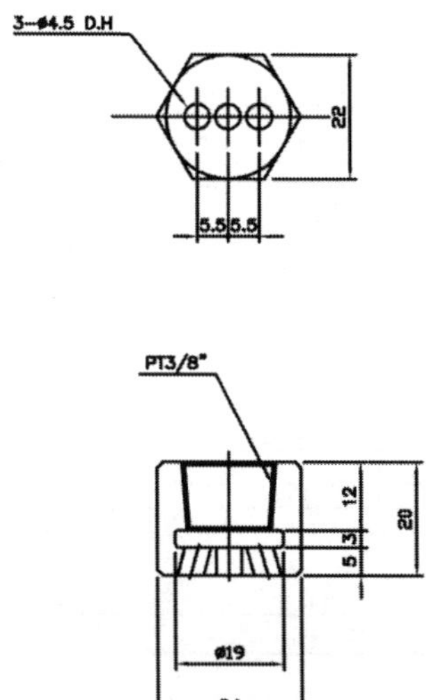

그림 15.21 노즐(Nozzle)

(13) Housing 내부 Cover류

하우징(Housing) 내부에는 협잡물을 받을 수 있는 커버 등을 그림 15.22와 같이 제작하여 현장에 알맞게 부착시킨다. 또 테이크업 장치 축 부분에는 물이 유출되지 않도록 그림과 같이 실링 판(Sealing Plate)을 부착시키는 것이 좋다.

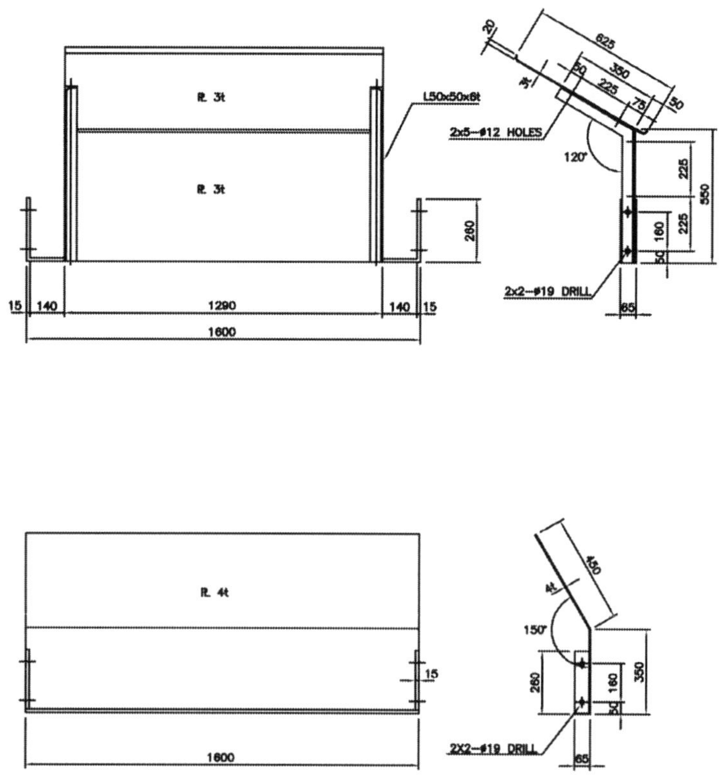

그림 15.22 Housing내부 Cover류

(14) 감속기 커버

구동부와 감속기도 커버를 제작하여 덮는다. 커버 제작 시 알맞은 규격을 선택 사용하여 손실이 적도록 설계하는 것이 매우 중요하다. 너무 크게 설계하면 철판 손실이 커짐으로 제작비가 크게 상승한다.

질문 1 **하우징(Housing)주변에 물이 누출되지 않게 하려면 어떻게 하나요?**

하우징 내에는 스크린이 물속에서 협잡물이 걸린 것을 털어내기 위해 물을 분사시킴으로 물이 하우징 밖으로 누출될 수 있다. 따라서 하우징의 하단부가 수로 구조물 안쪽으로 들어가도록 설계함은 물론이며 협잡물이 떨어지는 부분은 구조물이나 철판으로 수로를 두는 것이 좋다.

협잡물은 담는 상자는 그물을 설치하여 물은 수로를 통하여 하부로 떨어질 수 있도록 한다.

질문 2 살수장치에 사용하는 원수는 어디에서 공급받아 사용하는가?

살수장치에 공급되는 원수는 정수장에 공급하는 원수관에서 가는 관을 설치하고 여기에 자동스트레이너를 설치하여 사용하는 것이 좋다. 자동스크린을 설치하지 않으면 노즐이 막힐 염려가 있으므로 설치하는 것이 좋다. 원수관에는 자동 밸브를 설치하여 이동스크린과 연동시켜 가동하는 것이 좋다.

질문 3 이동스크린은 언제 가동시키는가?

스크린에 협잡물이 걸리면 스크린 유입 전 수로와 스크린 통과 후 수로에 수위차가 발생한다. 수로에 수위차를 감지하여 수위차가 설정 치에 도달하면 이동스크린을 가동하여 협잡물을 제거하며 이동 스크린의 가동중지 시간은 타이머(Timer)에 의해 정지시킨다. 수위차가 심하게 발생하면 수압에 의해 스크린에 많은 수압이 작용함으로 수위 차 500 mm 이내에서 이동스크린을 가동 시키도록 한다. 가동시간은 협잡물의 제거되는 양의 정도를 감안하여 타이머(Timmer)로 조절한다. 협잡물이 많이 올라오는 홍수 시에는 연속 가동시킬 필요가 있다.

15.2 상부 스프로켓형 이동 스크린

1. 원 리

본 상부 스프로켓 형 이동스크린은 체인을 걸고 체인사이에 스크린을 설치하고 하부에는 스크린체인이 지나갈 수 있도록 가이드 웨이(Guide Way)를 설치하여 스크린이 가이드 웨이를 따라 이동할 수 있도록 하여 스크린에 걸린 협잡물을 상부로 올려 제거하는 장치이다.

2. 구 조

상부 스프로켓 형 이동 스크린의 구조는 수로 상부에 스프로켓을 조립하고 하우징 상부에 구동부를 놓는다. 구동부 하부에는 스크린 조립용 주체인(Main Chain)이 이동할 수 있도록 가이드 웨이(Guide Way)를 양 벽에 설치하여 체인이 가이드 웨이(Guide Way)를 따라 이동할 수 있는 구조로 그림 15.23과 같다.

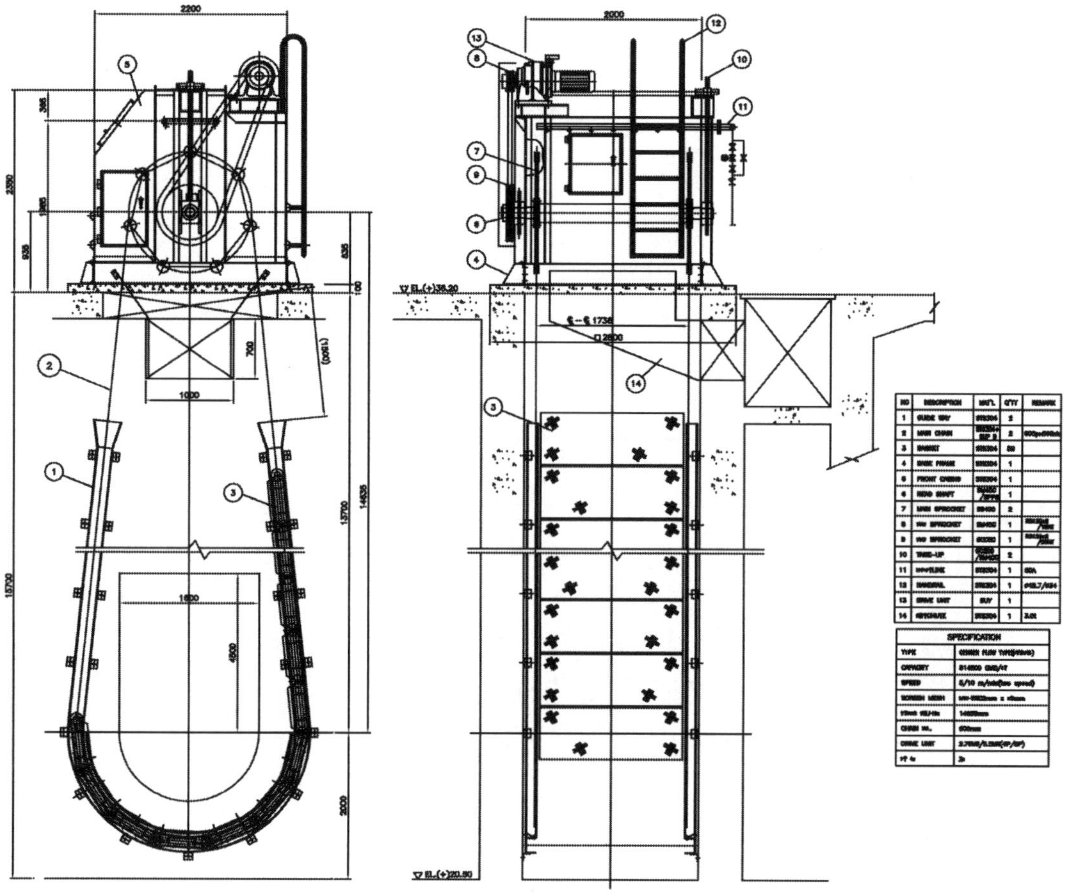

그림 15.23 상부 스프로켓 형 이동스크린

체인에는 철망을 조립하여 협잡물이 걸릴 수 있도록 하였으며 스크린이 상부로 올라오면 물을 분사시켜 협잡물이 스크린에서 제거되는 구조이다.

3. 설계 사양

(1) 사용 목적

취수펌프 흡입정 앞에 설치하며 침사지 및 저류조를 통해 공급된 원수에 포함되어 있는 협잡물을 분리 제거하여 취수펌프설비의 원활한 운전을 위해 설치한다.

(2) 설계 조건 및 사양

1) 설계 조건

스크린실의 바닥표고	EL(+) 36.20
유입부 바닥표고	EL(+) 20.50
유입부 폭	1600mm
계획홍수위	EL(+) 35.10
최고수위	EL(+) 29.50
최저수위	EL(+) 24.50

2) 설계 사양

형 식	Center Flow형 수직 회전식
통 과 유 량	514500CMD/대당(정상운전)
이론적Mesh 막힘 정도	25%
스크린 Mesh	소선경2mm×폭4mm(STS304)
체인의 피치	약 600mm
원주 속도(이동속도)	약5/10m/min(two speed)
상하부축간거리	14.635m
Basket의 수	59EA
모터의 정격 출력	2.75/5.5kW
모터의 회전수	900/1800rpm
모터의 절연등급	B
모터의 보호등급	IP55
전 원	380V×3PH×60HZ
이동스크린 1대당 세척수의 용량 (유량 및 분사 압력)	$28.08m^3/h \times 6.0kg/cm^2$
대 수	2대

(3) 구조 개요

이동스크린은 프레임, 상부 스프로켓, 세척수 하우징, 바스켓, 체인, 구동장치, 가이드 웨이 및 세척수 장치로 구성된다. 이동스크린 프레임, 구동장치, 기타 주요부분은 설치 운전 시 발생하는 진동, 응력에 충분히 견딜 수 있도록 설계되도록 한다. 설계하중은 가동 시 체인에 작동하는 장력과 이동스크린의 상승부에 걸려있는 찌꺼기의 부하를 포함한 모든 기계적인 힘을 고려하여 설계되도록 한다.

(4) 구조 및 재질

1) 프레임

이동스크린 프레임은 STS304 구조로 제작되고, 견고하게 보강되어야 하며, 체인이동 상향부의 안내 앵글은 교체할 수 있는 구조로 제작되도록 한다. 상부 스프로켓 부는 받침대로서 고정되고 상향부에는 체인에 대한 실링 가이드를 설치한다. 이동스크린 설치벽면에 있는 가이드 웨이 속에 제진기프레임의 양쪽 면에 적당한 형상의 날개가 있고 운전을 위해 필요한 최소한 틈새를 제외하고는 프레임과 이동부 사이에는 틈새가 없도록 한다. 가이드 웨이는 STS304로 모든 프레임의 부재를 고려하여 최소 10 mm 이상이 되도록 하며, 콘크리트 벽면에 견고하게 부착되며, 프레임은 정지 상태에서 1.5 m의 수두차를 견딜 수 있도록 하며, 500mm의 수두 차에서 운전이 가능하도록 한다.

2) 상부 스프로켓

상부 스프로켓은 이동스크린 체인에 가동부하가 걸렸을 때, 손상 없이 구동장치의 기동부하를 견딜 수 있도록 설계되도록 한다. 상부스프로켓은 원형철판에 스테인리스 볼트로 고정된 구조이며 볼트는 마모 시 체인의 절단이나 제거 없이 교체가 가능하도록 한다. 또한 양족의 상부 스프로켓은 토르크 튜브로서 연결되고 베어링 속에서 회전하는 샤프트에 의해 지지되는 구조로 하도록 한다.

3) 구동장치

이동스크린은 개별 모터로 구동되도록 하며, 모터는 극수변환의 Two-Speed모터로 한다. 모터의 2개 회전수는 이동스크린에 발생하는 수두 차와 막힘의 정도에 따라 스크린 메시가 세척되는 동안, 자동적으로 조절되도록 하며 모터의 회전은 수두 차 약 200mm에서 작동하여 5m/min의 속도로 이동스크린이 회전되며, 고회전은 약 500mm의 수두 차에서 작동하여 10m/min의 속도로 이동스크린을 회전시킨다. 모터는 커플링에 의해 과부하로부터 보호되도록 하며 감속기는 헬리컬 기어나 사이크로형 기어로 완전 밀폐되도록 한다.

4) 바스켓 및 체인

바스켓은 앵글과 평철로 된 사각형프레임 위에 메시가 고정된 형태이며, 바스켓과 바스켓 사이의 틈새는 제거작업을 하는 어느 위치에서도 메시의 틈새를 초과하지 않도록 설계되도록 한다. 바스켓의 재질은 STS304이어야 한다. 스테인리스 메시는 볼트로서 바스켓 프레임에 고정되고 바스켓 프레임의 아래쪽의 끝은 전 폭이 찌꺼기 운반용 선반이 되도록 하며 바스켓은 체인의 사이드 바와 볼트로 고정되는 구조로 한다. 각 체인은 강재 사이드 바와 스테인리스 핀과 부싱 그리고 나일론(엔지니어링 플라스틱)으로 제작된 롤러로 구성된다. (평균 파단강도 45,000 kg이상)

부싱과 핀은 체인 사이드 바에 프레스 압입되어 조립되고, 롤러는 비 윤활형이다. 체인과 프레임 사이를 통해 찌꺼기를 통과하지 못하도록 바스켓과 체인 사이에 실링용 판이 설치되어야 한다.

5) 세척수 하우징과 세척수 장치

세척수의 비산을 막고, 스프라켓을 둘러싸기 위한 검사용 문이 달린 스테인리스 하우징이 설치되도록 하며 앞, 뒤쪽에는 검사용 문이 밀폐식으로 제작되도록 한다. 세척수 배관은 막힘이 없는 구조의 세척수 노즐이 바스켓 전폭에 걸쳐 직접 세척할 수 있도록 배치가 되도록 하며 배관은 하우징 바깥으로 연결되며, 최소 50 mm 직경의 전동 밸브에 의해 세척수의 분사가 조절되도록 한다. 세척수의 노즐은 약 6 kg/cm^{2}의 압력과 28.08 m^3/h의 유량에 적정하도록 설계되도록 한다.

6) 주요부 재질

• Frame	STS304
• Casing	STS304
• 상부 Sprocket	SS41/STS304
• 가이드 웨어	STS304
• Main Chain	STS304
• Basket	STS304
• Bolt	STS304

7) 이동 Screen용 종합 제어판

이 제어반은 이동스크린, 공기압축기 및 세척수 공급전동밸브의 운전 및 조작을 하기위한 것으로 이동식스크린의 운전은 수동 Timer와 수두 차에 의한 자동운전이 병행 되도록 제작한다. 또한 중앙제어반(계장)에서 이동스크린의 운전 상태와 수위 Level을 확인할 수 있는 Signal을 보낼 수 있도록 접점을 구비하도록 한다. 제어반은 옥내 자립형으로 이동 스크린 중앙부위에 설치하여 각 설비의 동력과 현장반 사이의 제어용 배관 배선 공사를 포함한다.

① 종합 제어반

종합제어반은 제진기, 공기 압축기 및 전동밸브 조작에 필요한 계장품을 내장한다. 즉 주 전원스위치, 선택스위치, MS, 전류계, 전압계, 램프(전기적과부하, 제진기의 작동 및 정지, 세척수 펌프 작동 및 정지, 전원, 수두차압 발생상태 등), Timer, 퓨즈, 수두차압 릴레이, 수두차 지시계, 수두차압 감지기, 공기 모든 스위치, 램프에 명판이 부착되고 명판은 백색 바탕에 흑색 문자로 된 플라스틱제이며, 종합 제어반 내부결선은 공장에서 완전하게 완료되어야 하며, 현장에서 필요한 최소한의 공기배관, 전기 배선만을 실시하도록 한다.

수 량	1식
설 치 위 치	전기실
형 식	Self Standing, Cubicle Type
보 호 등 급	Water Proof
외 함 재 질	STS304 (3.0t)

② Timer 장치

이동스크린을 정해진 시간 간격으로 자동 동작시키기 위한 Timer장치가 종합제어반 내에 설치되어야 한다. Timer 장치는 다음의 범위에서 조정 가능하다,

운 전 간 격	0~6시간
운 전 시 간	0~60분

③ 수두 차에 의한 운전 장치

이동 Screen은 수두 차에 의해 자동 운전시키기 위한 자동운전 장치가 종합제어반 내

에 포함되어야 한다.

형　식	공기 PURGE식
수　량	2대 (제진기 1대에 1대)

수두 차에 의한 자동운전 장치는 Timer에 의한 자동운전 장치는 Timer에 의한 자동운전에 우선하여 작동되도록 하며 다음의 수두 차에 의해 이동 Screen의 모터 회전이 자동으로 조정되도록 한다.

㉠ 200 mm 수두 차 발생시 : 수두 차 감시 장치에 의해 저 회전으로 운전
수두차가 100 mm로 줄면 : Timer에 의해 운전중지

㉡ 500 mm수두 차 발생시 : 수두 차 감시 장치에 의해 고 회전으로 운전
수두차가 200 mm로 줄면 : 수두 차 감시 장치에 의해 저 회전으로 운전
수두차가 100 mm로 줄면 : Timer에 의해 운전중지

8) 공기압축기

공기압축기는 이동 Screen의 수두 차에 의한 운전 장치용으로 소요되는 공기를 공급하기 위한 것이다. 1대의 공기압축기는 2대의 이동 Screen의 수두 차에 의한 운전 장치용으로 소요되는 공기량을 공급한다. 각 공기압축기는 모터, 실린더, 압력계, 차단밸브, 역지밸브, 공기흡입여과기, 건조기, 유수분리기, 소음기, 안전밸브, 자동압력스위치, 공기저장탱크, 배변수, 현장조작반등으로 구성된다. 공기압축기는 공기 저장탱크, 모터, 실린더, 조작반 등이 외기 환경에 직접 노출되지 않도록 한다.

공기압축기의 시동 및 정지는 압축기에 부착된 현장조작반의 수동조작으로 정지, 시동된다. 현장제어반 압력계 및 압력스위치는 실내용으로 적합하게 제작되도록 한다.

Type	Package, 피스톤식, 무급유식
수　량	2대 (1대 예비)
토 출 량	7kg/㎠
용　량	150ℓ /min
모 터 용 량	1.5kW
공기저장 탱크용량	40ℓ /이상

9) 전기배선 및 배관공사(계장배선 포함)

① 전기배선작업에 소요되는 모든 부품을 공급 및 설치하여야 한다.

② 종합 제어반에서 이동 스크린 구동 모터까지의 배선

③ 종합제어반에서 공기 압축기 현장 제어반까지의 배선

④ 종합 제어반에서 각 기기별 동력 전원 배선

⑤ 공기 압축기 배선

⑥ 기타

㉠ 전기 배선(계장포함)은 지상에서 복선/분배박스/단선으로 처리된다. 모든 배선은 아연도금 된 강재 닥트나 아연도금 된 전선관의해 보호된다.

㉡ 전선수가 많은 경우에는 닥트를 사용하고, 전선수가 적은 경우에는 전선관(ϕ54이하)을 사용한다. 단, 이동스크린의 종합 제어반에서 중앙제어반(계장)까지의 배선은 공급범위에서 제외된다.

10) 배관 및 기타

① 사양

배관설비를 공급, 설치해야하며, 배관에는 모든 필요한 파이프 밸브, 받침, 게이지 계장품, 보온(물배관용)등이 포함되도록 한다.

㉠ 공기 압축기에서 이동 Screen 종합 제어반 및 공기 Purge Head까지의 공기배관 :1식

㉡ 세척수 공급배관에는 각 이동 Screen의 세척수 유입부에 전동밸브가 설치된다.

형 식	전동 볼밸브
구 경	80A
압 력	10kg/㎠
수 량	2대
보호등급	WATER-PROOF
전 류	200×600HZ×단상
재 질	몸체 : 주철 볼: STS304

② 세척수 배관은 스테인리스관(STS304)을 사용하도록 하고, 공기배관은 공기압축기에

서 이동스크린 종합제어반 및 공기 Purge 끝단까지의 배관을 동관을 사용하도록 한다. 또한, 세척수 공급배관은 동파방지를 위해 적절하게 암면으로 보온되도록 하며, 그 표면은 알루미늄 관으로 보호하도록 한다.

4. 설 계

(1) 주요 제원

- 형 식 : Center Flow Type(수직 회전식)
- 통과유량 : 514500 m^3/day(대당)
- 이동속도 : 5/10 m/min(T재 Speed)
- 동력 : 2.75/5.5 kW×380 V×60 Hz
- 체인 피치 : 600 m/m
- 상하축간거리 : (15.7+0.935−2.0) ≒14.635 m
- 바스켓 수 : 58 EA
- Q(수송량) 14.06 ton/hr
- v(수송속도) 5/10 m/min
- W_s(수송 물 중량 : 개당) 23.44 kg
- V(바스켓상의 운반물 용적) 0.0586 m^3
- A(바스켓상의 운반물 단면적) 0.0358 m^2
- L(바스켓 길이) 1.638 m
- P(바스켓 길이) 0.6 m
- γ(운반물 비중) 0.8
- $A = 0.123 \times 0.582 \times 1/2 = 0.0358\ m^2$
- $V = A.L = 0.0358 \times 1.638 = 0.0586\ m^3$
- $W_s = V \times \gamma \times 1000 \times 50\% = 0.0586 \times 0.8 \times 1000 \times 0.5 = 23.44$ kg
- $Q = W_s = \times v \times 60/1000 = 23.44 \times 10 \times 60/1000 = 14.06$ ton/hr

(2) 체인의 장력(1 Line)

1) 물 흐름 방향의 마찰저항

$$F_1 = L_1 \times W_s \times f_1$$

$= 35.4\ \mathrm{m} \times 23.44 \times 0.6 = 497.9\ \mathrm{kg}$

F_1 : 마찰저항

f_1 : 마찰계수=0.6

L_1 : 체인의 길이=약 35.4 m

2) 바스켓 가이드 레일과의 마찰계수

$$F_2 = L_2 \times W_{cv} \times f_2$$

$$= 28.5\ \mathrm{m} \times 71.3\ \mathrm{kg} \times 0.5 = 1016\ \mathrm{kg}$$

F_2 : 마찰저항

W_{cv} : 체인과 바스켓의 m당 중량=71.3 kg

L_2 : 가이드레일에 바스켓이 주행하는 거리=28.5 m

f_2 : 마찰계수=0.5

3) F_3 인장력

$$F_3 = H \times (W_s + W_{cv})$$

$$= 14.635 \times (23.44 + 71.3) = 1386.5\ \mathrm{kg}$$

H : 양정 14.635(상, 하 축간거리)

4) 손실저항

$$F_4 = (F_1 + F_2 + F_3 + 2T_o)C$$

$$= \left\{(497.9 + 1016 + 1386.5 + 350) \times \frac{1}{2}\right\} + 300 = 1925.2\ \mathrm{kg}$$

F_4 : 손실저항

T_o : 초장력=300 kg

C : 손실계수=0.1

5) 체인의 장력(1 Line)

$$T = \left\{(F_1 + F_2 + F_3 + F_4) \times \frac{1}{2}\right\} + T_o$$

$$= \left\{(497.9 + 1016 + 1386.5 + 350) \times \frac{1}{2}\right\} + 300 = 1925.2\ \mathrm{kg}$$

T : 체인의 전 장력

6) 체인의 안전율

$$F_c = \frac{F_C}{T} = \frac{45000}{1925.2} = 23.4$$

S_c : 안전율

7) 체인의 유효장력(1 Line)

$$T_C = T - \frac{(L_1 \times W_{cv}) + T_o}{2}$$

$$= 1925.2 - \frac{(35.4 \times 71.3) + 300}{2} = 513.2\ \text{kg}$$

T_C : 체인의 유효장력

8) 소요동력

$$P_1 = \frac{2 \times T_C \times v}{6120 \times \eta} = \frac{2 \times 513.2 \times 10}{6120 \times 0.81} = 2.07\ \text{kW} \times 1.5(\text{안전율}) = 3.1\ \text{kW}$$

P_1(4P) : 소요동력

v : 이송속도(5/10 min)

P_2(8P) : 소요동력

η : 전기계효율=0.81

η_1 : 감속기 기계효율 =0.9

η_2 : 롤러체인 전동효율=0.9

계산수치는 상기와 같으나 우기 등 인양물 증가로 인한 부하 상승을 고려하여 안전하게 5.5 kw로 선정함.

$$P_2 = \frac{2 \times T_C \times v}{6120 \times \eta} = \frac{2 \times 513.2 \times 5}{6120 \times 0.81} = 1.04\ \text{kW} \times 1.5(\text{안전율}) = 1.56\ \text{kW}$$

계산수치는 상기와 같으나 우기 등 인양물 증가로 인한 부하상승을 고려하여 안전하게 2.75 kw로 선정함

(3) 축 계산

1) W_d : 축에 작용하는 하중= $W_a + W_b + W_c = 4033.0$ kg

2) W_a : Basket의 총 중량= 59 EA × 37.8 kg = 2230.2 kg

3) W_b : Chain의 총중량$= 118\,\text{EA} \times 10\,\text{kg} = 1180\,\text{kg}$

4) W_c : 협잡물의 총중량$= 30\,\text{EA} \times 23.5\,\text{kg} = 705\,\text{kg}$

5) N_w : 필요 동력$= 3.1\,\text{kW}$

6) T : 전단응력$= 500\,\text{kg/cm}^2$

7) N : 주축회전수$= 2.41\,\text{rpm}$

$$N = 1800 \times \frac{1}{253} \times \frac{18}{53} = 2.41\,\text{rpm}$$

$$d = 79.2 \times \sqrt[3]{\frac{N_w}{TN}} = 79.2 \times \sqrt[3]{\frac{3.1}{500 \times 2.41}} = 10.9\,\text{cm}$$

∴ 12.0 cm로 선정

(4) Torque 계산

$$T = \frac{974 \times N_w}{N} = \frac{974 \times 3.1}{7.11} = 424.7\,\text{kgf} \cdot \text{m}$$

P : 전동기 소요동력

N : 감속기 소요동력

N : 1800/253=7.11

∴ 위 계산에 의거 감속기 Torque를 659 kgf·m로 선정한다.

(5) 구동속도 계산

1) 전동기 회전수 : 4극 1800rpm, 8극, 900 rpm

2) Cyclo Reducer 감속비 : 1/253

3) Sprocket : 19T

4) Sprocket : 57T

5) Head Sprocket PCD 1382.859(P=0.6 m, Z=7)

$$1750 \times \frac{1}{253} \times \frac{19}{57} \times (1.382 \times \pi) = 10.1\,\text{m/min}$$

$$875 \times \frac{1}{253} \times \frac{19}{57} \times (1.382 \times \pi) = 5.005\,\text{m/min}$$

(6) 세척노즐 설계계산

1) 설계조건

① 취수펌프 송출압 : 9.5 kg/cm^2

② 감압설정(P_R) : 6 kg/cm^2

③ 허용세척유량(Q_a) : 1.2 m^3/min(자동 스트레이너 유량(1.5×0.8)

④ 노즐과 스크린과의 거리(L) : 400 mm(약)

⑤ 노즐의 분사각도(Q) : 45°

⑥ 노즐의 Pitch(N_P) : 250 mm

⑦ 노즐의 1개당 유량(Q_n) : 39 ℓ/min

⑧ 노즐 수량(n) : 12 EA/대

⑨ 이동 스크린 수량(QT'Y) : 2대

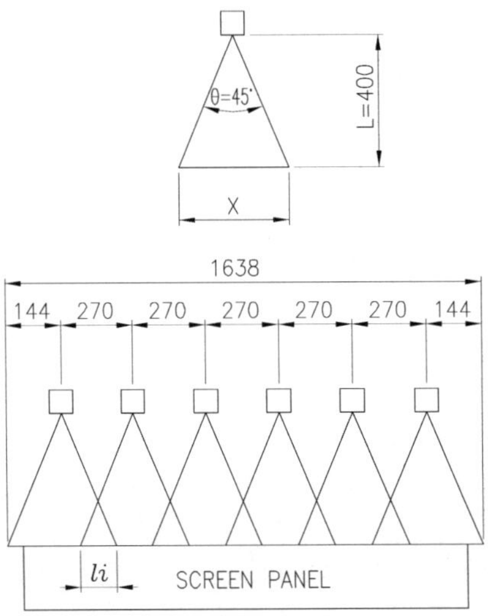

2) 세척수량(2대분)

$$Q = Q_n \times n \times QT'y$$

$$= 39 \times 12 \times 2 = 936\ \ell/\text{min}$$

$$= 0.936\ \text{m}^3/\text{min} < 1.2\ \text{m}^2/\text{min}\ \ \text{O.K}$$

3) 노즐의 분사 폭

$$x = 2 \times \tan\frac{\theta}{2} \times \ell$$

$$= 2 \times \tan 22.5 \times 400 = 331.4\ \mathrm{min}$$

4) 노즐분포(중첩거리)

$$\ell_i = x - N_p = 61\ \mathrm{mm}$$

5. 제작 및 설치

(1) 이동스크린 토목 기초도

그림 15.24와 그림 15.25는 취수장 건물 도면이며 이 건물 도면에 알맞게 설계되어야 하며 분리 제작되어야 현장에서 설치가 쉬워진다. 따라서 항상 건물 구조물에 알맞게 설계될 수 있도록 미리 건물 도면등 기타 필요한 사항을 준비해야 한다. 그림 15.26은 이동 스크린 기초도로 기존 건물도면에 알맞게 기초를 하고 앵커볼트를 설치한다.

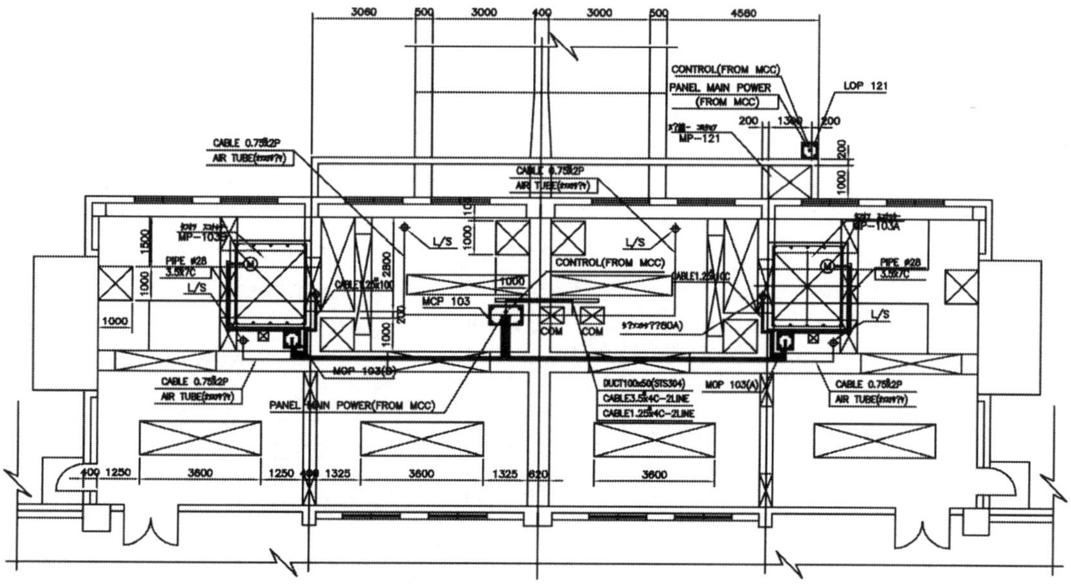

그림 15.24 취수장 건물도

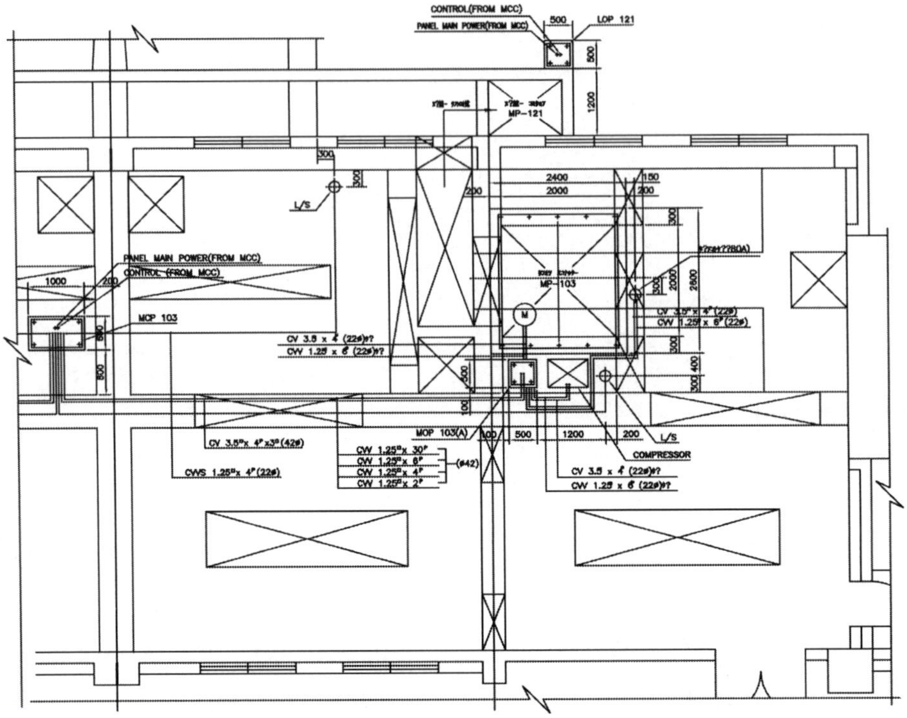

그림 15.25 취수장 건물도

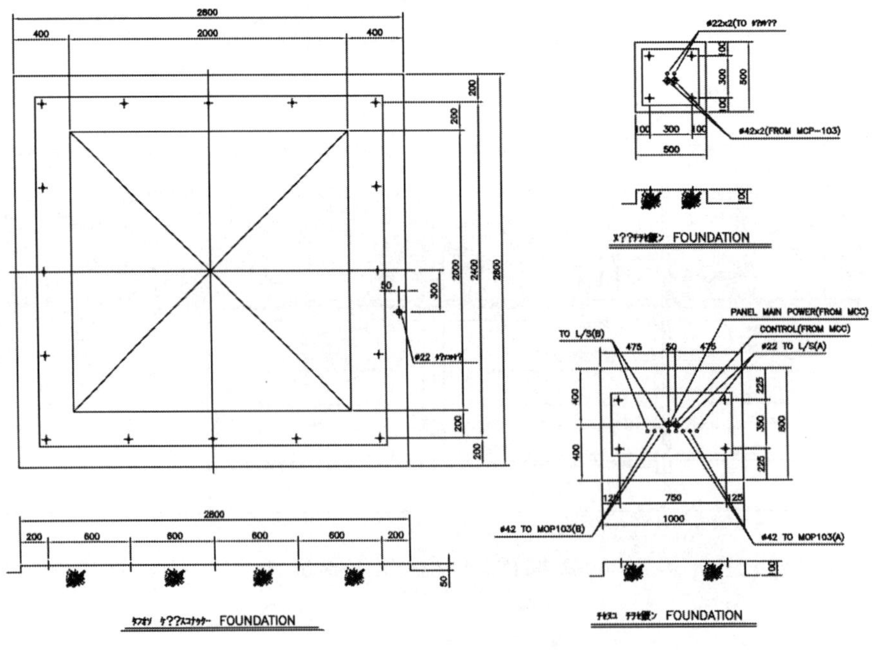

그림 15.26 이동스크린 기초도

(2) 하우징(housing)

하우징은 취수장 구조물에 알맞게 설치할 수 있도록 하며 운반이나 실내 설치 시 편리하도록 분리해서 제작해야한다. 하우징은 그림 15.27과 같으며 구동부는 하우징상단에 설치한다. 현 하우징에 맞는 제작도는 그림 15.28, 그림 15.29와 같다. 하우징 내에는 물을 스크린에 분사시키는 살수장치가 있으므로 물이 하우징 밖으로 유출되지 않도록 기밀에 주의해서 제작하고 설치하여야 한다.

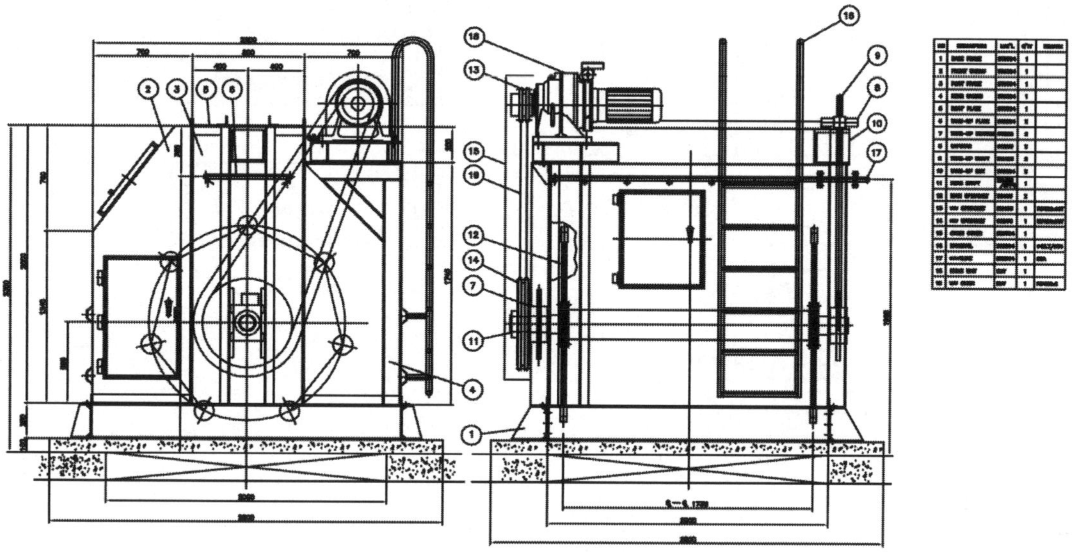

그림 15.27 하우징(housing)

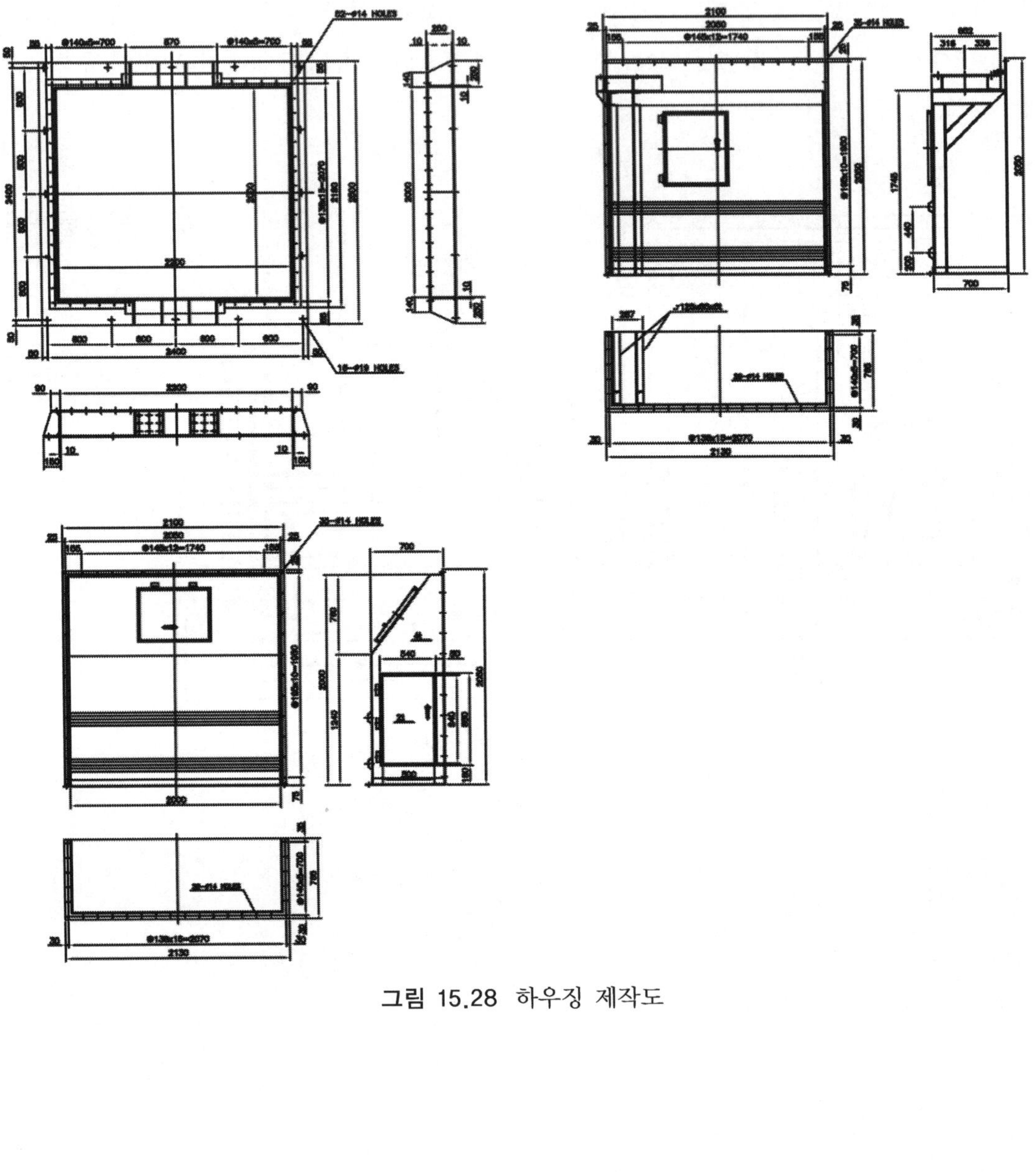

그림 15.28 하우징 제작도

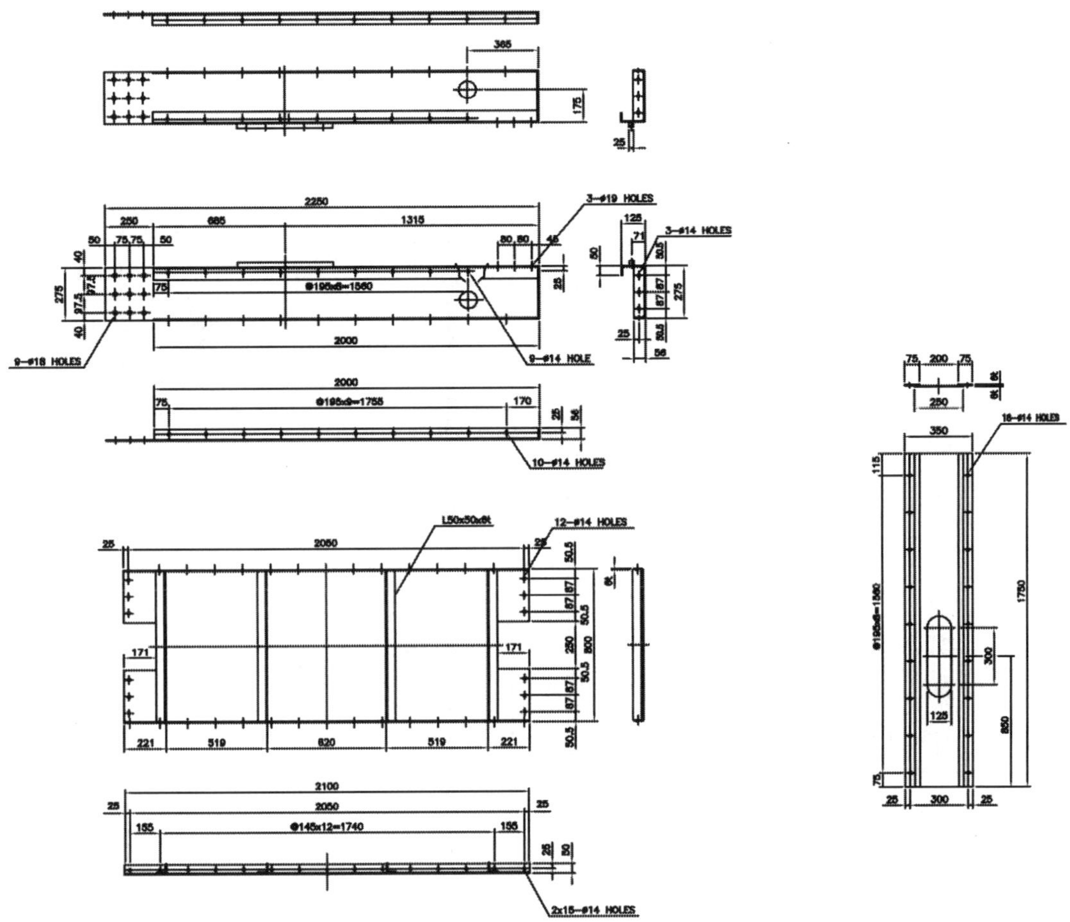

그림 15.29 하우징 제작도

(3) 가이드 웨이(Guide Way)

가이드 웨이는 주체인(Main Chain)이 가이드 홈 안에서 이동해야 함으로 간격을 정확하게 유지되어야 한다. 만약 구조물이 벌어져있으면 가이드 웨이 밑에 보조판을 대어 체인 간격과 동일하게 유지되도록 해야 스크린이 이탈되거나 끼는 현상이 없다. 가이드 웨이 하단부는 긴 피치(600 mm)의 체인 회전되어야 함으로 회전 가능한 반지름을 유지해야 하고, 가이드 웨이 홈의 폭이 충분히 유지되어야 한다. 가이드 웨이의 제작도와 설치도는 그림 15.30과 같다.

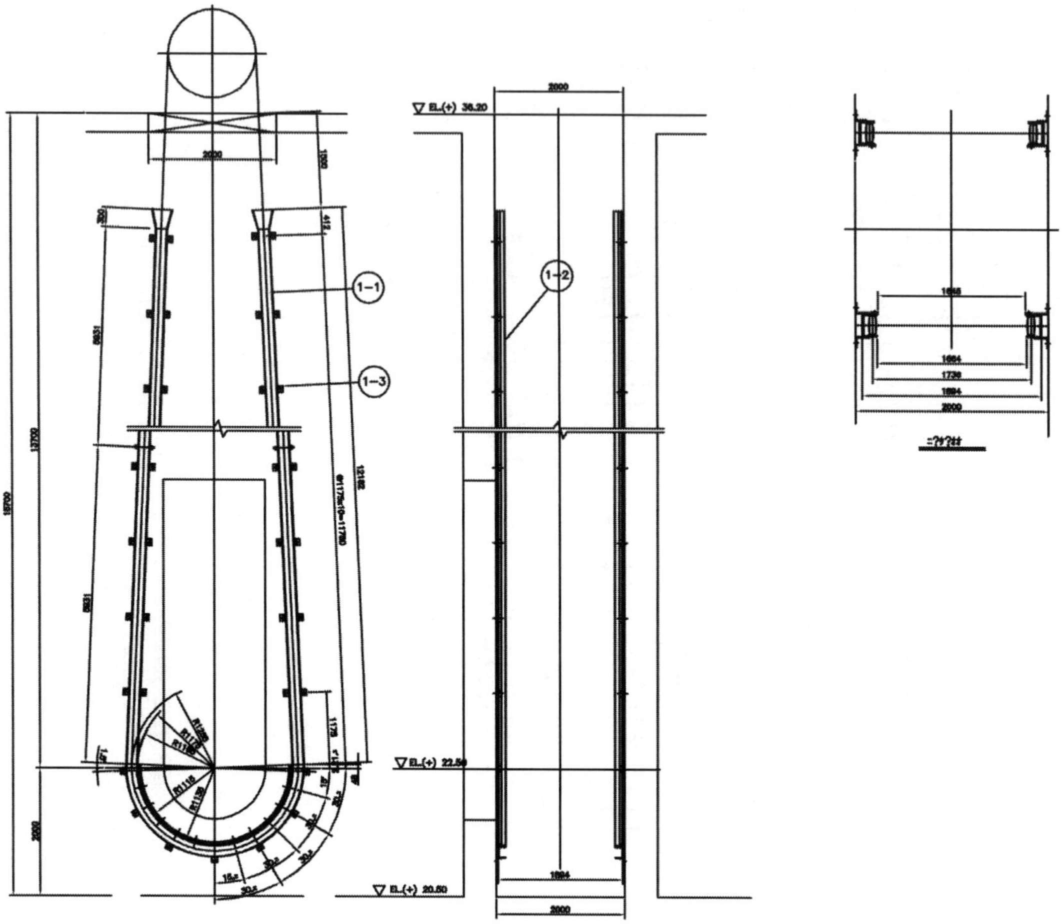

그림 15.30 가이드 웨이(Guide Way)

(4) 주체인(Main Chain)과 스크린

주체인(Main Chain)은 2개의 상부 스프로켓에 걸어 2줄로 내리고 체인 1피치 당 스크린 1개씩을 조립한다. 주체인의 제작도는 그림 15.31과 같다. 체인을 제작 시에는 체인이 이동함에 따라 진동에 의해 풀릴 염려가 있으므로 주의해서 설계하고 조립해야 한다. 스크린은 주 체인에 조립할 수 있음은 물론이고 회전 시 스크린과 스크린 사이에서 간섭이 일어나지 않도록 주의해서 설계해야 한다. 스크린의 제작도는 그림 15.32와 같다.

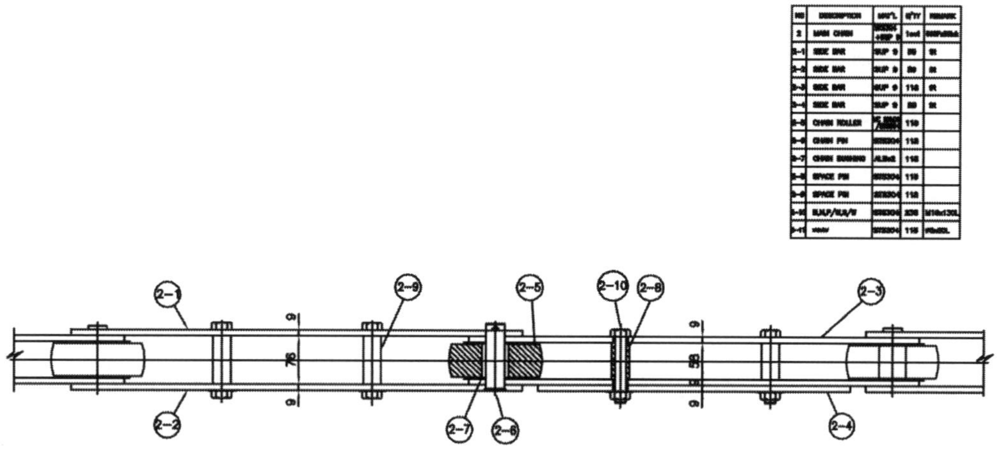

그림 15.31 주체인(Main Chain)

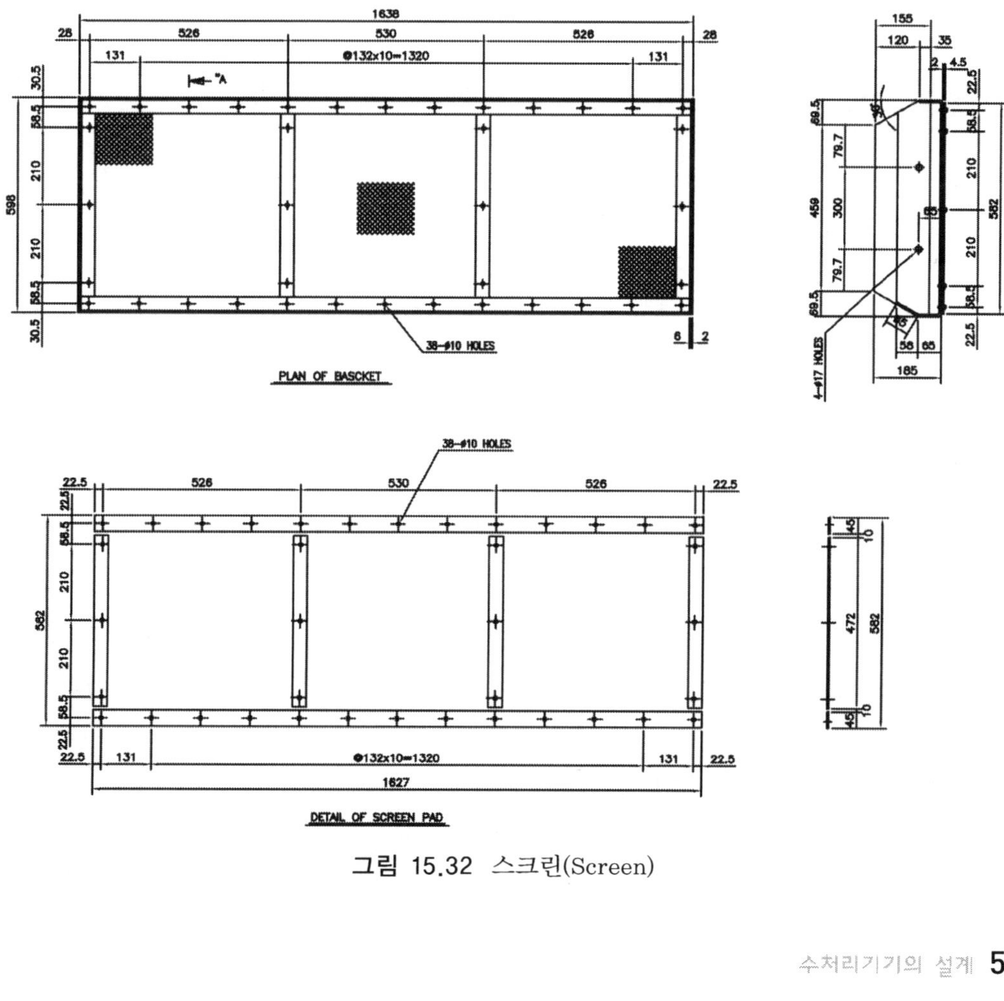

그림 15.32 스크린(Screen)

(5) 상부 스프로켓(Head Sprocket)

주 체인이 걸리는 상부 스프로켓은 그림 **15.33**과 같이 제작한다. 체인 롤러(Chain Roller)가 걸리는 부분에는 12-1과 같이 태핑(Tapping)을 하여 보조판을 12-2와 같이 부착하여 사용한다. 사용 후 보조판이 마모되면 교환하여 사용한다. 본 스프로켓은 키로 조립하는 것이 아니고, 후랜지에 스프로켓을 조립하는 방식이므로 스프로켓 모형에 따라 정확한 위치에 조립용 구멍을 뚫어야 한다, 이렇게 정확히 제작해야 조립 후 2개의 스프로켓 모형이 정확하게 조립될 수 있으며 정확하게 조립되어야 스크린이 틀어지지 않는다.

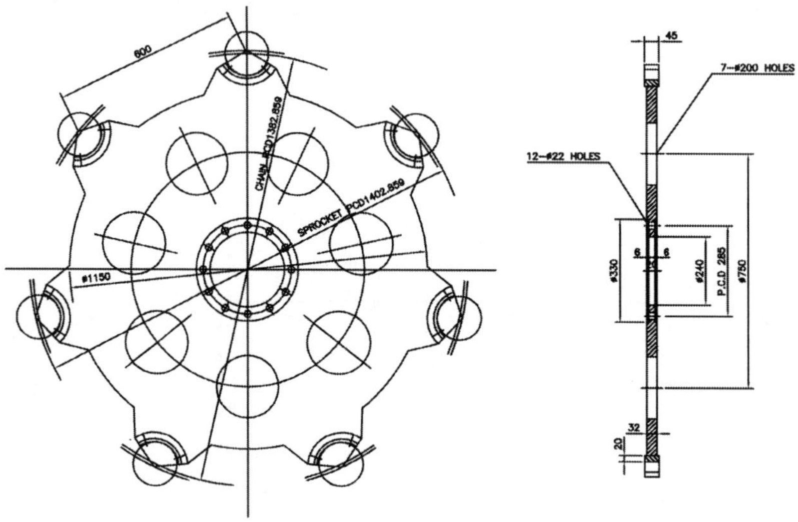

그림 15.33 상부 스프로켓(Head Sprocket)

(6) 상부 축(Head Shaft)

상부 축을 앞에 이동스크린과 같이 축을 사용할 수도 있으나 그림 **15.34**와 같이 중간부에 중공축을 사용하여 제작할 수도 있다. 이때 중공축의 선택은 실축의 강도를 충분히 유지 할 수 있도록 설계되어야 한다. 어느 것이 경제적인가는 스프로켓 재료비 제작비와 축 재료비와 제작비 및 조립비등을 검토해서 선정해야 한다. 이때에도 스프로켓 조립용 2개의 플랜지(Flange)의 조립 시에는 주의해서 조립해야 스프로켓이 틀어지지 않는다. 2개의 플랜지의 구멍이 일치하도록 설치하고 플랜지 날개가 축에 수직이 되도록 설치해야 한다. 축 한쪽 끝단에는 링크 체인용 스프로켓을 조립할 수 있도록 키 홈을 만들고 이탈하지 않도록 하기위해 끝단에는 태핑(Tapping)도 한다.

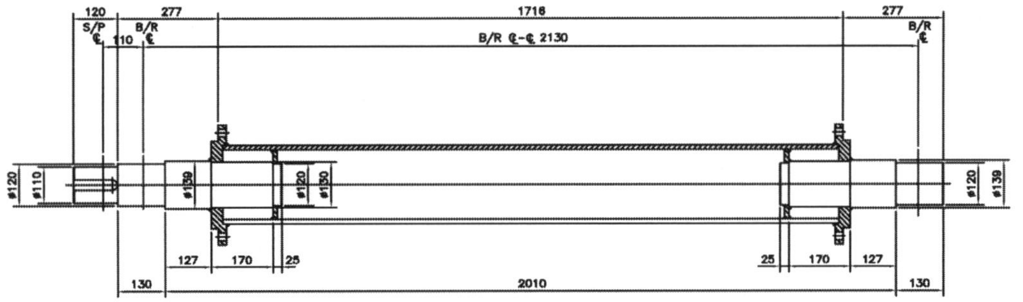

그림 15.34 상부 축(Head Shaft)

(7) 구동 스프로켓

구동 스프로켓은 감속기에 연결되는 그림 15.35 ⑬과 같으며 종동 스프로켓은 그림 15.35 ⑭와 같다.

스프로켓은 구동 시 빠지지 않도록 공차를 주의해서 가공해야 하며 축에 태핑(Tapping)하여 빠지지 않도록 해야 한다. 만약 축에 태핑이 없을 때에는 스프로켓 보스(Boss)에 태핑을 하여 세트 스크루를 사용하여 완전하게 조립하여야 한다.

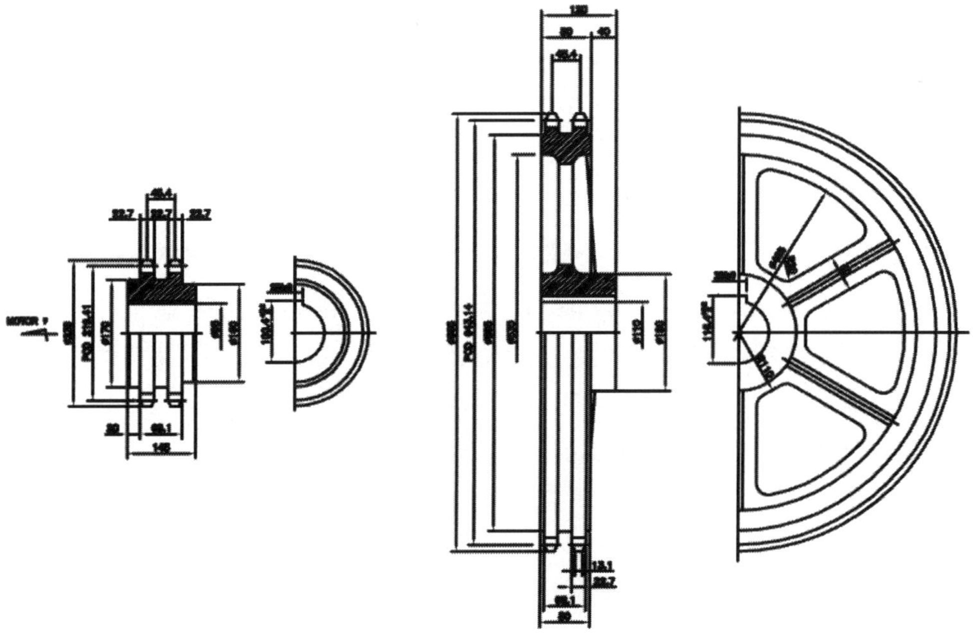

그림 15.35 구동 스프로켓

(8) 테이크 업(Take Up)

테이크 업 장치는 주축을 올리고 내리는 장치로 체인이 늘어지지 않도록 조절해서 사용한다. 테이크 업 장치의 제작도는 그림 15.36과 같으며 앞에 이동스크린과 같다. 그러나 테이크 업 베어링이 주물로 되어 있어 주물이 잘못 제작되면 파손될 수 있으므로 주의해서 제작해야 한다.

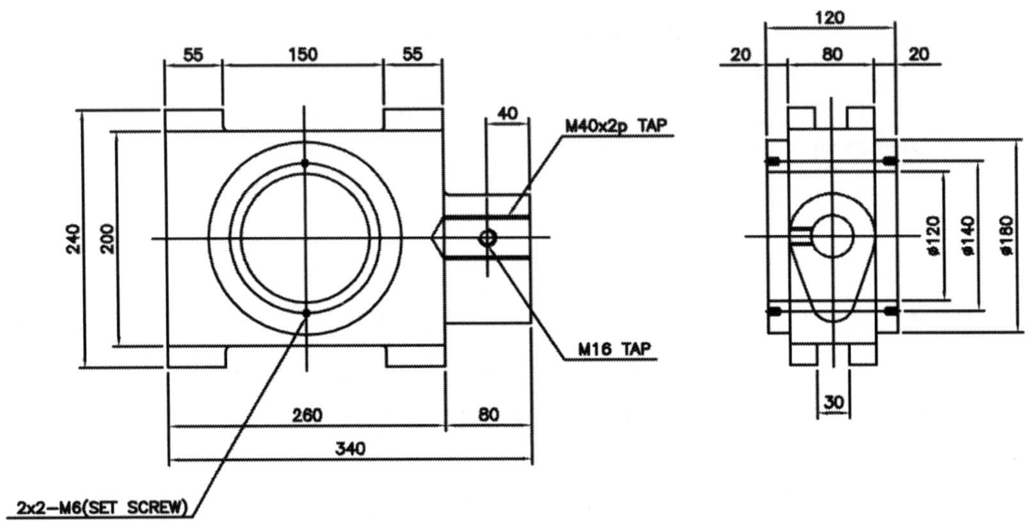

그림 15.36 테이크 업(Take Up)장치

(9) 수위 측정계

수위 측정계는 여러 가지가 있으나 여기에서는 공기를 보내 차압을 측정하는 Air Purge System을 사용했다. Air Purge System은 그림 15.37과 같다. 이와 같이 유입부와 유출부의 수두차를 측정하여 수두차가 500 mm가 발생하면 이동 스크린을 가동하여 협잡물을 제거 시킨다. 이때부터 가동시간은 타이머(Timmer)에 동작된다. 협잡물의 양에 따라 타이머를 가동시간을 늘이고 줄여 사용한다.

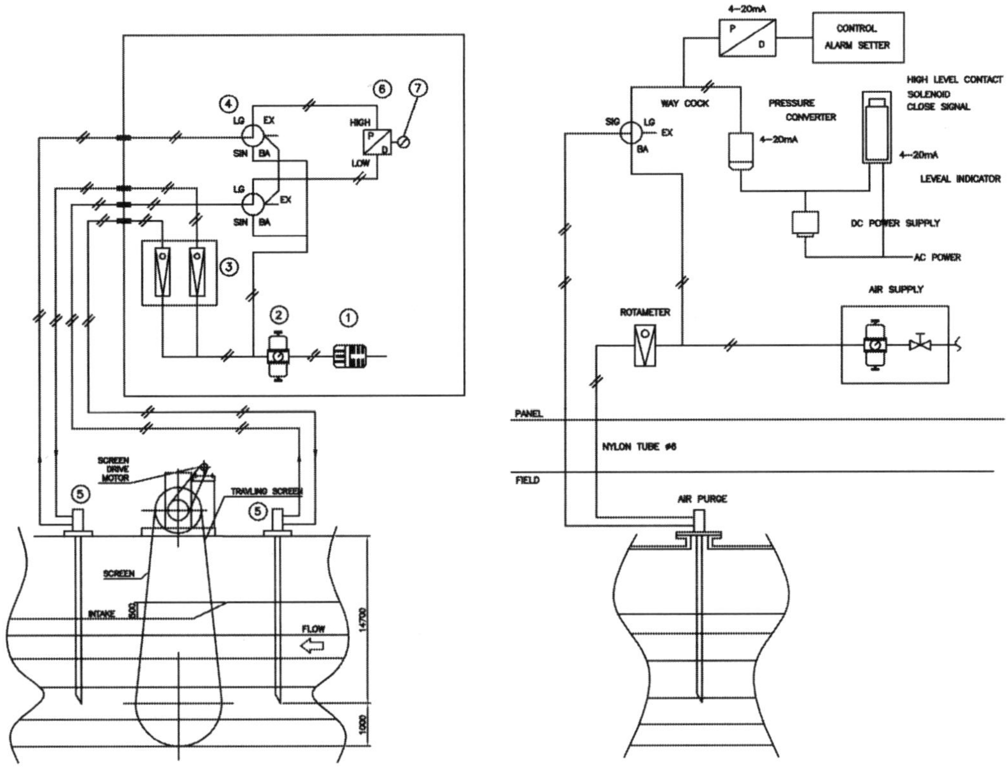

그림 15.37 수위 측정계

질문 1 가이드 웨이는 양면에 모두 설치해야 하는가?

상부 스프로켓 형 이동스크린은 상하부 스프로켓 형 이동 스크린과 달리 스크린이 내려갈대와 올라갈 때 모두 원수가 유입되고 스크린을 통과된 원수는 가이드 웨이 사이 벽체 수로로 원수가 유출됨으로 원수가 스크린 이외에는 빠져 나가지 못하도록 가이드 웨이를 설치해야 한다. 스크린이 하부로도 원수가 유입됨으로 상하부 스프로켓 형에서 사용되는 포스트 프레임(Post Frame)은 필요 없다.

참고로 상하부 스프로켓 형 이동스크린에서는 스크린이 포스트 프레임 통과하여 올라갈 때 원수가 스크린을 통과하게 된다. 따라서 스크린 상승 구간에만 가이드 웨이를 설치해도 된다. 포스트 프레임 구간에는 원수가 통과하지 않도록 하여야 한다.

제16장

반출 컨베이어

16.1 트라프형 벨트 컨베이어

1. 설계 사양서

(1) 사용 목적

제진설비로 긁어 올린 협잡물을 반출하는 것을 목적으로 한다.

(2) 사양

항 목	사 양	비 고
형 식	트라프형 벨트 컨베이어	
벨 트	폭 600 mm×길이 약 8,000 mm	내한용
속 도	약 18 m/min	
구 동 장 치	0.75 kW×380V×3ϕ×60HZ	전동기
수 량	1대	

(3) 구조 개요

본 기기는 세목스크린에서 제거한 협잡물을 Container까지 반송하기 위한 것으로서 구성은 수평 형 컨베이어로 하고 컨베이어 프레임, 모터 풀리(Pulley), 테일 풀리, 테이크 업, 컨베이어벨트, 스커트, 캐리어롤러, 리턴롤러, Cover, 물받이 등으로 이루어진다.

(4) 제작조건

구동용 전동기의 출력은 피 운반물을 입자 상태로 취급하고 운반능력을 계산하여 벨트속도를 약 18 m/min로 하여 제작한다. 벨트 폭은 600 mm로 한다. 또한 구동방법은 모터 풀리 구동으로 한다.

(5) 구조

1) 헤드 풀리(Head Pulley)에는 랙킹(Racking)을 하여 슬립이 없이 동력전달효율이 양호한 것으로 한다.
2) 캐리어롤러(Carrier Roller), 리턴롤러(Return Roller) 및 사이드롤러(Side Roller)

는 강관에 염화비닐제로 하고, 볼 혹은 롤러베어링을 사용한 마찰손실이 적고 운전이 원활하며 적고 충분한 강도를 갖는 것으로 한다. 또 캐리어 롤러, 슈트부분, 리턴 롤러 등은 원활한 운전을 위해 적정 간격으로 부착한다.

3) 고무벨트는 적층수 3P 이상의 엔드레스(Endless) 가공을 원칙으로 한다.

4) 고무벨트의 긴장을 위해 테일 풀리에 스트로크 수 300 mm 이상의 테이크 업을 설치한다.

5) 벨트 클리너(Cleaner)는 헤드 풀리 하측에 스크레이퍼를 부착한 것으로 한다. 또 벨트의 양 측면에는 협잡물 낙하 방지판(스커트)과 조절 가능하도록 볼트로 고정시킨 고무판을 전장에 걸쳐 부착한다. 또한 각 컨베이어 연결부에는 협잡물이 흐트러지는 것을 방지하기 위해 슈트를 설치한다.

6) 컨베이어 프레임은 형강제로서 용접 또는 볼트로 견고히 결합하여 설치 면에 견고히 부착하고 컨베이어 각부의 하중 이외에 수송하중을 포함한 전 하중에도 충분히 견딜 수 있는 동시에 미려한 구조로 한다.

7) 또 컨베이어상부에는 두께 2.0 mm 이상(STS 304)의 양력 바(Bar)를 보강한 Cover를 설치하여 취기 및 외부의 비산을 방지한다. 프레임은 ㄷ100×50×5, 기타 Support제는 ㄷ50×50×6, 기타 Support제는 L50×50×6 이상으로 한다.

(6) 사용재료

1) 컨베이어 프레임 가대	SS41
2) 헤드풀리드럼	SPP+염화비닐
3) 테일풀리드럼	강제
4) 고무벨트	내한 및 내유성 고무
5) 캐리어 및 리턴롤러	염화비닐라이닝 강관제
6) 스크레이퍼	주요부 STS+고무
7) 테이크 업 스크루 및 슬라이드부	강제(스크루 각나사)

(7) 안전장치

와이어식 비상정지장치

2. 설계 계산서

(1) 운반량(Q)

$$Q = \frac{22}{3} \times V \times (0.9B - 0.05)^2$$

$$= \frac{22}{3} \times 18 \times (0.9 \times 0.6 - 0.05)^2 = 31.69\ \text{m}^3/\text{hr}$$

V : 벨트의 속도(18 m/min)

B : 벨트 폭(600 mm)

(2) 소요동력(N_m)

$$N = 0.06 \times f \times W \times V\frac{L + L_o}{367} + f \times Q\frac{L + L_o}{367}$$

$$= 0.06 \times 0.03 \times 21.62 \times 18 \times \frac{8+49}{367} + 0.03 \times 31.69 \times \frac{8+49}{367}$$

$$= 0.108 + 0.147 = 0.255\ \text{kW}$$

$$N_m = \frac{N}{\eta} = \frac{0.255}{0.81} = 0.31\ \text{kW} < 0.75\ \text{kW}$$

f : 마찰계수(0.03)

W : 운반물 이외의 운동부분의 중량(21.62 kg/m)

V: 벨트의 속도(18 m/min)

L : 컨베이어의 수평거리(8 m)

L_o : 중심거리 수정치(49 m)

Q : 운반능력(31.69 ton/hr)

N : 기동 축 동력(HP)

3. 제작 설치

(1) 프레임(Frame)

벨트컨베이어 부품은 시중에 많이 나와 있어 프레임과 기타 몇 가지 부품만 제작하고 표준부품으로 설계하면 간단히 제작할 수 있다. 프레임은 그림 16.1과 같이 길이에 따라서 제작한다. 구동부인 모터 풀리(Motor Pulley), 캐리어 롤러(Carrier Roller), 리턴롤러(Return Roller)등은 구입해서 사용한다.

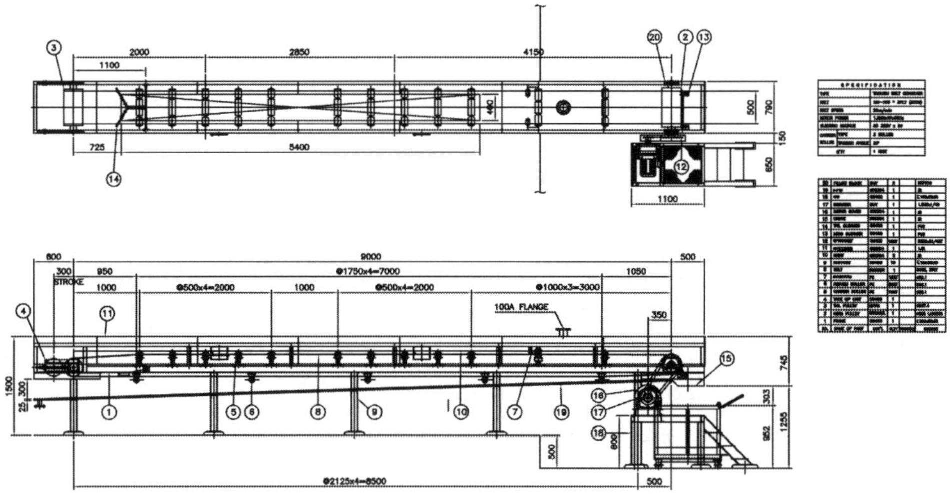

그림 16.1 협잡물 반출 컨베이어

(2) 후미 풀리(Tail Pulley)

과거에는 구동부 풀리도 제작하여 한쪽에 스프로켓을 부착시키고 구동부로 회전시켰다. 현재에는 간단하게 구동부가 풀리 내부에 내장되어있는 모터 풀리(Motor Pulley)를 많이 사용하고 있어 후미 풀리만 제작하여 부착시키면 된다. 따라서 후미 풀리(Tail Pulley)는 그림 16.2와 같이 제작하여 그림 16.1에 ②와같이 프레임에 베어링을 부착하여 사용한다. 풀리에는 드럼에 고무라이닝(Rubber Lining)을 하여 사용한다.

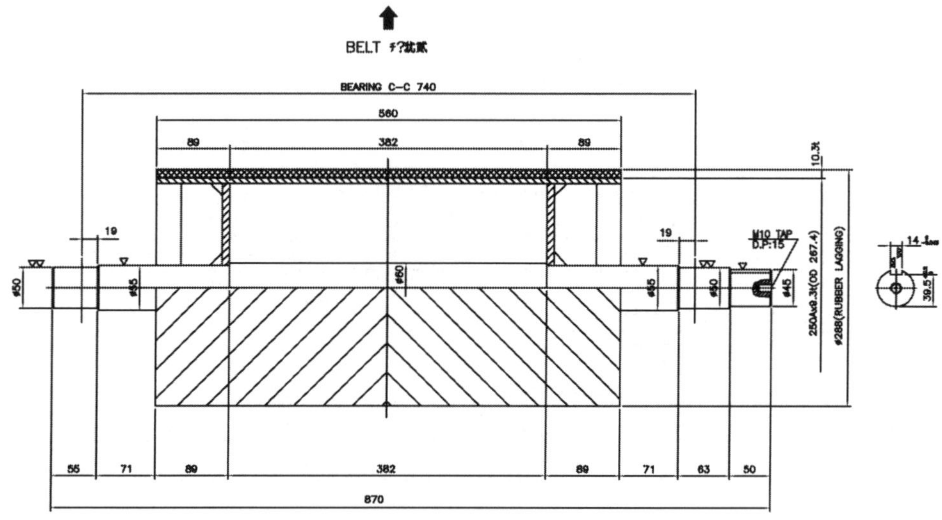

그림 16.2 헤드 풀리(Head Pulley)

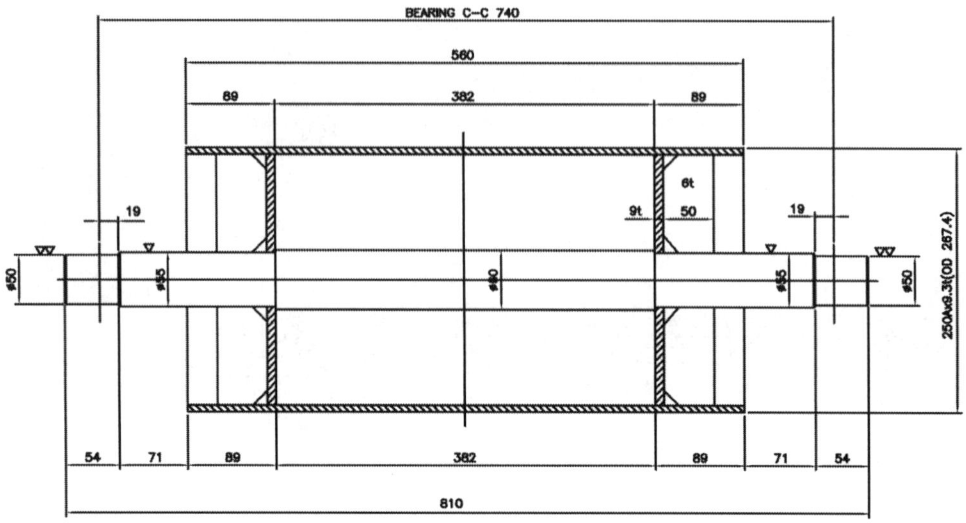

그림 16.2-1 후미 풀리(Tail Pulley)

(3) 테이크 업(Take Up)장치

테이크 업(Take Up)장치는 벨트의 늘어짐을 조절하기위해 필요한 장치로 그림 16.3과 같이 제작하여 부착 사용한다. 테이크 업 장치의 부착방법은 그림 15.1의 ④와 같이 부착하는 것이 정상이나 컨베이어 길이가 길어질 때에는 UCT베어링이 파손이 일어 날 수 있으므로 베어링을 당기는 방식이 아니라 베어링을 밀어서 조절하는 방식을 선택하는 것이 좋다.

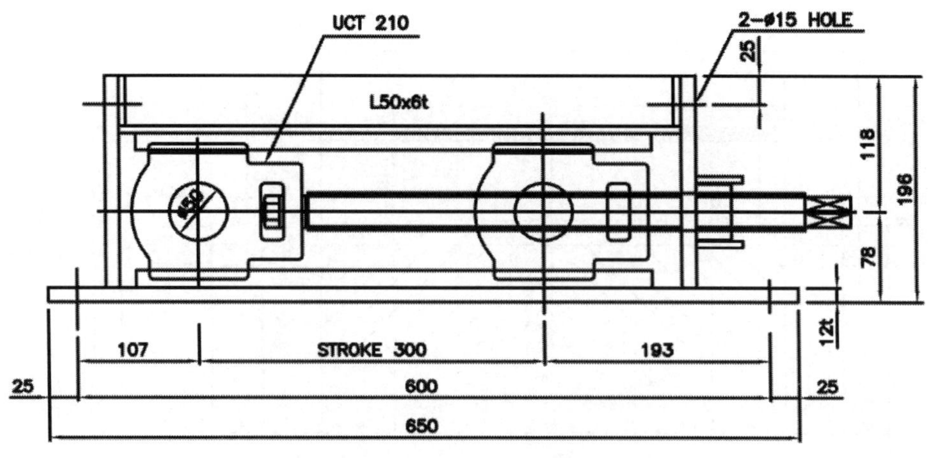

그림 16.3 테이크 업(Take Up) 장치

(4) 스커트(Skirt)

벨트컨베이어 상단에는 협잡물이 컨베이어 옆으로 떨어질 수 있으므로 그림 16.4와 같은 부품을 프레임에 조립하고 벨트 접촉면에는 고무판을 부착하여 협잡물이 컨베이어 밖으로 떨어지는 것을 방지시킨다.

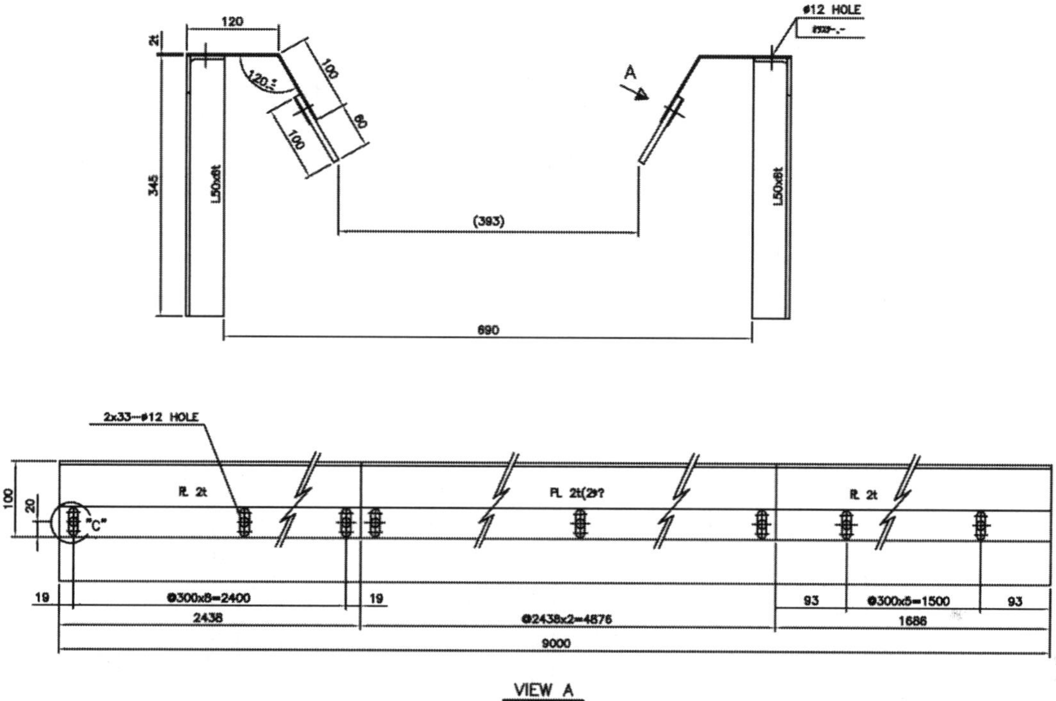

그림 16.4 스커트(Skirt)

(5) 스크레이퍼(Scraper)

스크레이퍼는 헤드 스크레이퍼(Head Scraper)와 후미 스크레이퍼 (Tail Scraper)가 있으며 협잡물이 벨트에서 잘 떨어지지 않으면 부착시켜 사용한다. 헤드 스크레이퍼(Head Scraper)는 구동 풀리 하단에 그림 16.5와 같이 설치하며 추를 이용하여 항상 스크레이퍼 고무판이 벨트에 접촉하도록 한다.

후미 스크레이퍼(Tail Scraper)는 후미 풀리 (Tail Puller) 앞쪽 벨트 상단에 그림 16.6과 같이 설치하여 협잡물이 풀리나 벨트에 붙지 않도록 한다.

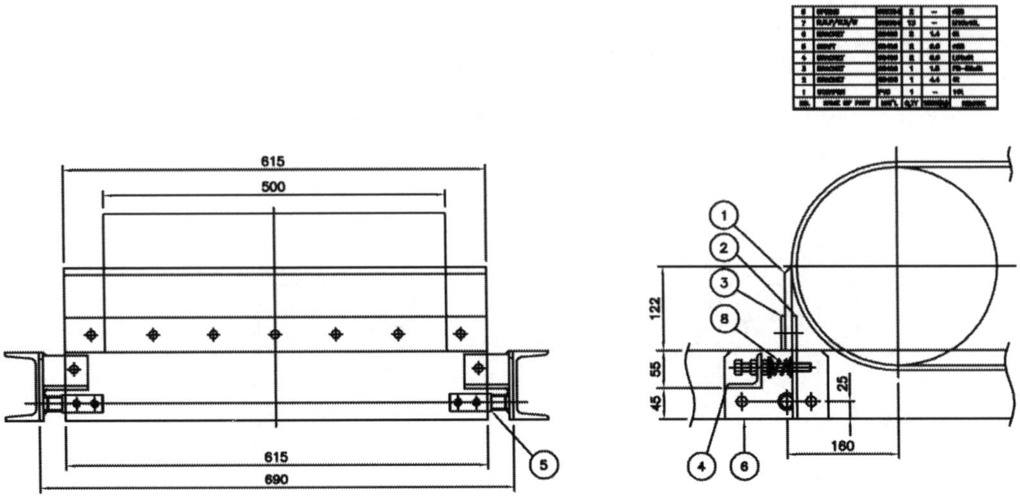

그림 16.5 헤드 스크레이퍼(Head Scraper)

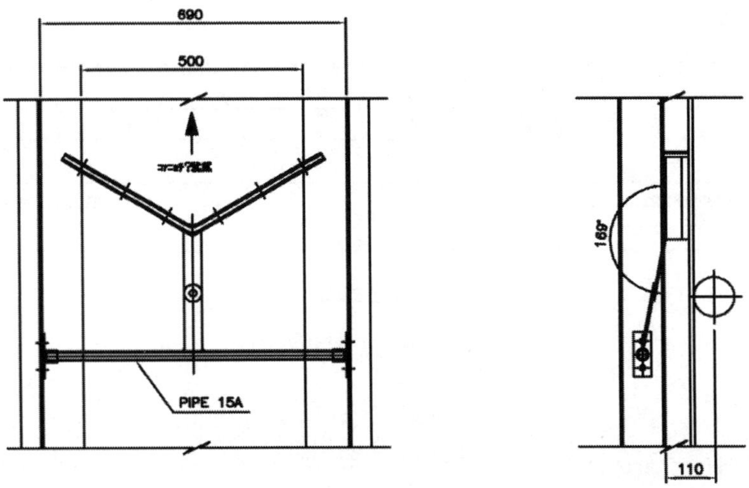

그림 16.6 후미 스크레이퍼(Tail Scraper)

질문 1 벨트가 한쪽으로 쏠리면 어떻게 해야 하는가?

벨트가 한쪽으로 쏠려 회전하면 테이크 업 장치를 조절하여 사용하면 된다. 조절방법은 벨트컨베이어를 가동 시킨 상태에서 테이크 업 장치의 스크루를 조금씩 돌려 벨트가 중앙에서 회전하도록 하면 된다. 만약 이렇게 하여도 쏠리는 현상이 발생하면 벨트 측면에 사이드 롤러(Side Roller)를 설치한다.

16.2 케이크(Cake) 반출 컨베이어

1. 설계 사양서

(1) 일반사항

이 컨베이어는 No2 케이크 반출 컨베이어에서 케이크 저장용 호퍼까지 설치되어 탈수된 케이크를 운반하기 위하여 다음 사양에 의해 설계 제작된다.

항 목	사 양	비 고
형 식	더블 체인식 플라이트 컨베이어	플라이트 부착
속 도	약 10 m/min	
길 이	약 32,000 mm	
외형 규격	플라이트 폭 600×취부 피치 약 1,000mm	
구동장치	7.5kW×380V×3ϕ×60H	전동기+Cyclo Reducer
수 량	1대	

(2) 구조 개요

본 장치는 탈수기로부터 처리된 탈수 케이크를 저장 호퍼로 이송하기 위한 설비로서 기기 구성은 본체 프레임, 구동장치, 스크레이퍼 부착 엔드레스체인, 축, 스프라켓, 보교 및 Handrail 등으로 구성한다.

(3) 제작 조건

본 장치의 주요부의 강도는 충분한 안전율을 가진 것으로 한다. 장치 각부의 강도가 충분하더라도 부식 및 마모가능성이 있는 부분은 두께(6 mm이상)를 고려한다.

(4) 구 조

1) 구동장치

① 구동장치는 전동기 직결의 사이크로 감속기를 사용하고, 구동축으로의 구동은 스틸롤

러체인을 걸어서 한다.

② 구동장치설치부에는 전동 스틸롤러체인의 긴장용으로서 슬라이드 되는 베이스를 설치한다. 또 필요에 따라 설치가대 및 점검가대를 설치한다.

③ 스틸롤러 체인에는 강판제 커버를 달고 커버에는 점검 장비 및 급유에 편리하도록 시창을 설치한다. 또 옥외에 설치하는 구동장치 커버에는 환기를 충분히 고려한다. 옥외의 경우에는 전동기 감속기에도 커버를 설치한다.

④ 스틸롤러 체인용 스프라켓 휠은 기계구조용 탄소강으로 하고, 이빨은 정밀도가 높은 기계가공으로 하고, 열처리하여 마모에 견디게 한다.

2) 본 체

① 본체는 형강 및 강판제로 하고, 용접 및 볼트로 확실히 조립하며, 용접 홈, 굴곡 등이 없는 구조로 한다.

② 수평부는 형강 및 강판(6 mm 이상)제로 하고 필요한 기기가 부착될 수 있도록 충분히 검토한다. 또 트랩 저면에 스테인리스 강판으로 라이너를 붙인다.

③ 체인 및 플라이트의 하중이 저판에 가해져 바닥 강판의 마모가 되지 않도록 하여 제작한다.

④ 경사부의 최상부에는 슈트 및 구동장치, 설치가대 및 점검가대를 설치한다.

⑤ 점검대 및 통로판, 계단판은 두께 3.2 mm 이상 바닥용 체크무늬 강판을 사용한다.

⑥ 수평부 테일 스프라켓부에는 스크루 테이크 업을 설치하여 인양체인의 긴장조정을 할 수 있는 구조로 한다. 테이크 업의 나사는 각 나사로 하고, 수나사는 스테인리스강(STS304), 암나사는 청동제로 한다.

⑦ 본체 트라프의 수평부의 취부용 다리는 배수를 잘할 수 있도록 하고 부식방지하기 위해 콘크리트 기초위에 확실히 고정시킨다.

3) 운반체인 및 스프라켓, 축

① 운반체인은 평균 파단 강도는 19 Ton 이상으로 한다. 재질은 특수강으로 열처리 한 것으로 하며, 피치는 152.4 mm로 한다.

② 운반체인의 스프로켓 휠은 열처리한 내마모성이 높은 닥타일로 한다.

③ 구동축은 양질의 기계구조용 탄소강으로 하여 스프라켓과는 키(key)로 고정하는 것으로 한다.

④ 구동축 이외의 축은 회전축으로 하고 재질은 양질의 기계구조용 탄소강으로 한다. 또한 스프라켓 휠의 칼라(Collar)고정은 세트볼트 2개로 견고히 고정한다.

⑤ 축 양단에는 주철제의 베어링 하우징 및 베어링을 설치하고 회전 요동부에는 급유할 수 있도록 구조적으로 고려한다.

4) 플라이트, 가이드레일

① 플라이트 두께 6 mm 이상의 강판으로 하고 강도가 충분한 것으로 한다. 또 Cake의 인양반송에 적합한 형상이어야 하며, 플라이트가 조정 가능하게 하고 필요에 따라 경질 고무를 붙인다.

② 운반 체인에 붙이는 플라이트의 피치는 양 1,000 mm이하로 한다.

③ 본체 트라프 내에는 필요에 따라 가이드 레일을 설치한다. 또 리턴(Return)측에는 가이드레일 또는 가이드롤러를 적당한 간격으로 필요부에 붙이고 운전에 지장이 없는 구조로 한다.

5) 급유장치

① 운반기기 각부의 베어링에는 급유가 되도록 급유배관을 한다.

② 집중급유를 할 수 있는 부분에는 수동그리스 펌프에 의한 집중급유방식으로 하고 기타 곳에는 그리스건(Gun)에 의한 급유로 한다. 수동그리스 펌프에 의하는 경우에는 필요 수량의 분배밸브를 설치하며, 그리스건(Gun)에 의하는 경우에는 급유하기 쉬운 위치에 그리스 니블을 설치한다. 또는 급유구로 급유부위 각 축받이까지의 배관은 강관 및 동관을 사용하고 지지 브래킷 등 필요품 일체를 설치하고 테이크 업 등 이동 축받이에는 가중한 한 플렉시블 관을 사용한다.

(5) 사용재료

1) 본체 트라프, 슈트　　　강판 (SS41)
2) 트라프 바닥 라이너　　　스테인리스강판(STS304)
3) 체인
　① 동력 전달용　　　롤러체인(SM45C)
　② 운반용　　　부쉬드체인(특수강)
4) 스프로켓 휠(Sprocket Wheel)
　① 동력 전달용　　　기계구조용 탄소강(SM45C)

② 운반용	특수주철(GCD 50)
5) 축	기계구조용 탄소강(SM45C)
6) 플라이트 가이드레일	형강(SS 41)
7) 트라프	SS 41
8) 앵커볼트(Anchor Bolt)	수중부 스테인리스강(STS304)

(6) 안전장치

1) 기계 안전장치

① 과부하시의 보호 장치로서 감속기 출력의 구동용 스프라켓 휠에는 시어핀식 안전장치를 달고, 핀의 절단을 검출하는 장치를 구비한다. 또한 핀은 용이하게 끼울 수 있도록 한다.

② 시어핀 방식 이외에 토크 리미터 내장의 감속기 보호 장치를 설치한다.

㉠ 운반능력

$$Q = \eta \times B \times h \times \gamma \times V \times 60$$
$$= 0.7 \times 0.6 \times 0.06 \times 1.03 \times 10 \times 60$$
$$= 15.57$$

h : 수송물의 높이(0.06 m)
B : 프라이트 폭(0.6 m)
η: 적재효율(70%)
γ : 비중(1.03)
V : 컨베이어 속도(10 m/min)

㉡ Main Chain에 발생하는 최대장력(T_n)

$$T_n = (2.2\mu W_c + f_1 W) + C$$
$$= (2.2 \times 0.5 \times 26 + 0.7 \times 26.0) \times 32.0 + 50$$
$$= 1497.6 + 50 = 1547.6 \text{ kg}$$

$$W = \frac{1000 \times Q}{60 \times V}$$
$$= 16.7 \times \frac{15.57}{10} = 26.0 \text{ kg/m}$$

L : 컨베이어 전 기장(중심거리)(32.0 m)

W_c : 체인과 프라이트를 포함한 1M당 중량(26 kg/m)

f_1 : 운반물과 프라이트와의 마찰계수(0.7)

μ : 프라이트와 트라프간의 마찰계수(0.5)

C : Screw형 긴장장치에서 체인에 받는 장력은(50 kg)

㉢ 체인의 안전율(S_f)

운전속도가 V가 30 m/min 이하인 경우 S_f는 7이상 이어야한다.

ⓐ 가동시간 10시간 기준

ⓑ 슬러지 침사로 마모가 심한 경우

ⓒ 사용계수(Service Factor 1.4)

※ 1547.6kg×1.4=2166.64 kg

이 장력은 2본의 체인에 걸리므로 1본에 작용하는 장력은

$$\frac{T_n}{2} = \frac{2166.64}{2} = 1083.3 \text{ kg}$$

Chain 평균 파단강도 8,000 kg

Pitch 152.4 mm

$$\therefore \text{ 체인의 안전계수 } S_f = \frac{8000}{1083.32} = 7.38 > 7$$

㉣ 소요동력

$$N_m = \frac{(2.2\eta W_c + f_1 W)L \times V \times K}{6120\eta_o}$$

$$= \frac{(2.2 \times 0.5 \times 26 + 0.7 \times 17.33) \times 32.0 \times 10 \times 1.2}{6120 \times 0.8}$$

$$= 3.19 \text{ kW} < 7.5 \text{ kW}$$

K : 스프로켓 회전에 필요한 동력계수(1.2)

η : 구동부 기계효율(0.8)

㉤ 감속비의 선정

ⓐ Flight의 속도 V : 10 m/min

ⓑ 구동 Sprocket경 D_1 : RS120×21NT(P.C.D 255.63)

ⓒ 종동 Sprocket 경 D_2 : RS120×54NT(P.C.D 655.26)

Main Sprocket 경 : PJ JAC 10152F×11NT(P.C.D 540.9)

$$V = 1750 \times i \times \frac{D_1}{D_2} \times \pi D_M$$

$$i = \frac{V}{1750 \times \dfrac{D_1}{D_2} \times \pi D_M} = \frac{10}{1750 \times \dfrac{21}{54} \times 3.14 \times 0.541}$$

$$= \frac{1}{115}$$

∴ 감속기는 7.5 kW×4P×1/121×380V로 하며 도르크 리미트 Type으로 선정한다.

ⓗ 속도의 검토

$$V = 1750 \times \frac{1}{121} \times \pi \times 0.541 = 9.55 \text{ m/min}$$

ⓢ Shear Pin계산

ⓐ Shear Pin Torque

$$T = 97400 \times \frac{P_m}{V} \times \frac{1}{i}$$

$$= 97400 \times \frac{3.19}{14.46} = 21487.27(\text{kg} \cdot \text{cm})$$

P_m : 실 소요동력(3.19)

N : 감속기 토출축의 회전수

$$T_s = T \times 1.2 = 21487.27 \times 1.2 = 25784.73 \text{ kg} \cdot \text{cm}$$

ⓑ Shear Pin 전단력

$$P = \frac{T_s}{R}$$

$$= \frac{25784.73}{10} = 2578.47 \text{ kg}$$

R : Shear Pin 위치 반경(10 cm)

ⓒ Shear Pin 직경

$$D = \sqrt{\frac{4 \times P}{\pi \times \tau}} = \sqrt{\frac{4 \times 2578.47}{\pi \times 10.25 \times 2}}$$

$= 10.6(\text{mm}) ≒ 11 \text{ mm} - 2 \text{ EA}$ 사용

τ : SS41의 전단력(4100/4=10.25 kg/mm)

2. 제작 설치

(1) 케이크 반출 컨베이어 구조

반출 컨베이어는 보통 호퍼(Hopper) 상단까지 설치함으로 경사도가 그림 **16.7**과 같이 크다. 그림과 같이 한쪽은 수평이고 한쪽은 경사도가 있으면 꺾인 부분에 보조 스프로켓을 설치하여 플라이트(Flight)가 컨베이어 박스 바닥을 긁고 올라갈 수 있도록 해야 한다.

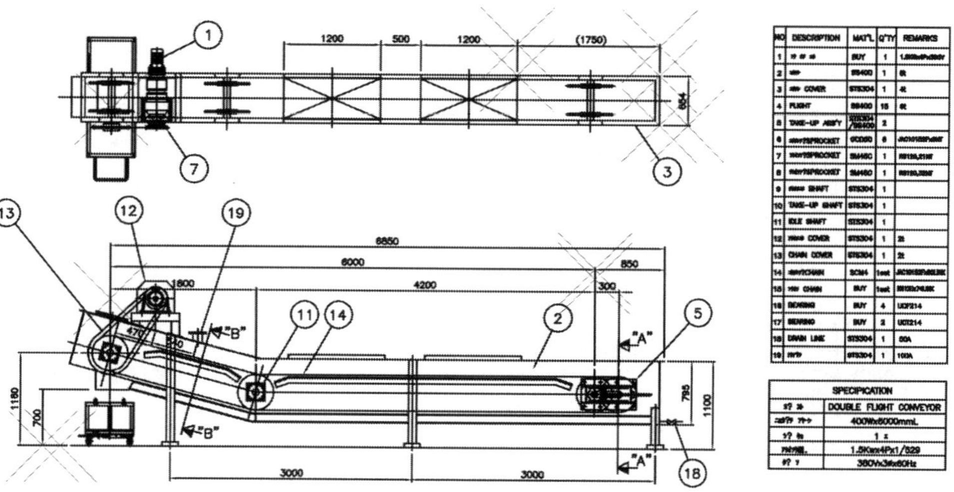

그림 16.7 케이크 반출 컨베이어 구조

구동부는 컨베이어 상단에 설치하여 바닥면이 당겨질 수 있도록 하고 튼튼하게 구조물을 세워 설치하여야 하며 컨베이어를 점검할 수 있도록 컨베이어 옆에 다닐 수 있는 발판을 설치해야 한다.

(2) 구동축 설치도

구동축 설치는 그림 **16.8**과 같이 설치하며 컨베이어도 그림과 같이 제작한다. 컨베이어를 제작은 규격 철판을 사용하는 것을 원칙으로 하여 철판의 손실을 줄였다. 예를 들어 컨베이어 바닥면의 판은 6t×3′×6″판을 사용하여 절곡하였으며 옆판을 용접하고 상판을 조립하면 컨베이어 박스가 제작될 수 있도록 설계하였다. 이와 같이 설계 시에 자재규격을 고려해서 설계를 해야 경제적이다. 구동축은 컨베이어 박스에 보강판을 대고 그 위치에 축을 그림과 같이 컨베이어 내부에 스프로켓을 2개를 끼우고 조립할 수 있도록 한다. 스프로켓은 스프로켓 보스에 태핑을 하여 세트 스크루를 채워 축에 꼭 고정될 수 있도록 하여 스프로켓이 좌우로 밀리지 않도록 한다. 컨베이어 박스 내부에는 상부 체인이 타고 갈 수 있는 가이드레일(Guide Rail)을 그림에서 ⑧과 같이 앵글을 용접하여 사용한다.

체인이 지나가는 자리에는 가는 사각바를 부착하여 체인롤러가 타고 돌 수 있도록 한다. 플라이트(Flight)는 체인 7링크 당 1개씩 설치하며 재질은 철판 6t를 사용하고 바닥 접촉면은 고무판을 조립하여 사용한다. 플라이트 체인 스프로켓 2개소는 축과 스프로켓에 키홈을 정확히 가공하여 스프로켓 치형이 일치 할 수 있도록 하여야 한다.

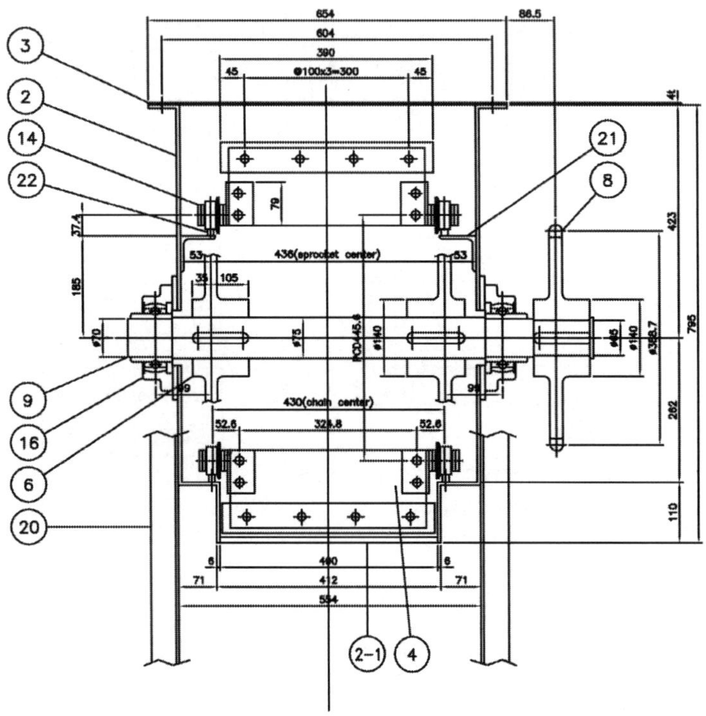

NO	DESCRIPTION	MAT'L	Q'TY	REMARKS
2	CASING	SS400	1	6t
2-1	[illegible]	STS304	1	10t
3	COVER	STS304	1	4t
4	FLIGHT	SS400	1	6t
6	MAIN SPROCKET	GCD50	1	9NT
8	[illegible]SPROCKET	SM45C	1	RS120/32T
9	[illegible] SHAFT	STS304	1	φ75
14	MAIN CHAIN	SCM4	1	JAC10152F
16	BEARING	BUY	1	UCF214
20	SUPPORT	SS400	1	C100x50x5.5
21	RAIL SUPPORT	SS400	1	L65x6t
22	GUIDE RAIL	SM45C	1	12x12

그림 16.8 구동축 조립도

(3) 후미 축(Tail Shaft)

후미 축과 중간축은 플라이트 체인이 움직임에 따라서 회전함으로 그림 16.9와 같이 부착하고 후미 축에는 테이크 업(Take Up)장치를 부착하여 사용한다. 후미 스프로켓도 스프로켓과 축이 함께 돌아감으로 키홈을 정확히 가공하여 2개의 스프로켓 치형 위치가 동일하게 움직이도록 하여야 한다.

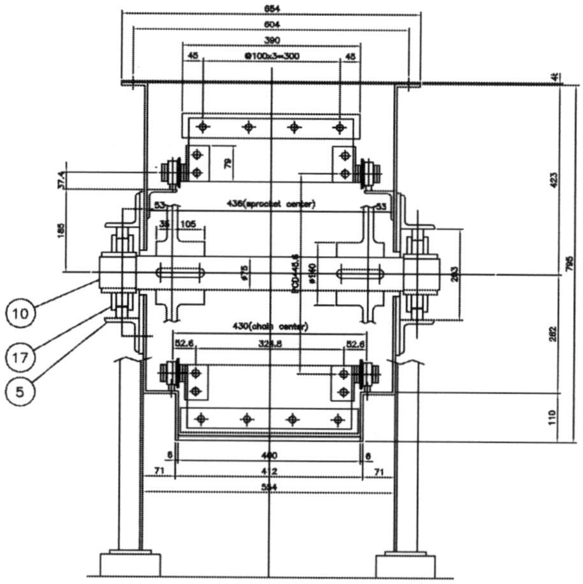

NO	DESCRIPTION	MAT'L	Q'TY	REMARKS
5	TAKE-UP ASS'Y	STS304 /SS400	2	6t
10	TAKR-UP SHAFT	STS304	1	ø75
17	BEARING	BUY	2	UCT214

그림 16.9 후미 축(Tail Shaft)

(4) 테이크 업 장치(Take-Up)장치

테이크 업 장치는 그림 16.10과 같이 제작하여 사용한다. 테이크 업 장치 조립방법은 테이크 업을 사각 스크루를 밀어서 사용할 수 있도록 하여 사용해야 한다. 본 케이크 반출 컨베이어는 큰 힘이 걸리고 큰 진동이 있음으로 UCT베어링의 스크루 연결 부위가 약하여 파손될 수 있다. 따라서 테이크 업을 밀어 사용하게 조립하면 UCT베어링 스크루 연결부에 미는 힘이 작용함으로 파손되지 않는다.

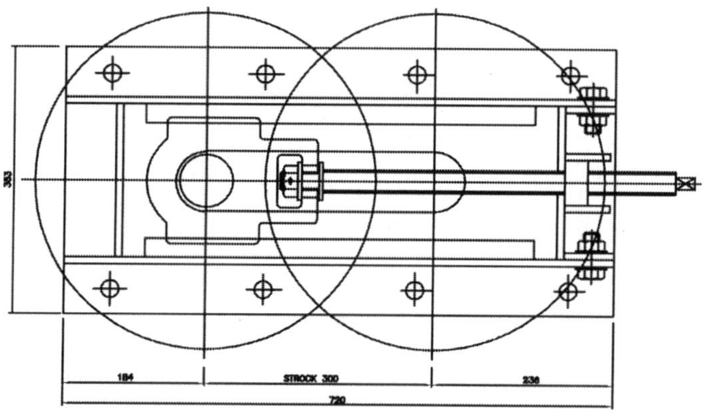

그림 16.10 테이크 업(Take Up)장치

(5) 구동 스프로켓

구동부 감속기에 연결되는 구동 스프로켓은 그림 16.11과 같이 제작하여 안전핀(Shear Pin)을 끼워 사용하여야 한다. 안전핀은 2개로 제작하여 사용해야 안정되어 좋으며 안전핀 파손을 알 수 있도록 감지용 판을 설치하여 감지용 판이 스위치 움직여 구동부 정지와 경고음이 발생하도록 해야 한다.

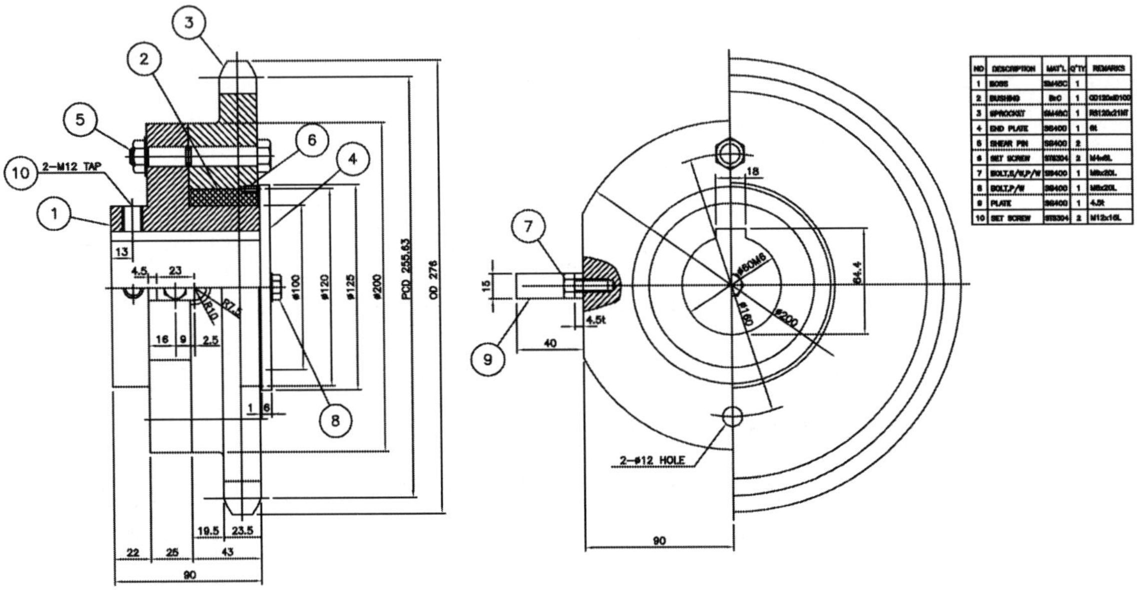

NO	DESCRIPTION	MAT'L	Q'TY	REMARKS
1	BOSS	SM45C	1	
2	BUSHING	BrC	1	OD120xID100
3	SPROCKET	SM45C	1	RS120x21NT
4	END PLATE	SS400	1	6t
5	SHEAR PIN	SS400	2	
6	SET SCREW	STS304	2	M4x6L
7	BOLT,S/W,P/W	SS400	1	M8x20L
8	BOLT,P/W	SS400	1	M8x20L
9	PLATE	SS400	1	4.5t
10	SET SCREW	STS304	2	M12x16L

그림 16.11 구동 스프로켓

질문 1 케이크 플라이트 컨베이어는 어떻게 가동해야하는가?

케이크 플라이트 컨베이어는 플라이트에 케이크가 묻어 있을 수 있으므로 케이크가 투입이 되지 않더라도 10분 이상 공 운전을 하는 것이 좋다. 필요시 그림 16.7에서와 같이 컨베이어에 물 배관을 하여 세척을 하는 것이 좋다. 특히 겨울에는 케이크가 컨베이어에 얼어붙어 과부하가 걸릴 수 있으므로 주의해야 한다.

겨울에 컨베이어 가동 시 움직이지 않으면 즉시 전원을 끄고 언 부분을 떼어내고 가동시켜야 한다. 언 부분을 떼어낼 때에는 전원이 들어오면 매우 위험하므로 전원 스위치를 완전히 내리고 "수리작업 중"이라는 위험표시를 하고 작업에 임하여야 한다.

제17장

협잡물 스킵호이스트
(Skip Hoist)

1. 원 리

협잡물 스킵호이스트(Skip Hoist)는 그림 17.1과 같이 짧은 구간에서 높은 호퍼에 협잡물을 넣고자 할 때 사용하는 기기로서 윈치 고리에 작은 버킷을 달고 협잡물은 버킷에 담는다. 버킷은 가이드레일을 타면서 윈치로 끌어올려져 협잡물을 호퍼에 넣고 윈치를 풀어 버킷을 바닥에 내려 다시 버킷에 협잡물을 넣어 끌어올리는 원리이다.

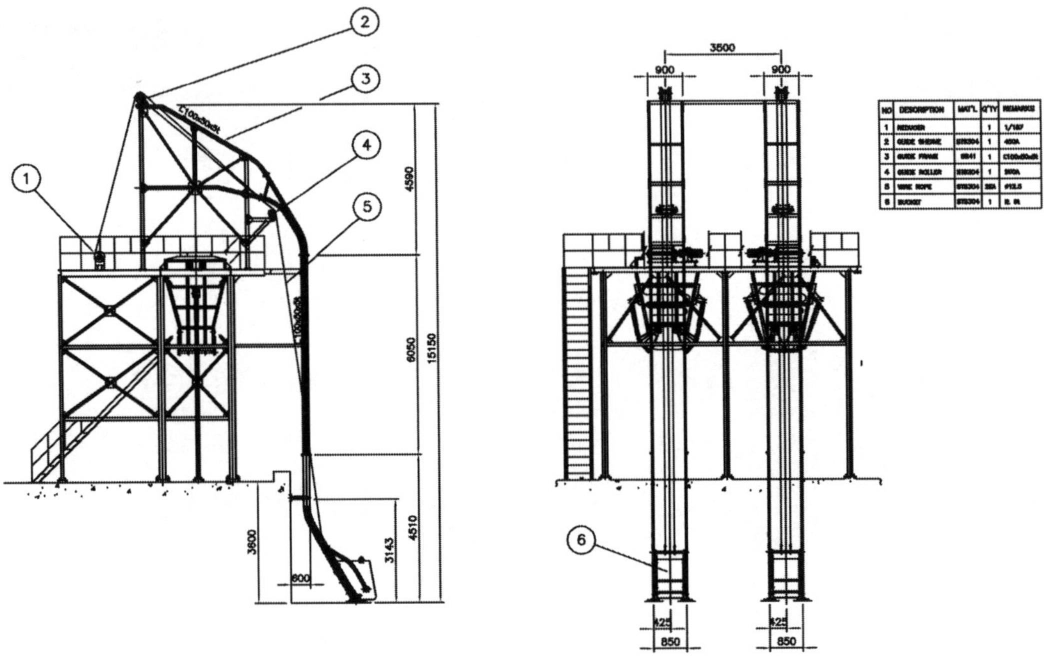

그림 17.1 협잡물 스킵 호이스트(Skip Hoist)

2. 설계 사양서

(1) 설치위치 : 침사지 옆

(2) 기능 : 회수 협잡물을 협잡물 호퍼로 인양

(3) 설계 조건

분 구	M - 111	26.3IM - 111
형 식	로프 권선형 전동 드럼	
수 량	1대	1대
운전방식	현장 제어반에서 수동운전 및 무인 자동운전	
버킷용량	0.4 m^3	0.3 m^3
권양높이	13 m Lift	12 m Lift
권양속도	약 13 m/min	약 13 m/min
전동기	380V, ϕ3, 60HZ, 3.7 kW이상, 옥외용	

(4) 구조 및 재질

1) 스킵호이스트는 구동장치, 가이드프레임, 버킷, 와이어로프, 리미트 스위치 안전장치로 구성되며 KSB6228 또는 동등이상의 제작시방과 안전규칙에 맞게 제작한다.
2) 구동장치는 토크 리미터와 브레이크를 내장한 전동기직결 싸이크로 감속기로 하고 구동장치는 강재 덮개를 하고 환기에 유의한다.
3) 와이어 권선드럼은 더블 드럼식의 권양 로프를 2가닥으로 하여 권양 중 버킷이 한쪽으로 치우치거나 흔들리지 않도록 한다.
4) 와이어로프는 스테인리스 강재와이어로 버킷이 하단에 왔을 때 최소한 드럼에 3바퀴 이상의 여유길이가 있게 한다. 와이어로프는 최대 하중에 대하여 6배 이상의 안전율을 준다.
5) 버킷은 가이드 레일을 따라 상하 이동하는 롤러에 부착되고 스테인리스 강재와 와이어로프에 의해 드럼 축에 고정된 드럼에 연결한다.
6) 드럼은 로프용 그루프 홈이 가공되며, 직경은 로프 직경의 25배 이상으로 하고 드럼 축은 감속기어를 가진 구동장치의 구동축에 직결로 연결된다.
7) 버킷 인양 중 전원이 차단되었을 때 버킷이 낙하하지 않도록 브레이크가 작동되어야하고 브레이크 제동력은 작용 하중에 충분히 안전하여야 한다.
8) 사이클로 감속기에 직접 연결된 전동기는 전자브레이크가 내장되어야 하고 버킷은 두께 6 mm 이상의 스테인리스 강판으로 용접하여 제작한다.
9) 가이드프레임은 호파 지지기둥 및 침사지 슬라브 위와 벽에 고정 설치하고, 모든 부분은 운전 중의 하중뿐만 아니라 제작설치 중의 부가하중에 대해서도 충분히 견딜 수 있어야 한다.

10) 구동장치와 베어링, 인양드럼 부위는 보호 커버를 해야 한다.

11) 기계 조립용 Bolt, Nut는 Washer를 체결하고, STS 304 재질로 한다.

(5) 사용재료

- 가이드 프레임　　형강 및 강판(SS41)
- 버킷　　형강 및 강판(STS304)
- 와이어로프　　스테인리스강 와이어
- 롤러 및 축　　GC200(축은 SM45C)

3. 설계 계산서

(1) 설계조건

1) 형식 : Non Balancing Wire Rope 권상식

2) 수량 : 1대

3) 용량 : 0.4 m^3

4) 권상횟수 : 12회/hr(협잡물 적재시간 1회당 3분포함)이상

5) 권상높이: 13 m

6) 전동기 : 3.7 kW

(2) 권상속도

1) 1 Cycle을 이루는 시간

$$T = \frac{60\ \text{min}}{12\text{회}} = 5\ \text{min}$$

2) 왕복하는 시간

$$T_1 = T - t = 5\ \text{min} - 3\ \text{min} = 2\ \text{min}$$

t : 협잡물 적재시간(3 min)

3) 권상속도(Bucket)

$$V_1 = \frac{H}{T_1} = \frac{26\ \text{m}}{2\ \text{min}} = 13\ \text{m/min}$$

H : 왕복거리(26 m)

4) Wire Rope의 권상속도

$$V_2 = V_1 = 13\ \text{m/min}$$

(3) Cycloid Reducer의 감속비 선정

Wire의 권상속도

$$V_2 = n \times \frac{1}{\ell} \times \pi D$$

에서 n : 모터의 회전수(1750 rpm), $\frac{1}{i}$:감속비, D : Drum P.C.D=463 mm

$$\frac{1}{i} = \frac{V_2}{n \times \pi D} = \frac{13\ \text{m/min}}{1750\ \text{rpm} \times 0.463} = \frac{1}{196}$$

∴ Cycloid Reducer의 감속비는 1/187로 정한다.

※ 속도 검산

$$V = 1750 \times \frac{1}{187} \times \pi \times 0.463 = 13.61\ \text{m/min}$$

∴ Bucket의 권상속도는 13.61 m/min가 된다.

(4) 처리용량 Q(Ton/hr)

$$Q = V \times \gamma \times \eta \times N = 0.4 \times 0.8 \times 0.7 \times 12 = 2.69$$

V : Skip Hoist Bucket 용량(0.4㎥)
γ : Screening의 겉보기 비중 (0.8)
η : Bucket의 효율(70%)
N : 권상횟수(12회)

(5) 소요동력

1) $P(\text{kW}) = \frac{\text{W} \times \text{V}}{6120} = \frac{520 \times 13.61}{6120} = 1.16\ \text{kW}$

∴ 인양하중=Screening 중량+Bucket 자중

$W = 320\ \text{kg} + 200\ \text{kg} = 520\ \text{kg}(0.4\ \text{m}^3 \times 0.8 = 0.32\ \text{ton} = 320\ \text{kg})$

2) 감속기의 동력 P_S

$$P_S(\mathrm{kW}) = \mathrm{P} \times \mathrm{a} \times \frac{1}{\zeta} = \frac{1.16 \times 1.3}{0.73} = 2.06\ \mathrm{kW} < 3.7\ \mathrm{kW}$$

ζ : 기계효율(0.73)

a : 안전계수(1.3)

3) 소요 Torque

$$T = 97400 \times \frac{P \times a}{N}$$

$$= 97400 \times \frac{1.16 \times 5}{9.36} = 18106\ \mathrm{kg \cdot cm} = 181\ \mathrm{kg \cdot m}$$

(6) 와이어드럼 계산

1) 와이어 드럼 직경

$$D = d_r \times 25 = \phi 12.5 \times 25 = \phi 312.5 < \phi 463\ \mathrm{mm}$$

$\therefore$ d_r =와이어로프 직경(ϕ12.5 mm)

와이어 드럼은 와이어로프의 25배 이상으로 적용해야 한다.

2) 와이어 드럼의 Shaft경

$$T = \frac{97400 \times P_S}{N}$$

$$= \frac{97400 \times 2.06}{9.36} = 21436\ \mathrm{kg \cdot cm}$$

P_S : Motor 전동마력(2.06)

N : Cyclo 감속기 회전수(1750×1/187=9.36 rpm)

τ : 전단응력(SM45C의 전단응력 320~480 kg/cm^3)

(7) 와이어로프의 안전율

$$S = \frac{T}{Q} = \frac{967\ \mathrm{kg}}{520\ \mathrm{kg}} = 18.6 \quad \mathrm{O.K}$$

T : 와이어로프 평균파단 강도 9676 kg

Q : 사용하중(520 kg)

∴ 여기서 $\phi12.5$ 와이어로프의 평균 파단강도는 9676 kg이다.

4. 제작 설치

(1) 구동장치

구동부와 와이어드럼(Wire Drum)은 그림 **17.2**와 같이 한 받침대 위에 커플링(Coupling)으로 연결하여 설치한다. 받침대 도면은 그림 **17.3**과 같으며 커플링(Coupling)은 그림 **17.4**와 같다.

와이어 드럼(Wire Drum)은 와이어 2줄을 당길 수 있도록 하였으며 그림은 **17.5**와 같으며 드럼의 재질의 강도가 충분하면 중간에 보강이 필요 없이 와이어 홈을 1줄로 길게 내어 와이어를 걸때 나누어 사용하면 제작 시 편리하다.

축은 제작도는 그림 **17.9**와 같다. 또 구동부 커버는 그림 **17.7**과 같다.

NO	DESCRIPTION	MAT'L	Q'TY	REMARKS
1	CYCLOID REDUCER	BUY	1	[illegible]
2	COUPLING	GC200	2	
3	DRUM	STPG S45C	1	450A
4	UCP BEARING	BUY	2	UCP 218
5	BED	SS41	1	C150x75x6.5t

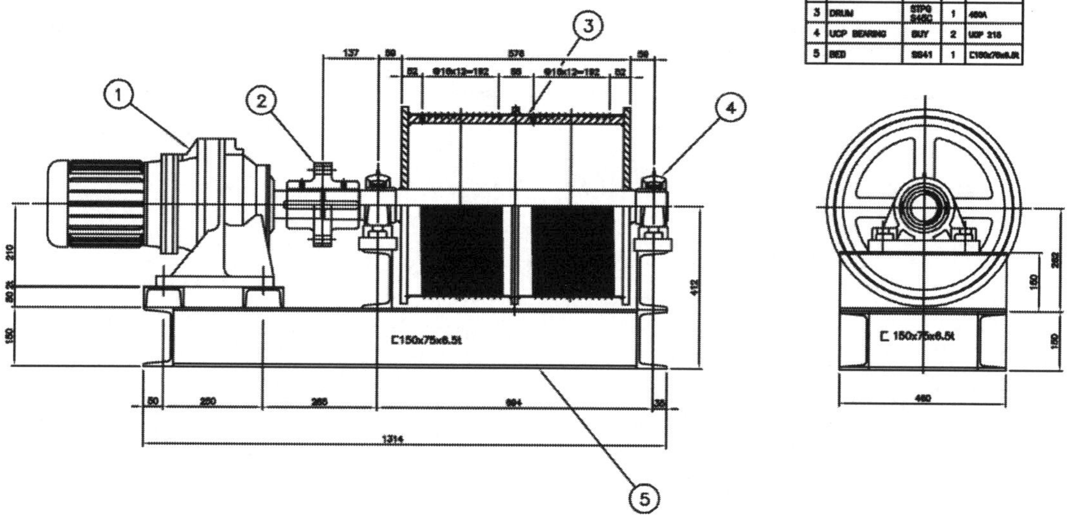

그림 17.2 구동부

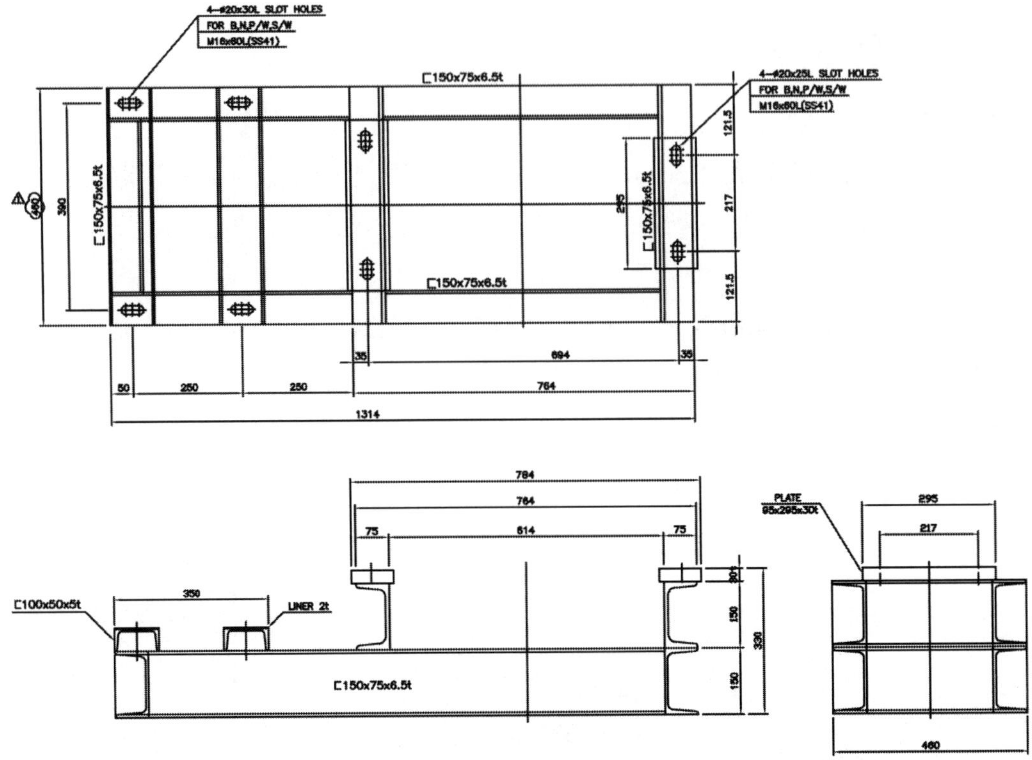

그림 17.3 구동부 받침대

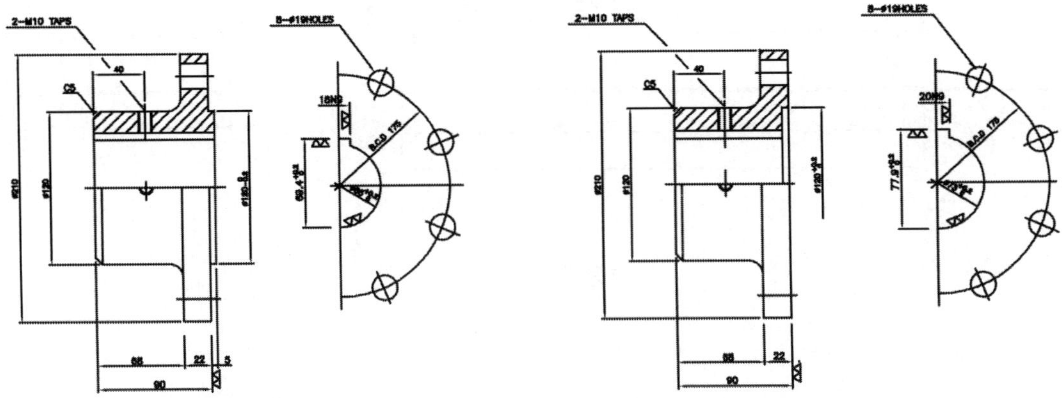

그림 17.4 커플링(Coupling)

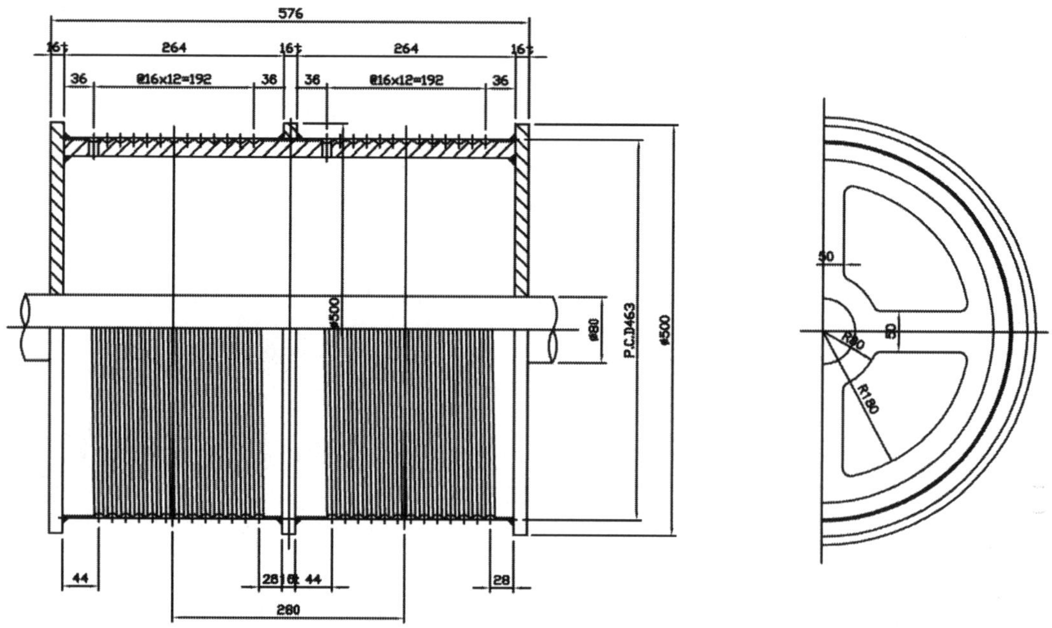

그림 17.5 와이어 드럼(Drum)

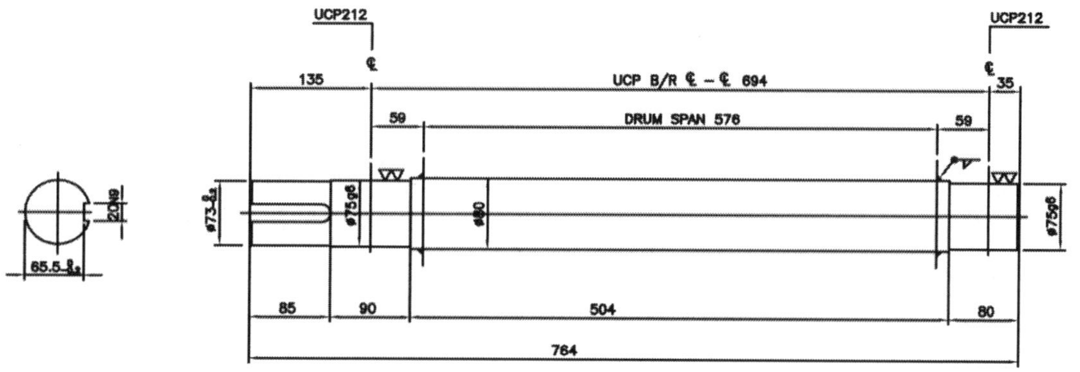

그림 17.6 축

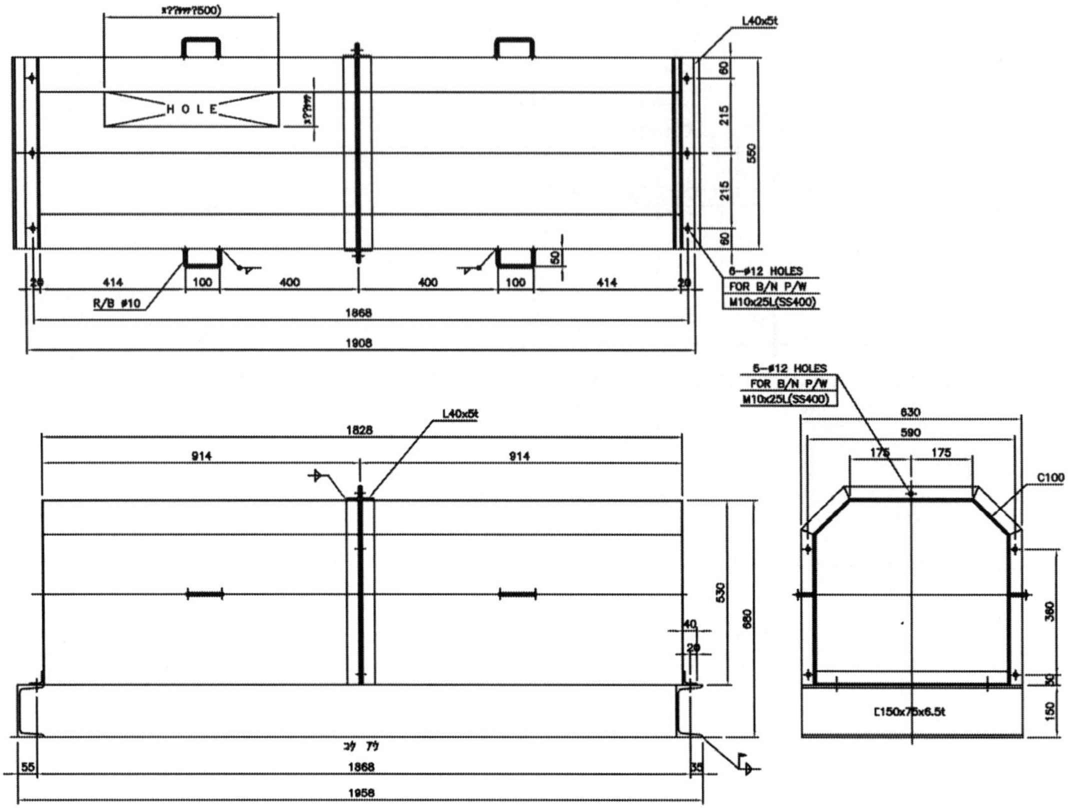

그림 17.7 구동부 커버(Cover)

(2) 레일(Rai1)

레일은 그림 17.1에 ③과 같이 가이드(Guide)를 만들어 스킵호이스트(Skip Hoist)의 버킷(Backet)의 롤러(Roller)가 레일을 타고 움직일 수 있도록 적당한 크기로 운반하기 좋게 분리해서 제작한다. 상부레일(Upper Rail)은 협잡물호바(Hopper)상단에 설치되는 레일도 그림 17.8과 같으며 부품은 그림 17.9와 같다. 그 밑에 설치되는 중간레일과 하단레일들은 그림 17.10, 17.11, 17.12와 같으며 레일에 폭은 일정해야 함으로 중간 중간에 보를 설치하여 일정간격을 유지하도록 한다.

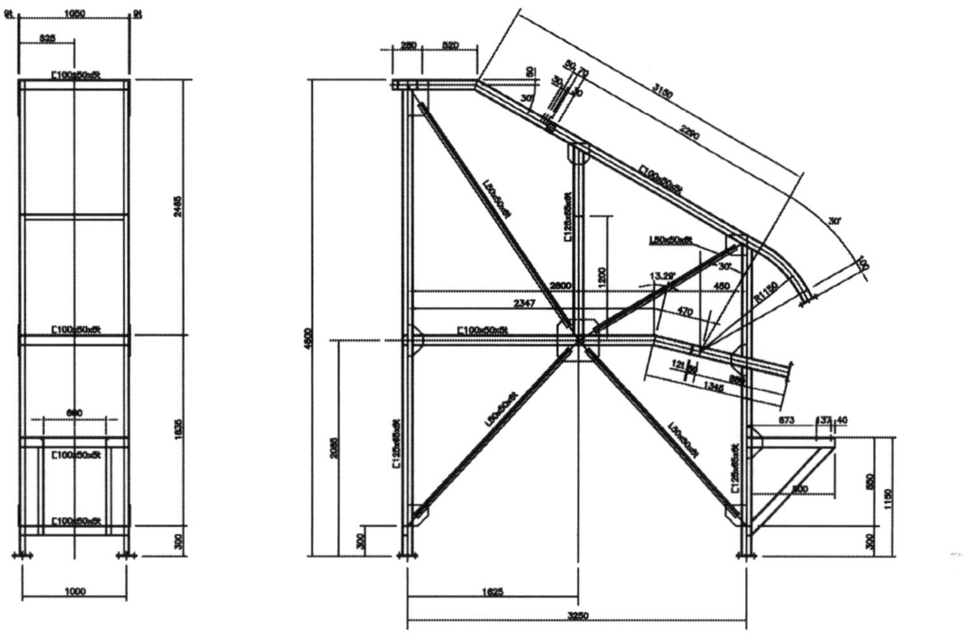

그림 17.8 상부 레일(Upper Rail)

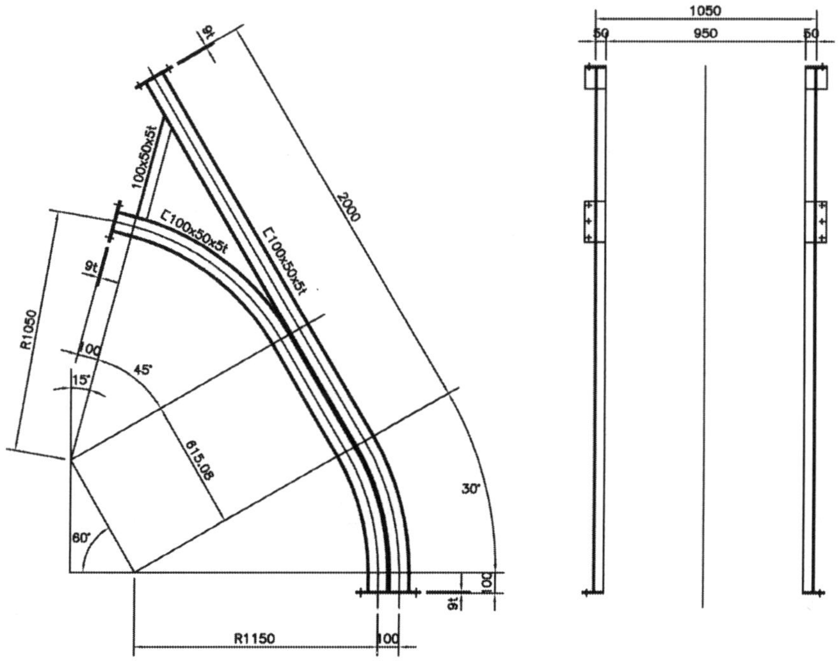

그림 17.10 중간레일(Middle Rail)

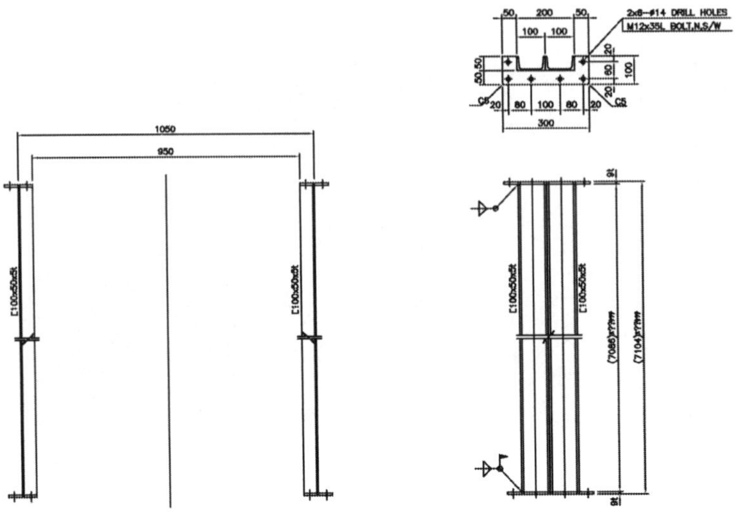

그림 17.11 수직레일(Vertical Rail)

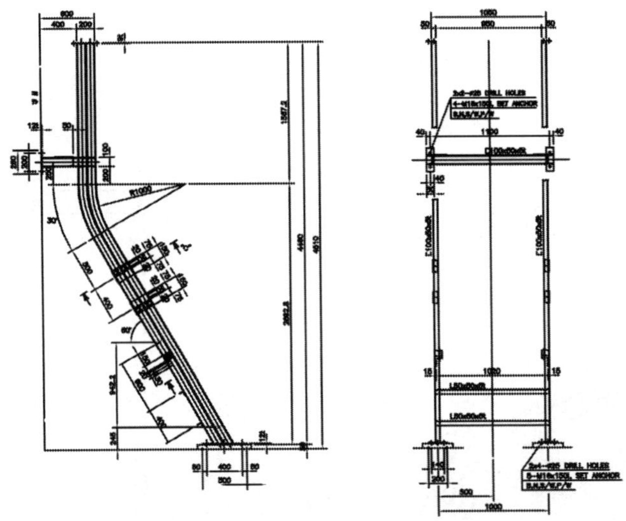

그림 17.12 하부레일(Lower Rail)

(3) 와이어 안내시브(Wire Sheave) 및 안내롤러(Guide Roller)

와이어 안내시브와 안내 롤러는 버킷(Backet)이 레일을 타고 안정되게 올라오도록 하기 위해 와이어를 윈치에서 버킷까지 묶고 그 사이에 와이어 안내시브와 안내 롤러를 그림 17.1에서 ②와 ④ 위치에 설치한다. 와이어 안내시브는 그림 17.13과 같이 제작하며 안내롤러는 그림 17.14와 같이 제작한다.

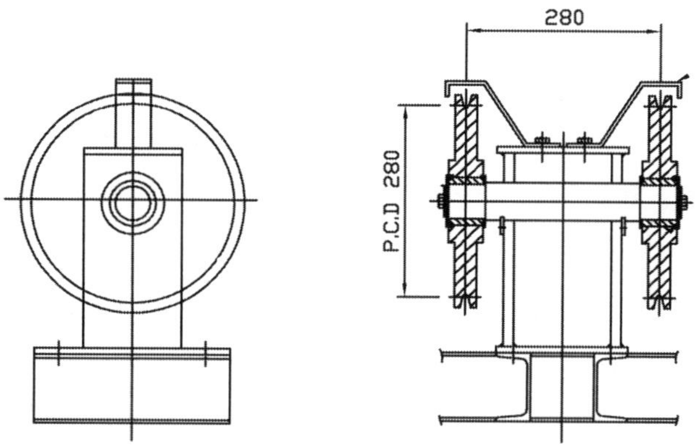

그림 17.13 와이어 안내 시브(Wire Guide Sheave)

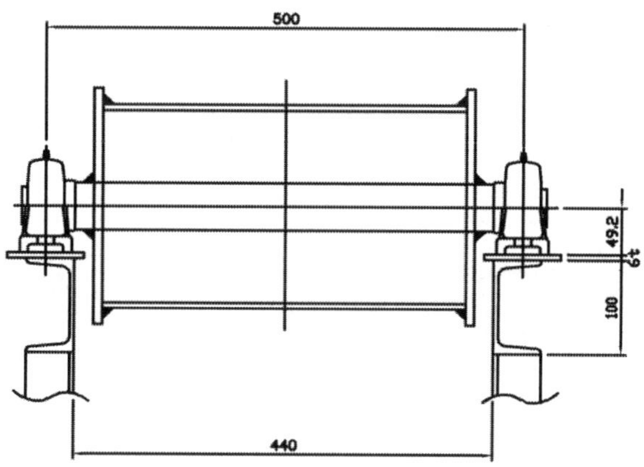

그림 17.14 안내롤러(Guide Roller)

(4) 버킷(Backet)

버킷은 하부에서는 협잡물을 담을 수 있도록 세워져 있어야 하며 버킷이 당겨져 상부로 올라가면 협잡물을 쏟아질 수 있도록 버킷이 엎어져야 한다. 따라서 버킷은 그림 17.15와 같이 제작하여 상부 주행롤러가 하부 레일을 타고 움직이며 하부주행 롤러는 상부레일을 타고 움직이게 된다. 버킷에 연결된 힌지(Hinge)는 긴 암(Arm)으로 연결되어 있어 협잡물을 담고 쏟아낼 때 협잡물이 걸리지 않도록 되어있다. 암(Arm)상단에는 와이어를 묶을 수 있는 장치를 구비한다. 긴 암의 제작도는 그림 17.16, 그림 17.17과 같다. 주행롤러는 그림 17.18과 같으며 와이어 연결 장치는 그림 17.19와 같다.

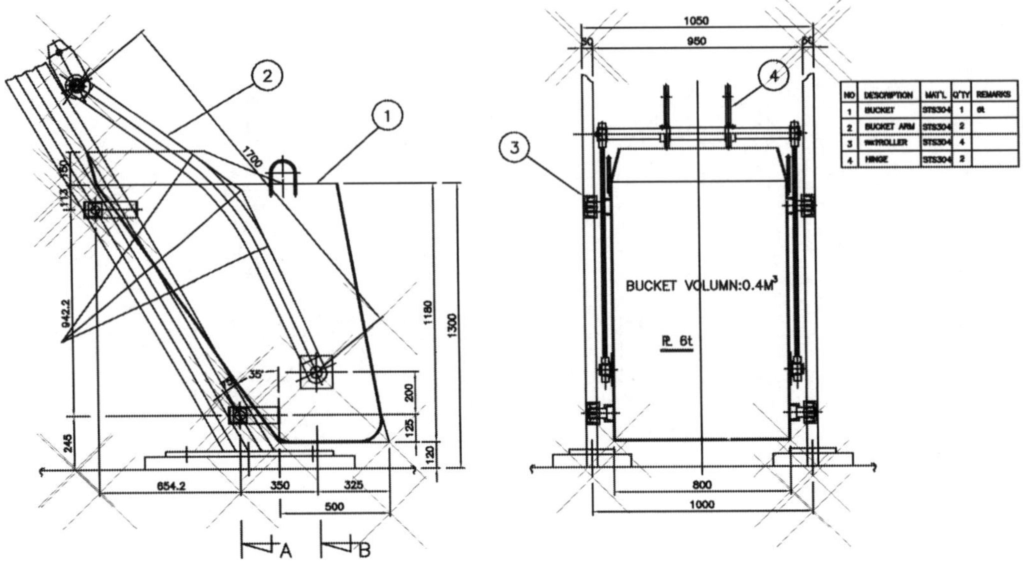

그림 17.15 버킷(Backet)

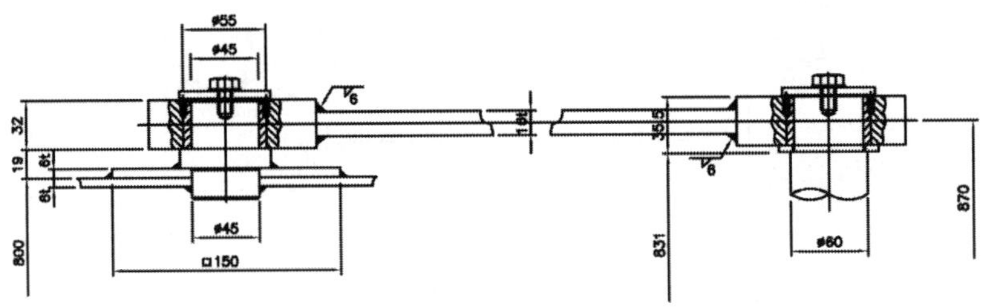

그림 17.16 버킷 암(Arm Bucket)

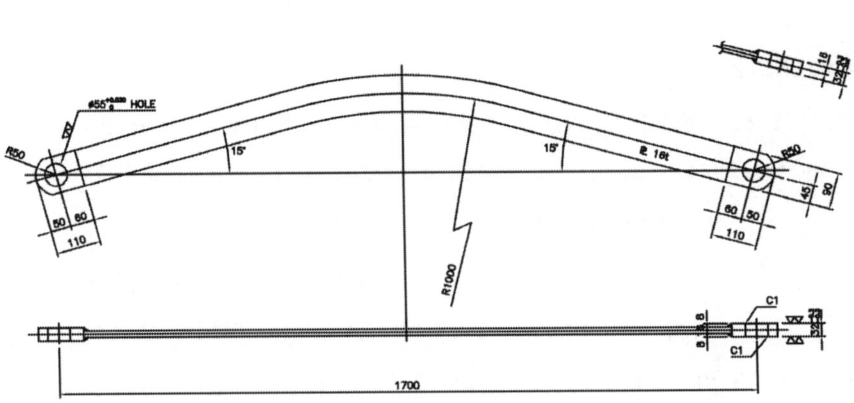

그림 17.17 긴 암

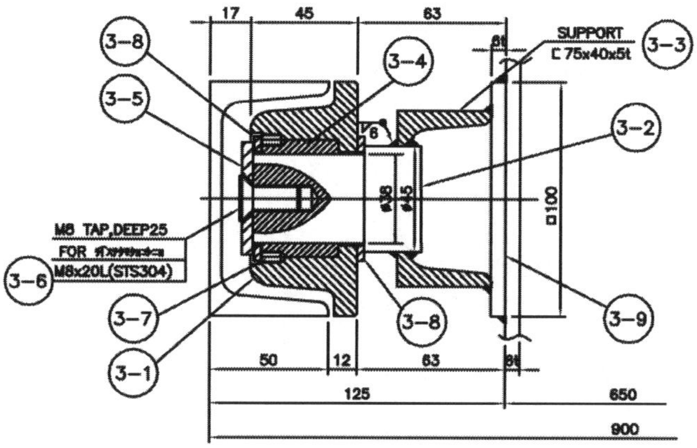

NO	DESCRIPTION	MAT'L	Q'TY	REMARKS
3-1	ROLLER	STS304	4	
3-2	SHAFT	STS304	4	
3-3	SUPPORT	STS304	4	⊏75x40x5t
3-4	OILLESS B/R	[illegible]	4	ø38xø50x32L
3-5	END PLATE	STS304	4	4.5t
3-6	[illegible] BOLT	STS304	4	M8x20L
3-7	SET SCREW	STS304	8	M8x8L
3-8	WASHER	P.E	8	3txø40xø53
3-9	[illegible]	STS304	4	□ 100x8t

그림 17.18 주행 롤러(Roller)

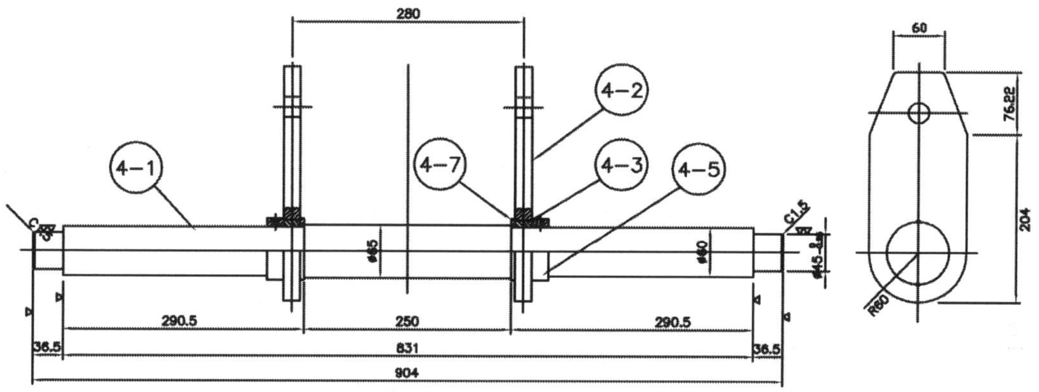

그림 17.19 와이어 연결 장치

(5) 레일 커버(Rail Cover)

레일 커버는 안전을 위해 그림 17.20과 같이 설치할 수 있다. 본 설비와 같이 윈치를 설치하여 버킷을 당기면 스위치 고장 시 버킷이 떨어질 위험이 있거나 협잡물이 떨어질 수도 있으므로 안전 커버를 설치하는 것이 좋다. 또 버킷 주위에는 운전 중에 사람이 절대 들어가지 못하도록 해야 한다.

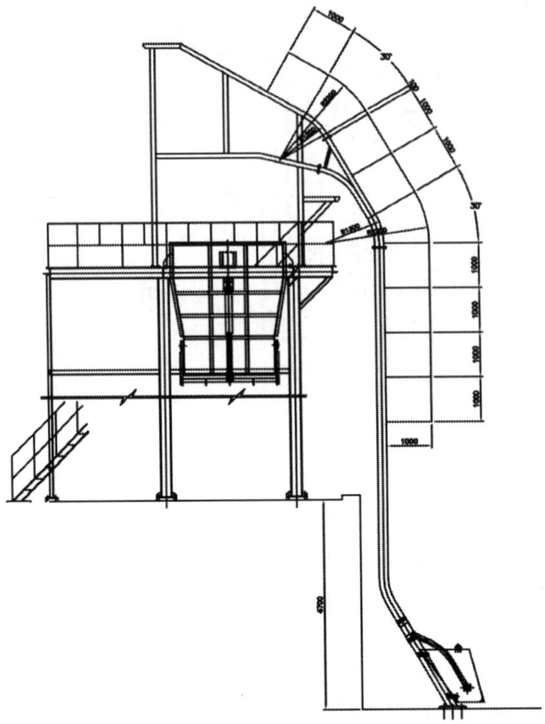

그림 17.20 레일 커버(Rail Cover)

질문 1 **안전장치는 어떻게 설치해야 하는가?**

구동부 커플링에 안전핀(Shear Pin)장치를 할 경우 안전핀이 끊어지면 버킷은 지상으로 추락하게 된다. 따라서 안전핀 장치보다는 정지 스위치를 이중으로 설치하여 사용하는 것이 좋다. 만약 와이어가 끊어져 버킷이 추락할 경우 협잡물이 밖으로 떨어지지 않도록 레일 커버(Rail Cover)를 설치하고 버킷이 있던 주위에는 사람이 있지 않도록 해야 안전하다. 정기적으로 스위치 점검을 하고 오래 사용하면 교환해야한다.

질문 2 **와이어를 감아올리는 윈치를 사용하지 않으려면 어떻게 해야 하나?**

답변 :윈치도 정지스위치가 고장이 생기면 와이어를 계속 감아올리게 됨으로 기계적으로 고장이 발생하거나 와이어가 끊어질 수 있다. 그러므로 이러한 폐단을 막기 위해 일정한 길이만을 당길 수 있는 주행식 간헐인양기 제진기에서 유압실린더를 사용하여 버킷(Bucket)을 끌어당길 수 있다. 이렇게 사용할 경우 버킷(Bucket)을 당기는 길이에 맞게 유압실린더의 길이가 결정됨으로 항상 당기는 길이는 일정함으로 기계에 무리한 힘이 걸리지 않는다. 따라서 윈치보다 유압실린더를 사용하는 것이 매우 안전하다.

제18장

협잡물 분리기

1. 원 리

협잡물 분리기는 여러 가지 종류가 있으나 여기에서는 스크린드럼(Screen Drum)을 사용해서 협잡물을 분리시키는 형식으로 스크린드럼을 수평으로 하여 회전시키고 스크린드럼 상부에서 원수를 트라프(Trough)를 통해 고르게 스크린에 뿌려주면 원수는 스크린을 통과해 밑으로 빠져 버리고 협잡물은 스크린드럼 외부에 걸려 슈트(Shute)를 통해 협잡물이 분리되는 원리이다.

2. 설계 사양서

(1) 일반사항

협잡물 분리기는 혼합 슬러지중의 협잡물을 분리 제거하고 슬러지 농축조, 소화조의 스컴 발생 감소화 및 기기, 배관 등의 막힘을 방지하기 위한 장치로서 다음 사양과 설계도면에 의하여 제작된다.

기기번호	M-1207
수 량	3대(1대 예비)
형 식	전동 로터리형 스크린
드럼직경	Maker 표준
처리용량	8.0 m^3/hr
취급유체	혼합슬러지
전 동 기	1.5 kW×380v×3ϕ×60Hz×TEFC

(2) 구조 및 재질

1) 협잡물분리기는 구동장치, 케이싱, 스크린, 스크레이퍼, 급유장치 등으로 구성되며 구동장치에 의하여 스릿트 홈이 있는 원통형의 스크린을 회전시켜 스크린에 부착된 협잡물을 스크레이퍼로 강제적으로 긁어내는 구조로 한다.
2) 분리기 각부재의 강도는 충분한 안전율을 가지고 부식 및 마모에 대하여 여유 있는 두께를 갖도록 설계한다.

3) 구동장치는 가변속기 부착 감속기를 사용하고 구동축으로의 구동은 롤러 체인으로 한다.
4) 구동장치의 감속기 및 체인 노출부에는 강판 3.2T이상으로 점검, 급유에 편리한 점검창을 단 커버를 설치한다.
5) 케이싱은 수밀구조로 하고 내부에는 월류관을 단다.
6) 케이싱은 2T이상의 STS304철판으로 하고 내부의 점검이 용이하도록 필요개소에 점검창을 설치한다.
7) 스크린은 STS304로 하고 모발, 실 등 섬유상의 것이 감기지 않도록 표면을 매끄럽고 정밀하게 완성한 것을 등 간격으로 배열하여 원활히 회전하는 구조로 한다. 스크린의 스릿트 폭은 슬러지용 5 mm 정도로 한다.
8) 스크레이퍼는 선단부분을 스크린에 부착된 협잡물을 원활히 효율적으로 긁어 낼 수 있는 구조로 한다.
9) 스크레이퍼는 선단부분을 스크린에서 탈착할 수 있고 스크린과의 접촉 부분의 청소가 용이한 구조로 한다.
10) 스크린 회전부의 베어링은 급유가 용이한 구조로 하고, 그리스 건에 의하는 경우에는 급유하기 쉬운 위치에 니블을 설치한다.

3. 설계 계산서

(1) 처리 용량

- OAF(개공율) %
- TA(스크린 드럼 면적) m^2
- OA(스크린 드럼 개공 면적) m^2
- 스크린 눈금 5 mm, 스크린 와이어 폭 5 mm, 드럼규격 $\phi 512 \times 300$ mm

1) $OAF = \dfrac{\text{눈금간격}}{\text{눈금간격} + \text{와이어 폭}}$

$$= \frac{5}{5+5} = 50\%$$

2) $TA = \pi \times DL$

$$= 3.14 \times 0.512 \times 0.3 = 0.48 \text{ m}^2$$

3) $OA = (OAF) \cdot (TA) = 0.5 \times 0.48 = 0.24 \text{ m}^2$

4) 처리용량

스크린은 스크린 드럼의 1/4 부분 탈수면적이며, 스크린 드럼 회전이 10 RPM이며, 탈수하는 유속은 원주 속도와 동일하게 계산하면,

① 처리용량(A)=스크린 드럼 개공 면적(OA)×유속(V)

$$= 0.24 \times \frac{1}{4} \times 16$$

$$= 0.96\ \text{m}^3/\text{min}$$

② $V = \pi DN = 3.14 \times 0.512 \times 10$

$$= 16\ \text{m/min}$$

③ 도시하수 scum 처리 시 처리효율을 0.3으로 보면

처리용량(A)$= 0.96\ \text{m}^3/\text{min} \times 0.3$

$= 0.2888\ \text{m}^3/\text{min}$

$= 17.28\ \text{m}^3/\text{hr} > 5.0\ \text{m}^3/\text{hr}$(시방서조건) OK

(2) 모터 용량 산출

모터 측 T 회전수 10 rpm의 스프로켓 50번 체인으로 전달시 당겨지는 축의 장력은 50번 체인에서 파단 하중 2210 kg을 안전율 15로 하면 당겨지는 축의 장력은 147 kg이다.

$$P = \frac{V \times M}{102} = \frac{147 \times 0.63}{102} = 0.9\ \text{kW}$$

∴ 1.5 KW 모터를 사용하기로 함

F : 당겨지는 축의 장력(147 kg)

V_m : 평균속도(0.32 m/sec)

$=3.14 \times 1.219 \times 10/60 = 0.63$

P : 전달동력(kW)

4. 제작 설치

(1) 스크린 드럼(Screen Drum) 제작

스크린드럼은 스크린을 전문적으로 제작하는 곳에서 규격에 알맞게 구입을 하고 스크린이 진원으로 회전할 수 있도록 그림 18.1과 같이 옆판을 가공하여 진원에 스크린을 용접한 후

축에 부착된 원판에 스크린을 조립한다. 참고로 스크린드럼이 진원으로 회전되어야 상부 트라프에서 유입되는 원수가 고르게 분포될 수 있고 스크린에 걸린 협잡물은 하부 스크레이퍼에 의해 잘 제거 될 수 있다.

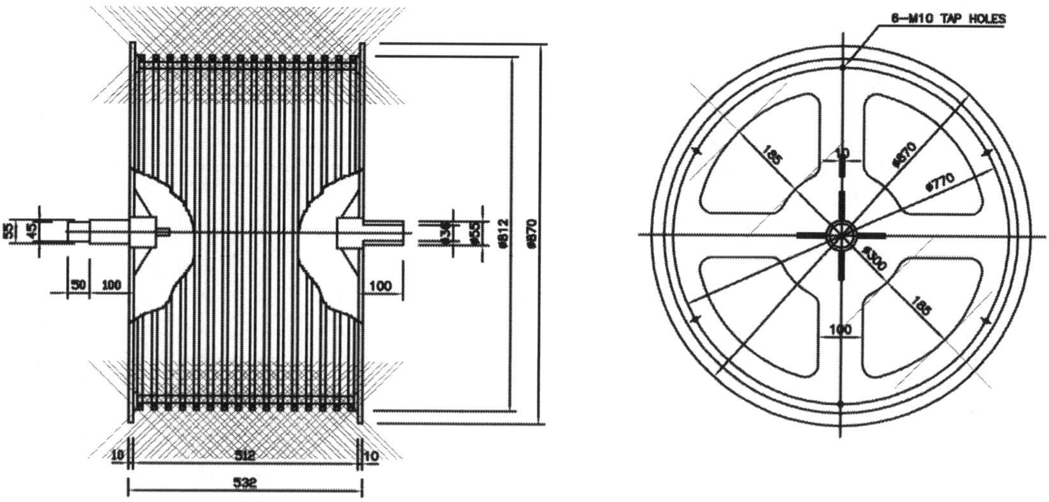

그림 18.1 스크린드럼(Screen Drum)

(2) 협잡물 분리기 제작

협잡물 분리기는 스크린드럼을 앉힐 수 있는 프레임을 그림 18.2와 같이 제작한다. 하부는 스크린을 통과한 원수가 유입될 수 있도록 하고 스크린드럼을 조립한 후에는 드럼 상부에 원수가 드럼 상부로 고루 유입될 수 있도록 트라프를 만들어 원수의 와류를 없애고 원수가 균등하고 저속으로 유입될 수 있도록 제작한다. 스크린드럼 하단부에는 협잡물이 잘 떨어질 수 있도록 스크레이퍼를 스크린 드럼에 밀착되도록 제작한다. 스크레이퍼는 스크레이퍼 자중에 의해 스크린에 항상 밀착되도록 하는 것이 좋다. 구동부는 드럼스크린 축과 체인으로 연결시키고 체인 하단부를 당겨 회전시키는 것이 좋다.

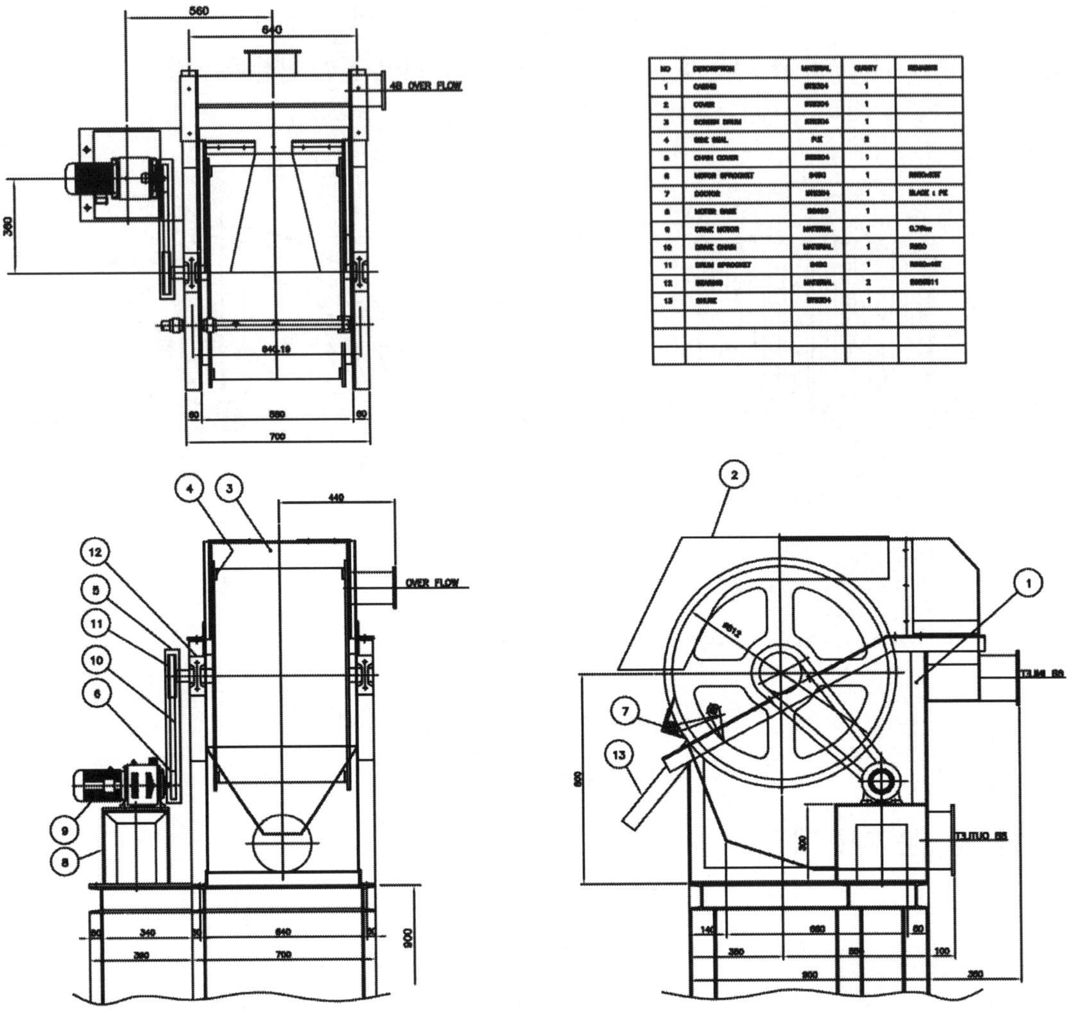

그림 18.2 협잡물 분리기

질문 1 원수유입이 균등하게 유입되어야 하는가?

스크린드럼에 유입되는 원수가 균등하게 유입되지 않아 원수가 적게 유입되는 곳은 스크린상부에서 원수가 스크린을 통과하고 많이 유입되는 부분에는 원수가 미처 빠져나가지를 못해 협잡물과 함께 협잡물 슈트로 떨어진다. 따라서 원수를 스크린에 고르게 분포시켜 드럼상부에서 원수가 스크린을 통과하도록 하여야 한다. 따라서 유입되는 원수는 관을 통해 빠른 속도로 유입됨으로 와류를 없애려면 트라프를 어느 정도 크게 만들고 정류판을 설치하여 정류로 스크린에 유입될 수 있도록 하여야 한다.

질문 2 **스크린드럼이 왜 진원으로 제작되어야 하는가?**

스크린드럼이 진원으로 제작되지 않아 진원으로 회전되지 않으면 협잡물을 제거할 때 스크레이퍼가 스크린에 전면이 밀착되지 않아 밀착되지 않은 스크린 면에는 협잡물이 제거되지 않고 넘어가 다시 스크린을 통과된 원수로 유입된다. 따라서 스크린드럼은 진원으로 제작되고 진원으로 회전될 수 있도록 하여야 한다.

질문 3 **협잡물분리기에는 안전장치가 필요 없는가?**

협잡물제거기는 큰 부하가 걸리는 곳이 없이 스크린드럼만 회전시키므로 큰 위험은 없다. 따라서 불필요하게 안전장치를 설치 할 필요는 없다. 원수 유입 시에만 협잡물 제거기가 가동되도록 한다.

질문 4 **제거된 협잡물에 물이 많이 떨어질 때에는 어떻게 해야 하는가?**

스크린드럼 상단에 원수가 유입되면 원수는 스크린 중심선 200 mm 이상의 상단부에서 원수는 스크린을 통과하여 내부로 유입되어야 한다. 원수가 스크린을 통과되는 길이가 길어지면 협잡물과 함께 같이 협잡물을 통으로 떨어지게 된다. 이때에는 원수가 트라프에서 고루 유입되는가를 점검하고, 이상이 없을 때에는 원수수량을 점검하여 원수유량을 줄여야 한다.

제19장

협잡물 스크루프레스

1. 원 리

협잡물 스크루프레스의 원리는 수분이 함유된 협잡물을 공급하여 공급된 협잡물을 저속으로 회전하고 있는 스크루에 의해 입구 쪽에서 출구 쪽으로 가면서 점점 좁아지는 공간을 이용해 탈수시킨다. 또 출구는 유압이나 스프링으로 막아주어 함수율을 떨어뜨린다.

2. 설계 사양서

(1) 일반사항

스크루프레스는 침사를 가압 탈수하기 위하여 설치하며 다음 사양에 의해 설계, 제작된다.

수 량	3대
형 식	스크루 프레스
용 량	5 m^3/hr
전동기 출력	7.5kW×380V×3ϕ×60HZ
치 수	설계도면참조

(2) 구조 및 재질

스크루프레스는 체인, 덮개, 스크린, 토출구, 전동기, 감속기 등으로 구성된다. 스크루프레스의 스크루는 스테인리스강(STS420)에 중주파 열처리하여 마모 및 부식을 최대한 방지할 수 있도록 한다.

몸체는 형강과 강판으로 된 견고한 구조물이다. 협잡물접촉부의 주요 부품은 스테인리스강(STS304이상)을 사용하고 체인 기어, 체인, 베어링케이스, 기계프레임 등은 특수강과 구조용강을 사용한다. 스크루프레스용 실린더는 스테인리스강으로 제작하여 탈수액의 배수가 원활하게 이루어지고 분리된 협잡물은 빠지지 않도록 제작한다.

실린더와 몸체의 연결은 실린더 양쪽에 플랜지 (스테인리스강 T=15 mm이상)를 용접하고 플랜지를 몸체의 양쪽에 용접 결합한다.

가압탈수기의 실린더는 10mm이상 두께의 스테인리스강으로 제작하고 스크루프레스의 실린더와 플랜지로 조립한다. 가압 탈수실은 스테인리스 10 mm 이상의 스테인리스강으로 제작하여 몸체와 볼트로 조립한다.

스크린과 탈수기의 몸체는 두께 3 mm 이상의 스테인리스강으로 제작하고 개폐문, 볼트 및 너트, 보강용 형강 , 상부덮개, 축, 스크루프레스 실린더 등은 스테인리스강(STS304) 재질을 사용하며 구동부분의 체인기어, 체인, 베어링 케이스 등은 특수강 및 일반강재를 사용한다. 또한 유지보수를 위해 점검가대를 설치한다. 탈수기 내부는 살수형 노즐이 설치된다.

(3) 사용재료

• 본체	STS 304
• 상, 하부 덮개	STS 304
• 보강요 형강	SS 41
• 스프라켓	SS 41
• 축	STS 304
• 토출구	STS 304
• 실린더	STS 304
• 가압 탈수실	STS 304
• 볼트, 너트	STS 304

3. 설계 계산서

(1) 설계 사양

1) 형식 : 수평원추형 스크루 식

2) 용량 : 5 m^3/hr

(2) 처리능력(Q_m)

$$Q_m = \frac{1}{4}\pi(D^2 - d^2)P \times N \times 60 \times \eta$$

$$= \frac{1}{4}\pi(0.262^2 - 0.114^2) \times 0.15 \times 16 \times 60 \times 0.9$$

$$= 5.66\ \text{m}^3/\text{hr} > 5\ \text{m}^3/\text{hr}$$

D : 스크루 PCD(PCD 262)

d : 스크루 축경(ϕ114 mm)

P : 스크루 피치(150 mm)

N : 회전수(16 rpm)

η : 효율(0.9)

(3) 구동전동 마력(N)

$$N = K \times Q_m \times \frac{L}{270} \times \frac{D_1}{D_2} \times C \times \frac{1}{\eta}$$

$$= 1.8 \times 4.53 \times \frac{1.325}{270} \times \frac{0.297}{0.227} \times 100 \times \frac{1}{0.8}$$

$$= 6.5\ \text{HP} < 10\ \text{HP}\ (= 7.5\ \text{kW})$$

K : 운반계수(1.8)

Q_m : 처리용량($5.66\ m^3 \times 0.8 = 4.53$ Ton)

L : 투입구에서 배출구까지 거리(1325 mm)

D_1 : 입구 측 SCREW 외경(ϕ297 mm)

D_2 : 출구 측 SCREW 외경(ϕ227 mm)

C : 실린더 직경 감소에 따른 협잡물 저항 계수(100)

η : 모터효율(0.8)

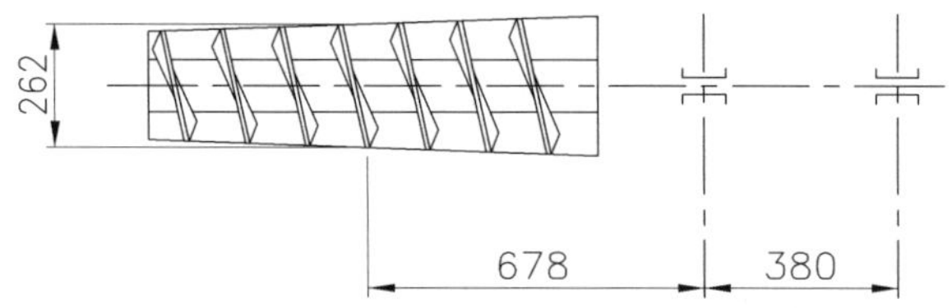

(4) Strength Of Screw Shaft

1) Bending Moment Stress

2) Compress Stress

$$T(\text{Shaft 최대 Torque}) = \frac{71620 \times \text{HP}}{N} = \frac{71620 \times 10}{16} = 44762.5\ \text{kg} \cdot \text{cm}$$

HP(Hopper Power) = 10

$$N(\text{Shaft rpm}) = \frac{1750 \times 19}{35 \times 60} = 16\ \text{rpm}$$

$$P(\text{Shaft Axial Force}) = F \cdot \sin\theta \cdot \cos\theta$$

$$= 3417 \times \sin 10.3° \times \cos 10.3° = 601\ \text{kg}$$

$$F = \frac{2 \times T}{P.C.D} = \frac{2 \times 44762.5}{26.2} = 3417\ \text{kg}$$

$$\theta = \tan^{-1}\frac{15}{26.2\pi} = 10.3°$$

$$\sigma_C = \frac{P}{A} = \frac{601}{\frac{1}{4} \times \pi \times 8.5^2} = 10.6\ \text{kg/cm}^2 < 30\ \text{kg/cm}^2$$

3) Torsional Stress

$$Z = \frac{16T}{\pi d^3} = \frac{16 \times 44762.5}{\pi (8.5)^3} = 371.2\ \text{kg/cm}^2$$

4) 상당 휨 응력

$$\sigma_e = (\sigma_b + \sigma_c)^2 + 4Z^2$$

$$= (137 + 10.6)^2 + 4(371.2)^2$$

$$= 757\ \text{kg/cm}^2 < 1230\ \text{kg/cm}^2 (\text{SM45C}) \quad \text{OK}$$

(5) Shear Pin 설계

감속기 출력 Torque

$$T_R = \frac{716.2 \times 10}{\frac{1750}{60}} = 245.5\ \text{kg} \cdot \text{m} < 301\ \text{kg} \cdot \text{m}$$

∴ Shear Pin에 적용되는 Torque는 감속기 출력 Torque의 80%인 240 kg·m 로 설계한다.

1) Shear Pin

- 재질 : SS41
- 인장강도 : 41 kg/m^2
- 전단강도 : 인장강도의 70%(28.7 kg/m^2)
- R : 80 mm
- 수량 : 2EA

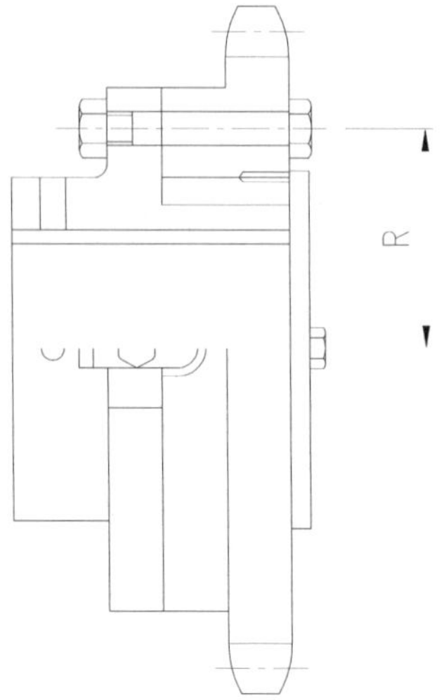

2) Shear Pin직경(d)

$$F_1 = \frac{\pi d^2}{4} \times \tau \times 2 \text{에서}$$

$$F = \frac{T}{R} = \frac{24000}{8} = 3000\ \text{kgf}$$

$$\therefore\ d = \sqrt{\frac{4 \times F}{\pi \times \tau \times 2}} = \sqrt{\frac{4 \times 3000}{\pi \times 28.7 \times 2}} = 8.15\ \text{mm} \fallingdotseq 8.2\ \text{mm}$$

d : Shear Pin 지름(mm)
T : 감속기 적용 Torque(kgf/mm)
R : Shear Pin에서 Motor Center까지의 거리(mm)
F : Shear Pin에 작용하는 힘(kgf)

(6) 구동용 롤러 체인의 설계

- 전동기 회전수 $N_m = 1750$ rpm
- 감속기의 토출 측의 회전수 $N_R = 1750/60 = 29.17$ rpm
- 구동부 Sprocket의 잇수 $Z_1 = 19$ EA P.C.D=231.48 mm
- 종동축 Sprocket의 잇수 $Z_2 = 35$ EA P.C.D=425.04 mm
- 체인의 평균 파단 강도 RS 120일 때 15600 kg
- 롤러 체인의 속도 : $V_r = N \times (PCD)_p \times \pi = 29.17 \times 0.231 \times 3.14 = 21.16$ m/min
- RS 롤러 체인에 작용하는 장력

$$T_r = \frac{N_m \times 6120 \times 0.81}{V_r} = \frac{7.5 \times 6120 \times 0.81}{21.16} = 1757\ \mathrm{kg}$$

• 롤러 체인의 안전율 : $S_f = \frac{15600}{1757} = 8.88$

4. 제작 설치

협잡물 스크루프레스의 받침대는 스크루프레스의 구동부와 본체를 그림 19.1과 같이 조립할 수 있는 구조로 그림 19.2와 같이 제작하였으며 제작 시 주의 할 사항은 스크루에 큰 힘이 작용되어 좌우로 밀릴 수 있으므로 받침대가 틀어지지 않도록 튼튼하게 제작되어야 한다. 또 구동부에도 큰 힘이 작용됨으로 그림 19.2의 상세도와 같이 감속기를 밀어 조정할 수 있는 볼트 설비를 하는 것이 좋다.

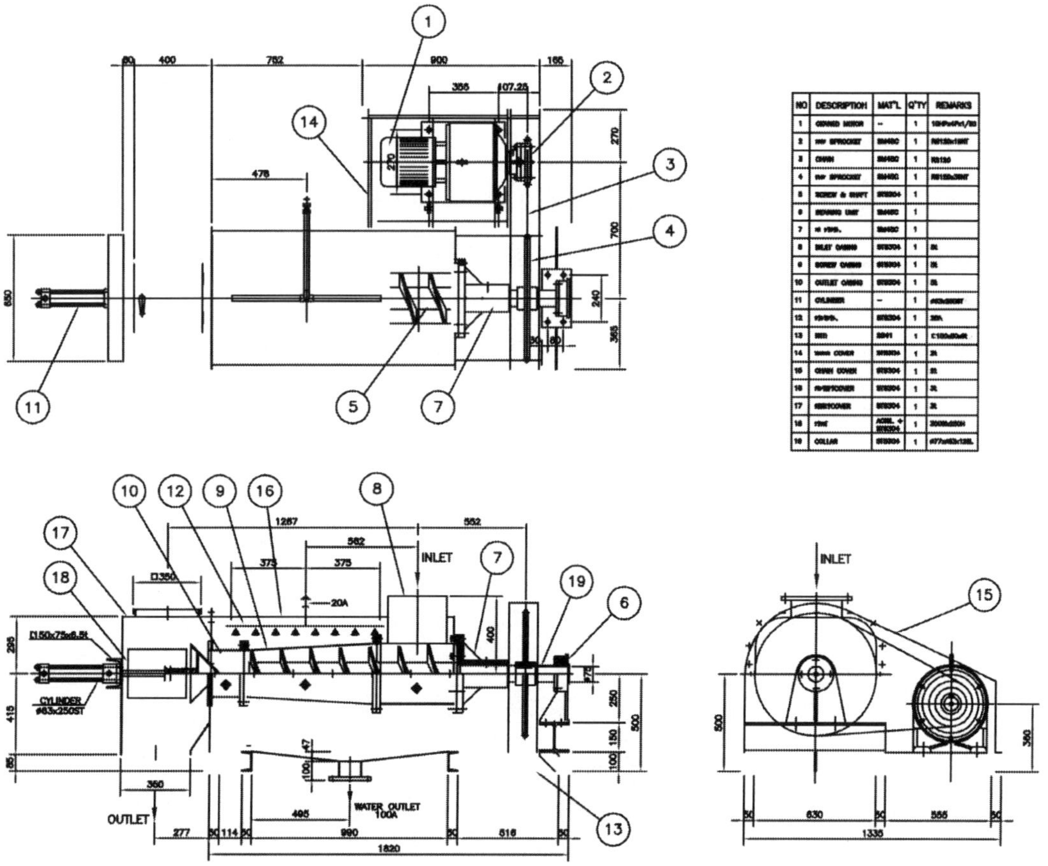

그림 19.1 협잡물 스크류 프레스

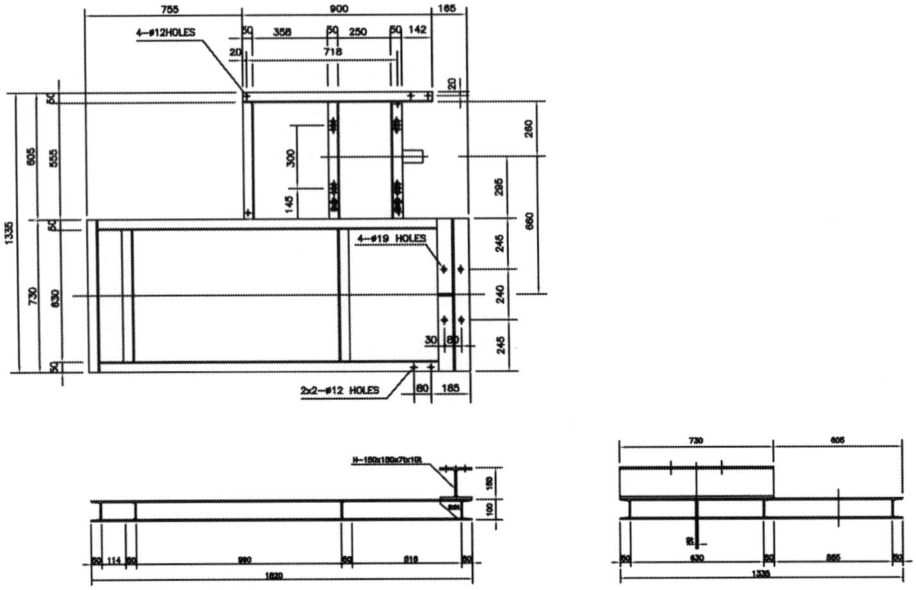

그림 19.2 받침대

(2) 스크루 프레스

스크루는 협잡물 유입부에서부터 유출부까지 체적이 줄어들 수 있도록 테이퍼를 제작하고 스크루케이싱 (Screw Casing)도 스크루와 같이 테이퍼로 그림 19.3과 같이 제작한다. 스크루는 가동 시 축 방향으로 밀려 나올 수 있으므로 그림에서 보는 바와 같이 베어링 부분에 단을 주어 스크루가 축 방향으로 밀려나오지 않도록 한다. 반대로 스크루 케이싱은 축 반대 방향으로 밀려 나올 수 있으므로 받침대에 견고히 고정 시킬 수 있도록 제작해야 한다.

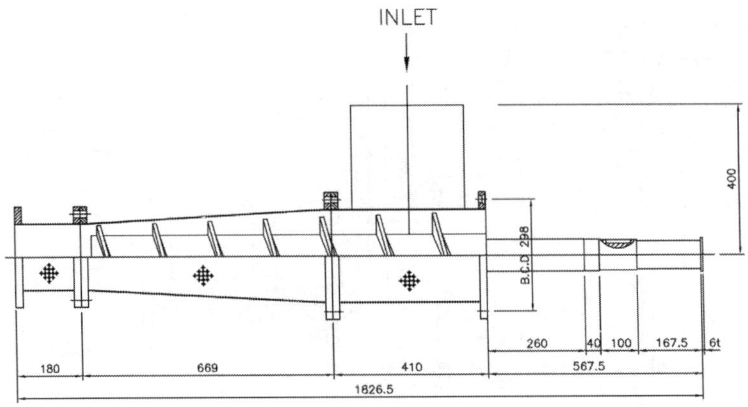

그림 19.3 스크루 및 케이싱

(3) 외부 케이싱(Casing)

외부케이싱은 탈수된 물이 외부로 유출되지 않도록 하는 구조로 하부케이싱은 탈수된 물을 받고 유출시킬 수 있도록 하여야한다. 그림 19.4는 하부케이싱을 받침대에 조립하는 제작도이다.

상부 케이싱은 하부 케이싱에 조립하는 구조로 그림 19.5와 같이 제작되어야하고 스크루 케이싱을 청소할 수 있는 살수장치를 구비하여야 한다. 상부케이싱을 하부 케이싱에 조립할 때에는 누수가 생기지 않도록 패킹을 넣고 조립해야한다.

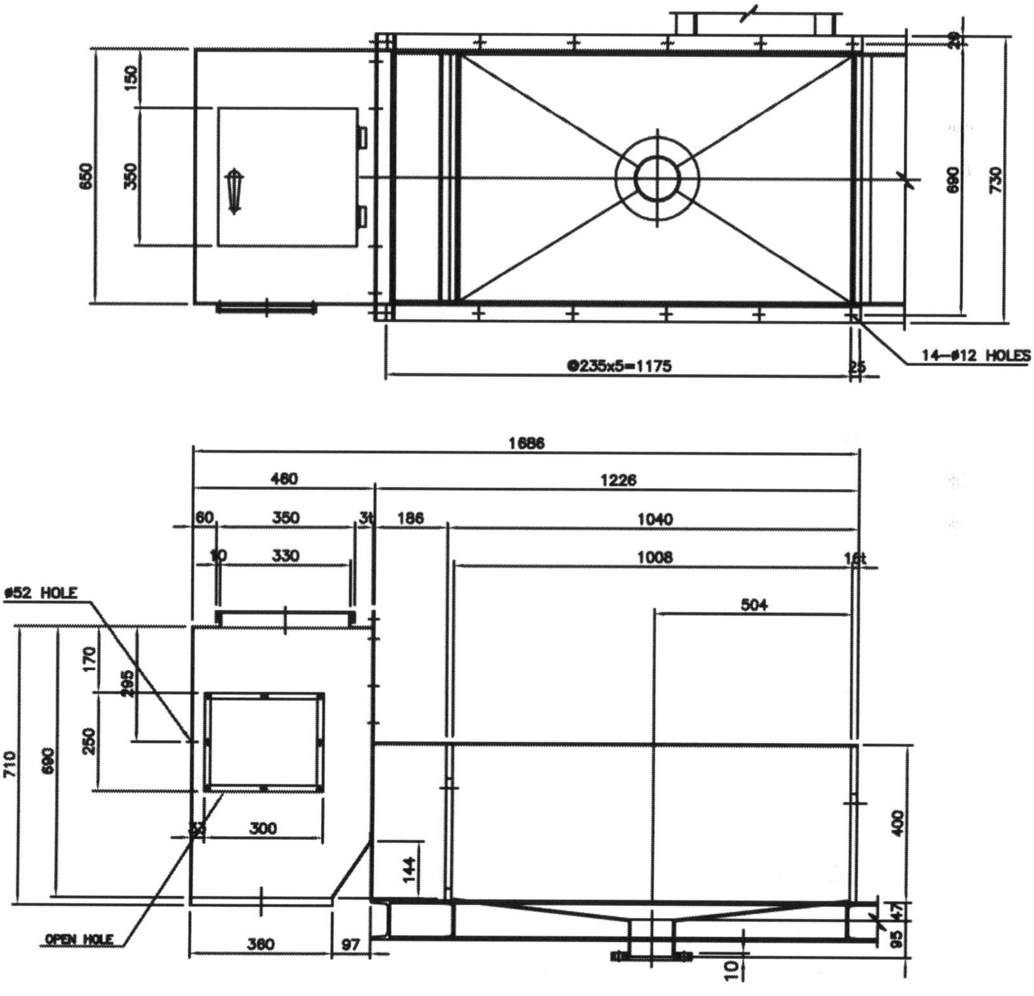

그림 19.4 하부케이싱

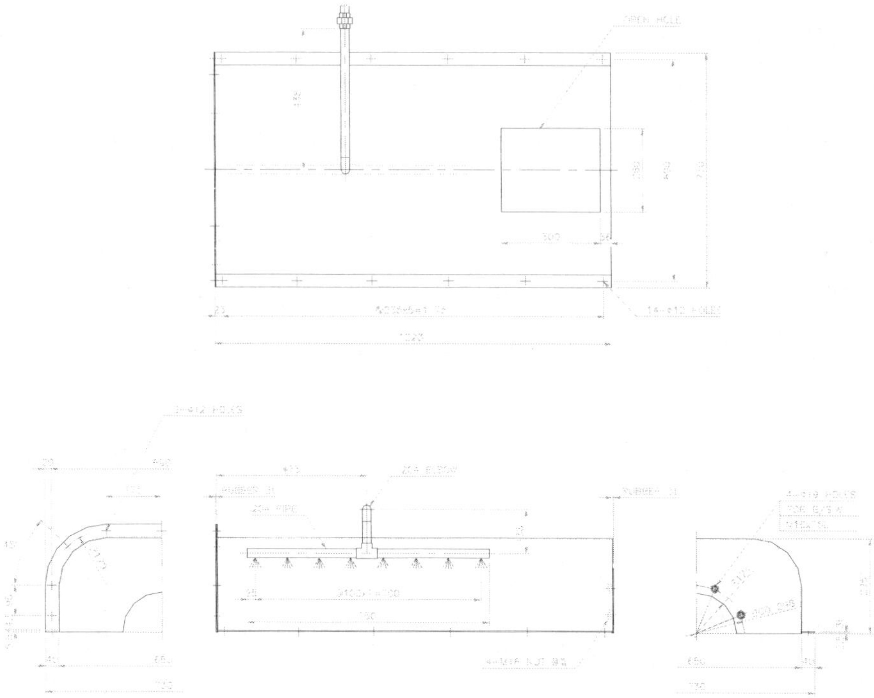

그림 19.5 상부 케이싱

(4) 스프로켓 및 봉수장치

구동 스프로켓은 그림 19.6과 같이 안전장치(Shear Pin)를 설치하여 스크루프레스에 무리한 힘이 걸리지 않도록 한다.

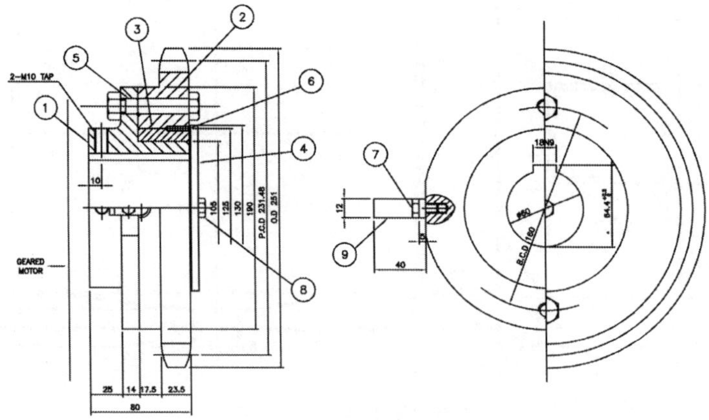

그림 19.6 구동 스프로켓

종동 스프로켓은 그림 **19.7**과 같이 제작하고 스프로켓이 빠지지 않도록 스프로켓 보스(Sprocket Boss)에 태핑(Tapping)을 하여 세트 스크루(Set Screw)를 채운다. 봉수장치는 스크루 프레스 축에 끼워 봉수 시키는 장치로 오일 씰(Oil Seal)을 채우고 오일리스 베어링(Oilless Bearing)을 끼워 누수를 방지하고 큰 힘에도 무리 없이 스크루를 회전시킬 수 있도록 하였다.

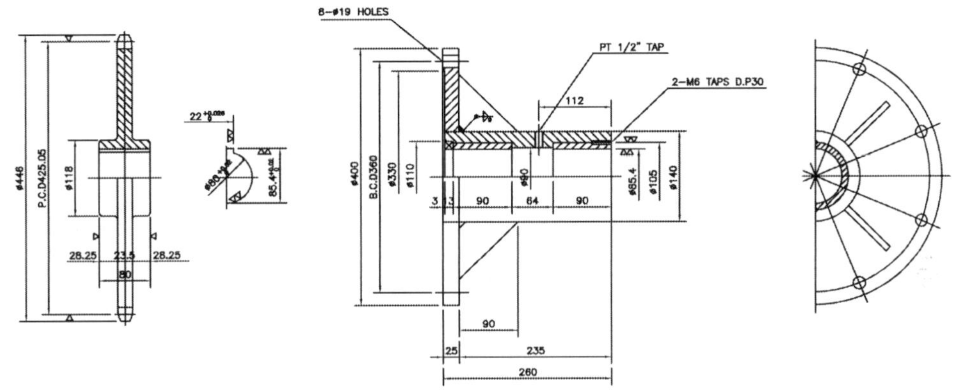

그림 19.7 종동 스프로켓 및 봉수장치

(5) 베어링 유닛(Bearing Unit)

베어링 유닛(Bearing Unit)는 스크루 축 끝단에 설치되며 스크루가 밀려나오는 것을 방지하기 위해 그림 **19.8**과 같이 칼라(Collar)를 끼우고 테이퍼베어링(Taper Bearing)을 채워 큰 힘에 견딜 수 있도록 하였다. 그림 **19.9**는 베어링 유닛의 부품도이다.

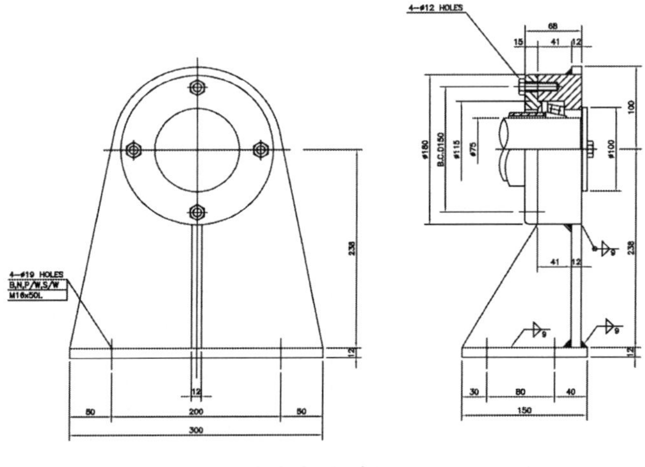

그림 19.8 베어링 유닛(Bearing Unit)

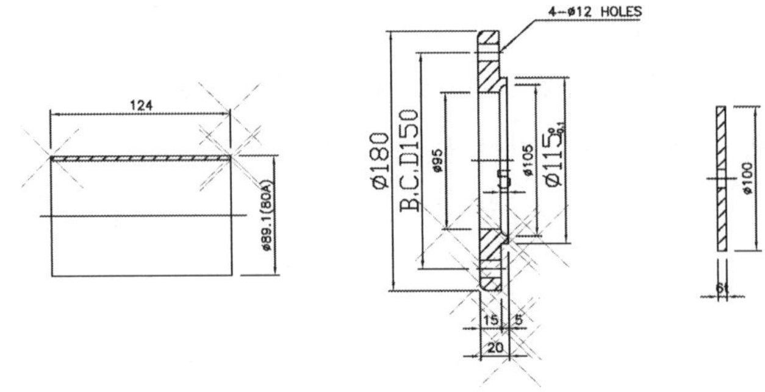

그림 19.9 베어링 유닛 부품도

(6) 실린더(Cylinder) 및 원추

실린더는 스크루프레스에서 협잡물이 탈수되지 않고 나오는 것을 방지하기위해 그림 19.10과 같이 원추형으로 만들고 뒤에 축을 부착하여 협잡물 출구에 원추를 유압 실린더를 밀어 밀면 협잡물은 스크루프레스 내에서 더 압축이 되어 함수율을 적게 할 수 있다. 스크루가 더 돌아 내부 압력이 높아지면 원추가 뒤로 밀려나면서 탈수된 협잡물이 빠져나오게 된다. 그림 19.11은 원추의 부품도이다.

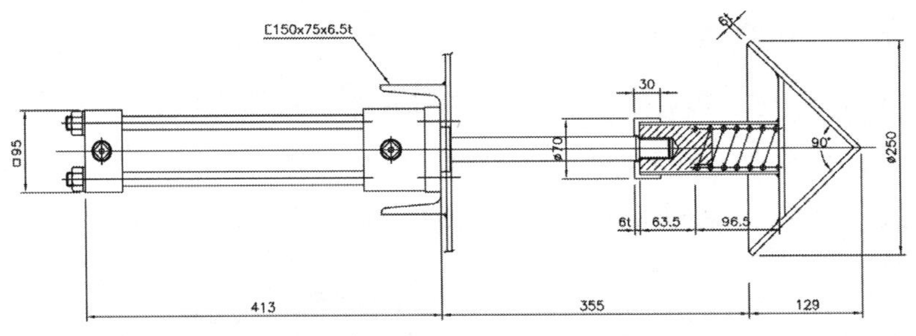

그림 19.10 실린더(Cylinder) 및 원추

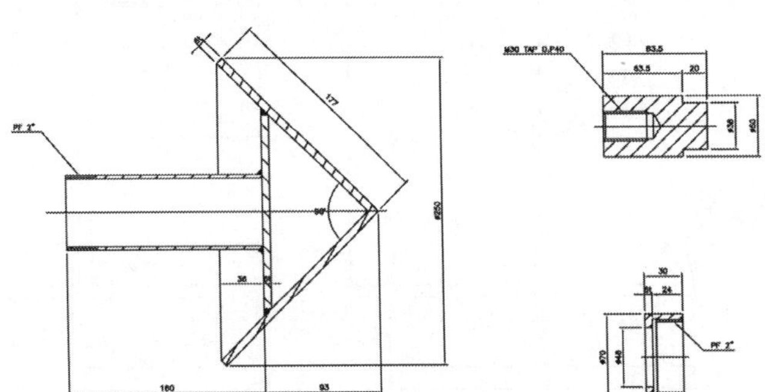

그림 19.11 원추 부품도

(7) 구동부 커버(Cover) 및 체인커버(Chain Cover)

구동부 커버는 구동부에 알맞게 적당한 크기로 만들어야 하나 그림 19.12와 같이 규격판을 사용할 수 있도록 설계하여야 쉽게 경제적으로 제작할 수 있다. 항상 제품의 규격을 생각해서 설계를 해야 원가를 줄일 수 있다.

그림 19.13은 체인커버(Chain Cover) 제작도이다.

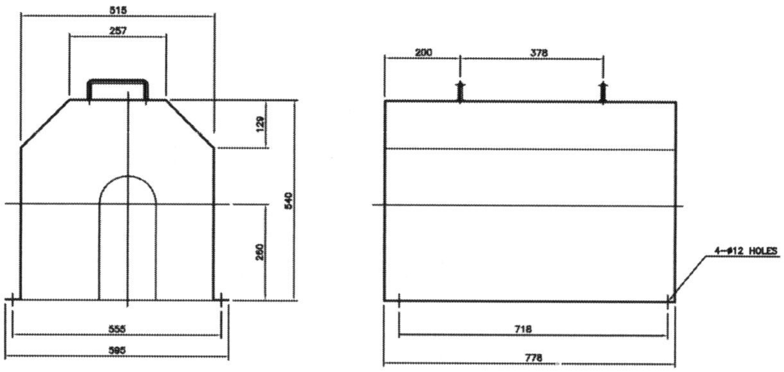

그림 19.12 구동부 커버(Cover)

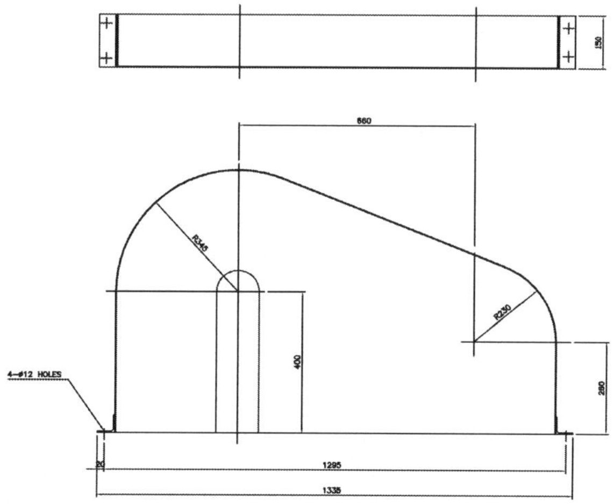

그림 19.13 체인 커버(Chain Cover)

(8) 유압 회로도

유압회로도는 그림 19.10의 실린더를 동작시키기 위한 유압 회로도 그람 19.14와 같다.

유압 실린다 $63\phi \times 250\ell$을 사용하였다.

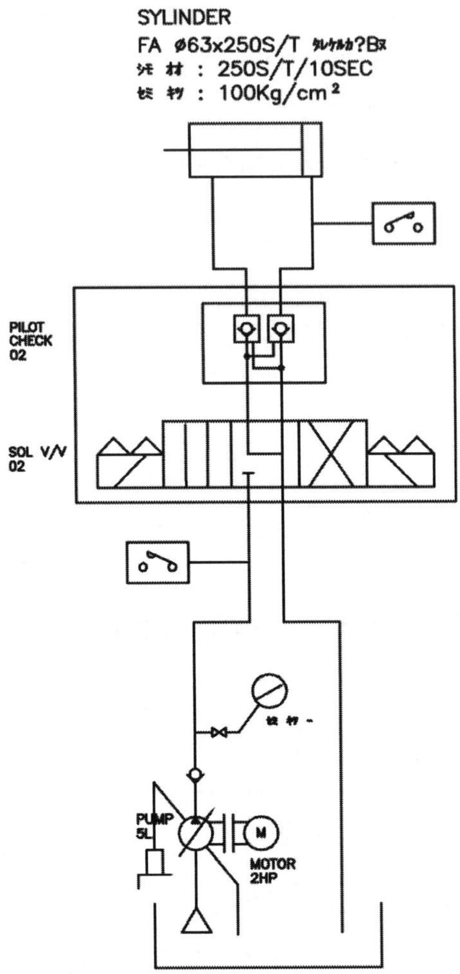

그림 19.14 유압회로도

질문 1 스크루 축이 뒤로 밀릴 수 있는가?

협잡물을 스크루 축으로 그림 19.1에서 보는바와 같이 좌측방향으로 밀어 탈수를 시킴으로 많은 힘을 협잡물에 가할수록 스크루는 우측방향으로 밀리는 같은 힘이 작용된다. 따라서 베어링과 베어링 유닛은 축 방향으로 큰 힘이 견딜 수 있도록 설계해야 하고 베어링 받침과 스크린 받침도 튼튼하게 하여 좌우로 밀리지 않도록 해야 한다.

제20장

협잡물 호퍼

1. 설계 사양서

(1) 설치위치 : 침사지 유입부 지상

(2) 기능 : 협잡물 스킵 호이스트로 인양된 협잡물을 반출시 까지 일시 저장하기도 함

(3) 설계조건

구 분	M-112	IM-112
형 식	유압 실린더 개폐식 게이트 부착 사각형 호퍼	
수 량	1대	1대
운전방식	현장 제어반에서의 수동스위치 조작 운전 및 무인 자동운전	
용 량	10 m^3	5 m^3
전동기	380V, ϕ3, 60 HZ, 5.5 kW 이상 옥외용	

(4) 구조 및 재질

1) 호퍼는 저장탱크, 지지프레임, 계단 및 보도, 개폐용 게이트, 유압실린더(Hydraulic Cylinder) 및 제어장치로 구성된다.

2) 저장탱크와 지지 프레임은 형강과 최소 9 mm 두께의 강판으로 용접하여 제작하고 작동시 발생할 수 있는 모든 하중과 조립 제작 시 발생하는 추가 하중에 충분히 견딜 수 있도록 제작한다.

3) 유지관리용 계단과 보도가 있어야 하고 250 kg/m^2의 활하중을 지탱할 수 있어야 하며, 바닥은 4.5 mm 무늬강판으로 제작하고 규정된 높이의 안전용 난간을 설치하며, 개폐게이트는 강판을 용접하여 제작하고 유압실린더에 의해 유연하게 개폐된다.

4) 계단과 보도는 용융아연도 무늬강판을 사용하고, 설치 높이에 적합한 충분한 높이의 보호난간을 구비한다.

5) 호퍼는 로드 셀형 중량 검출기에 의해 중량의 지시가 가능하도록 하고, 호퍼 1대당 4개의 검출단자와 계기판(V/1 변화전송기, 지시계, 상하한 발신 장치)을 갖추어야 한다. 호퍼의 하부는 예상되는 대형 반출차량의 진입에 지장이 없도록 높게 하고 이동식 물받이와 배수관을 설치한다.

6) 협잡물을 배출시 호퍼출구 게이트가 완전히 열려 협잡물의 유출이 용이하도록 하며, 동

절기에 동결방지를 위해 전열보온 설비를 하고 단열재로 피복한 후 칼라강판 또는 아연도 함석으로 보호한다.

7) 유압실린더는 기름 탱크, 유압모터, 유압 및 유량 제어변, 솔레노이드 배관 등으로 된 유압장치에 의하여 호퍼 개폐문을 원활하게 개폐할 수 있는 용량 및 구조로 한다.
8) 호파 조작의 편의를 위해 제어반은 호퍼 옆에 설치되며 옥외용으로 단독 설치한다. 제어반 및 관련 배선은 공사 감독관의 승인에 따라 관계 규정에 적합하게 제작하며 수동조작 및 자동조작에 따른 모든 관련 부품 및 배선을 설치한다.
9) 유압장치도 동절기 보온장치를 한다.
10) 유압배관은 특히 누설이 없어야 하고 기름 탱크는 수분의 유입이 방지되는 구조라야 한다.
11) 호퍼게이트의 힌지용 핀은 STS 304로 하고 힌지 부분에는 오일리스베어링을 사용한다.
12) 호퍼 설치용 기초는 기계 제작자가 공급, 시공한다.

(5) 사용 재료

• 본체, 가대　　　SS41
• 계단, 보도　　　용융 아연도 무늬강판
• 배수관, 물받이　　STS304

2. 설계 계산서

(1) 설계기준

• 형식 : 각형 자립식 유압개폐식
• 수량 : 1대
• 용량 : 10 m^3
• 전동기 : 5.5 kW

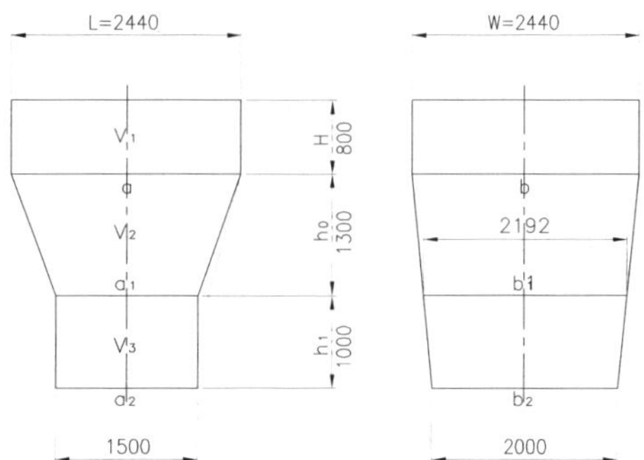

(2) 호퍼 용량

$$V_1 = W \times L \times H = 2.44 \times 2.44 \times 0.8 = 4.76\ \mathrm{m}^3$$

$$V_2 = \frac{h_o}{6}\{a \cdot b + (a + a_1) \cdot (b + b_1) + a_1 \cdot b_1\}$$

$$= \frac{1.3}{6}\{2.44\times2.44+(2.44+1.5)\times(2.44+2.192)+1.5\times2.192\}=5.96\text{ m}^3$$

$$V_3=\frac{h_1}{6}\{a_1\cdot b_1+(a_1+a_2)\cdot(b_1+b_2)+a_2\cdot b_2\}$$

$$=\frac{1}{6}\{1.5\times2.192+(1.5+1.5)\times(2.192+2)+1.5\times2\}=3.14\text{ m}^3$$

$$V=V_1+V_2+V_3=4.76+5.96+3.14=13.86\text{ m}^3<10\text{ m}^3\quad\text{O.K}$$

(3) 게이트 힌지용 Pin 설계

1) 수분 중량=10 m^3×0.25×1=2500 kg
2) 협잡물 중량=10 m^3×0.75×0.8=6000 kg
3) 게이트 중량=313.957 kg
4) Total 중량 8814≒9000 kg

※ 4개의 힌지부에서 Pin이 지지하므로

P=9000 kg÷4=2250 kg/EA

5) Pin의 직경

전단응력 $\tau=\dfrac{P}{A}$에서

$$A=\frac{P}{\tau}=\frac{\pi}{4}d^2$$

$$d=\sqrt{\frac{4P}{\tau\pi}}=\sqrt{\frac{4\times2250}{1200\times\pi}}=1.55\text{ cm}=15.5\text{ mm}<\phi45\quad\text{OK}$$

P : 하중(2250 kg)

τ : 전단응력(1200 kg/cm^2)

(4) 게이트 바닥 강판의 강도계산

- 게이트 바닥 강판의 길이 L=75c m×2개소=150 cm
- 게이트 철판 두께 T=0.9cm
- 단면적 A=150 cm×0.9 cm=135 cm^3

1) $\tau=\dfrac{W}{A}=\dfrac{9000}{135}=66.67$

연강의 전단응력 $\tau = 1200\ \text{kg/cm}^2$

$66.67\ \text{kg/cm}^2 < 1200\ \text{kg/cm}^2$이므로 게이트 강판두께를 9t로 사용해도 충분하다.

2) 게이트 개폐장치 개폐력

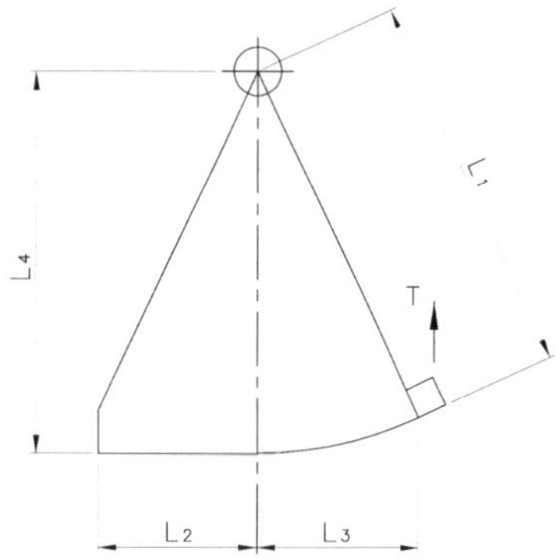

- $\ell_1 = 820\ \text{mm}$
- $\ell_2 = 500\ \text{mm}$
- $\ell_3 = 350\ \text{mm}$
- $\ell_4 = 889\ \text{mm}$

$$T \cdot \ell_1 = \left(\frac{W}{4} \times \frac{\ell_2}{2} + \frac{W}{4}\mu \times \ell_3\right) \times C$$

$$T = \left(\frac{W}{4} \times \frac{\ell_2}{2} + \frac{W}{4}\mu \times \ell_3\right) \times \frac{C}{\ell_1}$$

$$= \left(\frac{7440}{4} \times 50 \times 2 + \frac{7440}{4} \cdot 0.4 \times 35\right) \times \frac{1.2}{82}$$

$$= 1061.6\ \text{kg}$$

∴ Cylinder : 1500 kg로 결정

T : Cylinder 필요 추력(kg)

W : 게이트에 걸리는 저장물의 중량(1.5×2.0×3.0×0.8=7.44 Ton)

μ : 마찰계수(0.4)

C : 안전율(1.2)

(5) Cylinder 설계

1) Cylinder

- 개폐 Stroke : 700 mm
- 최고 사용압력 : $140\ \text{kg/m}^2$
- 출력(T) : 1500 kg 이상

이상의 조건으로 Cylinder 내경 125 mm, 로드 경 70 mm로 결정

① 유압실린더 로드 축 면적 : $A(\text{cm}^2)$

$$A = \frac{\pi}{A} \times (12.5^2 - 7^2) = 84.24\ \text{cm}^2$$

② 실린더 부 유압 : P

$$P=\frac{T}{A}=\frac{1500}{84.24}=17.8\ \mathrm{kg/cm^2}\ \text{이상}$$

$\therefore$ 17.8 < 140 kg/cm²(사용펌프) O.K

2) Cylinder Rod의 좌굴하중과 연신율

- Rod 길이(L) : 88cm
- Rod 직경(d) : 7cm

① 좌굴하중(P_{cr})

$$P_{cr}=\mu\times\frac{\pi\times E\times I}{L^2}=4\times\frac{\pi\times 2.1\times 10^6\times 117.85}{88^2}=401599\ \mathrm{kg}$$

μ : 좌굴계수

E : 탄성계수(2.1×106 kg/m²)

I : Rod 단면 2차 Moment

$$=\frac{\pi d^4}{64}=\frac{\pi\times 7^4}{64}=117.85\ \mathrm{cm^4}$$

② 안전율(S_f)

$$S_f=\frac{401599}{9000}=44.6>6\quad \mathrm{OK}$$

3) 유량 산출(Q)

$$Q=\frac{q\times N}{1000}=\frac{12\ \mathrm{cc}\times 1750}{1000}=21\ \ell/\mathrm{min}$$

q : 1회전 당 Pump 용량(cc)

N : 분당 Motor 회전수(rpm)

4) 소요동력(N) : kW

$$N=\frac{P\times Q}{612}=\frac{17.8\times 21}{612}=0.61\ \mathrm{kW}<5.5\ \mathrm{kW}\ \text{사용}\quad \mathrm{OK}$$

(6) 철 구조물 강도계산

1) Hopper Total Weight(W_T)

$$W_T = \text{Hopper자중} + \text{협잡물중량}$$

$$= 2500\ \text{kg} + 8500\ \text{kg} = 11000\ \text{kg}$$

2) Bracket에 걸리는 하중(W_1) : (Bracket – 4EA)

$$W_1 = \frac{W_T}{4} = \frac{11000}{4}\ \text{kg} = 2750\ \text{kg}$$

3) Beam에 걸리는 응력(σ)

$$\sigma = \frac{M}{Z} = \frac{218350}{867} = 251.8\ \text{kg/cm}^2 < 1200\ \text{kg/m}^2$$

$\therefore$ M : Bending Moment

$$M = W_1 \cdot \ell_1 = 2750 \times 79.4 = 218350\ \text{kg} \cdot \text{cm}$$

• Z : H-Beam의 단면계수(H-250×250×9t×14t : 867 cm^3)

• SS41 Allowable Stress : 1200 kg/cm^3

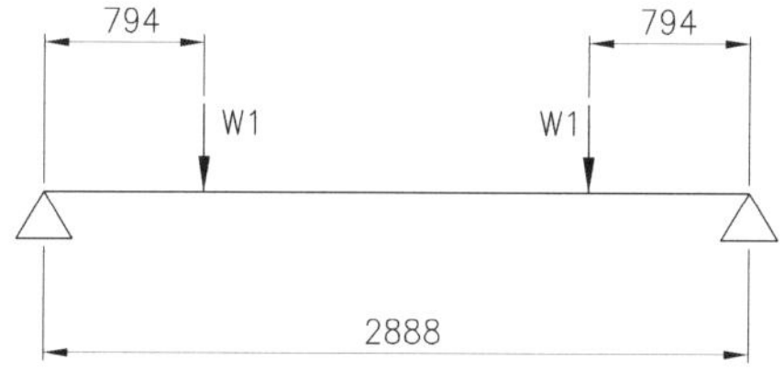

4) 처짐량(δ)

$$\delta = \frac{W_1 \times \ell_1 \times \ell_2}{8EI} = \frac{2750 \times 79.4 \times 288.8^2}{8 \times 2.1 \times 10^6 \times 10800} = 0.1\ \text{cm}$$

$$\frac{\delta}{\ell} = \frac{0.1}{288.8} < \frac{1}{1500} \qquad \text{OK}$$

W_1 : 하중(2750 kg)

ℓ : Column과 Column의 거리

ℓ_1 : Column과 작용하는 하중의 거리(79.4 cm)

E : 철의 탄성계수(2.1×106)

I : 단면2차 Moment (10800 cm^4)

(7) Column에 작용하는 좌굴현상과 그 응력

1) Column 걸리는 총 중량(W_p)

$$W_p = (11000\ kg + 3100\ kg) \times 2 = 28200\ kg$$

2) 1개의 Column에 작용하는 하중(W_2)

$$W_2 = \frac{W_p}{6} = \frac{28200}{6} = 4700\ kg$$

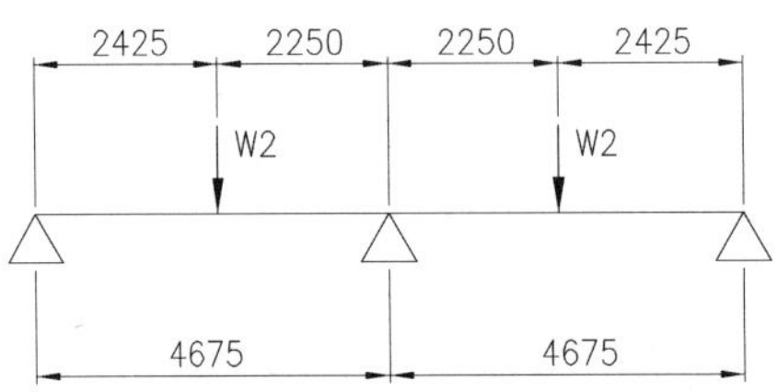

3) Column의 응력(σ_c)

$$M_{max} = \frac{W_2 \times \ell_2}{4} = \frac{4700 \times 242.5}{6} = 284937\ kg \cdot cm$$

$$\sigma_c = \frac{M_{max}}{Z} = \frac{284937}{867} = 328 < 1200\ kg/cm^2 \qquad OK$$

4) Beam의 좌굴현상과 파괴 하중(P)

H-Beam 250×250×9/14 사용할 때

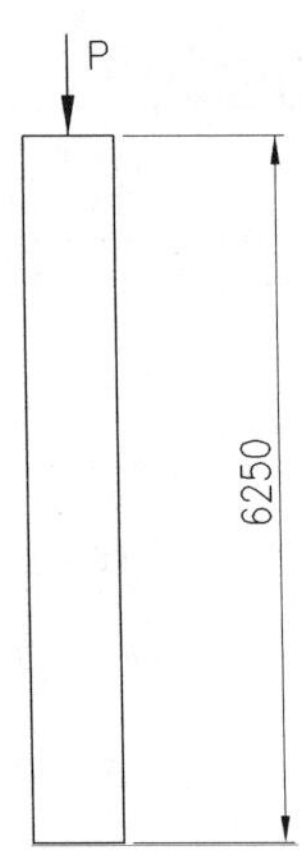

$$K = \frac{1}{A} = \frac{10800}{92.18} = 10.8\ cm$$

$$\lambda = \frac{\ell \times \ell_k}{K} = \frac{625 \times 0.7}{10.8} = 40.5 < 90$$

$$\frac{P_{cr}}{A} = \frac{625 \times 0.7}{1 + \alpha \cdot \dfrac{\lambda}{n}}$$

$$P_{cr} = \frac{3400 \times 92.18}{1 + \frac{\frac{1}{7500} \times 40.5}{\frac{1}{4}}} = \frac{313412}{1.022} = 306905 \text{ kg}$$

안전율 S를 고려하여 안전하중 P_s를 구하면

$$P_s = \frac{306905}{5} = 6138 \text{ kg}$$

그러므로 H-Beam 250×250 Structure 1 EA가 지지하여 줄 수 있는 안전하중은 61381 kg이다.

기기 총중량(Hopper 및 Skip Hoist)이 6000 kg이고, Hopper 내부 용적의 중량이 8500 kg이기 때문에 Support가 받는 총 하중은 14500 kg이 된다. OK

P_{cr} : 좌굴하중(kg)

P_s : 안전하중(kg)

K : 최소 회전 반경(cm)

A : 단면적(cm^2)

η : 단말 조건계수(1/4)

λ :세장비(< 90)

σ : 압축 파괴능력(3400 kg/cm^2)

ℓ : Structure 길이(cm)

ℓ_k : Structure의 상태(일단 고정-일단회전 : 0.7)

α : 상수(1/7500)

I : 단면 2차 모멘트(10800 cm^2)

3. 제작 설치

(1) 협잡물 호퍼 받침대

협잡물 호퍼는 그림 **20.1**과 같이 협잡물을 충분히 저장할 수 있고 차량이 쉽게 드나들 수 있도록 충분한 폭과 높이를 확보해야 한다.

따라서 받침대는 많은 중량에 견딜 수 있도록 그림 **20.2**와 같이 보교를 제작하였으며 호퍼나 컨베이어를 관리할 수 있도록 보교를 설치하여야 한다.

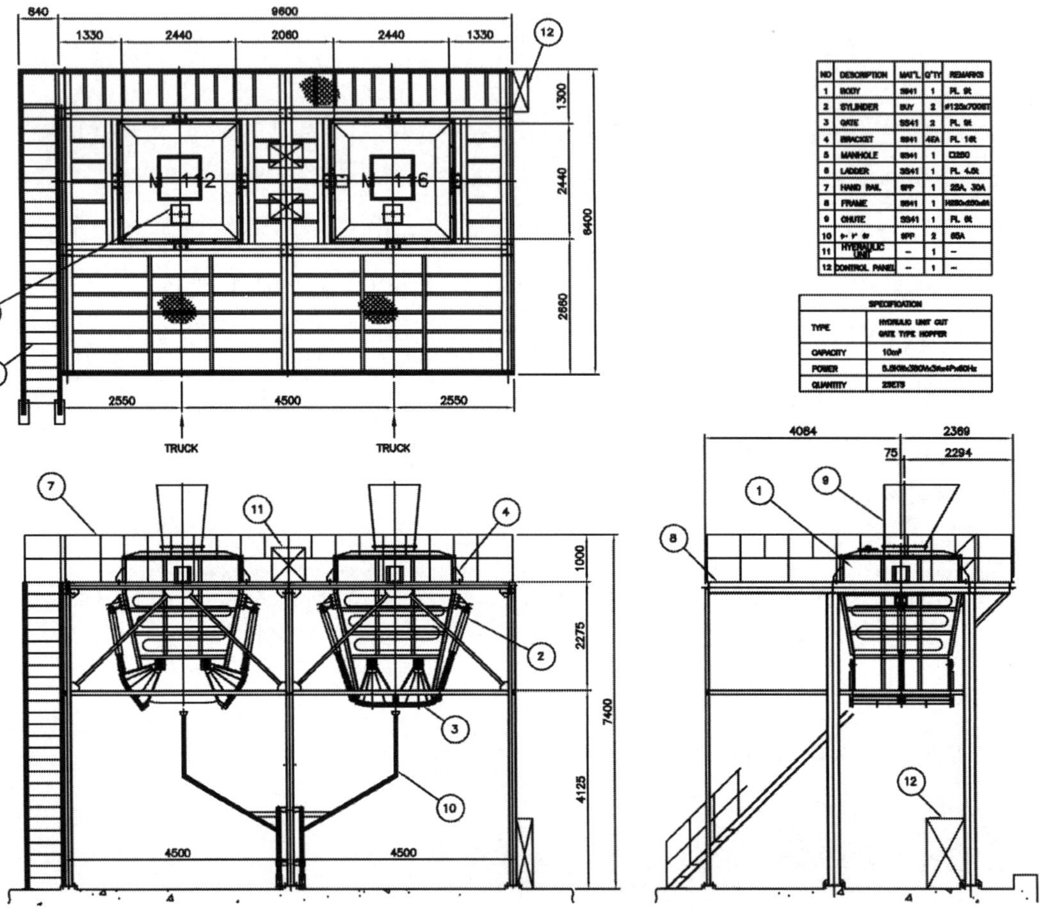
840
9600
1330
2440
2060
2440
1330
1300
2440
8400
2650
2550
4500
2550
TRUCK
TRUCK
1000
2275
7400
4125
4500
4500
4064
2369
75
2294
NO
DESCRIPTION
MAT'L
Q'TY
REMARKS
BODY
GATE
MANHOLE
LADDER
FRAME
CHUTE
CONTROL PANEL
SPECIFICATION
TYPE
CAPACITY
POWER
QUANTITY

그림 20.1 협잡물 호퍼

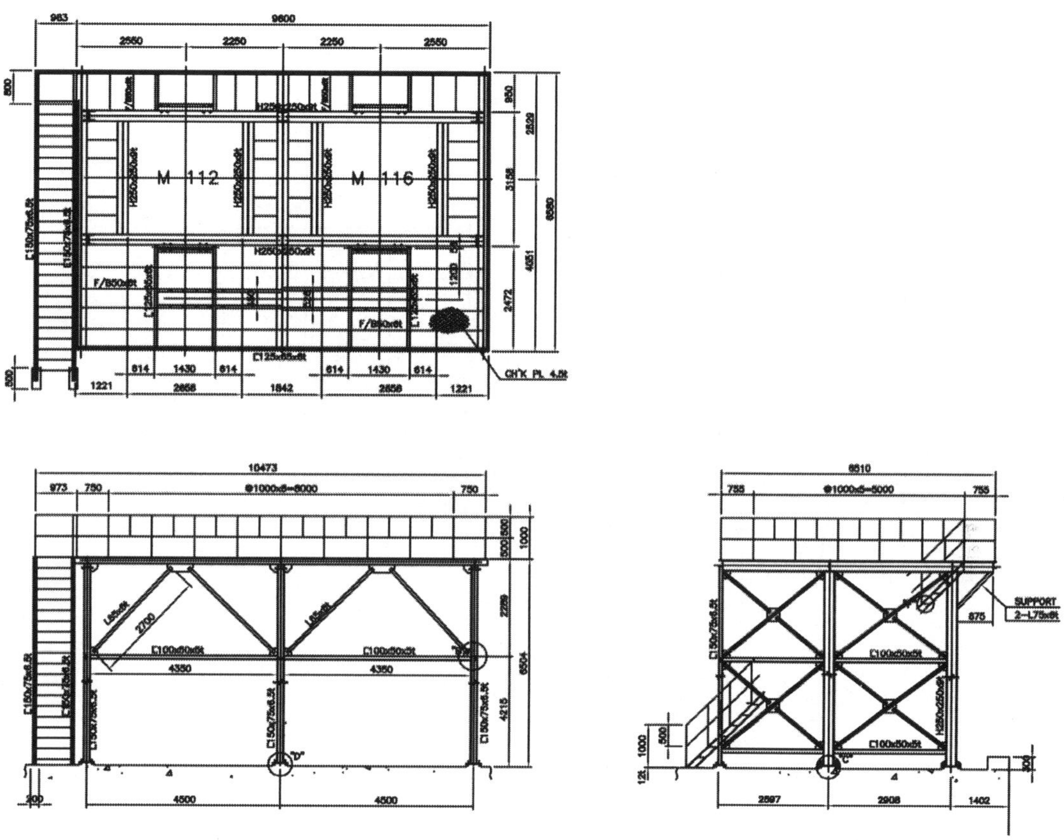

그림 20.2 받침대

(2) 호퍼(Hopper)

호퍼는 그림 20.3과 같이 많은 협잡물을 저장할 수 있도록 제작하고 호퍼 옆판이 내용물 무게에 의해 벌어지지 않도록 형강으로 보강을 하여야 한다.

겨울에 협잡물이 얼지 않도록 전기 열선을 배선하고 호퍼를 보온해야 한다.

호퍼 상부에는 커버를 덮고 협잡물리 쉽게 유입될 수 있도록 그림 20.4와 같이 슈트(Shute)를 설치한다.

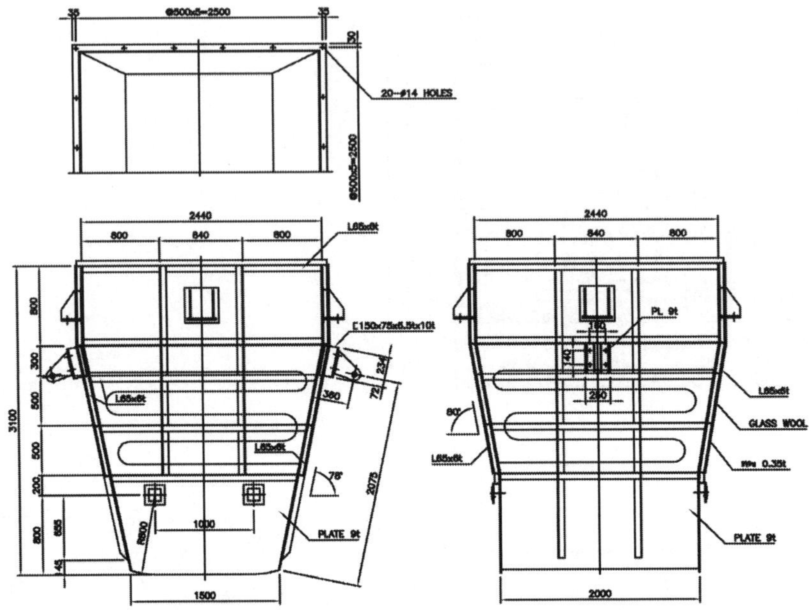

그림 20.3 호퍼(Hopper)

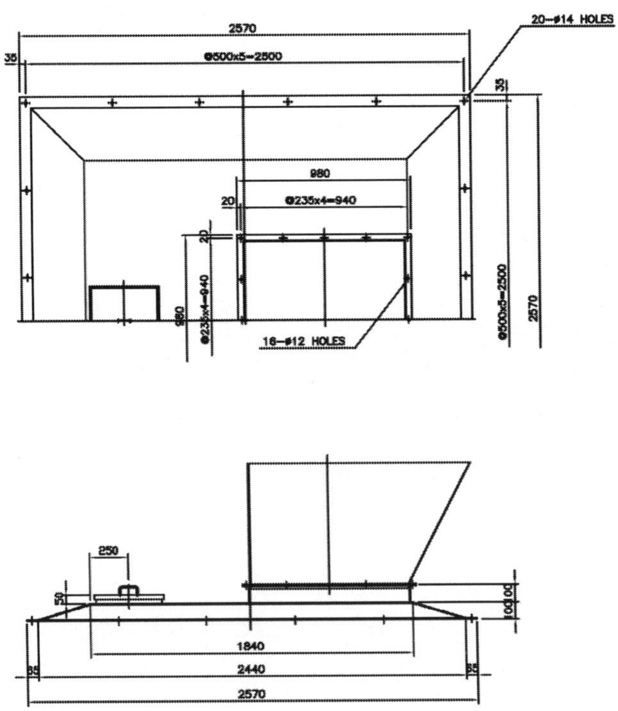

그림 20.4 호퍼 커버 및 슈트(Shute)

(3) 호퍼 게이트(Hopper Gate)

호퍼게이트에는 많은 중량을 받고 있는 상태에서 게이트를 열고 닫아야 하므로 튼튼하게 제작하지 않으면 게이트가 틀어져 개폐가 잘되지 않을 수 있으므로 주의해서 설계해야한다.

그림 20.5와 같이 게이트에 보강을 대어 게이트를 튼튼하게 하고 게이트와 게이트가 만나는 부분에는 상세도 "A"처럼 제작하여 내용물이 새지 않도록 한다. 그림 20.6은 게이트를 열고 닫고 하는 유압실린더 조립할 때 필요한 힌지(Hinge)부착하고자하는 곳이 약하면 보강판을 대고 부착한다. 힌지(Hinge) 부착지점 선정은 유압실린더 축을 당겼을 때는 게이트가 최대한 열렸을 때를 가정하여 선정하고 유압실린더 축을 최대한 밀었을 때에는 게이트가 완전히 잠겼을 때를 가정하여 선정하여야 한다. 유압실린더는 당기고 미는 힘이 매우 큼으로 게이트의 닫히고 열린 상태와 유압실린더 위치가 알맞지 않으면 게이트가 더 열리고 닫힐 수도 있으며 닫고 열리는 동작의 한계가 지나치면 힌지(Hinge)부착 부분이나 게이트에 변형이 일어날 수 있다.

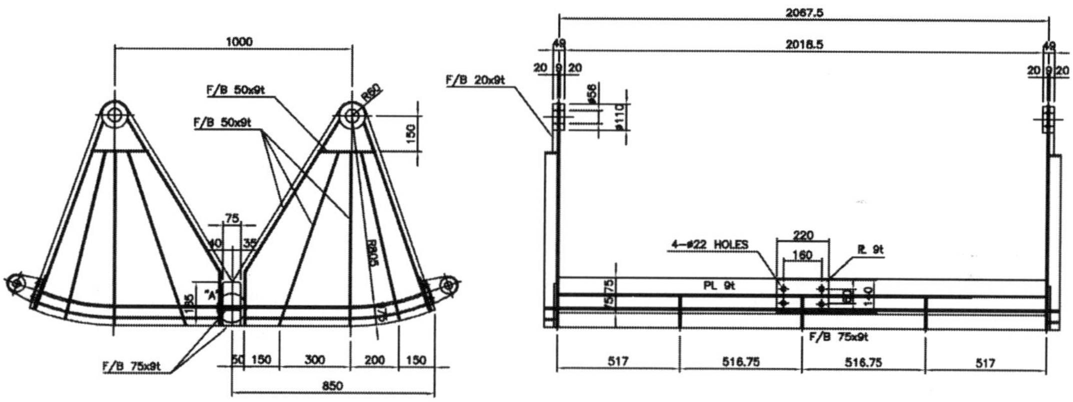

그림 20.5 게이트(Gate)

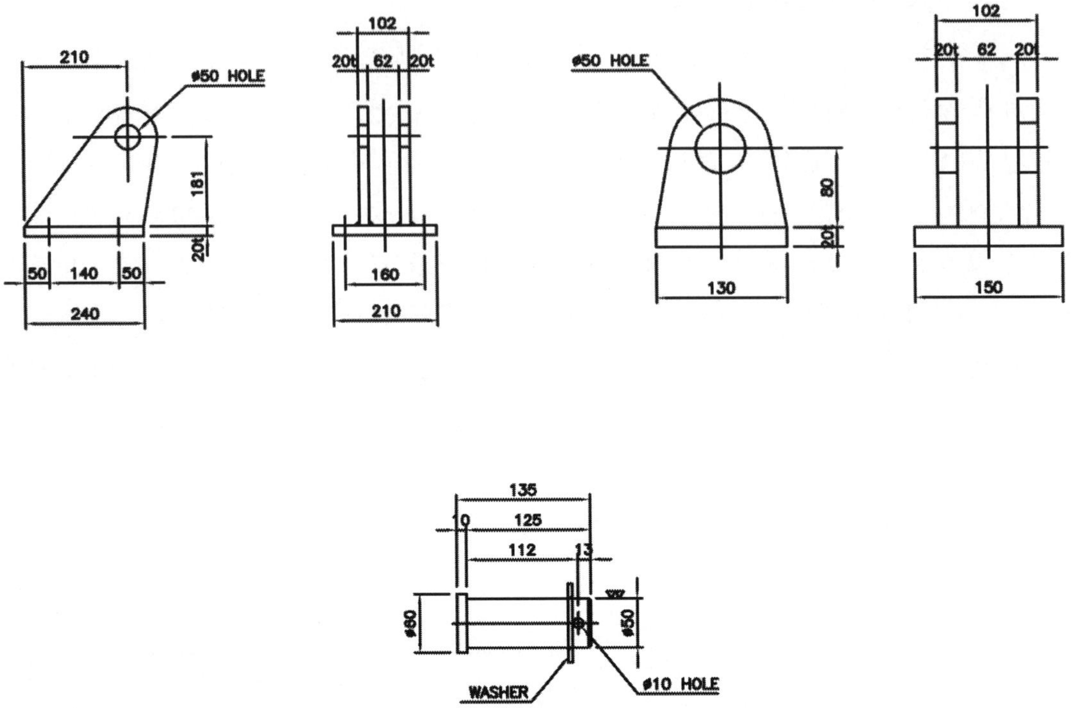

그림 20.6 힌지(Hinge)

(4) 물받이

호퍼게이트(Hopper Gate)하단에는 물이 떨어져 바닥이 지저분해질 수가 있으므로 그림 20.7과 같이 물받이를 만들어 떨어지는 물을 받아 하수구를 보낼 수 있도록 한다. 차량 진입시에는 물받이를 옆으로 회전시켜 지장이 없도록 설계 제작하여야한다. 그림 20.8은 물받이 브래킷(Bracket) 상세도이다.

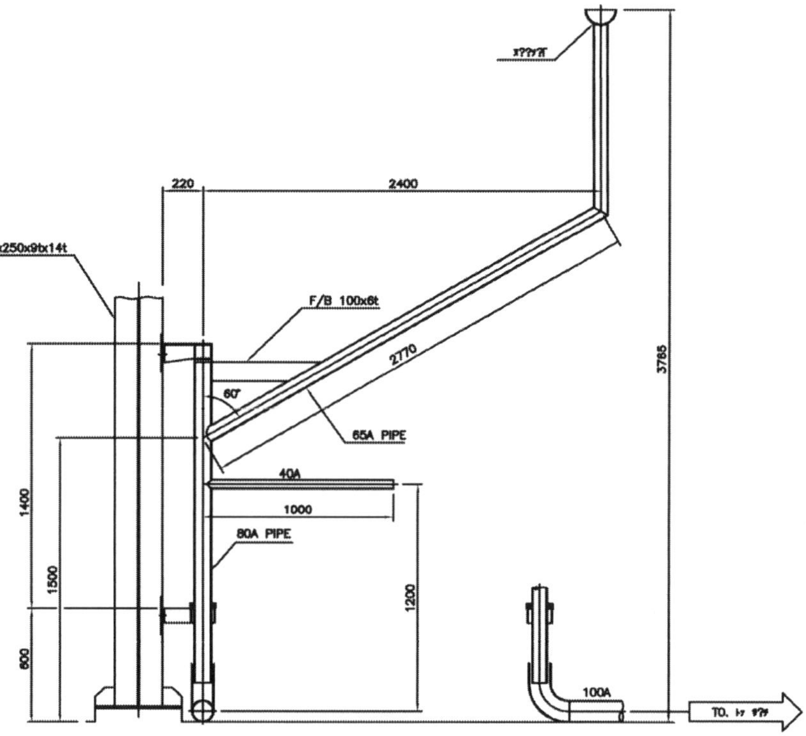

그림 20.7 물받이

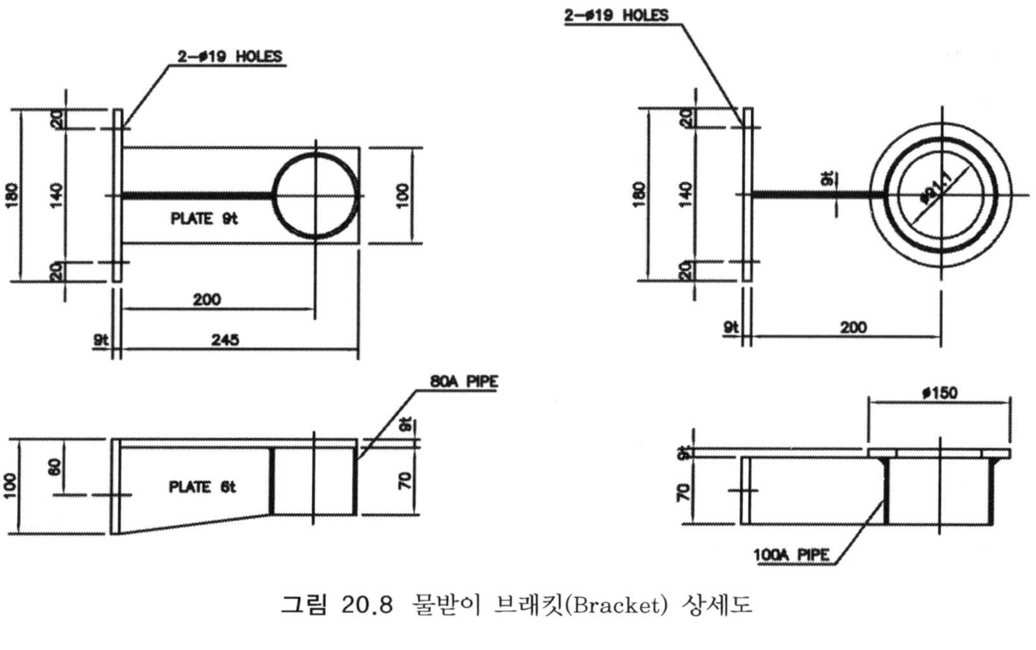

그림 20.8 물받이 브래킷(Bracket) 상세도

(5) 호퍼 브래킷(Hopper Bracket)

호퍼 브래킷은 받침대위에 설치하여 조립할 수 있도록 제작한다. 그림 20.9의 브래킷(Bracket) 도면은 브래킷과 보 사이에 중량 검출기(Load Cell)가 들어가는 도면으로 중량 검출기에 알맞게 설계하여야 한다. 중량 검출기는 무게를 미세 전류로 바꾸는 전자 장비이므로 습기를 차단할 수 있도록 하여 설치하는 것이 좋다. 필요시에는 검출기를 고무나 비닐로 밀봉시켜 사용하는 것이 좋다.

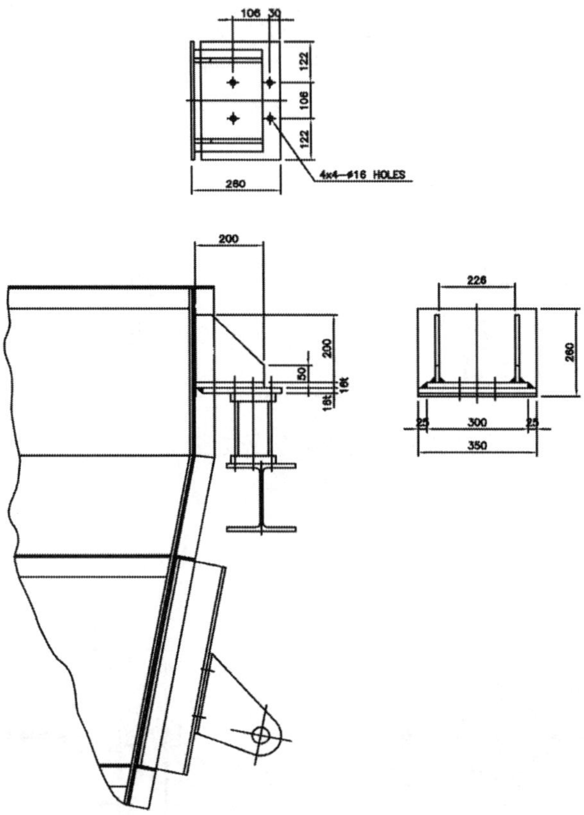

그림 20.9 호퍼 계량부(Hopper Scale)

(6) 유압 회로도

본 유압회로도는 그림 20.10에서 보는바와 같이 2개의 협잡물 호퍼 게이트를 1개의 유압 펌프를 사용하여 조작할 수 있도록 한 유압 회로도이므로 협잡물 호퍼에 따라 변경해야 합니다. 유압실린더는 φ 125×700ℓ 을 사용하여 조작하였습니다.

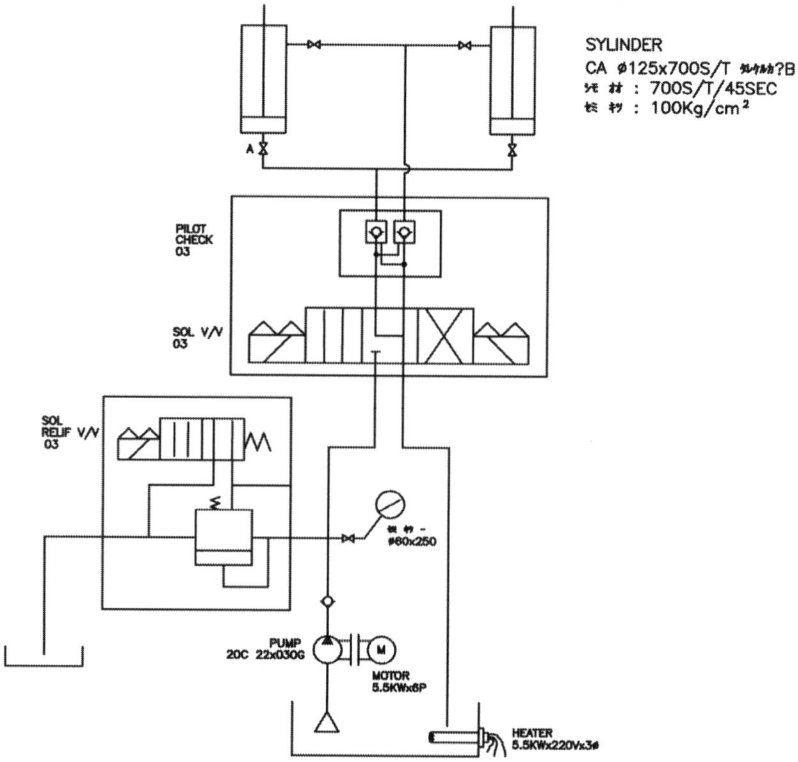

그림 20.10 유압회로도

질문 1 호퍼(Hopper)에 전기 열선과 보온을 하지 않은 경우 어떤 문제점이 있는가요?

우리나라 겨울은 매우 추워 호퍼 안에 있는 내용물이 얼어붙어 협잡물 반출이 불가능합니다. 열선과 보온을 하지 않을 경우에는 협잡물이 얼기 전에 반출 시켜야 합니다. 만약 열선은 하지 않고 보온만 했을 경우에도 협잡물은 서서히 열을 빼앗겨 결국에는 얼어붙게 되므로 열선과 같이 시공해야 합니다.

질문 2 유압실린더가 너무 길게 선정되면 어떤 문제가 발생하는가요?

유압 실린더는 축이 최대로 당겨졌을 때에는 최대로 열려야 하는데 최대로 열렸는데에도 유압실린더가 당겨지면 양 힌지(Hinge)에 큰 힘이 작용하게 되어 힌지를 부착한 면이 벌어지게 됩니다.

특히 게이트가 완전히 잠겼는데에도 유압실린더를 계속 밀게 되면 유압실린더의 미는 힘이 매우커서 힌지(Hinge)가 부착되어 있는 게이트나 호파 면이 우그러들게 됩니다. 따라서 실린더 축을 최대한 밀었을 때에 게이트가 완전히 잠기게 힌지 점을 부착시켜야 합니다.

질문 3 **내용물이 배출이 잘되도록 하려면 어떻게 해야 하나요?**

호퍼내의 내용물은 계속 투입함에 따라 다짐현상이 일어나고 겨울에는 내용물 외측 부분에는 일어 배출이 잘 안될 수도 있습니다. 따라서 호퍼 설계 시 하부 경사도를 줄이고 게이트를 크게 설계하는 것이 배출이 용이합니다. 그러나 게이트가 너무 크면 많은 배출물이 한 번에 너무 많이 빠져나갈 수 있으므로 게이트를 수동 작동하여 조금씩 열면서 배출시키는 것이 좋습니다.

색인(Index)

ㄱ

ㄴ

ㄷ

ㄹ

ㅁ

ㅈ

ㅊ

참고문헌

(1) 사단법인 한국수도협회, 상수도 시설 기준, 정수시설, 1997.
(2) 환경공학(Environmental Engineering), 조영일 외 7명 공역, 동화기술, 1998.
(3) 공업용수처리의 이론과 실제, 김광수, 기전연구사, 1985.
(4) 상수도공학, 김중현, 동명사, 1993.
(5) 하수처리기계계산법, 김석구, 구미기술, 1992.
(6) 대기오염, 노재식 외 3명, 동화기술,1992.
(7) 상수처리, 유명진 조용모 공역, 동화기술, 1995.
(8) 기계설계공학, 유헌일, 동명사, 2000.
(9) 수처리용 수평류 모래여과기 개발, 이정표 석사 논문.

저자약력

이정표
한국산업기술대학원 기계공학 석사
환경기사(수질분야) 1급(1985)
수처리용 수평류모래여과기개발(학위논문)
대명산업 대표(1986. 5.~1989. 11.)
현 (주)성보기전 대표이사(1989. 11.~현재)
현 한국사진작가협회 회원

수처리 기기의 설계

초판 발행 2011년 4월 26일
1판 2쇄 2022년 8월 19일

지은이 이정표
펴낸이 최국주
펴낸곳 동명사
출판등록 1950년 11월 1일(제1-76호)
주소 (우 10881) 경기도 파주시 회동길 50(문발동)
전화 031-955-7200(대표)~2, 7203(편집부), 7204(물류)
팩스 031-955-7205
전자우편 webmaster@dmsbook.com
홈페이지 www.dmsbook.com

東明社

ISBN 978-89-411-1788-9 93530
값 32,000원